상수도관망 유지관리를 위한

관망해석 및 활용

김성한·김동홍·김경필·양승경 공저

도서출판
구미서관

Preface

머리말

정수장이 수돗물을 생산하는 인체의 심장과 같은 역할을 한다면 상수도관망은 정수장에서 생산된 물을 안전하고 안정적으로 수요처에 공급하는 동맥과 같은 역할을 한다. 상수도관망 시설은 대부분 땅속에 매설되어 있어 눈에 띄지는 않지만, 급수보급률이 100%에 가까운 우리나라에는 사람이 생활하는 모든 땅속에 상수도관망이 매설되어 있다고 해도 과언이 아니다.

이처럼 상수도관망은 상수도 자산 가운데 가장 큰 비중을 차지하는 시설로 배수지, 펌프, 밸브, 계측기 등 여러 장치와 설비로 복잡하게 구성되어 있으며, 이 구성 요소들이 유기적으로 이상 없이 운영될 때 정수장에서 생산된 깨끗한 수돗물을 변질 없이 필요한 수량과 수압으로 수돗물을 안정적으로 공급할 수 있다. 따라서 상수도관망은 지속적인 유지관리 노력을 통해 항상 안정적으로 운영될 수 있도록 해야 하나, 매우 광범위한 면적에 매설된 지하시설물로 운영관리가 어려우며, 1970~80년대 집중적으로 건설되어 시설이 노후화됨에 따라 그 운영관리의 어려움이 더욱 가중되고 있다.

상수도 관망해석은 관망 전체의 수리와 수질 거동을 감시·분석하고 다양한 경우의 상황을 모의할 수 있는 유일한 기술로 신규 관망의 설계부터 기존 시설의 운영관리 개선을 위한 최적 운영 방안 및 시설 개선계획 수립, 노후시설의 최종 개량 의사결정까지 상수도관망의 전 생애주기에 사용되는 핵심기술이라 할 수 있다. 최근 AI, 빅데이터, IoT, 무선통신, 배터리 등과 같은 4차 산업혁명 견인기술을 바탕으로 한 사회기반시설에 대한 디지털트윈 구축 및 활용에 대한 기술적 흐름이 상수도관망에서도 일어나고 있는데, 이 디지털트윈을 구성하는 핵심 요소기술 중 하나도 실시간 계측데이터와 연결된 관망해석이다.

즉, 상수도관망시설 유지관리업무 세부기준(2021, 환경부)에서 규정하고 있는 것과 같이, 관망해석 모델은 사업계획, 기술진단과 같은 일회성의 목적을 위해 구축하고 사용한 후 보관하는 것이 아니라, 언제든지 필요한 업무를 위해 활용할 수 있도록 현재의 시설과 운영 조건이 반영된 모델로 상시 관리되어야 하는 디지털 자산 중 하나라고 할 수 있다. 이러한 관점에서 상수도관망 엔지니어는 관망해석의 기본개념에 대한 충분한 이해뿐만 아니라, 관망해석 모델의 구축, 평상시 및 각종 사고 발생시의 관망해석 모델 활용 능력을 갖출 필요가 있다.

이 책은 지난 2009년에 발간하였던 「유수율제고를 위한 관망해석 및 진단, GIS 및 EPANET 활용」의 내용을 바탕으로, 상수도관망 운영관리의 시대적 흐름인 관망해석 모델을 관망 운영관리에 누구나 쉽게 활용할 수 있도록 필요한 기초이론과 관망해석 모델의 구축 방법, 실제 활용 사례들을 보완하여 작성되었다.

관망해석을 위한 기초이론에서는 관세척의 제도화 등 최근 관망 내 수질거동의 해석이 중요하게 인식되고 있으므로 수질성분의 보존, 혼합과 이송 그리고 수질반응 등에 대한 내용들과 관세척 업무수행에 필요한 관내 입자거동 등의 이론을 추가하였다. 또, 관망해석에서 물흐름의 에너지원이 되는 수요량과 누수량의 산정과 할당에 대한 기본적인 이론과 적용사례를 보완하였으며, GIS의 활용도를 높이기 위해 무료 오픈소스 지리정보 프로그램인 QGIS를 활용한 모델구축 방법을 SOP(Standard Operation Procedure) 형태로 정리하였다.

관망해석 프로그램에 대한 설명에서는 2020년 미국 환경청(EPA, Environment Protection Agency)에서 새롭게 공개한 EPANET 2.2에 추가된 수압기반해석(PDA, Pressure-Driven Analysis)의 원리와 활용 방법 등을 보완하였으며, 이와 함께 송수관로 및 배수관로의 수리적 안정성 진단, 수질 안전성 진단, 관세척을 위한 소화전 개방시 유속모의, 관망 내 잔류염소의 적정 관리방안 검토, 감압밸브의 적정 설치 위치와 설정값 계산, 그리고 수계전환 검토에서 사고 시 비상연계방안과 광역상수도와 지방상수도의 연계방안 등 우리가 현장에서 마주할 수 있는 다양한 관망해석 활용 사례들을 소개하였다.

관망해석 모델의 가치는 모델이 실제 관망의 시설과 운영 조건을 바탕으로 얼마나 수리, 수질 거동을 실제에 가깝게 나타낼 수 있는지에 따라 달라진다. 어떤 모델도 완벽할 수는 없지만, 모델과 실제 시스템 간의 차이는 조사와 원인분석을 통해 충분히 좁혀 갈 수 있다. 즉, 수도사업자가 직접 구축하고 운영하는 관망해석 모델은 시시각각으로 변하는 상수도관망의 최신상태를 즉각적으로 반영할 수 있으므로 더욱더 큰 확신을 두고 관망해석 모델을 실무에 사용할 수 있을 것이다.

마지막으로, 저자들의 능력과 경험의 한계로 이 책의 내용에 부족하거나 미진한 부분이 있을 수 있다. 이에 대한 의견들은 모두 적극적으로 수용하여 부족한 부분을 보완해 나갈 것이며, 이 책이 우리나라 상수도관망 운영관리의 발전을 위한 기술 공유의 초석이 될 수 있도록 앞으로도 책의 내용을 지속해서 보완해 가겠다.

Contents

목차

CHAPTER

1 들어가기

1.1 상수도관망
1.2 관망해석이란?
1.3 관망해석의 역사
1.4 관망해석의 활용
1.5 책의 내용 및 구성

CHAPTER

1 들어가기

1.1 상수도관망

수돗물은 취수원에서 정수장까지 원수를 운송하는 도수관로(導水管路), 정수장에서 배수지까지 수질기준에 적합하게 처리한 수돗물을 운송하는 송수관로(送水管路), 배수지로부터 수용가 앞 도로까지 배분하는 배수관로(配水管路), 배수관로에서 수용가 수도미터까지 보내는 급수관로(給水管路), 수도미터에서 각 수용가의 수도꼭지까지 보내는 옥내급수관로의 장거리 운송과정을 걸쳐 수용가에게 공급된다. 이처럼 수돗물을 생산하고 수용가에까지의 운송 및 공급을 담당하는 시설 전체를 상수도시설이라고 하며, 이 중 상수도관망은 도수, 송수, 배수 및 급수(옥내급수관로 및 그 부속시설은 제외한다.)를 위한 관로 및 그 부속시설을 의미한다(환경부고시 제2021-43호 상수도관망시설 유지관리업무 세부기준, 2021).

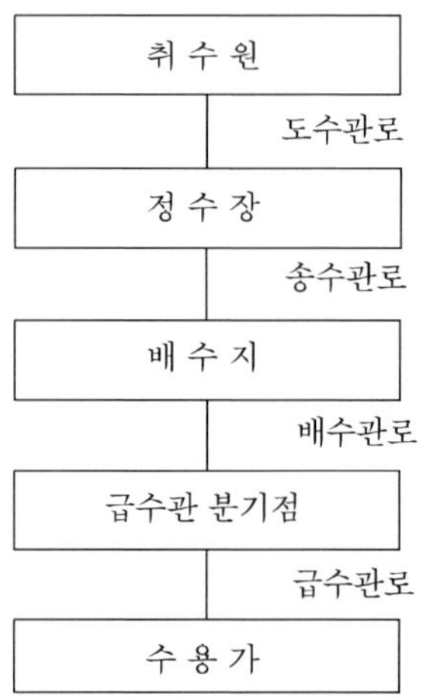

그림 1.1 수돗물의 생산·공급체계

수돗물 보급률이 100%에 가까운 우리나라의 상수도관망은 대부분 지하에 매설되어 있으며, 도시의 형태, 거주인구의 분포 등에 따라 그 형상이 두 가지로 크게 구분된다. 도심지의 경우에는 수많은 도로와 같이 그물(망, 網, Network) 모양의 서로서로 연결된 복잡한 형태를 보이게 되며, 도시 외곽지역은 큰길을 따라가면 마을이 있고, 또 그 마을을 지나 계속 따라가면 다른 마을이 있듯이 나뭇가지(수지, 樹枝, Branch) 모양의 형태가 된다. 보편적으로 배수관로는 망 형태로 구성되어 있으며, 도수 및 송수관로는 나뭇가지 형태로 구성되어 있다. 최근에는 안정적인 용수공급을 위해 송수관로 또한 복선화를 통한 망 형태로 변화되고 있다.

상수도관망은 관로 외에도 다양한 설비와 장치들이 설치된 복잡한 시설이다. 장거리 또는 고지대로 물을 압송하기 위한 펌프가 관로 중간에 설치되어 있으며, 수돗물의 저류 및 수량을 조절하기 위한 배수지와 탱크, 관로의 유량 및 수압 제어, 공기 배출 등을 위한 다양한 기능의 밸브, 화재 시 소방용수 공급을 위한 소화전, 실시간 수리(Hydraulic)·수질(Water quality) 거동을 감시하기 위한 계측기 등이 대부분의 관망에 설치되어 있다. 또한, 관내 물흐름의 급작스러운 변경에 따른 관로와 설비의 손상을 예방하기 위하여 조압수조(Air chamber), 서지탱크(Surge tank), 서지완화밸브(Surge relief valve), 공기-진공밸브(Air vacuum valve) 등의 수격방지 시설들이 현장 여건에 맞게 적정 위치에 설치되어 있다. 이런 설비와 장치들은 고정된 상태가 아닌 시시각각 변하는 물수요에 맞춰 각각의 운영상태가 변경되어 복합적으로 수량과 수압을 조절한다.

Clark(2012)는 수도사업자의 목표는 적정한 수압의 충분한 수량과 허용 수준의 수질로 언제 어디에나 필요한 수돗물을 공급하는 것이라고 정의하였다. 이를 위해 상수도관망이 어떻게 거동하는가? 거동에는 어떠한 원리들이 포함되어 있으며, 어떻게 이 시스템들을 성공적으로 해석하고 이해할 것인가? 어떻게 설계하고 효율적으로 유지관리, 개선할 것인가? 이러한 것들이 상수도관망을 담당하는 엔지니어가 마주하고 있는 문제들이라 할 수 있다. 또한, 상수도관망의 목적하는 기능이 원활하게 작동되게 하는데 필요한 지식을 개발하고 적용하는 것이 엔지니어들의 가장 중요한 업무이다. 이러한 업무를 성공적으로 수행하기 위하여 가장 먼저 필요한 지식은 유체역학(流體力學, Fluid mechanics) 및 관수로 수리학(管水路 水理學, Closed conduit hydraulics)의 기본적인 사항을 이해하는 것이다.

또한, 상수도관망의 물흐름을 해석하기 위해서는 에너지보존법칙, 유량연속방정식과 수두손실(水頭損失, Head loss)의 기본방정식에 대한 이해뿐만 아니라, 펌프와 밸브 및 배수지 등의 상수도관망 전체에 대한 거동을 이해할 필요가 있다.

1.2 관망해석이란?

국가와 지방자치단체장(수도사업자)은 시민들에게 안전한 수질의 수돗물을 적정 수량과 수압으로 중단 없이 안정적으로 공급해야 할 책무가 있다. 수돗물 공급의 법적 근간이 되는 수도법에서 국가는 모든 국민이 질 좋은 물을 공급받을 수 있도록 수도(水道)에 관한 종합적인 계획을 수립하고 합리적인 시책을 강구하도록 규정하고 있으며, 지방자치단체장(수도사업자)은 관할 구역의 주민에게 상수도시설의 계획적인 정비와 합리적인 경영을 통해 안전하고 적정하게 수돗물을 공급하도록 노력해야 함을 규정하고 있다.

그러나, 상수도관망 시설 및 운영의 복잡성뿐만 아니라 최근 잦아진 가뭄에 의한 안정적인 취수원 확보의 어려움, 1970~1980년대부터 빠르게 보급 확대된 상수도시설의 노후화, 높아진 시민들의 의식 수준, 도시집중 및 지방소멸, 저출산 및 고령화와 같은 사회인구 환경의 변화 등 대내외적인 상수도 운영관리 여건의 변화는 국가와 수도사업자의 책무이행을 더 어렵게 하고 있다. 특히, 상수도관망 시설의 경년화로 그 위험이 가중되고 있는 관 파열과 누수로 인한 물 손실, 탁수 발생과 잔류염소 부족으로 인한 수질문제가 주요 도전과제가 되고 있으며, 이러한 문제들은 수돗물에 대한 국민의 불신을 초래할 뿐만 아니라 수자원 및 에너지의 낭비 그리고 수도사업자의 경영악화로 이어진다.

이에 정부는 「상수도관망시설 유지관리 세부기준(환경부 고시 제2021-43호, 2021. 2.26)」을 제정하면서, 상수도관망에서 발생하고 있는 문제점과 운영관리 비효율성을 해결하기 위한 도구로 관망해석 모델을 활용하도록 하고 있다. 이 기준 제9조에 따르면 모든 수도사업자는 관망모델을 구축해야 하며, 상수도관망 기술진단 수행 시 갱신된 관로 및 밸브 등의 시설물 정보와 실제 측정한 수압, 유량, 잔류염소 농도 결과 및 밸브 개폐 현황 등을 반영하여 관망모델을 보정하고, 그 결과를 수도정비기본계획에 반영하고, 관망모델의 해석결과는 상수도관망시설 운영 및 유지·관리에 활용하도록 제도화하였다.

관망해석의 의미를 조금 더 상세히 살펴보면 관망해석에서 말하는 관망(管網)이란 배수관로의 근간이 되는 폐합관로(Loop)가 있는 망 형태뿐만 아니라, 광역상수도 관로와 같은 수지형의 관로도 포함하는 광의의 개념이다. 해석(Analysis)이란 수학적 표현방법을 통해서 실제 상수도관망의 물흐름을 모의(Simulation, 시뮬레이션)하는 과정이다. 또한, 수학적 표현방법을 통한다는 것은 관망을 구성하는 관로의 관경, 관 길이, 유속계수 그리고 수리적 기능을 담당하는 밸브의 종류 및 상태, 펌프의 가동상태, 정수지 또는 배수지에서의 수위, 수질 등을

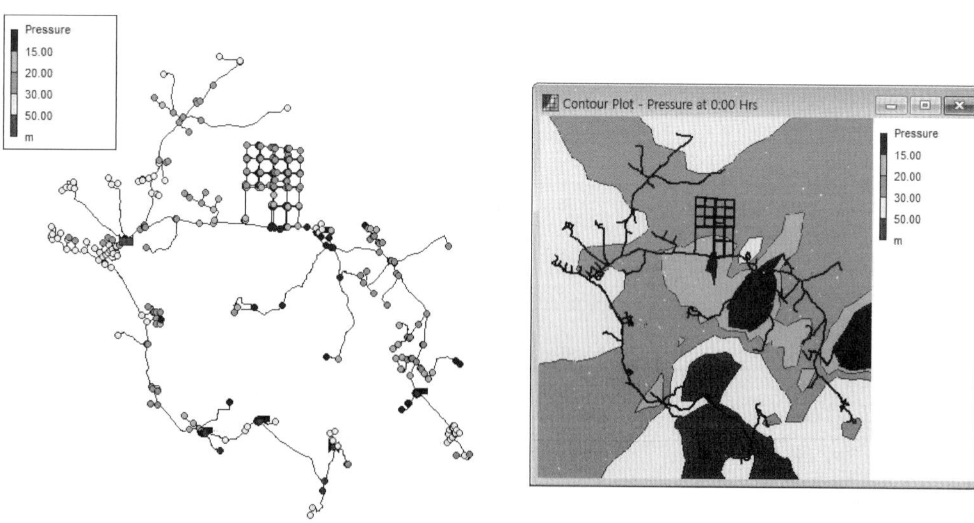

그림 1.2 관망해석 사례(수압 분석)

입력 데이터로 사용하는 수학적 관계 방정식으로 관망 전체의 유량, 수압, 동수두, 수질 등을 계산하는 것을 말한다. 모의라는 용어는 별개의 다른 기능들을 통해서 실제 상수도관망의 거동을 모사(흉내)하는 과정을 말한다.

따라서, 관망해석은 상수도시설의 계획, 설계, 수량/수질/에너지의 운영관리, 그리고 비상대응과 같이 상수도시설의 생애주기 전반에 걸친 다양한 문제들을 해결하는데 사용되는 수치모형이라고 정의할 수 있으며, 신규 및 기존 시설의 개선을 위한 계획수립, 알 수 없는 미래의 사전 예측, 현장에서 직접 시험할 수 없는 문제들의 해결방안 모색 등 상수도관망과 관련된 다양한 분야의 의사결정을 지원하는 도구로 활용되고 있다.

1.3 관망해석의 역사

관망해석은 크게 해석하고자 대상에 의해 수리해석(Hydraulic analysis)과 수질해석(Water quality analysis)으로 나눌 수 있다. 먼저 수리해석은 유체의 흐름에 대한 물리적인 개념으로부터 시작되었으며, 이는 질량보존법칙에 의한 물의 연속방정식 및 에너지보존법칙과 손실수두방정식에 의하여 표현되는 수학적 관계식을 풀어나감으로써 관망 내 유량과 압력을 알아내는 것이다. 즉 관망의 특정 교차점(Junction)에 대한 공급량 또는 수요량이 주어지면, 각 관로의 관경 및 길이에 따라 유량을 계산한 후 해당 교차점에서의 수두(Head)가 필요수두(Minimum requirement head) 또는 설계수두보다 커서 수리학적으로 타당한지를 규명하는 절차라 할 수 있다. 즉, 배수지 수위, 노선배치, 관경, 관내 벽면 상태, 절점 유출수량을 알고 있는 상태에서 관로의 유량과 절점의 수압을 얻고자 하는 것이다. 수질해석은 수리해석 결과와 잔류염소, 물 연령(Water age), 소독부산물 등 수질인자별 반응식을 결합하여 각 절점에서의 수질상태를 계산하기 위한 것으로 1974년 미국의 안전한 먹는물 법(Safe drinking water act) 제정을 기점으로 관련 연구가 활발히 시도되어왔다. 따라서 수리학적 해석에 비해 수질해석은 비교적 짧은 역사를 갖고 있다.

1936년 Hardy Cross 계산법이 관망해석에 사용되는 수학적 관계식의 해를 구하기 위한 수치해석법으로 발표된 이후 현재까지도 다양한 방법들이 관망해석을 위한 수치해석법으로 제안되고 있으며, 이들은 Hardy Cross 계산법을 기초로 한 유량법(유량보정법), 절점법(절점수두보정법), 그리고 Graph Theory Method 등 세 가지 방법으로 크게 분류할 수 있다. 수(手) 계산으로 시작된 관망해석의 계산은 컴퓨터의 발전과 함께 수리·수질적 거동 분석에서 나아가 수백 수천 번의 관망해석이 필요한 최적화 알고리즘의 내부 계산모듈로 사용되거나,

계측데이터와 실시간으로 연결된 온라인 관망해석시스템으로 구현되는 등 비약적으로 발전해 왔다.

1.3.1 1970년대 이전

1936년 개발된 Hardy Cross 계산법은 각 관로의 절점에서 연속방정식을 만족시키도록 각 관로를 흐르는 유량(Q)을 가정한 다음 수두손실(h_L)과 유량의 관계식을 이용하여 가정된 유량을 보정해 나감으로써 각 폐합관로의 유량의 수지, 즉 수리적 균형을 맞추는(Hydraulic balancing) 방법으로 현재까지도 많이 사용되고 있는 방법 가운데 하나이다. 그러나 폐합관로를 단위로 유량을 미지수로 가정한 후, 손실수두로 변환하고 손실수두의 합이 $\Sigma h_L = 0$이 되도록 유량을 반복적으로 보정하게 되므로 분기형 관로에서의 적용이 곤란할 뿐만 아니라 수원이 여러 개일 경우 절점 유량의 지정이 곤란하여 절점 수압을 직접 구할 수 없다는 단점이 있다.

1940년대는 아날로그 컴퓨터 형태의 McElroy 분석기(Analyzer)가 관망해석에 사용되던 시기로, 1949년 McElroy는 Hardy Cross 계산방법의 단점을 개선하고자 1차 연립 근사해법을 이용한 유량법을 발표하였다. 이는 절점에서 연속방정식을 만족하도록 모든 관로의 유량을 가정해 주어야 한다는 Hardy Cross 계산법의 단점을 해소하는 방법으로 보정 유량을 미지수로 계산하므로 연결관로에 대해서만 유량을 가정해 줌으로 계산이 비교적 간단하다. McElroy의 해석방법이 유량법 중에서 가장 우수한 방법으로 알려져 있다.

1950년대에는 대형컴퓨터(Large mainframe computers)를 이용한 관망해석 프로그램들이 개발되었으나, 이들을 사용하는 데에는 상대적으로 많은 제한이 있었다.

1960년대는 FORTRAN이라는 컴퓨터 프로그래밍 언어로 개발된 관망해석 프로그램들이 실무에 적용되기 시작한 시기이다. 1965년도에 개발된 Shamir-Howard 관망해석 프로그램과 1969년도에 개발된 Epp-Fowler 관망해석 프로그램이 대표적이며, 두 프로그램 모두 Newton-Raphson 법을 사용하여 개발되었다.

1.3.2 1970-1990년대

1970년대는 컴퓨터의 H/W뿐만 아니라 관망해석 프로그램의 수학적 해석능력과 프로그래밍기법이 비약적으로 발전한 시대이다. 1972년 Wood에 의해 개발된 Kentucky 모형, 1978년 Jeppson에 의해 개발된 USU Pipe Network 프로그램, 그리고 1974년 미연방 정부와의 계약에 의해 Systems Control 회사에서 개발한 WATSIM 프로그램 등이 대표적이다.

이 시기의 프로그램들에서는 펌프장, 압력조절밸브, 역지밸브, 저수지, 배수지 등을 포함한 상수도관망의 모든 요소를 한꺼번에 해석할 수 있는 연속모의 능력의 개선들이 있었다. 또한, 컴퓨터 보급의 확대와 처리 속도의 향상으로 해석결과를 신속하게 확인할 수 있게 되어 이전 시대의 대화식 및 일괄처리 반환시간(Turn-around time)으로 인한 비용 문제는 더 이상 문제가 되지 않게 되었다.

개인용 컴퓨터(PC)의 사용이 본격화된 1980년대의 관망해석 프로그램은 1970년대보다 뛰어난 것들이었으며, 정상류상태 및 확장기간에 대한 관망해석이 체계화되었다. 1980년대의 주요 관심사는 상수도관망 데이터베이스(Database)의 구축 및 관리, 입출력자료의 시각화, 펌프-에너지 비용의 계산 및 최적화, 관경 최적화 등으로 확대되었다. 또한, 사용자의 편의를 위한 자료 입력 방법과 계산결과의 출력 방법에도 상당한 발전이 있었다.

1990년대는 상수도관망 해석능력이 비약적으로 발전한 시기로, 1993년 미국환경청(US Environmental Protection Agency, USEPA)에서 EPANET을 개발하여 무료로 공개하였다. EPANET의 해석 알고리즘은 현재의 확장기간 모의(EPS; Extended Period Simulation)와 수질모의의 표준이 되고 있으며, 프로그램뿐만 아니라 소스코드까지 모두 공개되어 EPANET 엔진을 탑재한 수많은 상업용 관망해석 프로그램들이 출시되는 계기를 마련하였다.

1.3.3 2000년 이후 현재까지

2000년에는 기존 EPANET 1.0의 사용자 환경을 Windows 기반의 그래픽 사용자 인터페이스(GUI; Graphical User Interface)로 개선한 EPANET 2.0이 출시되었다. EPANET 2.0은 EPANET 1.0에 비해 더 많은 기능과 세부적인 모델링 옵션을 제공하므로서 샘플링 프로그램의 설계, 수리학적 모델 보정, 잔류염소 분석과 같은 다양한 분야에 적용할 수 있게 되었다. 특히 관망 내 수질 개선을 위한 다중 수원의 취사 선택, 펌프 및 탱크 운전 변경, 재염소 투입, 관 세척 및 교체와 같은 다양한 분야의 상수도 운영관리 계획수립에 활용되었다.

2010년대에는 다중 수질분석과 실시간 분석이 가능한 EPANET 확장(Extension) 기능이 출시되었다. 2011년에 개발된 EPANET-MSX(Multi-Species eXtension)는 상수도관망 내 수체 흐름(Bulk flow) 및 관체(Pipe wall) 모두에서 다중의 화학물질 및 생물학적 종(Chemical and biological species) 사이의 복합반응을 모의하기 위한 확장 버전이다. EPANET-MSX는 염소 감소반응, THMs와 같은 소독부산물 증가반응, 생물학적 재성장, 다중 수원에서의 결합반응 상수 등과 같은 폭넓은 범위의 화학적 및 생물학적 모의를 가능케 하였다.

2015년에 개발된 EPANET-RTX(Real-Time eXtension)는 SCADA 시스템과 같은 실시간 운영 데이터와 연계하여 모델의 보정, 검증은 물론 상수도관망 모의, 계획 및 운영을 위한 실시간 분석체계를 제공한다.

EPANET 2.0 버전의 가장 큰 단점은 수압 부족에 대한 해석능력이었다. 관망 내 특정 지점에서 수압이 부족한 경우 "Warning: Negative Pressures at 0:00:00 hrs"라는 경고 문구가 뜨기는 하지만 '–'의 부압이 생겨도 입력한 소비량(Base demand)이 모두 유출되는 조건에서 유량 및 수압이 계산되어 실제 관망 현상을 정확하게 모의하지 못하는 단점을 가지고 있었다.

이와 같은 단점을 해결하기 위하여 2020년에 수압기반해석(PDA; Pressure Driven Analysis)이 가능한 EPANET 2.2 버전이 출시되었다. 이 버전은 수압기반해석 외에도 이전 버전과 비교해 두 가지 개선이 있었다. 첫 번째는 EPANET의 기능 확장과 유지관리 작업이 Open Water Analytics의 공개소스(Open source) 프로젝트로 진행된다는 점이며, 두 번째는 수리 및 수질 모의 엔진의 개선이다. 특히 수리학적 수렴 보강, 절점 재정리 방법, 부압(–) 문제 해결, 저유량 또는 영(0)유량에서의 수렴문제 해결 등을 더 빠르고 더 정확하게 하도록 개선되었다. Open Water Analytics 프로젝트는 깃허브 사이트에 있으며, 깃허브 주소는 "https://github.com/OpenWaterAnalytics/EPANET" 이다.

이 밖에도 관망해석 프로그램은 상수도관망 자산관리의 표준으로 사용되고 있는 GIS 관망도와 더 효과적으로 연결되고, 수많은 데이터를 쉽고 빠르게 처리할 수 있도록 발전해 왔으며, 최근에는 실제 상수도관망(물리시스템)과 실시간으로 연결된 디지털 트윈을 구성하는 핵심 축으로 활용되고 있다.

1.3.4 EPANET 2.2 버전의 새로운 점

2020년 공개된 EPANET 2.2가 이전 버전인 EPANET 2.0과 비교해 개선되거나 새로워진 부분은 다음과 같다.

- 수압기반해석 기능 추가
- 탱크가 가득 찼을 경우 월류의 허용
- 관망 내 흐름이 거의 없는('0'에 근접하는 흐름) 관망해석에 대한 개선
- 정상류상태에 대한 더 빨라진 수행(Running) 시간
- 수질의 성분균형(Mass balances) 개선
- API(Application Program Interface) 함수 라이브러리 보완

1.4 관망해석의 활용

현실 관망을 잘 모사하는 관망해석 모델을 구축할 수 있다면, 다음과 같이 상수도관망 시설의 계획, 설계 및 운영관리를 위한 의사결정 도구로 관망해석을 활용할 수 있다.

1.4.1 계획단계

상수도관망 계획단계에서의 관망해석은 배수지, 펌프와 같은 시설물의 가동 주기 조정, 공급체계 변경 그리고 장래 상수도시설의 노선과 위치, 관로의 관경, 배수지 및 펌프의 용량 등을 결정하기 위한 의사결정 지원 도구로 사용된다.

예를 들어 블록시스템 구축계획을 수립하는 경우라면, 관망도 상에서 블록 경계를 검토하고 블록분할 공사를 시행하기에 앞서 검토된 경계에 대하여 관망해석을 수행함으로써 적정 수압 및 유량, 수질, 정체구간 발생 여부 등을 사전에 확인할 수 있다.

1.4.2 설계단계

신규 상수도시설의 설계뿐만 아니라 기존 시설의 진단 및 개선계획의 수립이 설계단계에서의 관망해석 활용에 해당된다. 예를 들어 소방용수 공급 시 수압 부족 등의 문제구역 파악과 보강을 위한 계획, 감압밸브와 같은 제어밸브의 구경 결정, 배수지 등 탱크의 용량 결정, 펌프장 및 펌프의 용량 결정, 특정 지점의 수압과 유량예측 등 다양한 상수도관망 시설 및 장치의 용량 결정이 해당된다.

상수도관망 시설의 설계를 위한 기준은 상수도설계기준(환경부, 2022)과 먹는물 수질기준 및 검사 등에 관한 규칙에 제시되어 있다. 유속의 경우 자연유하식 관망은 허용최대 및 최소 한도를 각각 $3.0\ m/s$와 $0.3\ m/s$로 하고 있으며, 펌프 가압식은 경제적인 유속으로 설계하도록 규정하고 있다. 계획 수량의 경우에는 취수장에서 송수시설까지는 계획 1일 최대 급수량을 기준으로 하고, 계획 배수량은 배수구역의 시간최대 급수량을 기준으로 설계하도록 규정하고 있다. 또한, 배수지 용량은 시간변동 조정용량과 비상대처 용량을 합하여 급수구역의 계획 1일 최대 급수량의 최소 12시간분 이상을 표준으로 정하고 있다. 배수관의 수압은 급수관을 분기하는 지점에서 배수관 내의 최소동수압을 $150\ kPa$(약 $1.53\ kgf/cm^2$) 이상 확보하고, 최대정수압은 $700\ kPa$(약 $7.1\ kgf/cm^2$)을 초과하지 않도록 규정하고 있다.

먹는물 수질기준 및 검사 등에 관한 규칙에는 수질 검사항목, 관리기준 및 검사주기 등이 규정되어 있으며, 수질 검사항목 중 잔류염소와 총트리할로메탄 농도 등의 분석에 관망해석 모델이 활용된다.

1.4.3 운영관리단계

환경부 상수도관망시설 유지관리 세부기준(2021)에서는 관세척, 유수율 관리, 점검정비, 정보관리, 수계전환 등에 대한 규정을 제시하고 있다. 특히 정보관리 항목에는 관망모델 구축과 측정한 정보를 모델의 보정 등에 반영하고, 해석결과는 상수도관망시설 운영 및 유지관리에 활용할 수 있도록 하고 있다. 이 밖에도 운영인자와 최적계획 수립, 비상시 의사결정 지원, 수계전환, 운영자 훈련 등에도 활용된다.

위의 유지관리 세부기준에 따른 상수도관망시설 유지관리 매뉴얼(환경부, 2021)에서 설명하고 있는 관망해석 기반의 유지관리 활동들은 다음과 같다.

(1) 재해 및 사고 대책

재해 및 사고는 사전 예방관리를 통해 발생하지 않도록 미연에 방지하는 것이 가장 중요하겠지만, 사고가 발생한 경우에는 사고 영향을 분석하고 피해를 최소화하기 위한 신속한 대응이 필요하다. 관망해석은 관망에서의 사고 발생 시 사고에 따른 단수 및 출수불량 구역을 분석하는 등의 피해 범위 산정에 사용하며, 또 사고 복구작업을 위한 밸브제어 및 비상연계 공급 시나리오의 사전모의를 통해 피해 영향을 최소화하는 최적 의사결정 지원에 사용한다.

(2) 직결급수 관리

최소동수압 이상의 수압을 유지시킬 수 있는 곳에 직결급수를 확대하는 방안을 검토하는데, 직결급수 대상지역 배수구역에 대한 관망해석을 시행함으로써 직결급수로의 전환이 가능한 지역인지, 적정 도입 범위는 어느 정도인지를 파악한다.

(3) 상수도관망 기술진단

수도법에서 규정하고 있는 상수도관망 기술진단은 관망의 현 상태를 과학적이고 합리적으로 진단하여 문제점을 해결하고 개선함으로써 관로의 기능이 정상적으로 수행될 수 있게 진단하는 것을 말한다. 이를 위해 운영관리 자료의 분석과 관망해석을 연계한 관망정비 계획수립, 누수저감을 위한 감압밸브 설치 등 블록별 수압관리, 잔류염소 농도의 균등화 등의 계획을 수립하고 최적화하는데 관망해석 모델을 활용한다.

(4) 출수불량 개선

수압 부족에 따른 출수불량 민원이 발생했을 경우 블록별 관망해석을 통해 블록 경계의 조정이나 블록 유입관로 관경 확대 등의 의사결정을 관망해석으로 지원한다.

(5) 수질개선(수질분포도)

수돗물에 대한 국민의 관심과 높아지는 기대치에 맞추어 수돗물 수질에 관한 관리 규정과 표준이 강화되고 있으며, 이를 지원하기 위한 수질분야에서의 관망해석 모델의 활용도 증가하고 있다.

상수도의 공급과정에서 정수처리된 수돗물의 수질은 정수장에서 수요자의 수도꼭지로 공급되는 과정에서 물리적 화학적 및 생물학적 요인에 의해 변화될 수 있다. 특히 상수도에서의 주요 수질지표인 잔류염소의 농도는 관의 재질, 통수 연수, 체류시간 등에 의해 동역학적인 감쇠 반응을 일으킨다. 따라서 수질분포도의 활용은 환경부 먹는물 수질관리지침 등에 의거하여 배수지 및 블록 유입점과 관말 정체지역, 체류시간 과다지역, 노후관 지역 등 블록별 수질관리지점으로 선정된 채수지점에서 정기적으로 잔류염소 농도를 측정하고, 블록별 수질 관망해석을 시행하여 그 결과에 대한 수질분포도를 작성하여 관리함으로써 수질의 면적관리가 가능하도록 한다.

이 외에도 관세척 구간에 대한 적정 유속검토, 오염원 추적, 다중 취수원에 대한 취수원 추적, 물 연령 계산, 수질 측정 및 모니터링 지점의 선정 등에 관망해석 모델이 활용된다.

1.5 책의 내용 및 구성

이 책은 관망해석을 처음 접하거나 연구 또는 실무에 적용하고자 하는 학생 및 업무 담당자를 위한 교재, 그리고 상수도관망시설 유지관리 세부기준에서 규정한 관망해석을 수행하는데 필요한 매뉴얼로도 활용될 수 있도록 관망해석을 위한 기초이론부터 관망해석 모델의 구축과 실제 상수도관망 유지관리에 관망해석 모델이 활용되는 다양한 사례를 수록하였다.

총 6개의 장으로 구성되어 있으며, 각 장의 주요 내용은 다음과 같다.

제1장 들어가기에서는 상수도관망 및 관망해석의 정의와 수도법 등 국가 기준에 규정된 내용 소개, 수치해석기법 및 컴퓨터 발전과 같이한 관망해석의 역사를 시대별로 서술하였으며, 최근 2020년에 새롭게 소개된 EPANET 2.2 버전의 개선 및 새로워진 내용을 소개하였다. 또한, 상수도시설의 계획, 설계 및 운영관리 단계와 유수율 관리, 수질개선 등을 위한 관망해석

활용방안을 개략적으로 제시하여 이어지는 장에서 쉽게 이해할 수 있도록 하였다.

제2장 관망해석을 위한 기초수리학에서는 수리학의 기초가 되는 물의 기본성질을 간략하게 요약하여 서술하였으며, 실무에 필요한 관수로 수리학 이론을 수식 위주로 소개하였다. 또한, 관망 내 물 이송의 중요한 설비인 펌프와 밸브에 대해서는 관망해석에 필요한 수리적 특성 중심으로 기술하여 독자들의 이해를 높이고자 하였다. 이와 더불어 정상류 관망해석과 직접적인 연관은 없으나 관수로 흐름에서 중요한 수격작용, 정수장 침전지 등에 설치되는 분배수로 수리와 관로 내 부분 개수로 흐름과 한계유속 문제에 대해서도 간략하게 수록하였다.

제3장 관망해석에서는 관망해석 모델의 구성요소, 관망해석을 위해 필수적인 자료의 항목과 수집 방법, 실제 모델구축에 필요한 자료 입력과 모델구축 완료 후 모델 보정(Calibration)의 필요성과 방법에 관해 설명하였다. 또한, 실제 관망을 모델 구성에 맞게 간략화하는 방법과 해석결과의 정확도 향상을 위한 수요량의 할당 및 절점 수요량 해석방법, 관망해석의 정상류상태 및 확장기간 모의의 차이점과 계산 과정을 소개하였으며, 관망해석 프로그램의 기본 방정식과 여러 가지 수치해석법을 수록하였다.

또한, EPANET 2.2 버전에서는 수압 부족 상황에 대한 해석이 가능한 수압기반해석(PDA, Pressure-Driven Analysis) 기능을 추가하였는데, 이 장에서는 누수의 수압기반해석, 수요 및 수압기반해석의 이론적 배경과 기능을 소개하였다.

제4장 관망해석 프로그램 사용법(EPANET 2.2)에서는 사용자들이 프로그램을 쉽게 접하고 사용할 수 있도록 개정된 EPANET 2.2 사용자 매뉴얼에 수록된 내용을 간추려 소개하였다. EPANET 2.2는 미국 환경청에서 개발하여 무료 공개된 관망해석 프로그램으로 EPANET 작업공간, 메뉴 및 세부기능을 상세하게 소개하였으며, 예제 관망을 사례로 관망도 작성과 편집, 저장과 불러오기, 해석 및 결과보기 등을 독자들이 직접 쉽게 따라 할 수 있도록 작성하였다.

실제 상수도관망은 수용가에게 안정적으로 물을 공급하기 위해서 관로는 물론 배수지, 가압장, 밸브 등 다양하고 복잡한 시설들로 구성되어 작동되고 있다. 이 수많은 상수도관망시설을 EPANET에 직접 작도하여 모델을 구축하는 것은 현실적으로 불가능한 일이다. 또한, 모델구축을 위해 시설물의 자료 수집 등 여러 단계의 절차가 필요한데, 이 경우 GIS (Geographic Information System)를 활용하면 복잡한 관망도 쉽게 관망해석 모델로 구축할 수 있다.

제5장 관망해석 모델구축 및 적정성 평가에서는 무료 오픈소스 지리정보 프로그램으로 세계에서 가장 많이 사용되고 있는 QGIS를 이용한 실제 관망의 관망해석 모델을 구축하는 절차를 설명하였다. QGIS와 같은 GIS 프로그램의 공간분석 기술을 이용하면, 관망해석 모델

구축에 필요한 절점의 좌표, 표고 값, 관의 구경, 길이뿐만 아니라 수도미터 GIS 레이어와 요금관리시스템의 정보를 이용하여 절점의 기저수요량(Base demand)도 쉽게 배분할 수 있다. 이 책에서는 총 19개의 시트로 구성된 Excel 파일에 GIS 공간분석에서 추출된 자료들을 정리하고, 정리된 자료들이 관망해석 모델의 구축까지 이어질 수 있도록 하는 관망해석 모델구축 방법을 소개하였다.

제6장 관망해석을 이용한 상수도관망 유지관리 사례에서는 실제 상수도관망 유지관리 업무에서 활용되는 관망해석 사례를 소개하고 있다. 상수도관망 기술진단에서 활용되고 있는 수리 안정성 및 수질 안전성 진단 사례, 관세척을 위한 소화전 개방 모의, 공급과정에서의 잔류염소 적정관리 방안, 수압관리를 위한 감압밸브의 설치 위치와 설정값 모의 등 상수도관망 운영관리에 활용되는 사례, 특히 최근 관심을 받는 수계전환 업무에 대해 비상연계관로를 활용한 공급방안과 광역–지방상수도 비상연계 공급방안 검토 사례를 제시하여 실무에 직접적으로 접목할 수 있도록 다양한 관망해석 활용 사례를 소개하였다.

마지막으로, 이 책에서 사용되는 예제파일은 출판사 홈페이지 자료실에 올려놓았으니, 아래의 URL에서 책 제목으로 검색하여 확인할 수 있다. 예제들은 독자의 이해와 학습을 위해 제공되는 것이므로 입력자료나 변수들은 기준 또는 표준으로 사용되지 않음을 밝혀둔다.

예제파일 : 구미서관 출판사 홈페이지 우측상단 [자료실] 게시판
(https://www.goomibook.com/board/free/list.html?board_no=7)

또한, 이 책에서 사용되는 소프트웨어는 미국환경청의 EPANET 2.2, QGIS, 그리고 마이크로소프트 엑셀(Excel) 프로그램이다. EPANET과 QGIS는 무료로 내려받기할 수 있는 공개 S/W로 내려받기 및 활용법은 각각 제4장과 제5장을 참조하기 바란다.

참고문헌

- AWWA (2017) M32 Computer Modeling of Water Distribution Systems 4th Edition, AWWA(American Water Works Association), USA.
- Clark, R. M. (2012) Modeling Water Quality in Distribution Systems 2nd Edition, AWWA. USA.
- 환경부 (2021) 상수도관망시설 유지관리 매뉴얼.
- 환경부 (2021) 환경부고시 제2021-43호 상수도관망시설 유지관리업무 세부기준.
- 환경부 (2022) 상수도설계기준.

CHAPTER

2 관망해석을 위한 기초수리학

CHAPTER

2 관망해석을 위한 기초수리학

2장에서는 물의 기본성질, 수리학, 수격작용 등 관망해석을 이해하는 데 필요한 다양한 분야의 기초수리학 이론을 다룬다. 이 책에서는 관망해석에 사용되는 각 분야의 일부 이론들만 발췌하여 설명하고 있으므로, 더 상세한 이론들을 학습하고자 할 때는 각 분야의 전문 이론서를 살펴보기를 바란다.

2.1 물의 기본성질

2.1.1 물의 특성

(1) 물의 밀도와 단위중량

밀도(Density)란 단위체적당의 질량으로서 비질량(比質量, Specific mass)이라고도 한다. 어떤 물체의 무게를 W, 그 질량을 m, 중력가속도를 g라 하면, $W = mg$가 되며, 그 체적을 V라 할 때 밀도 ρ(Rho)는 다음과 같다.

$$\rho = \frac{m}{V} \tag{2.1}$$

밀도 ρ의 차원은 질량-길이-시간계로서 g/cm^3 또는 kg/m^3으로 표시된다. 물의 밀도는 4℃에서 최대이며, 온도의 증가나 감소에 따라 그 값이 감소되며, 압력이 증가할 때는 그 값이 커진다.

단위중량(Specific weight)이란 단위체적당 유체의 무게로서 비중량(比重量)이라고도 한다. 즉, 단위중량 γ(Gamma)는 다음과 같이 표시할 수 있다.

$$\gamma = \frac{W}{V} = \frac{mg}{V} \tag{2.2}$$

그러므로 $\gamma = \rho g$ 가 된다. 단위중량 γ의 차원은 힘-길이-시간계로서 $g중/cm^3$ 또는 $kg중/m^3$으로 표시된다.

다음 표는 온도에 따른 물의 밀도와 단위중량의 변화를 표시한 것이다. 밀도의 단위 중에서 단위 kg중$\sec^2/m^4$ 은 $\gamma = \rho g$ 이므로 $\rho = \gamma / g$ 로 표시한 것이다. 즉, 단위중량을 중력가속도(g, $m/\sec^2$)로 나눈 값이다.

표 2.1 온도에 따른 물의 밀도와 단위중량

온도(℃)		-10	0	4	10	15	20	30	50	80	100
밀도	(g/cm^3)	0.9979	0.9999	1.0000	0.9997	0.9991	0.9982	0.9957	0.9881	0.9718	0.9583
	$(kg$중$\sec^2/m^4)$	101.76	101.96	101.97	101.94	101.88	101.79	101.53	101.76	99.10	97.72
단위중량$(kg$중$/m^3)$		997.9	999.9	1000.0	999.7	999.1	998.2	995.7	988.2	971.8	958.3

비중(Specific weight, S)은 4℃에서의 물의 체적과 동일한 체적을 가진 다른 물체와의 무게비를 말한다. 즉, 비중은 물의 밀도 또는 단위중량에 대한 어떤 물체의 밀도 혹은 단위중량의 비로 표시할 수 있다.

$$\text{비중}(S) = \frac{\text{다른 물체의 단위중량}}{\text{물의 단위중량}} = \frac{\gamma}{\gamma_w} = \frac{\rho}{\rho_w} \tag{2.3}$$

여기서, 표준대기압($1\ atm = 1013\ millibar$), 4℃에서 물의 비중은 '1'이다.

예제 체적이 0.1m^{3}인 어떤 유체의 비중이 13.6일 때, 이 유체의 단위중량, 총 무게, 밀도를 구하라.

풀이)

$S = \frac{\gamma}{\gamma_w}$ 에서, $\gamma = S\gamma_w = 13.6 \times 1{,}000\ kg/m^3 = 13{,}600\ kg/\mathrm{m}^3$

$\gamma = \frac{W}{V}$ 에서, $W = \gamma V = 13{,}600\ kg/m^3 \times 0.1\ m^3 = 1{,}360\ kg$

$\gamma = \rho g$ 에서, $\rho = \frac{\gamma}{g} = \frac{13{,}600\ kg/m^3}{9.8\ m/\sec^2} = 1{,}388\ kg\sec^2/m^4$

(2) 물의 점성(Viscosity)

물의 점성(동점성 또는 절대 점성으로 표시)이란 물의 흐름을 방해하는 저항으로서 흐르는 물과 벽면 사이에서 발생하는 전단응력의 관계로 표시된다. 점성계수를 μ(Mu), 전단응력을 τ(Tau), 유속을 v라고 할 때, 벽면으로부터 y만큼 떨어진 거리의 전단응력은 다음 식 (2.4)와 같다.

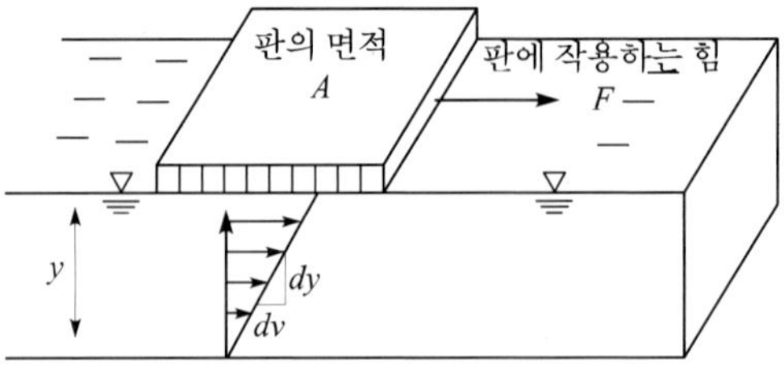

그림 2.1 물의 전단응력

$$\tau = \mu \frac{dv}{dy} \tag{2.4}$$

위 식을 통해 물의 전단응력은 점성계수(μ)와 거리 dy에서의 속도변화량 dv, 즉 dv/dy에 비례함을 알 수 있으며, dv/dy를 속도경사(Velocity gradient)라 한다.

실무에서의 응용을 위하여 점성계수 μ 대신, 동점성계수(Kinematic viscosity) ν(Nu)를 사용하는 경우가 많으며, 동점성계수는 식 (2.5)와 같다.

$$\nu = \frac{\mu}{\rho} \tag{2.5}$$

여기서, ρ는 앞에서 언급한 물의 밀도를 나타낸다.

물의 점성은 온도에 따라 변하게 되며, 온도에 따른 물의 점성계수와 동점성계수는 표 2.2와 같다.

표 2.2 물의 점성계수

온도 (℃)	점성계수, μ (10^{-4} kg·sec/m^2)	동점성계수, ν (10^{-6} m^2/sec)
0	1.816	1.785
5	1.547	1.519
10	1.332	1.306
15	1.161	1.139
20	1.021	1.003
25	0.907	0.893
30	0.814	0.800
40	0.666	0.658
50	0.558	0.553
60	0.475	0.474
70	0.412	0.413
80	0.361	0.364
90	0.321	0.326
100	0.288	0.294

예제 점성유체(μ = 0.9 Ns/m^2)의 속도분포가 아래 그림과 같다. 바닥면과 바닥으로부터 0.34 m인 지점의 전단응력을 구하라.

풀이)

$\tau = \mu \frac{dv}{dy}$ 이므로,

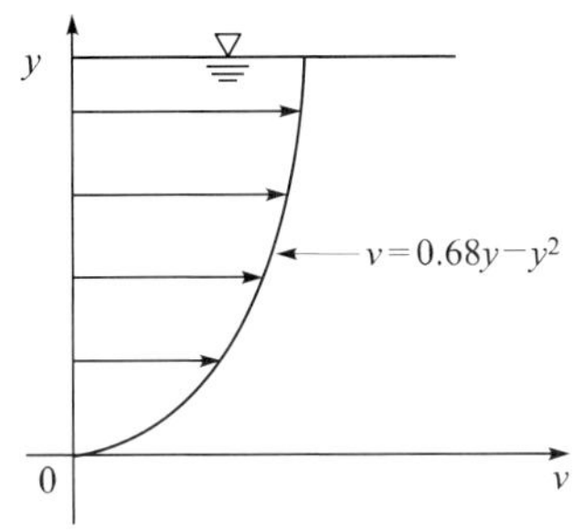

$$\frac{dv}{dy} = 0.68 - 2y$$

$$\frac{dv}{dy}\Big|_{y=0} = 0.68\ (s^{-1})$$

$$\frac{dv}{dy}\Big|_{y=0.34} = 0$$

해) $\begin{cases} \tau|_{y=0} = 0.9\ Ns/m^2 \cdot\ \ 0.68(s^{-1}) = 0.612\ Pa \\ \tau|_{y=0.34} = 0 \end{cases}$

즉, 표면에서는 0.612 Pa의 전단응력이 발생하며, 0.34 m 지점부터는 전단응력이 발생하지 않는다. 여기에서 Pa는 압력의 단위 Pascal로서 1 kPa은 약 0.01 kg/cm^2(수두 0.1 m)이다.

(3) 압력(Pressure)

물의 흐름은 물을 이동하게 하는 힘의 크기에 달려있다. 압력(Pressure)은 단위 면적당 받는 힘의 크기로 정의된다. 즉,

$$P = \frac{F}{A} \tag{2.6}$$

여기서, P는 압력(kg중$/cm^2$), F는 힘(kg중, ton중)이며, A는 면적(cm^2, m^2)이다.

수리학을 포함한 대부분의 공학 및 상수도 분야에서는 중력을 고려한 공학단위계(힘–길이–시간의 기본단위)를 사용하고 있으므로, 지금부터 이 책에서 별도의 언급이 없는 한 'kg중'을 'kg'으로 표시한다.

유체 내의 한 점에서의 압력은 절대압력(Absolute pressure) 또는 계기압력(Gage pressure)으로 나타낼 수 있다. 절대압력은 완전진공, 즉 절대영압(Absolute zero pressure)을 기준으로 나타내는 반면, 계기압력은 국지대기압(Local atmospheric pressure)을 기준으로 나타내게 된다(이재수, 2007). 절대압력은 대기압력과 계기압력의 합이다.

절대압력 = 대기압력 + 계기압력

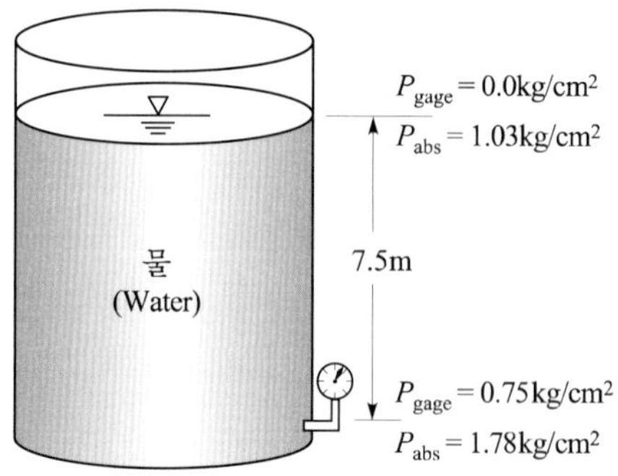

그림 2.2 물의 압력

표준 대기압은 평균 해수면(海水面)에서 대기가 지구 표면을 누르는 평균압력을 말하는데, 그 크기는 다음과 같다.

$$1\text{기압(氣壓)} = 760\ mmHg = 1.033\ kg/cm^2 = 10.33\ m(\text{수두})$$
$$= 1.013\ \text{바}(bar) = 1,013\ \text{밀리바}(milibar)$$

대기압보다 낮은 압력을 통상 부압(Negative pressure) 또는 진공(Vacuum)이라 한다. 정상류 흐름에서 압력이라고 하면 통상 계기압력을 말하므로, 이 점에서의 절대압력은 계기압력에 1 바(bar 또는 $1kg/cm^2$)를 더해주면 된다. 그러나 부정류에서는 하강서지(Downsurge)에 의해 압력이 대기압 이하로 떨어질 수 있으며, 절대압력이 0인 상태(통상, $-1\ kg/cm^2$ 또는 -10 m)에 이르면 증기압이 발생하여 물에 녹아있던 공기가 용출되는 수주분리 현상

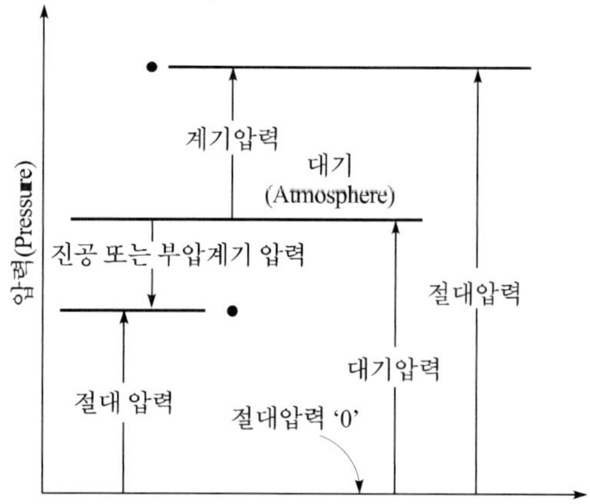

그림 2.3 압력의 분포

(Column separation)이 발생하여 시설물에 손상을 주게 되므로, 부정류 흐름에서는 절대압력을 고려할 필요가 있게 된다.

1) 증기압(Vapor pressure)

물의 온도를 특정 온도에서 일정하게 하고 압력을 낮추면 물은 증발(끓어오름)하게 된다. 이 경우 물의 온도와 끓어오르기 시작하는 압력(절대압력) 사이에는 일정한 관계가 있다. 증기압이란 특정 온도에서 물이 연속적으로 증발(끓음)할 때 수면에 작용하는 압력을 말하고, 포화증기압은 수증기가 포화하였을 때의 증기압을 말한다.

대기압 상태인 1 기압(1 바(bar) 절대압력)에서는 물이 100℃에서 끓는(증발)다. 증기압은 표고와 온도에 따라 달라지나, 통상적으로 수돗물 공급 조건에서는 표고와 온도 차를 무시할 수 있으며, 일반적인 조건 하에서의 절대온도 0 또는 $-1\ bar$ (약 -10 m)의 계기압력(통상의 압력계에 의한 압력) 하에서 물은 증발한다고 가정한다. 포화증기압은 밸브 또는 펌프 등에서 발생하는 캐비테이션의 검토에 있어 매우 중요한 인자가 된다.

온도에 따른 물의 포화증기압은 표 2.3과 같다.

표 2.3 물의 포화증기압

수온(℃)	0	5	10	15	20	25	30
포화증기압(m)	0.062	0.089	0.125	0.174	0.238	0.323	0.432
수온(℃)	40	50	60	70	80	90	100
포화증기압(m)	0.752	1.257	2.031	3.177	4.829	7.149	10.332

2) 수압(Water pressure)

수중의 한 점에 작용하는 정수압은 Pascal의 원리에 따라 모든 방향에서 동일하며, 수체에서 연직방향으로의 압력변화는 물의 단위중량과 같다. 즉, 수체에 작용하는 압력은 다음과 같이 표현된다.

$$\frac{dP}{dh} = \gamma \tag{2.7}$$

물의 압력은 물의 깊이와 단위중량에 직접적인 상관이 있는데, 식 (2.7)을 적분하면 수면으로부터의 깊이가 h인 수중의 한 점 A에서의 압력 P_A는 물의 단위중량 γ에 깊이 h를 곱한 값이다.

$$P_A = \gamma \times h \ (kg/cm^2)$$
$$h = \frac{P}{\gamma} \ (m) \qquad (2.8)$$

그림 2.4와 같이 정지하고 있는 수중에서는 수평 방향으로의 압력변화는 전혀 없다. 즉, 용기의 크기나 모양에 상관없이 물의 높이(수위)만 같다면 A점에서의 압력은 같다.

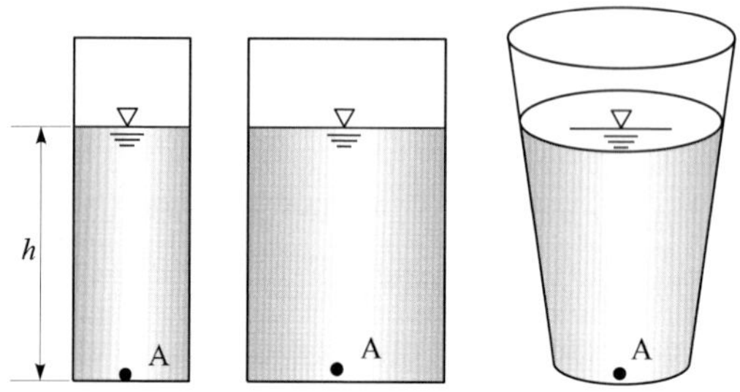

그림 2.4 정지된 유체의 압력

예제 위의 그림 2.4에서 h가 20 m일 때 바닥 A점에서의 압력은 얼마인가?

풀이)

$$P = \gamma \times h = 1{,}000 \ kg/m^3 \times 20 \ m$$
$$= 20{,}000 \ kg/m^2 = 20{,}000 \frac{kg}{100^2 \ cm^2} = 2 \ kg/cm^2$$

위에서 설명한 바와 같이 수중의 압력은 어느 지점에서나 압력(kg/cm^2)과 물의 깊이(h)가 직접적으로 연관되기 때문에 'kg/cm^2' 등으로 표시되는 압력과 'm'로 나타낼 수 있는 수두로 함께 표현할 수 있다.

예제 1 kg/cm^2의 수압을 수두(m)로 표현하라.

풀이)

$$h = \frac{P}{\gamma} = \frac{1 \ kg/cm^2}{1{,}000 \ kg/m^3}$$
$$= \frac{1 \ kg/(1/100)^2 \ m^2}{1{,}000 \ kg/m^3} = \frac{10{,}000 \ kg/m^2}{1{,}000 \ kg/m^3} = 10 \ m$$

2.1.2 물의 흐름

(1) 정의

시간과 위치 그리고 방향에 따라 변하며 연속하여 운동하는 물의 상태를 흐름(Flow) 또는 수류(水流, Flow of water)라고 한다. 물의 흐름을 설명하기 위하여 유선이나 유관이라는 가상의 선이나 관이 사용되는데, 그 정의는 다음과 같다.

- 유적선(流跡線, Path line) : 유체의 입자가 흐르는 자취(경로)
- 유선(流線, Stream line) : 어느 순간에 모든 점에 있어서 속도벡터가 접선이 되는 가상의 곡선

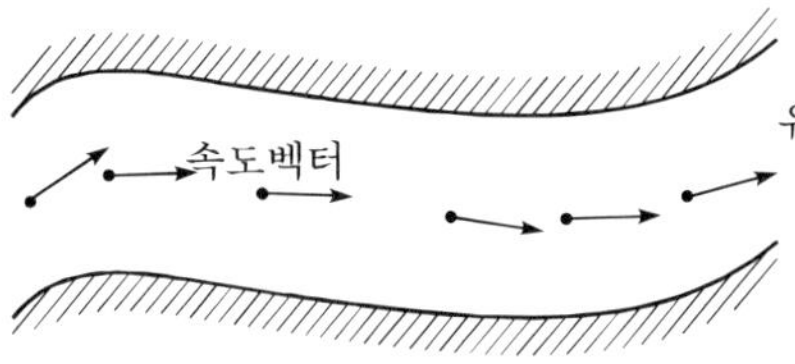

그림 2.5 정상류에서의 유선과 유적선

- 정상류에서는 유선과 유적선이 일치하지만, 부정류의 경우에는 일치되지 않는다. 아래 그림은 부정류의 유선과 유적선을 나타낸 것이다.

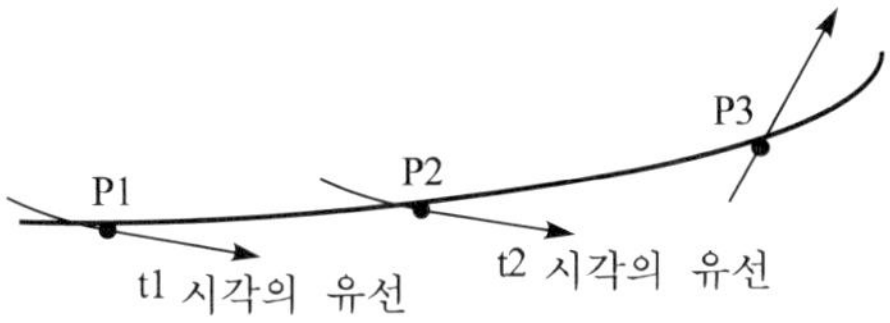

그림 2.6 부정류에서의 유선과 유적선

- 유관(流管, Stream tube) : 흐름 속에 가상한 폐곡선을 통과하는 유선으로 둘러싸인 공간

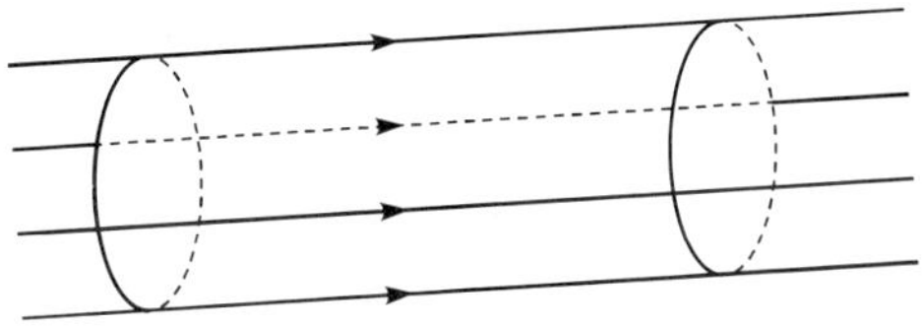

그림 2.7 유관의 개념

(2) 정상류와 부정류

유속, 압력, 밀도 등의 흐름특성이 한 지점에서 시간에 따라 변하지 않고 일정하게 유동하는 흐름을 정상류(定常流, Steady flow) 또는 정류(定流)라 하며, 어느 한 가지 특성이라도 변하는 흐름을 비정상류 또는 부정류(不定流, Unsteady flow)라고 한다. 실무에 있어서 평상시의 하천 및 관수로의 흐름은 정상류로 취급하며, 홍수 시의 하천 흐름 및 수격작용(水擊作用, Water hammer) 시의 관수로 흐름은 부정류로 취급한다.

관망해석에서 정상류상태(Steady-state) 해석이란 정상류의 정의와 같이 흐름의 특성이 시간에 따라 변하지 않는 상태에서의 흐름을 해석하는 것을 말한다.

(3) 등류와 부등류

흐름특성이 어느 단면에서나 같은 흐름을 등류(等流, Uniform flow)라 하고, 단면에 따라 흐름특성이 변하는 흐름을 부등류(不等流, Nonuniform flow)라 한다. 아래 그림과 같이 관내를 흐르는 물이 정상류라면 A-B 간 및 C-D 간은 각각 등류이나 B-C 간은 부등류이다.

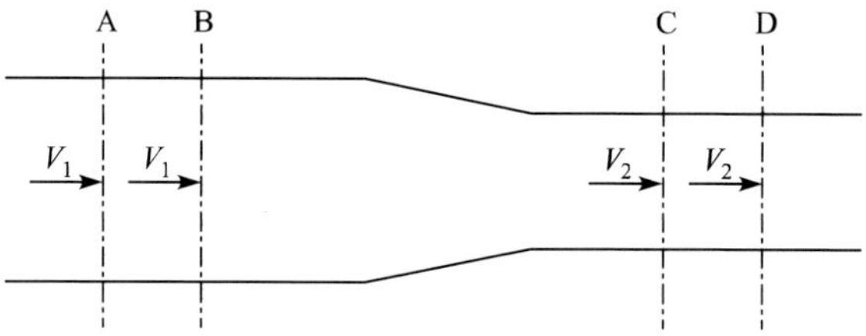

그림 2.8 등류와 부등류

(4) 층류와 난류

흐름특성 중에서 물 분자가 흐트러지지 않고 정연하게 흐를 때, 이 흐름을 층류(層流, Laminar flow), 그렇지 않은 흐름을 난류(亂流, Turbulent flow)라 한다. 이와 같은 흐름의 상태는 Reynolds에 의해서 연구된 것으로, 층류 상태로 흐르는 수류의 유속을 어떤 한계치 이상으로 크게 하면 유선은 흐트러지고, 유속을 다시 작게 하면 층류가 된다. 이와 같이 층류에서 난류 또는 난류에서 층류로 변화하는 조건은 유속뿐만 아니라 흐름의 규모, 점성 등에 따라 달라지게 된다.

Reynolds는 많은 실험을 통해 지름이 D인 원형관 속의 평균유속을 V, 동점성계수를 ν라고 할 때, 이들을 양으로 만드는 무차원수의 크기에 따라 층류도 되고 난류도 된다는 것을 발견하였다. 즉,

$$R_e = \frac{VD}{\nu} \tag{2.9}$$

이와 같은 무차원수(R_e)를 레이놀즈수(Reynolds number)라고 하며, Reynolds의 실험결과를 관수로 흐름에 대해 정리하면 아래와 같다. 특히, R_e가 2,000일 때를 한계레이놀즈수(Critical reynolds number)라 한다.

R_e < 2,000일 때는 층류
2,000 < R_e < 4,000일 때는 과도상태 또는 천이영역(遷移領域)
R_e > 4,000일 때는 난류

개수로에서의 레이놀즈수는 관로의 지름(D) 대신에 다음 식과 같이 동수반경 R을 사용한다.

$$R_e = \frac{VR}{\nu} \tag{2.10}$$

여기서, R은 동수반경으로 단면적을 윤변으로 나눈 값이다.

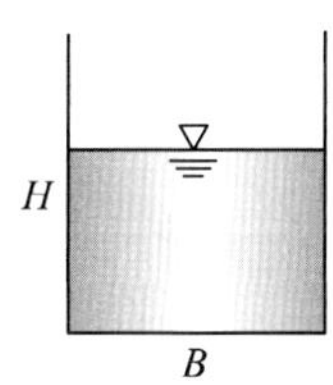

$$R = \frac{\text{면적}}{\text{윤변}} = \frac{B \times H}{B + 2H}$$

개수로 흐름에서는 대략 R_e 값이 500~12,500 사이에서 흐름의 상태가 천이(Transition)하는 것으로 알려져 있다.

관망해석에서 레이놀즈수가 중요한 이유는 층류, 난류 등 흐름의 영역에 따라 관 마찰손실계수가 달라지기 때문이다.

예제 직경 150 mm인 원형 관에 물이 흐르고 있다. 유속(V)이 10 $cm/\sec$일 때, 레이놀즈수를 구하고, 이 흐름이 층류인지 난류인지를 판단하라. 단, 수온은 20℃, 동점성계수 ν = 0.01 $cm^2/\sec$이다.

풀이)

$$R_e = \frac{VD}{\nu} = \frac{10\ cm/\sec \times 15\ cm}{0.01\ cm^2/\sec} = 15{,}000$$

즉, 레이놀즈수는 2,000 이상으로 원형 관의 흐름은 난류이다.

(5) 개수로(開水路) 흐름(Open channel flow)

개수로 흐름은 하천 또는 강에서 자유표면(自由表面)을 가지고 중력(重力)에 의해 흐르는 흐름을 말한다. 만일 관이나 터널과 같은 관의 형태로 되어 있는 곳을 흐르더라도 꽉 차서 흐르지 않으면 그 흐름의 형태는 개수로 흐름이 된다.

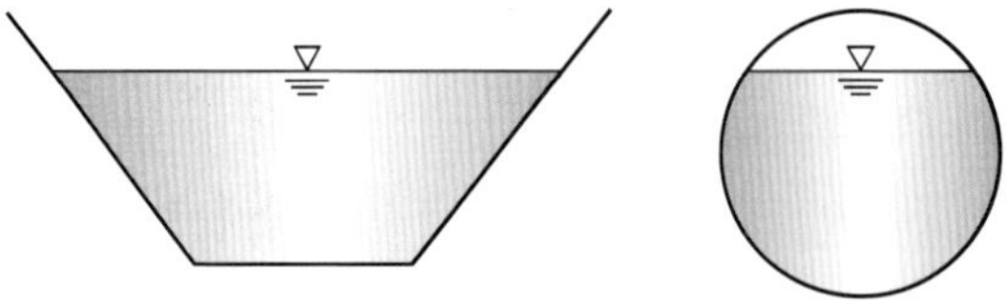

그림 2.9 개수로 흐름

(6) 관수로(管水路) 흐름(Pipe flow)

관수로 흐름은 관로 또는 밀폐된 수로에 유체가 가득 차서 압력 차로 인해 흐르는 흐름을 말하며, 개수로가 높은 지역에서 낮은 지역으로(고수위 → 저수위) 흐르는 반면, 관수로 흐름은 압력 및 중력 등의 에너지 차에 의해서(고에너지 → 저에너지)로 흐른다.

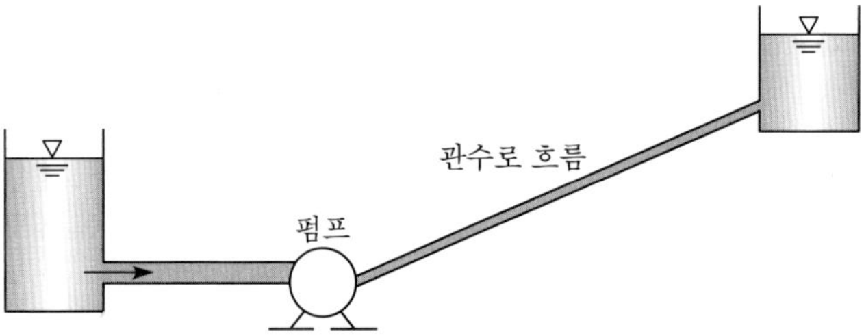

그림 2.10 관수로 흐름

2.2 관수로 수리학

2.2.1 관수로 흐름의 기본법칙

(1) 특성 보존(Property conservation)과 검사체적

물의 흐름해석에서 중요한 유체의 4가지 특성(Properties)은 물의 질량(Mass of water), 염소와 같은 성분질량(Mass of constituent), 흐름의 에너지(Flow energy), 그리고 운동량(Momentum)이다. 이 특성들은 해석하고자 하는 시스템의 크기에 따라 외적특성(Extensive properties)과 내적특성(Intensive properties)으로 구분한다. 외적특성은 전체 질량을 대변하는 특성들로 기호 B로 나타낸다. 표본의 크기에 좌우되지 않는 내적특성은 단위질량 당 특성으로 기호 β로 나타낸다.

내적특성은 단위질량 당 외적특성을 의미하므로 주어진 시스템에서 내적특성과 외적특성 간의 관계는 다음과 같이 나타낼 수가 있다(이재수, 2007).

$$B = \int \beta dm = \int \beta \rho dV \tag{2.11}$$

여기서, dm 및 dV는 미소 질량 및 체적을 나타내며, 적분은 주어진 순간의 시스템 전체 특성을 의미한다.

유체 특성의 움직임을 수식으로 표현하는 방법에는 두 가지 방법이 있다. 첫 번째는 Lagrange 방법으로서 유체 내 개별 입자들을 추적하는 방법이다. Lagrange 방법은 시스템 내의 전반적인 변화를 결정하기 위하여 시간경과에 따른 한 입자의 위치를 지속적으로 추적하는 방법으로, 교통흐름을 파악하기 위하여 어떤 자동차의 전체 이동경로를 추적하는 방법과 흡사하다고 할 수 있다.

두 번째 흐름해석 방법은 Euler 방법이다. 이 방법은 시스템 내의 한 지점에서 시간경과에 따른 그 지점을 지나가는 입자들의 움직임을 파악하는 것이다. 도로교통을 예로 들면, 교차로에 CCTV를 설치하여 교통상황을 파악하는 방법과 흡사하다고 할 수 있다. 유체 시스템에서의 Euler 방법론은 검사체적(Control volume)을 구성하고, 이 검사체적으로 유입 및 유출하거나 체적 내에 머무는 유체의 특성을 관찰하여 그 특성을 파악하는 것이다.

검사체적이란 유체가 흐르는 공간상의 일정한 구간을 의미하며, 개개의 입자들을 구분하기 어려운 유체의 흐름에서 유체가 흐르는 공간에 초점을 맞추어 문제를 해결하고자 하는 경우, 즉 시간에 따라 변하는 물흐름의 특성변화를 해석하고자 할 때 사용된다. 검사체적을 둘러싸고 있는 표면을 검사표면(Control surface)이라고 한다.

이와 같은 유체의 특성을 이해하는 것은 관망에서의 수리적, 수질적 거동 문제를 해결하는 데 있어 매우 중요하다. 흐름 문제를 수식화하기 위하여 검사체적은 관심 구역으로 정의된다. 예를 들면 그림 2.11에 나타낸 축소 구간이 고려중인 검사체적이 되는데, 이는 관로의 벽과 같이 물리적인 경계와 일치하게 된다.

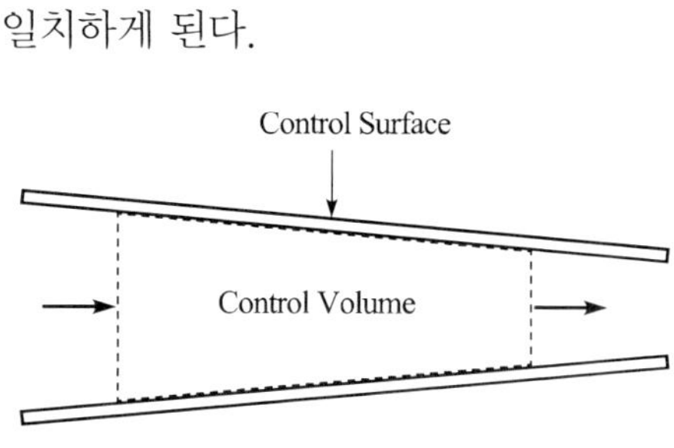

그림 2.11 검사체적의 개념

검사체적 내에서의 질량, 에너지와 같은 유체 특성의 변동량(ΔB_{cv})은 유입량(B_{in})과 유출량(B_{out})의 차이에 외부에서 검사체적으로 들어오는 순 유입량(ΔB_{sys})을 더한 값이 된다(Boulos et al., 2004).

$$\Delta B_{cv} = B_{in} - B_{out} + \Delta B_{sys} \tag{2.12}$$

(2) 보존법칙(Conservation law)

질량, 운동량 및 에너지 보존법칙은 물흐름의 문제를 푸는 데 있어 가장 기본적인 개념이다. 질량, 에너지 및 운동량 보존개념으로부터 간략하게 유도한 방정식을 각각 연속방정식, 베르누이(Bernoulli)방정식 및 운동량(Momentum)방정식이라 한다.

1) 질량보존법칙(Law of mass conservation)

"질량은 창조되지도 않고 소멸되지도 않는다."라는 질량보존의 법칙에 의해 정상류에서 모든 단면을 지나는 질량유량(質量流量, Flow rate)은 항상 일정하다는 것이다. 이러한 법칙을 이용한 것이 연속방정식(連續方程式, Continuity equation)이다. 정상류 흐름에서 한 단면에서 다른 단면을 지나는 질량유량은 같다는 것으로 이는 유체흐름의 연속성을 나타내 준다.

$$A_1 V_1 = A_2 V_2 = Q \tag{2.13}$$

여기서, A는 관의 단면적(m^2), V는 평균유속($m/\sec$) 및 Q는 유량($m^3/\sec$)이다.

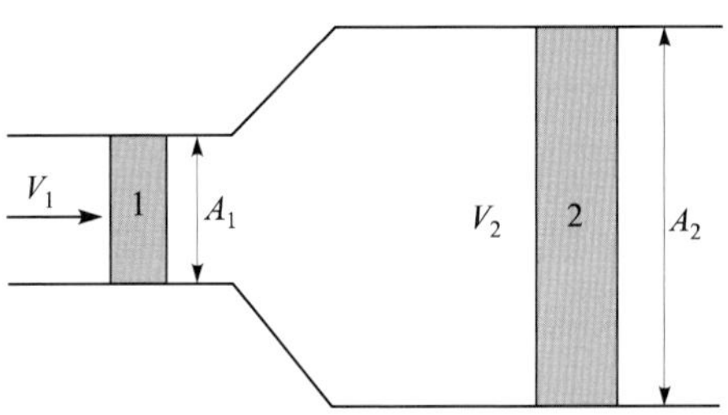

그림 2.12 물흐름의 연속성

질량보존법칙을 그림 2.13과 같은 저류탱크에서의 검사체적을 통해 나타내보자. 이 탱크를 통해 유체의 질량이 t 시간과 Δt 시간에 걸쳐 유입과 유출을 변동하게 된다. 탱크 내에서의 질량수지는 다음 식과 같이 나타낸다(Lansey and Boulos, 2005).

$$m_{in} - m_{out} = M_{CV,t+\Delta t} - M_{CV,t} \tag{2.14}$$

여기서, m_{in}과 m_{out}은 각각 탱크에 유입되고 유출되는 유체의 질량이며, $M_{CV,t+\Delta t}$와 $M_{CV,t}$는 각각 $t+\Delta t$와 t 시간에서의 탱크 내 질량이다.

시간별 흐름의 특성 변동이 없는 정상류상태에서는 검사체적 내에서의 체적 변동이 없게 되고, 위 식의 우측 항이 0이 된다. 따라서 비압축성 유체의 여러 유입 및 유출이 있는 정상류 상태의 질량보존은 다음 식과 같이 표현된다.

$$\sum_{inflow} A_{in} V_{in} - \sum_{outflow} A_{out} V_{out} = 0 \tag{2.15}$$

여기서, A와 V는 각각 유입(in) 및 유출(out)의 단면적과 유속을 의미한다.

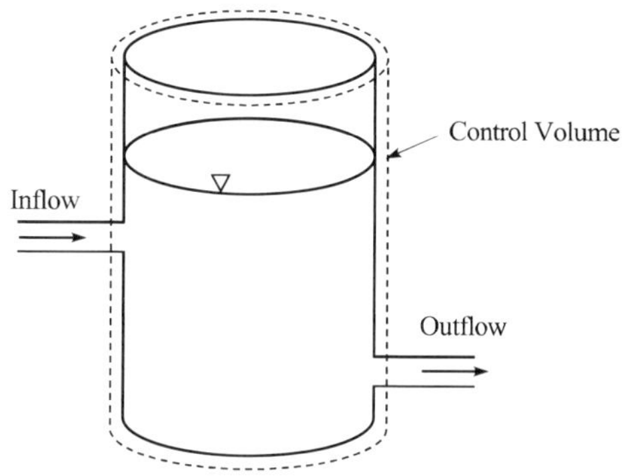

그림 2.13 저류탱크에서의 검사체적

그림 2.13과 같은 저류탱크의 유량에 대해 연속방정식을 적용하면 유입유량에서 유출유량을 빼면 단위 시간별 저류되는 수량이 된다. 즉,

[시간별 저류되는 유량] = [유입량] – [유출량]

$$\frac{dV}{dt} = Q_{in} - Q_{out}$$

$$\text{또는 } \frac{dV}{dt} = I(t) - Q(t)$$

여기에서, dV/dt : 시간별 저류량의 변화

Q_{in}, $I(t)$: 시간별 유입량

Q_{out}, $Q(t)$: 시간별 유출량

예제 시간별 유입 및 유출량이 아래와 같은 배수지의 수위변화를 계산하라. 단 배수지는 7 m × 7 m의 직사각형이며, 0시의 수위는 1.0 m이다.

시간	1	2	3	4	5	6	7	8	9	10
유입량 (m^3/hr)	590	580	570	580	600	512	522	501	538	513
유출량 (m^3/hr)	509	511	510	509	520	590	620	600	556	550

풀이)

$$\frac{dV}{dt} = I(t) - Q(t)$$

$$dV = I(t)dt - Q(t)dt$$

여기서, V는 저류량으로 $dV = A \times dh$가 된다.

A : 배수지 단면적, dh : 배수지 수위변화

$$\int_{t-1}^{t} A \cdot dh = \int_{t-1\Delta t}^{t\Delta t} I(t)dt - \int_{t-1\Delta t}^{t\Delta t} Q(t)dt$$

또는 $A(h_t - h_{t-1}) = I_t - Q_t, t = 1, 2, \ldots$

$\therefore\ h_t = h_{t-1} + 1/A(I_t - Q_t)$

시간	유입량 (m^3/hr)	유출량 (m^3/hr)	체류유량 (ΔQ)	면적 (A)	수위변화(m)	
					시간별	누적
0					1.0	1.0
1	590	509	81	49	1.7	2.7
2	580	511	69	49	1.4	4.1
3	570	510	60	49	1.2	5.3
4	580	509	71	49	1.4	6.7
5	600	520	80	49	1.6	8.4
6	512	590	−78	49	−1.6	6.8
7	522	620	−98	49	−2.0	4.8
8	501	600	−99	49	−2.0	2.8
9	538	556	−18	49	−0.4	2.4
10	513	550	−37	49	−0.8	1.6

2) 에너지보존법칙(Law of energy conservation)

모든 흐르는 유체는 에너지 차에 의해 흐르게 되는데, 에너지방정식은 유체에 대한 에너지 보존법칙을 적용한 것이다. 수리(水理, Hydraulics) 문제에서 통상 다루게 되는 에너지는 운동, 위치 및 압력 에너지로서, 다음 식은 각각의 에너지방정식을 나타낸 것이다.

$$
\begin{aligned}
\text{운동에너지} &= \frac{1}{2}\mathrm{mV}^2 \\
\text{위치에너지} &= \mathrm{mgz} \\
\text{압력에너지} &= \frac{\mathrm{Pm}}{\rho}
\end{aligned}
\tag{2.16}
$$

여기서, m : 질량, V : 평균유속, g : 중력가속도, z : 표고, P : 압력, ρ : 밀도이다.

관로 내 모든 지점에서 유체의 에너지는 일정하다는 것이 에너지보존법칙이며, 다음과 같이 표시된다.

$$\frac{P}{\gamma}+\frac{V^2}{2g}+z=H=\text{ 일정} \tag{2.17}$$

위 식을 베르누이(Bernoulli)의 에너지방정식이라 하며, 식 (2.16)의 에너지방정식에서 질량 m을 소거하고, 단위중량을 γ로 나타내어 에너지를 수두(m)의 형태로 나타낸 것이다. 위 식에서 P/γ를 압력수두(壓力水頭, Pressure head), $V^2/2g$를 속도수두(速度水頭, Velocity head), z를 위치수두(位置水頭, Potential head)라 하며, H를 전수두(全水頭, Total heal)라 하는데, 단위는 모두 미터(m)이다.

예제 다음 그림과 같이 직경 400 mm(단면1)에서 200 mm(단면2)로 점축소되는 원형관이 수평으로 연결된 경우, 각 단면의 유속과 단면2에서의 압력을 계산하라. 단, 단면1에서의 압력 P_1 = 0.5 kg/cm^2, 유량 Q = 0.2 m^3/sec이다.

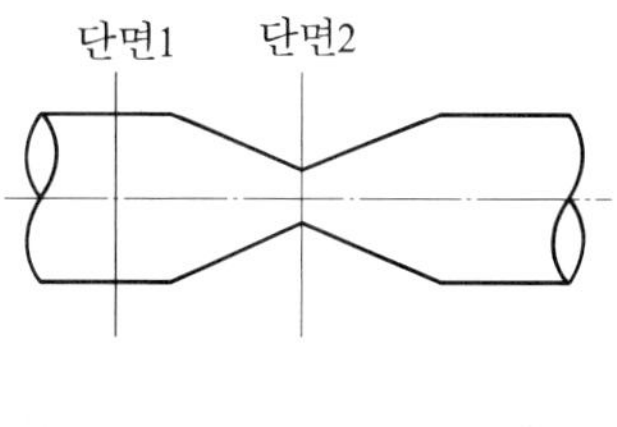

풀이)

단면1 과 2에 대하여 베르누이 정리를 적용하면,

$$\frac{P_1}{\gamma}+\frac{V_1^2}{2g}+z_1=\frac{P_2}{\gamma}+\frac{V_2^2}{2g}+z_2$$

$$z_1 = z_2,\ \frac{P_1}{\gamma} = 5\,m,\ V_1 = \frac{Q}{A} = \frac{4Q}{\pi D_1^2}$$

$$V_1 = \frac{4 \times 0.2\,m^3/\mathrm{sec}}{3.14 \times 0.4^2\,m^2} = 1.59\,m/\mathrm{sec},\ \ V_2 = 6.37\,m/\mathrm{sec}$$

이를 베르누이 정리에 대입하면,

$$5\,m + \frac{1.59^2}{2 \times 9.81} = \frac{P_2}{\gamma} + \frac{6.37^2}{2 \times 9.81} = 3.06\,m$$

즉, $P_2 = 0.306\,kg/cm^2$

위의 예제와 같이 수축지점에서는 속도수두가 높아지고 압력이 낮아져 동수두가 급격하게 떨어지나, 다시 확대구간에서는 압력이 회복되어 동수두(위치수두+압력수두)가 재상승하는 현상이 발생하게 된다.

에너지선(Energy Line, EL)은 각 지점의 에너지를 그래프로 표현한 것으로서, 위치수두, 압력수두와 속도수두를 합한 수두를 전수두(全水頭, Total head)라고 하고, 이 점을 연결한 선이 곧 에너지선이다.

즉, 에너지선(EL) = $\dfrac{V^2}{2g} + \dfrac{P}{\gamma} + z$

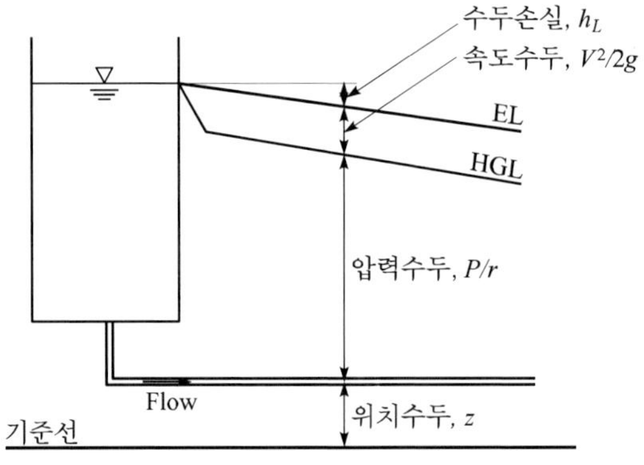

그림 2.14 에너지선과 동수경사선

동수경사선(Hydraulic Grade Line, HGL)은 에너지선에서 속도수두를 뺀 것으로 위치수두와 압력수두를 합한 값을 연결한 선을 말하는데, 이 선은 관내에 Tube를 수직으로 설치하고 위에는 대기압을 받도록 개방하였을 때 물이 상승하는 높이와 같으며, 통상 위치수두(z)와 압력수두(P/γ)를 합한 수두를 피에조미터 수두(Piezometric head)라고도 부른다.

즉, 동수경사선(HGL) = $\dfrac{P}{\gamma} + z$

두 지점에서의 유체에 대한 에너지 관계는 에너지보존법칙에 의해 다음과 같이 표시된다.

$$\frac{P_1}{\gamma} + \frac{V_1^2}{2g} + z_1 = \frac{P_2}{\gamma} + \frac{V_2^2}{2g} + z_2 + \sum h_{L_{1-2}} \tag{2.18}$$

여기서, $\sum h_{L_{1-2}}$은 지점1과 지점2 사이의 마찰손실 등 모든 손실을 합한 것이다.

에너지선과 동수경사선은 유체 흐름에 대한 정보를 제공할 뿐만 아니라, 관로의 문제를 이해하고 해결하는 데 유용하게 활용할 수 있다. 그림 2.15에서와 같은 관망체계에서 시작점에서의 유속은 0(Zero)이며, 수표면(水表面)에서의 압력도 0(즉, 대기압)이므로 시작점에서의 에너지선(EL)은 저수지 표면이 된다. 상류측 유입 관로 끝에서의 에너지선은 저수지 표면보다 약간 내려가 있는데, 그것은 관로의 유입손실 때문이며, 하류측 유출 관로 끝에서 에너지선이 약간 높게 있는 것은 관로의 유출 손실과 펌프의 압력이 수표면과 정확하게 일치하지 않고 높기 때문이다.

터빈과 펌프 사이의 관로가 수축된 곳에서는 유속이 빨라지기 때문에 속도수두($V^2/2g$)가 높아지고, 압력수두(P/γ)가 낮아져 동수경사선(HGL)이 급격하게 떨어졌다가 다시 상승하게 되는 현상이 나타나게 된다.

그림 2.15와 같이 펌프와 터빈이 설치되어 있는 관망체계의 에너지방정식은 다음과 같다.

$$\frac{P_1}{\gamma} + \frac{V_1^2}{2g} + z_1 + h_P = \frac{P_2}{\gamma} + \frac{V_2^2}{2g} + z_2 + h_T + \sum h_{L_{1-2}} \tag{2.19}$$

여기에서 h_P는 펌프에 의한 상승에너지 수두이며, h_T는 터빈에 의한 손실에너지 수두이다.

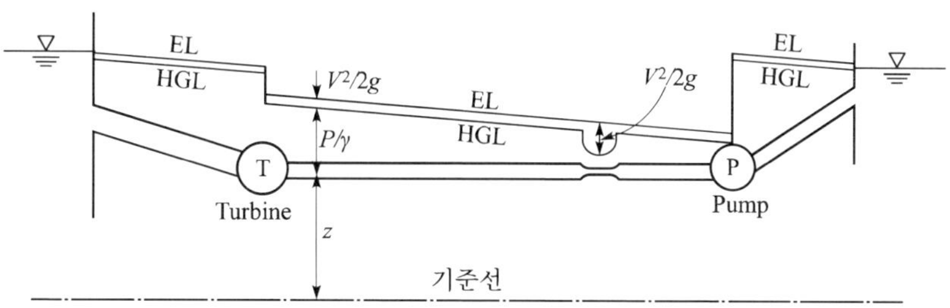

그림 2.15 관로 내의 에너지선(EL)과 동수경사선(HGL)

3) 운동량보존법칙(Law of momentum conservation)

운동량은 Newton의 법칙으로부터 질량과 속도변화의 곱($F = ma$)으로 정의된다. 운동량 방정식을 이용하면 연속방정식과 베르누이방정식으로는 해석이 불가능한 문제를 쉽게 풀 수 있으며, 에너지방정식과 함께 많이 사용되기도 한다. 운동량방정식은 다음과 같이 정의된다.

$$\sum F = \rho Q(V_2 - V_1) \tag{2.20}$$

여기서, $\sum F$: 작용하는 힘의 합, $\rho = \dfrac{m}{\overrightarrow{V}}$에서, $m = \rho \overrightarrow{V} = \rho Q$, $a = V_2 - V_1$, $\overrightarrow{V}$는 검사표면의 체적이며, V_1 및 V_2는 검사표면을 통과하는 시작점과 끝점의 유속이다.

(3) 베르누이 정리의 응용

1) 토리첼리(Torricelli)의 정리(오리피스 공식)

그림 2.16과 같이 물탱크의 측벽에 작은 구멍을 뚫어서 물을 유출시키는 경우를 생각해 보자. 이와 같이 물을 유출시키는 구멍을 오리피스(Orifice)라 부른다.

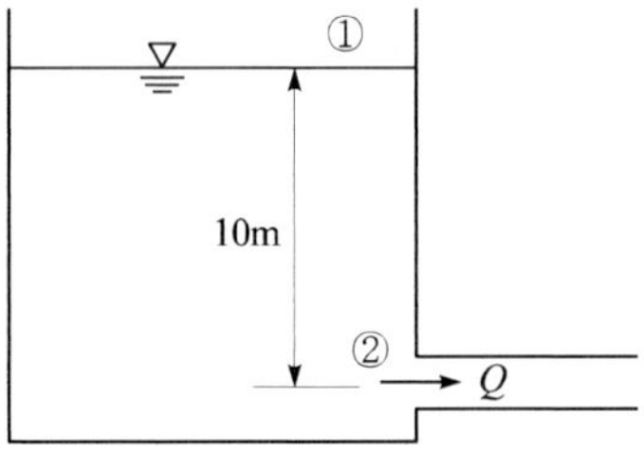

그림 2.16 오리피스

그림 2.16과 같은 탱크에서 깊이 10 m에 위치한 직경 500 mm관에서의 유출량을 베르누이 방정식 ($\dfrac{P_1}{\gamma} + \dfrac{V_1^2}{2g} + z_1 = \dfrac{P_2}{\gamma} + \dfrac{V_2^2}{2g} + z_2$)을 이용하여 구해보자.

베르누이방정식에서 토출관 중심 ②지점을 기준선으로 하면 위치수두는 같으며, ①지점에서의 압력수두($\dfrac{P_1}{\gamma}$)는 물의 깊이인 10 m와 동일하고, 속도는 없기 때문에 속도수두($\dfrac{V_1^2}{2g}$)는 0이 된다. 또한 ②지점에서는 수압이 대기압과 같기 때문에 압력수두($\dfrac{P_2}{\gamma}$)는 0이다.

따라서,

$$10(\mathrm{h})\,\mathrm{m} + 0 + 0 = 0 + \frac{\mathrm{V}_2^2}{2\mathrm{g}} + 0$$

$$\mathrm{V}_2^2 = 2\mathrm{g} \times 10(\mathrm{h})\,\mathrm{m}$$

$$\mathrm{V}_2 = \sqrt{2\mathrm{gh}} = \sqrt{2 \times 9.8 \times 10} = 14\ \mathrm{m/sec}$$

$$\mathrm{Q} = \mathrm{AV} = \frac{\pi \times 0.5^2}{4} \times 14 = 2.75\ \mathrm{m^3/sec}$$

즉, 오리피스에서 $V = \sqrt{2gh}$ 의 관계가 되는데, 이 식을 오리피스 공식이라 부른다.

이 식은 베르누이 정리를 응용하여 구한 것이지만, 1643년 토리첼리가 실험결과를 통해 베르누이 정리보다 먼저 발표하여 토리첼리의 정리라 부른다. 오리피스 공식에서의 유속 V는 이상유체에 대한 이론유속이며, 실제유속을 구하기 위해서는 이론유속을 보정하는 유속계수를 곱해주어야 한다.

2) 피토관(Pitot-tube)

피토관은 베르누이 정리를 응용하여 유속을 측정하는 계기이다. 그림 2.17과 같이 유속 V로 흐르는 물속에 전면 또는 측면에 뚫린 직각으로 구부러진 관을 설치하면 (b)의 경우는 유속의 영향으로 관내의 물을 밀어 올려 h만큼 관내의 수면이 상승하게 된다.

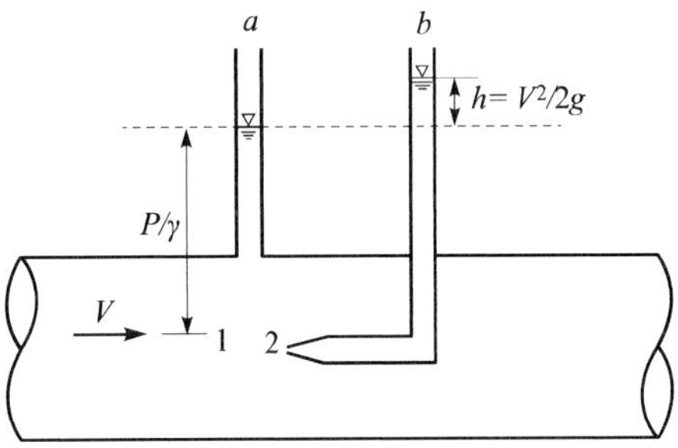

그림 2.17 피토관 원리

점1과 점2에 베르누이 정리를 적용하면, $\frac{V_1^2}{2g}+z_1+\frac{P_1}{\gamma}=\frac{V_2^2}{2g}+z_2+\frac{P_2}{\gamma}$에서 위치 $z_1 = z_2$이며, 피토관 내의 유속은 0이기 때문에 속도수두는 0이 된다.

따라서,

$$\frac{V_1^2}{2g}+\frac{P_1}{\gamma}=\frac{P_2}{\gamma}$$

$$\frac{V_1^2}{2g}=\frac{P_2}{\gamma}-\frac{P_1}{\gamma}=h \tag{2.21}$$

$$\therefore\ V_1=\sqrt{2gh}$$

여기서, 피토관에서의 압력은 압력수두와 속도수두의 합으로서 이 압력을 정체압력 또는 총압력(總壓力, Stagnation pressure or Total pressure)이라 한다.

일반적으로 개수로의 유속측정은 피토관 위의 상승 수면 높이를 측정하고, 관수로에서의 유속측정은 피토관과 피에조미터(Piezometer)의 수면 차를 측정한다.

예제 유속계수가 0.98인 피토관에서 총압력(그림 2.17의 b점)이 5.67 m이고, 압력수두(그림 2.17의 a점)가 4.72 m일 때, 이 관에서의 유속은 얼마인가?

풀이)

속도수두 h = 5.67 m - 4.72 m = 0.95 m

피토관의 속도는

$V=\sqrt{2gh}=\sqrt{2\times 9.81(m/\sec^2)\times 0.95(m)}=4.32\ m/\sec$

3) 벤츄리미터(Venturi meter)

아래 그림과 같이 관로 중간에 단면 축소부를 연결하면 축소부에서 유속이 빨라지고 압력은 낮아지게 된다. 수축되지 않은 정상 관로 부분과 수축부의 압력 차(h)를 측정하여 유량을 구하는 계기를 벤츄리미터라고 한다.

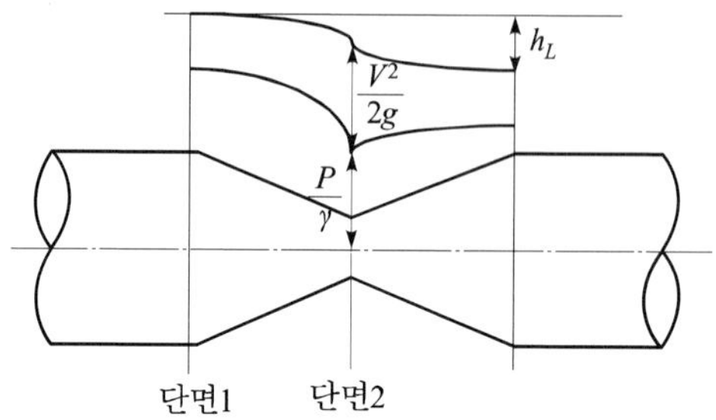

그림 2.18 벤츄리미터의 원리

그림 2.18의 단면1과 단면2의 단면적, 평균유속 및 압력을 각각 A_1, V_1, P_1 및 A_2, V_2, P_2라고 하고, 두 점에 베르누이 정리를 적용하면,

$$\frac{V_1^2}{2g} + z_1 + \frac{P_1}{\gamma} = \frac{V_2^2}{2g} + z_2 + \frac{P_2}{\gamma}$$

$$z_1 = z_2 \text{이므로,} \quad \frac{V_1^2}{2g} - \frac{V_2^2}{2g} = \frac{P_2}{\gamma} - \frac{P_1}{\gamma}$$

연속방정식으로부터 $V_2 = \frac{A_1}{A_2} V_1$이므로, 이를 대입하면,

$$V_1^2 \left\{ \left(\frac{A_1}{A^{2}} \right)^2 - 1 \right\} = 2g \left(\frac{P_1 - P_2}{\gamma} \right)$$

$$\therefore \; V_1 = \frac{A_2}{\sqrt{A_1^2 - A_2^2}} \sqrt{2g \frac{P_1 - P_2}{\gamma}}$$

벤츄리미터에는 그림 2.19와 같이 입구부와 목(Throat) 부분에 시차액주계(Differential manometer)를 연결하여 두 단면 사이의 압력 차를 측정한다. 수은이 들어 있는 시차액주계 내 수은주 차를 이용하여 유속과 유량을 측정하는 경우, 수은의 단위중량을 γ_o, 비중을 S_o, 물의 단위중량을 γ, 비중을 S, 측정된 수은주 차를 h로 표시하면, $P_1 - P_2 = h(\gamma_o - \gamma)$이므로 유속과 유량은 다음과 같이 계산된다.

$$V_1 = \frac{A_2}{\sqrt{A_1^2 - A_2^2}} \sqrt{2gh(S_o - S)}$$

$$Q = A_1 V_1 = \frac{A_1 A_2}{\sqrt{A_1^2 - A_2^2}} \sqrt{2gh(S_o - S)} \tag{2.22}$$

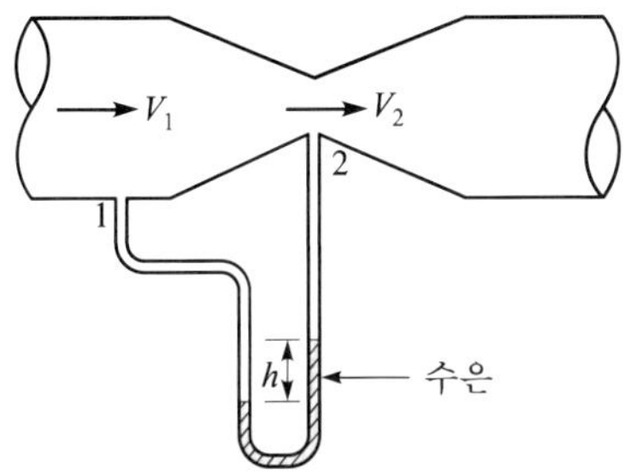

그림 2.19 벤츄리미터를 이용한 관내 유속측정

예제 그림 2.19와 같은 벤츄리미터에서 지점1의 관경 D_1 = 200 mm, 지점2의 관경 D_2 = 80 mm이고, 수은시차액주계의 수은주 차가 h = 9 cm일 때, 관내를 흐르는 유량을 구하라. 단, 수은의 비중은 13.55이다.

풀이)

A_1 = 324 cm^2, A_2 = 50.24 cm^2, 벤츄리미터의 유량공식을 활용하면,

$$Q = \frac{324 \times 50.24}{\sqrt{324^2 - 50.24^2}} \sqrt{2 \times 980 \times 9(13.55 - 1)}$$

$$= 23{,}928\ cm^3/\text{sec} = 0.024\ m^3/\text{sec}$$

2.2.2 수두손실(Head loss)

관수로의 흐름에서 생길 수 있는 수두손실은 일반적으로 두 가지 형태로 구분된다. 첫 번째는 관로의 길이를 따라 관 벽체와 물의 마찰에 의해 발생하는 마찰손실(Friction loss)로 상수도관망의 주요 수두손실이 되며, 두 번째는 물이 밸브, 곡관 등을 지날 때 흐름이 방해되어 발생하는 미소손실(Minor loss)이다.

(1) 관 마찰에 의한 수두손실

흐르는 물과 관 벽체와의 마찰에 의해 발생되는 마찰손실은 관로 내에서 발생하는 손실의

대부분을 차지하며, 이 수두손실의 계산에 일반적으로 사용되는 식은 다음과 같다.

$$\text{Darcy-Weisbach} \quad h_f = f\frac{L}{D}\frac{V^2}{2g} \tag{2.23}$$

$$\text{Hazen-Williams} \quad V = 0.35464\,CD^{0.63}I^{0.54} \tag{2.24}$$

$$\text{Manning} \quad V = \frac{1}{n}R^{2/3}I^{1/2} \tag{2.25}$$

여기서, f, C, n은 마찰계수(摩擦係數, Friction factor) 또는 조도계수라 하며, I는 동수경사(動水傾斜, Hydraulic gradient), D는 관 내경, L은 관 길이, R은 동수반경(動水半徑, Hydraulic radius)이다. 동수반경은 통수단면적을 윤변(물이 차 있는 변의 길이)으로 나눈 값이며, 관수로에서의 동수반경은 $D/4$이다.

3개의 식을 비교하기 위하여 손실수두와 유량의 항으로 식들을 바꾸어 보면 다음과 같이 나타낼 수 있다.

$$\text{Darcy-Weisbach} \quad h_f = 0.083\frac{f\,L\,Q^2}{D^5} \tag{2.26}$$

$$\text{Hazen-Williams} \quad h_f = 10.666\frac{L}{D^{4.87}}\left(\frac{Q}{C}\right)^{1.85} \tag{2.27}$$

$$\text{Manning} \quad h_f = 10.3\frac{L(nQ)^2}{D^{5.33}} \tag{2.28}$$

위 식들에서, 식을 구성하는 계수들 가운데 관경(D)의 민감도가 가장 높음을 알 수 있으며, 이것은 관망해석 모델을 구축하는 과정에서 관경을 잘못 입력하였거나, 공칭관경과 실제 관경의 차이를 혼동하여 입력하는 경우 해석결과에 큰 오차를 유발할 수 있음을 의미한다.

일반적으로 관수로의 흐름해석에서 많이 이용되고 있는 Hazen-Williams 식과 Darcy-Weisbach 식의 수두손실 특성을 비교해 보기로 하자.

Darcy-Weisbach 식의 마찰계수 f는 일반적으로 난류흐름인 관수로의 흐름에서 다음 식과 같다.

$$\frac{1}{\sqrt{f}} = 1.14 - 2\log\left(\frac{e}{D}\right) \tag{2.29}$$

여기서, e : 절대조도, D : 관 내경이다.

이 식에 식 (2.26)과 식 (2.27)을 결합하여 식으로 나타내면 다음과 같다.

$$\frac{h_{f\ H.W}}{h_{f\ D.W}} = \frac{10.666\dfrac{LQ^{1.85}}{D^{4.87}C^{1.85}}}{0.083\dfrac{fLQ^2}{D^5}} \tag{2.30}$$

$$= 128.5\left(1.14 - 2\log\frac{e}{D}\right)^2 \frac{D^{0.13}}{C^{1.85}Q^{0.15}}$$

즉, 유량(Q)이 같다면 Darcy–Weisbach 식의 수두손실이 더 크게 계산되며, 수두손실이 같다면 Darcy–Weisbach 식의 유량이 더 크게 계산되게 됨을 알 수 있다.

Darcy 공식이라고도 불리는 Darcy–Weisbach 식은 유체와 가스(Gas), 층류와 난류, 거칠거나 매끈한 관 등 다양한 조건에 대해서 적용할 수 있는 식이다. 이 식의 주요 단점은 마찰계수 f가 미지수의 하나로 작용하며 별도의 반복해법을 이용하여 마찰계수를 계산해야 한다는 것이다. 그런데도 이 공식에 대한 기술자들의 사용이 증가하고 있는데, 그 이유는 적용의 폭이 넓기 때문이다.

Hazen–Williams 식은 송·배수관로에서의 마찰손실 실험을 통해 개발된 경험식이다. 이것은 적당히 매끈한 관(주철관 같은)에서는 잘 맞으나, 거친 관, 관경이 작은 관 또는 층류에 대해서는 계산의 정확성이 떨어진다. 그러나 적용이 쉬운 이유로 상수도관망 해석 등 실무에서 많이 사용되고 있다. 조도계수(C), 유량, 관경, 동수경사에 대해 식을 변환하여 나타내면 다음과 같다.

$$\begin{aligned} C &= 3.5903QD^{-2.63}I^{-0.54} \\ Q &= 0.27853CD^{2.63}I^{0.54} \\ D &= 1.6258C^{-0.38}Q^{0.38}I^{-0.205} \\ I &= \frac{h_L}{L} = 10.666C^{-1.85}D^{-4.87}Q^{1.85} \end{aligned} \tag{2.31}$$

Manning 식은 개수로의 흐름 공식을 관수로 흐름에 적용한 것이다. 이 식은 매끈한 관이나 층류에 대해서는 계산의 신뢰도가 낮음으로 거친 관로의 흐름에 대해서만 사용해야 한다.

Hazen–Williams와 Manning 식 모두 Darcy의 f값과 비교하여 표현하면 다음과 같다.

$$\begin{aligned} \text{Hazen–Williams}\quad f &= 133.65C^{-1.85}D^{-0.167}V^{-0.148} \\ &= 133.65C^{-1.85}R_e^{-0.167}V^{0.0185}\nu^{-0.167} \end{aligned} \tag{2.32}$$

Liou(1998)에 의한 Hazen–Williams의 C값을 Darcy–Weisbach 식의 f 항으로 나타내면 다음과 같다.

$$C = 14.07 f^{-0.54} Re^{-0.08} D^{-0.01} \nu^{-0.08} \quad (2.33)$$

여기서, Re = 레이놀즈수, ν = 동점성계수

$$\text{Manning} \ f = 124.5 (n D^{-1/6})^2 \quad (2.34)$$

Darcy-Weisbach 식을 이용한 계산에 있어서 주요 목표는 마찰계수 f를 찾는 것이다. f 값은 두 가지 매개변수에 관계되는데, 그것은 레이놀즈수와 상대조도(相對粗度, Relative roughness)이다. 레이놀즈수는 점성의 효과로서 평가되고, 상대조도는 관 구경에 대응하는 관체의 거칠기로 평가되며 e/D로 표현된다. 여기에서 절대조도 e는 관체의 거칠기를 측정한 값이다.

표 2.4 상업용 관에 대한 조도 값

관 재료	e (mm)	C (Hazen-williams)	n (Manning)
리베트 강(Riveted steel)	0.914-9.144	110	0.013 - 0.017
콘크리트	0.305-3.048	120 - 140	0.011 - 0.014
주철(Cast iron) - 새로운(new)	0.254	130	0.013
- 오래된(old)	-	100	0.015 - 0.035
아연(Galvanized iron)	0.152	-	0.016
아스팔트 도장 철(Asphalted iron)	0.122	-	0.013
용접된 강(Welded steel)	0.046	120	0.012
석면시멘트(Asbestos cement)	-	140	0.011
구리(Copper), 알루미늄 관	Smooth	150	0.010
PVC, 플라스틱	Smooth	150	0.009

레이놀즈수와 상대조도를 조합한 Moody 도표인 그림 2.20을 이용하여 f값을 결정한다. 관 재료에 따른 조도 값(Roughness value)에 대하여 편리하게 사용하고, 선택에 도움을 주고자 표 2.4에 조도 값을 여러 문헌에서 발췌하여 수록하였다.

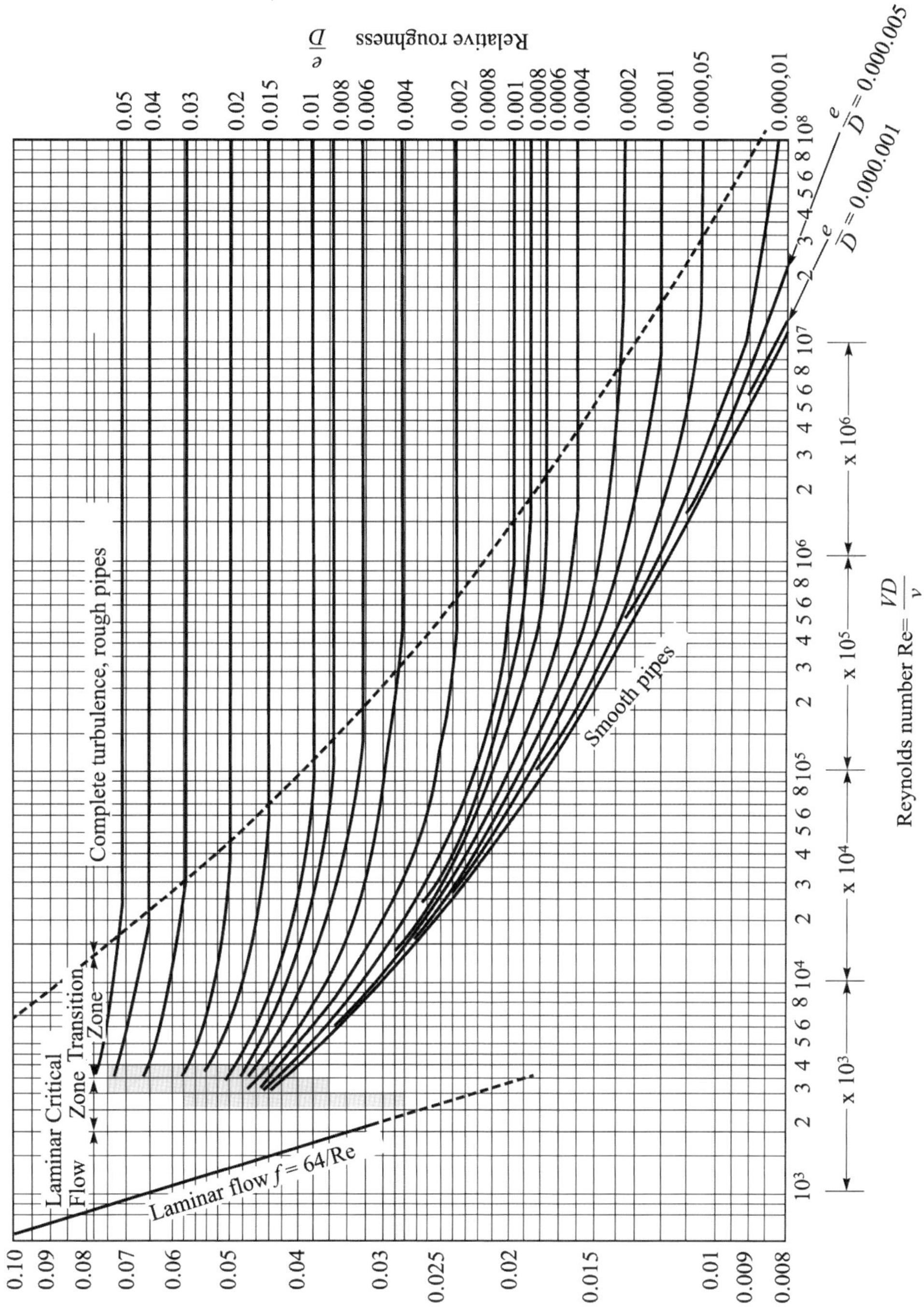

그림 2.20 Moody 도표

(2) Hazen-Williams 식의 C값 적용

우리나라를 포함한 미국, 일본 등 많은 나라에서 관망해석의 손실수두 계산에 Hazen-Williams 식을 주로 사용하고 있으므로, 본 교재에서는 C값(유속계수)의 적용 사례를 중심으로 정리하였다.

상수도설계기준(해설편)(한국상하수도협회, 2020)에는 일반적으로 매설된 관의 C값은 관 내면의 조도에 따라 다르고, 덕타일주철관의 신설된 관은 130 정도로 판단하며, 수질의 영향에 따라 상이하고 사용연수에 따라 점차 감소하므로 관의 내용연수를 고려하여 결정하는 것이 적정하다고 기술되어 있지만, 구체적인 값들을 제시하고 있지는 않다.

미국수도협회의 관망해석 매뉴얼(AWWA, 2017)에서는 관망모델 구축을 위한 일반적인 C값을 표 2.5와 같이 제시하고 있다. 이것은 Lamont(1981)의 실험결과를 기초로 작성된 것이다. Lamont는 관로의 사용연수와 C값의 단일 상관관계를 만드는 것은 불가능하나, 대신 관 내면의 부식에 따라 C값이 지배적으로 줄어들게 됨을 발견하였다. 그는 관 내 부식량(Attack)과 송수능력 사이의 관계를 나타내는 4개의 "경향(Trend)"을 만들었다. 심한 부식(Severe attack)을 의미하는 "경향 4"는 주철관에 급속도로 부식이 진행되었을 때를 의미한다. 이 표에서 나타난 바와 같이 부식 정도에 따라 C값은 다르게 나타난다.

이 표에서 설치연수가 경과된 강관에 대해서는 주철관의 경우와 동일하게 적용토록 하였으며, 조사한 자료는 유속이 0.9 m/sec 일 때를 기준으로 작성된 것으로 유속이 달라지면 값들을 조정해서 사용해야 한다. 자세한 사항은 참고문헌을 참고하기를 바란다. 또한, AWWA(2017)에서는 C값이 관 연령, 재질, 지역의 수질상태 등에 따라 크게 영향을 받으므로 관로의 통수능력 저하 정도를 결정하기 위해서는 반드시 현장시험을 실시하도록 권고하고 있다.

또한, 현장조사 자료를 바탕으로 한 많은 이론식 개발에 관한 연구들이 있어왔다. 경과연수별 C값의 변화를 제시하는 경우가 많으며, 대표적인 유속계수 이론식에는 김중훈 등(1996), Walski 등(1989), 그리고 Mononobe(物部, 1960) 등이 있다.

김중훈 등(1996)은 광역상수도 등 국내 조사자료들을 분석하여 아래와 같은 다중회귀식을 유도하였다.

$$C = 0.052Y^2 - 3.669Y + 0.015D + 119.086 \tag{2.35}$$

여기서, Y는 경과연수(년)이고, D는 관경(mm)이다.

표 2.5 여러 가지 관 재질에 대한 C값

관 형식	관 구경에 따른 C값					
	25mm	75mm	150mm	300mm	600mm	1200mm
비도장 주철 - smooth & new		121	125	130	132	134
도장 주철 - smooth & new		129	133	138	140	141
- 30년 경과						
경향 1 - 약간부식		100	106	112	117	120
경향 2 - 중간정도 부식		83	90	97	102	107
경향 3 - 상당히 부식		59	70	78	83	89
경향 4 - 심하게 부식		41	50	58	66	73
- 60년 경과						
경향 1 - 약간부식		90	97	102	107	112
경향 2 - 중간정도 부식		69	79	85	92	96
경향 3 - 상당히 부식		49	58	66	72	78
경향 4 - 심하게 부식		30	39	48	56	62
- 100년 경과						
경향 1 - 약간부식		81	89	95	100	104
경향 2 - 중간정도 부식		61	70	78	83	89
경향 3 - 상당히 부식		40	49	57	64	71
경향 4 - 심하게 부식		21	30	39	46	54
도복장 강관 - smooh & new	129	137	142	145	148	148
비도복장 강관 - smooth & new	134	142	145	147	150	150
Smooth pipe(PE, PVC, 동관 등)	140	147	149	150	152	153

Walski 등(1989)은 배수관을 대상으로 경과연수와 관경을 이용한 관계식을 아래와 같이 제시하였다.

$$C = 18.0 - 37.2\log\left[\frac{aT + D10^{(18 - C_1)/37.2}}{D}\right] \tag{2.36}$$

$$C = 18.0 - 37.2\log\{(0.1819 + 0.0945T)/D\}$$

여기에서의 T와 D는 식 (2.35)의 Y와 D와 동일하다. 이 식 중에서 위의 식은 초기 성장률 a와 초기 유속계수 C_1을 조정하여 계산할 수 있도록 한 것이며, 아래의 식은 초기 표면 거칠기를 0.1819 mm로 하고, 조도 성장률(Roughness growth rate)을 0.0945 mm로 하여 만든 식이다. 조도 성장률은 지역마다 큰 편차를 보였는데, 최소 0.015 $mm/year$(San Antonio)에서 최대 0.61 $mm/year$(Atlanta)로 편차가 40배 이상 차이가 나는 것으로 나타났다.

일본의 Mononobe(物部長穂, 1960)는 초기 C값을 아는 경우에 대하여 경과연수에 따른 C

값의 변화를 계산할 수 있는 식을 다음과 같이 유도하였다.

$$C_y = C\left(1 - 2.68\frac{\sqrt{Y}}{D^{0.7}}\right)^{2.63} \tag{2.37}$$

여기서, C는 초기 C값이며, Y와 D는 식 (2.35)와 같다.

500 mm 관을 기준으로 김중훈 등의 식을 적용한 결과, 신설 관의 경우 약 126이 계산되었는데, 이를 바탕으로 Walski와 Mononobe의 초기 C값을 126으로 맞추고 연도별 C값의 변화를 나타내면 그림 2.21과 같다.

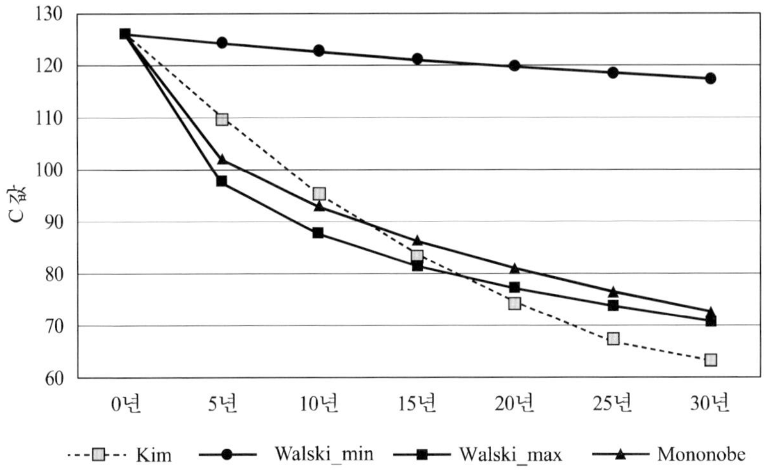

그림 2.21 관 매설 후 경과연도별 C값 예측식 비교

여기서, Walski_min은 최소 조도 성장률 0.015 $mm/year$를 적용한 것이며, Walski_max는 최대값인 0.61 $mm/year$를 적용한 것이다. 이 그림에서와 같이 설치 후 경과연수에 따라 유속계수가 큰 차이로 감소하는 것으로 나타나므로 실제 모델의 적용을 위해서는 현장에서의 조사가 필요함을 알 수 있다.

C값을 적용함에 있어 중요한 요소 중 하나는 공칭 관 구경과 실제 내경이 서로 다르다는 것이다. 예를 들면 공칭관경 300 mm 수도관의 경우 HI-VP 관은 외경이 318 mm이고 두께가 16.1 mm로 근사내경이 286 mm로서 공칭관경의 95.3%이고, PE 관은 근사내경이 261 mm로 공칭관경의 87.0%에 불과하다. 반면에 주철관 1종관의 경우에는 외경이 326 mm이며, 두께 8.8 mm로 근사내경이 308 mm로 공칭관경보다 실제 내경이 크다. 따라서 관망해석에 있어서 관종별 실제 내경을 조사하여 이에 대응되는 C값을 입력할 필요가 있다.

이에 대한 사례로 C값 140을 기준으로 감소되는 유속계수의 무차원 C값과 공칭관경 450 mm를 기준으로 감소되는 관 구경에 대한 무차원 C값을 비교하였다.

표 2.6 C값 및 관 구경 비율에 따른 마찰손실비

C값	C값 비	손실비(C값)	관경(mm)	관경비	손실비(관경)
140	1.00	1	450	1.00	1.00
130	0.93	1.15	420	0.93	1.40
120	0.86	1.33	390	0.87	2.01
110	0.79	1.56	350	0.78	3.40
100	0.71	1.86	320	0.71	5.26
90	0.64	2.26	290	0.64	8.50
80	0.57	2.82	260	0.58	14.46

표 2.6에서 140을 기준으로 130은 0.93(130/140)이 C값 비가 되며, 관 마찰손실은 $h_f = 10.666C^{-1.85}D^{-4.87}Q^{1.85}L$이므로 동일 관경, 유량 및 길이이므로 다음과 같은 마찰손실비 1.15가 계산된다.

$$손실비 = \frac{C_2^{-1.85}}{C_1^{-1.85}} = \frac{130^{-1.85}}{140^{-1.85}} = (0.93)^{-1.85} = 1.15$$

이는 실제 C값이 140이나 계산에 130을 적용하면 손실은 1.15배 상승한다는 의미이다. 만약 유량 21,600 m^2/일 (0.25 m^2/s)의 유량을 1,000 m 관로를 통해 공급할 경우, 140의 C값에서는 4.29 m가 발생하나, 이를 130의 C값을 적용하면 4.93(4.29×1.15) m가 발생함을 의미한다.

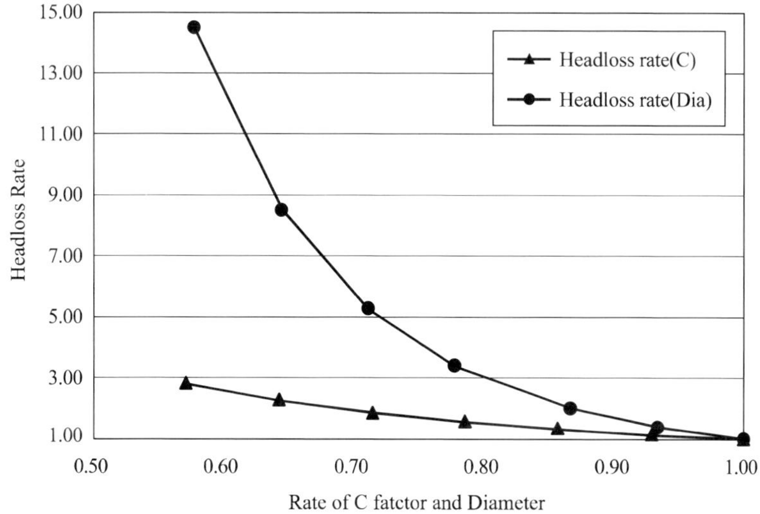

그림 2.22 C값 변동 및 관경 차이에 의한 상대적 마찰손실비

관경에 대해서는 그 차가 심한데, 관경 450 mm에 비해 관경비가 0.57인 C값 80일 때와 유사한 관경비 0.58인 260 mm에서는 손실비가 14.46배가 늘어나 C값 비에 비해 5배 이상 손실이 발생함을 알 수 있다.

예를 들어 300 mm PE 관인 경우, 실제 내경에 대해 C값을 140으로 적용하는 것이 적정하다면, 공칭관경의 적용에서는 두 경우가 손실수두가 같아야 하므로 다음 식과 같이 C값을 약 97로 적용하여야 하므로 관망모델을 구축하는 경우 실제 내경을 적용하는 것이 매우 중요하다.

$$C_1^{-1.85} D_1^{-4.87} = C_2^{-1.85} D_2^{-4.87}$$

$$C_2^{1.85} = C_1^{1.85} \left(\frac{D_1}{D_2} \right)^{4.87} = 140^{1.85} \left(\frac{0.261}{0.3} \right)^{4.87}$$

$$\therefore C_2 = 97$$

따라서, 실제 관망모델의 구축에서 C값 적용하고자 하는 경우에는 관종, 관경 및 매설 후 경과년수 등을 종합적으로 고려하여 결정할 필요가 있다.

(3) 미소손실

미소손실(Minor losses)은 관수로의 흐름에서 생길 수 있는 수두손실의 두 번째 형태이며, 마찰에 의해 발생되기보다는 국부적인 난류에 의해 발생한다. 미소손실은 관로 중 한정적인 길이에서 발생하지만, 통상 원인이 되는 밸브, 부속물 등이 설치된 지점에 집중된다고 가정한다. 이러한 정의는 그림 2.23에 나타내었다.

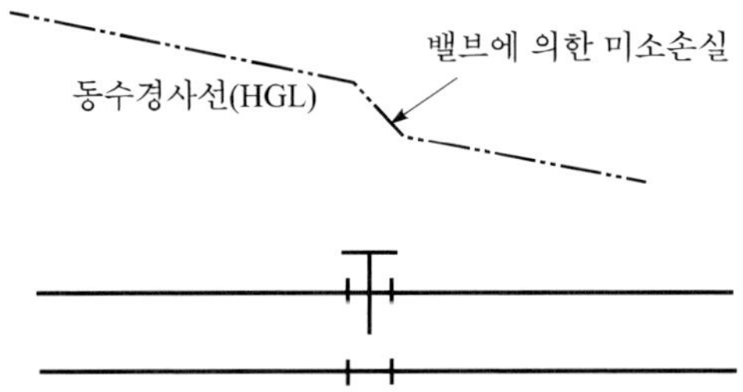

그림 2.23 미소손실 개략도

모든 형태의 미소손실은 일반적으로 다음 방정식과 같은 형태로 표현된다.

$$h_m = K_L \frac{V^2}{2g} \tag{2.38}$$

여기서, K_L은 손실을 유발하는 장치에 의해 결정되는 미소손실계수, V는 관경이 작은 관로의 유속이다. 대부분의 수리학과 유체역학 책에 여러 형태의 장치에 대한 미소손실계수 자료가 있다. 본 교재에서는 상수도관망의 운영관리에서 선택할 수 있는 K_L값을 표 2.7과 표 2.8에 나타내었다.

표 2.7 단면 확대와 축소에 대한 미소손실계수

관경변화율	0	0.1	0.2	0.3	0.4	0.5	0.6	0.7	0.8	0.9	1.0
축소 K_L	0.5	0.48	0.45	0.42	0.38	0.34	0.29	0.22	0.12	0.04	0.0
확대 K_L	1.0	0.98	0.92	0.83	0.70	0.57	0.40	0.26	0.12	0.04	0.0

표 2.8 대표적인 미소손실계수

미소손실 장치	K_L
관로 유입	
내부돌출	0.78
날카로운 모서리	0.50
약간 곡선	0.23
둥근 곡선	0.04
관로 유출(모든 형태)	1.00
곡관(Bends)	
90° 곡관	$58f$
45° 곡관	$15f$
부속물(Fittings)	
90° 표준 엘보(Elbow)	$30f$
45° 표준 엘보	$16f$

※ f는 관로에 대한 마찰계수

관로 단면의 급확대, 급축소와 같이 에너지선(EL)과 동수경사선(HGL)의 변화가 심한 부분에서는 앞에서 언급한 미소손실계수에 의한 손실의 산정과 함께 변화되기 전과 후의 두 지점에 대한 속도수두의 변화로 손실수두를 표현하기도 한다. 단면 급확대 부분에 대한 에너지 변화는 그림 2.24와 같으며, 이와 같은 단면에서의 미소손실은 식 (2.39)와 같이 표현된다.

$$h_m = \frac{(V_1 - V_2)^2}{2g} \tag{2.39}$$

여기서, V_1 : 단면 확대 전의 평균속도, V_2 : 단면 확대 후의 평균속도

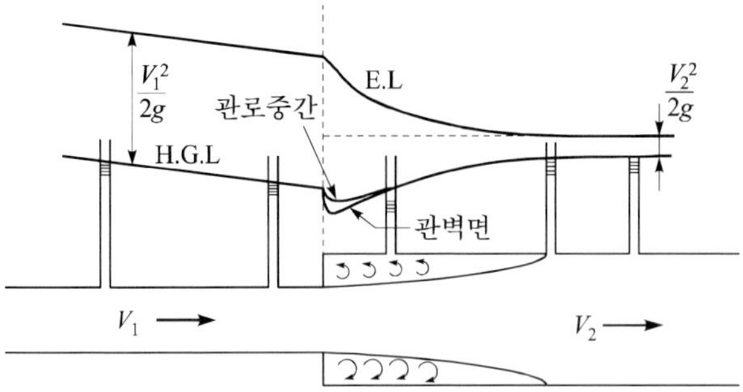

그림 2.24 단면 급확대 손실

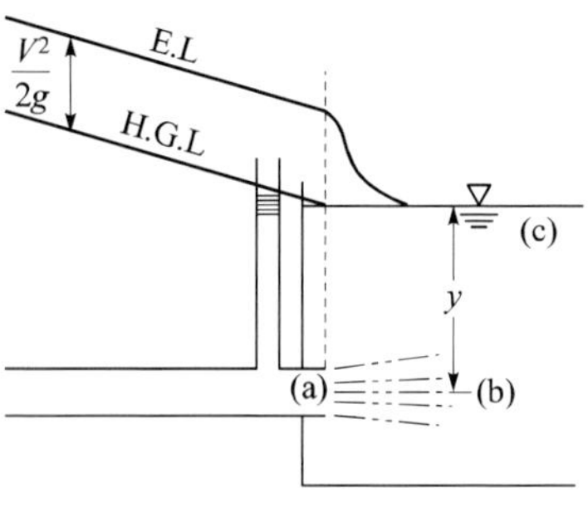

그림 2.25 단면 유출손실

단면 급확대 손실과 유사한 유출손실은 손실계수를 1(표 2.8 참조)로 하는데, 그것은 식(2.39)에서 유출 후(저수지, 배수지 등으로 유출)의 속도를 무시할 수 있으므로, $h_m = \frac{V_1^2}{2g}$이 되기 때문이다. 저수지나 배수지 등으로 유출될 때의 관로 및 유출지점의 에너지 관계를 나타내면 그림 2.25와 같다.

밸브에 의한 수두손실에 관한 자료는 일반적으로 밸브 제조사에서 제공하고 있으며, 이 책에서는 상수도관망에서 많이 사용되고 있는 버터플라이밸브에 대한 Weisbach의 실험값을 표 2.9에 나타내었다.

표 2.9 버터플라이 밸브에 의한 손실수두계수

개도	5	10	15	20	25	30	35	40	45	50	60	70
a/A	0.91	0.83	0.74	0.66	0.58	0.50	0.43	0.36	0.29	0.23	0.13	0.06
K_L	0.24	0.45	0.77	1.34	2.16	3.54	5.70	9.30	15.1	24.9	77.4	368

※ 개도(°) : 완전개방(0°), 완전닫음(90°), A : 관 단면적, a : 밸브 개방된 면적

관망해석에서 미소손실을 고려할지에 대한 판단은 미소손실이 해당 관망해석에서 차지하는 비중을 고려하여 그 적용 여부를 사용자가 스스로 판단하여야 한다.

비소손실의 고려가 필요한 경우, 관로 내의 개별 설비나 곡관 등에서 생기는 가각의 미소손실을 개별적으로 관망해석에 표현하는 것은 비효율적이고 정확성 향상에 크게 도움이 되는 것은 아니므로, 일반적으로 관로 구간에서 발생하는 미소손실 계수의 합을 구하여 모델에 입력한다. 따라서 관망해석에서 사용하는 손실계수 값은 각 장치들에 대한 값이 아니라 각 구간에 대한 손실계수(f) 값으로 다음과 같이 표현된다.

$$h_{LM} = f\frac{v^2}{2g} \tag{2.40}$$

여기서, h_{LM} : 관내 장치에 의한 미소손실(m), f : 손실계수, v : 관내 유속(m/sec), g : 중력가속도이다.

2.2.3 등가관(Equivalent pipe) 계산

등가관(等價管) 또는 등치관(等値管)이란 관 구경의 변화 또는 2열 이상의 관이 병렬로 구성되어 있는 것을 단일 구경의 관로로 바꾸어 수리계산을 간단하고 쉽게 하기 위해 사용하는 가상의 관로를 말한다. 즉, 관망해석에서는 해석의 목적 상 모든 관을 나타낼 수 없는 경우가 많고, 경우에 따라서는 관망모델을 간략화하기 위하여 2열 이상의 복선 관이나 구경이 다른 관을 단일 구경으로 변경하여 모델을 단순화할 필요가 있다. 등가관의 계산은 실제 유량과 수두손실에 변화가 없도록 앞에서 언급한 질량 및 에너지보존법칙을 응용한다.

(1) 부등단면관(Series pipe)

그림 2.26과 같이 관경이 작아지거나 커지는 변화가 있는 관을 부등단면관이라 한다. 이 관을 통과하는 유량은 구경의 변화에 상관없이 일정하다.

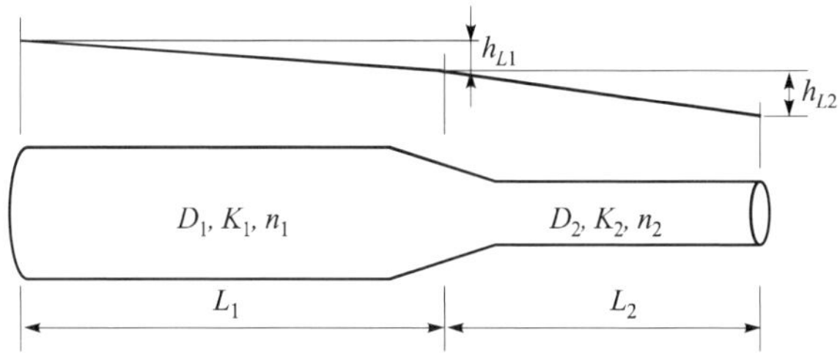

그림 2.26 부등단면관

따라서, 부등단면관을 단일 구경의 등가관으로 바꾸려면 질량보존법칙에 의하여 부등단면관과 같은 유량이 등가관에서도 흘러야 하며, 에너지보존법칙에 의거 등가관의 수두손실은 부등단면관에서의 수두손실 합과 같아야 한다. 즉,

$$\begin{aligned} Q_e &= Q_1 = Q_2 = \cdots = Q_i \\ h_{Le} &= h_{L1} + h_{L2} + \cdots = \sum h_{Li} \end{aligned} \tag{2.41}$$

여기서, Q : 유량, h_L : 마찰손실, L : 관 길이, D : 관 구경, n : 수두손실 계산식의 지수 제곱수이며, 아래첨자 $(1, 2, \cdots, i)$는 부등단면관을 구성하는 관의 번호이며, e는 등가관을 나타낸다.

수두손실은 $h_L = KQ^n$의 식으로 표시할 수 있는데, Hazen-Williams 식에서 $K = 10.666C^{-1.85}D^{-4.87}L$이며, n = 1.852가 된다.

등가관의 손실수두 항을 지수형으로 표현하면 다음과 같다.

$$K_e Q_e^{n_e} = K_1 Q_1^{n_1} + K_2 Q_2^{n_2} + \cdots = \sum K_i Q_i^{n_i} \tag{2.42}$$

여기서, $Q_e = Q_1 = Q_2$ 이며, n은 같은 값을 사용하므로 다음 식과 같이 표시할 수 있다.

$$K_e = K_1 + K_2 + \cdots = \sum K_i \tag{2.43}$$

예제 D_1 = 1,500 mm, L_1 = 1,000 m, D_2 = 1,000 mm, L_2 = 1,000 m인 부등단면의 관경을 구하라(단, 수두손실 공식은 Hazen-Williams 식을 사용하며, 등가관의 관 길이는 2,000 m로 한다).

풀이)

두 관에서 발생하는 수두손실의 합이 등가관의 수두손실과 같아야 하므로,

$h_{Le} = h_{L1} + h_{L2}$

$K_e Q_e^n = K_1 Q_1^n + K_2 Q_2^n$

여기에서, $Q_e = Q_1 = Q_2$이므로, $K_e = K_1 + K_2$ 이 된다.

$10.666 C_e^{-1.85} D_e^{-4.87} L_e = 10.666 C_1^{-1.85} D_1^{-4.87} L_1 + 10.666 C_2^{-1.85} D_2^{-4.87} L_2$

부등단면관과 등가관의 유속계수 C가 모두 같다고 가정하면,

$D_e^{-4.87} L_e = D_1^{-4.87} L_1 + D_2^{-4.87} L_2$

$D_e^{-4.87} \times 2000\,m = 1.5^{-4.87} \times 1000\,m + 1.0^{-4.87} \times 1000\,m$

$D_e^{-4.87} = \dfrac{1}{D_e^{4.87}} = 0.5694\,m$

$D_e = (1/0.569)^{(1/4.87)} = 1.123\,m = 1{,}123\,mm$

(2) 병렬관(Parallel pipe)

등가관 문제는 2열 이상의 병렬로 연결된, 즉 병렬관(또는 복선관)에 대해서도 적용할 수 있다. 병렬관의 시작과 끝 지점 사이의 각 관로에 대한 수두손실은 어느 경로를 선택하든지 같아야 한다. 즉,

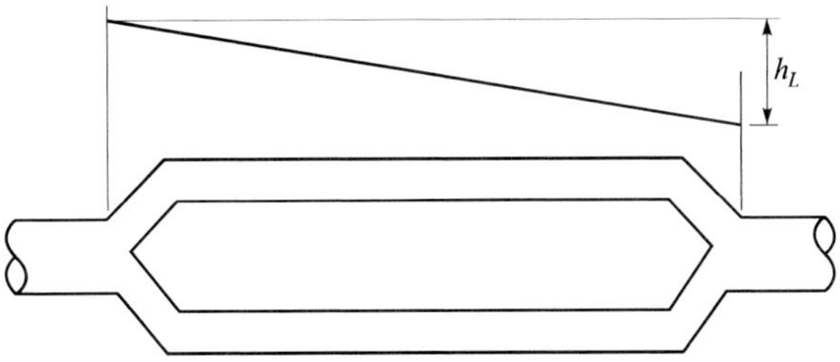

그림 2.27 병렬관

$$h_{Le} = h_{L1} = h_{L2} = \cdots = h_{Li} \quad (2.44)$$

이 구간을 흐르는 유량은 각각의 병렬관을 흐르는 유량의 합과 같다.

$$Q_e = Q_1 + Q_2 + \cdots = \sum Q_i \quad (2.45)$$

$h_L = KQ^n$ 에서 $Q = (h_L/K)^{1/n}$ 이 되므로, 이를 위 식에 대입하면,

$$(h_{Le}/K_e)_e^{1/n} = (h_{L1}/K_1)_1^{1/n} + (h_{L2}/K_2)_2^{1/n} + \cdots = \sum (h_{Li}/K_i)_i^{1/n} \quad (2.46)$$

여기서, $h_{Le} = h_{L1} = h_{L2}$이므로

$$(1/K_e)_e^{1/n} = (1/K_1)_1^{1/n} + (1/K_2)_2^{1/n} + \cdots = \sum (1/K_i)_i^{1/n} \quad (2.47)$$

예제 $D_1 = D_2 = 1{,}500\ mm$, $L_1 = L_2 = 1{,}000\ m$인 병렬관의 등가관 구경을 구하라. (단, 수두손실 공식은 Hazen-Williams 식을 사용하며, 등가관의 길이는 1,000 m로 한다.)

풀이 1)

$Q_e = Q_1 + Q_2$에서 $Q = (h_L/K)^{1/n}$ 을 대입하면,

$(h_{Le}/K_e)_e^{1/n} = (h_{L1}/K_1)_1^{1/n} + (h_{L2}/K_2)_2^{1/n}$

여기서, $h_{Le} = h_{L1} = h_{L2}$이고, Hazen-Williams 식에서 $n = 1.852$를 사용하므로

$(1/K_e)_e^{1/n} = (1/K_1)_1^{1/n} + (1/K_2)_2^{1/n}$

$K = 10.666 C^{-1.85} D^{-4.87} L$에서, L은 모두 $1{,}000 mm$이고, C는 등가관과 병렬관에서 같다고 하면,

$$\left(\frac{1}{D_e^{-4.87}}\right)^{1/1.852} = \left(\frac{1}{1.5^{-4.87}}\right)^{1/1.852} + \left(\frac{1}{1.5^{-4.87}}\right)^{1/1.852}$$

$$\frac{1}{D_e^{-4.87}} = (2 \times 2.9)^{1.852}$$

$$\frac{1}{26} = \frac{1}{D_e^{4.87,}} \quad D_e = 26^{1/4.87} = 1.952\,m = 1{,}952\,mm$$

풀이 2)

$Q_e = Q_1 + Q_2$에서 Hazen-Williams 식 $Q = 0.27853CD^{2.63}I^{0.54}$를 대입하면 양변의 0.27853, C 및 I는 같으므로 소거할 수 있다.

$$D_e^{2.64} = D_1^{2.63} + D_2^{2.63}$$

$$D_2 = (1.5^{2.63} + 1.5^{2.63})^{1/2.63} = 1.952\ m = 1{,}952\ mm$$

2.3 펌프와 수리학

펌프는 관로의 상류측 끝(취수 또는 송수 펌프)에 있거나 관로의 중간(가압 펌프)에 위치하게 된다. 두 경우 모두에서, 펌프는 펌프를 통과하는 유량과 수두의 상승으로 펌프가 설치된 상수도관망에 영향을 주게 된다.

펌프가 설치된 관로의 흐름해석을 위하여, 식 (2.19) 에너지방정식에서 터빈에 의한 손실을 제외하면 다음 식과 같이 된다.

$$z_1 + \frac{p_1}{\gamma} + \frac{V_1^2}{2g} + H_p = z_2 + \frac{p_2}{\gamma} + \frac{V_2^2}{2g} + \sum h_{L_{1-2}} \tag{2.48}$$

여기에서 H_p는 펌프를 통해 단위 유체질량에 더해지는 에너지(양정)이다. 병렬 혹은 다단 펌프인 경우에, H_p는 각 펌프 또는 각 단에서의 수두 증가치를 더한 값이다. 아래 그림은 펌프에 의한 계통 내 에너지 변화를 도식화한 것이다.

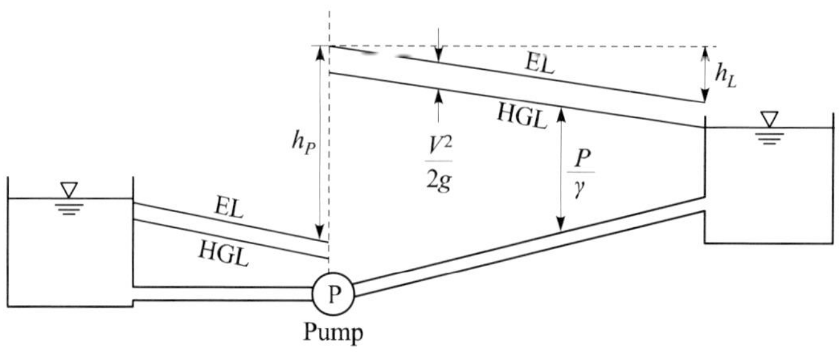

그림 2.28 관로 내 펌프에 의한 에너지 변화

펌프가 보내고자 하는 유량을 흡입 수면에서 토출 수면으로 양수하기 위해서는 양측의 수위 차와 관로, 밸브 등의 저항에 의해 손실되는 에너지보다 더 큰 에너지가 필요하다. 이들 수위 차와 저항을 에너지로 나타낸 것을 수두라고 하고, 펌프가 발생하는 수두를 양정이라고 한다. 이들 수두에는 실양정, 속도수두, 압력수두, 관로 마찰손실수두가 있으며, 이들을 합한 것을 전양정이라고 한다. 전양정의 산출 방법은 다음 식과 같다.

$$H_P = h_a + h_l + \frac{v_d^2}{2g} \tag{2.49}$$

여기에서 H_p는 전양정(Total head, m), h_a는 실양정(Actual head, m), h_l은 관로 마찰손실수두(m)이며, v_d는 토출관에서의 유출속도(m/s)이다. 이들 용어에 대한 상세한 내용과 계산사례는 상수도설계기준 해설편(2020)을 참고하기 바란다.

펌핑에 필요한 양정을 계산한 후에는 펌프의 크기와 소요동력을 결정해야 한다. 펌프의 크기는 구경으로 나타내며, 다음 식으로 개략적인 필요 구경을 구할 수 있다.

$$D = 146\sqrt{\frac{Q}{v}} \tag{2.50}$$

여기서, D는 펌프의 구경(mm), Q는 펌프의 토출량(m^3/min)이며, v는 펌프 흡입구 또는 토출구의 유속(m/s)이다.

펌프의 소요동력을 계산하기 위해서는 에너지 증가치(H_p)와 소요 마력 사이의 관계식을 수립하는 것이 중요하다. 또한, 펌핑이 진행되는 동안 다른 손실 때문에 매우 큰 동력이 펌프 축에 더해진다. 이러한 것을 고려한 펌프의 축동력은 다음 식으로 계산한다.

$$P = 0.163\frac{\gamma Q H_p}{\eta}(1 + \alpha) \tag{2.51}$$

여기서, P는 전동기가 펌프를 구동하는데 드는 축동력(kW), γ는 물의 단위체적당 무게(kg/m^3), Q는 토출량(m^3/min), H_p는 전양정(m), η는 펌프 효율이며, α는 여유율로서 전동기의 경우에는 통상 0.1~0.15 사이의 값을 가진다. 축동력을 마력(H_p)으로 환산하는 경우 아래의 관계식을 이용한다.

$$1\ kW = 1.3596\ H_p \ (1\ H_p = 0.7355\ kW)$$

2.3.1 펌프특성곡선과 운전점

(1) 펌프특성곡선

펌프를 통한 수두의 증가는 펌프 토출량과의 함수이며 펌프 제조사의 실험에 의해 결정된다.

이 관계를 펌프의 특성곡선(Characteristic diagram)이라 하며, 일반적으로 그림 2.29와 같은 그래프 또는 표로 표현한다. 펌프특성곡선에는 토출량에 따른 소요동력과 펌프효율 정보를 포함하기도 한다.

일반적인 펌프특성곡선에서는 아래 그림과 같이 횡축에 유량(m^3/min), 종축에 양정(m), 효율(%), 동력(kW)을 표시하는데, 펌프의 양정은 유량이 증가함에 따라 조금씩 작아지는 우하향(右下向) 곡선이 된다.

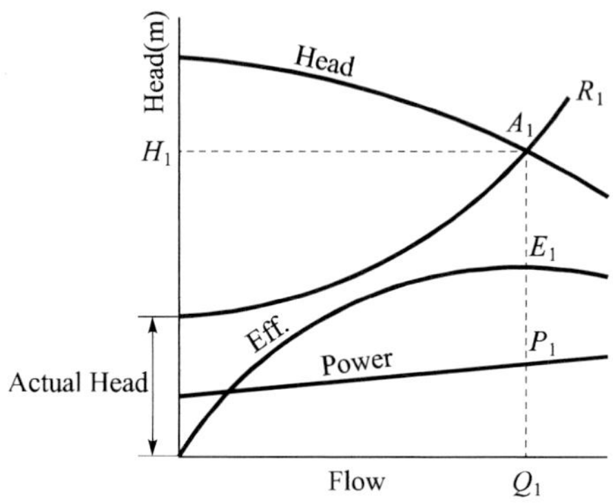

그림 2.29 펌프특성곡선

그림에서 R_1은 관로의 마찰저항 등을 나타내는 관 저항(관로손실)곡선으로 펌프의 실양정(Actual head, 펌프장 위치수두와 송수하고자 하는 관말의 수위 차)과 관로 말단까지 물을 공급하는데 필요한 손실의 합인 관로저항을 더한 것이다. 이 관 저항곡선 R_1과 펌프 양정곡선과의 교점 A_1에서의 유량 Q_1 및 양정 H_1인 상태로 펌프가 운전되며, 이 교점 A_1을 펌프의 운전점이라 한다. 또한, 이때의 펌프동력은 A_1으로부터의 수직선과 축동력 곡선(Power)과의 교점 P_1이며, 펌프효율은 효율곡선과의 교점인 E_1이다.

상수도용 펌프의 경우에는 회전속도, 임펠러의 외경, 또는 임펠러의 부착각도 중 어느 하나를 바꾸는 방법으로 펌프의 특성을 바꿀 수 있으며, 특히 대수제어, 회전수제어 등 펌프의 제어방식에 따라서도 운전점이 달라지므로 이를 이해하는 것이 중요하다.

(2) 펌프의 운전점

펌프의 운전점은 앞에서 언급한 바와 같이 펌프의 특성곡선과 실양정 및 관 저항곡선과의 교점이 된다. 그러나 펌프 제작사에서 제공하는 펌프특성곡선은 해당 용수공급 계통의 유량 및 손실특성에 따라 달라지는데, 일반적으로 펌프 설계 시 정격유량 조건 또는 최저 수위 조건(L.W.L) 등 특정한 한 점을 기준으로 관 저항곡선을 설계하게 되므로, 실제 펌프의 운전조건과는 다르게 된다.

특히, 그림 2.30과 같이 수위의 변화가 큰 댐을 취수원으로 하는 상수도관망의 경우 취수 수위에 따른 펌프의 특성변화가 크므로 운영 수위별로 펌프 용량을 다르게 설계한다.

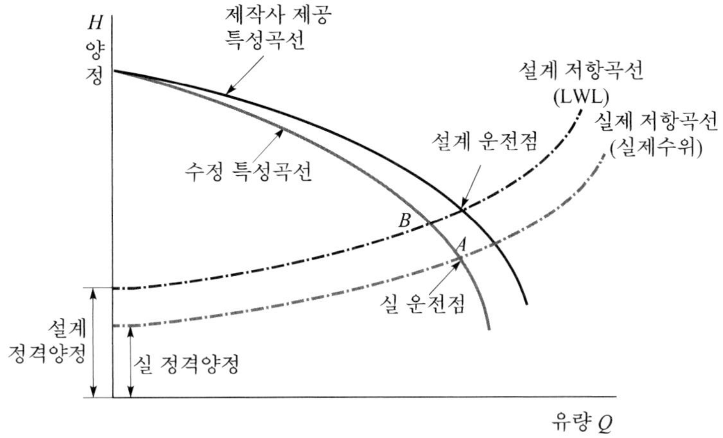

그림 2.30 펌프의 운전점

위 그림과 같이 관망해석에서도 펌프특성 및 취수장 수위 등에 따라 운전점이 A, B 등으로 변할 수 있어 펌프특성곡선뿐만 아니라, 공급량, 수위 등을 폭넓게 조사하여 신뢰도 있는 관망해석이 될 수 있도록 입력자료를 준비해야 한다.

2.3.2 펌프의 운영 및 제어

앞에서도 언급한 바와 같이 펌프의 운전점은 펌프의 운영 및 제어방식에 따라 변하게 되므로 그림 2.30의 펌프 1대 운전에 대한 특성곡선을 바탕으로 운영 및 제어방식에 따른 운전점의 고려 방법을 살펴보고자 한다.

물 수요는 하루 동안 시간에 따라 변할 뿐만 아니라, 봄/여름/가을/겨울의 계절에 따른 변화, 또 시설개발 초기와 목표연도 도달 후의 변화와 같이 단기적, 중장기적으로 변화하는 특성이 있다. 따라서 최대 수요량에 적합한 대용량 펌프 1대만을 이용하여 송수하는 경우 에너지 효율이 낮은 운전이 되기 때문에, 여러 가지 형식의 제어방식을 채택하여 펌프를 운전하게 된다.

펌프를 제어하는 목적은 자동 제어설비를 이용하여 안전하고 원활하게 펌프를 기동시키거나 정지시키고, 수요량 변화에 따라 토출유량과 토출압력을 자동으로 조절하는 데 있다. 펌프의 일반적인 제어방식은 ① 펌프의 운전대수를 제어하는 방법, ② 펌프의 회전속도를 제어하는 방법, 그리고 ③ 토출측 밸브의 개도를 제어하는 방법 등이 있다. 또한, 가압하는 방식에 따라 흡수정에 의한 가압방식과 인라인(In-line) 가압방식으로 구분된다.

(1) 대수제어

2대 이상의 펌프를 운전하는 경우에는 조합운전 방법에 따라 병렬운전과 직렬운전으로 구분되며 운전방식별 특징은 표 2.10과 같다. 펌프 조합운전 조건을 관망해석에 반영하는 방법은 펌프 대수만큼 직접 반영하거나, 각각의 펌프특성곡선을 운영조건에 맞게 조합하여 1개의 펌프로 반영할 수도 있다.

표 2.10 펌프 조합운전에 따른 분류 및 적용

구분	병렬조합	직렬조합(다단펌프)
개요	• 2대 이상의 펌프를 병렬로 운전	• 2대 이상 펌프를 직렬로 운전
사진		
특징	• 소요되는 양정은 일정하나 유량의 변화가 큰 경우 • 1대의 펌프로 유량이 부족할 경우	• 소요되는 유량이나 양정이 일정하지 않고 크게 변동을 필요로 할 경우 • 양정의 변화가 커서 1대의 펌프로서 양정이 부족할 경우

1) 성능이 동일한 펌프의 병렬운전

동일한 성능을 갖는 여러 대의 펌프를 병렬로 운전하는 경우에는 그림 2.31과 같이 각 펌프의 전양정에 대응하는 토출량에 펌프 대수를 곱한 합성양정곡선과 관 저항곡선 R과의 교차점이 병렬펌프의 운전점이 된다.

이 합성곡선에서 두 대 합성의 경우 운전점은 B이고 3대 합성의 운전점은 C가 된다. 그리고 각 펌프마다의 운전점은 1대의 경우에는 A, 2대의 경우에는 B_1, 그리고 3대 합성일 경우에는 C_1으로 달라진다. 펌프의 가동대수에 따른 펌프별 토출량은 대수가 증가함에 따라 $a > b > c$로 작아진다.

2) 성능이 다른 펌프의 병렬운전

그림 2.32와 같이 용량과 양정곡선이 서로 다른 펌프에서 개별 운전의 경우 운전점은 각각 A점과 B점이 되나, 동시에 병렬운전 하는 경우에는 합성양정곡선과 관 저항곡선 R이 만나는 C점이 운전점이 된다. 또한, 병렬운전을 하는 경우 개별 펌프에 대한 운전점도 각각 A_1과 B_1으로 변동하게 된다.

3) 성능이 동일한 펌프의 직렬운전

그림 2.33과 같이 펌프 1대를 가동할 때는 A가 운전점이나, 여러 대의 펌프를 단일 관로에서 직렬로 운전하는 경우에는 토출량은 동일하나 양정에 가동 펌프의 대수를 곱한 합성양정곡선과 저항곡선 R이 만나는 B가 펌프의 운전점이 된다.

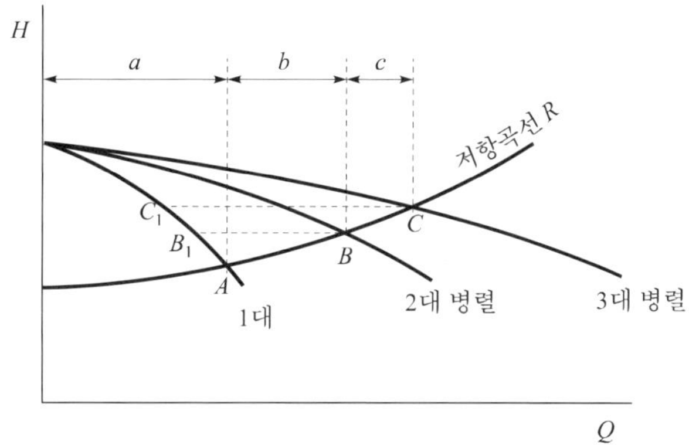

그림 2.31 동일 성능 펌프의 병렬운전

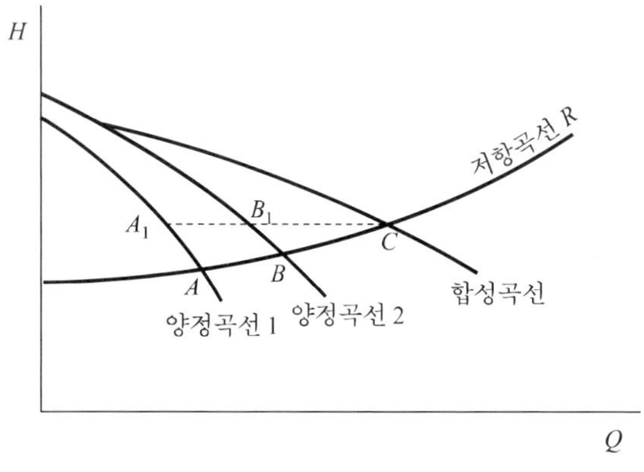

그림 2.32 성능이 다른 펌프의 병렬운전

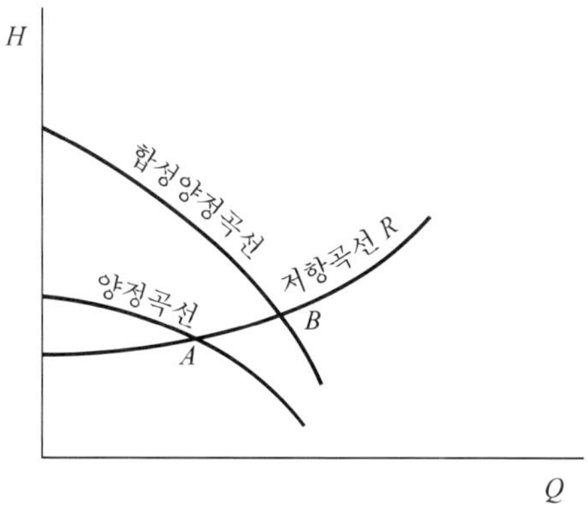

그림 2.33 성능이 동일한 펌프의 직렬운전

(2) 회전속도제어(변속펌프)

펌프의 회전수 조절(변속펌프)에 의한 유량 및 양정의 제어는 펌프의 상사성을 이용한 것으로서, 다음 식과 같이 펌프의 토출량은 회전수에 비례하고 펌프의 양정은 회전수의 제곱에 비례한다.

$$\frac{Q_{P1}}{Q_{P2}} = \frac{N_1}{N_2}$$
$$\frac{H_{P1}}{H_{P2}} = \left(\frac{N_1}{N_2}\right)^2 \tag{2.52}$$

여기서, Q_{P1}, Q_{P2}는 펌프의 토출량, N_1, N_2는 펌프의 회전수, 그리고 H_{P1}, H_{P2}는 펌프의 양정이다.

회전속도 변경에 따른 운전점의 변화는 각각의 회전속도와 관 저항곡선 R이 만나는 지점으로 그림 2.34에서와 같이 회전속도 N_1, N_2, N_3에 대한 운전점은 각각 A, B, C가 된다.

관망해석에 변속펌프를 적용하는 경우, 최적 효율지점과 같은 통상의 운전상태 회전수를 기준(통상 1)으로 설정하고, 이 기준값에 조절된 회전수에 상응하는 지수제곱수(n)를 적용하는 방법으로 관망해석을 수행한다. 즉, 평상시의 회전수(Speed)를 1로 하였을 때, 회전수가 두 배로 변경되면 변속펌프의 회전수 항에 2를 입력해 주면 된다.

그림 2.34 N_2의 양정곡선이 정격운전 상태로 이때의 회전수가 1000 rpm(N_2 = 1)이고 N_1이 1200 rpm 그리고 N_3가 800 rpm이라면, N_1은 1.2이고 N_3 값은 0.8이 된다.

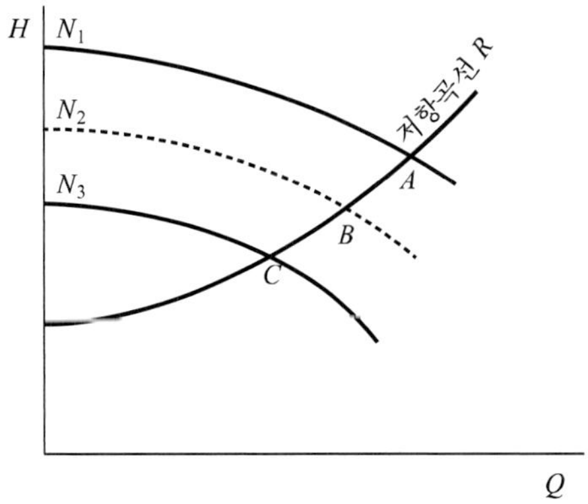

그림 2.34 회전속도 변경에 따른 운전점의 변화

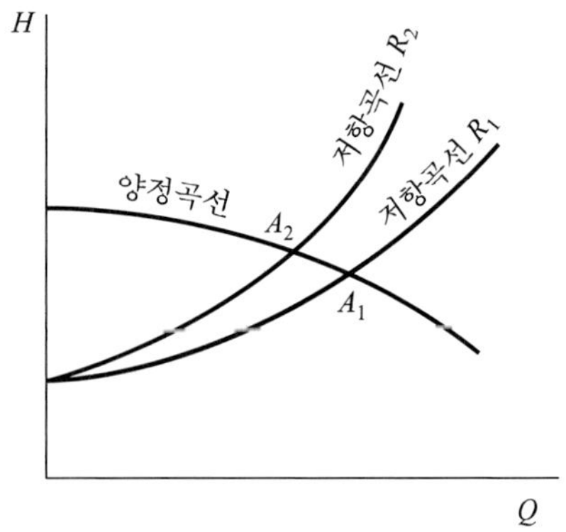

그림 2.35 밸브의 개도제어

(3) 밸브 개도제어

밸브의 개도제어는 토출밸브를 조절하여 관로에서의 저항곡선을 인위적으로 변화시켜 토출량을 조절하는 방법이다. 이 방법은 그림 2.35에 나타낸 바와 같이 펌프가 밸브를 완전히 개방한 상태에서는 양정곡선과 저항곡선 R_1이 만나는 점인 A_1이 되고, 펌프 토출측의 밸브의 개도를 조절하여 저항곡선이 R_1에서 R_2로 변화되는 경우의 운전점은 A_2가 된다.

(4) 가압방식에 따른 펌프 운영

펌프의 가압방식에 따라 흡수정방식과 인라인방식으로 구분된다. 보편적으로 대형 송수펌프의 경우 안정적인 물 공급을 위해 흡수정방식으로 운영하며, 인라인방식은 관로상의 잔류수두를 이용한 에너지 저감을 위해 소규모 급수구역 배수펌프로 활용된다. 펌프의 운전점은 그림 2.30과 같이 유입압력, 즉 실양정이 변동되어 운전점이 바뀌게 된다. 가압방식별 장단점은 표 2.11과 같다.

표 2.11 가압방식에 따른 비교

구분	흡수정에 의한 가압방식	인라인 가압방식
개요	• 펌프장의 유・출입량 조정을 위해 흡수정을 두고 가압하는 방식	• 관로상에 펌프를 직접 연결시켜가압시키는 방식
모식도	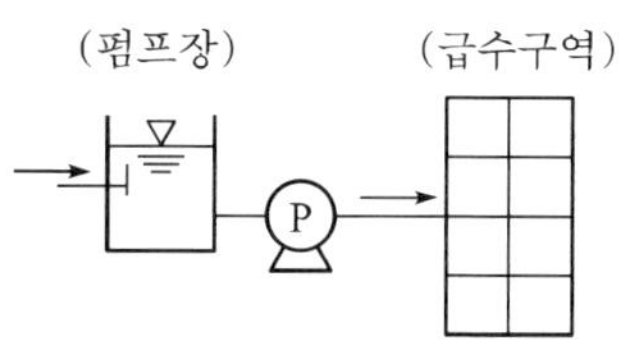	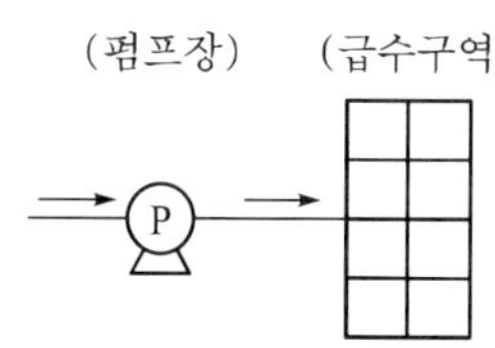
장점	• 펌프장 유출·유입량 조정이 가능 • 캐비테이션 발생 방지 • 펌프의 과부하 방지 • 비상시 용수확보 가능 • 시설의 신뢰성 높음	• 관로상의 잔류수두 활용 가능 • 시설이 단순하여 유지관리 유리 • 흡수정의 청소 및 보수 불필요 • 시설물 및 부지의 최소화 • 수질관리 측면에서 유리
단점	• 일부의 수두손실이 불가피 • 시설이 복잡하여 유지관리 불리	• 사용량 증대시 캐비테이션 발생 우려 • 비상시 용수확보가 어려움

2.4 밸브와 수리학

상수도관망에서 사용되는 밸브는 물의 흐름을 차단하거나 유량 및 수압을 제어하고 조정하는 등 효과적이고 안전한 상수도 운영관리에 매우 중요한 역할을 담당한다. 밸브는 해당 관망의 수리적 특성과 용도에 적합한 밸브의 종류를 선택해야 하고, 그 기능이 항상 정상적으로 발휘될 수 있도록 관리해야 한다.

밸브를 통과하는 물은 밸브의 개도에 따라 압력과 유량이 변화될 뿐만 아니라, 운영조건에 적절하지 않은 밸브의 설치 또는 급격한 밸브의 조작 등으로 캐비테이션(Cavitation), 수격작용(Water hammer)과 같이 밸브나 연결 관로의 파손을 일으킬 수도 있다. 이러한 현상은 밸브가 가지고 있는 고유의 수리적 특성과 밀접한 관계가 있으며, 대부분의 관망해석 모델에서는 감압밸브(PRV), 압력유지밸브(PSV), 유량조절밸브(FCV) 등 다양한 종류의 밸브를 모의할 수 있는 기능이 구현되어 있다.

본 절에서는 밸브와 관련된 수리학적 기초이론과 관망해석에서의 활용 분야에 한정하며, 밸브의 기계적 특성 등에 대해서는 각 분야별 전문 이론서를 살펴봐야 한다.

2.4.1 밸브의 기본특성

(1) 밸브용량계수

1) 용량계수 이론

밸브와 연결된 관로의 단면적 A, 관내 평균유속을 v라고 하면, 밸브를 통과하는 유량은 다음 식과 같다.

$$Q = A \cdot v \tag{2.53}$$

또한, 밸브의 압력손실은 $\frac{\Delta p}{\gamma} = \frac{\Delta p}{\rho g} = \zeta \frac{v^2}{2g}$ 이므로 밸브의 압력손실은 다음 식과 같이 된다.

$$\Delta p = \zeta \frac{\rho v^2}{2} \tag{2.54}$$

여기서, Δp는 밸브의 압력손실, ζ는 밸브의 손실계수, ρ는 물의 밀도이다. 식 (2.53)과 식 (2.54)에 의해 밸브의 통과 유량을 다음 식으로 구할 수 있다.

$$Q = A\sqrt{\frac{2\Delta p}{\zeta \cdot \rho}} \tag{2.55}$$

위 식에서 $C = A\sqrt{\frac{2}{\zeta}}$ 로 두면, $Q = C\sqrt{\frac{\Delta p}{\rho}}$ 가 된다.

밸브의 유량과 압력손실과의 관계는 식 (2.56)과 같이 C에 관하여 정리할 수 있으며, 이때의 C를 넓은 의미의 밸브 용량계수(또는 유량계수)라 한다.

$$C = Q\sqrt{\frac{\rho}{\Delta p}} \tag{2.56}$$

용량계수가 정해지면 밸브 전후의 압력 차만으로도 밸브를 통과하는 유량을 계산할 수 있어 제어용 밸브의 특성 검토에 쉽게 이용할 수 있다.

2) 용량계수의 종류

용량계수는 밸브의 종류, 구경, 개도, 통과 유체의 성질 등으로 구성된 함수에 의해 차원을 갖는 계수가 된다. 따라서 단위계 또는 사용방식에 따라 여러 가지 종류의 용량계수가 있으며, 우리나라에서는 밸브의 용량계수 시험방법 KS B 2101에서와 같이 C_V, A_V, K_V 의 3가지 용량계수가 규정되어 있다.

식 (2.56)에서 Q를 US gal/min, Δp 를 lbf/in^2 로 표시할 때의 C값을 C_V값이라 하며, 이 식을 미터법으로 중량 단위계($m-kg$계)로 변환하면 다음 식과 같이 된다.

$$C_v = 1.167Q\sqrt{\frac{1}{\Delta p}} \tag{2.57}$$

여기서, Q는 밸브를 통과하는 유량(m^3/h), Δp 는 밸브 전후의 압력 차(kgf/cm^2)이다. 또한, 국제단위계로는 다음 식과 같이 표현할 수 있다.

$$C_v = 11.542Q\sqrt{\frac{1}{\Delta p}} \tag{2.58}$$

Q는 밸브를 통과하는 유량(m^3/h), Δp 는 밸브 전후의 압력 차(kPa)이다. 위 식에서 압력 단위를 MPa를 사용할 경우 11.542 대신에 0.365를 사용하면 된다.

C_V값은 1958년 미국의 주요 제어밸브 제조회사 등으로 구성된 FCI(Fluid Control Institute)에 의해 측정법과 정의가 결정되었다. 그 후 1981년에 미국의 ISA(Institute Society of America)에 의해 개정되어, 이것이 국가규격(ANSI, American National Standards Institute)으로 승인되어 국제적으로 널리 보급되어왔다.

식 (2.56)에서 단위로 Q는 $m^3/\sec$, Δp는 Pa, 그리고 밀도 ρ를 kg/m^3으로 사용할 때의 용량계수를 A_V값으로 부르고 다음 식으로 표현한다.

$$A_V = Q\sqrt{\frac{\rho}{\Delta p}}\ (m^2) \tag{2.59}$$

또한, Δp의 단위를 bar로 사용하는 경우에는 다음 식과 같이 된다.

$$A_V = Q\sqrt{\frac{\rho}{\Delta p \times 10^5}}\ (m^2) \tag{2.60}$$

A_V값은 1976년에 IEC(International Electrotechnical Commission)에서 정의한 값으로 일본, 미국, 영국, 독일 등 19개국의 동의를 얻어 공표되었으며, 국제규격(ISO)에서도 채용되고 있다.

식 (2.56)에서 Q를 m^3/h, Δp는 bar를 단위로 사용하는 경우의 용량계수를 K_V값으로 부르고, 다음 식으로 표현한다.

$$K_V = Q\sqrt{\frac{\rho}{\Delta p}}\ (m^2) \tag{2.61}$$

K_V값의 정의는 1962년 독일 공학협회 VDI/VDE(Verein Deutscher Ingenieure/Verband Deutscher Elektrotechniker)에 의해 정의된 값으로 "지정된 개도에서 1 kgf/cm^2의 압력손실의 경우에 밸브를 통과하는 5~30℃ 물에 대한 1시간당의 유량"을 의미하며, 이후 IEC에서 압력손실을 1 bar로 하여 정의하였다. K_V값은 현재 독일어권에서만 주로 사용되고 있다.

참고로 각 용량계수는 다음 식과 같이 상호 환산된다.

$$\begin{aligned} C_V &= 1.167K_V \qquad & K_V &= 0.857C_V \\ C_V &= \frac{10^6}{24}A_V \qquad & A_V &= \frac{24C_V}{10^6} \\ A_V &= \frac{28}{10^6}K_V \qquad & K_V &= \frac{10^6}{24}A_V \end{aligned} \tag{2.62}$$

예를 들어, 감압밸브와 같은 제어용 밸브의 적정 구경 및 제어범위를 결정하는 경우, 최대유량과 최소유량에 대한 제어구간의 관로손실을 계산하여 $\Delta p_{\min}$과 $\Delta p_{\max}$를 산출하고, 측정압력 단위에 따라 식 (2.57) 등에 의하여 밸브에 요구되는 C_{Vmax} 및 C_{Vmin}을 계산한다. 계산한 용량계수를 바탕으로 캐비테이션 발생 여부를 검토하여 감압밸브의 형식과 구경을 최종 결정한다.

(2) 밸브유량특성

밸브의 개도와 유량과의 관계를 나타낸 것을 밸브의 유량특성이라 한다. 밸브의 유량특성은 두 가지 방법으로 표현되는데, 첫째는 밸브 상·하류의 압력 차를 일정하게 유지한 상태에서의 개도와 유량의 관계를 나타내는 고유유량특성 방법이며, 둘째는 유량, 수두손실와 같은 관로의 영향을 고려한 유효유량특성이다.

밸브의 고유유량특성에는 밸브의 구조에 따라 개도와 유량의 관계가 등 간격 눈금의 도표상에서 직선으로 되는 선형(Linear)과 편대수 눈금의 도표상에서 직선으로 되는 동일 백분율형(Equal percentage), 그리고 선형으로부터 상방향곡선이 되는 기동-정지(On-off)형이 있다. 고유유량특성에 대한 자세한 내용은 상수도설계기준(해설편) 등을 참고하기 바란다.

유효유량특성은 밸브가 연결된 관로에서 발생하는 손실수두의 영향을 고려한 유량특성으로, 관로의 수두손실이 클수록, 즉 관로의 길이가 길어질수록 밸브의 개폐에 의한 영향이 적어져서 유량제어가 어렵게 되고, 반대로 관로 수두손실이 작을수록 수두손실의 영향이 커져서 유량을 제어하기 쉽게 된다.

즉, 고유유량특성은 밸브 자체의 특성을 설명하는 것이고, 유효유량특성은 밸브가 설치된 관로에서의 실제 동작을 설명하는 것이라고 할 수 있다.

그림 2.36과 같이 두 배수지를 연결하는 관로 사이에 밸브가 설치된 경우, 연결 관로 전체의 손실수두는 다음 식으로 계산할 수 있다.

$$H_0 = h_{f1} + \Delta H + h_{f2} \tag{2.63}$$

여기에서 ΔH는 밸브에 의한 손실수두, h_{f1}과 h_{f2}는 각각 밸브 상류측 및 하류측 관로의 손실수두로서 Darcy-Weisbach 식을 적용하여 다음 식과 같이 나타낼 수 있다.

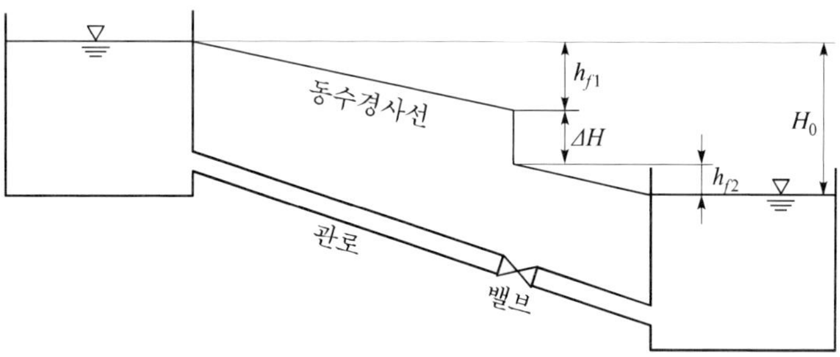

그림 2.36 관로와 밸브의 수두손실

$$h_{f1} = C_{p1}\frac{v^2}{2g}$$
$$h_{f2} = C_{p2}\frac{v^2}{2g} \tag{2.64}$$

여기에서 C_{p1}과 C_{p2}는 각각 상류와 하류의 관로 손실계수이다. 그림 2.36에서 밸브를 포함한 관로 전체의 손실수두는 수위 차 H_0와 같으므로, 다음 식과 같이 정리할 수 있다.

$$H_0 = (C_{p1} + \zeta + C_{p2})\frac{v^2}{2g} \tag{2.65}$$

여기서, ζ는 밸브의 손실계수이다.

이 식을 $C_p = C_{p1} + C_{p2}$로 하여, 유속 v의 항으로 나타내면 다음과 같다.

$$v = \sqrt{\frac{2gH_0}{\zeta + C_p}} \tag{2.66}$$

이 관로에서 유량 Q는 다음 식과 같다.

$$Q = A \times v = A\sqrt{\frac{2gH_0}{\zeta + C_p}} \tag{2.67}$$

밸브가 완전히 개방되었을 때의 손실계수를 ζmin이라 하면, 이때의 Q_{max}는 다음 식과 같다.

$$Q_{max} = A\sqrt{\frac{2gH_0}{\zeta_{min} + C_p}} \tag{2.68}$$

따라서 밸브가 완전히 개방되었을 때와 부분 개방되었을 때의 비를 나타내면 다음 식과 같다.

$$\frac{Q}{Q_{max}} = \sqrt{\frac{\zeta_{min} + C_p}{\zeta + C_p}} \tag{2.69}$$

위와 같은 방법으로 관로의 손실계수를 고려한 밸브의 유효유량특성도를 그릴 수 있으며, C_p가 0인 경우가 밸브의 고유유량특성이 된다.

다시 정리하면, 관로에 설치된 밸브의 개도에 따라 유량이 조절되지만, 유량의 변화 특성은 밸브의 종류와 계통의 관로손실 특성에 따라 달라진다. 만일 밸브가 설치되어 있는 계통의 손실계수를 C_p(즉, 밸브가 설치된 상하류의 손실을 $h_L = C_p\frac{v^2}{2g}$라고 하였을 경우의 손실계수)라고 하면, 식 (2.69)를 이용하여 관로 손실계수를 고려한 밸브의 유효유량특성도를 그림 2.37과 같이 그릴 수 있다. 이 그림은 버터플라이밸브의 유효유량특성도 사례를 나타낸 것이다.

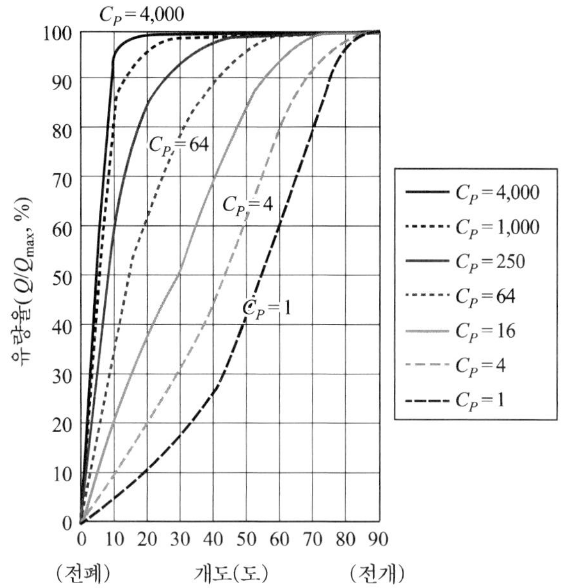

그림 2.37 손실계수에 따른 버터플라이밸브의 유효유량특성

그림 2.37에서와 같이 손실계수 C_p값이 작은 관로에서는 밸브를 잠그면 유량이 많이 줄어들게 되나, 손실계수가 큰 관로에서는 관로를 닫아도 유량은 거의 줄어들지 않게 된다.

예를 들면 C_p = 1인 관로에서는 밸브를 50% 닫으면 유량은 밸브가 완전히 개방되었을 경우(Q_{max})에 비하여 약 40% 정도 줄어들게 되나, C_p = 250인 관로에서는 밸브를 50% 닫아도 유량은 거의 변하지 않게 된다. 일반적으로 그림의 버터플라이밸브에서는 C_p = 64 이상의 영역은 유량제어에 적합하지 않은 영역으로 간주한다. 따라서 유량조절을 목적으로 제어밸브를 설치하고자 할 때는 전체 계통의 압력과 제어 가능성을 검토할 수 있도록 C_p값을 사전에 계산할 필요가 있다.

(3) 밸브에서의 캐비테이션(Cavitation)

1) 캐비테이션 현상

캐비테이션은 액체에서 기체로의 변환 과정으로, 갑작스럽게 액체의 압력이 낮아지는 경우에 발생한다. 상수도관망에서 밸브를 빠르게 닫거나 열 때 유속이 갑작스럽게 증가하면서 압력이 감소할 수 있고, 또 밸브의 설계가 부적절하거나 밸브가 부식되거나 손상되었을 경우 물흐름이 불안정해져 캐비테이션이 발생할 수도 있다.

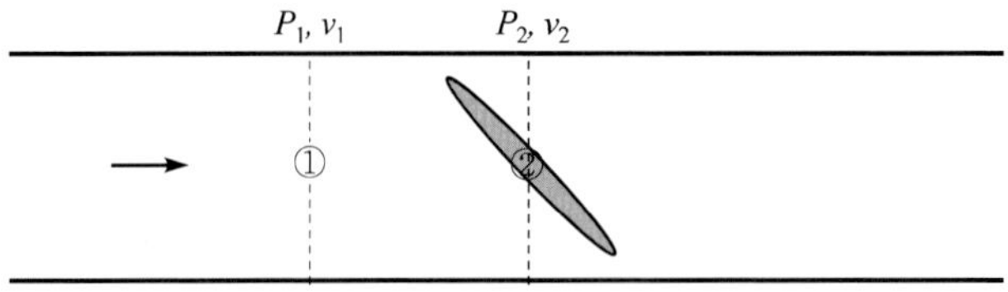

그림 2.38 밸브에서의 캐비테이션 계산사례

그림 2.38과 같은 관로에서 유속이 증가하는 경우 그 부분의 압력이 포화증기압까지 내려가는 조건을 생각해 보자.

- 수온 15℃
- P_1 : 상류측 압력 1 kgf/cm^2(절대압력으로 2.0332 kgf/cm^2)
- P_2 : 수온 15℃일 때의 포화수증기압(절대압력으로 0.0174 kgf/cm^2)
- v_1 : 유입부 유속(1 $m/\sec$)
- v_2 : 유출부 유속

베르누이방정식으로부터

$$\frac{P_1}{\gamma} + \frac{v_1^2}{2g} = \frac{P_2}{\gamma} + \frac{v_2^2}{2g}$$

여기서, γ은 물의 비중량이다.

그림 2.38에서

$$\frac{P_1}{\gamma} = 20.332(m)$$

$$\frac{P_2}{\gamma} = 0.174(m)$$

$$\frac{v_1^2}{2g} = \frac{1}{2g} = 0.051(m)$$

따라서,

$$\begin{aligned}\frac{v_2^2}{2g} &= \left(\frac{P_1}{\gamma} - \frac{P_2}{\gamma}\right) + \frac{v_1^2}{2g} \\ &= 20.332 - 0.174 + 0.051 \\ &= 20.209\end{aligned}$$

$$\therefore\ v_2 = 19.9(m/\sec)$$

이 경우 유속이 약 20 $m/\sec$ 이 되면, 유출부의 압력이 포화증기압까지 떨어지는 것을 알 수 있다. 밸브의 개도가 작은 경우 이 정도의 유속은 국부적으로 쉽게 발생할 수 있다.

이처럼 수압이 포화증기압까지 저하되면 그 부분의 물이 비등(끓어)하여 수중에 기포가 형성되며, 이 현상을 캐비테이션이라고 부르고 액체를 취급하는 모든 기기 및 장치에서 불가피한 문제로 작용된다.

일반적으로 캐비테이션에 의해 흐르는 물에서 발생하는 수중 기포는 하류측 물흐름 주위의 압력이 회복됨에 따라 순간적으로 붕괴(1/1000 초 정도라고 알려져 있음)하여 충격력(200~500 기압으로 알려져 있음)을 발생시킨다. 이 수중 기포의 발생과 소멸은 주기적으로 반복되고 압력 저하가 커질수록(후술하는 캐비테이션 계수가 작다) 증가하는 경향이 있고, 매초 1,000~3,000회에 달한다고 알려져 있다.

따라서, 밸브에서 캐비테이션이 발생하면 무수한 수중 기포의 발생과 소멸로 소음과 진동이 발생하고, 장기간 반복되면 칼날로 강하게 내려치는 것과 같은 상태가 되어 반복 응력에 의한 피로 때문에 밸브 몸통 또는 하류 관로에 부식 손상을 입히게 된다. 또한, 소음으로 민원을 유발할 수도 있으며, 진동으로 근처 구조물의 강도 저하 등 피로를 가져올 수 있으므로 밸브 설치 시 캐비테이션이 발생하지 않도록 신중하게 고려할 필요가 있다.

2) 캐비테이션 계수

물의 유속을 v, 흐르는 물의 정수압을 P(절대압력), 특정 수온에서 포화증기압을 P_v(절대압력)이라고 하면 앞에서 언급한 바와 같이 캐비테이션이 발생할 수 있는 조건은 다음과 같다.

$$P \leq P_v \tag{2.70}$$

이때 흐르는 물의 압력이 국부적으로 $K\frac{v^2}{2g}$ 만큼 급격히 낮아지면, 그 부분은 다음과 식과 같이 압력이 포화증기압보다 낮아져 캐비테이션이 발생하게 된다.

$$P - K\frac{v^2}{2g} \leq P_v \tag{2.71}$$

캐비테이션이 발생하기 시작할 때의 K 값을 K_c라고 하면 다음 식과 같이 된다.

$$K_c = \frac{P - P_v}{\gamma\frac{v^2}{2g}} = \frac{H - H_v}{\frac{v^2}{2g}} \tag{2.72}$$

여기서, γ는 물의 단위중량, H는 흐르는 물의 절대압력수두(m), H_v는 특정 온도에서의 포화증기수두(m)이다. 이 K_c를 캐비테이션 계수라고 한다.

밸브의 경우,

$$v = C\sqrt{2g\Delta H} \tag{2.73}$$

여기에서 C는 밸브의 형식 및 개도에 의해 결정되는 정수이며, ΔH는 밸브 전후의 압력차(m)를 의미한다.

$$\begin{aligned} K_c &= \frac{H - H_v}{C^2 \Delta H} \\ K_c C^2 &= \frac{H - H_v}{\Delta H} \end{aligned} \tag{2.74}$$

위 식에서 $K_c C^2$을 σ라고 하면 다음 식과 같다.

$$\sigma = \frac{H - H_v}{\Delta H} \tag{2.75}$$

이때의 σ를 밸브 캐비테이션 계수라고 한다. 일반적으로 σ의 계산에는 밸브의 최저 압력이 대상이 되므로, 이 식의 H에는 밸브의 하류측 값이 이용되어 설치장소의 조건에 따라 다음 두 가지 식이 이용된다.

$$\sigma_1 = \frac{H_d - H_v}{H_u - H_d} = \frac{(H_a + H_2) - H_v}{H_1 - H_2} \tag{2.76}$$

$$\sigma_2 = \frac{H_d - H_v}{H_u - H_d + \dfrac{v^2}{2g}} = \frac{(H_a + H_2) - H_v}{H_1 - H_2 + \dfrac{v^2}{2g}} \tag{2.77}$$

여기서, H_u : 밸브 상류측의 절대압력($H_1 + H_a$)(m)

H_1 : 밸브 상류측의 압력(m)

H_d : 밸브 하류측의 절대압력($H_2 + H_a$)(m)

H_2 : 밸브 하류측의 압력(m)

H_a : 대기의 절대압력(10.332)(m)

또한, 평균유속이 큰 경우 혹은 밸브 설치장소의 표고가 높은 경우(H_a값이 작게 됨), $\dfrac{v^2}{2g}$의 값이 σ값에 비해 무시하지 못할 정도가 되어 식 (2.77)에 의해 구하는 것이 바람직하다.

위 식에서 H_v = 0.332(m)로 하면 다음식과 같이 된다.

$$\sigma_1 = \frac{H_2 + 10}{H_1 - H_2} \tag{2.78}$$

$$\sigma_2 = \frac{H_2 + 10}{H_1 - H_2 + \frac{v^2}{2g}} \tag{2.79}$$

표 2.3에서와 같이 H_v = 0.332(m)는 약 25℃ 물의 포화증기압으로 다소 높은 수온이지만 상수도에서 사용하는 것에는 큰 지장이 없어 자주 사용되고 있다.

3) 고유 캐비테이션 계수

밸브는 구조와 형상 등에 따라 각각의 고유한 캐비테이션 현상을 나타낸다. 이 때문에 실험으로 산정한 캐비테이션 계수를 밸브의 고유 캐비테이션 계수라고 하고, 일반적으로 σ_c로 표시하며, 앞에서 설명한 설치조건으로부터 계산한 계수 σ와 구별하고 있다. 따라서 캐비테이션이 발생하지 않는 밸브를 선정하거나 설치하기 위해서는 다음과 같은 조건을 만족하게 해야 한다.

$$\sigma > \sigma_c \tag{2.80}$$

2.4.2 제어용 밸브(Control valve)

제어용 밸브는 직접 또는 반자동 장치로서 상수도관망 내 수압과 유량을 제어하기 위한 설비이다. 제어용 밸브는 수동 또는 자동으로 작동하거나 사전에 정해진 규칙에 따라 수동이나 원격으로 수압, 유량, 수위, 펌프 토출 등을 조절한다.

모든 형식의 제어용 밸브는 유량조절(Throttling)의 원칙에서 작동한다. 상수도관망에서 사용되는 대부분의 제어용 밸브는 글로브(Globe), Y, 앵글(Angle) 또는 방사형과 같은 병렬형을 나타내며, 일반적으로 게이트(Gate), 볼(Ball), 플러그(Plug), 버터플라이(Butterfly) 형식의 밸브는 제어용으로는 적절하지 못하므로 앞에서 언급한 밸브의 용량특성을 계산하여 신중하게 밸브를 선택하여야 한다.

(1) 감압밸브

1) 작동원리

감압밸브의 작동방식에는 직동식과 파일럿 방식이 있다. 직동식 감압밸브는 스프링 부하 디스크를 가진 글로브(Globe) 형식의 밸브로 구조가 단순하다. 디스크의 상·하부면에 작용하는 수압의 차이는 그림 2.39에 나타낸 바와 같이 스프링의 힘과 가동부분의 무게에 의해 균형이 맞춰진다.

$$F = P_1A - P_2A = A\delta P \tag{2.81}$$

여기서, A는 디스크의 표면적, P_1, P_2는 하부 및 상부 디스크 표면의 힘, δP는 밸브 상·하류의 수압 차이며, F는 하류방향의 힘이다.

스프링 힘이 일정하다고 가정하면, 수압 차는 단지 두 개의 일정한 인자 A와 F에 의해 결정되며, 유량과 독립적으로 유입 또는 유출수압에 대해 변하지 않고 남아 있을 것이다.

이와 같이 스프링 힘에 의한 직동식 감압밸브는 작동원리가 간단하다는 장점이 있는 반면에 몇 가지 단점이 있어 대형 상수도관망에는 거의 적용하지 않고 있다. 예를 들면, 압력제어에서 심각한 치우침의 원인이 될 수 있는 스프링 작용에 전체를 의존한다는 것이다. 또한, 스프링 부하의 또 다른 특성인 탄성이력 현상으로 인해 스프링 재질의 내부 마찰로 종종 스프링의 이동이 지연된다. 이것은 다른 방향의 움직임을 유발해 근본적으로 다른 힘의 요인이 될 수 있다. 이와 같은 이유로 직동식 감압밸브는 50~80 mm 보다 큰 구경의 상수도관망에서는 거의 사용하지 않는다.

대구경 관에서 유량변화에 대한 정확한 조절을 위하여 파일럿 감압밸브를 사용하는데, 여기에는 방사형 또는 병렬형 밸브, 기본적 장치로서 피스톤 또는 다이아프램 구동이 있다.

수압은 밸브 내 유량의 조절 및 밸브 몸통과 수압실(Chamber) 내의 작동요소에 작용하는 힘의 균형에 의해 그림 2.40과 같이 통제된다.

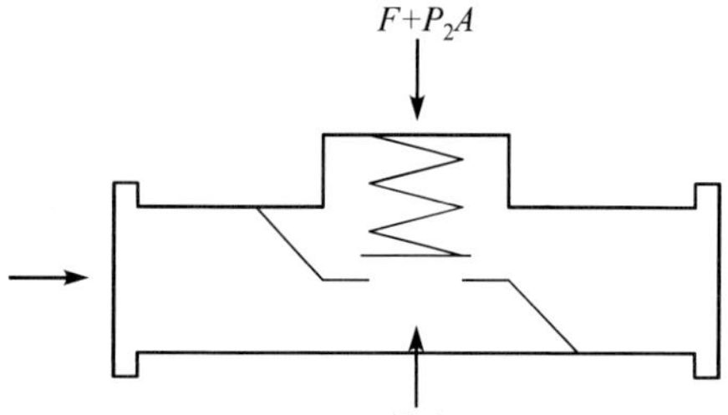

그림 2.39 직동식 제어밸브 작동원리(Dvir, 1997)

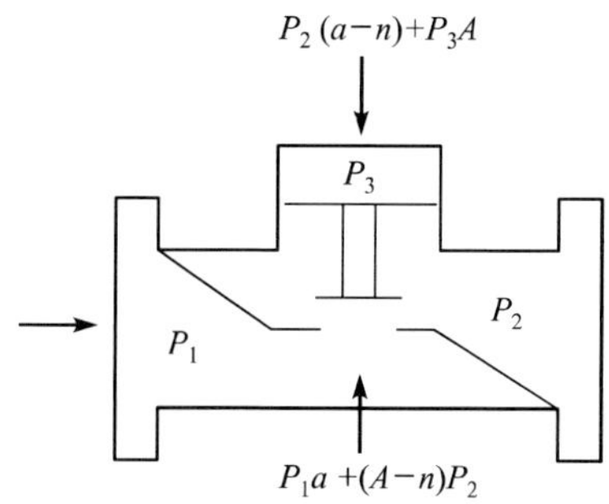

그림 2.40 파일럿 제어밸브 작동원리(Dvir, 1997)

여기에서 P_1 : 유입수압 　 P_2 : 유출수압

P_3 : 실(Chamber) 내 수압 　 δP : 밸브 내 수두손실

a : 디스크 표면적 　 A : 피스톤 면적

n : 샤프트 단면적

먼저 밸브 몸통에서 유출측 압력의 대상이 되는 아래쪽 피스톤을 가진 밸브에서 위로 향하는 힘은 디스크 아래쪽에서 작용하는 유입압력 aP_1과 피스톤의 아래에서 작용하는 유출압력 $((A-n)P_2)$으로 구성되어 있다. 여기서, 수압에 의해 발휘되는 힘에 비해 작은 이동부분의 무게는 실질적으로 무시할 수 있다. 즉, 위로 향하는 총 힘은 식 (2.82)와 같다.

$$F_U = aP_1 + (A-n)P_2 \tag{2.82}$$

반면에 아래로 향하는 힘은 디스크 위측에서 작용하는 유출수압$((a-n)P_2)$과 피스톤 위에서 작용하는 실내수압(AP_3)으로 총 힘은 식 (2.83)과 같다.

$$F_D = (a-n)P_2 + AP_3 \tag{2.83}$$

식 (2.82)와 (2.83)을 활용하여 힘을 수식화하고 대체하면 다음 식을 만들어 낼 수 있다.

$$\delta P = P_1 - P_2 \tag{2.84}$$

$$\delta P = \frac{A}{a}(P_3 - P_2) \tag{2.85}$$

실(Chamber) 내 압력이 증가하면 디스크는 아래쪽으로 움직여 밸브 내 수두손실을 증대시키고, 실(Chamber)의 압력이 낮아지면, 디스크를 올리고 밸브를 열게 하는 힘이 발휘하게 된다. 이처럼 위와 아래로 향하는 힘의 균형이 미리 설정한 수압 수준으로 안정될 때까지 반복적으로 시행된다.

2) 감압밸브의 선정

감압밸브는 물흐름에 크고 작은 손실수두를 발생시켜 물흐름을 제어한다. 일반적으로 제어용 밸브의 검토에 있어서 앞에서 기술한 용량계수(C_V값)를 사용하여 적정 구경 범위를 정한다. 감압밸브의 용량계수는 계획수량과 밸브 전·후단에서 발생하는 수압 차로부터 구할 수 있으나, 밸브에는 각각의 고유 C_V값이 있으므로 밸브 제조사에서 제공하는 고유값과 비교하여 적정 구경을 선정해야 한다.

감압밸브 선정을 위해 필요한 데이터는 다음과 같다.

① 감압에 따른 출수불량 등을 검토하기 위한 관망 내 임계지점(Critical point) 또는 목표지점(Target point)의 표고(m) 데이터를 수집한다. 임계지점은 감압밸브 설치지점의 하류측에 있는 수용가들 중에 가장 표고가 높은 지점, 가장 멀리 떨어져 있는 수용

가 지점, 또는 직결로 급수하는 수용가 중에 가장 높은 고층건물을 의미한다. 목표지점은 임계지점에서 수압을 측정할 수 없는 경우 임계지점 인근에 있는 압력 측정이 가능한 지점을 의미한다.

② 시간에 따른 감압밸브 제어방식을 결정하기 위하여 설치 예상지점의 표고와 유량, 수압 등의 운영 데이터를 수집한다.

③ 최소 및 최대 유량 범위에서 감압밸브 지점과 임계지점 사이의 손실수두(m)를 계산한다. 손실수두를 계산하기 위해서는 관망도와 유량 패턴 등의 운영 자료가 필요하며, 관망해석 프로그램을 이용하면 쉽게 구할 수 있다.

④ 감압밸브의 감압량 결정은 임계지점 또는 목표지점에서의 최소 공급수압을 달성할 수 있는 값으로 결정한다. 통상 1층 건물인 경우 150 kPa(약 1.53 kgf/cm^2)을 기준으로 한다.

감압밸브 감압 압력(하류측 또는 2차측 설정압력)의 설정은 안전율 개념에서 계획최대유량($Q_{\max}$)을 기준으로 다음 식과 같이 계산할 수 있다.

$$P_{out} = GL_{target} + SL_{target} - H_L - GL_{PRV} \tag{2.86}$$

여기에서 P_{out}은 PRV 2차측 설정압력(m), GL_{target}은 목표지점의 표고(m), SL_{target}은 목표지점의 최소 공급수압(m)이며, H_L은 목표지점까지의 손실수두(m), GL_{PRV}은 감압밸브(PRV, Pressure Reducing Valve) 지점의 표고(m)이다.

제어용 밸브는 고유한 용량계수(C_V)의 제어범위를 벗어나게 되면 적절한 제어기능을 수행할 수 없다. 따라서, 식 (2.87)과 (2.88)을 활용하여 감압밸브의 C_{Vmax} 및 C_{Vmin}을 산출하고, 제어범위 초과 여부를 판단한다.

$$C_{Vmax} = 1.167 Q_{\max} \sqrt{\frac{G}{\Delta P_{\min}}} \tag{2.87}$$

여기에서 C_{Vmax}는 최대용량계수, $Q_{\max}$는 계획최대유량(m^3/hr), $\triangle P_{\min}$는 최대유량 시의 밸브의 최소 수압 차(kgf/cm^2), 그리고 G는 비중이다.

$$C_{Vmin} = 1.167 Q_{\min} \sqrt{\frac{G}{\Delta P_{\max}}} \tag{2.88}$$

여기에서 C_{Vmin}는 최소용량계수, $Q_{\min}$는 계획최소유량(m^3/hr), 그리고 $\triangle P_{\max}$는 최소유량 시의 밸브의 최대 수압 차(kgf/cm^2)이다.

또한, 밸브에는 구조적으로 캐비테이션 발생을 방지하기 위한 제작사별 허용 가능한 최대 유속을 정하고 있는데, 이를 한계최대유속이라 한다.

감압밸브의 구경 및 형식의 선정은 다음의 순서를 따른다.

① 밸브가 제어할 최대·최소유량, 최고·최저수두, 관경, 관로 연장, 밸브 2차측 설정압력 등의 수리적(Hydraulic) 조건을 파악한다.

② 최대유량 시 유속이 밸브의 한계유속 이내가 되는 구경을 산출하여 예상 구경으로 선정한다.

③ 예상 구경에 대해 계획최소유량 시의 유속을 계산해 밸브의 한계최저유속 이상인가를 확인한다.

④ 계획 최대·최소유량 시의 손실수두를 계산해 밸브에 가해지는 1차측 최고·최저 수압을 산출한다.

⑤ 밸브의 정상 작동을 위해서는 1차측 수압이 설정된 2차측 수압과 밸브 자체에 필요한 작동용 수압 등을 합한 값보다 커야 한다. 작동용 수압의 산정은 구경, 다이아프램형, 피스톤형 등 형태에 따라 달라지므로 밸브 제조사 등에서 제공하는 자료를 활용하도록 한다.

⑥ 계획 최대·최소유량 시의 용량계수 C_{Vmax}, C_{Vmin}을 계산한다. 다음에 이 C_V값에 대응하는 감압용 밸브의 개도가 해당 감압밸브의 제어범위 내에 있는지를 제조사에서 제공하는 기술자료 등을 이용해 확인한다.

⑦ 밸브의 최대 차압과 2차측 압력으로부터 캐비테이션 계수를 산출하여 이것이 감압밸브의 실용 캐비테이션 계수 이상이 되는지 확인한다.

⑧ 이상의 검토 결과를 기초로 구경, 형식을 결정하고, 또한 가격, 유지관리의 장단점 등을 종합적으로 검토한다.

3) 감압밸브의 제어

감압밸브는 하류측 수압의 제어방식에 따라 ① 고정유출(Fixed-outlet), ② 시간비례제어(Time-modulated control), ③ 유량비례제어(Flow-modulated control) 등의 형식으로 크게 구분할 수 있다. 감압밸브의 제어방식은 관로에서 발생하는 누수량과 수압제어에 의한 누수저감 효과 등을 고려하여 결정한다.

고정유출 방식은 수요 및 수압 변동에 상관없이 밸브 유출측(2차측) 설정 압력을 일정하게 유지하는 형식이다. 고정유출 방식은 주로 밸브지점과 목표지점 사이의 수두손실이 작을 때 사용하는데, 호주의 Queensland 주에서는 밸브지점과 목표지점 사이의 수두손실이 10 m 이하일 때는 고정유출 방식을 사용하는 것이 가장 적절한 제어방식이라고 하고 있다(Queensland EPA, 2002).

시간비례제어 방식은 고정유출 방식의 한 종류로서 하류측 수압을 물 수요량이 많아 수압이 낮아지는 낮 시간에는 높게 설정하고, 물 수요량이 감소하는 야간에는 낮은 압력으로 설정하는 기법이다. 시간별 수요패턴과 수압 및 손실을 고려하여 적정 제어시간과 하류측 수압을 결정한다.

유량비례제어 방식은 목표지점의 수압을 일정하게 유지하기 위하여 감압밸브 유출 수압을 일정 범위로 계속 조정하는 제어방식이다. 유량비례제어 방식은 세밀한 제어를 수행하므로 누수저감에 가장 효과적이나 시간대별 손실수두의 차이가 뚜렷해야 하며, 제어로직의 운용을 위한 부가 장치들이 필요하므로 가장 비용이 많이 소요되는 방식이다.

그림 2.41은 시간별 물 수요량 변동에 따른 목표지점의 수압에 대해 감압밸브가 없을 경우와 고정유출 및 유량비례제어 방식의 차이를 나타낸 것이다. 그림에서와 같이 고정유출 방식의 경우 최대유량 시에 목표지점에서의 수압을 최저수압수준에 가깝게 설정하는 방식이며, 유량비례제어 방식은 항상 최저수압수준을 유지하도록 하는 방식이다.

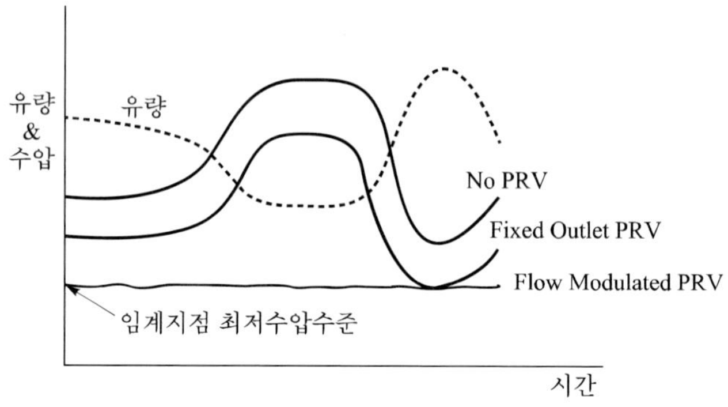

그림 2.41 감압밸브 제어방식별 목표지점에서의 수압 변동

(2) 유량조절밸브(Flow limiting control valve)

유량조절밸브는 관망의 공급수량과 수압을 고려하여 아파트, 대형건물 또는 공장과 같은 대수용가의 물 사용량을 적정 범위로 제어하는 밸브로, 주로 대수용가의 급격한 물 사용으로 인한 주변 지역의 수압 부족을 방지하기 위해 설치한다.

작동원리는 감압밸브 등 압력조절밸브와 유사하다. 설정한 유량으로 공급될 경우 밸브 오리피스 전후의 압력 차(차압)가 발생하고, 이 압력 차가 설정 차압 이상이 되면 유량조절 파일럿이 오리피스 전후단의 압력 차를 감지하여 파일럿 밸브를 점차적으로 닫아 설정 차압을 유지하도록 하여, 설정한 공급량 이내로 유량을 제한하도록 제어한다. 유량조절밸브의 유량 조절은 다음 식과 같이 용량계수(C_V)와 차압(Δp)에 의해 계산된다.

$$Q = C_V \sqrt{\Delta p} \tag{2.89}$$

그림 2.42는 유량조절밸브의 구조를 나타낸 것으로 $2A$와 $2C$는 각각 오리피스 전단과 후단의 압력을 감지하는 라인이며, 7은 파일럿 밸브를 나타낸다.

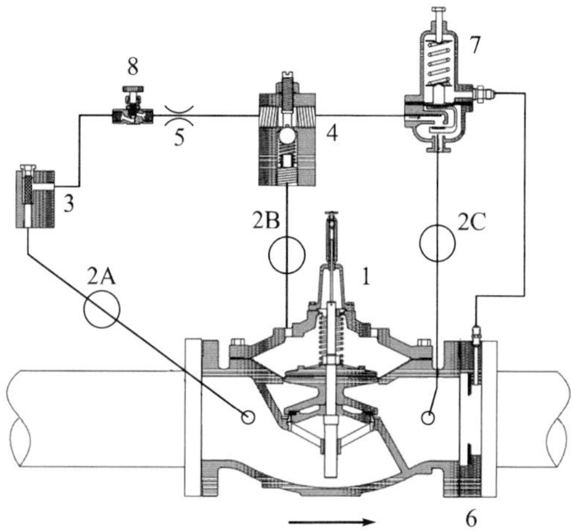

그림 2.42 유량조절밸브의 구조

일반적으로 유량조절밸브는 다음 순서로 적정 형식과 구경을 선정한다.

① 밸브의 제어 가능한 최대·최저유량, 최고·최저수두, 관로 구경, 관로 연장을 파악한다.

② 최대유량 시의 유속을 계산하고 밸브의 한계유속으로부터 구경을 가정한다.

③ 최대유량 및 최소유량 시의 밸브 상·하류 손실수두를 계산하고 밸브 1차측 및 2차측의 최고 및 최저 수압을 계산한다.

④ 밸브에 요구되는 최대용량계수와 최소용량계수를 계산하고, 밸브 유량특성도로부터 밸브의 최대 개도와 최소 개도를 읽어 그 개도가 밸브의 제어범위에 있는지를 확인한다.

⑤ 최대 차압시 밸브의 캐비테이션 계수를 계산하고 밸브의 고유 캐비테이션 계수보다 큰지를 확인한다.

⑥ 이상의 계산 도중에 조건을 만족하지 못하는 경우에는 밸브의 구경 또는 종류를 변경하고 다시 계산하여 조건을 만족하는 밸브를 산정한다.

(3) 개도조절밸브

개도조절밸브는 밸브의 제어특성이 설치된 상수도관망 운영조건에 따라 다르게 나타나기 때문에 단독의 장치가 아닌 전체 상수도관망의 일부분으로 해석해야 한다. 이에 대한 사례를 다음의 예제를 통해 자세히 살펴보도록 하자.

예제 수위 차가 10 m인 두 저수지 사이의 용수를 공급하는 500 mm 관로의 유량제어를 위해 버터플라이밸브가 설치되어 있는 경우, 밸브의 개도에 따른 유량을 다음의 사항들에 대하여 계산하라.

(a) 관로 길이가 짧아(100 m) 손실계수 $C_p(f_L/D)$가 작은(4) 경우

(b) 관로 길이가 길어(2,500 m) 손실계수 $C_p(f_L/D)$가 큰(100) 경우

풀이)

버터플라이밸브의 개도에 따른 손실계수는 아래 표와 같다. f값이 0.02라면 관경 500 mm, 관 길이 100 m에서는 C_p값이 4이며, 관 길이 2,500 m에서의 C_p값은 100이다. 밸브 개도에 따른 밸브 손실계수는 밸브 제조사 또는 상수도설계기준(해설편) 등에서 구할 수 있다.

밸브개도	30%	40%	50%	60%	70%	80%	90%	Q30%/Q90%
밸브 손실계수	250	40	12	5.0	1.9	1.0	0.7	
유량 (C_p=4)	17.2	41.4	68.7	91.6	113.1	122.9	126.7	13.6%
유량 (C_p=100)	14.7	23.2	26.0	26.8	27.2	27.3	27.4	53.6%

다음 식을 이용하면 밸브 개도와 손실계수에 따른 유량을 계산할 수 있다. 아래에서의 밸브 개도는 30, C_p는 4이다.

$$Q = A \times v = A\sqrt{\frac{2gH_0}{\zeta + C_p}} = \frac{3.14 \times 0.5^2}{4}\sqrt{\frac{19.6 \times 10}{250+4}} = 17.2\ m^3/s$$

이와 같은 방식으로 다양한 밸브 개도와 산정된 C_p값에 대해 풀면 위 표와 결과를 얻을 수 있다. 이를 그래프로 나타내면 다음 그림과 같다.

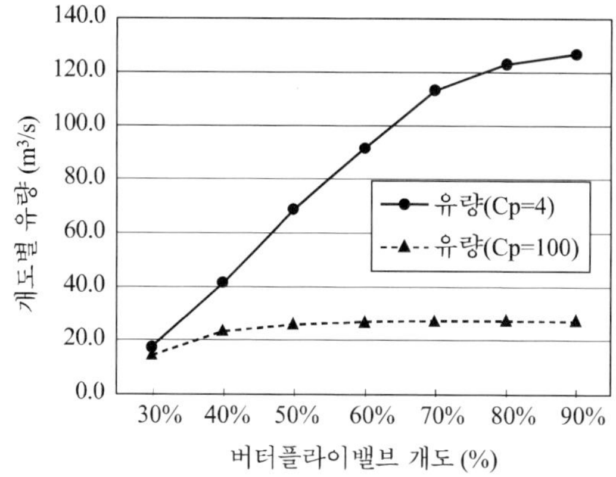

그림 2.43 관로 길이에 따른 개도별 유량 사례

이 그래프에 나타난 바와 같이 관로 길이가 짧은 경우 개도에 따른 유량이 거의 선형으로 줄어드나 관로의 길이가 길어지면 개도에 따른 유량의 변화가 크지 않다. C_p = 4에서의 90% 개방 시와 30% 개방 시의 유량비율은 13.6%이나, C_p = 100에서는 53.6%로 유량의 개도에 따른 유량의 변화가 많지 않음을 알 수 있다.

2.4.3 공기밸브

공기밸브는 관로의 충수, 배수(Drain), 또는 상수도관망의 운영과정에서 관내의 공기를 자동으로 배출하거나 채우도록 설계된 유체역학 장치다. 관로의 종단도 상에서 상향돌출부의 상단에는 물속에 용해되어있는 공기가 유리되고 축적되어 에어포켓(Air pocket)이 형성될 수 있다. 이 에어포켓을 제거하지 않으면 통수단면적을 감소시켜 원활한 통수를 방해하며 때로는 관로사고를 유발하는 경우도 있다. 따라서 상향돌출부에 공기밸브를 설치하여 공기를 배기할 수 있게 하고 있다.

흐름에서 물과 공기가 공존하는 흐름을 2상 흐름(Two-phase flow)이라고 한다. 관수로에서의 2상 흐름 조건은 물의 양과 경사와 같은 매설조건과 함께 공기량에 따라 형태가 결정된다. 부적절하게 설계된 공기밸브는 상향돌출부에서의 공기 축적을 유발하여 수리적 교란을 일으키게 된다. 반면에 공기밸브의 오리피스를 과도하게 크게 설계하면 관 내 공기가 제어되지 않고 이송되어 수격작용과 캐비테이션 같은 수리적 문제를 초래할 수 있다. 이와 같은 흐름의 특성이 모두 2상 흐름으로 인해 발생한다.

관내 공기의 축적은 저유속 조건에서 발생할 수 있다. 통상 1 m/s 이상의 유속에서는 공기가 자연스럽게 제거되는 수리적 도수(Hydraulic jump) 현상이 발생하여 공기가 축적되지 않는다. 한편, 필요 이상의 높은 수압을 받는 상수도관망에 대구경 오리피스를 가진 공기밸브를 설치하는 것은 수격작용이 발생할 수 있다. 이와 같은 현상은 유사한 압력 조건에서 오리피스를 통해 유동하는 물과 공기, 즉 2상 흐름의 커다란 속도 차이 때문에 발생한다(Dvir, 1997; Skousen, 2006).

따라서 공기밸브 오리피스 구경은 해당 관망의 매설환경과 수압 등의 운영 여건에 맞게 설치하여 물을 빼거나 채울 때 공기가 적정하게 제어되어 서지압이나 진공이 발생하지 않도록 해야 한다.

상수도설계기준(해설편)(한국상하수도협회, 2020)에서는 관경 400 mm 이상의 관에는 반드시 급속공기밸브 또는 쌍구공기밸브를 설치하고, 관경 350 mm 이하의 관에 대해서는 급속공기밸브 또는 단구공기밸브를 설치한다고 규정하고 있으나, 공기밸브 오리피스 구경에 대한 제시가 없다. 이 책에서는 Dvir(1997)와 Skousen(2006)이 제시한 내용을 요약하여 오리피스 구경을 산정하는 방법을 소개한다. 상세한 설명은 Dvir(1997)와 Skousen(2006)의 문헌을 참고하기 바란다.

1) 공기배출을 위한 오리피스 구경

관로에 물을 충수할 때 오리피스를 통해 공기를 배출하는 것은 과도한 수격압이 발생하지 않도록 하기 위한 것이다. 최대허용 충수속도는 다음의 Joukovsky 이론을 이용하여 계산한다.

$$v_p = \frac{g\delta h}{c} \tag{2.90}$$

여기에서 v_p는 최대허용 충수속도(m/s), g는 중력가속도(m/s^2), δh는 충수로 인한 최대허용 상승수압(m), 그리고 c는 압력파의 속도(음속)(m/s)이다.

만약 잔류 압력이 8.9 m 이상이면 오리피스 면적 a_0는 다음 식으로 계산한다.

$$a_o = \frac{v_p A}{196} \tag{2.91}$$

여기에서 A는 관로의 단면적(m^2)이다. 또한 잔류 압력이 8.9 m 미만이면 다음 식으로 계산한다.

$$a_o = \frac{v_p A}{v_1} \tag{2.92}$$

여기에서 v_1은 유입측 유속(m/s)이다.

2) 공기흡입을 위한 오리피스 구경

관내의 물이 비워질 때, 반드시 관내에 공기를 흡입시켜 비정상적인 진공상태 발생을 방지해야 한다. 공기흡입 유속은 절대압 0.528 bar 이내의 경우에는 다음 식으로 구한다.

$$v_a = \frac{196}{\chi} \tag{2.93}$$

여기에서 X는 오리피스에서의 수압비율(p_2/p_1)로 p_1은 대기압이다. 공기흡입을 위한 오리피스 면적은 다음 식으로 계산한다.

$$a_o = \frac{v_p A}{v_a} \tag{2.94}$$

예제 300 mm 관경의 750 m 길이의 분기관이 8/1000의 경사로 상향경사로 설치되어 있다. Hazen-Williams 식의 C값은 130이라고 가정하고 압력파의 속도는 1,000 m/s이다. 물의 공급은 5.0 kg/cm^2(50 m)의 정수압으로 유지되고 있다. 상향경사 돌출부에 설치할 공기밸브는 충수 시 정수압의 50%를 초과하지 않도록 하고, 공기흡입의 경우에는 절대압 5 m 이하로 떨어지지 않도록 하여 진공이 발생하지 않도록 오리피스 구경을 선정하라.

풀이)

충수 시 최대허용수압은 정수압의 50%이므로 δh = 25 m가 되며, Joukovsky 이론에 의해 최대 유속은 다음과 같다.

$$v_p = \frac{g\delta h}{c} = \frac{9.81 \times 25}{1000} = 0.25\ m/s$$

Hazen-Williams 식에 의해

$$h_L = 10.666 C^{-1.85} D^{-4.87} Q^{1.85} L$$
$$= 10.666 \times 130^{-1.85} \times 0.3^{-4.87} \times (0.071 \times 0.25)^{1.85} \times 750$$
$$= 0.2 m$$

여기에서 300 mm 구경의 관 단면적은 0.071 m^2이므로 관로에서의 손실은 0.2 m이고, 관로경사에 따른 수두저하는 아래와 같다.

$$h_d = L \times \text{관로경사} = 750 \times \frac{8}{1000} = 6.0\ m$$

따라서 공기밸브가 설치된 지점에서의 잔여 수두는 43.8(50−6.0−0.2)m가 된다. 따라서 잔류 수압이 43.8 m로 임계 압력인 8.9 m를 초과하게 된다. 따라서 충수 시 공기배출을 위한 오리피스 면적은 아래 식과 같이 계산된다.

$$a_o = \frac{v_p A}{196} = \frac{0.25 \times 0.071}{196} = 90.6 \times 10^{-6}\ m^2 = 90.6\ mm^2$$

이에 따라 오리피스 직경은 약 10.7 mm가 된다.

배수 시 공기흡입을 위한 계산에서, 관로경사를 고려한 동수경사는 분기관로 시작점과 말단부에 베르누이 공식을 이용하여 계산한다.

$$\frac{p_1}{\gamma} + \frac{v_1^2}{2g} + z_1 = \frac{p_2}{\gamma} + \frac{v_2^2}{2g} + z_2 + h_s$$

여기에서 h_s는 공기 흡입시의 손실이다. 위 식에서 p_1은 공기밸브를 통해 항상 대기압으로 유지되므로 0이며, 배수할 때 허용 절대 진공압력은 0.5 *bar* 이므로 $p_2/\gamma = -5\ m$, 그리고 관 내 유속은 동일하므로 $v_1 = v_2$가 된다. 따라서 수두손실은 다음과 같다.

$$h_s = -\frac{p_2}{\gamma} - (z_2 - z_1) = 5 - 6 = -1.0\ m$$

여기에서 표고 차 6 *m*는 8/1000의 경사를 관 길이 750 *m*에 대해 적용한 값이다. 따라서 동수경사는 다음과 같다.

$$I = \frac{h_s}{L} = \frac{1}{750} = \frac{1.333}{1000}$$

관로 내 절대압력 0.5 *bar*에서 공기 유입속도는 다음 식으로 계산할 수 있다.

$$v_a = \frac{196}{\chi} = \frac{196}{0.5/1.01} = 395\ m/s$$

여기에서 $X = p_2/p_1$ 에서 p_1은 대기압(1.01 *bar*)이다. 위에서 계산한 것을 바탕으로, Hazen-Williams 식을 이용하여 관 내 물의 최대 속도를 구하면 다음과 같다.

$$v_p = 0.35464CD^{2.63}I^{0.54} = 0.35464 \times 130 \times 0.3^{0.63} \times \left(\frac{1.333}{1000}\right)^{0.54} = 0.6\ m/s$$

따라서 관 내 공기흡입을 위한 공기 속도는 다음과 같이 계산된다.

$$a_o = \frac{v_p A}{v_a} = \frac{0.6 \times 0.071}{395} = 107 \times 10^{-6}\ m^2 = 107\ mm^2$$

이에 따라 오리피스 직경은 약 11.7 *mm*가 된다.

충수와 배출 시 계산된 오리피스 직경은 근접한 값을 가지고 있으며, 오리피스 직경은 11.5±0.5 *mm* 정도면 요구되는 조건을 만족한다.

2.4.4 소화전

소화전은 배수관에 설치하여 화재 발생시에 소방용수를 이용하는 시설이지만, 관내의 물을 배수(Drain)할 때의 흡기와 충수할 때의 배기 및 배수관의 수질 유지를 위한 관세척 장치로도 이용된다. 이와 같은 관망운영에서의 활용을 고려하여 소화전을 적정 구경과 간격으로 설계하여 설치하여야 한다.

소화전에서의 유량은 제어밸브와 마찬가지로 소화전 용량계수(C_d)와 소화전 입구 및 출구의 압력손실에 의한 압력 차(Δp)의 관계로 다음 식과 같이 계산된다.

$$Q = C_d\sqrt{\Delta p} \tag{2.95}$$

옥외소화전의 전체 압력손실은 입·출구 직경에 따른 속도 편차, 소화전 형상, 밸브의 구조와 중력 등에 의해서 발생하며, 옥외소화전의 압력손실을 구하는 방법은 아래의 식과 같다.

$$p_s = p_1 - p_2 \tag{2.96}$$

여기에서 p_s 소화전에서의 압력 차로서 $\triangle p$와 같으며, p_1과 p_2는 각각 소화전 입구와 출구의 수압이다.

미국과 우리나라의 표준 소화전 토출구 직경은 63.5 mm와 114.3 mm이다. 이들 직경에 대한 용량계수에 대해 Walski 등(2003)은 63.5 mm의 경우 11~14($l/s/m^{0.5}$), 그리고, 114.3 mm의 경우 30~40($l/s/m^{0.5}$)를 제시하였다. 우리나라의 경우 유우준 등(2013)은 평균 494.46($l/\text{min}/kPa^{0.5}$)으로 시험결과를 통해 구하였다. 이 값의 단위를 ($l/s/m^{0.5}$)로 환산할 경우 25.8이 된다.

관망해석을 통한 소화전 방류량 결정을 위해서는 $\triangle p$가 중요한데, EPANET 등의 관망해석 프로그램에서는 소화전 Emitters를 가상의 저수지(Reservoir)로 방류하는 유량으로 간주하기 때문에 실제보다 많은 유량이 방류되는 것으로 계산될 수 있다. 이와 같은 오차를 줄이기 위해서는 소화전 표고에 $\triangle p$를 고려하여 조정해 주어야 한다. 유우준 등(2013)에서 시험한 소화전의 방류량과 압력 차의 관계는 다음 그림과 같다.

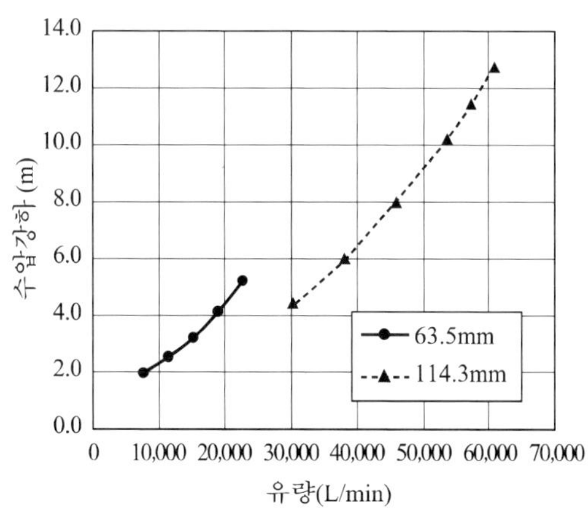

그림 2.44 소화전 방류량과 수압강하 관계

상수도설계기준(해설편)에서 제시한 소화전 방류량 계산식은 다음과 같다.

$$H = (f_e + f_u)\frac{V_o^2}{2g} + \left(\sum f_b + f_o + f\frac{L}{d}\right)\frac{V^2}{2g}$$

$$V_o = \frac{d^2}{D^2}V \qquad (2.97)$$

여기에서 f_e : 소화전 본관 유입계수(0.5) f_u : 소화전 밸브 손실계수(4.5)

f_b : 호스 곡관 손실계수(0.3) f_o : 소스 유출 손실계수(1.0)

f : 호스 마찰계수(0.042) d : 호스의 직경

L : 호스의 길이 D : 소화전 본관 직경

V_0 : 소화전 본관에서의 유속 V : 호스에서의 유속

유입 및 곡관 손실계수는 각각 형상 및 크기 등에 따라 다르므로 실제 계산에서는 관련 자료를 찾아 적용할 필요가 있다. 「옥외소화전설비의 화재안전기준(NFSC 109)」(소방청고시 제2021-50호, 2021. 12. 16.)에는 옥외소화전의 노즐선단에서의 방수압력이 0.25 ㎫ (25.5 m 수압) 이상이고, 방수량이 350 ℓ/min(504 m^3/day) 이상이 되는 성능인 것으로 할 것으로 규정하고 있다.

소화전 개방에 따른 압력손실에 관한 기준은 소방청 고시 제2018-43(시행 2018.12. 4.)의 「소화전의 우수제품인증 기술기준」에 제시되어 있다. 이 기준의 제14조 (압력손실시험)에는 옥외소화전의 압력손실은 표 2.12에 의한 압력손실 값을 초과하지 않도록 규정하고 있다.

표 2.12 옥외소화전의 압력손실 기준

토출구 수	토출구 내경 mm	유량, ℓ/min (m^3/day)	압력손실값, kPa (m)
1	63.5	946 (1,362)	6.9 (0.7)
2	63.5	1,892 (2,724)	13.7 (1.4)
3	63.5	2,839 (2,648)	20.7 (2.1)
4	63.5	3,785 (5,540)	27.6 (2.8)
1	101.6 이상	3,785 (5,540)	34.5 (3.5)
1	101.6 이상	5,678 (8,175)	89.7 (9.1)

2.4.5 이토밸브

이토밸브는 배수설비의 하나로 관 바닥에 남아 있는 협잡물을 배출하고, 관내에 발생한 탁수의 배제와 공사 및 사고 등 비상시나 평소의 유지관리 상 관내의 청소와 정체수 배제 등을

목적으로 도수 및 송수, 배수관로에 설치한다. 설치 위치는 물을 효과적으로 배제할 수 있도록 하천 등 관로의 낮은 곳에 설치하는 것이 바람직하며, 구간별 배수를 위해 이토밸브 전·후단에 제수밸브가 있어야 한다.

상수도설계기준에 따르면 이토밸브의 구경은 물을 배출하려는 본관 관경의 1/2~1/4로 하고 가능하면 치수가 큰 것을 선택하도록 규정하고 있다. 운영관리 시 일시적으로 대량의 물을 배수하는 것은 수로 등에 영향을 주기 때문에 배수량이 제약되는 경우가 있지만 가능한 한 배수량에 적합한 구경으로 설치하고, 배수설비 주변부를 보강하는 것이 바람직하다.

이토밸브를 통한 토출 유량은 본관의 수압과 배수설비의 형상, 길이, 이토밸브의 개도 등에 의해 결정된다. 본관에서의 수압은 다음과 같은 속도수두의 형태로 나타낼 수 있다.

$$H = \left(\zeta_e + \zeta_v + \sum \zeta_b + \zeta_o + f\frac{L}{d}\right)\frac{v^2}{2g}$$

$$\therefore v = \sqrt{\frac{2gH}{\zeta_e + \zeta_v + \sum\zeta_b + \zeta_o + f\frac{L}{d}}} = \sqrt{\frac{2g}{\zeta_e + \zeta_v + \sum\zeta_b + \zeta_o + f\frac{L}{d}}}\sqrt{H} \tag{2.98}$$

여기에서 H : 본관의 수압(m)

L : 배수관(排水管) 길이(m)

d : 배수관(排水管) 구경(m)

ζ_e : 유입손실계수(0.5)

ζ_b : 곡관 손실계수(0.04)

ζ_v : 밸브 손실계수

ζ_o : 유출 손실계수(1.0)

f : 배수관(排水管) 마찰손실계수

유입 및 곡관 손실계수는 각각 형상 및 크기 등에 따라 다르므로 실제 계산에서는 관련 자료를 찾아 적용할 필요가 있다. 이토밸브의 개도와 밸브 손실계수(ζ_b), 관경과 마찰손실계수(f)의 관계는 다음과 같다(한국상하수도협회, 2020).

표 2.13 밸브 개도와 밸브 손실계수(ζ_v)의 관계

개도	1/8	2/8	3/8	4/8	5/8	6/8	전개
ζ_v	90	16	5.5	2.3	1.0	0.385	0

표 2.14 배수관(排水管) 관경과 마찰손실계수(f)의 관계

관경(mm)	100	150	200	250	300	400
f	0.045	0.040	0.036	0.031	0.027	0.024

다음 그림과 같은 배수설비가 있을 경우의 계산사례는 다음과 같다.

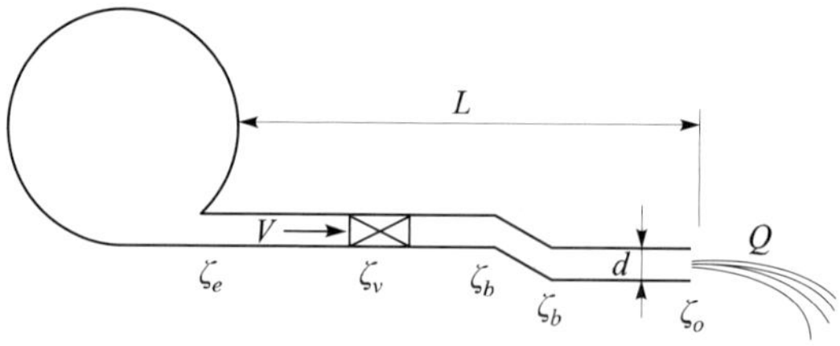

그림 2.45 토출유량 계산을 위한 배수설비 구성 사례

계산조건은 이토밸브는 완전개방(전개)으로 하였으며, 배수관(排水管) 관경 200 mm (0.2 m)과 길이 50 m, 본관 수압(0.4Mpa, 40.8 m) 및 배수관(排水管)에서의 곡관은 2개소가 있는 것으로 한다.

$$v = \sqrt{\frac{2g}{\zeta_e + \zeta_v + \sum \zeta_b + \zeta_o + f\dfrac{L}{d}}}\sqrt{H} = \sqrt{\frac{19.6}{0.5 + 0 + 2\times 0.04 + 1.0 + 0.036\dfrac{50}{0.2}}}\sqrt{40.8}$$

$$= 8.69\,(m/s)$$

$$Q = av = \frac{\pi}{4}d^2 v = 0.785 \times 0.2^2 \times 8.69 = 0.273\,(m^3/s) = 16.3\,(m^3/\text{min})$$

이토밸브 개방에 의한 배수관(排水管)의 배수량 산정표는 상수도설계기준(해설편)을 참조하기 바란다.

2.5 수격작용

2.5.1 수격작용이란?

정상상태 조건으로부터 순간적으로 압력 또는 유량의 변동을 일으키는 모든 변화를 수리적 과도(Hydraulic transient)현상이라 한다. 유체의 과도현상은 통상적으로 서지(Surge) 또는 수격작용(Water hammer)이라 부른다. 이들은 일반적으로 밸브의 급개폐, 펌프의 시작 또는 정지 등에 의해 발생한다. 이것들의 크기는 ① 유속 변화의 정도, ② 유체의 밀도, 그리고 ③ 유체와 관로 계통에서의 압력파의 속도 등에 따라 달라진다.

이러한 수리적 과도현상의 범위는 약간의 압력과 속도의 변화로부터 아주 큰 진공이나 압력으로 관로와 부속설비가 파괴되거나 펌프에 손상을 주는 것까지 다양하게 발생한다. 이런 위험 가능성이 있는 압력변화의 원인이 되는 급격한 속도 변화를 조절할 목적으로 서지 제어장치를 설치한다.

이것은 공기 또는 기체와 관로에 연결된 유체로 이루어진 탱크(조압수조, 서지탱크) 등을 이용하여 해결할 수 있다. 이 탱크는 유체에 과도한 압력이 발생하였을 때 움직이는 유체의 운동에너지를 위치에너지로 변환시키는 기능을 하게 된다. 펌프가 정지하였을 때, 탱크 내 기체가 팽창하고 유체를 관로 내로 송수하여 진공발생과 수주분리(Column separation)를 방지하게 된다. 이것이 서지 제어장치가 에너지 변화를 제어하는 물-공기 장치의 기본원리이다.

유체의 과도현상과 서지 제어장치가 어떻게 에너지 변화를 조절하는가를 이해하기 쉽게 설명하기 위하여 한가지 비유를 이용해 보자.

기관차가 경사진 철로에서 객차를 뒤에서 미는 것은 펌프를 이용하여 배수지로 송수하는 형상과 비슷하다.

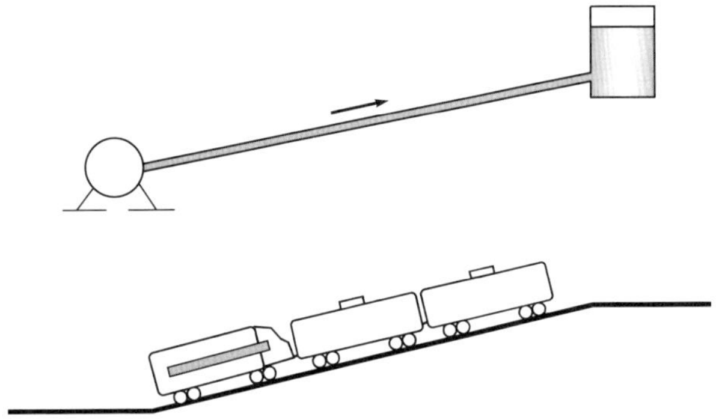

기관차가 정지하였을 때, 객차들은 마찰과 중력에 의하여 중지될 때까지 계속 진행 방향으로 전진할 것이다.

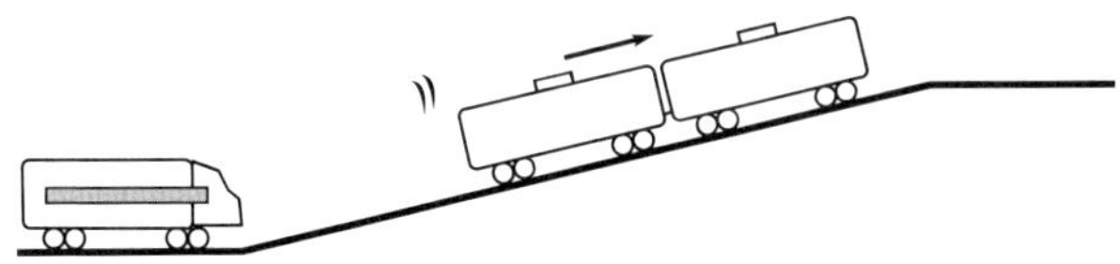

다음으로 중력작용에 의해 객차가 후진으로 아래쪽으로 움직여 기관차와 충돌하게 된다.

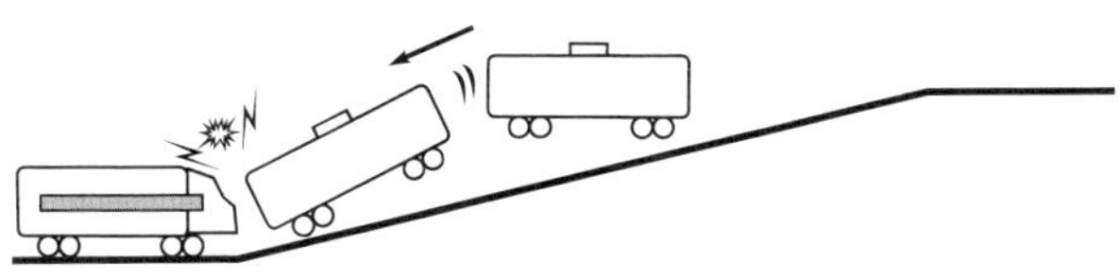

이때 만일 뒤로 이동하는 객차를 다른 쪽으로 유도할 수 있는 철로가 있다면, 충돌은 피할 수 있다.

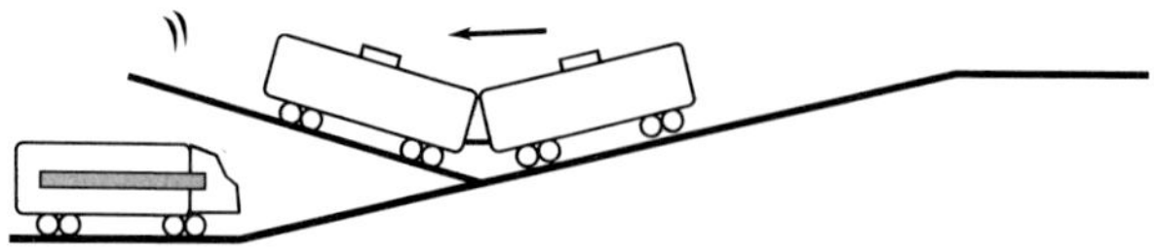

이와 같은 현상을 펌프에 의한 상수도관망에 적용하여 보자. 펌프가 정지하였을 때, 펌프 토출측 이후에 있는 유체는 펌프와 수주(Water column)가 분리되어 중력과 마찰에 의해 움직임이 멈출 때까지 펌프 하류의 물의 흐름은 계속 진행하게 되고 펌프와 물의 이동구간까지는 진공이 발생하게 된다.

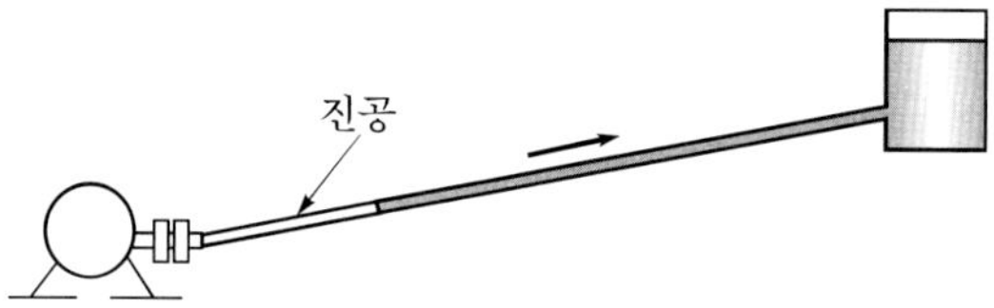

다음으로 중력작용에 의해 물은 뒤쪽으로 움직이게 되고, 그 결과에 의한 충돌은 비교적 단순한 소음에서부터 관, 펌프 등의 파손까지 다양하게 나타난다.

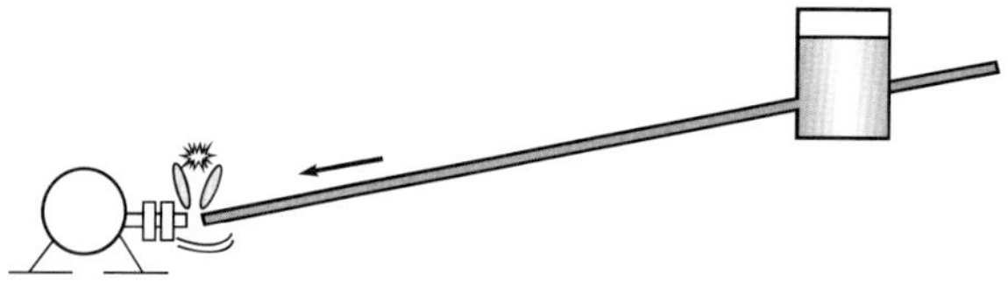

이때 만일 펌프 근처에 물과 공기로 이루어진 조압수조(Air chamber)나 서지탱크와 같은 서지 조절장치가 설치되어 있다면, 펌프가 중지된 후에 관로 내로 물을 공급하여 수주분리가 생기는 것을 방지하게 하고, 이 유체가 평형상태에 이를 때까지 완충장치 역할을 하게 된다.

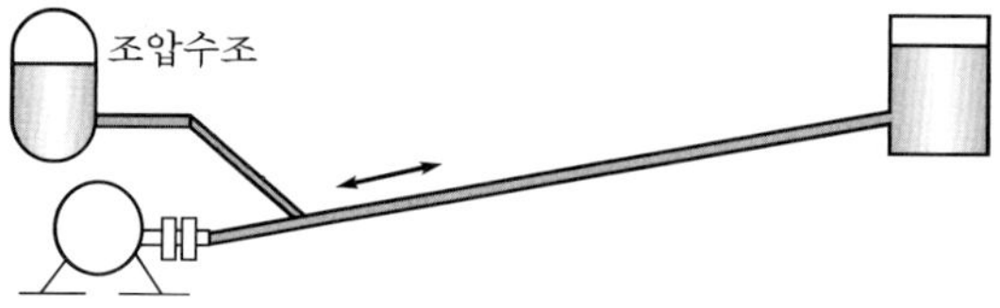

상수도관망에서 밸브의 갑작스러운 개폐에 의해서도 이와 같은 수격작용이 발생한다. 이 현상은 밸브를 천천히 열고 닫음으로서 많은 부분을 제어할 수 있다. 밸브의 급격한 개폐는

화재, 홍수 또는 전기제어 설비의 동력이 차단될 때 등 여러 경우에 발생한다.

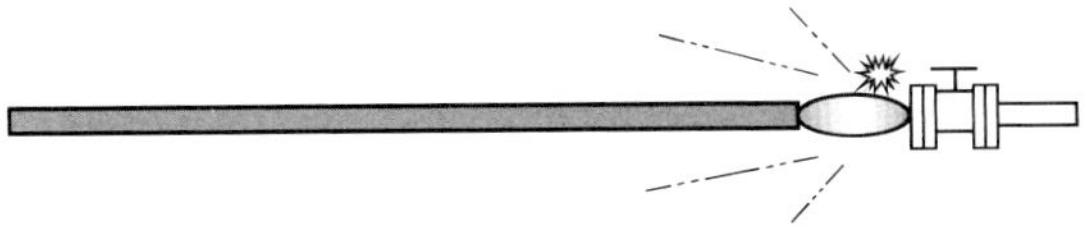

유체는 닫혀있는 밸브에 의해 급격하게 정지하게 되는데, 이것은 달리는 기차가 앞에 있는 차단벽과 같은 단단한 물체에 부딪치는 현상과 비슷하다.

이러한 충돌을 브레이크(관로에서는 밸브)를 미리 밟아서 벽 앞에서 정지하게 하여 피하게 하거나, 충돌을 피할 수 있는 다른 선로를 만들면 될 것이다.

상수도관망에서는 빠르게 작동하는 밸브(서지완화밸브)를 이용하여 상류에서 큰 압력으로 접근하는 물을 순간적으로 다른 곳으로 유도하면, 안전하게 물의 흐름을 멈추게 할 수 있으며, 무엇보다 밸브를 천천히 닫으면 이러한 현상의 원인을 제거할 수 있다.

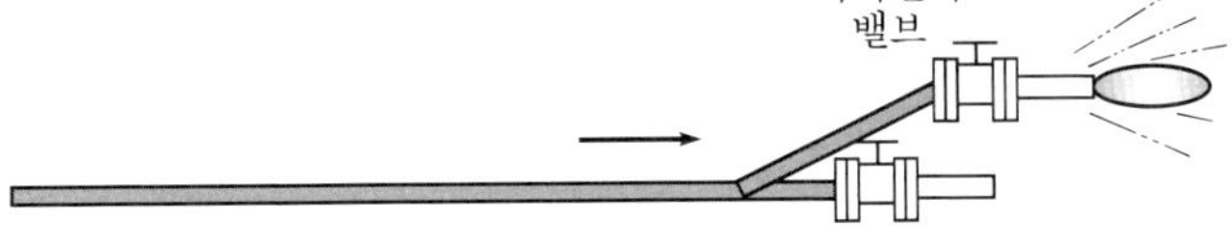

2.5.2 수격현상의 수리계산

관로 내 물흐름의 조건변화에 가장 많은 영향을 주는 것은 관로의 종단, 관 길이, 공급량뿐만 아니라 "압력파의 전파속도"이다. 압력파의 전파속도는 수격압이 발생하였을 경우, 관내에 충격적인 압력파가 발생하여 빠른 속도로 상하류에 전달되는 것을 말하는데, 관 재질, 매설환경 등에 의해 결정된다. 통상 압력파의 전파속도는 강관의 경우 약 1,000 $m/\sec$ 내외인

데, 이 전파속도는 다음과 같은 식으로 계산된다.

$$a = \frac{1425}{\sqrt{1 + \frac{K_w}{E} \cdot \frac{D}{t}}} \tag{2.99}$$

여기에서 a : 압력파의 전파속도(m/sec)

K_w : 물의 체적탄성계수($2.07 \times 10^8\ kgf/m^3$)

E : 관재질의 탄성계수(kgf/m^3)

- 강관 : 2.1×10^{10}
- 탁타일주철관 : 1.7×10^{10}
- 콘크리트관 : 2.0×10^9

D : 관경(m)

t : 관 두께(m)

수격작용으로 인하여 물흐름이 갑자기 정지되었을 때 정상상태의 동수두 압력이 급격하게 변하게 되는데, 이와 같은 압력변화를 통상 "Joukowsky 수두" 변화라고 한다. 수격압에 의한 급격한 수두변화를 표현한 Joukowsky 식은 다음과 같이 표현된다.

$$\Delta H = \frac{a}{g} \Delta V \tag{2.100}$$

여기에서 ΔH는 수격압 변화(m), a는 압력파의 전파속도(m/sec), g는 중력가속도($9.8\ m/sec^2$)이며, ΔV는 정상상태의 속도변화(m/sec)이다. 예를 들면, 정상류상태의 유속이 $1\ m/sec$에서 압력파의 전파속도가 $1,000\ m/sec$라면, 수격작용에 의한 압력변화는 $102\ m$ ($10.2\ kg/cm^2$)이 된다.

수격압이 발생하면 이는 관로를 통해 빠른 속도로 전파되게 되는데, 이 압력이 관로를 왕복하는 주기를 "관로주기(Pipeline period)"라고 하는데, 이는 다음과 같은 식으로 계산할 수 있다.

$$T = \frac{2L}{a} \tag{2.101}$$

여기에서, T는 관로주기(sec)이며, L는 관로 길이(m)이다.

통상적으로 관로주기보다 빠르게 수격현상이 완료될 때, 즉 관로주기보다 밸브를 빠르게 닫았을 경우와 같은 현상을 수격현상의 "급격한 발생(Rapid events)"라고 부른다.

2.5.3 수격작용 완화설비

수격작용을 방지 또는 완화하는 데는 여러 가지 방법이 있으므로, 상수도시설의 설계단계에서 완화설비를 충분히 검토하여 선정하는 것이 중요하다. 수격작용의 주된 원인이 부압(수주분리) 발생에 있는지 압력상승에 있는지에 따라 완화설비의 종류도 달라지게 되며, 복잡한 상수도시설에 대해서는 여러 가지 설비들을 조합하여야 하는 경우가 많다. 그림 2.46은 펌프설비가 있는 수도시설에서의 수격 완화설비의 종류 및 위치를 나타낸 것이다.

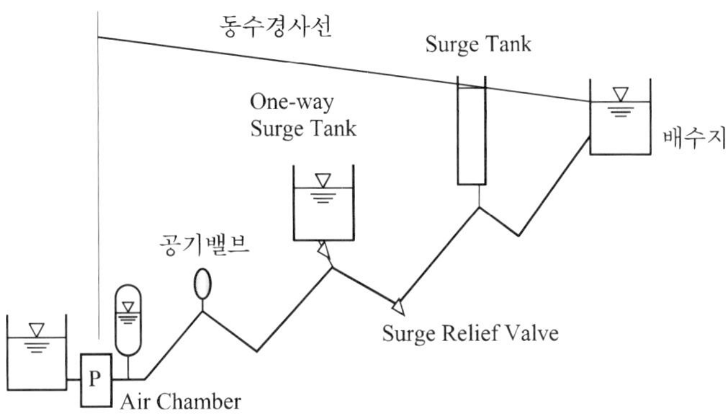

그림 2.46 관로노선과 수격작용 완화설비

(1) 부압발생 방지법

수격작용 중에서 관로 내의 압력이 물의 포화증기압 이하로 떨어져 증기공동(Vapor cavity)이 형성되어, 수주분리(Column separation) 현상이 발생하게 된다. 관로 내 압력이 대기압보다 낮아지면 관로에 좌굴이 일어날 수 있으며, 분리되었던 수주가 재결합할 때 높은 압력이 유발되어 관로가 파손될 수 있다.

일반적으로 수격작용에서 부압 발생을 방지하면 과다한 압력상승도 피할 수 있기 때문에 수주분리 발생의 방지가 수격작용에 의한 피해를 줄이는 주요한 요소가 된다고 할 수 있는데, 이러한 부압의 발생을 방지하는 방법은 다음과 같다.

1) 펌프 관성 증대(Increased pump inertia)

펌프 정지에 의해 유발되는 갑작스런 변화를 피하기 위하여 관성 증대를 위한 Flywheel을 설치하여 펌프 정지시간을 늘일 수 있다.

2) 서지탱크(Surge tank) 또는 스탠드파이프(Stand pipe)

만일 압력의 변화가 예상되면, 서지 수직관(Shaft)을 물이 흐르는 곳에 설치하여 이것을 통해 흐름이 좀 더 점차적으로 안정화되도록 해준다.

3) 에어챔버와 완충장치(Air chamber and accumulator)

만일 상수도관망이 상당한 압력을 받게 되어 있다면, 수직 높이가 긴 서지탱크의 설치가 요구되는데 이 경우에는 많은 비용이 소요된다. 그러나, 만일 유체가 부분적으로 기체가 채워진 밀폐된 용기 안에 들어갈 수 있게 되어 있다면, 들어오는 액체가 기체를 압축하여 액체를 점차적으로 안정화하도록 한다. 펌프의 가동이 정지되면 유체는 주관로로 흐르게 되며 공기는 팽창하게 되어, 주관로의 압력강하를 줄이게 되는데, 이러한 역할을 수행하는 설비가 에어챔버이다. 펌프가동 정지에 의한 시설을 보호하기 위하여, 에어챔버의 가장 효과적인 설치장소는 펌프장 인근의 직하류 지점이다.

4) 한방향 조압수조(One-way surge tank)

이것은 공기의 흡입이 허용되지 않는 곳에서 부압을 줄이기 위하여 사용된다.

5) 공기 흡입 밸브(Air admission valves)

만일, 흐름의 변화 뒤에 관내 압력이 액체 증기압으로 떨어질 가능성이 있다면, 바람직하지 못한 증기공동(Vaporous cavities)이 형성될 수 있다. 이것에 대응하기 위하여 밸브를 설치하여 압력이 대기압 이하로 떨어졌을 때 열려서 관망 내로 공기가 들어갈 수 있도록 하는 방법이 가능한데, 이것은 압력이 더 이상 떨어지는 것을 방지한다.

6) 역지밸브(Check valves)

이 밸브는 펌프의 토출측에서 역류를 방지하고 펌프의 역회전을 방지하기 위하여 설치된다. 또한, 이 밸브는 몇몇 장소에서 공동의 붕괴(Cavity collapse)에 따른 높은 압력의 상승에 따른 위험을 줄이는 데 유용하다.

(2) 압력상승의 경감법

1) 느린 밸브 폐쇄(Slower valve closure)

이 방법은 압력상승을 방지하는 효율적인 방법이 될 수 있다. 만일 2단계(Two-part) 폐쇄를 사용, 즉 처음에는 빠르게 밸브를 개폐하고 최종 10%에서 20%에서 느리게 작동하는 방법을 채택하면 효율적으로 압력상승을 방지할 수 있다. 특히 밸브의 폐쇄시간을 식 (2.101)의 "관로주기(Pipeline period)" 이하로 설정하는 것이 중요하다.

2) 서지완화밸브(Relief valves)

이는 설정된 압력에서 밸브가 열리도록 하여 액체가 상수도관망 밖으로 빠져나갈 수 있도록 고안된 것이다.

3) 측관(By-passes)

측관은 펌프 근처에 설치하여 펌프의 토출압력이 흡수정(Sump) 흡입 압력보다 낮아질 때 유입 측으로부터 물이 흐르도록 설치하거나, 가압펌프가 정지되었을 때 긴 관로에 있는 가압펌프의 측관으로 물이 흐를 수 있도록 설치한다.

이상에서 언급한 내용을 바탕으로 수격작용의 일반적인 제어방법을 흐름도를 이용하여 나타내면 다음 그림과 같다.

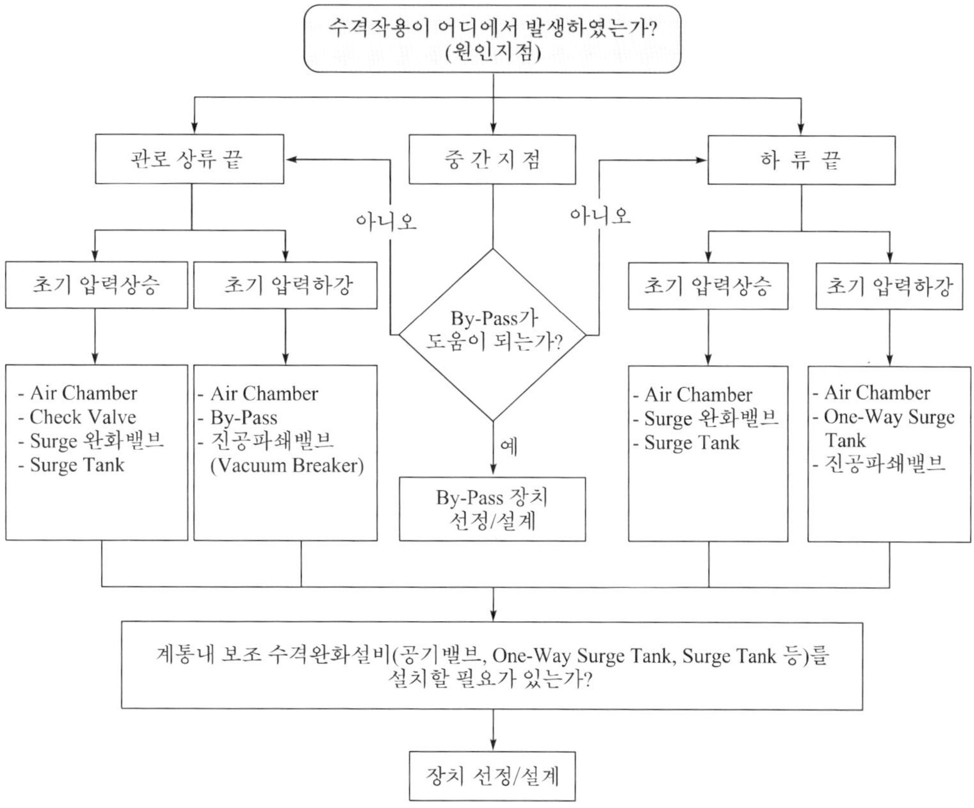

그림 2.47 수격방지 시설의 선정 방법

2.5.4 수격작용으로 인한 위험도 평가절차

본 절에서는 물의 과도현상(Hydraulic transients) 또는 수격작용으로 인한 일반적인 위험도 평가절차에 대하여 설명하고 있다. 수격작용은 설비의 형태, 유량 또는 관로 종단 등이 약간 변경되더라도 달라지고 문제의 유형 또한 달라지므로, 수격방지 및 완화설비를 계획하기 위해서는 세밀한 접근방법이 필요하다. 일반적인 수격작용의 위험도 평가 절차는 다음과 같다.

① 평가하려는 상수도관망의 시설현황을 조사하여 정리한다. 조사내용은 관로, 설비 및 장치 등 모든 상수도시설을 포함한다.

② 안전한 상태 또는 규정된 가동한계와 피해야 할 조건이나 환경을 정의한다.

③ 정상적인 흐름 상태를 변경시킬 수 있는 모든 원인을 열거한다. 정상 또는 비정상적인 방법, 제어 상태 또는 통제 불가능한 상태 등 무엇이 잘못될 수 있는지, 언제, 어디서, 어떻게, 무엇이 흐름의 조건을 바꿀 수 있는지 조사한다. 변경된 조건의 크기와 변화 폭이 중요하다.

④ 앞의 ③단계 조사에서 열거된 사항 중, 그 결과가 가장 심각할 것으로 예측되는 사항을 설정한다. 이것들은 통상 최대 및 최소 압력을 유발할 것이며, 계통 내에서 설정한 압력범위를 벗어나게 될 사항들일 것이다. 이 단계의 목적은 문제의 범위를 정하여 어떤 제어 전략을 수립하여야 할 것인가를 결정하는 기본사항을 제공하기 위함이다.

⑤ 모든 중요한 설비들을 표시한 관로 종단도를 준비한다. 이 종단도에 초기 정상상태의 동수경사선과 최대 및 최소 허용압력 수두선을 작성한다.

⑥ 압력파의 전파속도, 관로주기(Pipeline period), 예상 펌프 폐쇄 또는 밸브 작동시간, Joukowksy 압력수두 등을 계산한다. 그 다음, 과도현상이 유발된 후 압력과 유량의 거동과 설정된 범위를 벗어나게 될 가능성이 있는 지점을 종단도에 표시한다.

⑦ ⑥단계의 결과에 따라, 수격제어 또는 완화 전략에 대한 선택사항을 결정하고 재검토한다. 적절하다면 관련 도표들을 이용하여 기본적인 완화설비를 설계한다. 경험에 의하면 비용, 유지관리와 같은 다른 고려사항들이 최종 완화설비 선정에 영향을 끼치게 될 것이다.

⑧ 시설물 설계단계의 검토라면 미래의 변동 사항들을 고려한다. 미래 수요를 고려하면 통상 유량과 압력은 물론 계통 자체에도 변경이 생길 수 있다. 따라서, 향후 계획을 알고 있다면 수격압의 방지와 완화 전략에 대한 검토도 함께 수행해야 한다.

⑨ 제기된 문제들과 해법들의 평가를 확정하기 위하여 컴퓨터 해석 사양을 준비한다. 적절한 수격제어와 통제 전략을 세밀하게 검토한다.

⑩ 유체의 과도현상 문제에 관하여 최종 설계를 실시하고, 가동의 제한요소, 수격제어와 통제 전략에 맞는 지침을 준비한다.

⑪ 선택된 과도현상 조건에서 통제와 제어 전략에 따른 수리적 거동을 확정하기 위하여 절차에 맞게 시험 프로그램을 구성한다.

2.5.5 수격작용 해석 프로그램

복잡한 관망에서의 수격작용을 수리학적 과도류로서 모의하는 다양한 상업용 프로그램들이 현장에서 사용되고 있다. 이 중에 대표적인 몇 개 프로그램을 간략히 소개하면 다음과 같다.

- LIQT(DNV Synergi Water & V. L. Streeter and E. B. Wylie) – 이 프로그램은 수격작용 및 수리학 분야에 대가인 Streeter와 Wylie의 기본 이론을 바탕으로 1970년대 미국의 Stoner에 의해 개발된 상업용 부정류 해석 프로그램으로 현재는 DNV GL의 Synergi Water LIQT로 판매되고 있다.
- SURGE(Civil Engineering Software Center, University of Kentucky, 미국) – 이 프로그램은 관망해석 프로그램으로 유명한 KYPIPE를 만든 D. J. Wood에 의해 개발된 상업용 범용프로그램으로서 2001년 6월에 Windows 환경에서 KYPIPE 계열의 PIPE2000과 통합되었으며, 2024년에는 PIPE2024 : Surge로 판매되고 있다.
- WH(M. Hanif Chaudrey, Washington State University, 미국) – Hydraulic Transients를 저술한 Chaudrey에 의해 개발된 프로그램으로 양수발전소의 수격압 해석에 필요한 가역식 펌프/수차를 경계조건으로 다룰 수 있으며, 2024년 현재 Version 7.0까지 출시되었다.
- WHAMO(U.S. Army Corps of Engineers) – 미 공병단에서 개발된 프로그램으로 소스코드가 우리나라에 소개된 적이 있으며, 1998년의 Version 3.0까지 공개되었다.
- SIMDRU – 독일 W. Zielke에 의해 개발된 프로그램으로 연속방정식, 운동량방정식 및 Colebrook 방정식을 이용하여 관망의 절점별 유량, 압력 등의 유체흐름을 해석하는 프로그램으로 수지형 및 폐합형 관망의 해석과 복합관로의 수격작용을 비롯한 정상 및 비정상상태의 흐름해석이 가능하다.
- 앞에서 소개한 프로그램 외에도 Bentley System의 HAMMER, 네덜란드 Deltares에서 개발한 WANDA, 그리고 AFT(Applied Flow Technology) Impulse의 ARIETE 등이 시장에 출시되어 판매 중이다.

이 프로그램들은 수격압뿐만 아니라 서징(Surging)현상 및 복합관로에서 발생하는 과도류를 전반적으로 해석할 수 있는 기능을 가지고 있다. 대부분의 프로그램들이 밸브, 수차 및 조압수조 등의 수격현상 모의를 위한 경계조건을 구현할 수 있게 되어 있으나, 수격작용의 해석에서는 관로의 구성뿐만 아니라 수격 완화설비 등의 경계조건이 중요한 입력 요소가 되므로, 프로그램들의 개발 목적과 해석방법을 확인하여 현장 여건에 적합한 해석 프로그램을 선정할 수 있도록 해야 한다.

2.6 분배수로(Manifold) 수리학

2.6.1 분배수로란?

분배수로(Manifold)는 그림 2.48과 같이 정수장 침전지는 물론 여과, 역세척 등 여러 공정에서 사용되고 있다. 정수시설에서 각 지간 유량의 불균형은 대부분 분배수로의 설계 오류에 기인한다. 설계 오류를 방지하기 위해서는 균등한 유량분배를 위해 각 지별 분기관의 구경을 다르게 설계해야 하나, 수리학적으로 이상적인 분기관 구경을 찾는 것은 매우 어려운 작업이다. 이 책에서는 Benefield(1984)와 Hudson(1981)의 문헌을 바탕으로 분배수로의 수리적 거동과 설계 방법에 대해서 설명하고자 한다.

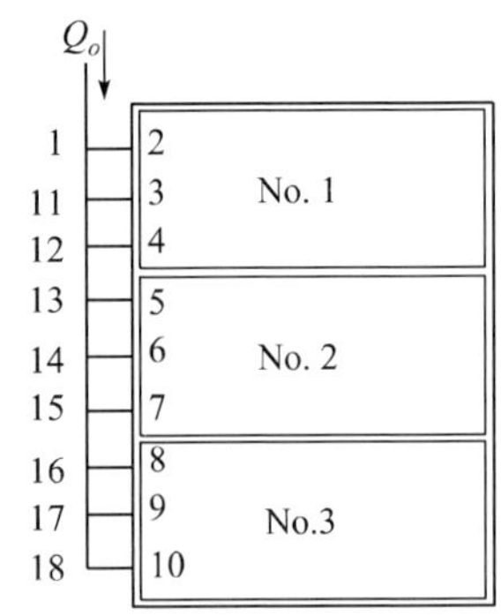

그림 2.48 침전지에서의 분배수로

2.6.2 분배수로의 수리계산

각 지간 균등한 유량분배를 위해서는 각 분기관에서의 수두손실이 같아야 한다. 즉, 각 분기관의 구경이 같다면 식 (2.102)와 같다

$$(\Delta h)_{1,2} = (\Delta h)_{11,3} = \ldots = (\Delta h)_{18,10} \tag{2.102}$$

이와 같은 분배수로를 설계하는 것은 매우 어렵기 때문에 간략화하기 위해 Camp(1961)는 작은 유량변화가 발생하는 분배수로를 설계하여야 한다고 제안하였다.

분기관(Lateral)의 크기와 모양이 같고, 각 분기관에 대한 유출과 수두손실과의 관계가 동일한 오리피스, 단관, 노즐 등과 같다고 가정하면, 분기관에서의 유량은 다음 식으로 표시할 수 있다.

$$q = C_d a \sqrt{2g\Delta h} \tag{2.103}$$

여기에서, q = 분기관(Lateral)을 통한 유량

C_d = 유출계수

a = 분기관의 단면적

Δh = 각 분기관에서의 에너지수두 차

위 식을 Δh를 항으로 나타내면,

$$\Delta h = \left(\frac{1}{2g C_d^2 a^2}\right) q^2 \tag{2.104}$$

중력가속도 g와 단면적 a는 상수이며, C_d도 상수라고 가정할 수 있기 때문에, 위 식의 괄호 안을 상수 K로 나타낼 수 있다. 따라서,

$$\Delta h = K q^2 \tag{2.105}$$

따라서, 그림 2.48의 1과 2지점 사이의 수두손실은 다음 식으로 표시할 수 있다.

$$(\Delta h)_{1-2} = K(q)^2_{1-2} \tag{2.106}$$

침전지와 같은 수처리시설의 유량조절은 통상 위어(Weir)를 통해 이루어진다. 보통 사용되는 위어는 예연위어(Sharp crested weir)나 삼각형위어(V−notch weir)이다.

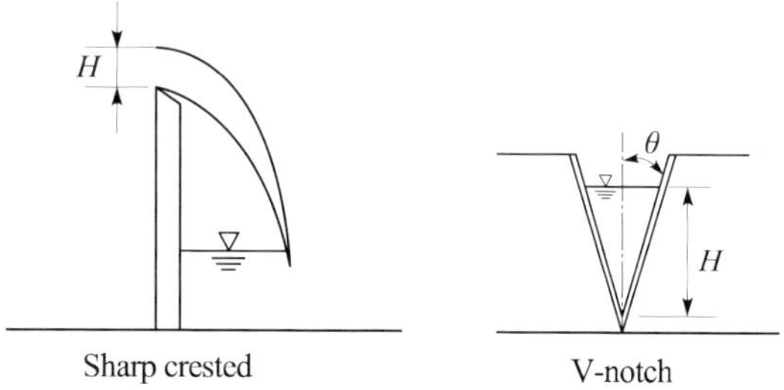

그림 2.49 위어 형태에 따른 물흐름

자유낙하를 하는 예연위어의 수두손실은 다음과 같이 계산된다.

$$H = \left[\frac{1}{C_W^{2/3} L^{2/3}}\right] Q^{2/3} \tag{2.107}$$

여기에서, H : 위어의 상류측 수두 C_W : 위어계수

L : 위어의 길이 Q : 위어를 통한 유출량

C_W와 L이 상수이므로 위 식은 다음과 같이 표시할 수 있다.

$$H = K_W Q^{2/3} \tag{2.108}$$

삼각형위어의 수두손실은 식 (2.109) 또는 식 (2.110)과 같이 계산된다.

$$H = \left[\frac{1}{\left(C_W \tan\frac{\theta}{2}\right)^{2/5}}\right] Q^{2/5} \tag{2.109}$$

$$H = K_V Q^{2/5} \tag{2.110}$$

여기에서 K_V는 식 (1.109)의 대괄호 항에 해당된다.

분석하고자 하는 정수장의 침전지에 예연위어가 설치되어 있다고 가정하면, No.1 침전지 위어 수두는 다음과 같이 쓸 수 있다. 여기에서 q_{1-2}는 첫 번째 분기관을 통한 유량이며, 침전지 No.1에서의 각 분기관의 유량은 같다고 가정한 것이다.

$$H_1 = K_W (nq_{1-2})^{2/3} \tag{2.111}$$

만일 첫 번째와 마지막 분기관의 유량 차이를 M이라고 하면,

$$M = \frac{q_{1-2}}{q_{18-10}} \tag{2.112}$$

첫 번째 분기관으로부터 마지막까지의 에너지 관계는 식 (2.113), (2.114)와 같다.

$$h_L = \left[(\Delta h)_{1-2} + H_1 + H_R\right] - \left[(\Delta h)_{18-10} + H_3 + H_R\right] \tag{2.113}$$

또는

$$h_L = (\Delta h)_{first} - (\Delta h)_{last} + H_{first} - H_{last} \tag{2.114}$$

이를 그림으로 나타내면 그림 2.50과 같을 것이다.

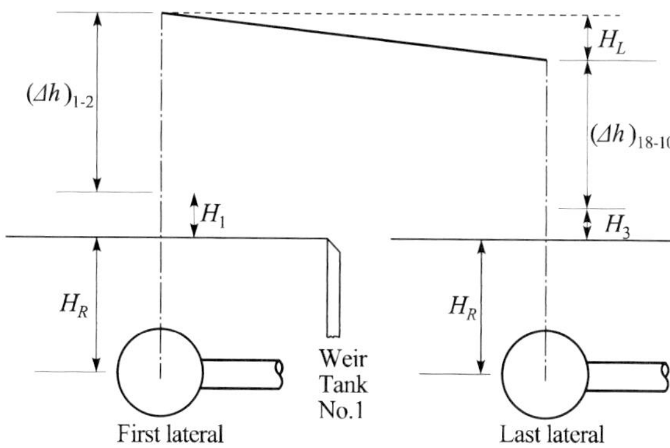

그림 2.50 첫 번째와 마지막 분기관에서의 에너지 관계

물을 분배하는 분배수로 계통에서는 다음과 같은 두 가지 경우 중의 하나가 됨을 아는 것이 중요하다.

1. 분배수로가 아주 작아 분배수로를 통한 마찰손실이 큰 경우. 첫 번째 분기관의 유량이 마지막보다 클 것이다. 식 (2.114)은 양(+)의 수가 되며, M은 1보다 크게 될 것이다.
2. 분배수로가 아주 커서 마찰손실이 작은 경우. 분기관을 통해 유량이 줄어듦에 따라 속도수두의 회복이 발생한다. 따라서, 압력은 분배수로의 관말에서 가장 크게 되며, 식 (2.114)의 손실수두(h_L)는 음(−)의 수가 되며 M은 1보다 작아지게 된다.

Camp(1961)는 예연위어를 사용하여 유출유량을 제어하는 경우에 대한 첫 번째 분기관을 통한 수두손실을 다음 식과 같이 제안하였다.

$$(\Delta h)_{1-2} = \left[\frac{M^2}{M^2-1}\right] h_L - \left[M^{4/3}\left(\frac{M^{2/3}-1}{M^2-1}\right) H_1\right] \tag{2.115}$$

Fair는 각각의 분기관에서의 수두손실과 비교하여 주관로의 수두손실을 적게 발생하도록 설계하면 개략적으로 균등한 유량분배 시스템을 만들 수 있다고 주장하였다.

각 분기관을 통한 유출량의 분포는 개략적으로 선형이기 때문에 첫 번째와 마지막 분기관의 유출량 비는 다음과 같이 표시할 수 있다.

$$q_N = \Psi q_1 \tag{2.116}$$

여기에서 q_N = 마지막 분기관의 유출량

q_1 = 첫 번째 분기관의 유출량

Ψ = 첫 번째와 마지막 분기관의 유출량 비

식 (2.116)을 손실수두 식에 적용하면 다음과 같이 변형할 수 있다.

$$h_L = (\Delta h)_1 (1 - \Psi^2) \tag{2.117}$$

분기관을 통한 유출이 없이 분배수로를 통해 모든 유량이 흐를 때의 수두손실을 h_T라고 하면, 개략적으로 식 (2.117)의 수두손실은 다음과 같은 관계가 있다고 한다.

$$h_L = \frac{1}{3} h_T \tag{2.118}$$

예제 다음 그림과 같은 침전지 분배수로에서 유량의 균등분배를 위한 분기관의 구경을 구하라. 이 분배수로를 통한 유출량은 40,000 m^3/일이며, 분배수로의 주관로는 300 mm이며, 첫 번째와 마지막의 유출량비는 $q_N/q_1 = 1.5$까지 허용되는 것으로 한다.

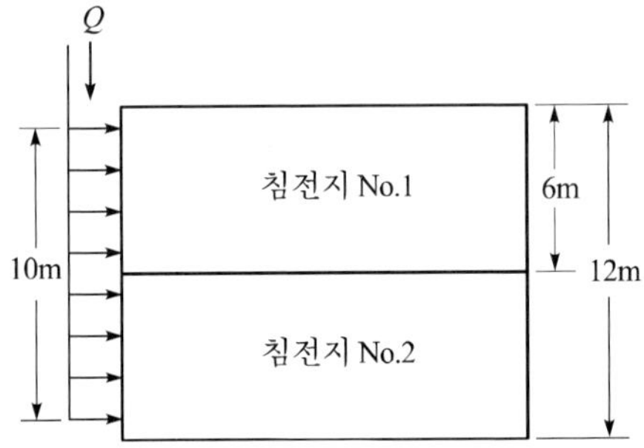

풀이)

1. 침전지 No.1 위어의 수두를 계산한다.

   침전지 유입위어가 예연위어(일반적으로 $C_W \fallingdotseq 3.33$)라면, 식 (2.107)로부터,

   $$H_1 = \left[\frac{1}{3.33^{2/3}\,6^{2/3}}\right]\left(\frac{20{,}000}{86{,}400}\right)^{2/3} = 0.05\ m$$

   ※ 주) 여기에서는 지 No.1 과 No.2 가 균등하게 유량이 분배되는 것으로 가정하여 No.1의 유량을 20,000 m^3/일로 계산한 것이다.

2. 분배수로를 통해 전체유량이 흐를 때, 분배수로에서의 마찰수두손실을 구한다.

   Hazen-Williams 식을 사용하며, 유속계수(C)는 130으로 한다.

   $$\begin{aligned} h_T &= 10.666 C^{-1.85} D^{-4.87} Q^{1.85} L \\ &= 10.666 \times 130^{-1.85} \times 0.3^{-4.87} \times 0.463^{1.85} \times 10\ m \\ &= 1.1\ m \end{aligned}$$

3. 식 (2.118)로부터 첫 번째 분기관에서 마지막 분기관까지의 실제 수두손실을 계산한다.

   $h_L = 1/3 h_T = 1/3 \times 1.1 = 0.367\ m$

   ※ 주) M(1/1.5 =0.67)이 1보다 적기 때문에 h_L은 음(-)의 부호여야 한다.

4. 식 (2.115)로부터 첫 번째 분기관에서의 수두손실을 계산한다.

   $$\begin{aligned} (\Delta h)_{1-2} &= \left[\frac{0.67^2}{0.67^2 - 1}\right](-0.367) - \left[0.67^{4/3}\left(\frac{0.67^{2/3} - 1}{0.67^2 - 1}\right)0.05\right] \\ &= 0.30 - 0.03 = 0.27\ m \end{aligned}$$

5. 식 (2.103)으로부터 분기관의 직경을 구한다. C_d = 0.82

$$q = C_d\sqrt{2g\Delta h} \quad \text{에서}$$

$$a = \frac{q}{C_d\sqrt{2g\Delta h}}$$

$$= \frac{0.463/8}{0.82\sqrt{2\times 8.91\times 0.27}}$$

$$= 0.031\ m^2$$

※ 분기관 직경 D = 198 mm

Hudson 등(1979)은 분배수로의 수리해석에 대한 다른 접근을 시도하였다.

분배수로(Manifold)에서의 유량분배는 아래 그림과 같이 일련의 분기관(Lateral)을 통하여 이루어진다.

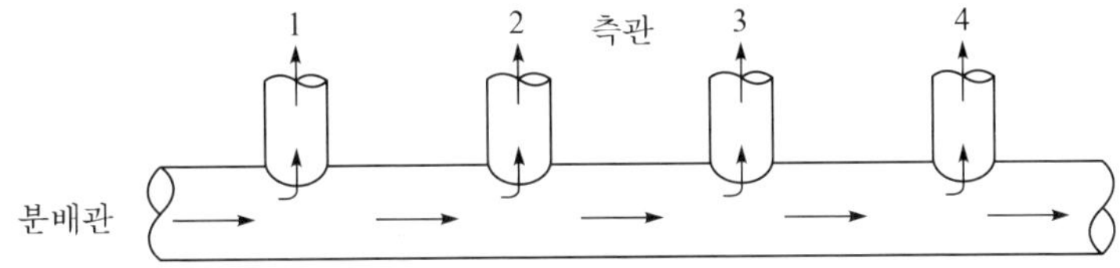

그림 2.51 분배수로에서의 유량 분배

분배수로와 분기관 사이(그림 2.52의 A와 B점)의 수두손실은 다음과 같은 손실의 합으로 이루어진다.

① 분배수로(Manifold)에서의 마찰손실

② 분기관(Lateral)에서의 마찰손실

③ 분기관 유입손실

④ 분기관 유출손실

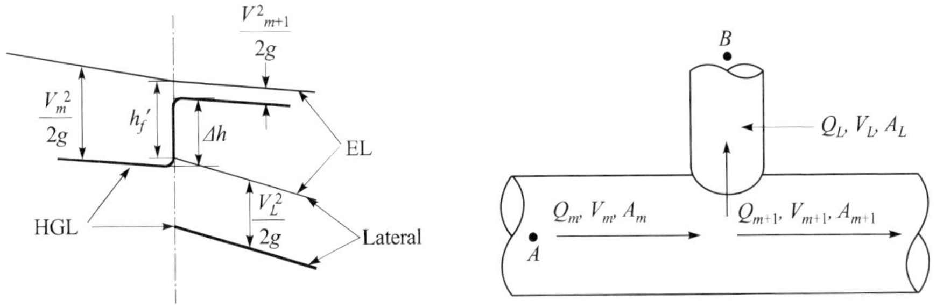

그림 2.52 분기관에서의 유량분배와 에너지 관계

마찰손실은 쉽게 계산할 수 있으나, 분배수로 문제에서의 주요한 인자는 되지 못하기 때문에, 일반적으로 대부분의 정수장 시설물 설계에서는 분배수로의 마찰손실을 무시한다.

그러므로, 그림 2.52의 A와 B점 사이에서 발생하는 총 손실수두는 다음 식과 같이 표현할 수 있다

$$\Delta h = h_E + \frac{V_L^2}{2g} \tag{2.119}$$

여기에서 Δh = 분배수로(A점)와 분기관(B점) 사이의 손실수두

h_E= 분기관 유입손실

$\frac{V_L^2}{2g}$ = 분기관 유출손실

유입손실 h_E는 다음과 같이 쓸 수 있다.

$$h_E = \alpha \frac{V_L^2}{2g} \tag{2.120}$$

여기에서 α는 유입손실계수로서, 분배수로 문제에서는 이 값은 상수가 아니며, 분배수로 유속과 분기관 유속의 함수가 된다. Hudson 등에 따르면 α와 분기관 상류의 분배수로측 유속과 분기관 내의 평균유속 사이에는 선형관계가 있으며, 다음과 같이 수학적으로 표현할 수 있다고 제시하였다.

$$\alpha = \frac{h_E}{\frac{V_L^2}{2g}} = \phi \left[\frac{V_M}{V_L} \right]^2 + \theta \tag{2.121}$$

여기에서 V_M : 분기관 상류 분배수로의 평균유속

V_L : 분기관의 평균유속

ϕ와 θ값은 Hudson 등(1979)에 의해 다음 표와 같이 실험결과 값으로서 발표되었다.

표 2.15 ϕ와 θ값에 대한 실험결과 값

측관 길이	θ	ϕ
장관(long)	0.4	0.90
단관(short)	0.7	1.67

여기에서, 장관 : 관경의 3배보다 큰 길이, 단관 : 관경의 3배보다 적은 길이

식 (2.121)을 식 (2.120)에 대입하고, 이를 다시 식 (2.119)에 대체하면 다음과 같이 식 (2.122) 또는 식 (2.123)을 구할 수 있다.

$$\Delta h = \left[\phi\left(\frac{V_M}{V_L}\right)^2 + \theta\right]\frac{V_L^2}{2g} + \frac{V_L^2}{2g} \tag{2.122}$$

$$\Delta h = \beta\frac{V_L^2}{2g} \tag{2.123}$$

여기에서 $\beta = \phi\left(\frac{V_M}{V_L}\right)^2 + \theta + 1.0$

완벽한 유량분배를 위해서는 각 분기관을 통한 수두손실이 같아야 한다.

$$\beta_1\frac{V_{L1}^2}{2g} = \beta_2\frac{V_{L2}^2}{2g} = \ldots = \beta_i\frac{V_{Li}^2}{2g} = \text{일정(Constant)} \tag{2.124}$$

그러므로, 식 (2.124)로부터 다음 식을 유도할 수 있다.

$$V_{Li} = V_{L1}\sqrt{\frac{\beta_1}{\beta_i}} \tag{2.125}$$

분배수로를 통한 유량의 분배는 다음과 같다.

$$\begin{aligned} Q_T &= Q_{L1} + Q_{L2} + \ldots + Q_{Li} \\ &= A_{L1}V_{L1} + A_{L2}V_{L2} + \ldots A_{Li}V_{Li} \end{aligned} \tag{2.126}$$

여기에서 Q_T = 분배수로 총 유출량

A_{Li} = 분기관 i의 면적

만일 모든 분기관이 같은 직경을 가지고 있다면,

$$Q_T = A_L V_{L1}\left(1 + \sqrt{\frac{\beta_1}{\beta_2}} + \sqrt{\frac{\beta_1}{\beta_3}} + \ldots + \sqrt{\frac{\beta_1}{\beta_i}}\right) \tag{2.127}$$

식 (2.127)은 다음과 같이 유속에 관한 식으로 바꾸어 쓸 수 있다.

$$V_{L1} = \frac{Q_T}{a\sqrt{\beta_1}}\left[\sum_{i=1}^{n}\sqrt{\frac{1}{\beta_i}}\right]^{-1} \tag{2.128}$$

여기에서 n은 분기관의 개수이다.

예제 앞 예제(98쪽)와 같은 분배수로에 대하여 각 분배관의 유량을 결정하라. 단, 총 유량은 40,000 m^3/일이며, 분배수로의 관경은 300 mm, 분기관의 관경은 100 mm로 가정하라.

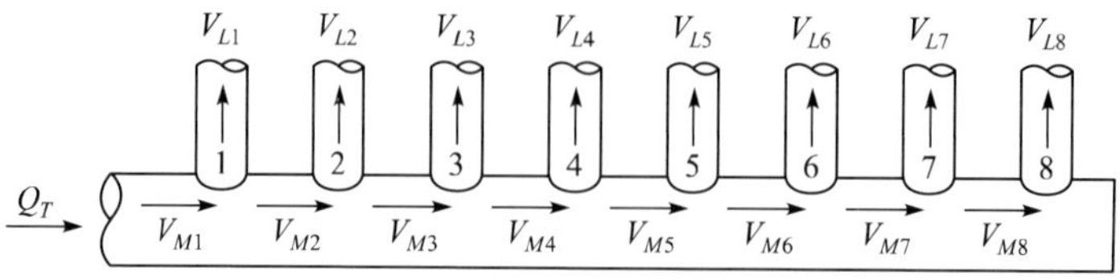

풀이)

이 문제를 풀기 위해서는 반복해법이 필요하다. 편리한 해를 위해서는 Excel 등을 이용한 계산표를 작성하는 것이 좋다.

(반복 1)

분기관 NO.	q_i (cms)	V_{Li} (m/s)	Q_{Mi} (cms)	V_{Mi} (m/s)	$(V_{Mi}/V_{Li})^2$	β_i	$(1/\beta_i)^{1/2}$
1	0.0579	7.37	0.4630	3.68	0.250	2.12	0.69
2	0.0579	7.37	0.4051	3.22	0.191	2.02	0.70
3	0.0579	7.37	0.3472	2.76	0.140	1.93	0.72
4	0.0579	7.37	0.2893	2.30	0.098	1.86	0.73
5	0.0579	7.37	0.2314	1.84	0.062	1.80	0.74
6	0.0579	7.37	0.1735	1.38	0.035	1.76	0.75
7	0.0579	7.37	0.1156	0.92	0.016	1.73	0.76
8	0.0579	7.37	0.0577	0.46	0.004	1.71	0.77
계	0.4632						5.87

- 분기관 유량(q_i) : 모든 분기관에 동일하게 분배

  $q_1 = q_2 = \ldots = q_i = (40,000/86,400) \div 8 = 0.0579\ m^3/sec$

- 분기관 유속(VLi) : 분기관 유량을 분기관 단면적으로 나눔

  $q_i \div a = 0.0579 \div (\pi/4 * 0.12) = 7.37\ m/sec$

- 분배수로 유량(Q_{Mi}) : 분배수로 유입량에서 분기관 유량을 제외

  $Q_{M1} = Q_T = (40,000/86,400) = 0.463\ m^3/sec$

  $Q_{M2} = Q_{M1} - q_1 = 0.463 - 0.0579 = 0.4051\ m^3/sec$

- 분배수로 유속(V_{Mi}) : 분배수로 유입량을 분배수로 단면적으로 나눔

  $V_{M1} = Q_{M1} \div A_{M1} = 0.463 \div (\pi/4 * 0.32) = 3.68\ m/sec$

$- \beta = \phi \left(\frac{V_M}{V_L} \right)^2 + \theta + 1.0$(여기에서 $\phi = 1.67$, $\theta = 0.7$ 적용, 단관)

$\beta_1 = 1.67 * 0.25 + 0.7 + 1.0 = 2.12$

(반복 2)

분기관 NO.	q_i (cms)	V_{Li} (m/s)	Q_{Mi} (cms)	V_{Mi} (m/s)	$(V_{Mi}/V_{Li})^2$	β_i	$(1/\beta_i)^{1/2}$
1	0.0542	6.90	0.4630	3.68	0.285	2.18	0.68
2	0.0555	7.07	0.4088	3.25	0.212	2.05	0.70
3	0.0567	7.22	0.3532	2.81	0.151	1.95	0.72
4	0.0578	7.36	0.2965	2.36	0.103	1.87	0.73
5	0.0587	7.48	0.2387	1.90	0.065	1.81	0.74
6	0.0595	7.58	0.1800	1.43	0.036	1.76	0.75
7	0.0601	7.65	0.1205	0.96	0.016	1.73	0.76
8	0.0604	7.69	0.0604	0.48	0.004	1.71	0.77
계	0.4630						5.85

1) 먼저 식 (2.128)을 이용하여 V_{L1}을 구한다.

$$V_{L1} = \frac{Q_T}{a\sqrt{\beta_1}} \left[\sum_{i=1}^{n} \sqrt{\frac{1}{\beta_i}} \right]^{-1} = \frac{0.4630}{0.007854\sqrt{2.12}} (5.87)^{-1} = 6.90\ m/\sec$$

2) 식 (2.125)를 이용하여 V_{Li}를 구한다.

$$V_{L2} = V_{L1}\sqrt{\frac{\beta_1}{\beta_2}} = 6.90\sqrt{\frac{2.12}{2.02}} = 7.07\ m/s$$

※ 나머지 항은 반복1과 동일하다.

(반복 3)

분기관 NO.	q_i (cms)	V_{Li} (m/s)	Q_{Mi} (cms)	V_{Mi} (m/s)	$(V_{Mi}/V_{Li})^2$	β_i	$(1/\beta_i)^{1/2}$
1	0.0537	6.84	0.4630	3.68	0.290	2.19	0.68
2	0.0553	7.04	0.4093	3.26	0.214	2.06	0.70
3	0.0567	7.22	0.3540	2.82	0.152	1.95	0.72
4	0.0579	7.37	0.2974	2.37	0.103	1.87	0.73
5	0.0589	7.50	0.2395	1.91	0.065	1.81	0.74
6	0.0597	7.60	0.1806	1.44	0.036	1.76	0.75
7	0.0603	7.67	0.1209	0.96	0.016	1.73	0.76
8	0.0606	7.72	0.0606	0.48	0.004	1.71	0.77
계	0.4630						5.84

반복 2의 절차와 같은 방법으로 하면 다음과 같은 결과를 얻을 수 있다.

- q_1 = 0.0537 cms = 4640 m^3/일
- q_2 = 0.0553 cms = 4778 m^3/일
- q_3 = 0.0567 cms = 4899 m^3/일
- q_4 = 0.0579 cms = 5002 m^3/일
- q_5 = 0.0589 cms = 5089 m^3/일
- q_6 = 0.0597 cms = 5158 m^3/일
- q_7 = 0.0603 cms = 5210 m^3/일
- q_8 = 0.0606 cms = 5236 m^3/일

2.7 관로 내 부분 개수로 흐름 및 한계유속 문제

2.7.1 부분 개수로 흐름

이 절에서는 다음 그림과 같이 처음에는 관수로 흐름으로 흐르다가 최종적으로 물이 가득 채워지지 않은 상태로 흐르는 개수로 형태의 상수도관로 흐름에 대한 유량 계산 방법을 설명하고 있다.

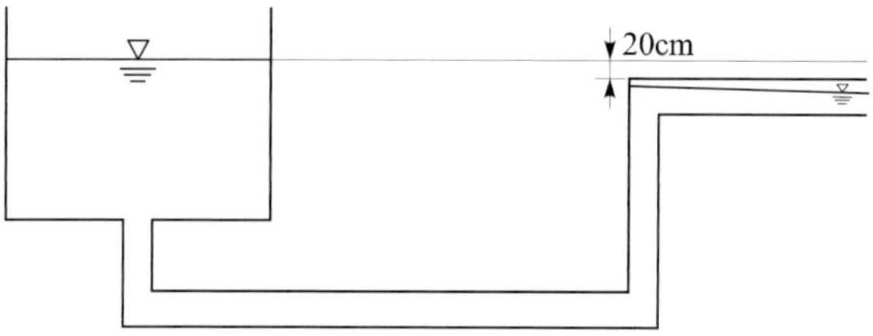

그림 2.53 상수도관로 구간 중 일부 개수로 사례

위 그림과 같이 물은 개수로의 형태로 흐르므로 개수로의 수리적 접근방법으로 유량을 계산해야 한다. 가장 먼저, 관수로 및 개수로 모두 에너지 차에 의해 물이 흐르게 되므로 동수경사선을 파악해야 한다.

대부분의 수리 문제는 수두 또는 유량을 구하는 문제로 두 개 중 한 개의 값을 알거나 측정할 수 있어야 문제 해결이 가능하다. 개수로 흐름이나 상수도관로에서 흐르고 있으므로 개수로 및 관수로에 많이 사용하는 공식 중 어느 것을 사용하느냐는 문제의 대상은 아니라고 가정하고 문제에 접근해 보자.

예제 그림 2.53과 같은 물흐름 문제에서 관로의 구경(D)이 800 mm, 길이(L)가 300 m이고 유출측에서 상부에서 10 cm 만큼 떨어져서(즉 70 cm만 차서) 흐른다고 가정하였을 때 관내 유량을 구하라.

풀이)

1) 일반적으로 관수로에 사용하는 Hazen-Williams 식과 개수로의 Manning 식을 비교해 보자

- Hazen-Williams 식 : $Q = AV = A \times 0.849 CR^{0.63} I^{0.54}$
- Manning 식 : $Q = AV = A \times \frac{1}{n} R^{2/3} I^{1/2}$

여기서, A : 물이 흐르는 단면적, V : 유속, R : 동수반경
C : Hazen-Williams 식의 유속계수(C = 100), I : 동수경사
n : Manning 식의 유속계수(n = 0.015)

2) 원형관로의 동수반경과 단면적

- 직경이 D인 원형관로에 수심 d로 물이 흐를 때 수면과 단면의 중심이 이루를 각을 ϕ radian이라 하면,

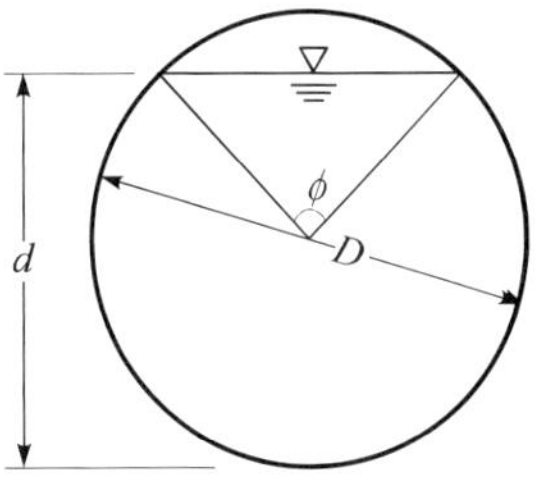

$$A = \frac{\pi D^2}{4} - \frac{D^2 \Phi}{8} + \frac{D^2}{4} sin\frac{\Phi}{2} cos\frac{\Phi}{2}$$

$$= \frac{\pi D^2}{4} - \frac{D^2 \Phi}{8} + \frac{D^2}{8} sin\Phi$$

$$= \frac{D^2}{4}\left(\pi - \frac{\Phi}{2} + \frac{\sin\Phi}{2}\right)$$

$$P = \pi D - \frac{D}{2}\Phi = D\left(\pi - \frac{\Phi}{2}\right)$$

$$R = \frac{A}{P} = \frac{D}{4}\left(1 + \frac{\sin\Phi}{2\pi - \Phi}\right)$$

$$\cos\frac{\Phi}{2} = \frac{0.7-0.4}{0.4} = 0.75, \therefore \Phi = 82.8° = 0.46\pi \text{ radian}(\because \pi = 180°)$$

$$A = \frac{D^2}{4}\left(\pi - \frac{\Phi}{2} + \frac{\sin\Phi}{2}\right) = \frac{0.8^2}{4}\left(\pi - \frac{0.46\pi}{2} + \sin 0.46\frac{\pi}{2}\right) = 0.4664 m^2$$

$$P = \pi D - \frac{D}{2}\Phi = D\left(\pi - \frac{\Phi}{2}\right) = 0.8\left(\pi - \frac{0.46\pi}{2}\right) = 1.935$$

$$R = \frac{A}{P} = \frac{0.4664}{1.935} = 0.241$$

동수경사 I는 구간의 손실을 관 길이로 나눈 값으로 표고차이 20 cm와 관로의 10 cm를 합한 30 cm가 이 구간의 전체 손실이 된다.

$$I = \frac{h_L}{L} = \frac{0.3}{300} = 0.001$$

이제 이와 같은 계수들을 이용하여 식을 풀어보자.

- Hazen-Williams 식 : $Q = AV = A \times 0.849 CR^{0.63} I^{0.54}$

$$Q = 0.4664 \times 0.849 \times 100 \times 0.241^{0.63} \times 0.001^{0.54}$$
$$= 0.387\ m^3/\text{sec}$$

- Manning 식 : $Q = AV = A \times \frac{1}{n} R^{2/3} I^{1/2}$

$$Q = 0.4664 \times \frac{1}{0.015} \times 0.241^{2/3} \times 0.001^{0.5}$$
$$= 0.381\ m^3/\text{sec}$$

이와 같이 관수로내 부분 개수로의 문제에서 ① 부분적인 관수로 형태는 큰 문제가 아니고 전체적인 에너지 관계를 정립하는 것이 중요하며, ② 관로가 관수로의 흐름과 개수로의 흐름을 반복하거나 일반적으로 상수도 관으로 주로 사용되고 있다면 Hazen-Williams 식 또는 Manning 식 모두를 사용해도 되나, 이 수식의 결과 차이는 유속계수 적용에서 오는 것이므로 이를 적절하게 판단하여 적용하여야 하여야 할 것이다.

2.7.2 관로 내 최대 및 최소 유속

관로가 길고 여유수두가 한정되어 있는 상수도관망에서 계통 내 유속이 너무 낮게 계산되는 경우가 있다. 만일 유속이 약 0.3 m/s 이하가 되면 관내의 부유물이 침전되거나 관내의 공기방울을 배출하지 못하게 되는 문제가 발생한다.

부유물의 침전을 피하기 위하여 안전한 한계유속은 침전물의 형태나 양에 따라 다르게 된다. 관내의 공기를 제거하는데 필요한 한계유속은 일반적으로 약 0.6~1 m/s 정도이다. 이것은 관의 구경과 경사 등에 따라 변하게 되며, 대게의 경우에서 공기를 배출하는 데 필요한 유속이 침전 유속보다 크다.

일반적으로 송수관로에서는 설계유속을 1.5~3 m/s 수준으로 설정하기 때문에 공기를 제거하는 데 큰 문제점은 없다. 그러나 문제점은 배수관로와 낮은 유속으로 송수관로가 운영될 때 발생한다. 만일 장기간 낮은 유속으로 물을 공급해야 한다면, 공기의 배출을 위하여 정기적인 고유속 관세척(Flushing) 계획이 함께 검토되어야 한다.

한편, 고유속과 관련된 문제들에는 ① 관 벽체와 도장의 침식(특히 거친 표면의 관이 존재할 때), ② 캐비테이션, ③ 펌핑비용의 증가, ④ 수격작용 등 관로의 손상과 관련된 문제들이 있다.

한편, 관내의 최대 유속을 결정하기는 쉽지 않다. 그것은 유속이 관 구경에 직접적인 영향을 주지 않고 유속에 의해 유발되는 수두손실이 관 구경을 결정하는 데 영향을 주는 인자일 뿐만 아니라 상수도관망의 모든 관은 서로서로 연결되어 있으므로 하나의 관 구경을 결정하면 다른 관로의 구경과 유속이 영향을 받기 때문이다.

우리나라의 상수도설계기준에는 자연유하식의 경우에는 허용최대유속의 한도를 3.0 m/s로 하고, 평균유속의 최소한도는 0.3 m/s로 하며, 펌프가압식인 경우에는 경제적인 유속으로 한다고 규정하고 있다. Walski(1984)에 의하면 가압관로에서 첨두유량과 평균 유량의 상대적인 크기, 건설 및 에너지 비용의 상황에 따라 최적유속을 1~3 m/s 정도로 하고 있다.

2.7.3 유량별 경제적 관경

관로를 설계할 때 중요한 요소 중의 하나가 유량에 따른 적정한 관경을 결정하는 것이다. 일반적으로 경제적인 관경의 결정은 설치 지점의 지형요건, 자본비, 손실수두, 가압의 필요성 여부, 가압에 필요한 전력비 등에 따라 달라지게 된다. 따라서 유량별 정확한 관경 결정은 해당 사업을 설계할 때 결정하여야 하나, 일반적으로 제시되고 있는 자료를 소개하고자 한다.

먼저, 한국주철관(2012)의 덕타일주철관 설계자료에서 제시한 경제적 유속 및 최대 유량표는 다음과 같다.

표 2.16 관내 경제적 유속 및 최대 유량표

호칭 지름 (mm)	단면적 (m^3)	경제적			최대	
		동수경사 (‰)	유속 (m/sec)	유량 (m^3/일)	유속 (m/sec)	유량 (m^3/일)
80	0.0044	1.95	0.24	92	0.70	266
100	0.0079	3.00	0.36	245	0.94	642
150	0.0177	3.55	0.51	780	1.18	1,805
200	0.0314	3.55	0.61	1,654	1.36	3,689
250	0.0491	3.80	0.73	3,096	1.51	6,405
300	0.0707	3.80	0.82	5,008	1.66	10,140
350	0.0962	3.85	0.91	7,563	1.76	14,628
400	0.1257	3.90	1.00	10,860	1.82	18,765
500	0.1964	3.90	1.15	19,517	1.97	33,429
600	0.2827	3.80	1.27	31,017	2.03	49,583
700	0.3848	3.80	1.40	46,543	2.10	69,818
800	0.5026	3.95	1.56	67,754	2.14	92,947
900	0.6361	3.90	1.66	91,247	2.18	119,830
1,000	0.7854	3.85	1.76	119,430	2.21	149,967

또한, 일부 국내 엔지니어링 업체에서 사용하고 있는 유량별 경제적인 관경 자료를 그래프와 추세선으로 제시한 자료는 다음과 같다.

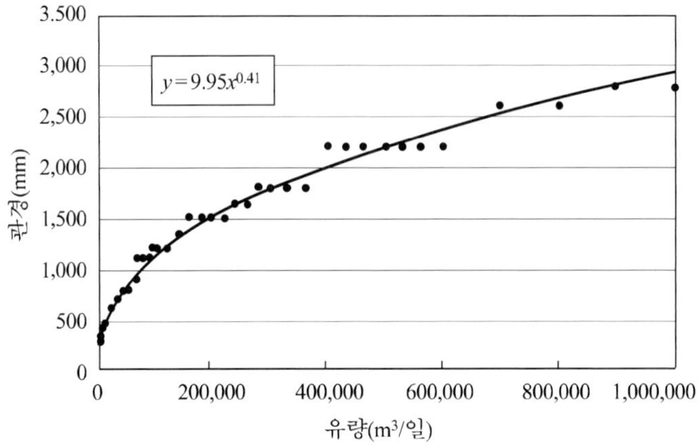

그림 2.54 유량별 경제적 관경산정 사례

참고문헌

- AWWA (2017) M32 Computer Modeling of Water Distribution Systems 4th Edition, AWWA(American Water Works Association), USA.
- Benefield, L. D., Judkins, J. F., Parr, D. A. (1984) Treatment Plant Hydraulics for Environmental Engineers. Prentice Hall.
- Boulos, P. F., Lansey, K. E. and Karney, B. W. (2004) Comprehensive Water Distribution System Analysis Handbook for Engineers and Planners, MWH Soft, Inc.
- Camp T. R. (1961) Applied Hydraulic Design of Treatment Plants, (Part I), In Seminar Papers on Wastewater Treatment and Disposal. Edited by G. M. Reece, Boston Society of Civil Engineers, 231, Boston, Massachusetts.
- Dvir, Yochanan. (1997) Flow Control Devices, Control Appliances Books, Israel.
- Environmental Protection Agency (Queensland) and Wide Bay Water (2002) Managing and Reducing Losses from Water Distribution Systems, Manual 5, Advanced Pressure Management and PRV Selection.
- Hudson H. E., Uhler R. B., and Vailey R. W. (1979) Dividing-Flow Manifolds with Square-Edged Laterals. Journal Environmental Engineering Division, ASCE, 105, 745-755.
- Hudson, H. E. (1981) Water Clarification Process Practical Design and Evaluation, Van Nostrand Reinhold.
- Lamont, P. A. (1981) Common Pipe Flow Formulas Compared with the Theory of Roughness, J.-Am. Water Work. Assoc., 73, 274-280.
- Lansey, K. E. and Boulos, P. F. (2005) Comprehensive Handbook on Water Quality Analysis for Distribution Systems, MWH Soft, Inc.
- Liou, C. P. and Kroon, J. R. (1987) Modeling the propagation of waterborne substances in distribution networks, J. AWWA, 79(11), 54-58.
- Liou, C. P. (1998) Limitations and Proper Use of the Hazen-Williams Equation, J. Hydr. Engrg., ASCE, 124(9).
- Mononobe(物部長穂) (1960) 水理學, 岩波書店刊, p155-158, Japan.
- Skousen, P. L. (2006) Valve Handbook 2nd Edition, McGraw Hill, U.K.
- Walski, T. M. (1984) Analysis of Water Distribution Systems, Van Nostrand Reinhold Company.
- Walski, T. M., Shields Jr, F. D. (1989) Predicting Internal Roughness in Water Mains, J.-Am. Water Work. Assoc., 80(11):27.

- 김중훈, 이종우, 이현동, 김성한 (1996) 기존 상수도 노후관망의 개량 및 관리기법의 개발, 한국수자원학회지, 제29권, 제3호, 197-205.
- 이재수 (2007) 수리학, 구미서관.
- 유우준, 심명구, 성건혁, 유재범, 염문천, 유홍선 (2013). 옥외소화전 디스크 형상을 고려한 압력손실에 관한 연구. 한국화재소방학회지, 제27호 제6호.
- 한국상하수도협회 (2020). 상수도설계기준(해설편).
- 한국주철관 (2012) 덕타일 주철관 핸드북.

CHAPTER

3 관망해석

CHAPTER

3 관망해석

3.1 관망해석의 개요

관망해석은 신규 및 기존 시설의 개선을 위한 계획수립, 알 수 없는 미래의 사전 예측, 현장에서 직접 시험할 수 없는 문제들의 해결방안 모색 등 상수도관망과 관련된 다양한 분야의 의사결정을 지원하는 도구로 활용되고 있다.

환경부 상수도관망시설 유지관리 세부기준(2021)과 같이 관망모델의 이용은 상수도관망 운영관리에 기본이자 필수사항이라 할 수 있으며, 관망해석이 자주 활용되는 사례는 다음과 같다.

- 신규 상수도관망 설계(관경, 펌프, 탱크의 위치 등의 결정)
- 새로운 상수도관망 개발, 확장, 갱신을 포함한 장단기 정비계획 수립
- 상수도관망 내 수리·수질적 문제점의 조사, 진단 및 개선계획 수립
- 펌프, 감압밸브 등 상수도 설비, 장치의 최적 운영계획 수립
- 단계시험, 관세척 등의 유지관리계획 수립
- 관 파열, 수질 사고와 같은 긴급상황 시 의사결정 지원
- 운영자 훈련(비상대처 및 문제해결을 포함한 일별 시설 운전 및 운영관리)

일반적인 관망해석 절차는 그림 3.1과 같이 4단계로 구성된다.

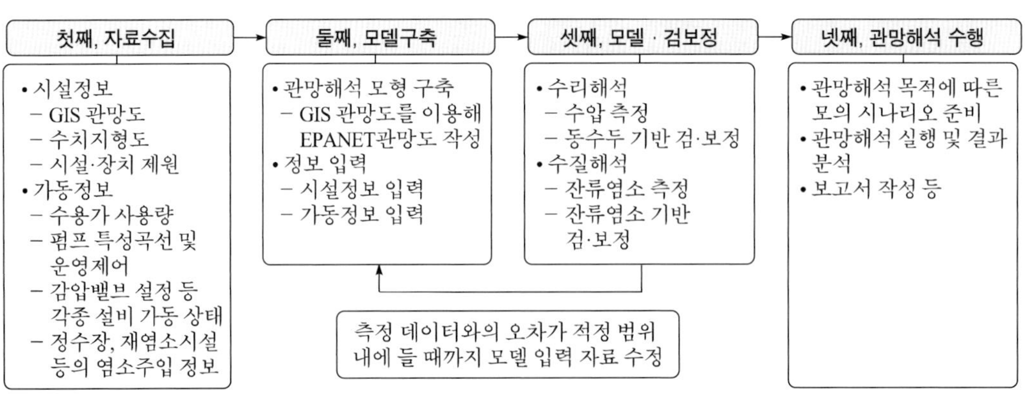

그림 3.1 상수도 관망해석 절차

먼저, 관망해석 모델구축을 위한 자료수집은 GIS 관망도 등 시설현황, 절점 지반고 입력을 위한 수치지형도, 사용량 및 공급량, 각종 설비 가동 및 운영자료 등을 수집하는 것으로 관망도 관리시스템, 원격감시제어시스템(SCADA), 요금관리시스템 등 각종 운영시스템에서 관망해석에 필요한 정보를 수집하는 과정을 말한다.

둘째, 모델구축 단계는 EPANET과 같은 관망해석 프로그램에서 사용할 수 있는 관망도를 생성하고, 관망해석에 필요한 각 시설물과 장치의 시설 제원 및 가동 정보를 입력하는 과정이다. 일반적으로 관망해석 프로그램에서 사용되는 관망도는 해석하고자 하는 관망의 구성이 단순한 경우에는 프로그램이 제공하는 관망도 작성기능을 이용하여 작성하고, 배·급수 관망과 같이 관망의 구성이 복잡하고 방대한 경우에는 GIS 관망도를 관망해석 프로그램에서 활용가능한 형태로 변환하는 방법이 사용된다.

셋째, 관망해석 모델의 검정 및 보정은 관망해석 결과가 실제에 가깝게 잘 구축되었는지를 확인하는 과정이다. 따라서, 관망해석 모델의 결과와 비교를 위한 현장 측정이 수반되며, 일반적으로 수리해석의 경우에는 동수두가, 수질해석의 경우에는 잔류염소 농도가 비교를 위한 기준 항목으로 활용된다. 검·보정 작업에서 관망해석 결과와 현장 측정값의 차이가 큰 경우에는 모델구축 과정에서 누락되거나 잘못 입력된 값들이 없는지, 또 현장 가동상태에 대한 파악에 문제가 없었는지 등을 확인하여 적정 오차 범위 내에 들때까지 모델 수정·보완 작업을 반복하게 된다.

넷째, 관망해석의 수행은 잘 보정된 관망해석 모델을 이용하여 환경부 상수도관망시설 유지관리 세부기준(2021) 등에서와 같은 관망해석 모델을 활용한 운영관리 업무 등을 수행하는 것을 말한다. 즉, 관망해석 목적에 맞는 시나리오 준비, 시나리오별 해석결과의 검토, 보고서 작성 등이 관망해석 수행 단계에 포함된다.

지금부터는 이 관망해석의 4단계 절차들에 대한 상세한 설명과 수행 방법들을 함께 살펴보도록 하자.

3.2 관망해석 모델의 구성요소

관망해석 모델은 시간에 따라 변하지 않는 실제 시설물에 관련된 물리적 요소와 시간에 따른 시설물의 상태를 나타내는 운영적 요소로 구성된다. 물리적 요소에는 상수도관망을 구성하는 저수지, 정수장, 배수지, 펌프장, 밸브 등 실제 시설물 및 설비들과 분기점, 관경 또는 관종 변화지점 등과 같이 관로의 형상과 운영관리에 필요한 가상의 관로 분할지점 등이 포함된다. 운영적 요소에는 수요량, 수요패턴, 그리고 밸브, 펌프 등의 제어규칙 등이 포함된다.

관망해석 모델에서는 관망을 구성하는 시설물을 점과 선으로 나타낸다. 저수지, 탱크와 관로의 연결, 분기, 관말(Pipe end)이 점으로 표현된다. 점으로 표현되는 것들을 연결점(Node)이라고 하며, 연결점 중 관로의 연결관계 표현을 위해 생성된 점들을 절점(Junction)이라고 한다. 선으로 표현되는 시설물에는 관로, 펌프, 밸브가 있으며, 이것들을 연결선(Link)이라고 한다. 펌프와 밸브는 점형 시설물이지만 관망해석 프로그램에서는 연결선으로 표현됨을 유의해야 한다. 이후부터는 관망해석에서의 각 구성요소의 역할과 모델구축 시 고려해야 할 사항들에 대해서 알아보도록 하자.

3.2.1 저수지(Reservoir)

관망해석 모델에서 저수지는 실제 상수도시설에서 저수지뿐만 아니라 펌프장의 흡수정, 정수장의 정수지, 중블록의 배수지 등 관망모델에서 물 공급을 담당하는 모든 시설을 말한다.

관망해석에서 사용하는 저수지는 실제 상수도시설의 거동과 약간 다른 가정을 갖는다. 관망해석에서 저수지는 상수도관망의 경계조건(Boundary condition) 중 하나로서, 관망 내 물을 공급하는 경계노드(Boundary node)가 되며 큰 용량을 가지고 있어 동수경사선이 일정하게 유지되는 것으로 가정된다. 이것은 실제에서는 있을 수 없으나, 통상적으로 관망해석이 정상류상태 해석이나 시간단위의 확장기간 모의(EPS; Extended Period Simulation)에 한정되기 때문에 저수지 수위가 일정하다고 가정하여도 계산상의 큰 오차가 없어 가능한 가정이다. 그러나, 최근 관망해석을 수행할 때 저수지의 수위변화를 고려하는 경우가 많아지고 있으며, 수위변화를 모델에 반영하는 경우에는 시간패턴을 이용한다.

이처럼 물의 공급원이며 수위를 알고 있는 지점을 관망해석 모델에서는 고정수두절점(Fixed grade node)이라고 하는데, 이는 압력과 위치(또는 동수두)를 알고 있는 지점(Node)을 말한다. 이 지점은 통상 저수지, 수원 또는 저류 탱크가 위치한 곳이거나 특정한 압력으로 유출이 되는 곳이다. 관망해석을 수행하기 위해서는 반드시 각 모델에 최소한 한 개 이상의 고정수두절점이 있어야 한다.

관망해석을 수행하기 위해서는 저수지의 바닥표고, 최소수위(LWL; Low Water Level), 최대수위(HWL; High Water Level), 수두(수위)와 수질 자료가 필요하다. 앞서 설명한 경계노드로서의 저수지 가정과 같이 저수지의 용량은 관심 사항이 아니기 때문에 용량에 대한 자료는 필요하지 않다.

수두는 저수지가 바닥표고와 수위를 더한 값(표고+수위)이며, 속도수두는 없으므로, 관망해석 모델에서는 저수지 수위를 총수두(Total head)로 표현한다. 일반적으로 수위변화를 고려하지 않고 관망해석을 수행하는 경우 물 공급의 관점에서 최악 조건이라 할 수 있는 최소수위를 기준으로 모의한다.

가압장 흡수정

배수지

그림 3.2 **저수지로 사용될 수 있는 상수도 시설사례**

3.2.2 탱크(Tank)

탱크는 저수지와 마찬가지로 고정수두의 경계노드이나, 탱크 내 유량의 유입 및 유출로 인한 수위변동(동수두 변동)을 고려한다는 것이 저수지와 다른 점이다. 탱크는 일정한 체적을 가지고 있으며, 수요량에 따라 수위가 변동하여 물이 넘칠 수도 있고 완전히 비워질 수도 있다. 따라서 탱크는 저수지와 달리 실제 배수지 등에서와 같은 거동을 대부분 표현할 수 있다.

정상류상태(Steady-state)의 해석에서 탱크는 저수지와 마찬가지로 입력한 수두 값으로 해석을 수행하게 되며, 확장기간 모의(EPS)에서 탱크의 수위는 관망 내 유량의 변화에 따라 변하게 된다. 수위의 변동을 해석하기 위하여 수위와 체적과의 관계를 모델에 입력하여야 한다. 일반적으로 모델에서 이용하는 수위와 체적관계는 원형 탱크의 직경으로 나타내며, 직사각형이나 다른 모양은 원형으로 가정한 직경으로 환산하여 입력한다.

※ $D = \sqrt{4 \times B \times L \div \pi}$ (여기에서 B = 폭, L = 길이)

만일 조절지 댐과 같이 수위와 용량의 관계가 선형이 아닌 경우에는 수위와 용량의 곡선관계로 모델링할 수도 있다.

관망해석에 필요한 탱크의 입력자료는 바닥표고, 최소수위, 최대수위, 초기수위, 탱크직경(또는 수위와 용량곡선) 자료이다. 이때 바닥표고와 수위관계는 절대표고와 상대표고 모두를 이용할 수 있는데, 바닥표고를 실제 표고로 하면 탱크의 수위는 상대 값을 입력하여야 하며, 바닥표고를 기준표고(0.0 m)로 하면 수위는 절대표고를 입력하면 된다. 따라서 시간별 수위변동을 표현할 때 자료가 상대 값인지 절대 값인지에 따라서 입력형태를 달리할 수 있고 그 관계는 그림 3.3과 같다.

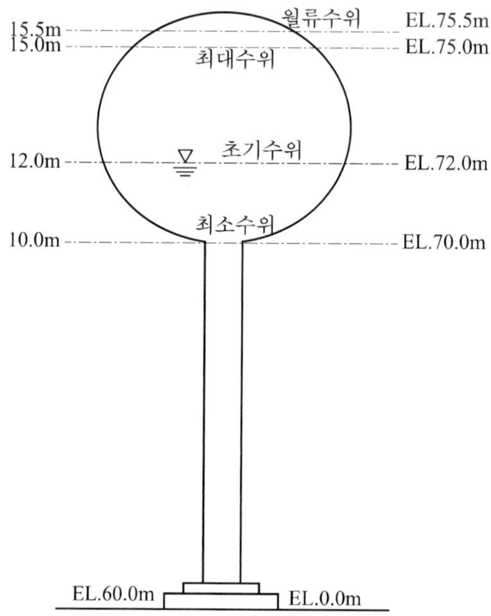

그림 3.3 관망해석 모델에서 탱크 수위의 표현 방법

(1) 압력탱크(Hydropneumatic tank)

많은 소규모 가압장에는 압력탱크가 설치되어 있다. 압력탱크의 설치목적은 가압장에서 발생할 수 있는 수격작용(Water hammer)의 방지뿐만 아니라 배수지를 설치하기 곤란한 소규모 급수지역에서의 가압펌프 운전 형태를 조절하는 것이다.

이 압력탱크의 용량 결정은 환경부 상수도설계기준에서 정하는 배수지 용량을 기준으로 결정하는 것이 적정하나, 우리나라의 경우에는 압력탱크 용량과 관련된 별도의 설계기준이 없는 실정이다. 또한, 현장에 설치된 대부분의 압력탱크가 수격작용 방지용으로 용량이 적어 펌프 제어를 위한 목적으로 사용하기에는 한계가 있어, 펌프의 잦은 운전변경으로 인한 에너지 낭비 문제 등을 해결하기 위해 연구 및 기준 등의 개정 등이 필요하다.

펌프로 가압된 물로 탱크에 압력이 가해졌을 때, 탱크의 동수두 또는 동수경사선(HGL; Hydraulic Grade Line)은 펌프 설치지점의 표고보다 높으며, 다음 식과 같이 나타낼 수 있다.

$$HGL = P + Z \tag{3.1}$$

여기서, HGL은 탱크 내 동수두(m), P는 수압(m), 그리고 Z는 표고(m)이다.

시간별 가동요소의 변동이 없는 정상류상태 모델의 탱크 수위는 HGL이 되고, 확장기간 모의에서는 자유수면을 갖는 등가탱크(Equivalent free-surface tank)로 나타내야 한다. 압력탱크에는 공기가 채워져 있으므로 전체 탱크 체적의 약 30~50% 정도의 유효용량을 갖는다고 할 수 있다. 압력탱크의 모의를 위해서는 탱크 내 첫 번째 최소와 최대 압력을 확인하여 이를 동수경사선으로 표현해야 한다. 등가탱크의 단면적은 다음 식으로 구할 수 있다(Haestad Methods 등, 2003).

$$A_{eq} = \frac{V_{eff}}{HGL_{max} - HGL_{min}} \tag{3.2}$$

여기서, A_{eq}는 등가 탱크 단면적(m^2), V_{eff}는 유효 탱크 체적(m^3)이며, HGL_{max}와 HGL_{min}은 각각 탱크 내 최대 및 최소 동수두(m)이다.

실제 압력탱크와 관망해석 모델 상에서의 탱크와의 상관관계는 그림 3.4와 같다(Walski 등, 2003).

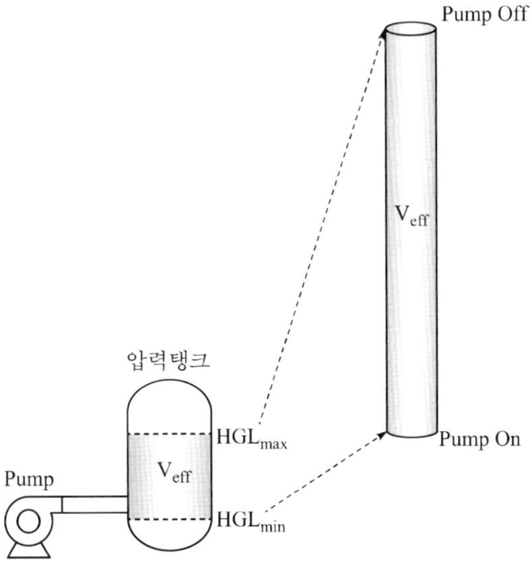

그림 3.4 압력탱크와 관망해석 모델 탱크의 상관관계

자유수면을 갖는 탱크와 압력탱크의 특징 및 관망해석 모델구축 시의 유의사항은 아래 표와 같다.

표 3.1 탱크의 분류 및 관망해석 모델구축 방법

구분	자유수면을 갖는 Tank(배수지)	압력(Hydropneumatic) Tank
개요	• 배수지와 같이 고지대에 설치되어 있으며 자유수면을 갖는 Tank	• 펌프 토출측에 설치되어 있으며, 배수지가 없는 소규모 가압장의 경우 유량변화에 따른 펌프제어 목적으로 설치하는 압력 Tank
사진		
특징	• 자유수면을 형성하고 있어 배수관망의 안정적인 수압제어 가능 • 평상시 유량변화 및 송수관로 사고 등에 안정적인 용수공급 가능	• 소규모 관망의 경우 유량변화에 따른 펌프제어에 활용
모델 구축	• 실제 배수지의 표고, 높이, 용량을 조사하여 입력 • 사각형 배수지의 경우 직경으로 환산하여 입력	• 가압장의 표고에 정격양정을 더하여 Tank 표고 결정 • 높이는 펌프의 제어현황을 조사하여 입력하고, 직경은 Tank의 크기를 고려하여 결정

3.2.3 절점(Junction)

기본적인 절점의 정의는 두 개 또는 그 이상의 관로들이 만나는 지점을 말하지만, 관망해석 모델에서는 관망시설 사이의 연결 관계뿐만 아니라 관로에서 관경이 바뀌거나 분기되는 지점, 유출량이 있는 수요지점을 포함한다.

절점은 관망해석의 목적에 따라 적정한 간략화를 통해 그 배치와 개소가 변경되게 된다. 특히 급수전이 있는 모든 지점을 절점으로 생성하기는 어려우므로 몇 개의 수도미터를 한 절점에 포함할지에 따라 절점의 위치와 개수가 바뀌게 되며, 관망해석 모델의 공간적 해상도도 차이가 발생하게 된다. 일반적으로 수리적 거동에 미치는 영향이 큰 아파트 등의 대수용가는 별도의 절점으로 표현하고, 소규모 수용가 수도미터는 관로의 경로상 가장 가까운 절점에 포함시키는 방법으로 모델을 구축하고 있다.

절점의 표고자료는 관망해석 결과의 신뢰도에 큰 영향을 끼치는 자료이다. 일반적으로 표고 입력자료의 생성은 GIS 모델인 DEM(Digital Elevation Model)을 이용하여 생성하게 되나, 이것은 기존의 등고선과 표고점을 바탕으로 생성한 것으로 매설되어 있는 관로의 위치보다는 평균 지표면을 나타내므로 대체로 정확성이 떨어진다. 따라서 감압밸브 지점, 수압측정 지점 등 실제 데이터의 검증이 필요한 절점에 대해서는 정확한 표고 자료를 측량하여 입력할 필요가 있다.

즉, 그림 3.5와 같이 대부분 절점의 표고는 도로의 표고와 관로의 매설 깊이를 고려하여 실제에 가깝게 입력하게 되지만, 소화전에서 측정된 수압 데이터와 관망해석 결과를 비교한다면 소화전 표고를 선택하고, 임계지점의 최소 수압을 해석하기 위해서는 임계지점의 표고를 선택해야 한다.

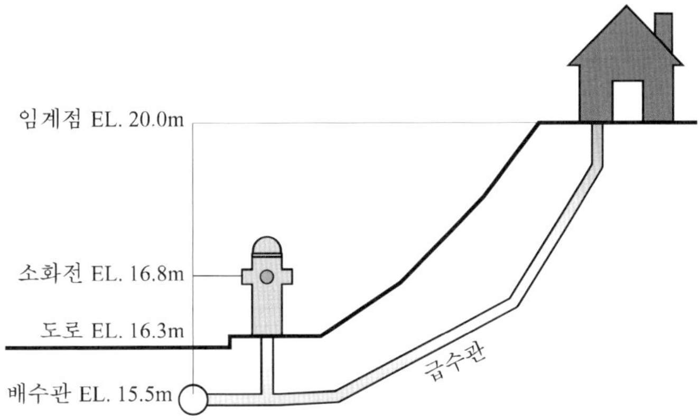

그림 3.5 절점에서의 표고 사례

3.2.4 관로(Pipe)

관망해석 모델에서 정의하는 관로는 두 절점으로 연결된 동일 관종, 동일 관경으로 이루어진 관로 구간을 말한다. 관망해석을 위해서는 모든 관로의 관경, 관 길이, 조도계수 등과 같은 수치화된 특성 자료를 사용하여 관망의 물리적 형상을 기술해야 한다. 물리적인 특성 외에도 각 관로의 위치 및 요구되는 수량 등이 포함된다. 또한, 관로에 설치된 곡관, 제수밸브 등의 장치도 관로에 포함될 수 있다.

관망모델 구축에서 가장 많은 오류를 발생시키는 입력자료는 관로의 관경이다. 관망해석에서 필요한 관경은 관의 내경을 말하며 내경은 공칭직경과 다른 값이다. 그러나 GIS 관망도에 관경을 공칭직경으로 잘못 입력하거나 값이 없거나 전혀 다른 경우가 자주 발견된다.

공칭직경별 관의 내경은 KS(Korean Standard)에 규정되어 있으며, 이는 관종별로 다르다. "2.2.2 수두손실"에서 언급한 바와 같이 C값에 비해 관 내경의 차이가 수두손실에 미치는 영향이 크므로 관망모델 구축시 실제 관경을 조사하여 입력할 필요가 있다. 그림 3.6는 KS에 규정된 공칭직경 300 mm HiVP 관의 단면적을 나타낸 것이다.

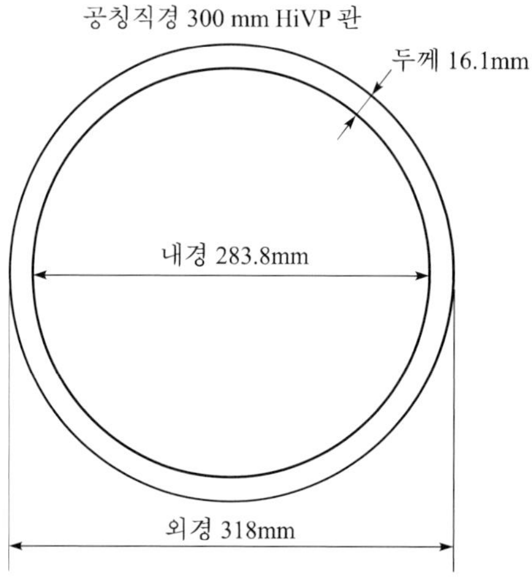

그림 3.6 300mm HiVP 관의 외경과 내경

3.2.5 펌프(Pump)

상수도관망에는 취·정수장 등의 관망 시작점이나 중간지점에 펌프가 설치되어 있으며, 정속펌프와 변속펌프로 구분된다. 관망해석을 위한 펌프 입력자료에는 마력으로 나타내는 펌프의 동력, 실제 운전 특성을 나타내는 특성곡선 등이 있다.

펌프의 동력은 압력수두와 물이 펌프를 통과할 때 생기는 운동에너지 증가로 전달되는 실제의 힘으로 표시된다. 펌프의 특성을 기술하는 방법은 다양하나 이 방법은 펌프의 고유한 운전 특성곡선을 모르는 조건에 해당하는 최초 설계나 분석에서 특히 유용하다. 펌프의 동력은 다음 식으로 표시된다.

$$P = \frac{13.33QH}{\eta},\ H = \eta\frac{P}{13.33Q} = z\frac{P}{Q} \tag{3.3}$$

여기서, P = 펌프의 동력(Hp), Q = 펌프의 토출량($m^3/\sec$), H = 전 양정(m), η = 펌프의 합성 효율이다. 따라서, 이 경우 동력과 효율만을 알면 유량에 따른 양정(수두)을 계산할 수 있으므로, 관망모델에는 마력으로 표시되는 동력과 이때의 펌프 합성 효율을 입력하면 된다.

(1) 정속펌프

펌프를 나타내는 다른 방법으로 실제 운전 특성을 나타내는 펌프특성곡선이 있다. 펌프특성곡선은 토출량에 따른 전양력, 축동력, 펌프 효율을 그래프로 나타낸 것으로 신규 펌프의 경우 펌프 제조사, 사용 중인 펌프의 경우 펌프 성능진단 등을 통해 관련 자료를 확보할 수 있다.

관망해석에 펌프특성곡선을 적용하기 위해서는 수식화된 곡선식이 필요하며 다음과 같은 지수형 수식이 많이 이용된다.

$$h_p = H_0 - CQ^n \tag{3.4}$$

여기서, h_p = 펌프에 의한 상승 수두(m), H_0 = 펌프의 체절양정, C = 곡선의 계수, n = 곡선의 지수, Q = 유량이다.

관망해석 프로그램에서는 관망해석 모형구축 과정에서 사용자로부터 그림 3.7과 같은 3점의 운전 특성값을 입력받고, 입력된 값으로부터 계수 C와 지수 n으로 구성된 펌프특성곡선 식을 생성하여 해석에 사용한다.

사용자가 입력해야 할 펌프특성곡선에 대한 입력자료는 그림 3.7에서와 같이 체절양정 (H_0)과 (H_1, Q_1), (H_2, Q_2), (H_3, Q_3) 등의 자료 중에서 두 개를 선택하면 된다. 이때, 펌프를 여러 대 조합하여 병렬로 가동하면, 앞에서 언급한 병렬운전곡선을 그린 다음 각 지점의 (H, Q)를 구하여야 한다.

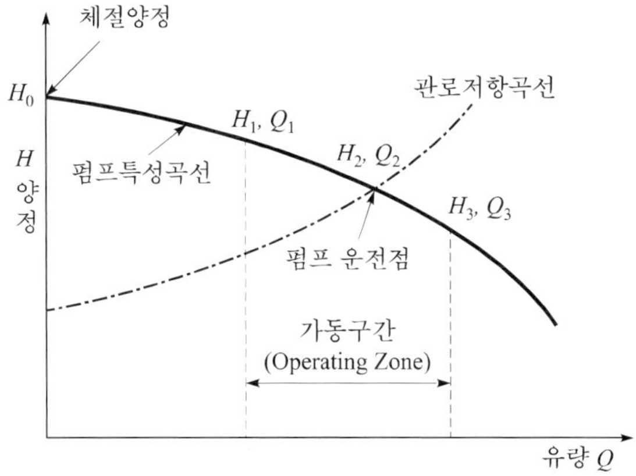

그림 3.7 펌프특성곡선을 이용한 모델구축 자료취득

4장에서 다루게 될 EPANET에서는 1점 이상의 펌프 운전점을 입력하면 모델의 구동이 가능한데, 펌프시설의 계획시와 같이 펌프특성곡선에 대한 자료가 없는 경우, 해석하고자 하는 최적 유량과 이때의 정격양정 1점을 입력하면 프로그램 내에서 자동으로 1점을 이용하여 펌프특성곡선 식을 만들어 주게 된다. 그러나 운영 중인 펌프 또는 정확한 모델링을 위해서는 체절양정, 정격양정 및 운전상한 또는 하한양정 지점을 선정하여 3점의 양정과 유량을 입력해주는 것이 해석결과에 더 긍정적인 영향을 미친다.

EPANET에서 펌프 곡선의 편집은 펌프 속성 편집기의 "Pump Curve"에 해당 곡선의 ID를 입력하고, 데이터 브라우저(Data Browser)에서 "Curves"를 선택한 다음 하단에 있는 추가 버튼(Add,)을 클릭하면 나타나는 입력창에 아래 그림과 같이 입력하면 된다. EPANET의 사용 방법에 대해서는 4장에서 상세히 다룰 예정으로 관련 내용을 참조하도록 한다.

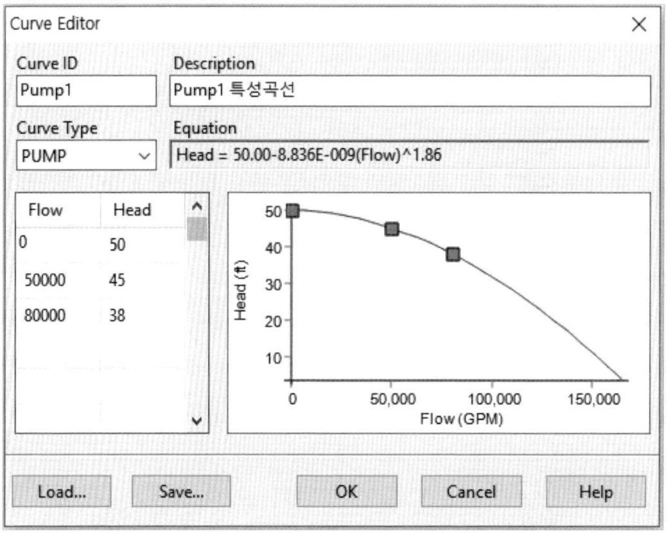

그림 3.8 EPANET 펌프특성곡선 편집기

(2) 변속펌프

펌프는 모터의 속도 조정 가능 여부에 따라 고정속도로만 작동하는 정속펌프와 모터의 회전수를 조절할 수 있는 변속펌프(또는 인버터펌프)로 나뉜다. 관망모델에서 변속펌프를 나타내고자 하는 경우, 최적 효율지점과 같은 통상의 운전상태 회전수를 기준(통상 1)으로 하고, 회전수가 변하면 기준값에 대한 비율을 의미하는 승수(n)로 표시한다. 상세한 사항은 2.3.2 펌프의 운전 및 제어의 그림 2.34와 관련 내용을 참고하기 바란다.

(3) 펌프 조합운전

2대 이상의 펌프를 운전하는 경우에는 조합운전 방법에 따라 병렬운전과 직렬운전으로 구분되며 운전방식별 특징은 표 3.3과 같다. 펌프 조합운전 조건을 관망해석 모델에 반영하는 방법은 펌프의 대수만큼 펌프를 추가(Add Pump)하여 관망해석 모델에 직접 반영하거나, 여러 펌프의 용량을 운영조건에 맞게 조합하여 1개의 펌프로 반영할 수도 있다.

각 펌프의 가동상태(On/Off)를 제어할 필요가 있는 경우 각 펌프를 모두 표현해주어야 하며, 설계 시와 같이 개략적인 용량에 대한 검토만 필요한 경우 1대의 펌프로 나타낼 수 있다. 병렬로 연결된 여러 펌프를 1대의 펌프로 나타내는 경우, 양정은 그대로 두고 대수만큼의 유량을 곱하여 나타내면 된다. 그림 3.8의 펌프가 1대로 가동되는 경우와 2대로 가동되는 경우를 비교하면 아래 표와 같다.

표 3.2 여러 병렬펌프를 1대로 표현하는 사례

구분	유량(CMD)	양정(m)
1 대	0 50,000 80,000	50.0 45.0 38.0
2 대	0 100,000 160,000	50.0 45.0 38.0

표 3.3 펌프 조합운전에 따른 펌프 모델구축 비교

구분	병렬조합	직렬조합(다단펌프)
개요	• 2대 이상의 펌프를 병렬로 운전	• 2대 이상 펌프를 직렬로 운전
사진		
모델 구축	Case 1. 펌프 병렬연결 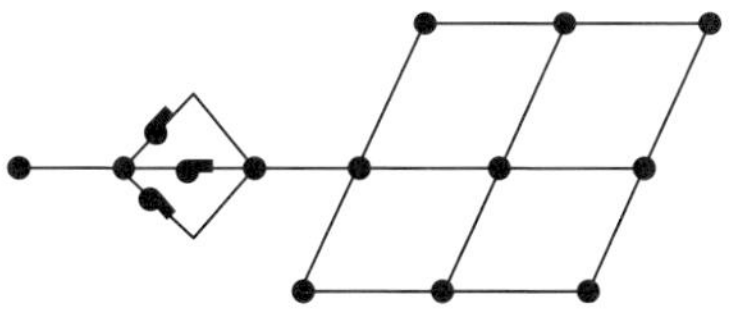 Case 2. 펌프특성곡선 포함 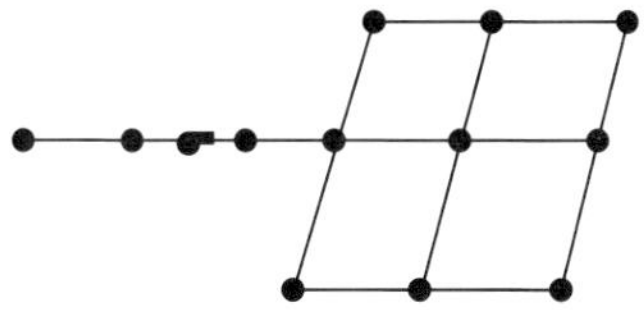	Case 1. 펌프 대수별로 직렬연결 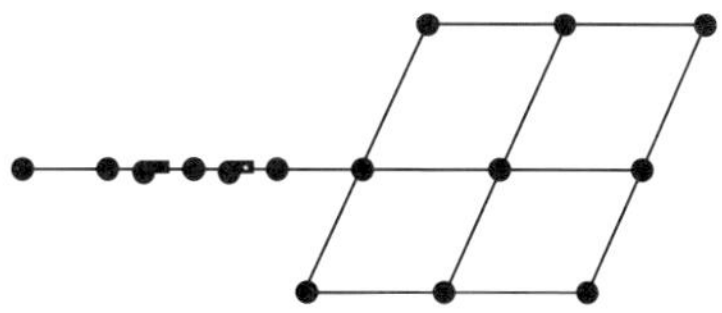 Case 2. 펌프특성곡선 조합 또는 Rule 제어 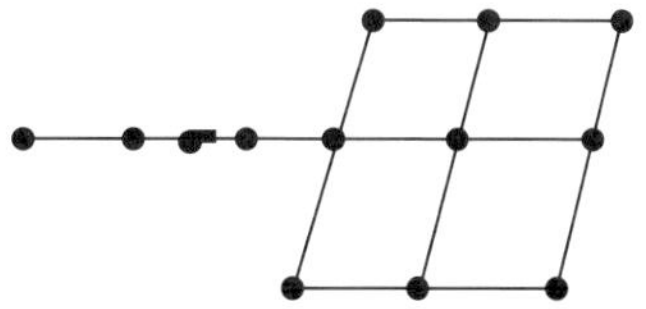

(4) 가압방식에 따른 펌프 운영

펌프를 포함한 관망해석에서 유의할 점은 펌프의 설치 형태이다. 상수도관망에 설치된 펌프의 형태는 표 3.4와 같이 흡수정이 있는 형태와 직결가압(또는 인라인) 형태로 구분되며, 설치 형태에 따라 모형의 구성과 동수두의 변화가 다르게 나타난다. 즉, 직결가압인 경우에는 관로에 직접 펌프를 연결하면 되나, 흡수정 방식인 경우에는 펌프 흡입측에 탱크(Tank) 노드를 설치한 후 펌프를 연결하는 방법으로 관망모델을 구축해야 한다.

표 3.4 가압방식에 따른 펌프 모델구축 비교

구분	흡수정에 의한 가압방식	In-Line 가압방식
개요	• 펌프장의 유·출입량 조정을 위해 흡수정을 두고 가압하는 방식	• 관로상에 펌프를 직접 연결시켜 가압시키는 방식
모식도	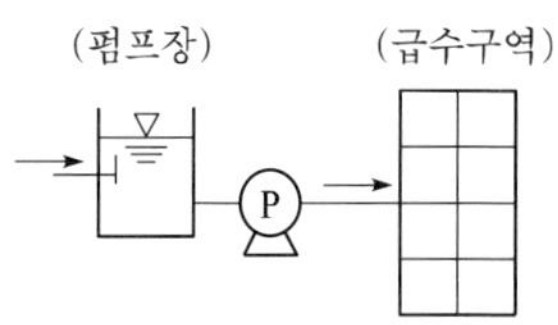	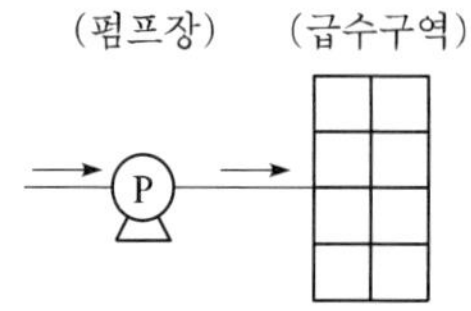
모델 구축	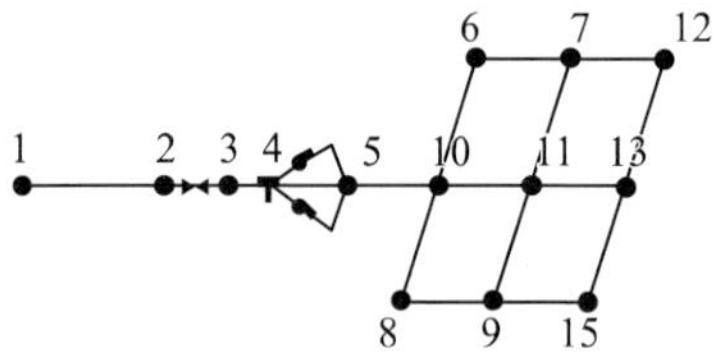	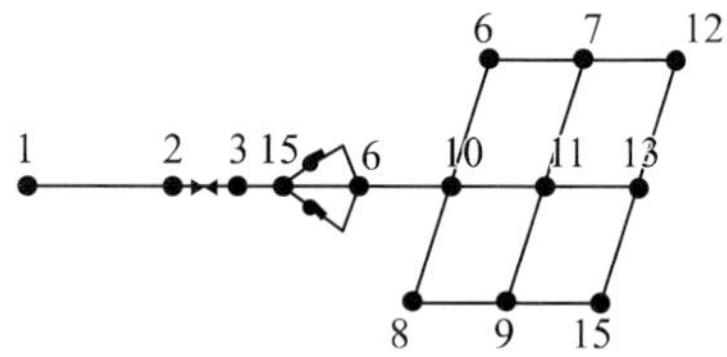
	• Valve는 PSV로 설정 ※ 설정값 : 탱크 유입측 잔류수두 • Node 3 EL은 탱크 유입관 표고 • 흡수정 수위에 따라 운전점 변함	• Valve는 필요시 설정 • 펌프 전단 유입수두에 따라 실양정이 증감하여 실제 운전점 변함

3.2.6 밸브(Valve)

2.4 밸브와 수리학에서 살펴본 바와 같이 밸브는 개폐의 정도를 달리하여 물흐름에 저항을 발생시켜 관망 내 물의 움직임을 제어하는 설비이다. 관망해석 모델에서 사용되는 밸브류를 설치 목적에 따라 다음과 같이 구분하여 정리하였다.

(1) 차단밸브(Isolation valves)

차단밸브는 물흐름을 차단하여 관로 사고나 누수 등 유지보수작업을 할 수 있도록 하는 밸브로써, 그 종류에는 Gate valve, Butterfly valve, Globe valve 및 Plug valve 등이 있다.

대부분의 관망해석 모델에는 차단밸브가 포함되어 있으며, EPANET에서는 밸브를 링크 형태로 추가할 수 있고, 또 관로의 상태를 'Open' 또는 'Closed'로 구분하는 방법을 통해서도 특정 관로를 격리할 수 있다. 만일 관망모델에서 밸브 등에 의한 미소손실을 Hazen-Williams 식의 C값에 포함시키고자 한다면 아래의 식을 사용하면 된다.

$$C_e = C\left(\frac{L}{L + D\left(\frac{\sum K_L}{f}\right)}\right)^{0.54} \tag{3.5}$$

여기서, C_e = 미소손실을 고려한 등치의 Hazen-Williams C값, C = Hazen-Williams의 마찰손실계수, L = 관 길이(m), D = 관경(m), f = Darcy-Weisbach의 마찰손실계수, 그리고 $\sum K_L$ = 해당 관로의 미소손실계수 합을 의미한다.

예를 들어, 122 m의 관로에서의 관경이 150 mm이고 C값이 120, f값이 0.02, 미소손실의 합이 5.0이라면, 위 식에 의한 등치의 C값은 104가 된다. 이와 같은 등치의 C값은 관망해석 결과와 실측값을 비교하여 모델을 보정(Calibration)하는 과정에서 응용하면 보다 좋은 결과를 얻을 수 있을 것이다.

(2) 역류방지밸브(Directional valve)

역류방지밸브(또는 역지 또는 체크밸브(Check valve))는 관 내의 물흐름을 하나의 방향으로만 한정시킬 때 사용하는 밸브들을 말한다. 즉, 사용자가 정의한 방향으로만 물이 흐르게 되며, 물흐름 방향이 바뀌게 되면 방향 제어 밸브는 닫히게 되어 물이 흐를 수 없는 것으로 모의한다.

EPANET에서 역지밸브는 관로 속성 편집기의 초기상태(Initial status) 항목을 역지밸브(CV)로 설정해주는 방법으로 표현한다. 이때 주의하여야 할 것은 관로의 시작 절점과 끝 절점을 물흐름 방향에 맞추어 주어야 한다는 것이다. 예를 들어 펌프에서 다른 절점으로 물이 흐를 때 펌프 끝점을 시작점으로 하는 관로의 초기 상태를 역지밸브(CV)로 설정해야 하며, 모의조건에서 펌프로 물이 역류하게 될 때 해당 관로에 의해서 역류흐름은 차단된다.

(3) 제어밸브(Control valves)

제어밸브 또는 조절밸브(Regulating valves)는 각 밸브에 설정된 값으로 물 흐름 등을 조절하는 밸브를 의미한다. 그 종류에는 유량조절(Flow control)밸브, 개도조절(Throttle control)밸브, 감압(Pressure reducing)밸브, 압력유지(Pressure sustaining)밸브 등이 있으며, 관망 운영상태의 분석을 통한 설정값의 선정이 가장 중요한 요소라 할 수 있다.

예를 들면, 유량제어(Flow control)밸브에서의 설정값은 유량이 되며, 개도조절(Throttle control)밸브의 설정치는 미소손실계수가 된다. 압력을 조절하는 밸브에서는 해당 밸브가 유지해야 할 동수두(Dynamic water head)나 압력(Pressure)이 된다.

제어밸브의 설정값에 관한 표현은 다소 복잡하며, 관망해석 프로그램에서는 일반적으로 다음과 같은 의미를 갖는다.

- Active : 자동으로 유량을 제어
  - Open : 완전히 개방된 상태
  - Closed : 완전히 닫힌 상태
  - Throttling : 유량과 압력을 조절
- Closed : 차단밸브가 설치된 것처럼 수동으로 닫음
- Inactive : 무시된 상태

관망해석 모델에서 사용되는 제어밸브의 종류에 따른 제어 기준값 설정과 그 값의 의미는 다음과 같다.

1) 감압밸브(PRVs; Pressure Reducing Valves)

감압밸브(PRVs)는 설정값을 초과하는 동수두(압력)가 밸브에서 감지되는 경우 동수두를 설정값으로 줄여 하류의 동수경사선(HGL; Hydraulic Grade Line)을 낮추어 줌으로써 하류의 관로 압력이 필요 이상으로 높아지게 되는 것을 방지한다.

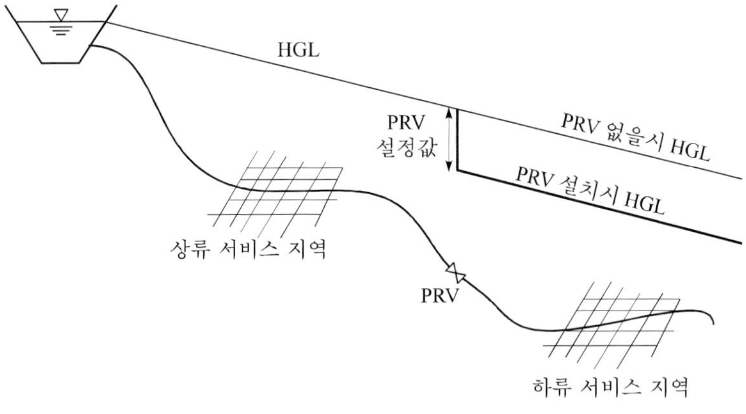

그림 3.9 감압밸브(PRVs)의 설정

EPANET 프로그램에서 감압밸브는 연결선이며, 설정값은 낮추고자 하는 목표 압력 값으로 입력된다. 감압밸브의 기능수행 조건은 다음과 같다.

- 감압밸브의 설정값은 밸브 설치 하류 절점의 압력수두(m)로 함

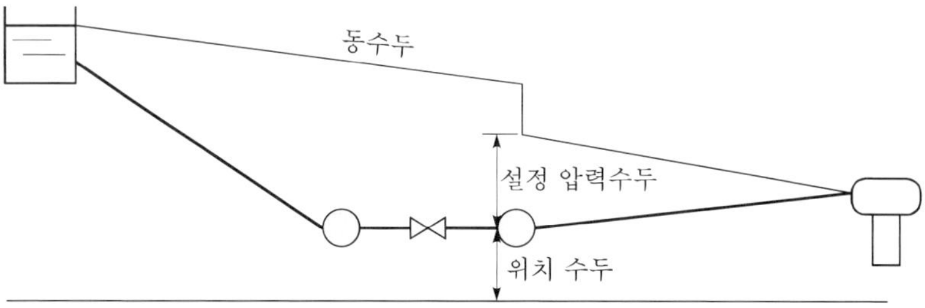

그림 3.10 **감압밸브 설정 예시**

- 설정 압력수두가 동수경사선 이상이면 상시 Open, 즉 밸브 상류측 압력이 설정 압력보다 낮으면 Open(감압기능이 작동하지 않음)

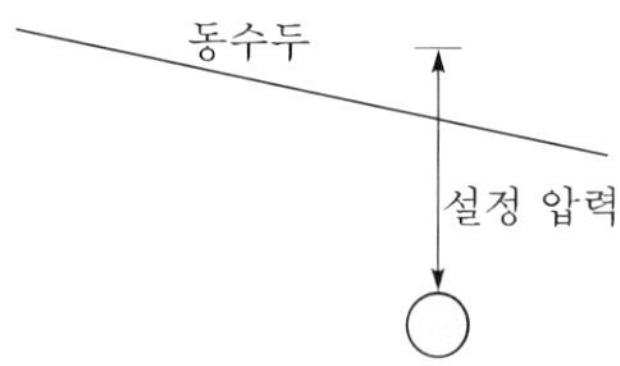

그림 3.11 **감압밸브 기능수행(Open) 예시**

- 상류측 압력이 설정값보다 높을 때 하류측에 설정된 압력에 맞추어 감압되고, 이를 위해 밸브는 Active(부분 개방으로 감압기능이 작동)
- PRV 이후 관로의 하류측 압력이 상류측을 초과할 때 밸브는 닫힘, 즉 역류가 발생할 조건이 되면 밸브는 Closed(완전히 닫힘, 유량 0)

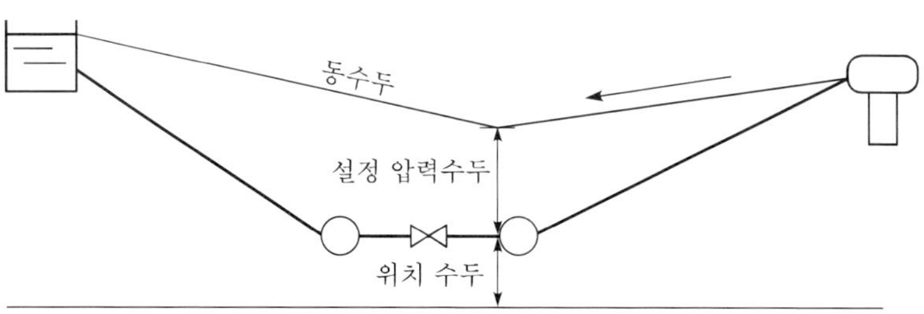

그림 3.12 **감압밸브 기능수행(Closed) 예시**

2) **압력유지밸브**(PSVs; Pressure Sustaining Valves)

압력유지밸브는 PRV와는 달리 상류의 압력이 설정값 이하로 내려가지 않도록 유량을 자동 조절하는 기능을 한다. 따라서 압력유지밸브는 지형 등에 의하여 필요 이상의 유량이 제어할 수 없는 상태로 흘러 상류의 압력이 과도하게 낮아지게 될 때 사용한다. 따라서 PSV의 설정값은 밸브에서 유지하고자 하는 압력 값으로 입력된다.

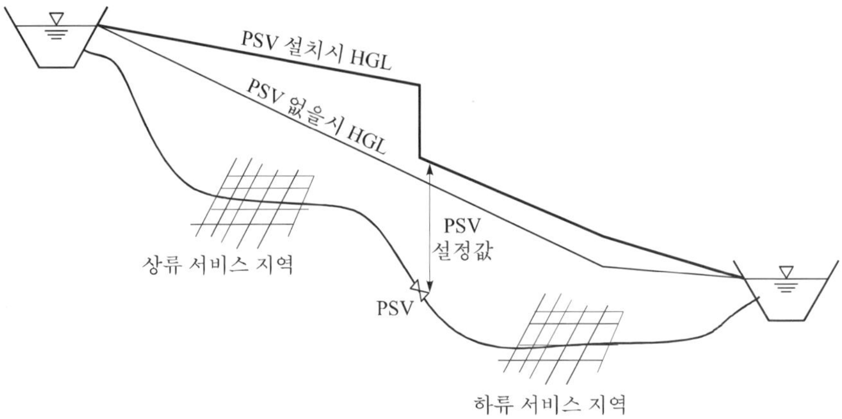

그림 3.13 **압력유지밸브(PSV)의 설정**

압력유지밸브의 기능수행 조건은 다음과 같다.

- 압력유지밸브의 설정값은 밸브 상류측 절점의 압력수두(m)로 함

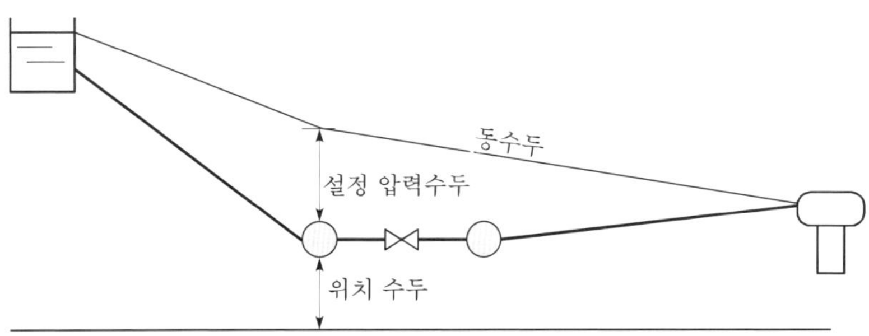

그림 3.14 **압력유지밸브 설정 예시**

- 하류측 압력이 설정값보다 높으면 밸브는 Open(완전 개방)
  → 예 : 설정값이 0이면 완전 개방(즉, 압력이 0 이상 유지되면 OK)
- 하류측 압력이 설정값보다 낮을 때 이 압력을 유지하기 위하여 Active(부분 개방)

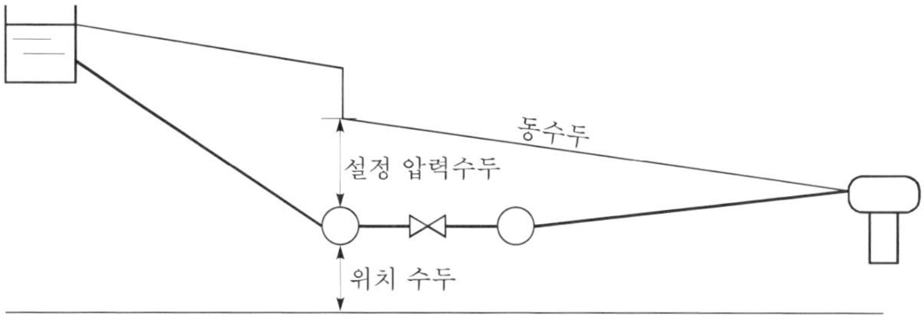

그림 3.15 압력유지밸브 기능수행(Active) 예시

• 설정값이 상류측 동수두를 초과하면 역류를 차단하기 위하여 밸브는 Closed(잠김)

3) **유량조절밸브**(FCVs; Flow Control Valves)

유량조절밸브는 사용자가 설정한 유량 값을 보내기 위하여 자동적으로 밸브의 개도를 조절하는 기능을 수행한다. 따라서 유량조절밸브는 유량의 조절이 필요한 어디에서나 사용할 수 있는데, 특히 수용가로의 급수량을 조절하고자 할 때 많이 사용된다. 따라서 관망모델에서 유량조절밸브의 설정값은 유량으로 입력되며, 설정한 값보다 관로에 유량이 적게 흐를 때 유량조절밸브의 기능은 작동하지 않는다. 이 경우 EPANET에서는 경고(Warning) 메시지를 나타내게 된다.

4) **개도조절밸브**(TCVs; Throttle Control Valves)

유량을 직접 제어하는 유량조절밸브와는 달리 개도조절밸브는 개도조절에 의해 유발된 손실을 바탕으로 유량을 조절하는 기능을 한다. 개도조절밸브를 관망모델에 구현하는 경우 설정값은 조절하고자 하는 개도별 손실계수(f) 값으로 입력된다. 개도에 따른 손실계수는 주로 밸브의 형상, 크기, 그리고 개방 정도에 의해 결정되며 정확한 수치는 해당 밸브의 설계 및 제조사에서 제공한다. 제조사가 제공하는 손실계수를 확보할 수 없는 경우 개도별 손실계수표를 작성하여 직접 입력자료를 만들 수도 있다.

5) **압력파쇄밸브**(PBVs; Pressure Breaker Valves)

압력파쇄밸브는 설정한 손실값을 강제로 유발하도록 하는 밸브이다. PBV는 실제로는 없는 밸브이나 관망해석 모형에서 설정값만큼 현재 압력을 낮추고자 할 때 사용한다.

3.3 관망해석 모델구축을 위한 자료수집

3.3.1 관망해석에 필요한 자료 목록

과거로부터 컴퓨터의 성능과 관망해석 프로그램에 많은 개선이 있었기 때문에 최근의 관망해석은 계산의 효율성에서 신뢰성 있는 입력자료의 수집으로 초점이 옮겨지고 있다. 시설현황, 수요량과 같은 기본정보 외에도 관의 재질과 같은 시설 상태에 대한 상세 정보는 정확한 관망해석 결과에 필수적인 요소가 되어가고 있다. 즉, 좋은 품질의 입력자료는 좋은 결과를 산출한다. 그러므로, 관망해석 모델 구축 초기 단계에서 입력자료를 잘 수집하는 것이 관망해석에서 매우 중요하며, 이때 조사하여야 할 자료들은 아래와 같다.

(1) 일반자료

- 관망 배치 : 관로, 분기점, 주요 설비의 배치
- 지형 : 계통 내 지역의 표고, 하천 등 주요 자연적인 장애물
- 관망 형태 : 자연유하, 가압 등과 같은 배수관망 형태, 각 계통 구성요소의 역할, 수압구역, 블록시스템(DMAs)
- 인구 : 인구의 분포와 연도별 변화추이

(2) 수요량

- 계통 내 현재 수요범주 : 가정용, 영업용, 산업용, 관광용 등
- 평균수요 및 변화패턴 : 일별, 주간별 및 계절별
- 가정용 물 사용 형태 : 직접공급 또는 옥상탱크, 평균 가정의 크기, 물 사용과 관련된 습관 등
- 검침자료 : 최소 1년 정도의 검침 데이터, 원격검침 수용가로만 이루어진 경우 모의하고자 하는 기간 전후의 1주일 정도의 시간별 수요량
- 손실량 : 수량수지 분석 또는 야간최소유량(MNF) 분석에 의해 구한 실질손실량과 명목손실량

(3) 시설물 자료

- 관로 : 길이, 관경, 위치, 상태(재질, 연령, 유속계수, 미소손실계수 등)
- 절점 : 위치(X·Y 좌표, 지반고, 관 상단고), 수용가 사용량, 절점 유출량, 수요의 범주
- 펌프 : 형식, 용량, 최대·최저 수위, 특성곡선(토출유량–양정), 효율곡선(토출유량–에

너지효율), 소모전력, 운전대수, 운전조건

- 수원, 배수지, 터널 : 입·출구 모양, 최대·최소 수위, 용량, 수위 변동폭 등

(4) 설비 가동 및 운영자료

- 관망 내 주요 지점의 수압자료
- 물 생산 및 수요 패턴
- 펌프장 운전자료(펌프 호기별 운전시간, 토출압력, 운전조건 등)
- 저류시설의 수위자료
- 검침, 누수량 등의 유지관리 이력자료
- 과거 운영상 문제에 관한 이력자료(수압, 수량에 대한 민원 등)
- 수질해석을 위한 염소 투입농도 등 수질측정 자료

3.3.2 자료 준비

관망해석 모델구축에 필요한 정보는 관망도, 각종 시설 운영정보, 공급량 및 수용가 사용량 등으로 크게 시설정보와 운영정보로 구분된다. 각종 관련 시스템을 통해 관망해석 대상지역의 자료를 수집하고 정리한다.

시설정보는 관로, 저류시설, 펌프, 밸브, 계측기 등 관망을 구성하는 시설 및 설비에 대한 공간정보와 제원정보를 의미하며, 관망도 관리시스템을 통해서 GIS 관망도를 수집한다. 관망도 관리시스템이 없는 경우에는 각종 준공도면, 시설물 관리대장을 통해서 필요한 정보를 수집해야 한다.

운영정보는 시설과 설비의 운영(가동)상태를 의미하는 것으로 공급량과 수용가 사용량은 물론 배수지, 가압장, 감압밸브 등 주요 시설물의 운영상태 정보가 해당된다. 수용가 사용량을 제외한 운영정보는 실시간 계측을 통해 수집되는 자료로서 원격감시제어시스템(SCADA, Supervisory Control and Data Acquisition)에서 필요한 정보를 수집할 수 있다. 월 단위 검침자료에 해당하는 수용가 사용량은 요금관리시스템에서 수집한다. 다만, 관망도 등은 보안 정보로 목적 외 사용이 불가하며 사용이 완료되면 반드시 파기를 해야 한다. 또한, 수용가 성명 등은 개인정보로 업무 외적으로 활용 또는 유출되지 않도록 주의하여야 한다.

(1) 관망도 수집

지자체마다 다를 수 있으나 대부분의 지자체에서는 관망시설의 효율적인 관리를 위해 GIS 기반의 관망도 관리시스템을 구축하여 운영하고 있다. 관망도 관리시스템에는 기본적으로

상수도 시설물에 대한 조회, 편집 및 분석 기능이 탑재되어 있으며, 관망 운영관리에 필요한 시설정보를 조회하거나 시시각각으로 변하는 관망도를 최신 상태로 관리할 수 있는 기능들을 갖추고 있다. 또한, 관망시설의 현황뿐만 아니라 관망 운영관리 이력정보인 관로사고(누수) 및 수질민원 지점에 대한 정보도 관리할 수 있다.

관망도 관리시스템에 GIS DB로 구축되어 있는 GIS 데이터는 일반적으로 규정된 보안 절차를 통해 QGIS, ArcMap 등에서 활용할 수 있는 Shp 파일 형태로 다운로드 받을 수 있다. 다운로드할 수 있는 Shp 파일에는 관망시설 레이어뿐만 아니라 주변 지역의 지형파일도 포함된다. 일반적으로 관망도 관리시스템에서는 관리부서, 블록, 행정구역으로 자료영역을 구분하여 필요한 지역의 자료만을 내려받을 수 있으므로 관망해석 모델을 구축하고자 하는 대상지역의 범위에 적합한 관망도를 수집하여 활용한다.

그림 3.16 **관망도 관리시스템 화면 예시(K-water, 지방상수도)**

(2) 수용가 요금자료 수집

대부분의 지자체에서는 요금관리시스템을 통해 정기적(1개월 또는 2개월)으로 측정된 수용가 및 요금자료를 관리하고 있다. 따라서 요금관리시스템에서 수용가의 이름, 주소, 수도미터 구경 등의 기본정보와 수용가별 월별 검침 및 사용량 정보를 엑셀 파일 형태로 수집할 수 있다.

여기서, 보편적으로 수용가번호가 GIS 수도미터 레이어와 요금자료를 연결해주는 기준정보로 사용되므로 관망해석 모델구축에 불필요한 고객정보(상호명)와 같은 민감한 개인정보는 자료를 내려받은 후 바로 삭제하는 것이 좋다. 또한, GIS 수도미터 레이어의 현행화 지연으로 요금자료 수용가 리스트와 GIS 수용가 리스트가 상이할 수 있으므로 소블록별 분류방법 등을 통해 현행화가 미흡한 수용가 GIS 정보는 최신 상태로 업데이트한다.

(3) 각종 운영자료 수집

운영정보는 실시간 계측을 통해 수집되는 자료로서 원격감시제어시스템(SCADA) 또는 상수도관망 유지관리시스템에서 필요한 정보를 수집한다. 아래 그림은 K-water에서 상수도 시설물의 원격감시제어를 위해 사용 중인 HMI(Human Machine Interface) 시스템인 i-water의 화면을 나타낸 것이다.

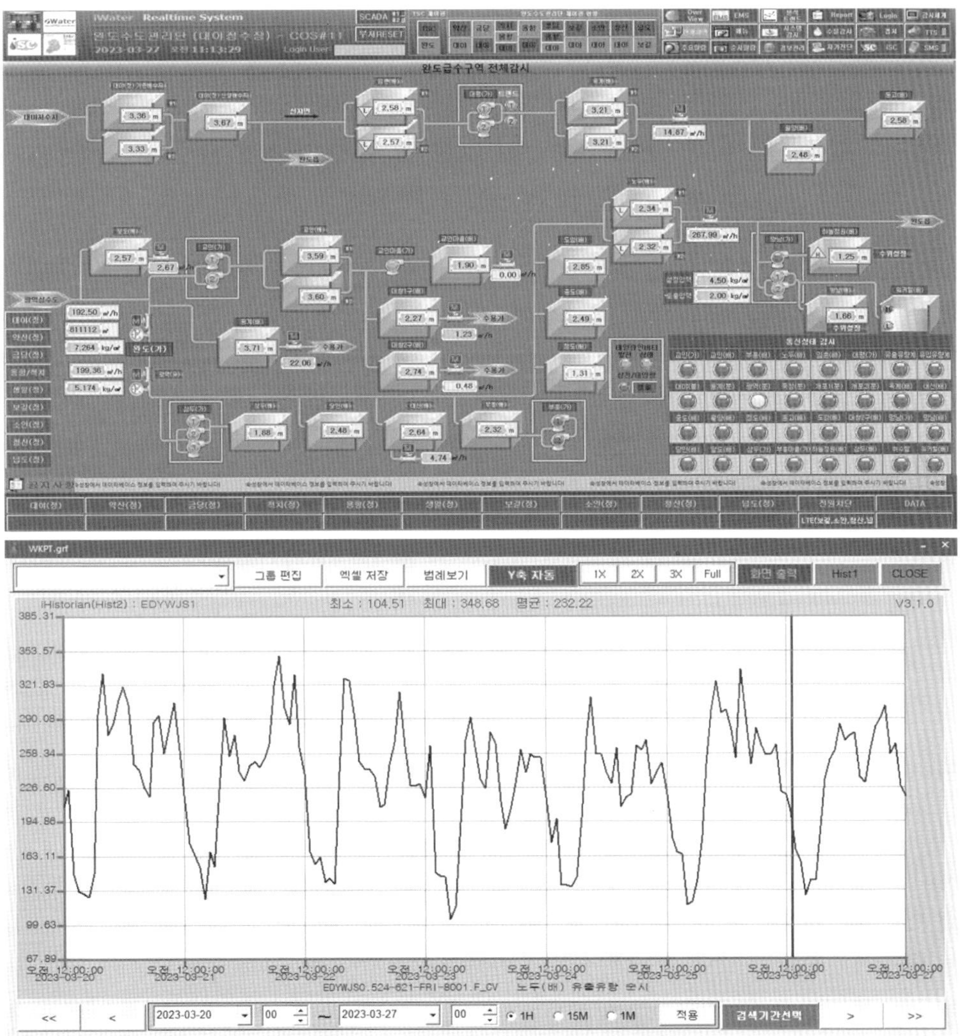

그림 3.17 i-water 지방상수도 감시화면(예시)

원격감시제어시스템은 주요 상수도 시설물에 대한 실시간 유량, 수압, 수질 등의 모니터링과 펌프 가동, 밸브 개폐 등의 원격제어를 가능케 할뿐만 아니라 각종 운영데이터를 DB서버에 저장하여 과거 시점에 대한 분석과 미래에 대한 시계열 예측 등에도 활용된다.

SCADA 시스템이 구축되지 않았거나 추가 위치에서의 자료 수집이 필요한 경우에는 아래와 같이 별도의 계측기 설치를 통해 필요한 정보를 수집한다.

- 유량측정 : 초음파유량계, 펄스유량계 등
- 수압측정 : 스마트수압계, Data Logger, 간이수압계 등
- 수위측정 : 초음파수위계, 압력식수위계 등
- 수질측정 : 잔류염소계, 탁도계 등 각종 휴대용 수질계측기

3.4 관망해석 모델의 구축

관망해석 모델구축은 저수지, 탱크, 절점, 펌프 등 관망해석 모델의 구성요소를 활용하여 관망도를 작성하고, 관경, 관 길이, 수요량 등 관망해석에 필요한 속성자료를 입력하는 과정으로 다음과 같이 두 가지 방법으로 구분된다.

① 관망을 개략화하여 관망해석 프로그램 상에서 직접 드로잉(Drawing)하는 방법으로 도·송수관로와 같이 수지상식으로 수용가 분기점이 적은 단순한 형태의 모델을 구축하는 경우에 사용되며, 특히 가상의 시나리오에 대한 모의가 목적인 경우에 많이 사용된다.

② GIS를 이용하는 방법으로 이것은 배·급수관망과 같이 수(手)작업으로 그리기 힘든 복잡한 모델을 구축하는 경우로 CAD 또는 GIS 관망도의 위치·속성 정보를 이용하여 관망해석 프로그램에서 읽어 들일 수 있는 파일(EPANET은 INP 파일)을 생성하는 방법이다. INP 파일은 EPANET 프로그램의 구동에 필요한 연결점, 연결선, 연결 관계, 좌표, 운영상태 등의 정보들을 담을 수 있는 텍스트 파일을 말한다.

또한, 상수도 관망해석 모델을 구축하고자 할 때는 다음의 3가지 사항에 대한 정확한 이해를 바탕으로 구축해야 한다.

① 관망해석 목적에 맞는 적정수준의 관망 시설물 간략화(Skeletonization)

② 공급량과 일치하는 정확한 물 사용량과 손실량 배분 및 해석방법의 결정

③ 각 시설물의 운영상태 및 운전방식에 대한 정확한 이해

첫 번째, 관망 시설물의 간략화는 배·급수관로의 전체 상수도관망에서 수리학적 거동에 영

향이 거의 없는 관로 일부 구간을 함축하는 과정으로, 반대로 표현하면 거동에 상당한 영향을 주는 관로 구간을 모델에 포함되도록 선정하는 과정이다. 상수도관망의 수리학적 계산은 관망의 크기에 직접 비례하는 복잡성을 가진 방정식에 기초한다. 과거에는 컴퓨터 성능이 좋지 못하여 복잡한 관망의 계산에 많은 시간이 소요되었기 때문에 관망 시설의 간략화를 통한 관망해석 모델구축이 필수적이었으나, 컴퓨터의 성능과 관망해석 프로그램의 개선으로 이제는 간략화가 그렇게 중요한 문제로 여겨지지는 않는다.

그러나, 급수관과 같은 소구경 관을 관망해석 모델에 모두 포함하면 해석결과에 진정한 이익을 주지 못하면서 모델의 크기를 증대시키고 모델구축에 어려움을 줄 수 있으므로 적절한 수준에서의 간략화는 필요하다. 관망 간략화를 하는 경우 단순히 관경을 기준으로 하게 되면 해석에서 오류를 발생시킬 수 있으므로, 순환관로 등 물흐름에 필수적인 관로들은 관경에 상관없이 모두 포함해 모델을 구축해야 한다. 현재는 수도사업자 대부분이 보유하고 있는 지리정보시스템(GIS)으로부터 관망해석 모형을 비교적 간단하게 구축할 수 있어 시설의 실제 위치와 같은 상세한 시설정보를 관망해석 모델에 포함할 수 있게 되었다.

두 번째, 관망해석을 위한 입력데이터 중에서 해석결과의 정확도에 가장 큰 영향을 주는 인자는 기저수요량(Base demands)의 정확한 할당(Demand allocation)이다(김성한, 2018). 즉, 관망해석에서 질량보존법칙에 따라 전체 관망에서 시스템으로 들어가는 유입량과 나가는 유출량이 같아야 한다. 즉 해석하고자 하는 상수도관망으로의 공급량과 관망에서 빠져나가는 사용량 및 손실량의 합이 일치해야 한다.

이때의 어려운 점은 상수도관망이 광범위한 지역적 범위를 가지고 있고, 절점 수요량을 결정하는 수많은 수용가들이 관망 전체에 분포되어 있다는 것과 모델에 배분된 절점의 배분량은 총 공급량과 일치해야 하나 그 양과 위치를 알 수 없는 누수량도 공급량의 일부를 차지하고 있다는 것이다. 특히, 대도시와 같이 복잡한 관망에서 모든 급수관을 포함해 해석모형을 구축하고, 이를 절점 수요량으로 할당하는 것은 많은 시간과 노력이 필요한 작업이므로 GIS 활용기술 등 별도의 방법 또는 상용 S/W를 이용해야 한다.

세 번째, 정확한 관망해석을 위해서는 해석목적에 적합한 절점 수요량 해석방법을 선택하여야 한다. EPANET 2.0 버전까지는 고정수요모델(Fixed demand model)과 방류장치(Emitter)를 이용한 해석만이 가능하였으나, EPANET 2.2 버전은 수압기반수요모델(Pressure driven demand model)이 추가되었다. 고정수요모델은 관로 관경 검토 등 절점의 수요량이 확정된 계획 및 설계 단계에서 주로 활용되는 반면, 수압기반수요모델은 관망 내 수압이 최소요구수압을 만족하지 못할 경우 부족한 수압의 비율에 따라 공급량이 줄어드는 출수불량 상황모의가 가능하여 비상연계 공급방안 검토, 급수구역 확대, 수압관리 등 운영관리 단계에서 많이 활용되고 있다.

또한, 관망해석은 설계 등을 위한 특정 시점의 공급량과 수압을 계산하는 정상류상태해석(Steady state analysis), 기존 관망의 수리·수질적 거동에 대한 상태진단을 위한 수요량의 시간별 변화, 펌프의 운전패턴, 배수지의 수위변화 등 운영상황을 포함한 확장기간 모의(Extended period simulation) 등 그 목적에 따라 다양하게 활용된다. 따라서 모델구축을 위해서는 그 목적에 따라 각 시설물 및 상수도관망의 운전방식에 대한 정확한 이해와 과거 운영자료의 조사를 통한 자료입력이 필요하다.

본 절에서는 관망해석 모델의 정확도 향상을 위한 모델의 간략화, 기저수요량 할당 및 절점 수요량 해석방법 등에 대해 설명하고자 하며, 관망해석 모델구축에 대한 세부적인 방법에 대해서는 "4장 관망해석 프로그램 사용(EPANET 2.2)"과 "5장 관망해석 모델구축 및 적정성 평가"를 참고하기 바란다.

3.4.1 관망해석 모델의 간략화

앞서 이야기한 바와 같이, 상수도관망에는 관망해석 모델구축에 불필요한 시설물이 많이 있으므로 GIS 관망도에 구축된 모든 시설물을 모델에 포함할 필요는 없으며, 또한 현실적이지도 않다. 따라서 관망해석 모형을 구축할 때 관망해석 목적을 고려한 일정 부분의 간략화가 필요하다.

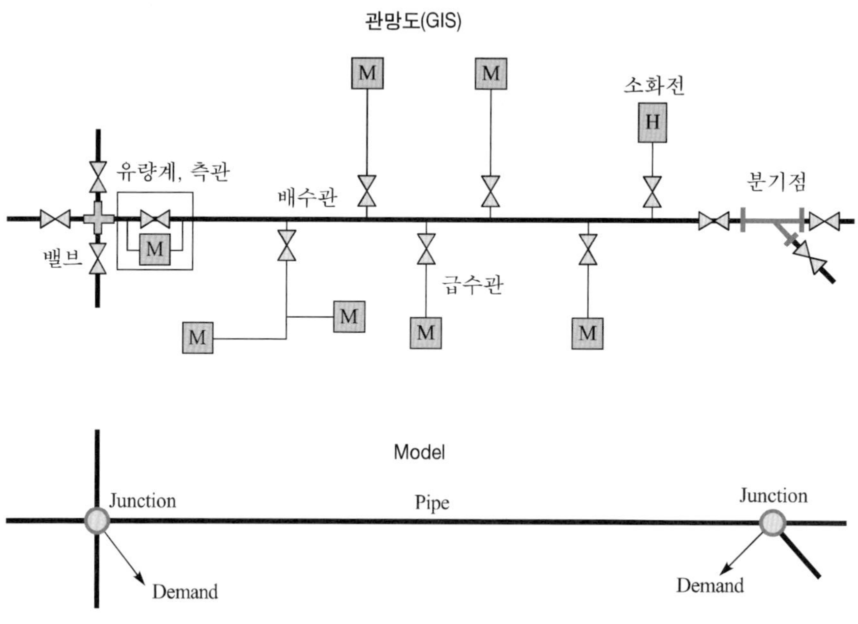

그림 3.18 GIS 관망도와 관망해석 모델의 차이

그림 3.18은 GIS 관망도의 일부분을 관망해석 모델로 구축한 사례이다. GIS 관망도에는 분기점 밸브, 유량계실, 측관(By-pass), 소화전, 그리고 많은 급수관과 급수전이 있으나, 모델에서는 일반적으로 배수관을 대상으로 해석을 수행하게 되므로 절점과 관로로 간략하게 나타내게 된다. 그러나, 단순히 관경을 기준으로 간략화 작업을 하게 되면 해석에서 오류를 발생시킬 수 있다. 순환관로 등 물흐름에 필수적인 관로들은 관경에 상관없이 모두 포함해 모델을 구축해야 한다.

모델의 간략화 방법에는 다양한 방법들이 있다. AWWA(2017)에서는 간략화(Skeletonization)와 축소(Reduction)라는 방법론적 정의를 통해 4가지 간략화 방법을 제시하고 있다. 간략화는 특정 관경보다 작은 관로를 제외하는 개념이며, 축소는 수리적으로 덜 중요한 관망의 중간에 위치한 절점들을 제거하는 개념으로 관망의 중간에 위치한 어떤 두 관로의 관경과 재질이 동일하다면 한 개의 관로로 병합하여 모델을 간략하게 함을 의미한다.

위와 같은 방법론적 정의를 바탕으로 AWWA(2017)에서 제시한 4가지 간략화 방법은 ① 모든 관로 모형(All-pipes model), ② 모든 관로 축소 모형(Reduced all-pipes model), ③ 간략화된 모형(Skeletonized model), 그리고 ④ 간략화된 축소 모형(Reduced skeletonized model)이다.

All-pipes model은 GIS 관망도 관점에서 모든 GIS 구성요소와 관망해석 모델이 1:1의 관계를 맺게 되는 모든 관로를 포함한 모델이다. 이 모델은 GIS를 이용한 관망해석 모형구축 시 별도의 작업은 필요 없으나, 해석과정에 시간이 많이 소요되고 많은 저장공간이 필요할 수 있다. 여기서 제시된 All-pipes model에서는 수도미터 및 급수관의 포함 여부를 특별히 정의하지는 않고 있다.

그림 3.19는 3가지 간략화 모델구축 방법에 대한 사례를 나타낸 것이다.

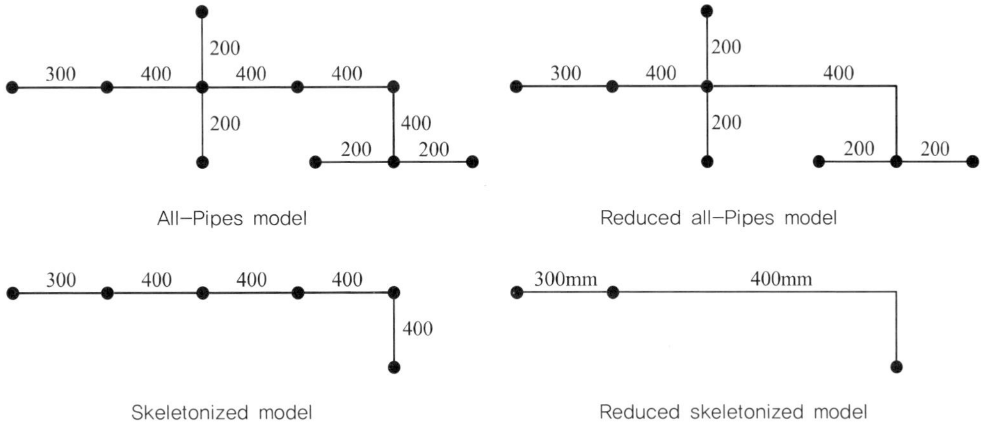

그림 3.19 관망해석 모형 구조(AWWA, 2017)

Reduced all-pipes model 모델은 All-pipes model에서 수리적으로 덜 중요한 관로 중간에 있는 절점을 제외한 모형이다. 이 모델은 All-pipes 모델보다 절점을 50% 이상 줄일 수도 있다.

Skeletonized model은 특정 관경 이상의 관로에 대해서만 관망모델을 구축하는 개략화 방법이며, Reduced skeletonized model은 간략화된 모형의 중간 절점을 다시 한번 제외하는 모형으로 1990년대 이전 컴퓨터 능력이 부족할 때 많이 사용되던 방식이다.

최근에는 컴퓨터 처리능력 향상과 GIS 정보와 관망해석 모델을 연계하여 구축하려는 시도들이 늘고 있다. 따라서 모든 수도미터를 절점으로 급수관을 포함한 관망해석 모델의 구축 사례가 증가하고 있다(김성한, 2018).

그림 3.18에 나타낸 바와 같이 절점 사이에는 다수의 급수전이 존재할 수 있으나, 관망해석 모델에서는 절점에만 수요량을 할당하기 때문에 간략화된 관망해석 모델을 구축하는 경우 실제 물 흐름과 다른 해석 결과를 발생시킬 수도 있다. 그림 3.20은 수요량 할당 방법에 따른 해석 결과의 차이를 나타내는 사례로 실제 관망의 유출 지점과 구축된 모형의 양 끝에 있는 수요절점에서의 유출 유량을 단순화하여 나타낸 것이다. 여기에서 10은 10 m^3/day의 수요량을 의미한다. 그림에서와 같이 실제 관망에서는 수요에 따라 점차 관 내 유량이 줄어드는 반면, 양 끝에 있는 절점에 수요량을 할당한 관망모델에서는 실제와 달리 유량의 변동 없이

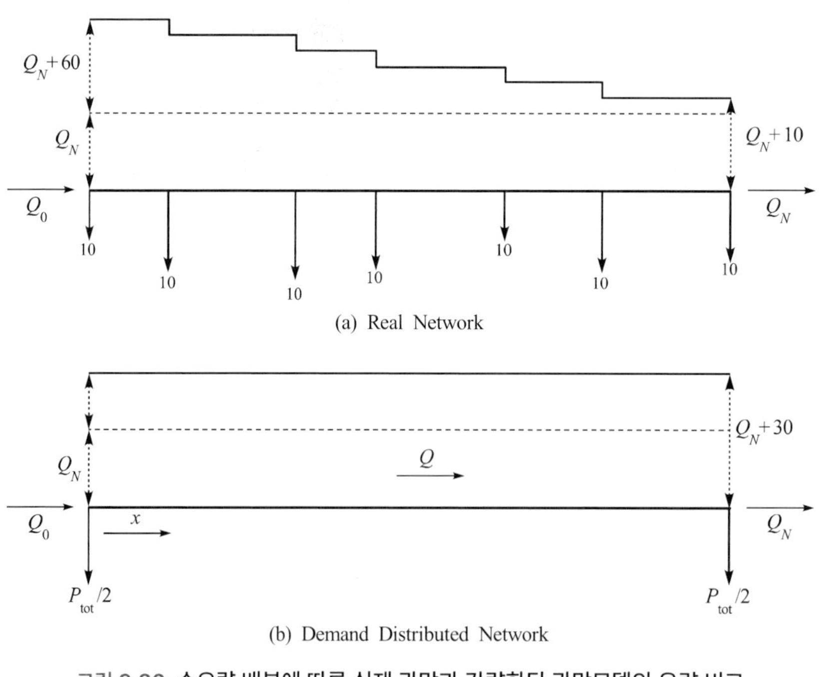

그림 3.20 수요량 배분에 따른 실제 관망과 간략화된 관망모델의 유량 비교

흐르게 된다. 따라서 더 정밀한 관망해석을 위해서는 간략화된 모델에서의 수요량 할당 방법에 대한 충분한 이해가 필요하다.

3.4.2 기저수요량의 할당

기저수요량은 물 사용량과 누수량의 합으로 관망해석 결과에서 수요량(Demands)으로 계산되는 항목이며, 상수도관망에서 발생하는 수리학적 거동의 원동력이다. 즉, 기저수요량의 변동에 따라 관로 내의 유량이 변동되고 수두손실과 유속 등 관망에서의 수리학적 거동이 결정된다. 따라서 기저수요량을 파악하고 이를 각 절점에 할당하는 작업은 관망해석 모델구축에서 가장 중요한 단계 중 하나이다. 물 사용량은 요금정보와 수도미터 GIS의 연계로 관망해석 모형에 정확히 할당할 수 있으나, 누수량은 어디에서 얼마나 발생하고 있는지를 알 수 없으므로 정확한 배분을 기대하기 어렵다.

기저수요량을 관망해석 모델의 절점에 할당하는(Demand allocation) 방법은 일반적으로 ① 수요 유형 파악, ② 수요자료 출처 결정, ③ 기저수요량(Base demand)의 모델 할당, 그리고 ④ 기저수요량을 계획, 운영, 또는 설계 목적에 따라 조정하는 4단계의 과정을 거치게 된다.

(1) 기저수요량의 할당

기저수요량은 사용하는 물 사용 그룹에 따라 가정용, 상업용, 공업용 등으로 구분되고 운송과정에서 손실되는 손실량을 포함한다. 기존 관망의 수요량은 요금산정을 위한 요금관리 시스템을 통해 구할 수 있으며, 수용가가 없는 신규 개발지역을 대상으로 하는 관망모델에서는 인구추정, 용도예측 등을 통해 별도로 계산한다. 외국의 경우 우리나라와 같이 전 수용가를 정기적으로 검침하지 않는 예도 있으며, 이 같은 경우에는 신규 개발지역에서의 절차와 유사하게 수요량을 할당한다. 또한, 손실량은 수량수지분석이나 야간최소유량 분석방법 등을 통해 별도로 산정한다.

이렇게 구해진 기저수요량은 절점에만 할당되기 때문에 여러 단계의 과정을 거쳐 수도미터에서 절점으로 할당되게 되며, 할당된 기저수요량에 성분별 시간패턴을 적용하는 방법으로 확장기간 모의를 시행하거나 기저수요량에 승수를 곱하는 방법으로 인구증가의 예측 등 가상의 시나리오에 대한 관망해석을 수행하는 등 필요한 목적으로 모델링을 시행할 수 있다.

일반적으로 기저수요량 할당을 위해 많이 사용되는 방법은 수도미터 검침량을 가까운 절점에 할당하는 것이다. 하지만 검침량에는 물 손실량이 없어, 전체 수요량을 해석 시점의 공급량과 일치시키는 방법으로 수량수지 개념(Base-balance concepts)을 적용한다(Kanakoudis and Gonelas, 2014).

수량수지 개념을 이용한 수요량 할당 기법은 공급량과 사용량의 차이를 조정하기 위하여 하향식(Top-down)과 상향식(Bottom-up) 방식을 결합하여 조정하는 것을 말한다. 그림 3.21은 Walski 등(2003)이 사용한 관망해석에서의 수요량 할당 방법을 재구성한 것이다.

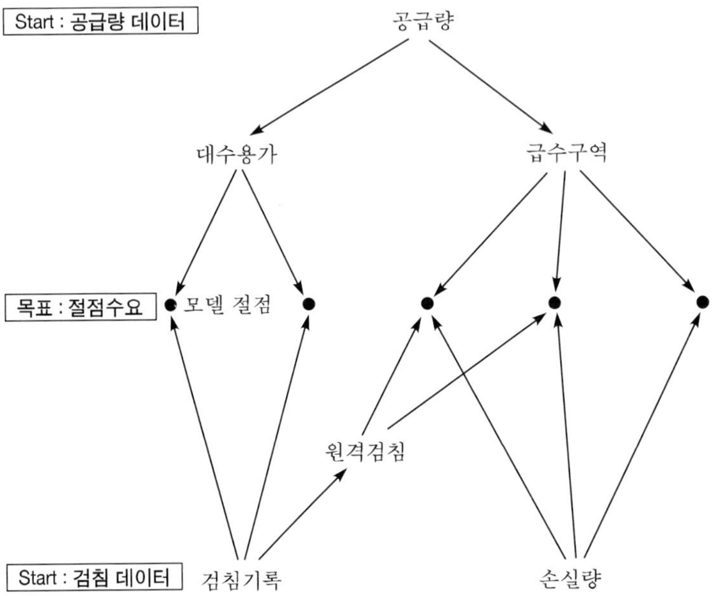

그림 3.21 수량수지 기반 수요량 할당 개념

(2) 물 사용량 할당

물 사용량 할당의 가장 간단한 방법은 단순 단위할당법으로 과거에 설계를 목적으로 사용된 방법이다. 이 방법은 1일1인당 급수량과 같은 단위수요를 인구수로 곱해 만든 총 사용량을 수요절점의 개수로 나누어 평균값으로 할당하는 것이다.

두 번째 방법은 수도미터와 관망해석 모델 절점의 위치를 계산해 가장 가까운 수요절점(The nearest demand node)에 직접 할당하는 방법으로 미터할당(Meter assignment)법이라고 한다(Walski 등, 2003). 미터할당 방법에서는 각 수도미터와 가장 가까운 관로에 먼저 수요량을 할당하고 이를 다시 수요절점에 할당하는 기법과 수도미터에서 바로 수요절점에 할당하는 Point-to-point 할당 기법이 있다.

미터할당 방법의 가장 큰 단점은 수요절점과 관로 또는 수도미터 사이의 거리를 직선거리로 계산한다는 것이다. 즉, 이 방법은 급수구역의 지형과 관로의 노선이 고려되지 않아 급수관의 길이가 길거나 1개 이상의 관로가 설치된 도로 등에서는 실제와 다른 절점에 수요량이 할당될 가능성이 있다는 사실이다. 특히 좁은 지역에 복잡한 그물 형태의 관망이 집중적으로 설치된 우리나라의 도심지에서는 수요량이 잘 못 할당될 가능성이 높다. 그림 3.22는 Walski 등(2003)이 제시한 미터 할당의 개념도를 나타낸 것이다.

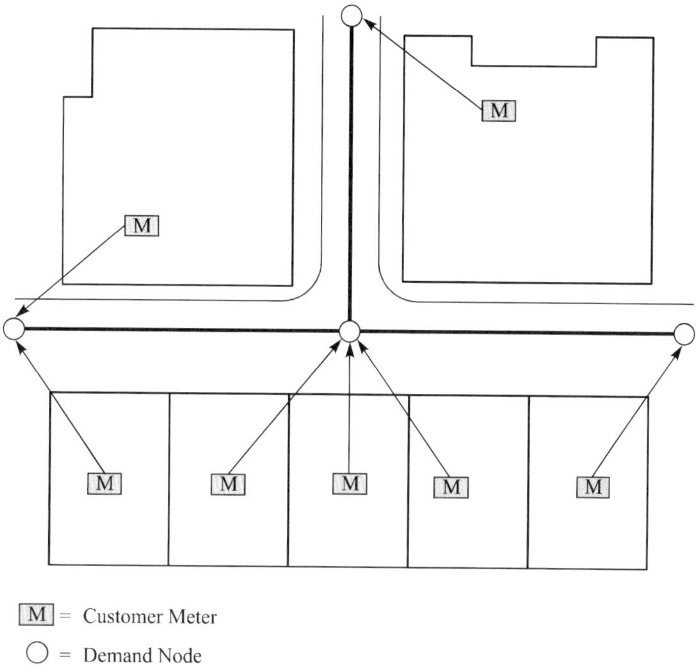

그림 3.22 미터 할당(Meter assignment) 방법의 개념도

세 번째 방법은 수도미터와 수도시설과의 연결 관계를 활용하는 방법이다. 이 역시 연결성 분석과 절점으로의 집중 방법에 따라 다양한 방법이 있을 수 있다. 그림 3.23은 김성한 등(2009)이 제시한 요금관리스템과 GIS의 수도미터(계량기)와 급수관과 배수관을 거쳐 수요절점에 할당하는 방법을 나타낸 것이다. 즉, 수도미터와 관로의 연결관계를 이용하는 방법으로 수도미터의 수요량을 연결된 관로의 끝에 있는 수요절점에 배분하는 방법이다.

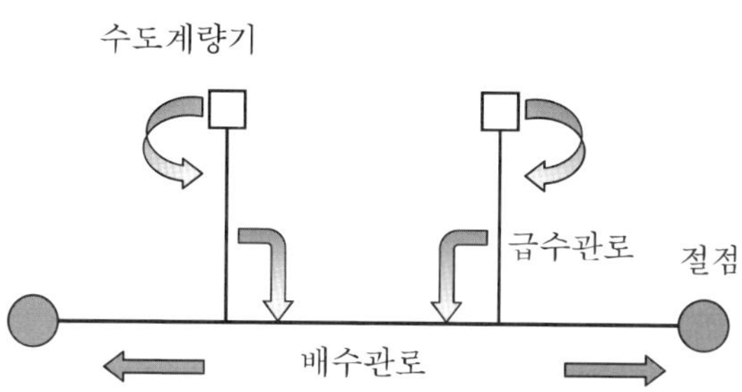

그림 3.23 수도미터에서 절점으로의 수요량 할당 모식도

그러나 위와 같은 노력을 기울인다 할지라도 수용가 사용량과 생산량이 불일치하다는 문제는 항상 존재한다. 이것은 검침량 자료와 GIS 데이터베이스와 연계되는 시스템 또는 수도사업자가 드물다는 것이다. 공급량과 소비량 사이의 불일치는 수돗물의 공급과정 중에서 누수량과 같은 손실수량이 있다는 사실과 공급량은 SCADA(Supervisory Control And Data Acquisition) 등을 이용하여 실시간으로 데이터를 취득할 수 있으나, 검침주기 동안의 평균값으로 입력되는 사용량은 동일한 소블록 내에 있는 수용가들일지라도 검침일과 검침주기가 다를 수 있어 공급량과 생산량의 측정기간을 일치시키기 어려우며, 또 사용량 값은 검침주기에 대한 평균값이므로 일별 또는 첨두(Peak) 값을 나타내지 못하는 경우가 생기게 된다는 것을 의미한다.

(3) 누수량의 산정 및 할당

관망해석에서 누수량를 고려하는 방법에는 사용량과 함께 기저수요량으로 직접 입력하거나, 방류계수(Emitter)를 산정하여 간접적으로 모델에 반영하는 방법이 있다. 이때 누수를 절점에 할당하는 방법에 따라 하향식(Top-down)으로 총누수량을 관로 길이에 비례 또는 급수전에 균등하게 할당하는 방법과 상향식(Bottom-up)으로 야간최소유량의 성분을 분석하여 관로 길이 및 수압의 영향도를 고려한 할당방법이 현장에서 많이 사용되고 있다.

1) Top-down(하향식) 누수량 산정

생산량과 수요량을 비교하는 과정을 수량수지(Water balance) 분석이라고 한다. 이 과정은 수도사업자가 수요량과 관망에서 발생하는 손실량 및 공공용수 사용량 등을 계량화하는데 많이 사용되고 있다.

우리나라는 이를 총괄수량수지 분석이라고 하며, 각 상수도관망의 운영관리에 활용할 뿐만 아니라 환경부에서 『상수도통계』를 통해 지자체 현황을 매년 발표도 하고 있다. "총급수량"은 표 3.5에서와 같이 사용상 유효하다고 인정되는 "유효수량"과 사용상 무효라고 인정되는 "무효수량"으로 구분되며, 유효수량은 요금으로 징수되는 "유수수량"과 요금으로 징수되지 않는 "유효무수수량"으로 구분된다. "유효무수수량"은 계량기불감수량, 수도사업용수량, 공공수량, 부정사용량으로 세부적으로 분류된다. "무효수량"은 누수량과 조정감액수량으로 세분된다.

표 3.5 총괄수량수지 분석체계(환경부 상수도통계, 2023)

<table>
<tr><td rowspan="11">총급수량
직접 혹은 간접적으로 공급한 총수량 (정수장에서 생산된 량 및 정수수입량)</td><td rowspan="9">유효수량
사용상 유효하다고 인정되는 수량</td><td rowspan="4">유수수량
수도요금으로 또는 타 회계 등에서 수입이 있는 수량</td><td>계량요금수량</td><td>수도미터에서 직접 계측되어 수도요금을 징수하는 수량</td></tr>
<tr><td>미계량 요금수량</td><td>수도미터로 계측되지 않은 채 수도요금이 부과되는 수량</td></tr>
<tr><td>분수량</td><td>다른 수도사업자에게 분수하는 수량</td></tr>
<tr><td>기타 부과량</td><td>공공 공원 녹지 용수, 공중변소용수 등 타 회계로부터 수입이 있는 수량</td></tr>
<tr><td rowspan="5">유효 무수수량
유효수량 중 수입이 없는 수량</td><td>계량기 불감수량</td><td>사용되었으나 수도미터에 감지되지 않아 요금징수가 되지 않는 수량</td></tr>
<tr><td>수도사업 용수량</td><td>배수지에서의 사용수량과 수도관 세정 수량, 누수방지작업용수 등 수도사업자가 사용한 수량</td></tr>
<tr><td>공공수량</td><td>소방용수 및 운반급수량 등으로 요금 수입이 없는 수량</td></tr>
<tr><td>부정 사용량</td><td>수도사업자의 허가를 받지 아니한 사용, 급수업종 변경, 수도미터 조작 등의 방법으로 불법적으로 사용한 수량</td></tr>
<tr><td>누수량</td><td>송수시점 이후 급수사용자의 수도미터 이전까지 발생된 손실수량</td></tr>
<tr><td colspan="2" rowspan="2">무효수량
사용상 무효라고 인정되는 수량</td><td>조정감액수량</td><td>수도사업자의 귀책사유로 인해 요금 징수 시 감액 대상이 된 수량</td></tr>
</table>

관망해석은 기본적으로 질량보존법칙을 만족해야 하므로 공급량과 모델에 배분된 수요량의 합이 일치해야 하지만, 사용량은 월 또는 격월 단위의 검침량 데이터를 사용하게 되므로 일별로 모의하는 관망해석 시점의 사용량을 정확히 알 수 없다. 또한, 누수 등의 실질손실량은 위치를 알 수 없을 뿐만 아니라 수압에 따라 변동되기 때문에 알 수 없으며, 계량기 불감수량, 공공용수 사용량 등을 의미하는 명목손실량도 계량화하기 어렵다. 따라서, 관망해석의 수요량 할당 작업은 식 (3.6)과 같이 오차를 피할 수 없으며, 이 오차를 최소화하는 것이 관망해석 결과의 신뢰도에 큰 영향을 미치게 된다.

$$Q_{SIV} = Q_{demand} + Q_{apparent\ loss} + Q_{real\ loss} \pm Q_{error} \quad (3.6)$$

여기에서 Q_{SIV}는 실제 공급량, Q_{demand}는 수용가 사용량, $Q_{apparent\ loss}$는 명목손실량, $Q_{real\ loss}$는 실질손실량, Q_{error}는 수요량 할당 오차를 의미한다.

관망해석 기법 중 수요기반 모의(DDA)에서는 유수율과 시설물 규모에 비례하도록 누수량을 할당하는 방법이 많이 사용되고 있다. 예를 들어, 수요량이 많은 지점에 더 많은 누수량을 배분하거나, 누수량을 각 절점에 연결된 관로의 길이로 가중하여 배분하거나, 절점에 연결된 수용가 수로 가중하여 배분하는 방법 등이 있다.

식 (3.7)은 수요량 크기를 고려한 누수량 배분 방법을 나타낸 것이다.

$$q_{i_{loss}} = L_R \times q_{i_{demand}}$$
$$q_i = q_{i_{demand}} + q_{i_{loss}} \tag{3.7}$$

여기서, $q_{i_{loss}}$는 절점 i에 배분된 누수량, L_R은 해당 지역 또는 구역의 유수율(%), $q_{i_{demand}}$는 수용가 사용량, q_i는 관망해석 모델에 배분될 기저수요량이다.

2) 야간최소유량 성분 분석

누수량을 할당하는 방법 중 상향식 방법에서는 야간최소유량(Minimum Night Flow, MNF)을 활용한다. 야간최소유량은 그림 3.24와 같이 새벽 시간대 물 사용이 거의 없어 공급되는 유량의 대부분이 누수량일 것이라 판단되는 시각의 유량을 말한다.

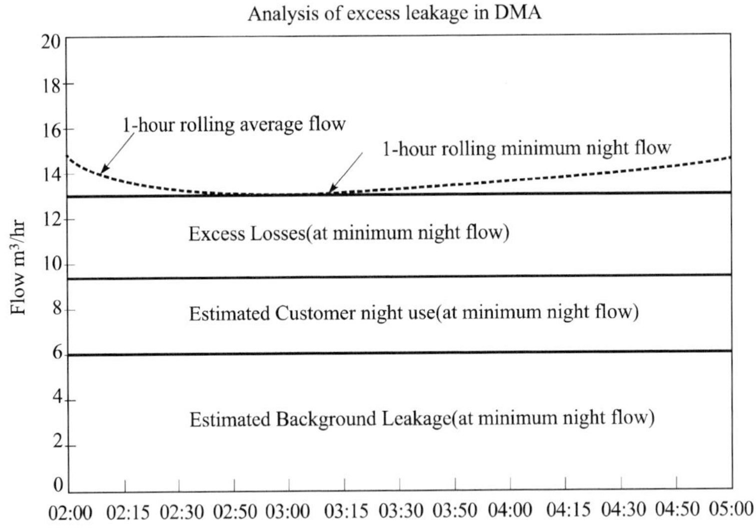

그림 3.24 야간최소유량을 이용한 손실량 계산(Morrison et al. (2007))

누수량 할당을 위한 야간최소유량 분석은 전체 상수관망보다는 작은 구역계량지역(DMA 또는 블록)의 유입부에 설치된 유량계의 유입유량과 구역내 주요 지점의 수압 측정 데이터를 이용하여 시행된다(Farley and Trow, 2003; Thornton et al, 2008). 야간최소유량 성분분석은 야간 소비량(Customer night use)과 탐지 및 복구가 어려운 미량의 이면누수량(Background leakage), 과도손실(Excess losses) 또는 회복가능 누수량(Recoverable losses)으로 구분하는 것을 말한다.

① 야간 소비량 추정

영국(UK) Water Industry(1994)에서는 야간최소유량 시의 소비량과 이면누수량의 산정 기준을 제시하였다. 소비량은 (i) 가정용 야간 사용량, (ii) 비가정용 야간 사용량, (iii) 예외적 야간 사용량으로 구분되며, 예외적 야간 사용량은 야간에 500 ℓ/hr를 초과하여 물을 사용하는 고객으로 직접 조사하여 별도로 산정한다. 가정용 및 비가정용 야간 사용량 산정식은 다음과 같다.

(i) 가정용 야간 사용량

$$\begin{aligned} &Assessed\ household\ night\ use \\ &\quad = 1.7\ell/household/hr \times No\ of\ properties\,(N_H) \\ &\text{or} \\ &\quad = 0.6\ell/resident/hr \times No\ of\ residents\,(n) \end{aligned} \tag{3.8}$$

(ii) 비가정용 야간 사용량

$$\begin{aligned} &Assessed\ Non-household\ night\ use \\ &\quad = 8\ell/non-household/hour \times No\ of\ non-households\,(N_{NH}) \end{aligned} \tag{3.9}$$

이후 Morrison 등(2007)은 IWA DMA Guidance Notes에서 가정용 야간 사용량이 낮게 예측되는 것을 배제하기 위하여 1.7 $\ell/prop/hr$보다는 1.8~2.5 $\ell/prop/hr$를 사용하였으며, 비가정 사용량도 평균 8 ℓ/hr에서 10 ℓ/hr로 높여 사용하였다. Hunaidi(2010)는 캐나다 오타와(Ottawa)지역의 연구에서 신도시 지역은 2 $\ell/household/hr$, 그리고 구도시 지역에 대해서는 3 $\ell/household/hr$를 야간 소비량으로 제안하였다. 이상을 비교하여 정리하면 다음 표와 같다.

표 3.6 야간최소유량시 소비량 비교

Night use	UK WIR	IWA	CANADA
Household night use ($\ell/household/hr$)	1.7	1.8~2.5	2 : Newer areas 3 : Older areas
Non-household night use ($\ell/non-household/hr$)	8	10	

② 야간 누수량 추정

야간 사용량시의 누수량이 산정되면, 이면누수(Background leakages), 신고누수(Reported bursts) 및 미신고누수(Unreported bursts)로 누수량을 발견되는 누수의 형태에 따라 구분하고 계량화한다. 이와 같은 분석방법을 'Background And Burst Estimates (BABE)'라고 하며(UK Water Industry, 1994), 이런 분석과정을 통해 공급량을 사용량, 이면누수량 및 파열누수량으로의 상세 성분분석이 가능하고, 각 성분별 일 단위 패턴분석도 가능하다. 또한, 누수와 관련된 인자(*NDF*, N1) 또한 산정할 수 있다. 이렇게 분석된 자료는 Demand(사용량, 이면누수량, 파열누수량), Demand Pattern, 누수모의를 위한 Emitter 계수 등을 이용하여 실제 운영상태와 최대한 유사한 관망해석 모델구축을 위해 활용된다.

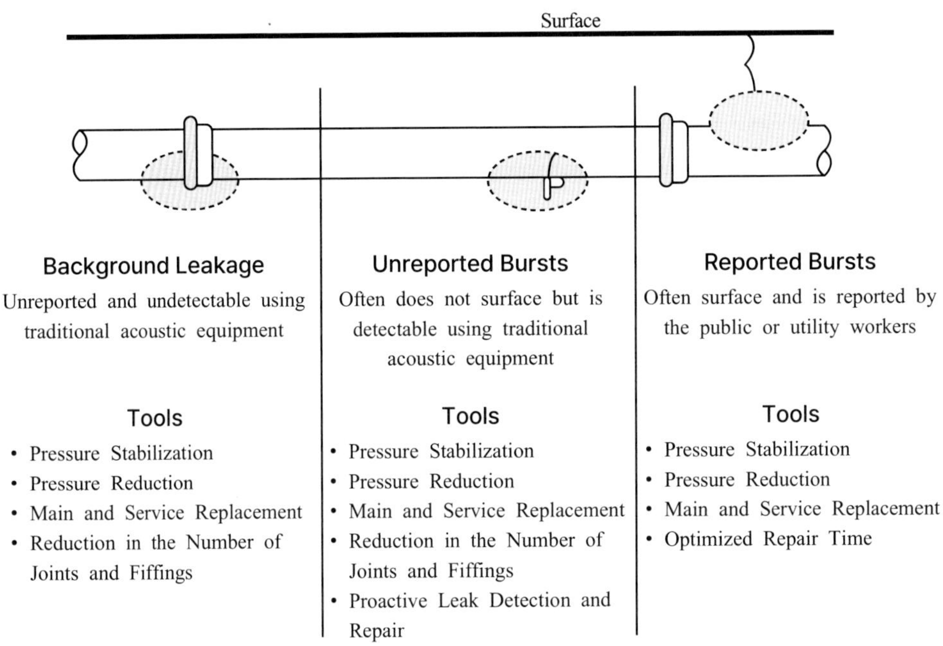

그림 3.25 누수의 구분 및 제어(Tools)(AWWA, 2016)

여기서, 누수량의 성분을 구분하는 이유는 누수의 형태에 따라 제어 방법이 다르므로 좀 더 세부적인 전략을 수립하거나 방안을 검토하기 위함이다. 예를 들어, 이면누수는 수압관리를 통해, 파열누수는 수압관리, 누수 탐사 및 복구, 관망정비 등을 통해 저감할 수 있다.

Morrison 등(2007)은 이면손실 추정방법으로 다음 식을 제안하였다.

$$Background\ losses = ICF \times \begin{pmatrix} 0.02 \times metres\ of\ main + \\ 1.25 \times no\ of\ connections + \\ 0.033 \times metres\ of\ private\ pipe \end{pmatrix} \times (AZNP/50)^{1.5}\ (\ell/hr) \tag{3.10}$$

여기서, '$meters\ of\ main$'은 배수관 길이(m), '$no\ of\ connections$'는 급수전 수, '$meters\ of\ private\ pipe$'는 옥내 지하 매설관의 길이로서 급수전 수에 평균 옥내 매설관 길이(예, 4 m)를 곱한 값이다. ICF는 시설상태계수(Infrastructure condition factor)로 시설의 상태에 따라 Good condition = 1, Average condition = 2, Poor condition = 4를 권고하고 있다. 따라서 관로의 상태에 따라 1.5, 2.5, 3.0 등을 사용할 수 있다.

Hunaidi(2010)는 캐나다 오타와(Canada Ottawa)시를 대상으로 지역 특성에 맞게 이면손실 계수를 모두 조정하였다. 다음 식은 Hunaidi(2010)가 제시한 식을 SI단위계로 환산하여 나타낸 것이다.

$$Night\ background\ leakage = (A \times L_m + B \times N_c + C \div 15 \times L_p \times N_c) \times \left(\frac{P}{50}\right)^{N1} \tag{3.11}$$

여기에서 L_m은 급수관 길이(km), N_c는 급수전 개수, L_p는 옥내 지하 급수관 길이(m)이다. 또한, A는 24 $\ell/km/hr$, B는 1.5 $\ell/connection/hr$, 그리고 C는 0.4 $\ell/connection/hr$로 제시하였다. 또한, $N1$값은 현장에 매설된 관 재질에 따라 0.55에서 1.5까지 다르게 적용하였다.

이와 같은 야간 사용량과 이면누수량의 추정과정이 끝나면 회복가능한 누수량을 아래 식과 같이 계산할 수 있다.

$$Recoverable\ losses = MNF - Night\ use - Background\ losses \tag{3.12}$$

③ 일평균 누수량 추정

야간최소유량 시의 누수량은 하루 중 수압이 가장 높을 때 측정한 값으로 하루 중 구역에서 발생할 수 있는 최대 누수량을 의미한다. 따라서 이를 일일 누수량으로 환산하기 위해서는 단순 24시간을 곱하는 것이 아닌 별도의 과정이 필요하다. Morrison 등(2007)은 야간최소유량시의 누수량을 일일 누수량으로 환산하기 위한 야간-주간 계수(Night-Day Factor, NDF)를 다음과 같이 제안하였다.

$$NDF = (P_0/P_{\min})^{N1} + (P_1/P_{\min})^{N1} + (P_2/P_{\min})^{N1} + ... + (P_{23}/P_{\min})^{N1} \quad (3.13)$$

여기에서 P_0, P_1, P_2, P_{23}은 각각 00:00~01:00, 01:00~02:00, 02:00~03:00, 그리고 23:00~24:00시의 구역 평균수압(Average Zone Pressure, AZP)이며, $P_{\min}$은 야간최소유량시의 수압(m)이다.

3) 누수량의 할당

계산된 누수량을 관망해석에 적용하기 위해서는 관로 길이, 급수전수, 사용량 등과 같은 시설물의 비율에 따른 절점으로의 배분 과정이 필요하다. 다음은 관로의 길이를 이용하여 관로 양측 절점에 누수량을 할당하는 방식을 나타낸 것이다.

$$\begin{aligned} q_i &= q_{i-demand} + \sum^{k} \frac{1}{2} l_{pl} l_k \\ &= q_{DBi} + \frac{1}{2} \sum^{k} l_{pl} l_k \end{aligned} \quad (3.14)$$

여기에서 k는 절점 i에 연결된 관 번호, l_{pl}은 관로 길이당 손실량(km/m^3)이며 l_k는 k 관로의 길이(m)이다.

다음은 방류계수(Emitter)를 이용한 수압기반해석에서의 관 길이를 이용한 누수량 할당 방법을 나타낸 것이다.

$$q_i = q_{i-demand} + \sum^{k} \frac{1}{2} \beta_k l_k (P_i)^{N1} \quad (3.15)$$

여기에서 β_k는 아래 식과 같이 표현되는 누수의 방류계수(C)를 전체 관로의 길이로 나눈 값이다(Tabesh, 2009).

$$C = \frac{Q_L}{\sum^{NJ} \left(\sum^{NK} \frac{l_k}{2} P_i^{N1} \right)} \quad (3.16)$$

여기에서 NJ는 총 절점 개수이며, Q_L은 손실량의 합이다. NK는 절점 i에 연결된 관로의 수이다.

3.4.3 절점 수요량 해석방법

관망해석 절점에서 유출되는 유량을 해석하는 방법은 크게 고정수요모델(Fixed demand model)과 수압기반모델(Pressure driven model)의 두 가지 방법으로 구분된다. EPANET

2.2(2020)이 공개되기 전까지는 고정수요모델(Fixed demand model)과 방류장치(Emitter)를 이용한 수리해석만이 가능하였으나, EPANET 2.2에서는 수압기반 수리해석모델(Pressure driven model)이 추가되었다. 그림 3.26은 EPAENT에 탑재된 해석방법들에서 수압변동에 따른 유출량이 어떻게 해석되는지를 비교한 그림이다.

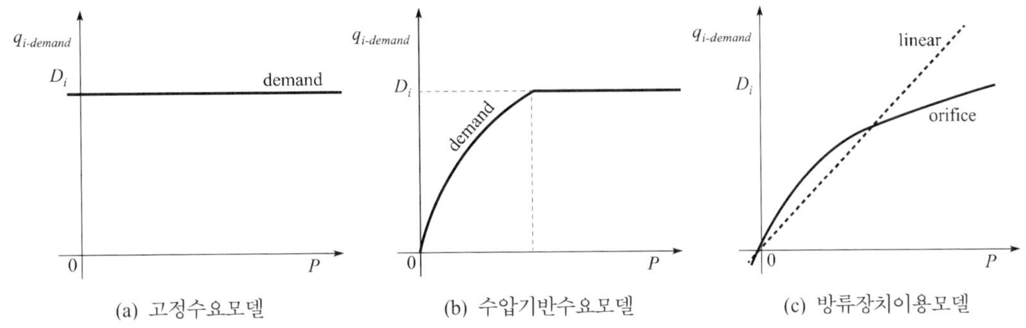

그림 3.26 절점 수요량 해석방법

(1) 고정수요모델(Fixed demand model)

고정수요모델은 주어진 시간에서 절점 i의 수요량 q_i가 수압과 상관없이 일정하다고 가정한 방법이다. 다시 말해 절점의 위치(거리 또는 표고)와 시간별 수량의 변동에 따라 수압이 부족하여 관망에서는 출수불량이 발생할 수도 있지만, EPANET 2.0에서는 이를 고려하지 못해 부압(Negative pressure)이 발생하는 것으로 해석하게 된다. 즉, 고정수요모델은 공급수압이 부족한 경우에도 기저수요량을 만족하며 공급되는 것으로 해석되어 실제와 다른 모의결과를 산출하는 한계를 갖고 있다. 따라서 고정수요모델은 관로 구경 검토 등 모든 절점의 수요량이 확정된 계획 및 설계 단계에서는 활용할 수 있으나, 구역 확대, 비상연계, 감압밸브 설치 등 유량이 증가하거나 수압이 감소되는 상황에서의 적용은 한계를 나타낸다. 참고로, 고정수요모델은 수요량기반해석(DDA, Demand Driven Analysis)이라 부르기도 한다.

(2) 수압기반수요모델(Pressure driven demand model)

수압기반모델은 관망 내 특정 절점에서 수두(Head)가 최저 수두(Minimum head) 이하가 되면 할당된 수요량을 완전하게 공급하지 못하게 된다는 점에서 기존 모델을 보완하는 모델이라고 할 수 있다(Wagner et al., 1988). 수압에 따른 절점 유출량을 정의하는 다양한 연구들이 있으며, EPANET에서는 수압과 절점 유출량의 관계를 다음과 같이 정의하고 있다(Rossman et al., 2020).

$$d_i = \begin{cases} D_i & p_i \geq P_f \\ D_i(\frac{p_i - P_0}{P_f - P_0})^e & P_0 < p_i < P_f \\ 0 & p_i \leq P_0 \end{cases} \quad (3.17)$$

여기에서 d_i는 관망해석 수행시 절점 i에서 유출되는 수요량, D_i는 절점 i에 할당된 수요량, p_i는 관망해석에서 모의된 절점의 수압이다. P_f는 수요량 D_i가 정상적으로 사용될 수 있도록 하는데 필요한 최소요구수압, P_0는 절점 i에서 물이 유출될 수 없는 최저수압(옥내 급수관 손실 등을 고려하지 않는 경우 '0')을 의미한다.

즉, 절점에서의 수압이 최소요구수압 이상이면 수압종속 수요가 아닌 기저수요량이 모두 공급되는 $d_i = D_i$가 되고, 수압이 최저수압 이상이나 최소요구수압 이하이면 수요량은 수압과 지수 e에 따라 감소 된다. 일반적으로 지수 e의 값으로 0.5가 많이 사용되며 단수영향 분석시 출수불량 지역의 분석에 활용될 수 있다.

(3) 방류장치(Emitter)이용모델

EPANET의 방류장치는 절점에서 소화전이나 스프링클러 등을 통해 유출되는 유량을 모의하는 장치로, 이 유량은 다음과 같이 절점의 수압에 따라 변하게 된다.

$$q = C p^{\gamma} \quad (3.18)$$

여기에서 q는 유출유량, p는 수압, C는 용량계수, γ는 수압지수로서 소화전과 같은 노즐을 통해 방류할 경우 γ는 0.5가 적용된다. 만일 누수량 모의에 방류장치 모델을 이용하는 경우라면 γ는 0.5가 아닌 수압과 누수량의 관계에서 산정된 누수지수를 사용해야 한다.

3.4.4 관망해석의 모의 형태

관망해석에서 모의 형태는 정상류상태 모의(Steady-state simulation)와 확장기간 모의(EPS; Extended Period Simulation)의 두 가지로 크게 구분된다. 모의 형태의 선택은 관망해석의 목적에 따라 달라진다. 두 가지 모의 형태는 다음과 같다.

- 정상류상태 모의 – 시간에 따른 유량과 설비 운영상태 등의 경계조건이 변하지 않는다고 가정하고, 관망의 상태(유량, 압력, 펌프 가동형식, 밸브 개도)를 계산하는 방법이다.
- 확장기간 모의 – 시간에 따른 준–동적 거동(Quasi-dynamic behavior)을 모의하는 방법으로, 모의 시각별 유량과 경계조건은 고정되나, 시간 흐름에 따라 이 고정상태가 변경되는 것을 반영할 수 있는 계산 방법이다.

(1) 정상류상태 모의

정상류상태 모의는 시간에 따른 흐름의 조건들이 변하지 않는다는 정상류의 정의와 같이, 시간의 변화를 고려하지 않는 순간(Snapshot)을 해석하는 방법이다. 따라서 탱크와 저수지의 수위, 관망 내 공급량 및 펌프와 밸브의 가동상태, 수용가의 수요량이 일정한 상태로 유지되게 하여 관망모델의 경계조건을 고정한다. 즉, 정상류상태 모의는 평형상태의 유량, 수압과 특정한 상태의 수요와 경계조건에 대하여 관망의 상태를 결정하는 것이다.

그러나 수요량과 탱크의 수위 등이 계속적으로 변하며 펌프의 가동은 가동과 정지를 반복하기 때문에 실제 상수도관망의 수리적 거동은 정상류상태가 아니다. 그러므로 정상류상태의 개념은 수리적 방정식에 의한 수학적 가정인 것이다.

다시 말해, 정상류상태 모의를 사진에 비유하면 움직이는 물체의 한순간을 찍는 것과 같다. 정상류상태 모의는 다른 모의 형태의 기본이 되며, 목표연도의 일 최대 수요나 화재시의 소방용수공급과 같은 특정 수리조건에 대한 관망의 상태를 모의하고자 할 때, 정상류상태 모의에 대한 수학적 가정은 유용한 도구가 될 수 있다. 정상류상태의 개념이 터득되면 확장기간 모의, 수질해석, 화재 등의 비상시 공급과 같은 발전된 형태의 모의방법을 이해하기 쉬워진다.

(2) 확장기간 모의

수리적인 관점의 모델링에서 정상류상태의 해석으로 얻을 수 있는 결과도 광범위하고 유용하게 사용될 수 있다. 그러나 운영관리 상태에 있는 관망에서는 정상류상태의 가정으로는 불가능하거나, 시간에 따른 변화 상태를 해석해야 하는 경우가 더 많게 된다. 예를 들어, 시간에 따른 물 사용량 변화의 영향, 탱크를 채우는 것과 비우는 주기, 펌프와 밸브의 작동 조건 등을 이해하기 위해서는 확장기간 모의 형태의 해석이 필요하다.

확장기간 모의를 위해 필요한 입력자료가 정상류상태 모의보다 많다는 것을 이해하는 것은 매우 중요하다. 즉, 확장기간 모의에서 시간변화, 운영조건변화 등 다양한 경우의 수를 동시에 만족하는 해석결과를 얻기 위해서는 복잡한 모델 보정(Calibration) 과정이 필요하기 때문으로 확장기간 모의를 수행하기 전에 반드시 정상류상태에서의 모델을 먼저 완료한 후 확장기간 모의를 진행하는 것이 수월하다.

1) 확장기간 모의의 계산 과정

일련의 동작을 연속적으로 사진으로 찍어 영상을 만드는 방법과 유사하게, 수리 모델링에서의 수리적인 시간 단계는 실제적으로 일련의 정상류상태를 시간별로 나열한 것과 같다. 즉, 모의하고자 하는 기간의 첫 번째 시간에 대한 정상류상태를 해석한 후에, 관망 내 경계조건을 재평가하고 절점의 공급량, 탱크 수위, 펌프 가동과 같은 변동요소를 갱신한다. 이후 다음 시간의 정상류 상태를 해석하며, 이런 과정을 전체 모의시간 동안 반복하여 진행한다.

2) 모의시간

총 모의시간은 해석의 목적에 따라 설정 할 수 있다. 가장 일반적인 모의시간은 24시간의 배수(倍數)를 기준으로 하는데, 그것은 대부분의 수요와 수도시설의 가동 패턴이 하루를 단위로 변동되기 때문이다. 그러나, 단수사고와 같은 비상시와 짧은 시간 내에 특정 계통을 정지해야 할 경우, 몇 시간 단위로 모의시간을 정해 즉각적인 탱크의 수위와 계통 내 압력의 변화를 예측하는 경우가 바람직할 수도 있다. 수질해석에서는 해석결과의 안정화와 수질인자가 관말까지 도달하는 시간을 고려하여 모의시간을 수일 단위로 조정하는 것이 일반적이다. 특히, 관망 내의 취수원 추적과 물의 이동 시간 등을 계산하고자 할 때는 총 모의시간을 충분히 주어야 적절한 계산의 수행이 가능하다.

3) 시간별 변화패턴

확장기간 모의에서 가장 중요한 입력자료는 시간별 가동자료의 패턴과 제어(Control)이다. 관망해석에서 고려되는 시간별 변화패턴은 절점의 수요량, 저수지의 수위, 펌프 가동패턴 등이다. 대부분의 관망해석 프로그램에서는 특정한 값에 승수(Multiplier)를 곱하는 방식으로 패턴을 설정하도록 구현되어 있다.

① 수요패턴(Demand pattern)

수요패턴이란 시간별 물 사용량의 변동을 나타내는 것을 말한다. 또한, 주거단지 또는 공업단지와 같이 각기 다른 범주의 수요자에 대해서는 수요패턴을 달리하는 방법으로 실제 수요 특성에 맞는 수요변화를 발생시킬 수 있다.

시간별 수요패턴은 일별 평균 사용량에 대한 시간별 비율로서 이것이 관망해석에서 사용되는 전형적인 시간별 변화패턴의 모습이다. 즉, 대부분의 수요패턴은 1.0으로 나타내는 기저수요량 또는 평균값에 시간별 변화 값으로 표시되는 승수를 곱하여 나타낸다. 이것을 수식으로 나타내면 다음 식과 같다.

$$Q_t = A_t \times Q_{base} \tag{3.19}$$

여기서, Q_t : 시간 t에서의 수요량, A_t : 시간 t에서의 승수, Q_{base} : 기저수요량이다.

아래 그림은 시간별 수요량의 패턴을 나타낸 것으로 시간별 수요량은 1분(또는 5분) 간격으로 측정된 계측자료를 적산차, 이동평균 등의 기법을 이용하여 시간별 사용량으로 환산하고, 이를 평균 사용량으로 나누어 시간별 승수를 구하는 방법으로 계산한다.

시간	사용량(m^3)	승수
01:00	38.4	0.58
02:00	36.5	0.55
03:00	35.8	0.54
04:00	36.5	0.55
05:00	41.2	0.62
06:00	49.7	0.75
07:00	67.9	1.03
.		
21:00	71.7	1.08
22:00	72.0	1.09
23:00	57.5	0.87
24:00	36.1	0.55
평균	**66.1**	1.0

승수 = 시간별 사용량/평균 사용량

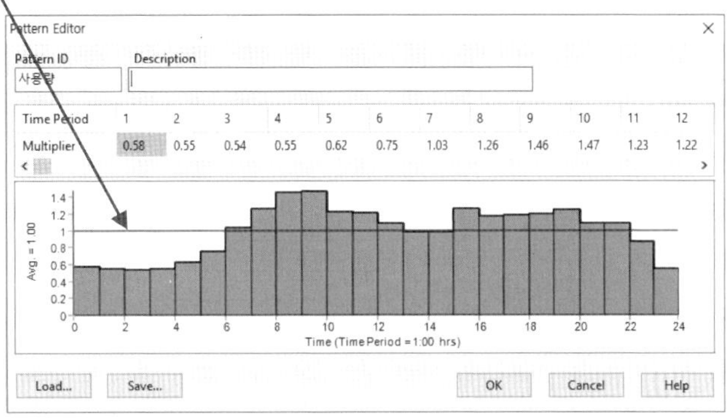

그림 3.27 **시간별 수요패턴 생성 사례**

② 수두패턴(Head pattern)

수두패턴은 관망해석 모델의 고정수두절점에 적용되는 물 공급 패턴을 나타내는 것이다. 예를 들어, 관망해석 모델에서 바닥표고가 0 m인 정수장 정수지를 저수지로 적용하는 경우 그림 3.28과 같이 기준 수위의 승수로 수두패턴을 나타낼 수 있다.

수두패턴을 생성하는 방법은 그림 3.28에서와 같이 기준 수두를 "1"로 두고 변화되는 총수두를 그대로 패턴화시키는 방법과, 수요패턴에서와 같이 평균 수두를 계산한 후 시간계수를 구하여 패턴으로 사용할 수도 있다.

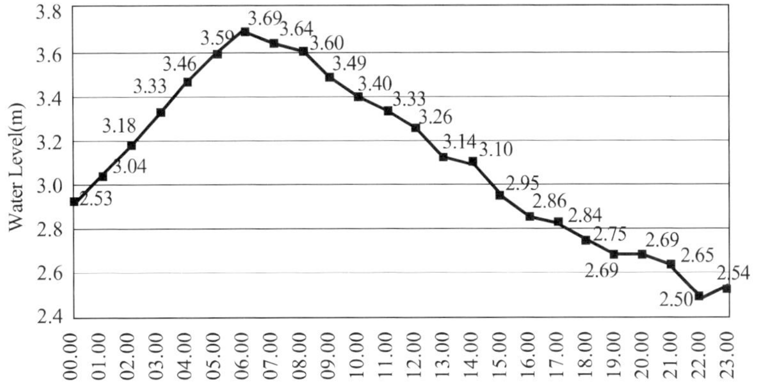

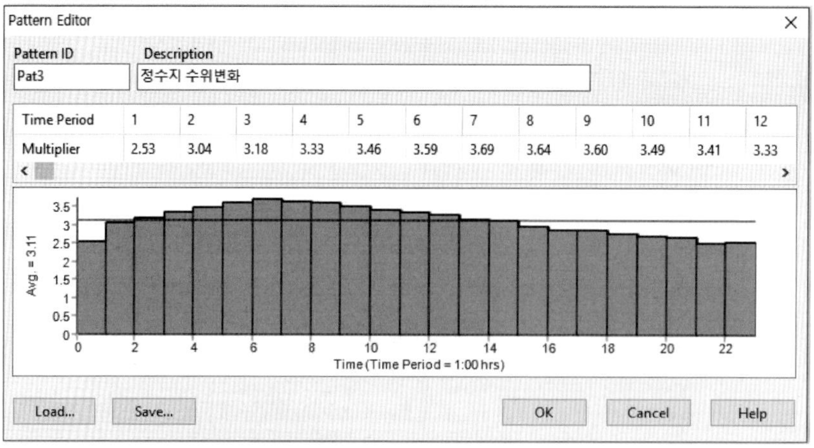

그림 3.28 정수지 수위의 시간별 수두패턴 생성 사례

3.5 관망해석 모델의 보정

3.5.1 관망해석 모델의 보정(Calibration)과 검증(Verification)

모델구축 과정에서 자료를 정확히 입력하고 관망해석 결과에 오류(Error) 메시지가 없었다고 할지라도, 모델 수행자는 이 모델이 정확하게 실제 관망을 모사했다고 확신할 수 없다. 관망해석 프로그램은 단순히 제공된 자료를 이용하여 연속 및 에너지방정식을 수학적으로 푸는 것에 불과하므로, 입력자료의 질(質)이 계산 결과의 질과 직접 연계된다. 관망해석 모델의 정확도는 모델이 잘 보정되었는가로 평가된다. 따라서, 모델의 보정(Calibration)은 모델 결과를 어떤 의사결정에 활용하기에 앞서 반드시 수행하여야 하는 과정이다.

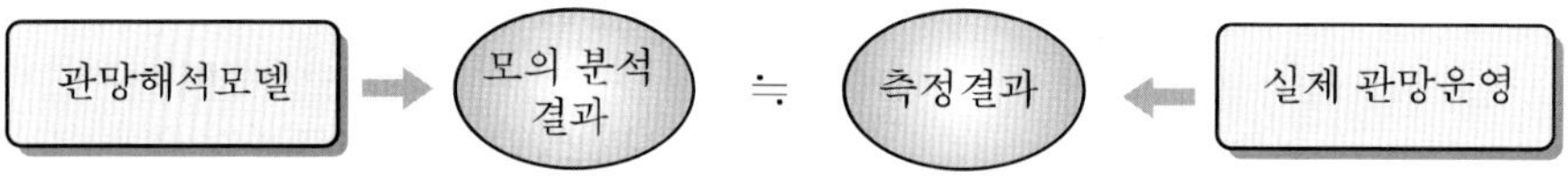

그림 3.29 관망해석 모델 보정 개념

AWWA(2023)에서는 현장 측정 결과와 모델의 예측 결과를 비교하여 두 값의 일치성이 높아지도록 모델을 조정하는 과정을 관망해석 모델의 보정이라 정의하며, 이 과정에는 현장 데이터를 검토하고 모델의 입력자료를 조정하는 것이 포함된다고 하고 있다. 즉, 보정작업은 모델링 결과와 현장의 측정값을 비교하여 그 오차가 적정한 범위에 들 때까지 모델 입력자료의 수정을 반복하는 것으로 공급량, 관로의 조도계수, 펌프의 운전 특성 및 관망해석 결과에

영향을 주는 다른 입력자료들을 변경하면서 진행한다.

관망해석 모델의 보정 과정이 필요한 이유를 다시 한번 정리하면 다음과 같다.

- 확신 – 관망해석 모델이 모의한 결과는 종종 상수도시설의 유지관리나 투자계획 수립을 위한 의사결정의 보조자료로 사용되고 있다. 보정의 결과는 모델이 기존 조건을 재연하는 능력을 나타낸 것이므로, 기술자들이 결과에 대하여 확신과 자신감을 키우는 것은 관망 내 거동을 정확하게 예측하는 모델의 정확성에서 나오게 될 것이다.
- 이해 – 관망해석 모델의 보정 과정은 상수도관망의 거동을 더 잘 이해할 수 있는 훌륭한 통찰력을 제공한다. 특히, 이 과정을 통하여 사용자는 어떤 입력자료가 모델에 가장 영향을 많이 미치는 민감한 자료인지를 알 수 있으므로, 모델 수행자가 어떤 자료를 조사하고 수집할 때 좀 더 주의를 기울여야 하는지에 대하여 알 수 있게 된다. 이와 같은 상수도관망의 이해를 통하여 모델 수행자는 여러 가지 투자사업이나 가동조건을 변경할 때 가능성 있는 아이디어를 제공할 수 있게 된다.
- 문제해결 – 모델의 보정 과정에서 가장 중요하지만, 경시되는 것이 관망 시설 자료의 입력 오류이다. 자주 발생하는 오류에는 관로의 길이 및 관경 오류, 관로 노선 및 연결의 오류, 밸브의 개·폐 상태, 조절밸브의 설정값 오류 등을 들 수 있다. 따라서, 보정 과정의 장점 중 하나는 기존에 보유하고 있는 자료들에서 잘못된 부분을 쉽게 찾을 수 있도록 도움을 줄 수 있다는 것이다.

보정된 모델은 보정 과정에서 사용된 현장 데이터의 측정 기간과 중복되지 않는 다른 기간에 적용하여 현장 데이터와 모델 예측 결과의 일치성을 다시 한번 검토한다. 이때 두 값이 서로 일치하면 모델의 구축이 완료된 것이고 일치하지 않는다면 서로 일치하도록 모델의 입력 데이터를 다시 조정한다. 이처럼 보정된 모델을 한 번 더 조정 및 확인하는 과정을 검증(Verification)이라 한다.

3.5.2 보정 기준 및 작업 절차

관망해석 모델 보정작업의 종료를 판별하는 오차범위에 대한 명확한 기준은 없다. 그것은 대상지역에 따라 관망해석에 필요한 자료의 보유 여부와 신뢰도가 다르고 지형적 여건, 운영의 복잡성 등 다양한 관망에 동일한 기준을 적용하는 것은 어렵기 때문이다.

관망해석 모델의 보정에 관한 적정 오차범위에 대한 참고기준으로 Walski(1984)는 평균 압력차 $\pm 1.5\ m$, 최대 압력차 $\pm 5.1\ m$ 내에 들면 좋은 보정결과라 하였으며, 평균 압력차 $\pm 3.0\ m$, 최대 압력차 $\pm 10.0\ m$ 정도는 좋지 못한 보정결과라 하였다. Cesario 등(1996)은 실측한 압력과 모의한 값의 오차가 ±3.5 m ~ ±7.0 m 이내에 있어야 한다고 하였으며, AWWA(2017)에서는 일반적인 가이드라인으로서 모델에서 예측된 동수두의 오차는 1.5 m ~ 3.0 m 이내에 있어야 하며, 수위의 경우 오차가 0.9 m ~ 1.8 m 이내에 들어야 한다고 하고 있다.

일반적인 보정작업은 다음과 같은 7단계의 절차로 수행된다.

① 모델의 구축 목적을 명확히 한다.
② 예측하고자 하는 모델의 매개변수를 확정한다.
③ 보정을 위한 실제 관망의 계측자료(Calibration data)를 수집한다.
④ 첫 번째 매개변수 설정 모델로 예측한 해석결과를 평가한다.
⑤ 개괄적인 보정작업을 수행한다.
⑥ 민감도 분석을 시행한다.
⑦ 자세한 보정작업을 실시한다.

보정 절차 중에서 가장 중요한 실제 관망에서의 계측자료를 수집하는 과정에서 발생할 수 있는 오류를 최소화하기 위해서는 아래와 같은 측정 절차로 보정용 압력 데이터를 수집한다.

① 관망의 수두손실을 최대화한다.
② 운영 압력의 범위에 적합한 사양의 성능이 인증된 압력계를 이용한다. 일반적으로 최대압력의 50~75 % 범위에 드는 압력계가 그 지점의 압력을 정확히 측정할 수 있는 압력계라고 할 수 있다.
③ 정확한 위치(표고) 자료를 사용한다. 즉 압력계 센서의 위치를 정확하게 측량한다.
④ 압력측정을 수행한 기간과 동일한 기간에 대한 정수지, 배수지, 소블록 유입점 등 경계절점(고정수두절점)의 수두를 알고 있어야 한다.
⑤ 압력 측정지점은 경계절점에서 멀리 떨어진 또는 가장 표고가 높은 임계지점들과 평균 압력지점을 포함해야 한다.
⑥ 현장 측정 기간에 대한 물 사용 패턴을 이해해야 한다.
⑦ 현장 자료와 모델 결과를 비교하기 위해서는 압력보다는 동수두(HGL, m)를 이용한다.

보정 절차의 이해를 돕기 위해 □□공업용수도 송수관로 관망해석 보정사례를 살펴보도록 하자. 이 관망해석 모델은 특정구간의 동수두 손실 요인을 파악하고 개선방안을 수립하기 위한 것으로 관망 내 14개소에서 압력 측정이 수행되었다. 압력 측정은 측정자료의 저장이 가능한 데이터로거(Data logger)와 TM(Telemeter) 측정자료를 이용하였으며, 각 지점마다 3일간 1분 간격의 압력을 측정하였다.

표 3.7 수압측정 현황

측정지점(m)			측정수압(m)				비고
측정위치	측정표고	절점번호	최대	최소	평균	편차	
P1	8	AAa1s-724	71.1	69.9	70.3	1.2	데이터 로거
P2	34	AAa1s-706	29.2	22.5	25.1	6.7	
P3	14	AAa1s-388	48.3	37.6	41.3	10.7	
P4	14	AAa1s-719	48.3	41.4	43.7	6.9	
P5	69	AAa1s-969	49.5	40.3	44.5	9.2	
P6	17	37	107.7	71.3	90.0	36.4	
P7	48	AAa1s-953	59.4	50.9	55.3	8.5	
P8	2	AAa1s-745	89.1	79.9	83.9	9.2	
P9	57	AAa1s-893	19.7	13.1	15.8	6.6	
P10	26	AA2096	35.0	33.3	34.0	1.7	
TM1	3	AAa1s-299	73.5	69.7	70.9	3.8	TM
TM2	5	AAa1s-374	67.6	62.1	63.7	5.5	
TM3	39	AAa1s-87	21.9	15.9	18.1	6.0	
TM4	36	AAa1s-89	88.8	79.5	83.8	9.3	

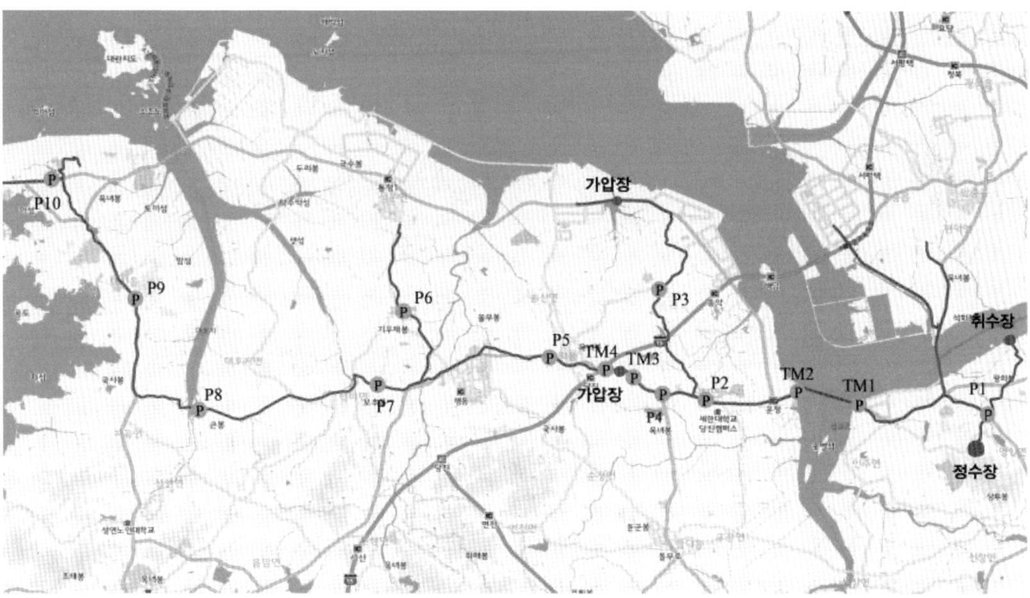

그림 3.30 수압측정 위치도

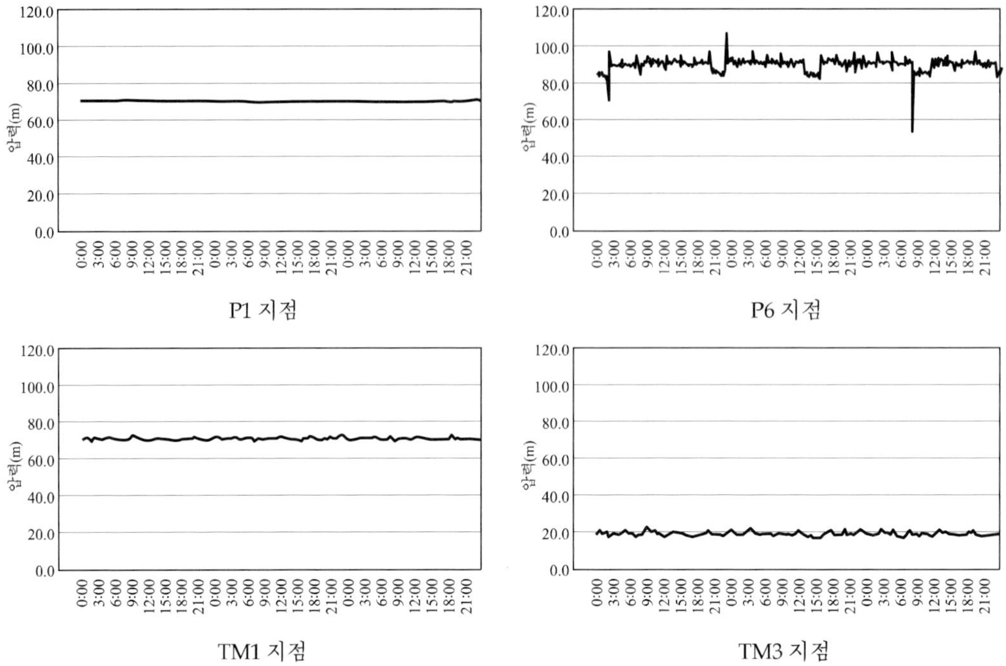

그림 3.31 수압측정 예시

모델 보정을 위하여 14개 지점의 압력에 대한 시간별 변화를 분석하였다. 아래 그림은 P6 지점의 분석 사례이다.

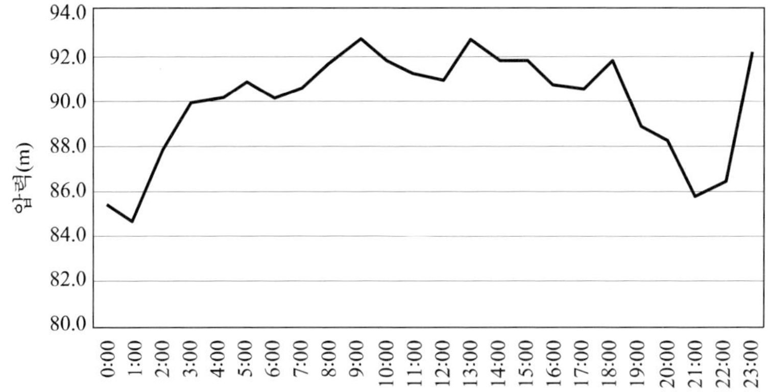

그림 3.32 P6 지점 시간별 수압 분석

모든 관로에 대한 초기 유속계수(C)를 초기값으로 많이 사용되는 120을 적용하여 관망해석을 실행한 결과 평균 RMS 오차가 5.407 m로 앞에서 언급한 최대 오차범위를 초과하고 있어, 보정을 수행한 결과 유속계수를 105로 재설정할 경우 RMS 오차가 1.627 m로 양호한 해석결과를 나타내었다.

RMS(Root Mean Squared) 오차 : 평균제곱근 오차

선택된 각 지점에서의 변이를 자승하여 합친 값을 선택된 지점들의 개수로 나눈 후 평균제곱근 값을 취하는 것

$$RMS = \sqrt{\frac{\sum_{i=1}^{N} X_i^2}{N}}$$

X_i : 지점 i의 변이

N : 샘플링 개수

보정(C=120) 전 해석결과(RMS 오차 = 5.407)

Calibration Report - Pressure

Statistics Correlation Plot Mean Comparisons

Calibration Statistics for Pressure

Location	Num Obs	Observed Mean	Computed Mean	Mean Error	RMS Error
AAa1s-724	24	70.32	70.73	0.416	0.433
AAa1s-299	24	70.85	70.51	0.340	0.403
AAa1s-374	24	63.74	65.73	1.994	2.017
AAa1s-706	24	25.06	31.15	6.095	6.112
AAa1s-388	24	41.29	47.37	6.074	6.120
AAa1s-719	24	43.73	49.40	5.672	5.691
AAa1s-87	24	18.05	24.11	6.068	6.087
AAa1s-89	24	83.78	83.62	1.276	1.533
AAa1s-969	24	44.48	45.11	1.249	1.625
37	24	89.92	92.40	2.474	2.916
AAa1s-953	24	55.24	56.38	1.404	1.849
AAa1s-745	24	83.84	89.87	6.031	6.200
AAa1s-893	24	15.84	24.37	8.525	8.639
AA2096	24	33.94	45.31	11.372	11.430
Network	336	52.86	56.86	4.213	5.407

Correlation Between Means: 0.992

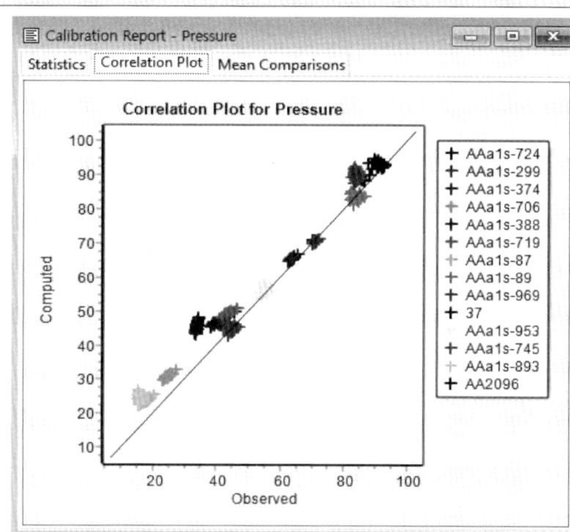

보정(C=105) 후 해석결과(RMS 오차 = 1.627)

Calibration Report - Pressure

Statistics Correlation Plot Mean Comparisons

Calibration Statistics for Pressure

Location	Num Obs	Observed Mean	Computed Mean	Mean Error	RMS Error
AAa1s-724	24	70.32	70.31	0.105	0.125
AAa1s-299	24	70.85	68.33	2.518	2.526
AAa1s-374	24	63.74	62.60	1.132	1.162
AAa1s-706	24	25.06	26.80	1.746	1.788
AAa1s-388	24	41.29	41.87	0.681	0.822
AAa1s-719	24	43.73	44.50	0.776	0.873
AAa1s-87	24	18.05	18.70	0.659	0.776
AAa1s-89	24	83.78	83.77	1.235	1.509
AAa1s-969	24	44.48	44.52	1.231	1.500
37	24	89.92	90.35	1.219	1.564
AAa1s-953	24	55.24	53.09	2.300	2.626
AAa1s-745	24	83.84	83.10	1.528	1.721
AAa1s-893	24	15.84	14.54	1.777	2.034
AA2096	24	33.94	32.78	1.499	1.767
Network	336	52.86	52.52	1.315	1.627

Correlation Between Means: 0.999

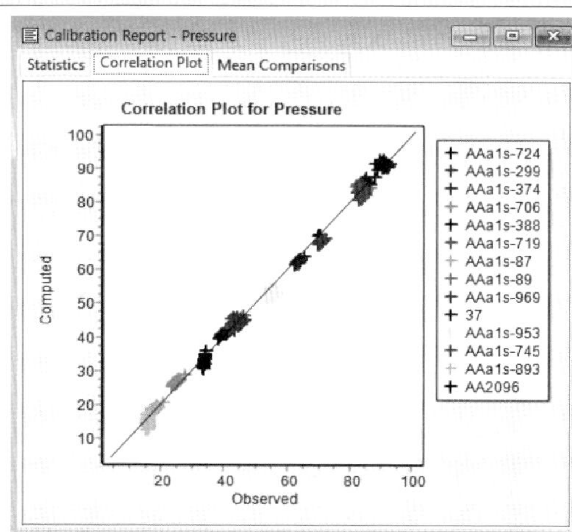

그림 3.33 **보정 전후 해석결과**

3.5.3 보정작업의 유의사항

(1) 수두(Head)를 기초로 한 보정

현장 계측자료와 모델의 해석결과를 비교할 때 동수두 대신에 압력을 이용하면 안 되는 수리학적 이유는 없으나, 모델의 보정 과정에서 압력 대신에 동수두를 이용해야만 하는 이유는 다음과 같다.

- 동수두는 자료의 정확도와 신뢰성에 관한 안목을 제공한다. 만일 비슷한 지점에서 관측자료와 해석결과의 동수두가 상당히 다르다면, 해석담당자는 즉시 어디에 오류가 있는지를 알 수 있을 것이다.
- 압력으로는 알 수 없으나, 동수두는 물흐름의 방향을 알 수 있게 한다.
- 동수두는 측정된 압력을 모델에 쉽게 적용할 수 있게 한다. 그것은 모델에 적용된 절점의 표고와 압력 측정지점의 표고가 정확히 일치하기는 어려우므로 동수두를 이용해야 모델과 계측 값의 직접 비교가 가능함을 의미한다.

따라서, 관망해석 수행자는 모델 구축시 현장에서 측정한 압력과 압력계 위치 표고를 정확하게 조사하여 이를 동수두로 변환해야 한다.

(2) 수질(잔류염소)을 기초로 한 보정

관망해석 모델을 이용한 수질 거동의 모의는 대부분 잔류염소의 예측을 목적으로 한다. 잔류염소는 안전한 수돗물 공급을 위해 수도사업자가 주입하는 것이므로 다른 대상 화학물질들과는 달리 관련 데이터의 취득을 위한 별도의 작업이 필요하지 않다. 즉, 휴대용 잔류염소계를 이용한 현장 측정이나 온라인 계측기로부터 측정된 데이터를 SCADA 시스템에서 쉽게 내려받을 수 있다.

단, 잔류염소 등 수질을 기초로 관망해석 모델을 보정하는 경우에는 반듯이 수리적으로 잘 보정된 모델을 이용하여야 한다. 그 이유는 반응성이 있는 수질 인자들의 반응(생성 또는 감소)은 시간에 대한 함수이므로 관내 체류시간을 정확히 알 수 있어야 수질에 대한 모의도 가능하게 되기 때문이다. 수질해석 방정식에 대한 내용은 3.7절에서 상세히 다루고 있다.

(3) 보정자료의 정도

일부 작업자들은 유속과 수두손실이 아주 적어서 동수경사가 거의 수평인 관망에서 모델의 보정을 시도하는 경우가 있다. 이와 같은 조건에서는 관망의 수두는 경계조건(저수지, 배수지와 같은 수두 값을 알고 있는 지점)에서의 값과 근본적으로 같게 될 것이며, 결과적으로 어떤 조도계수나 공급량을 변경하여도 비슷한 해석결과를 얻게 될 것이다.

수두손실은 유량과 관 조도계수에 의한 영향이 크므로, 대게의 관망해석 모델 보정 과정에서는 다음 식을 이용한 조도계수(C값) 조정 작업을 수행하게 된다.

$$C = \frac{k(Q \pm \Delta Q)}{(h_L \pm \Delta h_L)^{0.54}} \tag{3.20}$$

여기서, C = Hazen-Williams의 C계수, k = 관로별 상수, Q = 관로의 계산 유량(m^3/sec), ΔQ = 계측 유량과의 오차(m^3/sec), h_L = 계산된 마찰수두손실(m), 그리고 Δh_L = 계측 마찰수두손실과의 오차(m)이다.

이 식을 C계수와 수두에 관하여 미분하면 다음 식과 같이 된다.

$$\frac{dC}{dh} = \frac{-0.54kQ}{h^{1.54}} \tag{3.21}$$

따라서, 식 (3.20)과 식 (3.21)로부터 C계수의 오차율은 식 (3.22)가 됨을 알 수 있다.

$$C\text{계수의 오류율} = -0.54 \times (\text{수두손실의 오류율}) \tag{3.22}$$

즉, 수두손실에 20%의 오류가 있으면, C계수에서는 −10.8%의 오류가 발생하게 됨을 의미한다. 따라서, C계수를 이용하여 관망해석 모델을 보정하는 경우에는 관로 내 유량, 즉 수두손실을 크게 하여야 모델 보정을 성공적으로 수행할 수 있다.

3.5.4 보정작업의 오류 유형

입력자료의 오류는 크게 두 개의 범주로 나뉘는데, 활자의 오류와 계측 오류가 그것이다. 활자의 오류는 수정하기는 쉽지만 발견하기가 어렵다. 예를 들면 어떤 구간의 관 길이가 2,250 m인데, 입력자료에는 250 m가 입력된 경우와 같은 것이다. 따라서 입력이 완료되면, 반드시 모든 입력자료를 인쇄하여 이와 같은 오류를 꼼꼼히 검사하여야 한다.

활자 오류와 비교하여 계측오류는 훨씬 발견과 수정이 어렵다. 예를 들어 공사 준공도면이나 GIS 관망도 등의 오류 또는 변경된 관로의 도면을 수정하지 않고 그대로 이용한다면, 이를 이용한 모델의 결과는 틀릴 수밖에 없으며, 오류의 원인을 발견하기도 쉽지 않을 것이다.

또한, 압력계의 오차범위라든지 계측제어 설비의 오차들도 있을 수 있는데, 모델 적용시 반드시 각종 자료의 출처와 수정 여부, 오차범위 등을 점검하여야 한다. 관망해석에서 자주 발생하는 오류의 유형은 아래와 같다.

(1) 공칭관경과 실제 관경의 차이

그림 3.6과 같이 대개의 경우 관로의 공칭관경과 실제 내경은 다르다. 또한, 내경을 알고 있다 하더라도 관 내부의 부식과 같은 화학반응의 진행과 사용년수에 따른 침전물의 장기 퇴적 등 실제 관 내경을 정확하게 알아내는 것은 매우 어렵다. 그러므로, 관망해석을 수행할 때 공칭관경을 그대로 이용하는 대신 조도계수(C값)를 조정하여 모델을 보정하는 경우가 많다.

이때 관경이 관의 조도계수보다 수두손실 계산식에 많은 영향, 즉 민감도가 높다는 사실을 알아야 한다. Hazen-Williams 식에 의하면 C값이 수두손실에 미치는 영향은 약 2승에 반비례하나, 관경이 수두손실에 미치는 영향은 약 5승에 반비례한다. 따라서, 관경을 10% 크게 하면 수두손실은 약 40% 정도 줄어들게 되며, 반대로 C값을 10% 늘리면 수두손실은 약 20% 정도 줄어든다.

관망해석 모델에서 조도계수와 관경을 모두 조정하는 방법으로 얻을 수 있는 장점은 거의 없다. 예를 들어, 150 mm의 관경에 C값을 100으로 하였다면 130 mm의 관에서 같은 수두손실을 나타내기 위해서는 C값을 약 161로 하여야 한다. 따라서, 사용자들은 보정 과정에서 조정해야 하는 변수를 최소화하기를 원하므로 관경을 먼저 확정한 후에 C값만을 조정하는 방법이 가장 쉬운 길이다.

(2) 시간별 공급량 및 수위의 변동

상수도관망의 관내 유량이나 수용가의 공급량은 시간별로 변하지만, 이를 계측할 수 있는 지점은 한정되어 있다. 일반적으로 관망해석에서는 고정수두절점의 수위와 공급량 변화를 시간패턴으로 만들어 수요량 변화를 고려한 시간확장 모의를 수행하게 된다. 모델에 적용할 때에는 두 가지 조건에 대한 시간을 일치시켜야 하며, 모델을 보정하는 경우에도 보정을 위해 수집된 데이터의 시간과 모델링이 수행되는 시간을 일치시켜야 한다.

(3) 기타 오류

앞에서 설명한 오류들을 포함하여 관망해석 과정에서 발생할 수 있는 일반적인 오류의 유형을 정리하면 아래와 같다.

- 입력자료 오류(시설물 자료, 측정자료 및 지형자료)
- 관내 조도계수 부적절한 선택
- 관망 내 물 사용의 영향
- 저류탱크의 수위와 압력과 같은 시간별 변동자료의 오류
- 모든 관로를 해석에 포함하지 않고 간략화하는 것에 의한 오류

- 밸브의 개·폐 상태 또는 부분적으로 닫힌 밸브에 의한 오류
- 오래되었거나 모르는 펌프의 특성곡선
- SCADA 시스템, 데이터로거(Data logger)를 포함한 계측 장비의 오류

3.6 관망 수리해석의 기본방정식 및 수치해석법

3.6.1 수리해석의 기본방정식

앞서 살펴본 바와 같이 관망해석은 관경(D), 관 길이(L) 및 관내벽면상태-조도계수(C)의 정보를 알고 있는 관로로 구성된 관망에서 저수지, 배수지 수위 또는 특정 절점의 수두와 각 절점에서의 유출량을 알고 있는 조건에서 각 지점에 대한 물의 흐름 및 수압 상태를 계산하는 것이다. 관망해석의 기초방정식은, ① 관망을 구성하는 각 관로의 흐름에 따라서 관경(D), 관 길이(L), 조도계수(C)와 유량(Q), 손실수두(H)가 만족해야 하는 방정식(손실수두 계산식)과, ② 이들의 관로가 관망을 구성했을 때의 물흐름이 만족해야 할 방정식(수치해석법)으로 구성된다.

관망해석의 기초방정식으로 관로의 물흐름을 수학적으로 표현하면 5개의 변수로 구성된 수식이 된다. 이 가운데 관경(D), 관 길이(L), 조도계수(C)는 알고 있는 값으로 가정하기 때문에 남은 변수, 즉 유량(Q), 손실수두(H)가 관망해석의 미지수가 된다.

여기에서 수두(H)를 소거하고 유량(Q)을 미지수로 했을 경우를 유량법(流量法) 즉, 관로 유량을 미지수로 한 해석법이라 하고, 반대로 유량(Q)을 소거하여 수두(H)를 미지수로 한 후 수식화하면 수두법(水頭法) 즉, 절점의 수두를 미지수로 하는 관망해석법이라고 한다.

(1) 유량법의 기본방정식

관로에서 발생하는 손실수두를 H_L이라 할 때, 유량법에 의한 수두손실은 다음 식과 같이 표현할 수 있다.

$$H_L = K_i Q^n \quad (3.23)$$

또한, 물흐름의 방향을 고려한 식으로 다시 나타내면 다음 식과 같게 된다.

$$H_L = K_i |Q|^{n-1} Q \quad (3.24)$$

위 식에서 상수 K_i와 지수 n은 적용하는 수두손실 공식에 따라 다르게 표현되며, 현장에서 가장 많이 사용되고 있는 수두손실 공식인 Hazen-Williams 식에서의 상수 K_i와 지수 n은 다음과 같이 표현된다.

$$\begin{aligned} K_i &= 10.666 C^{-1.85} D^{-4.87} L \\ n &= 1.85 \end{aligned} \tag{3.25}$$

(2) 수두법의 기본방정식

유량법과는 반대로 유량(Q)에 대하여 손실수두(H)를 미지수로 하는 지수형 수식을 도입한 수두법의 방정식은 절점 i와 j를 연결하는 관로의 유량 Q_{ij}와 손실수두 H_{ij}의 관계로 다음과 같이 표현된다.

$$Q_{ij} = R_{ij} H^n \tag{3.26}$$

여기서, Q_{ij}의 첨자 ij는 물방향을 나타내는 것으로 유량이 i절점에서 j절점으로 흐르고 있음을 의미한다. 이 식을 유량법에서와 같이 흐름의 방향을 고려한 형태로 다시 나타내면 다음 식과 같게 된다.

$$Q_{ij} = R_{ij} |H|^{n-1} H \tag{3.27}$$

여기서, 상수인 R_{ij}와 지수인 n은 Hazen-Williams 식에서는 다음 식과 같이 표현된다.

$$\begin{aligned} R_{ij} &= 0.27853 C D^{2.63} L^{-0.54} \\ n &= 0.54 \end{aligned} \tag{3.28}$$

3.6.2 정상류 수치해석 기본방정식 및 수치해석법

정상류상태에서의 관망해석은 매우 복잡한 수학 문제이다. 여기에 저수지, 감압밸브, 미소손실, 펌프 등 관망 내에 설치된 설비와 장치들은 문제를 더욱 복잡하게 만든다. 이처럼 복잡한 관망해석의 수학적 해를 구하는 방법으로는 Hardy Cross법, 선형이론법(Linear theory method), 뉴턴랩슨법(Newton-Raphson method), 그리고 EPANET 프로그램에 적용된 경사법(Gradient method)이 가장 대표적이다. 본 절에서는 위에서 언급한 유량법 또는 수두법의 기초방정식에 대한 수학적 해를 구하는데 필요한 수치해석법의 기본 이론들에 관해 설명하고 있다.

(1) Hardy Cross법

1.3 관망해석의 역사에서 살펴본 바와 같이 1938년 개발된 Hardy Cross법은 적용이 간단하고 계산방법의 이해가 쉬우며 수(手) 계산도 가능하기 때문에 현장 기술자들에게 인기가 상당히 많았던 방법으로 지금도 여전히 많이 사용되고 있는 해석법이다.

Hardy Cross법의 첫 단계는 관망 내 모든 절점에서의 연속방정식을 만족하도록 각 관로의 유량을 가정한다. 물론, 이것은 처음 가정한 유량이 정확한 값들이 아니기 때문에 관망 내의 에너지 즉, 동수경사선(HGL)이 연속방정식을 만족해야 한다는 의미는 아니다. 이 방법은 단위 관망(또는 폐합관로, 또는 Loop)에서 동수경사선이 연속성을 갖게 하는 특정 유량 값을 찾을 수 있다는 가정에서 출발한다. 수리학에서 이러한 연속성은 각 단위 관망에 대하여 관로의 어느 경로로 물이 흐르더라도 손실수두의 합은 0이 되게 됨을 의미하며 다음과 같이 표시할 수 있다.

$$\sum_{i=1}^{N} h_{L_i} = 0 \tag{3.29}$$

여기서, i는 관로의 ID이며 N은 단위 관망을 구성하는 관로의 개수이다. 앞서와 같이 수두손실은 다음 식으로 표현된다고 가정한다.

$$h_{L_i} = K_i Q_i^n \tag{3.30}$$

그리고 식 (3.29)를 만족하기 위하여 보정유량 ΔQ를 각 관로 유량에 더한다고 가정하면, 이 방정식은 다음과 같이 표현된다.

$$\sum_{i=1}^{N} K_i (Q_i + \Delta Q)^n = 0 \tag{3.31}$$

여기서, Q_i는 단위 관망을 구성하는 각 관로에 부여된 가정 유량 값이다. 이제 ΔQ에 대하여 푸는 것만이 남아있다.

n이 일반적으로 정수가 아니기 때문에, 식 (3.31)의 ΔQ에 대한 방정식을 풀기 위하여 2항 전개법을 이용한다. 2항 전개식의 두 번째 항까지만을 취하면, ΔQ에 관한 다음과 같은 식을 얻을 수 있다.

$$\Delta Q = \frac{\sum_{i=1}^{N} K_i Q_i^n}{-n \sum_{i=1}^{N} K_i Q_i^{n-1}} \tag{3.32}$$

ΔQ에 대한 적절한 부호 결정을 위하여, 분모는 항상 음(−)이어야 하며, 분자는 각 관로에

가정된 유량의 방향이 시계방향으로 가정할 때 시계방향이면 양(+), 반시계방향이면 음(–)의 부호를 붙인다.

각 단위 관망에 대한 ΔQ가 계산되면, 이를 각 관로의 유량에 더하여(또는 뺀다) 좀 더 정확한 유량이 예측되도록 계산을 반복한다. $(Q_i + \Delta Q)n$을 2항 전개로 풀었기 때문에 오차를 내포하고 있다. 또한, 실제 상수도관망은 여러 개의 단위 관망으로 이루어져 있으므로 ΔQ는 쉽게 결정되지 않는다. 그러므로, 위 계산 과정을 반복하여 오차가 0에 가까운 허용범위 이내로 작아질 때까지(또는 해에 수렴할 때까지) 반복해야 한다. 이와 같은 반복방법을 시행착오법(Trial and error method)이라고 한다.

Hardy Cross법은 다른 방법보다 복잡하지 않을 뿐만 아니라, 그 결과는 상당히 정확하고 좋은 수렴성을 얻을 수 있다. 또한, 넓은 의미에서 Hardy Cross법은 일종의 분리된 뉴턴랩슨법(Decoupled Newton–Raphson mehtod)으로 볼 수도 있다.

Hardy Cross법의 절차를 정리하면 다음과 같다.

① 관망모형을 그린 다음, 관망과 관로에 대한 ID를 부여하고, 모든 관의 길이, 관경 및 조도계수를 적는다. 관망으로 유입되고 유출되는 유량을 적는다.

② 각 관로에 대하여 연속성을 만족하는 가정유량을 적는다. 각 Q값은 흐름의 방향을 나타내는 벡터(화살표)와 함께 표시한다.

③ 각 관로와 이에 대응하는 K값을 포함한 표를 만든다.

④ 각 단위 관망에 대한 ΔQ를 계산하기 위한 표를 단위 관망별로 만든다.

⑤ 각 단위 관망에 대하여 처음 가정한 Q값을 표의 두 번째 열에 적는다. Q의 부호는 물흐름을 시계방향으로 가정하였을 때, 물흐름이 같은 방향으로 흐르면, Q는 양(+), 그 반대로 흐르면, Q는 음(–)으로 적는다.

⑥ 주어진 Q의 부호에 맞추어 각 관로에서의 KQ^n을 계산한다.

⑦ nKQ^{n-1}을 각 관로에 대하여 부호를 양(+)으로 하여 계산한다.

⑧ KQ^n과 nKQ^{n-1}을 모든 단위 관망의 관로번호에 대하여 더한다.

⑨ 각 단위 관망의 $\Delta Q = \dfrac{\sum KQ^n}{-n\sum KQ^{n-1}}$을 계산한다.

⑩ 모든 단위 관망에 대하여 각 단위 관망별 보정치 ΔQ를 적용한다. 2개 이상의 단위 관망을 구성하는데 사용된 공통 관로의 경우 모든 경우의 ΔQ를 적용해야 함을 명심해야 한다. 이 보정을 시행하는 동안 부호에 매우 주의해야 한다. 보정 값이 허용오차 범위에 들 때까지, ΔQ 보정 직후마다 연속성을 점검한다.

⑪ ⑥번부터 Q에 대한 계산 절차를 반복한다. 이론적으로 ΔQ는 몇 번의 변화를 거친

후 급속하게 작아지게 된다.

⑫ 요구되는 정확도가 관망 전체에서 만족할 때까지 계산을 반복한다.

(2) 선형이론법(Linear Theory method)

선형이론법은 각 절점에서의 유량 연속방정식과 각 단위 관망(Real loop 또는 Pseudo loop)에서의 수두손실 합이 0(zero)이라는 에너지 보존법칙을 이용해 수식을 유도한다. 여기서 각 절점에 대한 유량 연속방정식은 선형이며, 각 단위 관망의 수두손실에 대한 방정식은 비선형이다. 선형이론법은 일련의 비선형방정식들의 해를 구하는 수치해석법으로 많이 사용되는 반복법의 하나이다. 즉, 선형이론법에서는 각 관망에서의 수두손실 합에 대한 비선형방정식들을 선형화한 후, 일련의 완전한 선형방정식(연속방정식은 이미 선형화되었다)의 해를 구하게 된다.

선형이론법의 작업 절차를 이해하기 위해서는 사용되는 방정식을 먼저 이해할 필요가 있다. 상수도관망 내 각 단위 관망에서는 다음의 방정식들이 성립된다.

$$\sum_{i=1}^{N} h_{L_i} = \sum_{i=1}^{N} K_i Q_i^n = 0 \tag{3.33}$$

여기서, N은 각 단위 관망을 구성하는 관로의 개수이다. 이 방정식을 선형화하기 위하여, Q_i^n을 두 개의 부분으로 분리하면 다음 식과 같이 된다.

$$\sum_{i=1}^{N} (K_i Q_i^{n-1}) Q_i = \sum_{i=1}^{N} K_i^{'} Q_i = 0 \tag{3.34}$$

물론, $K_i^{'}$는 Q_i의 함수이며 따라서 아직 반복 절차를 포함하고 있다.

이제 일련의 선형과 선형화된 방정식(Linear-plus-linearized equations)을 연속적으로 풀어서, 가정한 $K_i^{'}$에 대하여 각각의 해를 구한 후에 수정한다. 여러 차례의 반복 절차를 거친 후 Q_i와 $K_i^{'}$ 값은 최종값에 수렴해야 한다. 이 반복식의 수학적 표현은 다음과 같다.

$$\sum_{i=1}^{N} K_i \left[Q_i^{(j-1)} \right]^{n-1} Q_i^j = 0 \tag{3.35}$$

여기서, j는 반복 회수이다. 예를 들면, 만일 8번의 반복을 설정한다면(j = 8), 반드시 7번째의 반복의 결과로부터 $K_i^{'}$를 계산해야 한다.

알려진 바에 따르면, 선형이론법에서는 수치 해가 최종값 주위에서 진동하는 경향이 있음을 보인다. 이러한 수치적 진동을 줄이기 위하여, 반복 방정식을 $K_i^{'}$의 계산에서 Q_i에 대하여 최종 두 개의 반복이 포함되도록 바꾼다.

$$\sum_{i=1}^{N} K_i \left[\frac{Q_i^{(j-1)} + Q_i^{(j-2)}}{2} \right]^{n-1} Q_i^j = 0 \tag{3.36}$$

해석을 시작할 때, 흐름의 방향(유량이 아님)만을 설정한다. 이것은 Hardy Cross법에서의 수고를 근본적으로 덜하게 한다. 처음 반복에서는 $K_i^{'}(1)$는 K_i와 동일하게 가정되고, 두 번째 반복에서는 $K_i^{'}(2)$가 $K_i\left[Q_i^{(1)}\right]^{n-1}$과 같게 된다. 이와 같은 방식으로 식 (3.36)과 같은 방정식을 각 관망에 대하여 푼다.

(3) Newton-Raphson법

Newton-Raphson법은 Hardy Cross법과 기본적으로 같은 개념이다. 각 관로의 유량을 연속성이 만족되도록 가정하고, 이들 유량을 보정하여 각 단위 관망에서의 수두손실 합이 0에 근사하도록 하는 방법이다. Hardy Cross법에서는 각 관로에서의 유량을 ΔQ 계산 직후에 보정하나, Newton-Raphson법에서는 ΔQ를 포함한 방정식을 각 관망에 대하여 작성하고, 이 비선형 방정식을 각 관망에서의 최종 ΔQ값을 구하기 위하여 연속적으로 푼다. 계산이 종료되었을 때, 각 관로에 대한 초기유량을 최종값으로 적용하는 것으로 계산은 간단히 완료된다.

이 방법은 일련의 비선형방정식의 해법으로 사용된 수치해석 기법의 이름으로 그 이름이 붙여졌다. Newton-Raphson법은 관망해석뿐만 아니라 비선형방정식의 해를 구하는 데 있어 많이 사용되고 있는 기본 해법 중 하나이다. 이 방법에서 해는 각 변수에 따라 움직이고, 그다음 계산에서는 이전 단계의 해를 근거로 하여 미지수에 대한 새로운 반복 값을 계산하는 방법으로 해의 가정치를 연쇄적으로 근사해 나아간다.

이 계산 과정은 다음의 예와 같이 1차원 방정식(1개의 해)에 적용할 때 가장 잘 이해할 수 있다. 해를 구하고자 하는 방정식이 다음과 같다고 하자.

$$F(x) = 0 \tag{3.37}$$

이 방정식을 만족하는(F = 0이 되게 하는) x값을 구해야 한다. 처음 가정은 $x^{(1)}$가 되며 이 숫자를 방정식에 대입했을 때, $F(x^{(1)}) \neq 0$이 되는 것이 거의 확실하다. 여기에서의 의문점은 다음 단계의 x값은 무엇인가이다. 그림 3.34는 Newton-Raphson법의 반복 계산과정을 설명하는 그림이다. 이 그림에서 굵은 실선이 $F(x)$의 그래프를 나타내며 구하고자 하는 해는 $F(x)$가 x축과 교차하는 곳의 x값이다. 이 방법에서 $F(x)$의 기울기는 x축으로 투영된

$x^{(1)}$에서 값을 구하며, 이 x값을 $x^{(2)}$로 사용한다. 반복계산을 $|x^{(j)} - x^{(j-1)}|$의 값이 사전에 설정된 허용 한도 이내에 들 때까지 계속한다.

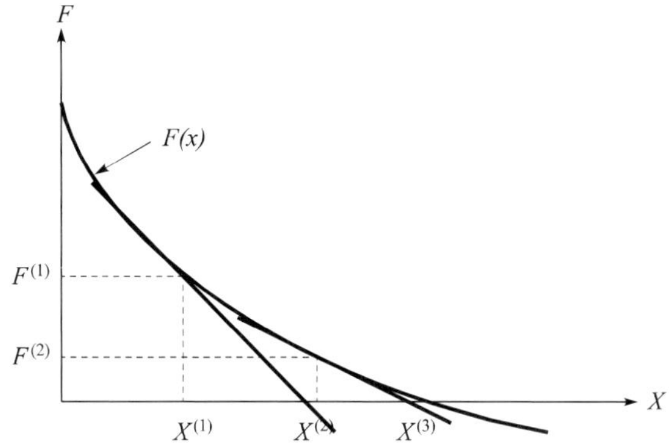

그림 3.34 1차원에서의 Newton-Raphson법

앞에서 언급한 내용을 수식으로 표현하면 다음과 같다.

$$\frac{dF}{dx} = \frac{F^{(j-1)} - 0}{x^{(j-1)} - x^{(j)}} \tag{3.38}$$

식 (3.38)을 $x^{(j)}$에 대하여 풀면,

$$x^{(j)} = x^{(j-1)} - \frac{F^{(j-1)}}{\dfrac{dF^{(j-1)}}{dx}} \tag{3.39}$$

우리는 함수 F의 형태를 이미 알고 있으므로, 이 미분방정식을 풀 수 있으며, 이 때의 값은 가정한 x값으로 대체하여 계산할 수 있다.

물론, 이것은 방정식에서 한 개 이상의 해가 있어야($F(x)$가 x축에 한 번 이상 교차하여야 함) 가능하며 또한 이것이 미지의 한 점에 도달해야 가능하다. 또한, 이것은 해로부터 근접해 있기보다는 멀리 떨어진 x값으로부터 찾기 시작해야 가능하다. 다행히, 관망해석에서 사용되는 방정식에서의 $\triangle Q$에 대한 해는 유일하며, 위의 가정들을 모두 만족한다.

2차원 이상의 방정식(두 개 이상의 미지수를 가진 두 개 이상의 방정식)에서의 Newton-Raphson법은 각 F_i 함수가 x_K의 많은 수에 의해 결정된다는 것만 제외하고는 1차원 방정식과 동일한 과정으로 풀이된다. 결과적으로 이 x_K에 대한 다음 단계의 반복 값을 찾기 위한 반복 방정식은 식 (3.39)와 같이 간단하지는 않다. 다차원 방정식에서의 풀이 과정은 다음과 같다.

다음과 같은 일련의 k차원의 방정식이 있다고 하자.

$$
\begin{aligned}
F_1(x_{1,}x_{2,}x_{3,}\cdots,x_{k,}\cdots,x_K) &= 0 \\
F_2(x_{1,}x_{2,}x_{3,}\cdots,x_{k,}\cdots,x_K) &= 0 \\
&\vdots \\
F_K(x_{1,}x_{2,}x_{3,}\cdots,x_{k,}\cdots,x_K) &= 0
\end{aligned}
\tag{3.40}
$$

x_K에 대한 다음 단계의 반복 값을 찾기 위하여, 다음 방정식을 이용한다.

$$
\begin{aligned}
F_k = F_k^{(j-1)} &+ \left[x_1^{(j)} - x_1^{(j-1)}\right]\frac{\partial F_k^{(j-1)}}{\partial x_1} + \left[x_2^{(j)} - x_2^{(j-1)}\right]\frac{\partial F_k^{(j-1)}}{\partial x_2} \\
&+ \left[x_3^{(j)} - x_3^{(j-1)}\right]\frac{\partial F_k^{(j-1)}}{\partial x_3} + \cdot\ \cdot\ \cdot\ \cdot + \left[x_K^{(j)} - x_K^{(j-1)}\right]\frac{\partial F_k^{(j-1)}}{\partial x_K} = 0
\end{aligned}
\tag{3.41}
$$

여기서, k는 관망 번호를 나타낸다. 각 단위 관망에 한 개씩, K개의 이러한 방정식이 있다.

이러한 일련의 복잡한 방정식들을 표현하는 가장 좋은 방법은 행렬(Matrix)을 이용하는 것이다.

$$
\left\{F^{(j-1)}\right\} + \left[J^{(j-1)}\right]\left\{x^{(j)} - x^{(j-1)}\right\} = \{0\}
\tag{3.42}
$$

여기에서 $[J]$는 Jacobian으로 알려진 $(\partial F^{(j-1)}/\partial x_k)$의 $K\times K$ 행렬이다. 이것을 식 (3.39)와 같은 형태로 바꾸면,

$$
\left\{x^{(j)}\right\} = \left\{x^{(j-1)}\right\} - \left[J^{(j-1)}\right]^{-1}\left\{F^{(j-1)}\right\}
\tag{3.43}
$$

1차원에서 Jacobian의 역치(inverse)는 $1/(dF/dx)$이다. 모든 F_K는 미분할 수 있으므로, Jacobian은 x_i에 대한 각각의 새로운 가정 값으로부터 계산할 수 있으며, 그 역치도 계산할 수 있다. 그러나, 크고 복잡한 상수도관망에 이 방법을 적용하기 위해서는 방대한 계산 과정이 필요하므로 관망해석에서는 약간 수정된 접근 방법을 사용한다.

각 단위 관망에 대하여,

$$
F_k = \sum_{i=1}^{N} K_i Q_i^n = 0
\tag{3.44}
$$

그러나, Q_i값을 모르기 때문에, 우리는 Q_{0_i}값을 각 관로마다 가정해야 하고, Q_0가 적절한 값을 찾아가도록 보정해 줄 수 있는 ΔQ값을 찾아야 한다. 이를 고려하면 단위 관망의 방정식은 다음과 같은 형태가 된다.

$$F_k = \sum_{i=1}^{N} K_{L_i} \left[Q_{0_i} + \sum_{\ell=1}^{K} \Delta Q_\ell \right]^n = 0, k = 1, K \tag{3.45}$$

그것은 주어진 단위 관망에서 어느 관로나 다른 단위 관망에서의 일부가 될 수 있으며, 또한 거기에서의 ΔQ값이 반드시 포함되어야 하기 때문이다. 그러면, 일반적으로 다음과 같이 쓸 수 있다.

$$F_k(\Delta Q_1, \Delta Q_2, \ldots\ldots \Delta Q_K) = 0, k = 1, K \tag{3.46}$$

여기서, 각 단위 관망의 $\Delta Q^{(j)} - \Delta Q^{(j-1)}$을 $\delta Q^{(j)}$로 표현한다면, 식 (3.42)는 다음과 같이 다시 표현할 수 있다.

$$[J^{(j-1)}]\{\delta Q^{(j)}\} = -\{F^{(j-1)}\} \tag{3.47}$$

이 방정식은 이제 $\{\delta Q^{(j)}\}$에 대해 풀며 매번의 반복 후에 다음과 같이 쓸 수 있다.

$$\{\Delta Q^{(j)}\} = \{\Delta Q^{(j-1)}\} + \{\delta Q^{(j)}\} \tag{3.48}$$

δQ가 충분히 적어지면, 만족할 수 있는 계산 결과를 얻을 수 있게 된다.

선형이론은 미지의 유량과 동일한 개수만큼의 방정식을 풀어야 하지만, 이 방법에서는 단위 관망의 수와 같은 수의 방정식에 대한 해만이 필요하다는 것을 알아야 한다. 이것은 Newton-Raphson법이 해를 구하는데 더 적은 수의 방정식이 필요하다는 것을 의미한다.

(4) 경사법(Gradient method)

EPANET에서는 유량의 연속방정식과 수두손실 식을 풀기 위한 수치해석법으로 "Hybrid node-loop approach" 방법을 사용하고 있다. Todini와 Pilati(1987), Salgado 등(1988)은 이 기법을 경사법(Gradient method)이라고 명명하였다. Hamam and Brameller(1971)의 "Hybrid Method"와 Osiadacz(1987)의 "Newton Loop-Node method" 등이 이와 유사한 방법들이라 할 수 있다. 관망해석을 위해 새롭게 제안된 수치해석 기법들은 거의 유사하나 Todini의 기법이 더 간단하여 EPANET에서는 이를 관망 수치해석을 위한 기본방정식으로 채택하였다.

또한, Todini(2003)는 경사법으로 수압기반수요량(PDD; Pressure Driven Demands) 모델을 구현하는 방법을 발표한 바 있으며, 최신의 EPANET 버전(EPANET 2.2)은 이 방법을 채택하고 있다.

3.6.3 절점 유출량 해석방법

본 교재에서는 현장에서 가장 많이 사용되고 있는 관망해석 프로그램인 EPANET에 탑재된 방법으로 절점 유출량 해석방법을 설명하고자 한다.

(1) 고정수요법(Fixed demand method)

관망에 N개의 절점(Junction nodes)이 있다고 가정하자. 절점 i와 j사이에 있는 한 개의 관로에서의 유량-수두손실(Flow-Headloss)의 관계는 다음 식과 같이 표현된다.

$$H_i - H_j = h_{ij} = rQ_{ij}^n + mQ_{ij}^2 \tag{3.49}$$

여기서, H = 절점수두(Nodal head), h = 수두손실(Headloss), r = 저항계수(Resistance coefficient), Q = 유량, n = 유량지수, m = 미소손실 계수(Minor loss coefficient)이다. 저항계수는 사용하는 수두손실 식에 따라 달라진다. 관망 내 고지대의 물공급을 위해 수두를 상승시켜야 하는 펌프에 대해서는 다음과 같은 힘의 방정식으로 표현된다.

$$h_{ij} = -\omega\left(h_0 - r(Q_{ij}/\omega)^n\right) \tag{3.50}$$

여기서, h_0는 펌프에서의 최고 양정인 체절양정(Shutoff head), ω는 상대속도 설정값이며, r과 n은 펌프 특성곡선의 계수이다.

관망 내 모든 절점에서의 흐름 연속성에 관한 두 번째 방정식은 다음과 같다.

$$\sum_j Q_{ij} - D_i = 0 \ \text{for}\ i = 1, \ldots N \tag{3.51}$$

여기서, D_i는 절점 i에서의 수요량(Demand)이며, 계산의 편리를 위하여 절점 i로의 흐름을 양(+)으로 표현한다. 이제 일련의 고정수두절점 기지의 값을 이용하여, 식 (3.49)와 식 (3.51)을 만족하는 모든 수두 H_i와 유량 Q_{ij}에 대한 해를 찾는다.

경사법에서는 각 관로의 초기유량을 가정하여 시작하는데, 이때는 물흐름의 연속성을 맞출 필요는 없다. 다음과 같이 행렬식으로 표현되는 일련의 선형방정식의 반복 해를 구하는 방식으로 절점의 새로운 수두를 계산한다.

$$AH = F \tag{3.52}$$

여기에서 $A = (N \times N)$의 Jacobian 행렬, $H = (N \times 1)$의 미지의 절점수두 벡터(Vector)이며 $F = (N \times 1)$의 방정식 우측 항에 관한 벡터이다.

Jacobian 행렬의 대각선 요소는 다음과 같이 표현된다.

$$A_{ij} = \sum_j \frac{1}{g_{ij}} \tag{3.53}$$

또한, Jacobian 행렬에서 '0'이 아닌 비대각선 항들은 다음과 같이 나타낸다.

$$A_{ij} = -\frac{1}{g_{ij}} \tag{3.54}$$

여기서, g_{ij}는 절점 i와 j사이의 관로에서 발생하는 수두손실을 1차 미분한 기울기 값으로 저항계수를 Hazen-Williams 수두손실 식에서와 같이 유량의 함수가 아닌 것을 사용할 때는 다음 식과 같이 표현된다.

$$g_{ij} = nr|Q_{ij}|^{n-1} + 2m|Q_{ij}| \tag{3.55}$$

Darcy-Weisbach 수두손실 식에서와 같이 유량의 함수로 표현되는 저항계수를 사용하고, 흐름이 난류일 때는 다음 식과 같이 표현된다.

$$g_{ij} = nr|Q_{ij}|^{n-1} + \frac{\partial r}{\partial Q_{ij}}|Q_{ij}|^{n} + 2m|Q_{ij}| \tag{3.56}$$

경사알고리즘(GGA; Global Gradient Algorithm)은 유량이 없는 흐름(0 유량)에서 수치적인 불안정이 발생한다. 따라서, 유량이 0에 가까워질 때 수두손실과 유량 사이의 선형관계가 가정되어 g_{ij}가 0이 되는 것을 방지한다. g_{ij}값이 정해진 허용한도 값 g보다 낮아질 때 특정한 값으로 정해지게 된다.

또한, 펌프의 경우에는 g_{ij}가 다음 식과 같이 표현된다.

$$g_{ij} = n\omega^2 r(Qij/\omega)^{n-1} \tag{3.57}$$

각 선형방정식의 우측 항 F_i는 절점 i에서의 순 유량 불균형과 유량 보정인자로 구성되어 다음 식과 같이 표현된다.

$$F_i = \left(\sum_j Q_{ij} - \frac{y_{ij}}{g_{ij}}\right) - D_i + \sum_f \frac{H_f}{g_{ij}} \tag{3.58}$$

여기서, 마지막 항은 절점 i에서 수두를 알고 있는 고정수두절점 f에 연결되는 모든 관로에 해당하며, 관로에 대한 유량 보정 인자 y_{ij}는 다음과 같이 표현된다.

$$y_{ij} = \left(r|Q_{ij}|^{n} + m|Q_{ij}|^{2}\right) sgn(Q_{ij}) \tag{3.59}$$

펌프에 대한 유량 보정 인자 y_{ij}는 다음 식과 같이 표현된다.

$$y_{ij} = -\omega^2\left(h_0 - r(Q_{ij}/\omega)^2\right) \tag{3.60}$$

여기서, 관로의 경우 $sgn(x)$는 $x > 0$이면 1, 그렇지 않으면 -1이 되고 펌프의 경우에는 항상 0보다 크기 때문에 수식에서 생략되었다.

식 (3.52)에 의해 새로운 수두가 계산된 후에는 다음과 같이 새로운 유량을 업데이트 할 수 있다.

$$Q_{ij} = Q_{ij} - \frac{1}{g_{ij}}(y_{ij} - H_i - H_j) \tag{3.61}$$

경사알고리즘은 첫 번째 반복 해를 구한 이후 항상 각 절점에서의 유량 연속방정식을 만족시키는 유량 값으로 유량을 업데이트하게 된다. 식 (3.49)와 식 (3.51)과 관련된 잔차들이 적정 수렴 기준에 도달할 때까지 식 (3.52)와 식 (3.61)의 계산 과정이 반복된다.

(2) 수압기반수요모델(Pressure driven demand model)

절점 i의 압력수두 p_i에 따라 절점 i의 수요량 D_i가 정해지는 경우를 고려해 보자(여기에서 압력수두는 동수두 h_i에서 표고 E_i를 뺀 값이다). 그동안 여러 형태의 수압기반수요모델이 제시되었으나, EPANET에서는 식 (3.17)의 Wagner 식을 채택하였다.

식 (3.17)은 절점 i에서 가상의 관로를 통해 고정 압력수두 P_0+E_i을 가진 가상의 저수지(Reservoir)로 수요량을 방류할 때의 수두손실로 다음과 같이 변경할 수 있다.

$$h_i - P_0 - E_i = R_{Di} d_i^e \tag{3.62}$$

여기서, E_i는 절점 i의 표고이며, $R_{Di} = (P_f - P_0)/D_i^e$ 는 가상 관로의 저항계수이다. 이와 같은 표현은 수압기반수요량 d_i가 식 (3.17)의 제약을 준수하는 가상 관로에서 미지의 유량으로 취급될 때 경사법의 행렬 방정식에 포함할 수 있다. 이러한 가상 관로의 도입은 실제 관로의 수를 확장하거나 행렬 A의 크기를 증가시키지는 않는다.

가상 관로에서의 수두손실 h_d와 그 경사 g_d는 다음과 같은 순서로 평가할 수 있다(절점 첨자는 명확성을 위해 표현).

① 만약 현재 수요량 d가 요구 수요량 D보다 크면,

$$\begin{aligned} h_d &= R_d D^e + R_{HIGH}(d - D) \\ g_d &= R_{HIGH} \end{aligned} \tag{3.63}$$

여기에서 R_{HIGH}는 큰 저항계수(예 10^9)이다.

② 그렇지 않으면, 식 (3.62)를 이용해 수두손실과 경사도를 다음과 같이 평가한다.

$$g_d = eR_d|d|^{e-1}$$
$$h_d = g_d d/e \tag{3.64}$$

그리고, d가 음(−)이 되지 않도록 하기 위해 한쪽 장벽함수 $h_b(d)$와 그 도함수 $g_b(d)$가 각각 h_d와 g_d에 추가된다.

앞서 언급한 장벽함수는 다음과 같은 형태를 갖는다.

$$h_b = \left(a - \sqrt{a^2 + \epsilon^2}\right)/2$$
$$g_b = (R_{HIGH}/2)\left(1 - a/\sqrt{a^2 + \epsilon^2}\right) \tag{3.65}$$

여기서, $a = R_{HIGH}\, d$이고, ϵ은 작은 허용치(예, 10^{-3})이다.

이들 수두손실과 경사 값은 다음과 같이 통상적인 일련의 경사알고리즘 행렬 방정식에 추가된다.

① 절점 i에 해당하는 행렬 A의 대각 원소에 대해 :

$$A_{ii} = A_{ii} + 1/g_{di} \tag{3.66}$$

② 절점 i에 해당하는 행렬 F의 원소에 대해 :

$$F_i = F_i + D_i - d_i + (h_{di} + E_i + P_0)/g_{di} \tag{3.67}$$

식 (3.58)에서 원래의 F_i값에서 D_i를 뺀 것을 상쇄시키기 위해 여기서는 D_i를 더해준다.

각 절점의 새로운 수두 값이 계산되면, 절점 i에서의 수요량은 식 (3.61)을 사용하여 업데이트되며, 이 식은 다음과 같은 형태가 된다.

$$d_i = d_i - (h_{di} - h_i + E_i + P_0)/g_{di} \tag{3.68}$$

EPANET에서 수압기반수요량(PDD)은 다음과 같은 가정을 통해 적용된다.

- 최저 P_0와 최소요구 수압 P_f 조건은 모든 절점에서 동일하게 적용된다.
- 시간확장 모의를 하는 경우 전체 모의기간에 대한 수압기반수요량 산정식은 1개의 식으로 동일하게 적용된다.

3.7 관망 수질해석의 기본방정식 및 수치해석법

관망 내 수질변화에 대한 해석은 물흐름에 대한 해석의 직접적인 연장선에 있으며, 최근 관심이 높아진 관망 내 수질 문제에 대한 해법으로 유용하게 이용할 수 있다. 관망해석에서 수질변화 모의를 추가하기 시작한 것은 1980년대 중반부터이다. 수질성분의 이송(Transport), 혼합(Mixing), 농도감소 또는 증가(Decay or Increasing) 등이 관망 내 수질변화 모의에서 주로 표현되는 물리 및 화학적 거동이다. 관로 내 유량과 물의 이동경로를 나타내는 흐름 방향은 혼합, 체류시간을 결정하는 데 이용되며, 다른 수리적 특성들도 수질인자의 이송과 변화에 영향을 준다.

3.7.1 수질성분의 보존

상수도관망의 수질모의는 관망과 저류탱크에서 공간과 시간에 따른 물속의 수질성분 변화를 예측하는 것이다. 수질모의의 기본 이론은 수질성분 또는 성분질량(Constituent mass)의 보존이다. 물속의 단위질량(ρ) 당 특정 수질성분의 농도를 c_m 이라고 하여 검사체적(Control volume) 내 질량보존을 나타내는 식 (2.14)를 성분질량의 보존식으로 표현하면 식 (3.69)와 같다(Lansey et al., 2005).

$$\dot{m}_{c,in} - \dot{m}_{c,out} + \frac{dm_{c,sys}}{dt} = \frac{dm_{c,CV}}{dt} \tag{3.69}$$

여기에서 $\dot{m}_{c,in}$와 $\dot{m}_{c,out}$는 각각 검사체적에 유입 및 유출하는 성분질량율(Rate of constituent mass)이며, $\frac{dm_{c,sys}}{dt}$는 외부에서 직접 검사체적으로 순유입되는 성분질량의 변화이고, $\frac{dm_{c,CV}}{dt}$는 검사체적 내에서의 성분질량 변화를 나타낸다.

물의 단위체적 당 성분질량을 $C = c_m\rho$로 나타내면 성분유량을 다음과 같이 나타낼 수 있다.

$$\dot{m}_c = \beta\rho A V = c_m \rho A V = CAV \tag{3.70}$$

식 (3.70)을 식 (3.69)에 대체하고 여러 유입 및 유출이 있다고 가정하면, 식 (3.71)과 같이 나타낼 수 있다.

$$\sum_{inflows} C_{in}Q_{in} - \sum_{outflows} C_{out}Q_{out} - C_{out}q + \frac{dm_c}{dt} = \frac{d}{dt}\int_{CV} C(dV_o) \tag{3.71}$$

여기에서 q는 수요량과 같은 외부 유출유량이며, V_0는 탱크의 부피다. 만약 수질성분의 농도가 검사체적 내에 균등하게 분포되어 있다고 가정하면 식 (3.71)은 다음 식 (3.72)와 같이 간략화할 수 있다.

$$\sum_{inflows} C_{in}Q_{in} - \sum_{outflows} C_{out}Q_{out} - C_{out}q + \frac{dm_c}{dt} = \frac{d(CV_o)}{dt} \tag{3.72}$$

식 (3.72)에서 좌측 항의 마지막 항인 dm_c/dt는 성분의 변화를 고려하는 반응을 의미한다. 반응은 일반적으로 km_c^n의 식으로 수식화하는데, 여기에서 n은 통상 0, 1 또는 2로 나타내는 반응차수이며, k는 반응 상수이다. 염소와 같이 관로에서 감소하는 물질은 k값이 음(–)의 값을 가지며, 반대로 트리할로메탄(THMs)과 같이 증가하는 물질은 양(+)의 값을 나타낸다. 또한, 불소와 같은 비반응 물질의 반응 상수 k는 0이 된다.

3.7.2 수질성분의 혼합

(1) 단순 절점에서의 혼합

서로 다른 농도와 유량을 가진 수질성분의 혼합은 절점에서의 질량보존법칙을 이용하여 계산하며, 절점에서의 혼합은 순간적인 완전혼합으로 가정되어 절점에서의 유출농도는 균일하다.

따라서, 절점에서는 물을 저류하지 못하므로 식 (3.72)의 우측 항은 0이 되고, 또, 절점은 작은 점에 해당하고 절점에서 성분의 증가나 감소가 일어나지 않을 정도의 시간만 물이 머물게 되므로 반응항인 dm_c/dt도 0이 된다. 따라서 식 (3.72)는 식 (3.73)과 같게 된다.

$$\sum_{inflows} C_{in}Q_{in} - \sum_{outflows} C_{out}Q_{out} - C_{out}q = 0 \tag{3.73}$$

식 (3.73)을 일반화하면 다음 식과 같다.

$$C_{out} = \frac{\sum_{l \in J_{in}} C_l Q_l + C_{in} q^{in}}{\sum_{l \in J_{out}} Q_l + q^{out}} \tag{3.74}$$

여기서, Q_l는 J_{in} 관로를 통해 절점으로 유입되는 유량이며, q^{in}은 외부에서 절점으로 직접 유입되는 유량이다. 각 유량은 각각 C_l과 C_{in}으로 서로 다른 농도로 절점에 유입된다. 유출되는 경우도 유입되는 경우와 동일한 방법으로 수식을 일반화할 수 있다.

예제 그림 3.35의 절점은 두 개의 유입, 두 개의 유출이 있다. 이 절점에서 물이 완전히 그리고 순간적으로 혼합된다고 가정하면 관로 ③과 ④ 그리고 외부로 급수되는 q^{out}의 수질농도를 구하라.

풀이)

절점을 검사체적으로 하고, 이 검사체적 내 수질성분 질량보존에 관한 식 (3.73)에 대입하면 다음과 같다.

$$C_1Q_1 + C_2Q_2 - C_{out}Q_3 - C_{out}Q_4 - C_{out}q^{out} = 0$$

검사체적으로 유입되는 농도는 알고 있기 때문에, 이 식은 다음과 같이 유출농도 C_{out}에 대해 풀 수 있다.

$$C_{out} = \frac{C_1Q_1 + C_2Q_2}{Q_3 + Q_4 + q^{out}} = \frac{0.8(20) + 0.5(10)}{9 + 20 + 1} = 0.7\ mg/L$$

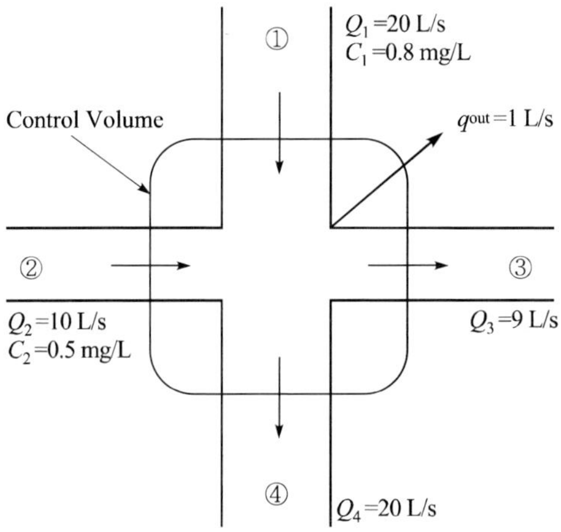

그림 3.35 절점에서의 유입 및 유출 사례

(2) 재주입이 있는 절점에서의 혼합

관망해석에서 재염소시설과 같이 외부에서 절점으로 수질성분이 추가로 주입되는 경우에 대한 모의가 필요하다. EPANET 등의 관망해석 모델에서는 5가지 형태의 수질성분 주입방법에 대한 모의가 가능하다. 첫 번째는 초기수질(Initial quality)로서 모든 절점에 C_0의 값을 지정하는 것이며, 두 번째는 정수지와 같이 외부에서 투입되는 지점의 농도를 지정(Concentration source)하는 방법이다. 나머지 3방법은 고정 주입율 추가(Mass booster), 농도 설정에 의한 추가(Setpoint booster), 그리고 유량비례 추가(Flow paced booster) 방법이 있다.

1) 고정 주입율 추가 주입(Mass booster injection)

고정 주입율 추가 주입은 고정된 수질성분 주입율($\dot{m}_{in}$)을 절점의 유입유량에 추가하는 것이다. 이 경우는 추적자 실험이나 외부로부터 유입된 오염원을 모의하는데 유용하다. 식 (3.72)에서 주입되는 주입율은 다음 식으로 나타낸다.

$$\dot{m}_{in} = \frac{dm_c}{dt} = C_{in}^{inj} \sum_{l \in Jin} Q_l \tag{3.75}$$

여기에서 C_{in}^{inj}는 추가 주입농도이다. 고정 주입율로 절점에 농도가 추가되는 경우, 식 (3.74)는 다음과 같이 대체된다.

$$\begin{aligned} C_{out} &= \frac{\sum_{l \in J_{in}} C_l Q_l + C_{in} q^{in} + \dot{m}_{in}}{\sum_{l \in J_{out}} Q_l + q^{out}} \\ &= \frac{\sum_{l \in J_{in}} C_l Q_l + C_{in} q^{in} + C_{in}^{inj} \sum_{l \in J_{in}} Q_l}{\sum_{l \in J_{out}} Q_l + q^{out}} \end{aligned} \tag{3.76}$$

예제 그림 3.35의 절점에서 액화염소의 주입율이 0.2 kg/hr(200,000 mg/hr)일 경우, 주입농도와 절점에서의 유출농도를 구하라.

풀이)

식 (3.75)로부터 주입률(주입농도)는 다음 식으로 구할 수 있다.

$$\dot{m}_{in} = C_{in}^{inj} \sum_{l \in Jin} Q_l = 200{,}000/3{,}600(mg/s) = C_{in}^{inj}(Q_1 + Q_2)$$

$$55.5\ mg/s = C_{in}^{inj}(20L/s + 10L/s)$$

$$C_{in}^{inj} = 1.8\ mg/L$$

절점에서 유출되는 염소의 농도는 식 (3.76)에 의해 다음과 같이 계산할 수 있다.

$$C_{out} = \frac{\sum_{l \in J_{in}} C_l Q_l + C_{in} q^{in} + \dot{m}_{in}}{\sum_{l \in J_{out}} Q_l + q^{out}} = \frac{0.8(20) + 0.5(10) + 200{,}000/3{,}600}{9 + 20 + 1}$$

$$= \frac{21 + 55.5}{30} = 2.5mg/L$$

따라서, 절점에 0.2 kg/hr의 추가 염소를 투입한 결과, 주입량이 없을 경우 0.7 mg/L 이었던 것이 1.8 mg/L의 농도가 추가되어 염소농도는 2.5 mg/L가 되었다.

2) **설정값 및 유량비례 주입**(Setpoint and flow paced boosters)

설정값 및 유량비례 주입은 유출유량에 맞추어 추가 주입하는 방식이다. 정의에 따라 추가되는 주입율은 다음 식에 따른다.

$$\frac{dm_c}{dt} = C_{in}^{inj}\left(q^{out} + \sum_{l \in J_{out}} Q_l\right) \tag{3.77}$$

이 식을 식 (3.72)에 대입하고 절점에서의 저류가 없다고 가정하면 우측 항이 0이 되어 다음식과 같이 표현된다.

$$\sum_{inflows} C_{in}Q_{in} - \sum_{outflows} C_{out}Q_{out} + \frac{dm_c}{dt} = 0$$

$$= \sum_{l \in J_{in}} C_l Q_l + C_{in}q^{in} - C_{out}\left(q^{out} + \sum_{l \in J_{out}} Q_l\right) + C_{out}^{inj}\left(q^{out} + \sum_{l \in J_{out}} Q_l\right) = 0$$

따라서, 절점 유출농도는 다음 식 (3.78)과 같다.

$$C_{out} = \frac{\sum_{l \in J_{in}} C_l Q_l + C_{in}q^{in}}{q^{out} + \sum_{l \in J_{out}} Q_l} + C_{out}^{inj} \tag{3.78}$$

설정값 추가 주입은 C_{out}을 고정하고 설정값에 맞도록 C_{in}^{inj}을 결정한다. 또한, 유량비례 추가 주입은 모든 유입유량에 대해 C_{in}^{inj}을 고정하는 방식이다. 관망해석에서는 다른 계산 알고리즘을 이용하지만 설정값 및 유량비례 방식 모두 식 (3.78)을 사용하여 계산한다.

예제 그림 3.35의 절점에서 액화염소의 주입률(C_{in}^{inj})을 1.5 mg/L로 하였을 때, 절점에서의 유출농도를 계산하라.

풀이)

앞의 예제에서 재염소 주입이 없을 경우 유출농도는 0.7 mg/L로 계산되었다. 이는 식 (3.78)의 첫 번째 항이 0.7 mg/L임을 뜻한다. 따라서 식 (3.78)을 이용하면 절점에서의 유출농도를 다음과 같이 계산할 수 있다.

$$C_{out} = \frac{\sum_{l \in J_{in}} C_l Q_l + C_{in}q^{in}}{q^{out} + \sum_{l \in J_{out}} Q_l} + C_{out}^{inj} = 0.7 + 1.5 = 2.2\ mg/L$$

예제 그림 3.35의 절점에서 유출 염소농도를 2.0 mg/L로 설정하고자 할 때, 액화염소의 주입률(C_{in}^{inj})을 결정하라.

풀이)
앞의 예제에서 재염소 주입이 없을 경우 유출농도는 0.7 mg/L로 계산되었다. 이는 식 (3.78)의 첫 번째 항이 0.7 mg/L임을 뜻한다. 따라서 식 (3.78)을 이용하여 절점에서의 액화염소 주입률을 다음과 같이 계산할 수 있다.

$$C_{out} = 2.0 = \frac{\sum_{l \in J_{in}} C_l Q_l + C_{in} q^{in}}{q^{out} + \sum_{l \in J_{out}} Q_l} + C_{out}^{inj} = 0.7 + C_{out}^{inj}$$

$$\therefore C_{out}^{inj} = 2.0 - 0.7 = 1.3\ mg/L$$

(3) 저류시설(탱크)에서의 혼합

일반적으로 수돗물의 수질은 정수장에서 최상의 상태이며 상수도관망을 거치면서 조금씩 나빠지게 된다. 따라서 높은 품질의 수질을 유지하기 위해서는 수돗물의 이동시간을 가능하면 줄이는 것이 좋다.

수돗물의 체류시간을 증대시키는 가장 큰 요소는 배수지와 같은 저류탱크 시설이므로, 신뢰도 있는 수질해석 결과를 얻기 위해서는 탱크에서의 체류시간, 혼합 등에 대한 충분한 이해가 필요하다.

정상류상태에 기반을 둔 관망해석에서는 저류시설(탱크 또는 저수지)의 물질이 완전히 혼합된다고 가정하는 것이 편리하다. 이것은 충분한 운동량 흐름이 유입부에 전달되는 경우, 채움과 비움 조건에서 운영되는 많은 저류시설에 대해 합리적인 가정이다(Rossman and Grayman, 1999). 완전혼합 조건인 저류시설에서의 물질 농도는 유입되는 유체 내에 포함된 물질을 혼합한다. 동시에 내부 농도는 반응으로 인해 변경될 수 있다. 이러한 현상은 다음 식과 같이 표현된다.

$$\frac{\partial (V_s C_s)}{\partial t} = \sum_{i \in I_s} Q_i C_{i|x=L_i} - \sum_{j \in O_s} Q_j C_s + r(C_s) \tag{3.79}$$

여기서, V_s = 시간 t에서의 저류시설 체적, C_s = 저류시설 내 농도, I_s = 저류시설로 들어오는 관로들, 그리고 O_s = 저류시설로부터 나가는 관로들이다.

EPANET 등 관망해석 프로그램에서의 혼합모델은 완전혼합(MIXED, Completely mixed), 이중 구획 혼합(2COMP, Two-compartment mixing), 플러그플로우 FIFO(First-in-first-out, Plug flow), 그리고 스택 플러그 플로우 LIFO(Last-in-first-out, Stacked plug flow)로 구분된다.

플러그 플로우(Plug flow)는 물의 속도가 일정하고 그 방향이 수평상태인 흐름으로 정의되고, 완전혼합은 물이 탱크에 유입되면서 완전히 혼합된다고 가정하는 흐름이다.

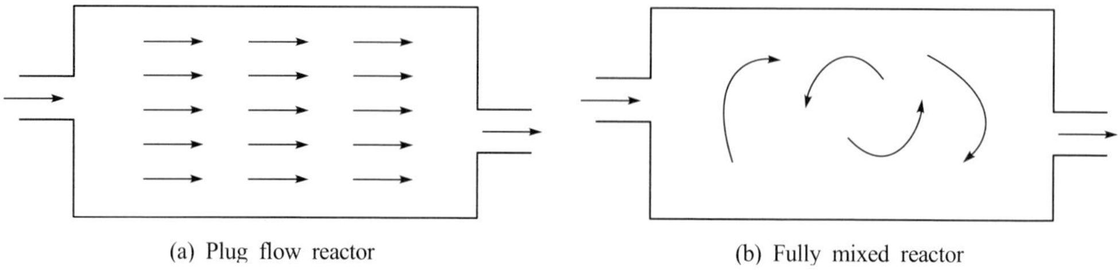

그림 3.36 탱크에서의 흐름 패턴

완전히 그리고 순간적으로 혼합된다고 가정하는 농도의 계산과는 달리, 정수지에서 염소와 소독제의 충분한 접촉 시간을 주어야 하는 것과 같은 시설물을 모의하는 경우에는 일반적으로 "First In First Out(FIFO)"을 이용한 연속흐름 반응기(plug-flow tank)로 수질거동을 표현한다. FIFO 모델은 탱크 내로 먼저 들어온 물이 먼저 빠져나가게 됨을 의미한다.

그러나 아주 심한 단락류(Short-circuiting)가 발생하는 탱크에서는 먼저 들어온 물이 나중에 빠져나가는 "Last In First Out(LIFO)" 모델을 적용하여야 한다. 좀 더 복잡한 탱크 내 혼합의 거동을 모의하고자 하는 경우에는 구획(Compartment) 모델로 탱크 내 수질거동을 일반화할 수 있다. 구획모델은 혼합과정과 탱크 내에서의 체류에 관한 사항을 좀 더 정확하게 나타낼 수 있다. 아래 그림은 3단계의 구획모델 탱크 혼합모델을 나타낸 것이다.

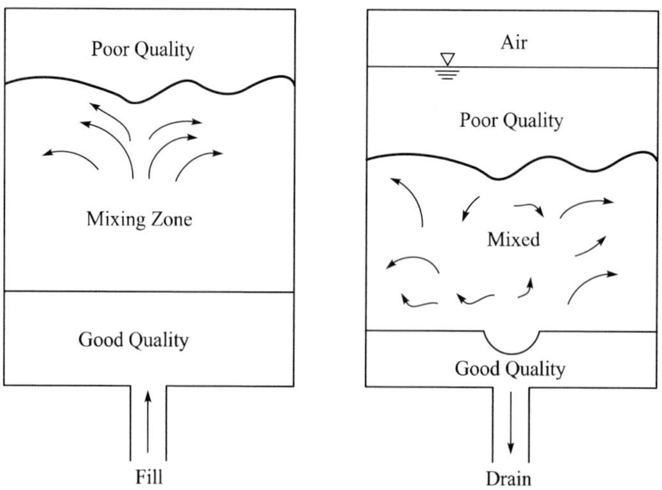

그림 3.37 탱크 내 수질 구획모델

1) 탱크 체류시간

플러그 흐름과 완전혼합 흐름에서 물의 탱크 내 체류시간은 탱크에 대한 특성수지(Property balance)를 나타낸 식 (3.72)로 계산된다. 이 식에서 물의 특성을 농도(C) 대신에 시간(t)로 설정하고, 유입부의 시간은 0, 유출부의 시간은 τ_R로 나타내면 다음 식 (3.80)과 같이 나타낼 수 있다.

$$\begin{aligned}&\sum_{inflows} C_{in}Q_{in} - \sum_{outflows} C_{out}Q_{out} + \frac{dm_c}{dt}\\&= \frac{d(CV_o)}{dt} = (0)Q_{in} - \tau_R Q_{out} + \frac{(V_o \Delta t)}{\Delta t} = 0\\&\therefore \tau_R Q \Delta t = V_o \Delta t\\&\quad \Rightarrow \tau_R = \frac{V_o}{Q}\end{aligned} \tag{3.80}$$

여기서 V_0는 탱크의 부피이며, Q는 유량이다. 따라서 탱크 내 체류시간은 탱크 부피를 유량으로 나눈 값이 된다. 완전혼합이 일어나는 탱크를 연속교반 반응기(Continuously stirred reactor, CSTR)이라고 한다.

2) 탱크 유출농도

정상류상태에서 1차원 감소반응이 발생하는 탱크의 유출농도는 다음 식에 의해 계산된다.

$$\frac{C_{out}}{C_{in}} = e^{-k\tau_R} \tag{3.81}$$

탱크의 농도 계산도 절점에서와 같이 수질성분의 질량보존에 관한 식 (3.72)를 이용한다. 예를 들어 탱크에서의 단일 유입 및 유출은 다음 식 (3.82)와 같이 나타낼 수 있다.

$$\frac{d(V_o C_{\tan k})}{dt} = C_{in}Q_{in} - C_{\tan k}Q_{out} + \frac{dm_c}{dt} \tag{3.82}$$

정상류상태에서 좌측 항은 0이며, 유입유량과 유출유량은 같다. 우측의 마지막 항은 반응항목으로 1차원 반응에 대해서는 kV_0C와 같다. 따라서 염소와 같은 감소되는 수질성분은 다음과 같이 나타낼 수 있다.

$$\begin{aligned}&0 = C_{in}Q - C_{out}Q + kV_oC_{out}\\&\therefore \frac{C_{out}}{C_{in}} = \frac{Q}{Q+kV_o}\end{aligned} \tag{3.83}$$

예제 완전혼합 형태인 연속교반 반응기를 갖춘 800 m^3의 탱크에서 유입 및 유출유량은 0.2 m^3/min이다. 정상류상태의 체류시간과 탱크 유입농도가 0.75 mg/L이고 감소상수가 0.25 Q/day일 때 유출농도를 결정하라.

풀이)

탱크에서의 체류시간은 식 (3.80)에 의해 다음과 같이 계산된다.

$$\tau_R = \frac{V_o}{Q} = \frac{800\ m^3}{0.2\ m^3/\text{min} \times 1440\ \text{min}/day} = 2.78\ days$$

연속교반 반응기에서의 농도의 균형은 식 (3.83)에 의해 다음과 같이 계산된다.

$$C_{out} = C_{in}\frac{Q}{Q+kV_o} = 0.75\ mg/L\left(\frac{0.2\ m^3/\text{min}}{0.2\ m^3/\text{min} + 0.25\ /day \div 1400\ day/\text{min} \times 800\,m^3}\right)$$

$$= 0.44\ mg/L$$

탱크의 유출농도는 식 (3.81)에 의해 다음과 같이 계산된다.

$$C_{out} = C_{in}e^{-k\tau_R} = 0.75e^{-0.25(2.78)} = 0.374\ mg/L$$

시간별 유입 및 유출량이 동일한 정상류상태가 아닌 탱크에서의 체류시간과 유출농도의 계산은 유입량과 유출량의 단위 시간별 변동을 고려하는 방법으로 계산할 수 있다.

3.7.3 수질성분의 이송

일반적으로 유체의 이송은 이류(Advection), 분자확산(Molecular diffusion), 난류확산(Turbulent diffusion), 분산(Dispersion), 복사(Radiation)의 5가지 메커니즘에 의해 발생한다. 관로 내 주된 이송 메커니즘은 이류로서, 대부분의 수질모델에서는 이류만을 수질성분의 이송 메커니즘으로 다룬다(Lansey and Boulos, 2005).

이류는 유체의 운동에 의해 물질이 이동하는 것으로 관로에서는 유속의 크기와 흐름의 방향을 따라 물과 함께 수질성분이 이동하게 된다. 즉, 관로 내 수질성분의 이송은 물의 흐름과 함께 한다. 관 청소를 위한 피그(Pig)를 관내에 투입하면 피그는 물의 흐름과 함께 이동하여 유출구로 빠져나오게 되는데, 이와 같은 형태의 이송이 바로 이류이다.

EPANET과 같은 관망해석 모델에서는 수질성분의 이송을 추적하는 수치해법으로 시간 기반 Lagrangian 이송 알고리즘을 사용한다. 이 방법은 일정 길이의 시간 단계 간격으로 이동하는 물의 이송을 추적하며 절점에서 혼합되는 성분을 추적하는 기법이다.

관로 내 수질성분의 이송에 대한 기본방정식은 수질성분의 질량보존에 관한 식 (3.72)를 이용하여 다음과 같이 나타낼 수 있다.

$$V_o \frac{\partial C}{\partial t} = (CQ)_{in} - (CQ)_{out} + \frac{dm_c}{dt} \tag{3.84}$$

여기서, V_0는 설정한 시간 간격에서의 관로 구간의 체적이다. 위 식에서 유입-유출 항을 Δx 길이의 관로 구간에 대한 단일 미분 형태로 나타내고 양측을 관로 체적으로 나누면, 유입-유출 항은 다음 식과 같다.

$$\frac{(CQ)_{in} - (CQ)_{out}}{V_o} = \frac{Q(-\Delta C)}{V_o} = \left(\frac{A\Delta x}{\Delta t}\right)\left(\frac{-\Delta C}{A\Delta x}\right) = \frac{\Delta x}{\Delta t}\frac{(-\Delta C)}{\Delta x} = -V\frac{\partial C}{\partial x} \tag{3.85}$$

여기서, V는 관로 내의 유속이다. 식 (3.85)를 식 (3.84)에 대입하고 마지막 항 $\frac{1}{V_o}\frac{dm_c}{dt} = r(C)$을 반응 항으로 나타내면, 관로 구간에 대한 수질성분 질량보존을 다음과 같은 편미분 형태의 수식으로 나타낼 수 있다.

$$\frac{\partial C}{\partial t} + V\frac{\partial C}{\partial x} = r(C) \tag{3.86}$$

이 식은 수질반응을 하는 플러그 플로우 반응기(Plug flow reactor) 내 이류에 의한 이송을 나타낸 것이다. 이 식의 각 항은 시간에 따른 농도의 변화, 관로의 길이에 따른 수질농도의 이송, 그리고 반응을 나타낸 것이다.

3.7.4 수질반응

상수도관망 내 수질성분은 관로와 탱크에서 물속의 물질과 반응한다. 이들 반응은 수질성분 질량보존을 나타낸 식 (3.72)를 따라야 한다. 수질성분들은 각기 다른 상관관계와 반응속도로 반응한다. 즉, 불소와 같은 보존(비활성) 물질은 반응하지 않으며, 염소와 같은 물질은 물속에서 감소하여 반응하고, 트리할로메탄(THMs)과 같은 물질은 관망을 통해 이동하면서 농도가 증가하는 반응을 하게 된다.

반응속도(Reaction kinetics) 또는 반응율(Reaction rate)은 시간과 반응농도의 함수라고 가정한다. 이와 같은 반응속도는 식 (3.86)의 항으로 나타낸다. 가장 간단한 형태는 1차원 반응 형태로서 식 (3.87)과 같이 반응은 농도와 선형의 관계를 갖는다.

$$r(C) = kC \tag{3.87}$$

여기에서 k는 반응 상수, C는 농도를 의미한다. 검사체적 내에서 거리에 따른 농도변화가 없다고 가정하면, 식 (3.86)에서 좌측 두 번째 항은 0이 된다. 염소와 같은 1차원 반응 형태에서 식 (3.86)은 식 (3.88)과 같게 된다.

$$\frac{\partial C}{\partial t} = r(C) = kC \tag{3.88}$$

여기에서 염소와 같이 감소하는 물질은 k값이 (−)값을 가지며, THMs과 같은 증가하는 물질은 (+)값을 갖는다. 감소하는 물질이라고 가정하여 k값을 (−)로 하고, 식 (3.88)을 적분하면 다음과 같은 식을 구할 수 있다.

$$\int \frac{dC}{C} = \int -kdt$$
$$\therefore C = C_0 e^{-kt} \tag{3.89}$$

여기에서 C_0는 초기농도이다. 반응식을 일반 형태인 n차원의 식으로 나타내면 다음과 같다.

$$r(C) = kC^n \tag{3.90}$$

만약 물질 반응에서 포화농도가 존재한다면 감소와 증가의 일반식은 각각 다음과 같다.

$$r(C) = k(C - C^*)C^{n-1} \tag{3.91}$$

$$r(C) = k(C^* - C)C^{n-1} \tag{3.92}$$

여기에서 n은 반응차수이다. 즉 n = 0은 영차(zero-order) 반응, n = 1은 1차 반응, n = 2는 2차 반응이다. 또한 C^*는 포화농도이다. 관망해석에서 적용하는 전형적인 물질의 반응차수와 반응식의 사례를 표 3.8에 나타내었다(Lansey and Boulos, 2005).

표 3.8 수질 반응 형태 및 수학적 표현

반응유형	n	C^*	k	반응식(r/C)	물질 사례
비반응	−	−	0	0	불소
0차원	0	0	1	k	물 연령(water age)
1차원 감소	1	0	<0	kC	염소
1차원 포화증가	1	C^*	>0	$k(C^*-C)$	THM
2차원 감소	2	0	<0	kC^2	초기 염소반응

반응차수별 시간에 따른 농도변화를 그림으로 표현하면 그림 3.38과 같다.

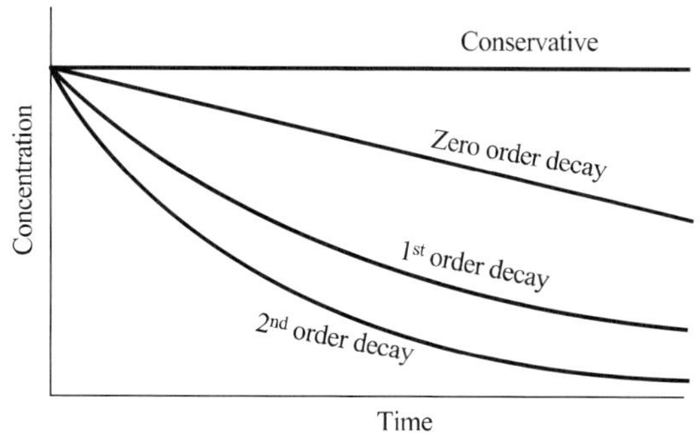

그림 3.38 반응차수에 대한 시간별 농도변화

예제 9,000 m 길이의 관로에 물이 0.5 m/s로 흐르고 있다. 1,800 m 간격으로 다음 조건의 수질농도를 계산하라. (a) 비반응(k = 0), (b) 0차원 증가반응, (c) 1차원 감소반응(k = −0.2/hr), (d) 1차원 포화증가반응(k = 0.2/hr, C^* = 5). 초기농도는 비반응, 0차원 및 1차원 감소의 경우에는 C_0 = 5 mg/L로, 0차원 증가와 1차원 포화증가반응의 경우에는 C_0 = 0으로 가정하라.

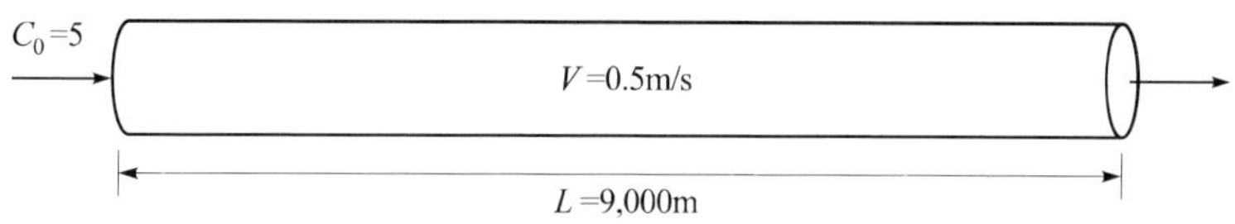

풀이)

1,800 m 간격은 0.5시간의 이동시간을 의미한다.

$t = L/V = 900/0.5 = 1800\ s = 0.5\ hrs$

a) 비반응 물질

비반응 물질은 반응하지 않는 물질이므로, 식 (3.86)에서 $r(C)$는 0이므로 반응 상수 k = 0이 된다.

$$\frac{\partial C}{\partial t} + V\frac{\partial C}{\partial x} = 0$$

정상류상태($\frac{\partial C}{\partial t} = 0$)에서는 $V\frac{\partial C}{\partial x} = 0$ 이 되어, $\int_{C_1}^{C_2} dC = \int_{x_1}^{x_2} 0dx$ 가 된다.

따라서 $C_2 - C_1 = 0$이 되고 $C_2 = C_1$ 으로 $C_t = 0.5\ hr = C_0 = 5\ mg/L$이다.

b) 0차 증가 모델

0차 모델은 $r(C) = kC^n$ 에서 n이 0이므로 $r(C) = k$ 가 된다. 따라서 식 (3.86)은 다음과 같이 정리할 수 있다.

$$V\frac{\partial C}{\partial x} = k$$

이 식을 적분하면 다음 식과 같다.

$$C_2 - C_1 = k\frac{x_2 - x_1}{V} = kt_{1-2}$$

0차 반응에서의 k 값은 시간에 해당된다. 따라서 $t = 0.5\ hr$에서의 농도는

$$C_{L=900\,m} = C_0 + t_{L=900\,m} = 0 + 0.5 = 0.5/hr$$

c) 1차 감소반응

1차 감소반응에 대해서는 식 (3.89)를 이용하며, 반응 상수 $k = -0.2/hr$를 대입하면 다음 식과 같다.

$$C_t = C_0 e^{-kt} = 5e^{-0.2t}$$

$L = 900\ m$ 지점, 즉 $t = L/V = 0.5\ hr$ 후의 농도는 $4.5\ mg/L$가 된다.

d) 1차 포화증가반응

1차 포화증가반응의 경우에는 식 (3.86)의 일반식에서 $n-1 = 1-1 = 0$이 되므로, 식 (3.86)을 다음과 같이 나타낼 수 있다.

$$V\frac{\partial C}{\partial x} = k(C^* - C)$$

이 식을 적분하면 다음과 같이 나타낼 수 있다.

$$C_t = C^* - (C^* - C_0)e^{-kt}$$

여기에서 C_0는 초기농도로 0이고, 포화농도는 $5\ mg/L$이므로, $0.5\ hr$ 이후, 즉 $900\ m$ 지점에서의 농도는 다음과 같다.

$$C_t = C^* - (C^* - C_0)e^{-kt} = 5 - (5-0)e^{-0.2(0.5)} = 5 - 4.5 = 0.5\ mg/L$$

전 관로에 대해 $900\ m$, 즉 $0.5\ hr$ 단위로 농도를 구한 결과는 표 3.9와 같다.

표 3.9 예제의 거리별 다른 반응에 대한 농도변화

거리 (m)	시간 (hrs)	보존물질	0차 증가반응	1차 감소반응	1차 포화증가반응
0	0.0	5.0	0.0	5.0	0.0
900	0.5	5.0	0.5	4.5	0.5
1,800	1.0	5.0	1.0	4.1	0.9
2,700	1.5	5.0	1.5	3.7	1.3
3,600	2.0	5.0	2.0	3.4	1.6
4,500	2.5	5.0	2.5	3.0	2.0
5,400	3.0	5.0	3.0	2.7	2.3
6,300	3.5	5.0	3.5	2.5	2.5
7,200	4.0	5.0	4.0	2.2	2.8
8,100	4.5	5.0	4.5	2.0	3.0
9,000	5.0	5.0	5.0	1.8	3.2

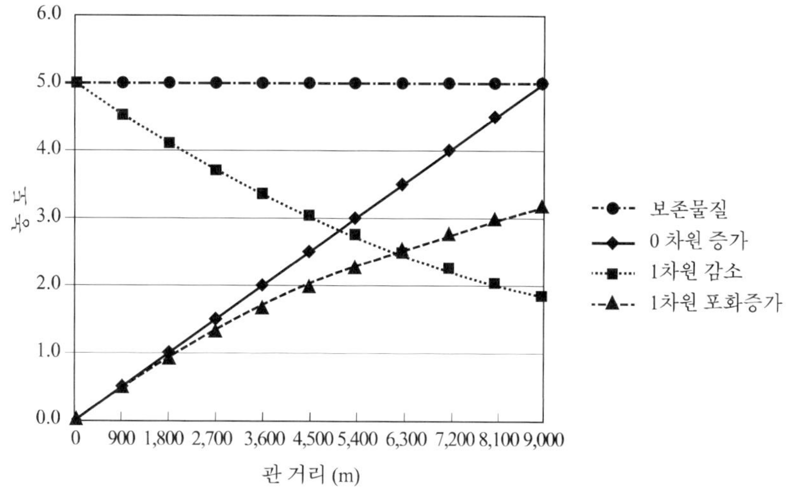

그림 3.39 예제의 거리별 다른 반응에 대한 농도변화

3.7.5 상수관망 수질해석

관망해석에서 수질의 화학적 반응을 모델화하는 데는 주로 3가지 메커니즘이 이용된다. 그것들은 수체반응(유체용적반응, Bulk fluid reactions), 관체반응(Wall reactions) 그리고 특정 반응물질에 의한 형성반응(Formation reactions)이다. 즉, 관망해석 모델에서의 수질 모형은 관로를 따라 이송하는 물질의 성장(Growth) 이나 감소(Decay)를 모의, 추적하는 것이라 할 수 있다. 이러한 추적이 가능하게 하려면 수질이 반응하는 속도와 반응속도에 미치는 농도의 영향을 알아야 한다.

관망해석 모델의 수질해석에서 가장 많이 다루어지는 것은 소독반응이다. 아래 그림은 관로를 따라 물이 흐르는 동안 발생하게 되는 염소계 소독제의 다양한 반응을 형상화한 것이다. 염소는 물속(물의 용적)에 있는 자연유기물(NOM; Natural Organic Matter)과 반응하고, 부식을 유발하는 관의 재질 그리고 관 내벽에 있을 수 있는 바이오필름(생물막, Biofilm)과 반응을 하게 된다.

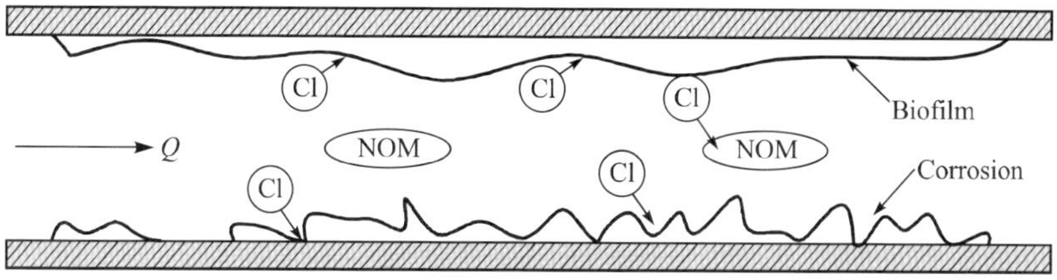

그림 3.40 관로에서의 염소반응 모식도

(1) 수체반응(Bulk flow reaction)

물질이 관로를 따라 이동하거나 저류시설에 체류하는 동안 수체 내 물질들에서는 특정 반응이 발생할 수 있으며, 이때의 반응속도는 일반적으로 다음과 같은 농도의 함수로 나타낸다.

$$r = kC^n \tag{3.93}$$

여기서, k = 반응 상수이며, n = 반응 지수이다. 만약, 물질의 증가 또는 감소의 최종값이 있는 한계 농도를 가지고 있는 경우라면 식 (3.91), 식 (3.92)에서와 같이 다음 식 (3.94)로 표현한다.

$$\begin{aligned} R &= K_b(C_L - C)C^{n-1}, \text{ for } n > 0, K_b > 0 \\ R &= K_b(C - C_L)C^{n-1}, \text{ for } n > 0, K_b < 0 \end{aligned} \tag{3.94}$$

여기서, C_L = 한계 농도이다.

반응속도 식에 대한 몇 가지 사례들은 다음과 같다.

- 단순 1차원 감소(Simple first-order decay) (C_L = 0, K_b < 0, n = 1) :

$$R = K_b C \tag{3.95}$$

염소와 같은 많은 감소반응 물질은 단순 1차원 반응으로 적절하게 모의할 수 있다.

- 1차원 포화 증가(First-order saturation growth) (C_L > 0, K_b < 0, n = 1) :

$$R = K_b(C_L - C) \tag{3.96}$$

이 모델은 반응 전구물질(前驅物質, Precursor)에 의해 부산물 농도(C_L)의 최종 형성이 제한되는 트리할로메탄(Trihalomethanes)과 같은 소독부산물의 성장에 적용할 수 있다.

- 미카엘리스-멘텐 감소 거동(Michaelis-Menton decay kinetics)
(C_L > 0, K_b < 0, n < 0) :

$$R = \frac{K_b C}{C_L - C} \tag{3.97}$$

반응지수 n을 음의 값으로 특정할 수 있는 경우에, EPANET에서는 효소-촉매반응과 미생물 성장을 모의하기 위해 Michelis-Menton 식이 종종 활용된다. 이 모델에서는 저농도에서 1차원 반응을 만들어내고 고농도에서는 0차원 거동을 보이게 된다. 감소반응인 경우에는 C_L이 초기 농도보다 높게 설정되어야 함에 유의하여야 한다.

Koechling(1998)은 Michaelis-Menton 식을 염소 감소모델에 적용하여 K_b와 C_L은 다음과 같이 물속의 용존성 유기탄소(DOC; Dissolved Organic Carbon)와 그 자외선 흡광도(UVA; Ultra Violet Absorbance)의 함수임을 밝혀냈다.

$$K_b = -0.32UVA^{1.365}\frac{(100UVA)}{DOC}$$
$$C_L = 4.98UVA - 1.91DOC \tag{3.98}$$

여기서, UVA = 254 $nm(1/cm)$에서의 자외선 흡광도이며 DOC = 용존성 유기탄소의 농도(mg/L)이며, Michaelis-Menton 거동에서 사용되는 K_b와 C_L의 값에만 적용된다.

- 0 차원 성장(Zero-order growth) (C_L = 0, K_b = 1, n = 0) :

$$R = 1.0 \tag{3.99}$$

0 차원 성장 모델은 각 시간단위 마다 농도가 한 단위씩 증가하는 물의 이동시간을 나타내는 물 연령(water age) 등을 모의하는 데 사용된다.

지금까지 살펴본 바와 같이 수질모델에서 주로 사용하는 반응차수는 0차, 1차 및 2차 반응이다. 시간에 따른 각 반응 차수별 농도변화에 대한 도형적 개념은 그림 3.38을 참고하기 바란다.

(2) 관체반응(Pipe wall reactions)

유체가 관로를 통해 이동하는 동안 용존물질은 관 벽체로 이송되어 관 내벽에 붙어 있는 부식 부산물이나 바이오필름과 같은 물질과 반응하게 된다. 이때의 반응속도 반응에 참여하는 관 내벽의 표면적과 수체와 관벽 사이의 물질전달 속도에 의해 영향을 받게 된다. 관로에서 단위 체적당 표면적은 반지름으로 나눈 2로 결정되며 이는 반응에 참여하는 관 내벽의 표면적 크기를 결정한다. 물질전달 속도는 반응물질의 분자확산 속도와 유동의 레이놀드 수(Reynolds Number)에 따라 결정되는 물질전달 계수로 나타낸다(Rossman 등, 1994).

1차원 반응에 대해 관벽 반응속도를 수식화하면 다음과 같다.

$$r = \frac{2k_w k_f C}{R(k_w + k_f)} \tag{3.100}$$

여기서, k_w = 벽체 반응 상수(길이/시간), k_f = 물질 전달 계수(길이/시간)이며, R = 관의 동수반경이다. 0차원 반응의 반응속도는 물질전달 계수보나 높을 수 없기 때문에 다음식과 같이 표현된다.

$$r = \min(k_w, k_f C)(2/R) \tag{3.101}$$

여기서, k는 질량/면적/시간의 단위를 갖는다.

물질전달계수는 무차원의 Sherwood수(Sh)의 함수로 다음과 같이 표현된다.

$$k_f = Sh\frac{D}{d} \tag{3.102}$$

여기서, D = 특정물질의 분자확산속도(length^2/time)이며, d = 관경이다. 완전한 층류(Laminar flow) 조건에서, 관로 길이를 따르는 평균 Sherwood 수는 다음과 같이 나타낼 수 있다.

$$Sh = 3.65 + \frac{0.0668(d/L)R_e S_c}{1 + 0.04\left[(d/L)R_e S_c\right]^{2/3}} \tag{3.103}$$

여기서, R_e = Reynolds 수이며, S_c = Schmidt 수(유체의 동점성계수(Kinematic viscosity, ν)를 물질의 확산률(Diffusivity, D_m)로 나눈 값)이다.

난류의 경우에는 Notter and Sleicher(1971) 식에 의해 다음과 같이 표시된다.

$$Sh = 0.0149 R_e^{0.88} S_c^{1/3} \tag{3.104}$$

(3) 다른 형태의 수질모의

관망 내에서의 수질반응 모의 이외에 이용되고 있는 수질해석에는 물의 취수원 추적(Trace)과 물의 이동시간(또는 체류시간)의 계산이 대표적이다.

취수원 추적은 관망 내에 취수원이나 정수장이 여러 곳일 경우 물질의 혼합비율을 계산해주는 기능이다. 수원 추적의 결과는 각 절점이나 탱크에 전달된 물을 구성하는 특정 수원의 비율로 표현된다. 따라서, 여러 수원으로부터 물이 혼합되는 정도를 관찰하고 수원의 변경을 검토하는데 이용할 수 있다.

물의 이동시간은 관망 내의 수리 및 수질해석의 근간이 되는 계산으로서, 시작점으로부터 물이 이동하면서 소요되는 누적시간을 계산한다. 물의 이동시간은 관로 내에서뿐만 아니라 탱크에서의 체류시간 계산에서도 유용하게 사용할 수 있다.

주어진 관로에서의 물의 이동시간인 물 연령(Water age)은 다음 식과 같이 계산된다.

$$A_j = A_{j-1} + \frac{x}{V} \tag{3.105}$$

여기서, A_j = j번째 절점에서 물의 체류시간, $x = j-1$ 번째 절점으로부터의 거리, 그리고 $V = j-1$ 번째 절점으로부터의 유속이다.

만일 j번째 절점으로 이동하는 물의 경로가 여러 곳이라면, 물의 체류시간은 다음 식과 같이 가중 평균값으로 계산된다.

$$AA_j = \frac{\sum Q_i\left[AA_i + \left(\frac{x}{V}\right)_i\right]}{\sum Q_i} \tag{3.106}$$

여기서, AA_j = 절점 j 직상류 절점에서의 평균 체류시간, 그리고 Q_i = i번째 절점에서 j번째 절점까지의 유량이다.

3.8 관망해석 모델의 활용을 위한 배경이론

3.8.1 FAVAD 이론

다양한 누수저감 방법 중 수압관리는 가장 비용-효과적인 방법으로 알려져 있다. 수압관리를 통한 누수저감이란 동일한 누수구멍에서 수압이 높으면 누수량이 많아지고, 수압이 낮으면 누수량이 적게 유출되는 것에 기반하여 수압을 물 이용에 불편함이 없는 최소 수준으로 유지하여 누수량을 최소화하는 것을 의미한다.

수압에 따라 유출량이 변하는 누수량은 오리피스로 가정하여 계산할 수 있다. 오리피스로 누수부위를 가정한 경우 오리피스를 통과하는 유속(V, $m/\sec$)은 에너지보존법칙에 의해 식 (3.107)과 같이 수압(P, m)의 제곱근에 비례하게 된다.

$$\text{유속 } V = C_d \times (2gP)^{0.5} \tag{3.107}$$

여기에서 V는 오리피스를 통과하는 유속($m/\sec$), C_d는 유출계수로서 1 이하의 차원 계수, g는 중력가속도($m/\sec^2$)이며, P는 수압(m)을 의미한다.

따라서 유속 V로 통과하는 누수량은 식 (3.108)과 같이 계산할 수 있다.

$$\text{누수량 } \mathrm{L} = \mathrm{V} \times \mathrm{A} = \mathrm{C_d\,A} \times (2\mathrm{gP})^{0.5} \tag{3.108}$$

그러나, May(1994)는 실제 관망에서 누수부위(구멍, 균열, 파열, 연결부 등)에서의 유속은 수압의 제곱근에 비례하지만 누수부위의 유효면적($C_d\,A$)이 수압에 따라 변할 수 있음을 발견하였고, 이것을 FAVAD(Fixed And Variable Area Discharge) 공식으로 정립하였다.

FAVAD 공식에서는 수압(P)에 따른 누수량(L)의 크기를 산정함에 있어 다양한 현장 여건을 고려할 수 있도록 식 (3.109)와 같이 누수량은 수압의 $N1$ 제곱에 비례하는 것으로 그 관계를 일반화하고 있다.

$$\text{L varies with } \mathrm{P}^{N1} \quad \text{and} \quad L_1/L_0 = (P_1/P_0)^{N1} \tag{3.109}$$

여기에서, L_0는 수압저감 이전의 누수량, L_1는 수압저감 이후의 누수량, P_0는 수압저감 이전의 수압, P_1은 수압저감 이후의 수압이며, $N1$은 누수지수이다.

현장 여건을 고려한다는 의미는 식 (3.109)에서 누수지수 $N1$의 활용을 말한다. 지수 $N1$ 값의 범위는 누수와 누수부위의 형태에 따라 0.50에서 2.50까지 변할 수 있다. 일반적으로 금속관(강관, 주철관)은 0.5에 가까우며, 비금속관(PVC, PE 등)은 1.5 이상으로 보고되고 있으며, 금속관과 비금속관이 혼재되어 있는 경우에는 일반적으로 1.0을 사용한다. 또한 블록 시스템이 구축된 경우에는 수압이 가장 높은 야간최소유량 시간대를 기준으로 블록단위 누수지수 $N1$을 직접 산정하기도 한다.

3.8.2 관로 내 유속과 입자거동

2019년 인천시 및 서울시 일부지역 등에서 발생한 탁수사고는 수돗물 수질에 대한 국민적 관심을 높인 계기가 되었으며, 이 사고를 바탕으로 상수도관망시설 유지관리업무 세부기준이 제정되었다.

상수관망에서의 입자거동은 물 흐름방향 및 유속과 직접적인 연관성을 가지고 있다. '19년 인천시 탁수발생의 직접적인 원인도 수계전환 작업에서 높은 유속의 역방향 흐름을 유도하면서 관 내 침전물이 거동하면서 발생한 것으로 결론지었다.

Vreeburg(2010)는 네덜란드의 상수도관망은 염소를 투입하지 않는 무염소 시스템이므로 관망 내 탁수가 발생하면 수돗물 수질 및 국민건강에 절대적인 영향을 미친다고 언급하면서, 상수도관망에서의 탁수(Discolouration) 방지 및 배출을 위한 자가세척 유속(Self-cleaning velocity)과 관망세척(Cleaning of networks)에 대한 연구를 수행하였다. 이 책에서는 관내 유속과 입자 거동에 관한 Vreeburg(2010)의 연구를 간단히 정리하여 소개하고자 한다.

(1) 관망 내 탁수 발생원인

관망 내 탁수는 관로 내 축적된 입자들의 유동과 관련이 깊다. 이러한 입자들은 서로 다른 크기와 밀도 등을 가지고 있으며, 발생원인은 정수장에서 처리되지 않은 입자성 물질들이 관망에 유입되거나 관 또는 부속설비의 부식과 라이닝 침식, 미생물 재성장 그리고 용존물질이 화학적 반응을 통해 부유성 입자로의 변화 등 관망 내부가 될 수도 있다. 이와 같은 탁수의 발생원과 관망에서 유동과 관련된 프로세스를 다음 그림에 시각화하여 나타내었다.

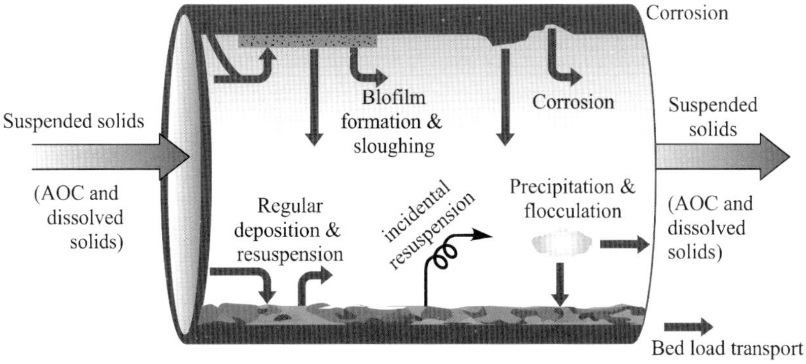

그림 3.41 관망에서의 입자거동 프로세스(Vreeburg, 2010)

(2) 자가세척 유속(Self-cleaning velocity)

관망에서 탁수발생 사고를 방지하는 가장 중요한 인자는 입자가 쌓이지 않도록 적정한 유속을 유지하는 것이다. 관로 내의 입자들은 밀도와 유속에 의해 침전과 재부상에 대한 임계속도와 평균유속의 상관관계에 의해 결정된다고 보고하였다. 이와 같은 상관관계에 의한 입자의 크기 및 밀도에 따른 입자의 재부상 유속은 다음 그림과 같다.

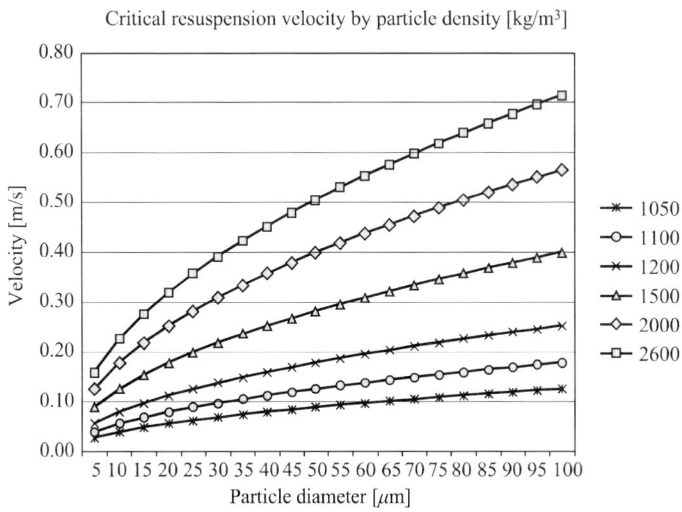

그림 3.42 입자의 밀도와 크기에 따른 재부상 임계유속

Vreeburg(2010)는 입자거동에 대한 이론적 배경과 RPM(Resuspension Potential Method) 등을 이용한 다양한 관망에서의 실험을 통해 자가세척 유속을 0.4 m/s로 결정하였다. 자가세척 유속인 0.4 m/s는 24시간 유지되어야 하는 유속이 아니라, 최소한 하루에 몇 분 동안 발생할 수 있는 유속을 말한다.

(3) 관세척

관로를 세척하기 위해 다양한 기술들이 현장에 적용되고 있다. 가장 보편적인 방법은 물의 유속을 이용한 "플러싱(Flushing)", "물 주입세척(Water jet)", "공기 주입세척(Air scouring)", 그리고 "피깅(Pigging)"으로 분류할 수 있다.

플러싱의 원리는 관내 유량(유속)의 증가를 통해 침전물을 재부유시키는 전단력을 향상시켜 관내에 침전된 입자성 물질을 배출하는 것이다. 효과적인 플러싱을 위해서는 플러싱 되는 물의 양과 유속 그리고 세척 환경에 대한 요건이 정해져야 한다.

플러싱을 위한 적정 유속을 1.5 m/s로 정하였는데, 이 경우 침전물을 제거하는데 충분하지만, 너무 낮은 유속은 침전물을 제거하지 못하고 교란과 유동만 시키는 역효과를 가져올 수 있기 때문이다. 세척수량은 세척구간 관로 부피의 약 3배 정도를 사용하면 침전물을 효과적으로 제거할 수 있다. 관로를 플러싱하기 위해 사용되는 물은 깨끗한 물을 사용하는 것으로 이 개념을 "깨끗한 전면을 통한 작업(Clear water front)"이라고 정의하였다.

참고문헌

- AWWA (2016) M36 Water Audits and Loss Control Programs, Forth Edition. American Water Works Association(AWWA).
- AWWA (2017) M32 Computer Modeling of Water Distribution Systems 4th Edition, AWWA(American Water Works Association), USA.
- AWWA (2023) Handbook for Water Distribution System Model Calibration, AWWA Water Distribution Model Calibration Subcommittee.
- Cesario, A. L, Kroon, J. R., Grayman, W. and Wright, G. (1996) New Perspectives on Calibration of Treated Water Distribution Models. Proceedings of the AWWA Annual Conference, American Water Works Association. Toronto, Canada.
- Davis, M. J., Janke, R., and Taxon, T. N. (2018) Mass imbalances in EPANET water-quality simulations. Drinking Water Engineering and Science, Vol. 11, pp. 25-47.
- Farley, M. and Trow, S. (2003) Losses in Water Distribution Networks. IWA Publishing.
- Hamna Y. M. and Brameller, A. (1971) Hybrid Method for the Solution of Pipeng networks. Proc. IEE. Vol. 113, No. 11, pp. 1607-1612.
- Hunaidi, O. (2010) Leakage Management for Water Distribution Infrastructure - Report 2: Results of DMA Experiments in Ottawa, ON, National Research Council Canada.
- Kanakoudis, V. and Gonelas, K. (2014) Accurate Water Demand Spatial Allocation for Water Network Modelling using a new approach, Urban Water Journal, April 2014.
- Koechling, M. T. (1998) Assessment and Modeling of Chlorine Reactions with Natural Organic Matter: Impact of Source Water Quality and Reaction Conditions, Ph.D. Thesis, Department of Civil and Environmental Engineering, University of Cincinnati, Cincinnati, Ohio.
- Koechling, M. T. (1998) Assessment and Modeling of Chlorine Reactions with Natural Organic Matter: Impact of Source Water Quality and Reaction Conditions, Ph.D. Thesis, Department of Civil and Environmental Engineering, University of Cincinnati, Cincinnati, Ohio.
- Lansey, K. E. and Boulos, P. F. (2005) Comprehensive Handbook on Water Quality Analysis for Distribution Systems, MWH Soft, Inc.

- May, J. (1994) Leakage, Pressure and Control, In: Proceedings of the BICS International Conference on Leakage Control Investigation in underground Assets, London, UK, 22 March 1994.
- Morrison, J., Tooms, S. and Rogers, D. (2007) District Metered Areas Guidance Notes, IWA Specialist Group Efficient Operation and Management Water Loss Task Force, IWA(International Water Association).
- Notter, R. H. and Sleicher, C. A. (1971) The eddy diffusivity in the turbulent boundary layer near a wall. Chem. Eng. Sci., Vol. 26, pp. 161-171.
- Osiadacz, A. J. (1987) Simulation and Analysis of Gas Networks. E. & F.N. Spon. London.
- Rossman, L. A., Clark, R. M., and Grayman, W. M. (1994). Modeling chlorine residuals in drinking-water distribution systems. Jour. Env. Eng., Vol. 120, No. 4, 803-820.
- Rossman, L. A. and Grayman, W. M. (1999) Scale-model studies of mixing in drinking water storage tanks. Jour. Env. Eng., Vol. 125, No. 8, pp. 755-761.
- Rossman, L., Woo. H., Tryby, M., Shang, F., Janke, R. and Haxton, T. (2020) EPANET 2.2 Users Manual, USEPA, USA.
- Salgado, R., Todini, E., and O'Connel, P.E. (1988) Extending the gradient Method to include Pressure Regulating Valves in Pipe Networks. Proc. Inter. Symposium on Compurter Modeling of Water Distribution Systems. University of Kentucky, May 12-13.
- Tabesh, M., Asadiuani Yekta, A. H. and Burrows, B. (2009) An Integrated Model to Evaluate Losses in Water Distribution Systems. Water Resources management 23:477-492.
- Thornton, J., Sturm, R., Kunkel, G. (2008) Water Loss Control 2nd Edition, McGraw Hill.
- Todini, E. and Pilati, S. (1987) A Gradient Method for the Analysis of Pipe Networks. International Conference on Computer Applications for Water Supply and Distribution. Leicester Polytechnic, UK, September 8-10.
- Todini, E. (2003) A more realistic approach to the extended period simulation of water distribution networks. Advances in Water Supply Management: Proc. CCWI '03 Conference, London, Sept. 15-17.
- UK Water Industry Engineering and Operations Committee (1994) Managing Leakage, WRc(Water Research Centre).

- Vreeburg, J. (2010) Discolouration in Drinking Water Systems, The Role of Practices Clarified, KWR Water Cycle Research Institute Series. IWA Publishing.
- Wagner, J. M., Shamir, U., and Marks, D. H. (1988) Water distribution reliability: Simulation methods. Jour. Water Resour. Plan. Manage., Vol. 114, No. 3, 253-275.
- Walski, T. M. (1984) Analysis of Water Distribution Systems, Van Nostrand Reinhold Company.
- Walski, T. M., Chase, D. V., Savic, D. A., Grayman, W., Beckwith, S. and Koelle, E. (2003) Advanced Water Distribution Modeling and Management, First Edition. Haestad Press. USA.
- 김성한, 양승경, 김동홍, 우형민 (2009) 유수율 제고를 위한 관망해석 및 진단. 홍릉과학출판사.
- 김성한 (2018) 상수관망 해석에서의 모형구성 및 수요할당에 따른 영향분석, 충남대학교.
- 한국수자원공사(2023) 대산계통 송수관로 수압손실 확인 및 해소방안 검토서.
- 환경부 (2021) 환경부고시 제2021-43호 상수도관망시설 유지관리업무 세부기준.
- 환경부 (2023) 상수도통계.

CHAPTER

4 관망해석 프로그램 사용법 (EPANET 2.2)

CHAPTER 4

관망해석 프로그램 사용법(EPANET 2.2)

4.1 EPANET이란?

4.1.1 프로그램 개요와 내려받기

- EPANET은 미국 환경청(U.S. Environmental Protection Agency(EPA))에서 개발하였으며, 누구나 사용할 수 있는 무료 공개된 관망해석 프로그램이다.
- EPANET은 확장기간 모의(EPS, Extended Period Simulation)를 바탕으로 수리 및 수질 관망해석과 개별 펌프모터의 전력 원단위 추정 등 다양한 해석이 가능한 프로그램이다.
- EPANET은 관망도 작성(Drawing), 속성정보(Property data) 입력 등 모델 구축에 필요한 기능뿐만 아니라 해석결과를 표와 그래프 그리고 관망도에서 직접 시각화할 수 있는 등의 다양한 편의 기능을 제공한다.
- EPANET 프로그램 구하는 곳 : 미국 환경청(U.S. EPA) 인터넷 사이트 (https://www.epa.gov/water-research/epanet)

※ 이곳에서 Software 부분의 "Self-Extracting Installation Program for EPANET 2.2(EXE)"를 내려받고, 실행(double click)하면 EPANET 설치를 진행할 수 있다.

※ 이곳에서는 설치 프로그램뿐만 아니라 프로그램 개발 코드 및 관망해석 응용 프로그램 개발을 위한 툴킷(Toolkit), 다양한 확장 모듈, 사용자 매뉴얼, 과거 버전(2.0)의 프로그램을 내려받을 수 있다. 최신 버전인 EPANET 2.2 프로그램과 관련된 파일은 다음과 같다.

표 4.1 EPANET Software 및 Manual

Self-Extracting Installation Program for EPANET 2.2 (EXE)	설치프로그램
Non-Installing Software for EPANET 2.2 (ZIP)	ZIP 프로그램
EPANET 2.2 Online User's Manual	온라인 매뉴얼

※ 오프라인에서 활용 가능한 PDF 파일 형태의 매뉴얼은 EPA 홈페이지에서 "EPANET 2.2 User Manual"을 검색(Search)하여 내려받을 수 있다.

표 4.2 EPANET Toolkit 및 Extension

EPANET 2.2 Programmer's Toolkit Files (ZIP)	프로그래머 Toolkit 파일
EPANET-MSX (Multi-Species eXtension)	다중수질해석 확장
EPANET-RTX (Real-Time eXtension)	실시간모의 확장

4.1.2 EPANET 2.2 해석능력

(1) 수리모의 능력(Hydraulic modeling capabilities)

- 해석할 수 있는 관망의 크기에 제한이 없음
- 마찰손실수두에서 Hazen-Williams, Darcy-Weisbach, 또는 Chezy-Manning 식 중 하나를 선택하여 계산
- 곡관, 부속설비 등에서의 미소손실 고려 가능
- 정속 또는 변속 펌프의 모의 가능
- 펌프의 소비 에너지와 비용의 계산 가능
- Open/Close, 역지(Check), 수압/유량 조절 등 다양한 밸브제어 모의 가능
- 높이별로 직경이 다를 수 있는 모든 형태의 저류탱크 모의 가능
- 절점에서 수요량의 시간변화 패턴이 서로 다른 여러 개의 수요범주(Categories)를 동시에 입력 및 모의 가능
- 방류장치(Emitters)에 의한 소화전, 스프링클러 등의 수압기반 모의 가능
- 절점 유출량에 대하여 수요기반해석(Demand driven analysis) 및 수압기반해석(Pressure driven analysis) 모의 가능
- 탱크 수위기반과 같은 단순제어(Simple controls)와 시간과 같은 복잡한 규칙기반 제어(Rule-based controls) 모의 가능

(2) 수질모의 능력(Water quality modeling capabilities)

- 관망에서 비반응 추적자(Non-reactive tracer) 물질의 이동 모의 가능
- 시간경과에 따른 증가(소독부산물) 또는 감소(잔류염소)하는 반응물질의 이동과 상태(농도)의 모의 가능
- 수원에서부터 계산된 관망에서의 물 연령(Water age) 모의 가능
- 여러 취수원에서부터 물이 공급되는 관망인 경우, 각 절점에서의 취수원별 공급 비율 추적 가능

- 수체(Bulk flow)와 관체(Pipe wall)에서의 반응 모의 가능
- 수체 반응 모의를 위해 다차원(n-th order)의 반응식 사용 가능
- 관체 반응 모델을 위해 0 또는 1차원 반응식 사용
- 관체 반응 모의 시 질량 이동 한계(Mass transfer limitations) 고려
- 한계 농도까지 증가 또는 감소 반응이 진행되도록 설정 가능
- 관망 전체 또는 관로별 반응속도 설정 가능
- 관 조도(Pipe roughness)와 연관된 관체 반응속도 설정 가능
- 오염물질의 확산과 같이 모든 위치에서 시간에 따른 농도 변화 모의 가능
- 재염소, 오염물질 유입과 같은 외부 농도유입을 모든 절점에서 설정 가능
- 완전혼합, 플러그 흐름, 또는 2구획 반응기로 탱크에서의 반응 모의 가능

4.1.3 EPANET의 구성요소 및 속성자료

상수도관망 구성요소들을 EPANET 프로그램에 적용하는데 필요한 필수 입력 자료는 다음과 같다. 이 책에서는 국내에서 사용되는 SI 단위계로 자료들을 설명하고 있으며, 설명되지 않은 자료들에 대한 설명은 EPAENT Manual을 참고하기 바란다.

(1) 물리적 구성요소 및 속성자료

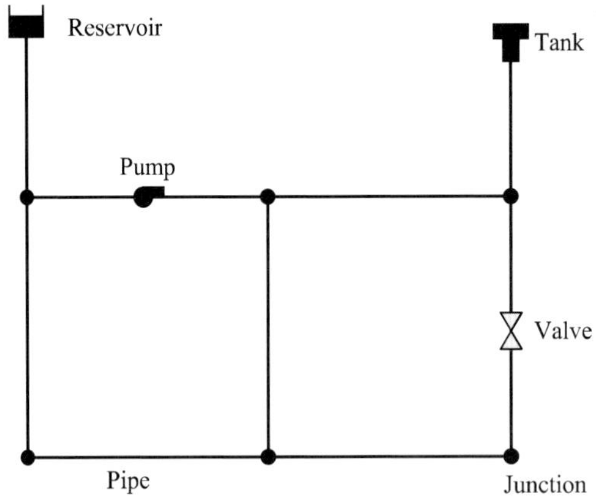

그림 4.1 상수도관망의 물리적 구성요소

1) **저수지(Reservoirs)** : 정수장 정수지, 배수지, 소블록 유입점 등 관망에 물을 공급하는 관망모델의 시작점

- 저수지 ID(예시 : R01, R02)

  ※ 중복되지 않는 15자리 이하의 문자 또는 번호

- 저수지 위치(X·Y 좌표, m)
- 총 수두(표고+수위, EL. m)

  ※ 시간별 수위변화나 변화패턴을 알고 있으면 이를 추가 입력하여 저수지의 시간별 수위변화를 관망해석에 활용할 수 있다.

2) **탱크(Tanks)** : 저수지, 배수지, 조절지 등 관망 내 공급량을 조절하는, 수위 변화를 고려할 필요성이 있는 자유수면을 갖는 점

- 탱크 ID(예시 : T01, T02)
- 탱크 위치(X·Y 좌표, m)
- 바닥 표고(EL. m)
- 초기수위(바닥 표고로부터 모델링 시작시점 수위까지의 거리, m)
- 최저수위(바닥 표고로부터 탱크 최저수위까지의 거리, m)
- 최대수위(바닥 표고로부터 탱크 최대수위까지의 거리, m)
- 탱크 직경(사각형일 경우 원형의 직경으로 환산, m)

  ※ 탱크의 모양이 수위별로 다르면 수위 대 용량곡선을 추가 입력한다.

3) **절점(Junctions)** : 관경 변화, 분기 지점, 수요가 있는 지점

- 절점 ID(예시 : N0001, N0002)
- 절점 위치(X·Y 좌표, m)
- 절점 표고(관 상단고, EL. m)
- 수요량(m^3/day 또는 m^3/hr, 모델링 목적에 적합한 단위 선택 가능)

  ※ GIS 등을 이용하여 각 절점의 좌표를 조사할 수 있으면 이들을 절점 자료와 함께 DB화한다. 수요량은 용도별 사용량과 누수 등을 포함하며 수요량 범주(Demand categories) 설정을 통해 구분할 수 있으며, 소화전에서의 플러싱 등을 모의하는 경우 소화전에 대한 위치, 구경 등을 사전 조사하고 그에 부합하는 이미터 계수(Emitter coefficient)를 추가 입력한다.

4) **관로(Pipes)** : 점과 점 사이에 물을 운반하는 경로

- 관로 ID(예시 : P0001, P0002)

- 시작(상류측) 절점 ID
- 끝(하류측) 절점 ID
- 관경(mm)
- 길이(m)
- 조도계수(Hazen-Williams *C*값)
- 미소손실계수(Minor head loss coefficient)

  ※ 관로가 폐쇄되어 있거나 역지밸브 또는 미소손실을 고려할 필요가 있는 경우 이를 조사한다.

5) 펌프(Pumps)

- 펌프 ID(예시 : Pump01, Pump02)

  ※ 펌프는 링크(Link) 요소로 인식한다.

- 시작 절점 ID
- 끝 절점 ID
- 펌프곡선 ID(펌프양정-유량의 자료)

  ※ 펌프 입력자료에는 펌프곡선의 ID만 입력하고, 곡선에 대한 데이터는 곡선 입력(Curves)에서 별도로 입력해야 한다.

- 설정값(펌프 스피드, 패턴 등)

6) 밸브(Valves) : 압력조절밸브(PRV, PSV), 유량조절밸브(TCV) 등을 점과 점 사이에 추가, 역지밸브나 제수밸브(Open/Close)는 밸브를 별도로 드로잉하지 않고 관로의 속성정보로 구현 가능

- 밸브 ID(예시 : V01, V02)

  ※ 밸브는 링크(Link) 요소로 인식한다.

- 시작 절점 ID
- 끝 절점 ID
- 밸브형태(압력조절(PRV; Pressure Reducing Valve), 압력유지(PSV; Pressure Sustaining Valve), 유량조절(FCV; Flow Control Valve) 등)
- 설정값(압력 또는 유량 제어값, 손실계수 등)

  ※ 펌프와 밸브는 연결선이므로 관로로 연결된 두 절점 사이를 다시 펌프 또는 밸브로 중복으로 연결하면 안 된다. 펌프나 밸브의 추가 입력이 필요한 경우에는 절점을 추가하여 연결할 수 있는 공간을 마련한 후 추가한다.

표 4.3 관망해석 모델 밸브의 종류 및 기능

구분	기능
PRV (감압밸브)	• 밸브의 하류측 압력을 Setting 값 이하로 낮추고자 하는 경우 - 감압밸브
PSV (압력유지밸브)	• 밸브의 상류측 압력이 Setting 값 이하로 내려가지 않도록 유지하는 경우 - Tank 유입측(배수지 및 흡수정 유입), 대수용가 유입측
FCV (유량조절밸브)	• 밸브를 통과하는 유량이 Setting 값 이하로 흐르도록 하는 경우 - Tank 유 · 출입측, Resevoir 유출측
TCV (개도조절밸브)	• 밸브 개도에 따른 손실계수를 Setting하여 유량을 제어하는 경우 - Tank 유 · 출입측, Resevoir 유출측
PBV (압력파쇄밸브)	• 밸브 설치지점에 Setting 값 6 손실을 유발시킬 경우
GPV (일반목적밸브)	• Headloss-Curve를 이용하여 특별한 손실-유량관계를 반영하고자 하는 경우
CV (역지밸브)	• 관로내 물흐름 방향을 한 방향으로 제한하고자 하는 경우

(2) 가동요소 및 속성자료

1) **시간별 가동패턴(Patterns)** : 시간별 절점 수요변동, 저수지 수위변동 등의 시간패턴

- 패턴 ID(예시 : Pat01, Pat02)
- 시간별 변화계수(평균 값에 시간별로 승수(Multipliers)를 배분)

※ 패턴은 저수지 수위, 절점 사용량누수량 등을 구분하여 만들 수 있다.

2) **가동 곡선(Curves)** : 펌프 특성 및 효율 곡선, 배수지 수위 및 유량 곡선, 수두손실 곡선

- 곡선 ID(예시 : Cuv01, Cuv02)
- X 값(유량, m^3/day 또는 m^3/hr)
- Y 값(양정, m)

※ 곡선은 펌프의 수위 대 유량, 펌프의 효율 대 유량, 탱크의 체적 대 수위 및 밸브의 수두손실 대 유량에 대하여 나타낼 수 있다. 또한, 펌프별로 가동 곡선이 다른 경우에는 펌프별로 가동 곡선을 각각 입력하거나, 하나의 펌프에 가농 곡선을 소합하여 입력한다.

3) **제어규칙(Rules)** : 유량, 수위에 따른 펌프, 밸브 등의 제어 규칙을 모델에 반영하여 실제 관망 운영에 가깝게 모의

- 단순제어(Simple controls) : 하나의 조건으로 구성된 제어규칙을 사용하는 것을 의미하며, 탱크 수위, 절점 압력, 특정 시각을 제어
- 단순제어를 위한 명령문은 다음과 같은 형태로 표현

LINK x status IF NODE y ABOVE/BELOW z

LINK x status AT TIME t

LINK x status AT CLOCKTIME c AM/PM

여기서, x = 연결선 ID

status = OPEN 또는 CLOSED, 펌프속도 설정, 제어밸브 설정

y = 연결점 ID

z = 연결점 압력 또는 탱크 수위

t = 모의가 시작된 이후의 경과시간

c = 24시간 단위의 시간표시(예 : 8 PM)

- 규칙기반 제어(Rule-based controls) : 여러 조건의 조합을 이용한 제어
- 규칙기반 제어를 위한 명령문은 다음과 같은 형태로 표현

※ 여기에서 사용되는 LEVEL은 모두 상대값, 즉 바닥표고로부터의 수위를 가리킨다.

사례1 탱크 ID 1의 수위가 19.1 *m* 이상이 되면 펌프 ID 335를 닫고 관로 ID 330인 측관(By-pass관)을 열며, 수위가 17.1 *m* 이하가 되면 그 반대가 되도록 규칙(Rule)을 정하도록 하는 사례이다.

```
RULE 1
IF     TANK   1 LEVEL ABOVE 19.1
THEN PUMP 335 STATUS IS CLOSED
AND  PIPE   330 STATUS IS OPEN
RULE 2
IF     TANK   1 LEVEL BELOW 17.1
THEN PUMP 335 STATUS IS OPEN
AND  PIPE   330 STATUS IS CLOSED
```

사례2 모의 기간에 오전 8시부터 오후 6시 사이에 탱크 ID 1의 수위가 12 m 이하가 되면 펌프 ID 335를 작동시키고, 오후 6시부터 오전 8시 사이에는 탱크 ID 1의 수위가 14 m 이하일 때 펌프 ID 335를 작동시킨다. 즉 펌프의 초기상태는 꺼져있는 상태이고, 시간대별 다른 탱크 수위 기준으로 펌프를 작동시킴을 의미하는 사례이다.

```
RULE 3
IF    SYSTEM CLOCKTIME >= 8 AM
AND SYSTEM CLOCKTIME < 6 PM
AND TANK 1  LEVEL BELOW 12
THEN PUMP 335 STATUS IS OPEN
RULE 4
IF    SYSTEM CLOCKTIME >= 6 PM
AND SYSTEM CLOCKTIME < 8 AM
AND TANK 1  LEVEL BELOW 14
THEN PUMP 335 STATUS IS OPEN
```

사례3 펌프 흡입측(저수지 ID R1)의 수위가 10.0 m 이하이면 변속펌프(펌프 ID P1)의 회전속도를 1.2로 설정하고, 수위가 15.0 m 이상이면 회전속도를 다시 1.0을 변경하여 운영하는 사례이다.

```
RULE 1
IF     RESERVOIR  R1  LEVEL BELOW 10.0
THEN PUMP P1 SPEED IS 1.2
RULE 2
IF     RESERVOIR  R1  LEVEL ABOVE 15.0
THEN PUMP P1 SPEED IS 1.0
```

4) **해석옵션(Option)** : 수리, 수질, 모의 기간 및 간격, 에너지 등 해석방법 및 조건을 결정하는 모델링 옵션

4.1.4 사용단위(SI 단위)

- 유량
  - LPS(liters/sec) : ℓ/sec
  - LPM(liters/min) : ℓ/min
  - MLD(mega liters/day) : $10^6\ell/day \rightarrow 10^3m^3/day$
  - CMH(cubic meters/hr) : m^3/hr
  - CMD(cubic meters/day) : m^3/day
- 관 길이 : 미터(m)
- 관 구경 : 밀리미터(mm)
- 수두, 표고, 압력, 탱크 직경 : 미터(m)
- 수질 농도 : mg/ℓ 또는 $\mu g/\ell$ $\rightarrow$ ppm 또는 ppb
- 동력 : kW
- 체적 : cubic meters(m^3)
- 유속 : m/sec

※ 메뉴 바의 Project ➡ Defaults ➡ Hydraulics에서 유량 단위를 SI 단위로 설정하면, 관 길이, 관경 등은 SI 단위('m' 또는 'mm' 등)로 자동 설정된다.

4.2 EPANET 작업공간

4.2.1 화면구성

EPANET의 화면은 그림 4.3과 같이 구성된다.

① 메뉴 바(Menu Bar) : File/Edit/View/Project/Report/Window/Help

② 툴바(Toolbar) : 파일도구, 조회도구, 선택도구, 확대·축소, 그리기 도구

③ 상태 바(Status Bar) : 유량 단위, 관망도 축적, 좌표를 나타내는 창

④ 데이터 브라우저(Data Browser) : 관로, 펌프, 밸브 등 관망을 구성하는 시설자료와 운영자료의 목록을 관리하는 창

⑤ 맵 브라우저(Map Browser)
 : 해석결과의 관망도 표시 방법을 설정하는 창

⑥ 속성 편집기(Property Editor)
 : 시설, 가동조건 등 관망 구성요소의 정보를 입력/수정하거나 개별 시설의 해석결과를 조회하는 창

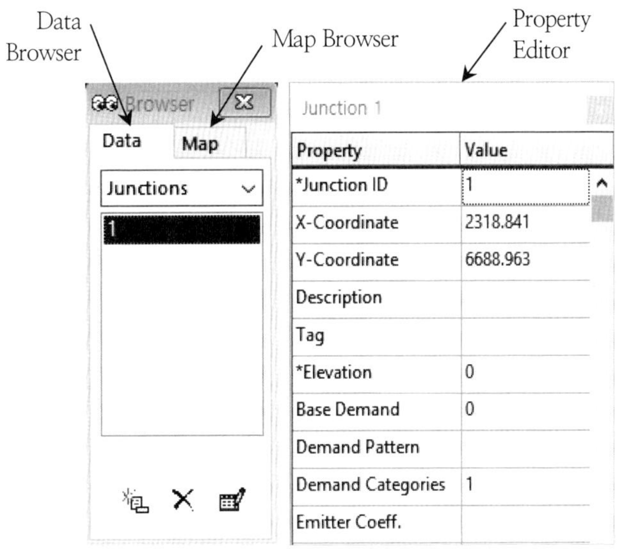

그림 4.2 브라우저와 속성 편집기

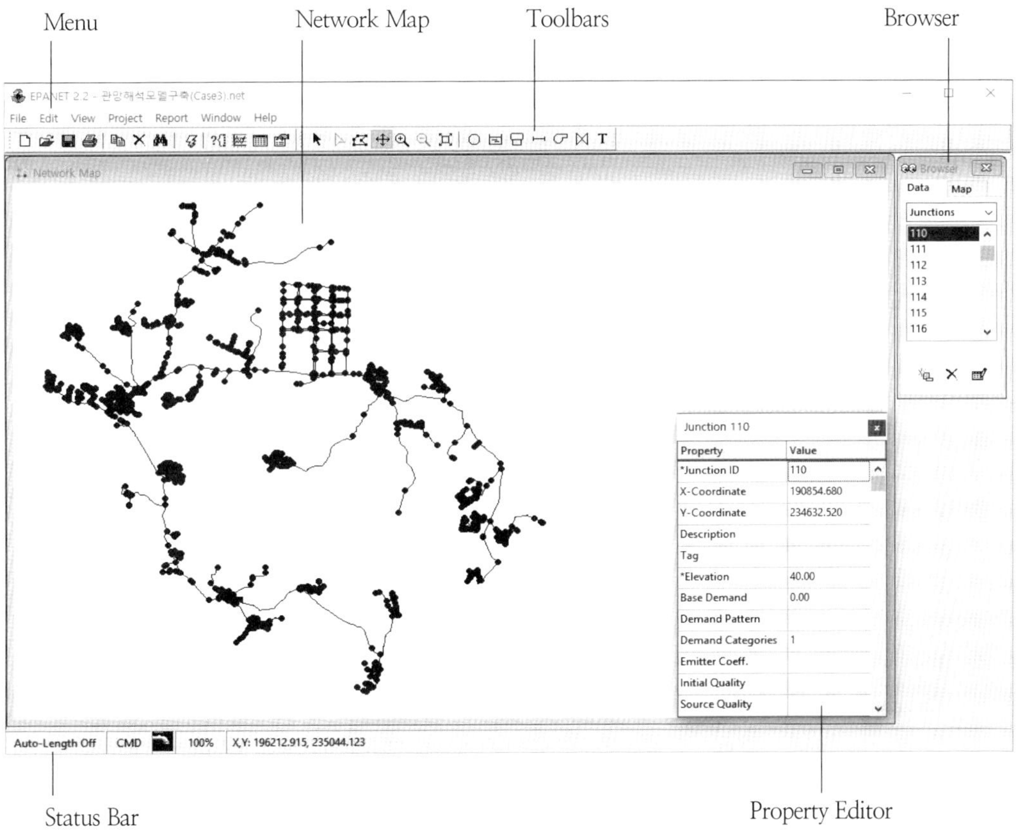

그림 4.3 EPANET 화면구성

4.2.2 메뉴 바(Menu Bar)

(1) File Menu(파일 관련 편집기능)

- New : 새로운 작업하기
- Open : 기존 파일열기
- Save : 작업저장
- Save As : 다른 이름으로 저장
- Import : 파일 형태의 관망자료 불러오기
- Export : 관망자료를 파일 형태로 내보내기
- Page Setup : 인쇄 편집용지 설정
- Print Preview : 인쇄 미리보기
- Print : 현재 화면 프린트하기
- Preference : 선호환경 설정
- Exit : 나가기(작업종료)

여기서, Import와 Export 기능에서는 ① Map, ② Scenario 및 ③ Network의 파일을 불러오거나 내보낼 수 있다. Map은 도면요소, Scenario는 수요량, 관 구경, 조도계수, 수질 등의 관로요소(시나리오), Network는 관망요소를 파일형태나 그림(CAD, 그림파일) 등으로 불러오거나 내보내는 데 사용된다. 이에 대한 자세한 사항은 4.4 관망요소 불러오기(Import)와 내보내기(Export)에서 자세하게 다룬다.

Preference(선호환경 설정)은 작업할 때 선호하는 환경을 설정하는 기능이다. 선호환경은 File ➡ Preferences에서 설정하며, 일반설정과 포맷설정의 두 가지가 있다.

1) 일반설정(General Preferences)

- Blinking Map Hiliter : 도면에서 노드, 링크, 라벨을 선택했을 때 깜박거림 On/Off 설정
- Flyover Map Labeling : 마우스를 도면의 노드 또는 링크에 올려놓을 때마다 해당 ID 번호와 해석결과 값들 표시여부 설정
- Confirm Deletions : 도면의 객체를 지우기 전에 확인
- Automatic Back File : 파일을 열기 전에 백업파일(*.bak)의 저장여부 확인
- Clear File List : File 메뉴에서 최근 작업한 파일명 삭제

2) 포맷설정(Formatting Preferences)

포맷환경은 숫자로 표현되는 해석결과의 소수점 자릿수를 설정하는 기능을 제공한다. 소수점 이하의 결정은 그림 4.5와 같이 연결점과 연결선이 갖고 있는 결과 항목별로 설정을 다르게 할 수 있다.

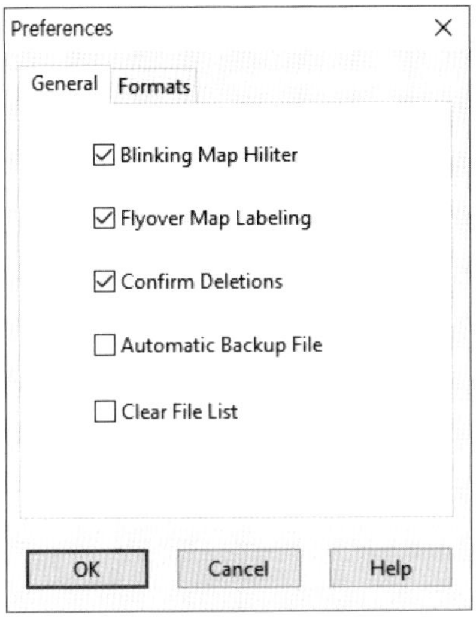

그림 4.4 선호환경 일반설정 탭

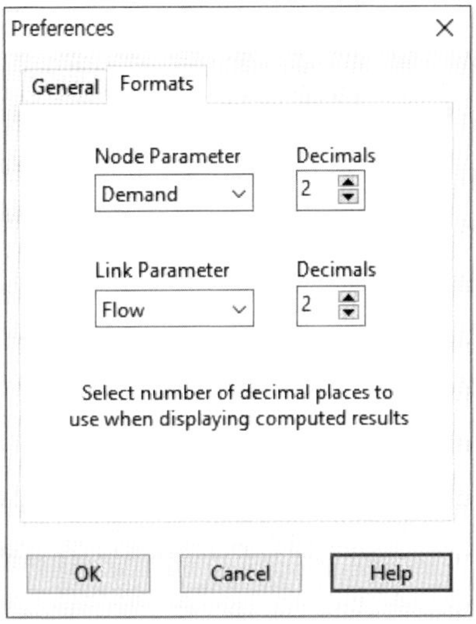

그림 4.5 선호환경 포맷설정 탭

(2) Edit Menu(관망도 및 구성요소의 편집기능)

- Copy to : 관망도, 그래프 등을 클립보드 또는 파일로 복사
- Select Object : 관망도에서 1개 구성요소(객체)를 선택
- Select Vertex : 관로의 시작점과 끝점을 제외한 중간 변곡점 선택
- Select Region : 구역을 설정하여 구성요소를 다중 선택
- Select All : 관망도 내에 있는 전체 구성요소를 선택
- Group Edit : 선택된 구성요소의 속성정보를 한번에 수정

그룹편집(Group Edit)의 사례를 자세하게 설명하면 다음과 같다.

① EPANET 작업환경의 메뉴 바에서 Edit ➡ Select All(전체선택) 또는 Select Region (부분선택) 선택

– Select Region 하였을 경우 선택하고자 하는 영역을 설정하고 마우스(mouse)의 우측버튼을 누르면 선택영역이 폐합된다.

② Edit ➡ Group Edit를 선택한다.

③ 화면에서 변경하는 조건을 누르고 'OK' 버튼을 누른다.

- 예를 들어 C값이 100 미만인 값들을 모두 110으로 대체하려면 아래 그림과 같이 바꾸면 된다.
- 만일 조건 없이 변경하고자 하면 아래 그림에서 보이는 ☑ with의 ✔를 없애고(□ 형태), Replace 난을 입력하면 모두 변경된다.

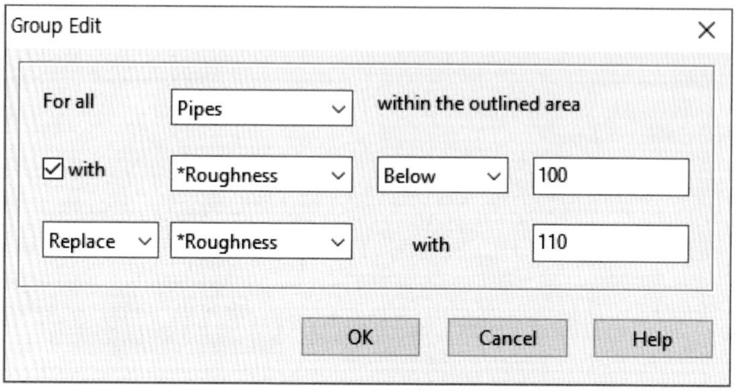

그림 4.6 그룹 편집(Group Edit)

(3) View Menu(관망도 작업 내용보기)

- Dimensions : 관망의 도면 범위설정(좌표범위)
- Backdrop : 관망의 배경도면 두기
- Pan : 관망도 움직이기
- Zoom In : 관망도 확대
- Zoom Out : 관망도 축소
- Full Extent : 관망 전체를 화면에 모두 표시
- Find : 관망에서 특정항목 찾기(예, 절점번호 10번 찾기)
- Query : 질의→기준 정해서 찾기(예, 압력이 10 m 이상인 절점)
- Overview Map : 관망도 개요보기/숨기기
- Legend : 범례 표시/수정
- Toolbars : 툴바(표준, 관망도 그리기) 표시/숨기기
- Options : 관망도를 화면에 나타내는 방법 설정(Map Options)

1) Dimensions

Dimensions은 작성된 관망의 크기가 너무 작거나 클 때, 화면에 맞추어 크기를 변경할 수

있는데, 좌측하단 및 우측상단의 좌표를 설정하거나 'Auto-size'를 이용하여 자동으로 화면에 맞출 수 있다.

2) 배경도면(Backdrop)

Backdrop은 그림이나 CAD 파일 등을 관망도의 배경으로 두는 기능으로, 그림파일(Bitmap, *.bmp), 컴퓨터 메타파일(Enhanced Metafile, *.emf 또는 Metafile, *.wmf)을 이용할 수 있다. 메타파일은 CAD나 GIS S/W를 이용하여 원하는 지역을 선정한 다음 변환(Export) 기능을 이용하여 만들 수 있다. 아래 그림은 항공사진(메타파일)을 이용하여 배경화면으로 작성한 사례이다. 배경화면과 관망해석 그림의 위치를 맞추는 방법은 관망해석 전체(Full Extent)화면의 좌하 및 우상의 좌표를 기록하고 이 좌표에 맞추어 CAD에서 자른 후, 불러들이면 된다.

그림 4.7 배경화면(Backdrop) 사례

3) Options

Options 기능은 해석과정에서 가장 많이 사용하는 기능으로 메뉴 바의 View ➡ Options... 뿐만 아니라, 도구상자(Toolbar)의 Options(아이콘) 및 작업화면에서 마우스의 우측버튼을 누르면 맨 아래쪽의 Options 등 여러 곳에서 실행할 수 있다. 특히, 화면에 활성화된 상태, 즉

도면, 그래프, 표(Table) 등이 만들어진 상태에 따라 Options의 표시내용이 달라진다. 예를 들어, 그래프를 그린 후에 이 Options를 선택하면 그래프 선택사양(Graph Option)으로 바뀌어, 그래프의 모양, 범위, 범례 등을 편집, 수정할 수 있도록 하며, 표를 작성한 후 Options를 선택하면 표에 들어가 내용을 수정할 수 있는 기능으로 바뀌게 된다.

다음은 메뉴 바 View ➡ Options을 실행한 경우에 대한 설명이다.

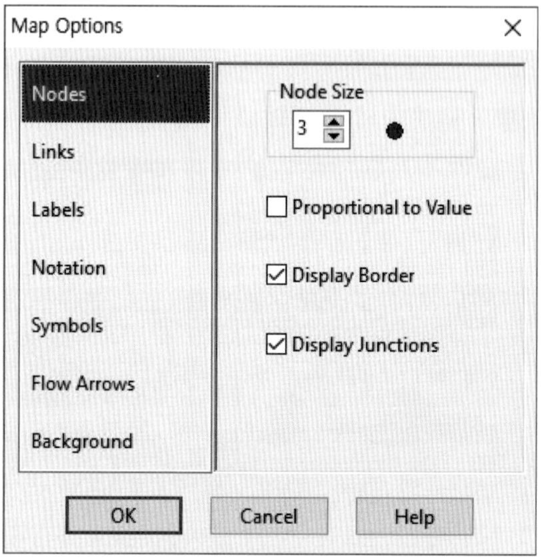

그림 4.8 도면 작성 선택사양(Options)

- Nodes : 절점( ), 저수지( ), 탱크( ) 등 기호의 크기 조정
- Links : 연결선(관로, 펌프, 밸브) 모양의 크기 조정
- Labels : 관망요소의 라벨(글자)을 나타내기/숨기기
- Notation : 연결점, 연결선의 정보를 나타내기/숨기기
- Symbols : 탱크, 펌프, 밸브 모양 표시를 나타내기/숨기기
- Flow Arrows : 물 흐름방향의 화살표 모양 나타내기/숨기기/종류선택
- Background : 도면의 배경화면 색 설정

※ 화면에 표시하고자 하는 연결점(Nodes)이나 연결선(Links)의 값 종류는 해석 후 Map 브라우저에서 해당 변수 값을 선택하는 것으로 설정할 수 있으며, Proportional to Value를 체크하면 해석결과의 값에 따라 크기와 두께가 비례하여 변경된다.

(4) Project Menu(작업 설정)

- Summary : 해석하고자 하는 관망의 개요 보기
- Defaults : 기본환경 설정
- Calibration Data : 보정자료 등록(실측자료를 등록하여 해석결과와 비교)
- Analysis Options : 해석옵션 편집
- Run Analysis : 해석수행

1) Defaults

Defaults는 기본환경을 설정하는 기능으로 ID Labels, Properties, Hydraulics 탭으로 구성되며, Defaults 설정 값을 정하고, "□ Save as defaults for all new projects"에 표시(☑)하면 모든 새로운 해석에서 공통적으로 적용된다.

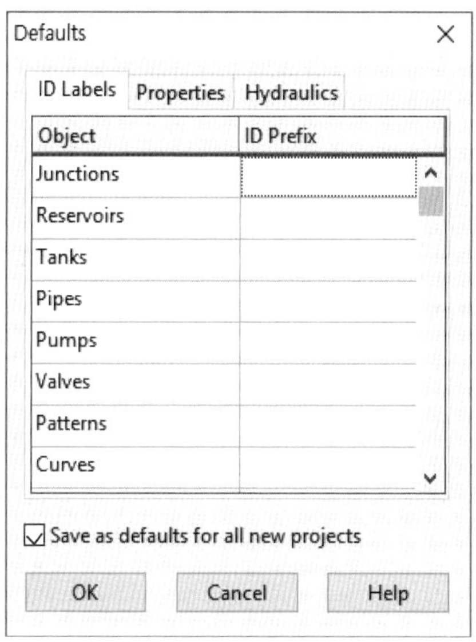

그림 4.9 **기본환경 설정**

- ID Labels : 기본 번호체계 설정(예, Junctions에서 ID Prefix란에 J라고 입력하면 모든 절점(Junction)에서 J1, J2…. 자동 부여)
- Properties : 시설물의 표고, 탱크 직경(m), 탱크 높이(m), 관 길이(m), 관 구경(mm), 조도계수(C값) 등 기본값 설정
- Hydraulics : 수리해석(Hydraulics) 조건 설정

이중 Hydraulics 탭은 아래와 같이 수리해석의 조건을 설정하는 기능이다.

- Flow Units : 유량 단위 선택(통상 CMD(m^3/일) 선택)
  - 유량 단위를 선택하면 펌프특성곡선 등 계산에 사용되는 모든 자료의 유량을 맞추어야 한다.
- Headloss Equation : 수두손실(水頭損失) 공식 선택
  - H-W : Hazen-Williams 식 사용
  - D-W : Darcy-Weisbach 식 사용
  - C-M : Chezy-Manning 식 사용
- Specific gravity : 비중(Default : 1), Darcy-Weisbach 식 사용시 적용
- Relative Viscosity : 상대조도(Default : 1), Darcy-Weisbach 식 사용시 적용
- Maximum Trials : 최대 반복계산 회수(Default : 40)
- Accuracy : 정확도(Default : 0.001)
- If Unbalanced : 관망이 수렴하지 않는 등 문제가 있을 시 계속여부 설정 (Default : Continue)
- Default Pattern : 시간에 따른 유량변동의 기본 패턴설정(Default : 1)
- Demand Multiplier : 기본으로 정한 기저수요량(Base demand)에 승수를 전체적으로 적용(Default : 1.0)
- Emitter Exponent : 방류장치(Emitter의 승수, Default : 0.5)
  - 소화전과 같은 방류장치를 모의하는 경우는 0.5를 사용하나, 누수를 모의할 경우에는 다른 값 사용
- Status Report : 해석 상태를 리포트 파일에 출력할 것인가를 선택

2) Calibration Data

EPANET에서는 측정된 현장 데이터와 모의결과를 비교할 수 있다. 이는 관망에서 선택한 위치에 대한 시계열 데이터 또는 현장에서 수행한 특별 보정 보고서(Calibration Report) 등을 이용해 시행할 수 있다. EPANET에서 이러한 보정 데이터를 사용하려면 정해진 파일 형태로 만들고 프로젝트에 등록해야 한다.

① 보정 파일(Calibration data file)

보정 파일은 상수도관망 내의 특정 위치들에서 일정 기간 측정된 데이터를 담은 텍스트 파일이다. 즉, 보정 파일은 관망해석 결과와 비교할 수 있는 관측 데이터(Observed data)를 제

공하며, 다양한 매개변수(예 : 수압, 불소, 염소, 유량 등)를 적용할 수 있다. 파일의 각 줄에는 다음 항목이 포함된다.

- 위치 ID : 측정이 이루어진 위치의 ID 레이블(관망해석모형에서 사용된 ID)
- 시간 : 측정이 이루어진 시간(hours)
- 값 : 측정 결과 값

측정 시간은 보정 파일이 적용될 시뮬레이션의 시간 0에 대한 것이다. 소수점(예: 13.5) 또는 시:분 형식(예: 13:30)으로 입력할 수 있다. 단일기간 해석에 사용할 데이터의 경우 모든 시간 값은 0이다. 주석 앞에 세미콜론(;)을 넣어 파일에 주석을 추가할 수 있으며, 동일 위치에서 일련의 연속측정을 수행한 경우 아래의 불소 추적 사례와 같이 위치 ID를 생략할 수 있다.

```
; 불소 추적 측정(Fluoride Tracer Measurements)
; Location      Time        Value
;-----------------------------------------------
    N1            0          0.5
                  6.4        1.2
                  12.7       0.9
    N2            0.5        0.72
                  5.6        0.77
```

② 보정 데이터(Calibration data) 등록

보정 데이터를 EPANET에 등록하는 방법은 다음과 같다.

- 메뉴 바에서 Project ➡ Calibration Data 선택
- 그림 4.10에 표시된 Calibration Data 대화 상자에서 데이터를 등록하려는 매개변수 옆의 흰색 부분 클릭(그림에서 수질데이터를 보정할 경우 Quality 옆 흰색 부분)
- 이 매개변수에 대한 보정 파일 이름을 입력하거나 Browse 버튼을 클릭하여 폴더탐색기에서 검색 (아래 그림과 같이 Net2-FL.dat를 찾아 클릭)
- 편집을 위해 Windows 메모장에서 보정 파일을 열려면 Edit 버튼을 클릭
- 보정 데이터가 있는 다른 매개변수에 대해 위 단계들을 반복
- OK를 클릭하여 선택사항 확정

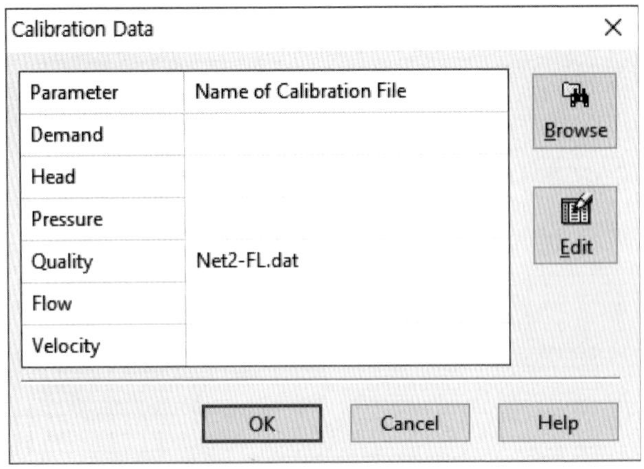

그림 4.10 보정 파일 등록 예시

3) Analysis Options

Analysis Options는 위의 Hydraulic Options와 동일하나 EPANET 2.2에서는 2.0과 다르게 수압기반 모의를 위해 추가된 부분이 있다.

- Max. Head Error : ACCURACY options 강화
  - 수리적 수렴이 발생하도록 관로에서 가질 수 있는 최대 손실수두 오차를 지정
  - Default는 0으로 수두오차에 제한을 두지 않음을 의미
- Max. Flow Change : ACCURACY options 강화
  - 관로, Emitters, 수압기반 수요 등 모든 관망요소들이 수리적 수렴이 발생하도록 최대 유량 변경을 지정
  - Default는 0으로 이는 유량변경 오차에 제한을 두지 않음을 의미
- Demand Model : 고정수요해석(DDA) 또는 수압기반해석(PDA) 선택
  - DDA는 시간별 주어진 지점에서의 수요량이 일정하다고 가정한 해석이고, PDA는 수요량이 수압의 함수라고 가정
  - PDA 옵션은 DDA에서 부압이 발생할 경우 해를 찾는데 주로 사용
- Minimum Pressure : PDA에서 수요가 0이 되는 한계 수압
- Required Pressure : PDA에서 총 수요량을 공급하는데 요구되는 수압
- Pressure Exponent : PDA에서 수압과 수요량의 상관관계를 나타내는 지수(Default : 0.5)

(5) Report Menu(리포트 설정메뉴)

- Status : 시간별 관로 상태의 변화 리포트
- Energy : 각 펌프에 의해 소비된 에너지 리포트
- Calibration : 측정치와 계산치의 차이 리포트
- Reaction : 관망을 통한 평균 반응계수 리포트
- Full : 모든 시간, 연결점과 연결선에서 계산된 모든 값을 리포트하기 위하여 Text 파일로 저장
- Graph : 그래프 설정
- Table : 연결점과 연결선의 값에 대하여 표로 나타내기
- Options : 리포트, 그래프, 표의 표시형태 제어옵션

4.2.3 툴바(Toolbars)

툴바(또는 도구바)는 자주 사용하는 기능을 바로 실행할 수 있도록 만들어 놓은 단축버튼이다. EPANET에는 다음과 같은 두 가지 툴바가 있다.

- 표준 툴바(Standard Toolbar)
- 도면 툴바(Map Toolbar)

(1) 표준 툴바(Standard Toolbar)

표준 툴바는 메뉴 바에 있는 기능 중 관망해석을 하면서 자주 사용하게 되는 메뉴들에 대한 단축버튼이다. 아래의 설명내용 중 ( )안의 영어 설명은 메뉴를 이용할 경우에 해당하는 명령어를 나타낸 것이다.

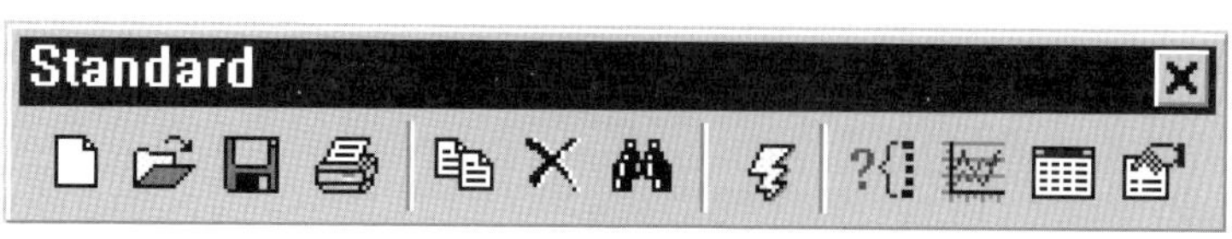

그림 4.11 표준 툴바(Standard Toolbar)

 새로운 작업하기(File→New)

 기존 파일열기(File→Open)

 현재 작업저장(File→Save)

 현재화면 프린트(File→Print)

 클립보드 또는 파일로 복사 선택 (Edit→Copy to)

 선택한 항목 삭제

 관망에서 특정항목 찾기(View→Find)

- 해석수행(Project→Run Analysis)
- 관망에서 시각적 질의 수행 (View→Query)
- 결과에 대한 새로운 그래프 보기 생성 (Report→Graph)
- 결과에 대한 새로운 표 생성 (Report→Table)
- 현재 활성화된 보기에 대한 옵션 수정 (View→Options 또는 Report→Options)

(2) 도면 툴바(Map Toolbar)

도면 툴바는 관망도 작성(Drawing)과 편집을 위한 기능들을 모아둔 것이다.

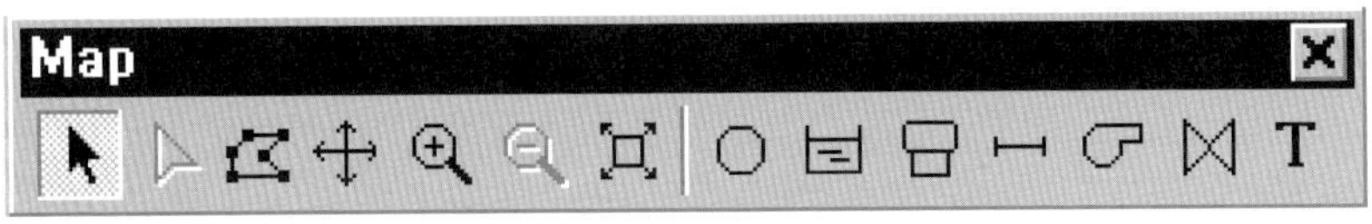

그림 4.12 도면 툴바(Map Toolbar)

- 도면에서 대상 선택(Edit→Select Object)
- 연결선 변곡점 선택(Edit→Select Vertex)
- 도면에서 구역 선택(Edit→Select Region)
- 도면 이동(View→Pan)
- 도면 확대(View→Zoom In)
- 도면 축소(View→Zoom Out)
- 전체 도면을 표시(View→Full Extent)
- 도면에 절점 추가(Add Junction)
- 도면에 저수지 추가(Add Reservoir)
- 도면에 탱크 추가(Add Tank)
- 도면에 관로 추가(Add Pipe)
- 도면에 펌프 추가(Add Pump)
- 도면에 밸브 추가(Add Valve)
- 도면에 라벨 추가(Add Label)

변곡점(Vertex,)은 관로가 꺾어지는 형상을 표현하기 위한 점으로서 관망도의 모양에만 관계되며, 관로의 길이, 곡관에 의한 미소손실 등의 계산에는 영향이 없는 점이다. 절점(Junction,)과 절점 사이를 관로(Pipe,)로 한 번에 직접 연결하면 직선이 되어 변곡점이 생성되지 않고, 시작 절점을 선택한 후에 연결하고자 하는 절점 경로상의 관로 위치를 따라 화면에서 중간 지점들을 찍고 연결하면 변곡점들이 생기게 된다. 관로를 작성한 후에 변곡점을 추가 또는 삭제하고자 하려면, 관로 위에 마우스를 위치시킨 후에 우측마우스를 누르고 변곡점(Vertices)을 선택하고 다시 우측마우스를 눌러 추가(Add Vertex) 또는 삭제(Delete Vertex)를 선택하여 편집하면 된다.

단축버튼을 이용하여 관망도를 직접 작성할 경우에는 연결점을 먼저 그린 후, 두 절점을 연결선으로 연결한다. 이후 관로와 절점을 Data Browser나 화면에서 직접 더블클릭하여 속성 편집기를 통해 해당 속성정보를 입력한다.

라벨(Label, T)은 작업화면에 '정수장' '수용가명' 등 작업환경에 필요한 문구(라벨)를 써 넣는 기능이다. 라벨 버튼을 클릭 후 표현하고자 하는 위치에 마우스를 클릭하면 글자를 써넣을 수 있으며, 글자의 크기, 폰트, 위치, 결과 값의 연계 표현 여부 등을 속성 편집기를 통해 설정할 수 있다. 또한, Meter Type과 Meter ID를 입력하는 것으로 라벨에 결과 값을 연결할 수도 있다. Meter Type은 노드와 링크로 구분되며, 노드를 선택한 경우 연결하고자 하는 연결점 ID를 Meter ID에 입력하고, 링크를 선택하고자 하는 경우에는 연결선 ID를 입력하면 된다. 이후 해석을 실행하면 Map Browser에서 선택한 결과를 볼 수 있다.

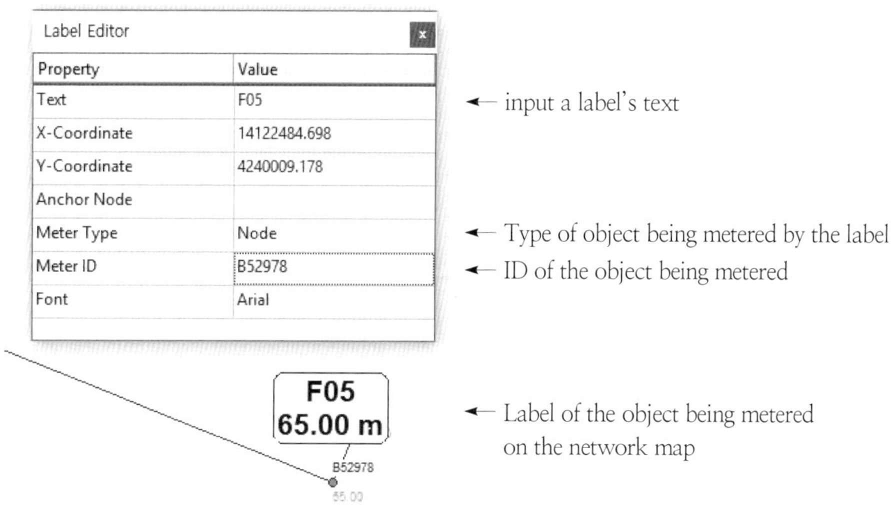

그림 4.13 라벨 속성 편집창

4.2.4 상태 바(Status Bar)

상태 바는 EPANET 작업공간의 하단에 있으며, 아래와 같은 4가지 정보를 나타낸다. 여기서 유량 단위는 작업의 기본이 되므로 가장 먼저 확인하고, 이를 원하는 단위로 변경하는 작업을 해야 한다(Project ➡ Defaults ➡ Hydraulics).

- 자동 길이(Auto-Length) : 관로 길이를 자동으로 하였는지(On) 아닌지(Off)를 표시
  - Auto-Length Off이면 자동으로 하지 않음을 의미
- 유량 단위(Flow Units) : 현재 작업하는 과업의 유량 단위를 표시

- CMD이면 m^3/day, GPM은 $Gallon/\min$ 단위를 의미

- 줌 수준(Zoom Level) : 도면의 현재 줌 수준을 나타냄(100%는 전체화면 의미)
- 해석 상태(Run Status) : 해석 상태에 따라 다음과 같은 수도꼭지 모양을 나타냄
  - 해석 결과가 없으면 물이 흐르지 않는 모양
  - 유효한 해석 결과가 있으면 물이 흐르는 모양
  - 관망 데이터가 수정되어 유효하지 않을 수 있는 해석 결과가 있으면 수도꼭지가 고장난 모양

4.2.5 관망도 작업공간(Network Map)

작업공간은 관망을 구성하는 객체를 위한 작업공간이다. 객체의 위치와 객체 사이의 거리는 반드시 실제 위치와 일치할 필요는 없다. 연결점의 수질이나 연결선의 유속과 같은 선택된 객체의 속성은 다른 색상을 사용하여 표시할 수 있으며, 범례(Legend) 창을 통해 색상을 지정할 수 있다.

새 객체를 관망도에 직접 추가할 수 있으며, 기존 객체를 클릭하여 편집, 삭제 및 위치를 변경할 수 있다. 지형도와 같은 배경 도면(Backdrop)을 참조용으로 관망도의 배경 맵으로 배치할 수 있다. 도면은 프로젝트의 좌표 범위 내에서 확대/축소할 수 있으며, 한 위치에서 다른 위치로 화면을 이동할 수도 있다. 노드와 링크는 다양한 크기로 조절할 수 있으며, 방향 화살표를 추가할 수 있고, 객체의 기호 표시와 객체의 ID 및 결과 값을 관망도에 표시할 수 있다. 도면을 인쇄, Windows 클립보드에 복사하거나, DXF 파일 또는 Windows 메타파일로 내보낼 수 있다.

4.2.6 데이터 브라우저(Data Browser)

관로, 절점, 밸브 등의 관망 구성요소를 조회하거나, 시간별 용수공급 패턴, 펌프특성곡선 등 가동자료를 추가, 수정, 삭제 할 수 있는 기능을 제공하는 창이다.

데이터 브라우저 내용 중에서 지금까지 다루지 않았던 사항들은 다음과 같다.

- Patterns : 시간별 물사용, 저수지 수위 등 시간별 변화패턴을 추가, 수정 및 편집
- Curves : 펌프특성곡선, 저수지 수위-유량곡선, 펌프효율곡선 및 밸브의 개도-손실계수곡선을 추가, 수정 및 편집
- Controls : 배수지 수위에 따른 펌프의 가동제어 등 제어규칙을 추가, 수정 및 편집
- Options : Project ➡ Defaults ➡ Hydraulics에서 설명한 수리부분과 수질(Quality),

수질반응(Reaction), 확장기간 모의에 따른 시간(Times) 및 에너지 효율(Energy) 등을 설정

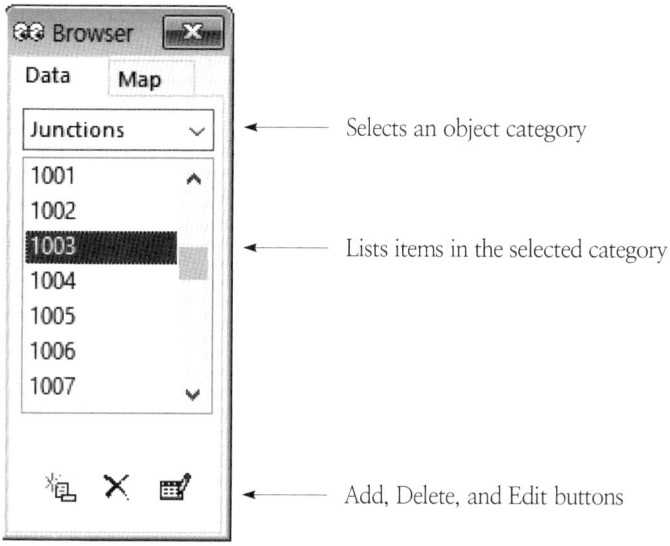

그림 4.14 데이터 브라우저

4.2.7 도면 브라우저(Map Browser)

절점(유출량, 수압 등) 및 관로(유량, 유속 등) 해석결과를 다양한 색으로 구분하여 관망도에 나타내 주는 창으로 주요 기능은 그림 4.15와 같다.

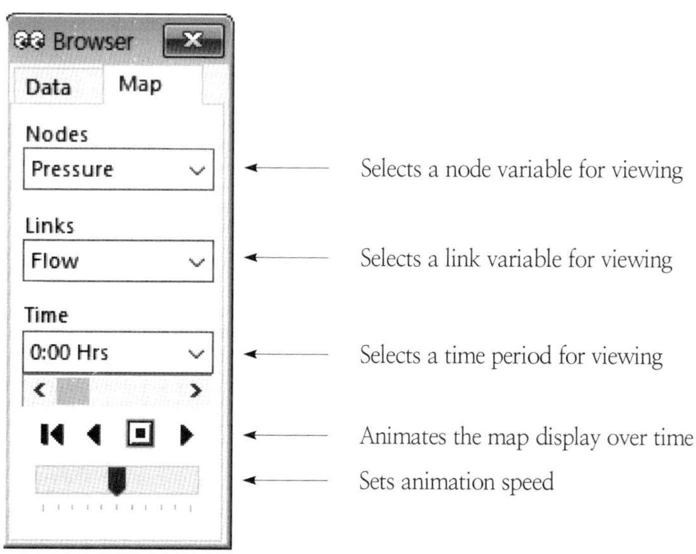

그림 4.15 도면 브라우저

자료를 입력하고 해석하기 전에 연결점의 표고와 연결선의 관경, 관 길이 등을 표시하면 각기 다른 색으로 구분하여 주므로 입력자료 점검에 편리하며, 해석 후에는 각종 해석결과를 관망도에 직접 표시할 수 있다.

4.2.8 속성 편집기(Property Editor)

관망의 연결점, 연결선, 해석옵션 등을 편집해 주는 편집기이다. 관망을 작성한 후 연결점 또는 연결선을 관망도에서 더블클릭하거나, 데이터 브라우저의 편집(Edit) 버튼을 누르면 속성 편집창이 나타나고, 필요한 편집을 할 수 있다. 속성 편집기 창의 각 항목 중 별표(*)가 표시된 항목은 관망해석 모델을 구축할 때 반드시 입력해야 하는 필수 자료를 의미한다.

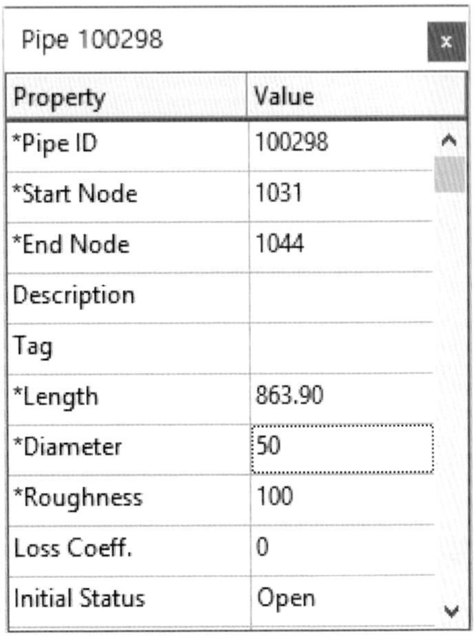

그림 4.16 속성 편집기

4.3 관망모델 구축 및 해석

이 절에서는 예제 관망을 통해 기본과업을 설정하고 관망도 작성과 편집, 저장과 불러오기, 해석, 그리고 결과보기 등을 설명한다.

4.3.1 예제 관망

예제 관망은 1개의 물공급시설(Reservoir)에서 펌프(Link 9)를 통해 배수지(Tank)와 수요절점에 물을 공급하는 관망으로 관망해석의 구성요소 중 밸브를 제외한 모든 구성요소가 포함된 예제이다.

펌프(Link 9)는 45.7 m의 정격양정에서 3,300 m^3/일 의 유량을 송수하며, 배수지(Tank 8)는 직경이 18.0 m, 초기수위는 바닥(EL. 252.98 m)으로부터 1.0 m이며 최대수위는 6.0 m이다. 각 절점과 관로의 속성자료는 표 4.4와 표 4.5에 나타내었다.

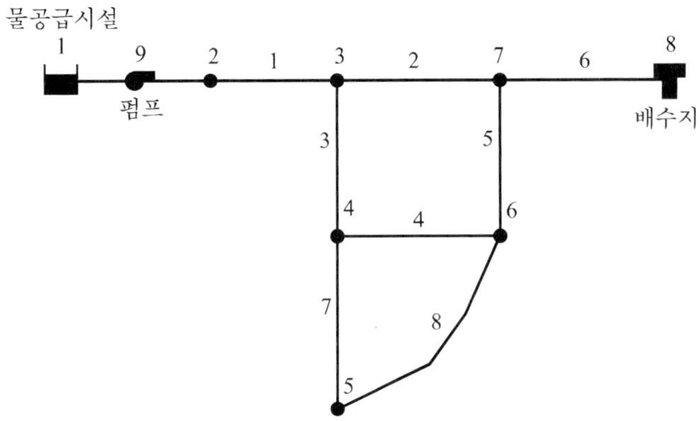

그림 4.17 예제 관망

표 4.4 연결점 속성자료

번호	관상고(EL. m)	공급량(m^3/일)	번호	관상고(EL. m)	공급량(m^3/일)
1	213.36	0	5	198.12	1100
2	213.36	0	6	213.36	820
3	216.41	820	7	213.36	0
4	213.36	820	8	252.98	0

표 4.5 관로 속성자료

번호	길이(m)	관경(mm)	C값	번호	길이(m)
1	914.4	350	100	5	1524.0
2	1524.0	300	100	6	2133.6
3	1524.0	200	100	7	1524.0
4	1524.0	200	100	8	2133.6

4.3.2 기본과업 설정(Project Setup)

(1) 기본옵션 설정(Project Defaults)

EPANET2.2 프로그램을 실행하면 빈 작업공간의 화면이 나타난다. 만약 다른 과업을 수행하는 중에 새로운 작업 파일을 열려면 다음과 같이 새로운 프로젝트 파일을 만들어야 한다.

① 메뉴 바(Menu Bar)로부터 File ➡ New 또는 표준 툴바(Standard Toolbar)의 🗋 버튼을 클릭한다.

② 이미 프로젝트를 작업 중이었다면, 저장 여부를 물을 것이다. EPANET 2.2의 저장 파일은 *.NET 확장자를 가진다.

③ 프로젝트 이름이 없는 새로운 프로젝트 파일은 기본값(Default Values)으로 모든 옵션이 설정되어 있다.

새로운 파일에서 가장 먼저 해야 할 일은 그림 4.18과 같이 기본옵션(Default Options)을 설정하는 것이다. 기본옵션의 설정방법에 대한 설명은 4.2.2 메뉴 바(Menu Bar) (4) Project Menu를 참고하기 바란다.

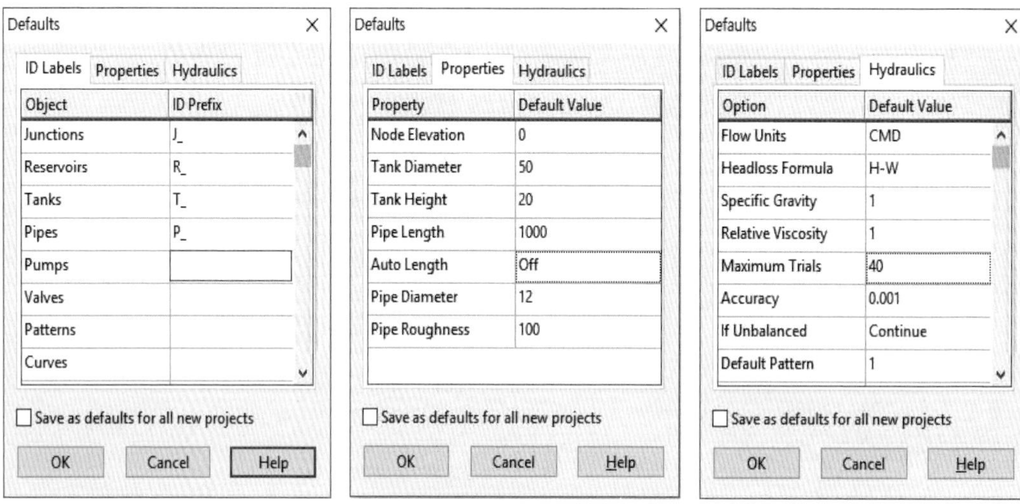

그림 4.18 관망해석 프로젝트 기본설정

예제 관망을 위해 ID Labels 탭은 그대로 두고, Properties 탭에서 관로 길이(Pipe Length)를 '1000', 관 구경(Pipe Diameter)을 '200', 조도계수(Pipe Roughness)를 '100'으로 기본옵션을 설정한다. Hydraulics 탭에서는 유량 단위(Flow Units)를 'CMD(m^3/일)'로 선택하고, 수두손실 식(Headloss Formula)은 'H-W(Hazen-Williams)'으로 선택한다.

앞으로도 같은 옵션을 사용할 것이므로 저장(Save as defaults for all new projects)에 (☑) 표시하고 OK 버튼을 누른다. 이후부터는 설정한 기본 옵션으로 새로운 프로젝트를 시작할 수 있다.

(2) 관망도 작성 옵션 설정(Map Options)

다음으로 번호표시(ID label), 기호(Symbol) 등의 관망도 표시 옵션을 선택한다. 메뉴 바의 View ➡ Options를 선택하여 아래 그림과 같은 관망도 옵션 화면이 나오도록 한다. 관망도를 작성할 때 연결점과 관로번호가 화면에 표시되도록 하려면 이 화면에서 “Notation”을 선택한 후, 그림과 같이 연결점의 번호(Display Node ID's)와 연결선의 번호(Display Link ID's)의 체크박스를 체크 한 후 'OK' 버튼을 누르면 된다. 다른 옵션의 설정방법도 동일하며, 각각의 기능에 대해서는 EPANET 2.2 매뉴얼을 참고하도록 하자.

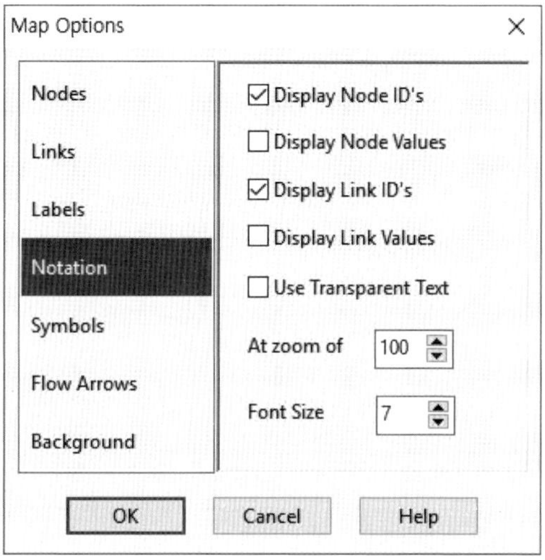

그림 4.19 관망도 작성 옵션 설정

만일 다른 작업에서 이미 작성된 관망도의 크기가 크거나 작아서 그 범위를 조정하고자 할 때는 View ➡ Dimensions를 선택하여 편집하면 된다. Dimensions에서 Auto-Size 를 선택하면 작성된 전체 관망을 화면 크기에 맞게 조정해준다.

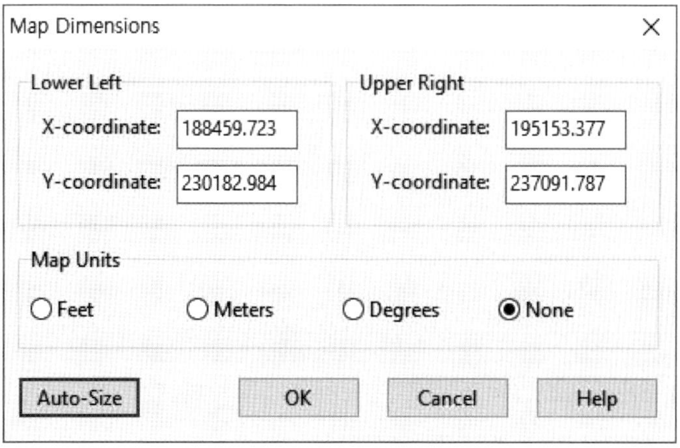

그림 4.20 도면 크기 설정

4.3.3 관망도 작성하기

다음 단계는 관망도를 그리기 위한 툴바(Toolbar)와 마우스를 이용하여 관망 객체를 화면에 그리는(Drawing) 것이다.

(1) 연결점(Nodes) 그리기

먼저, 저수지(Reservoir)를 추가하기 위하여 툴바에서 Add Reservoir( ) 버튼을 누른 후, 관망도 화면에 저수지가 있어야 할 위치(1번 절점)에 마우스를 클릭하면 저수지가 추가된다.

다음으로 절점(Junction)을 추가한다. 툴바에서 Add Junction( ) 버튼을 선택하고, 마우스를 클릭하여 절점 2에서 7까지 순서대로 절점을 추가한다.

마지막으로 툴바에서 Add Tank( ) 버튼을 선택하고 배수지가 위치한 장소(8번 절점)에 마우스를 클릭하면 연결점(Node)은 모두 완성된다.

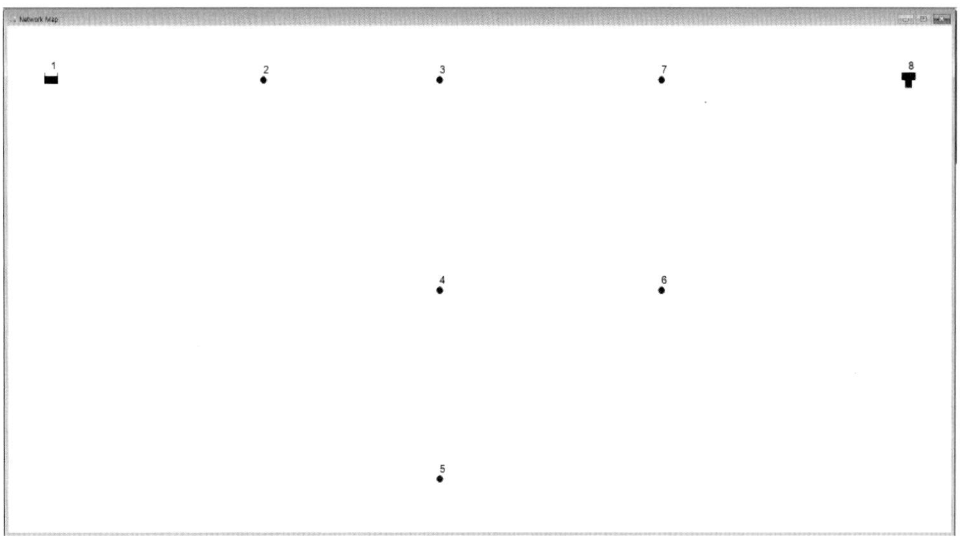

그림 4.21 연결점 요소 작성

(2) 연결선(Links) 그리기

먼저 관로(Pipe)를 추가하기 위하여 Add Pipe( ) 버튼을 선택한다. 다음으로 절점 2와 3을 연결한다(먼저 2번 절점에다 마우스를 클릭하고 3번 절점에 다시 클릭하면 연결). 이와 같은 방법으로 관로번호 2에서 7까지 반복한다.

관로 8번은 곡선으로 이루어져 있다. 이를 그리기 위하여 먼저 마우스를 5번 절점에 클릭하고 곡선이 이루어질 수 있는 6번으로의 경로를 따라 적당한 지점에 마우스를 연속적으로 클릭하여 6번 절점에서 끝마친다.

마지막으로 펌프를 추가하기 위하여 Add Pump() 버튼을 클릭하여 절점 1과 2를 연결한다. 펌프는 연결선이므로 관로를 그린 후 펌프를 작성하는 것이 아니라, 연결점 번호 1과 2 사이에는 펌프만 연결하면 된다.

연결선의 시작점과 끝점은 물의 흐름방향을 의미한다. 따라서 물 흐름이 수시로 바뀐다면 어쩔 수 없겠지만, 가능하면 물 흐름방향을 사전에 파악하여 시작점에서 끝점으로 연결선이 이루어 질 수 있도록 한다. 참고로 관로에서 시작점과 끝점이 잘 못 설정된 경우에는 유량 계산 결과가 (−)로 나타내게 되나, 관망해석에 영향은 없고 펌프의 경우에는 반듯이 흐름방향으로 시작점과 끝점을 지정해야 올바른 해석결과를 얻을 수 있다.

(3) 라벨(Label) 붙이기

먼저 Add Label() 버튼을 클릭하고 관망도 화면의 저수지 윗부분에 마우스를 누른 후, 생성된 텍스트 상자에 '물공급시설'이라고 쓰고 Enter를 누른다. 이런 방식으로 '펌프', '배수지' 라벨도 작성하도록 한다. 라벨 작성은 객체선택() 버튼을 눌러야만 라벨 붙이기 모드를 끝낼 수 있다.

(4) 변곡점 추가

연결선까지의 그리기가 완료되면 예제 관망과 같은 관망도가 준비되었을 것이다. 만일 관망도의 곡선부위(관로번호 8)를 수정하고자 하면 다음과 같은 순서로 변곡점을 편집하면 된다.

① 먼저 관로 8번을 선택하고 다음 툴바에서 Select Vertex() 버튼을 선택한다.

② 변곡점(Vertex point)의 위치를 수정하려는 경우에는 변곡점을 클릭한 후 마우스를 누른 상태(drag)로 새로운 지점으로 옮긴다.

③ 만일 변곡점을 추가하거나 삭제하고 싶으면 오른쪽 마우스를 누르면 추가(Add vertex), 삭제(Delete Vertex) 화면이 생기며, 이를 이용하면 된다.

④ 수정이 완료되었으면, 다시 객체선택() 버튼을 클릭하여 다른 작업을 수행할 수 있도록 변곡점 추가 모드를 종료한다.

4.3.4 속성자료 입력하기

이제 기본적인 관망도는 작성되었으므로 저수지, 관로, 절점, 펌프, 탱크 등의 자료를 입력해보도록 하자. 속성자료 입력을 위한 속성 편집기(Property Editor) 화면은 다음과 같은 3가지 방법으로 불러올 수 있다.

- 관망도의 편집하려고 하는 객체(저수지, 관로, 펌프 등)를 더블클릭한다.
- 마우스로 객체를 클릭 한 후 우측 마우스를 눌러 "Properties"를 선택한다.
- 데이터 브라우저(Data Browser)에 해당 객체를 더블클릭하거나 하단의 Edit( ) 버튼을 누른다.

속성 편집기 화면에서 별표(*)가 있는 항목은 반드시 입력해야 하는 필수 항목으로 입력하지 않으면 관망해석을 실행할 수 없고, 번호(ID)는 자동으로 작성되므로 수정하고자 할 때만 편집하면 된다.

(1) 저수지(Reservoir) 속성자료 입력

저수지에서 반드시 입력해야 할 속성자료는 저수지의 고정수위(Total Head) 이다. 통상적으로 저수위(L.W.L.) 또는 현재 가동되고 있는 수위를 입력하면 된다. 예제 관망에서는 표 4.4의 1번 연결점 속성으로 아래 그림과 같이 213.36 m를 입력한다. 이때 시간별로 변하는 저수지 수위를 고려하고자 할 때는 "Head Pattern"에 번호를 입력하고 패턴(Patterns) 편집기에서 시간별 변화를 입력해 주면 된다.

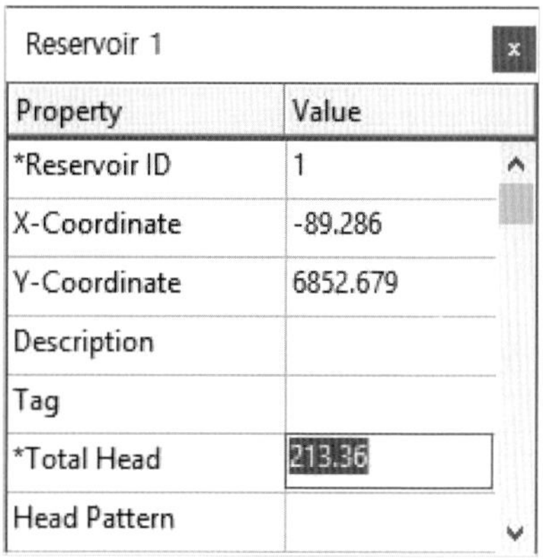

그림 4.22 저수지 속성자료 입력

(2) 절점(Junction) 속성자료 입력

절점에 필요한 필수 속성자료는 절점번호(Junction ID), 표고(Elevation), 기저수요량(Base Demand)이다. 예제 관망 표 4.4의 연결점 번호 3을 예로 들면, 절점번호는 3번으로 자동으로 입력되어 있으므로, 그림 4.23과 같이 표고 216.41(m), 기저수요량 820(m^3/day)을 입력한다.

만일 입력된 절점번호를 바꾸고자 하면 번호나 영문자를 입력하면 되는데, 이때 관망 내 같은 번호가 있으면 오류 메시지가 나오므로, 먼저 이것을 다른 번호로 수정한 후에 수정하여야만 한다.

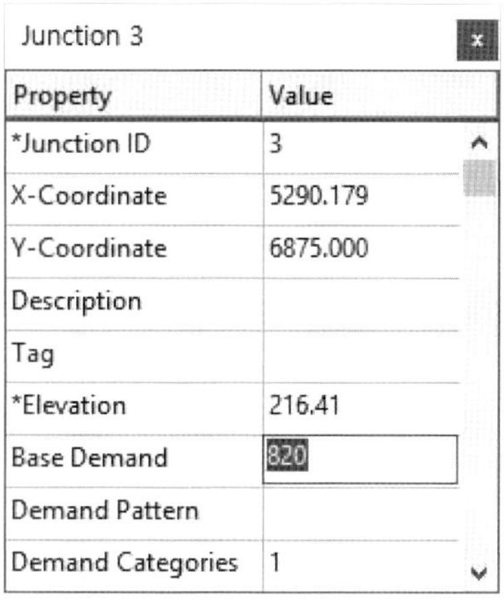

그림 4.23 **절점 속성자료 입력**

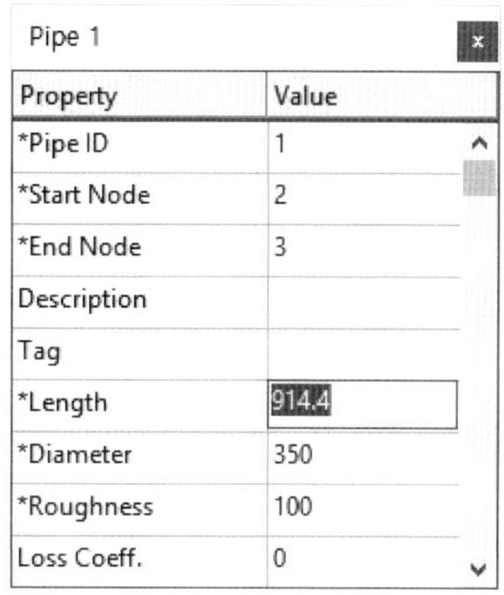

그림 4.24 **관로 속성자료 입력**

즉 ID는 같은 유형의 객체에 대해서는 고유값이 되며, 절점과 관로와 같이 객체가 다른 경우에는 절점번호와 관로번호를 동일한 값으로 사용해도 무방하다.

(3) 관로(Pipe) 속성자료 입력

관로 속성자료에서는 관로번호, 시작 연결점 번호(Start node), 끝 연결점 번호(End node), 관 길이(m), 관 구경(mm), C값(Roughness) 등이다. 예제 관망 표 4.5의 관로번호 1을 예로 들면, 번호, 시작 및 끝 연결점 번호는 자동으로 부여되어 있으므로, 그림 4.24와 같이 관 길이(Length) 914.4(m), 관 구경(Diameter) 350(mm)을 입력하며, 관 조도인 C값(Roughness)은 기본 설정값(Default Options) 100을 그대로 두도록 한다.

(4) 탱크(Tank) 속성자료 입력

탱크의 필수 속성자료는 탱크번호, 표고, 초기수위, 최저수위, 최대수위, 직경이다. 예제에서 탱크번호 8의 예를 들면, 표고 EL. 252.98 m 지점에 탱크가 설치되어 있으며, 탱크의 최대수위는 6 m(EL 252.98+6 = 258.98 m), 최저수위는 0 m, 초기수위는 1 m이며, 탱크의 직경은 18 m이다.

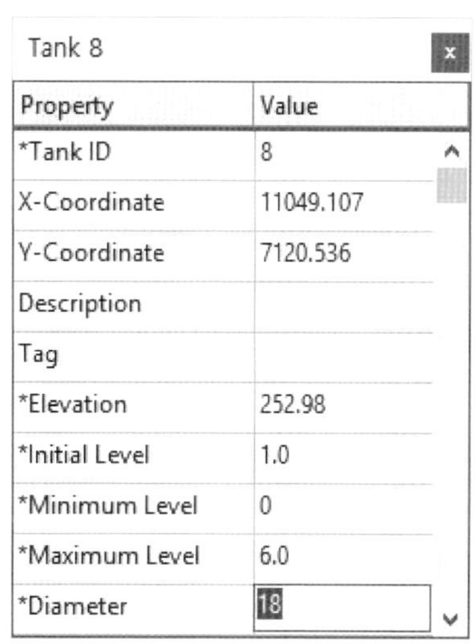

그림 4.25 **탱크 속성자료 입력**

(5) 펌프 속성자료 입력

펌프 속성자료에서 펌프의 성능을 나타내는 정보가 입력되어야 한다. 예제 관망에서는 펌프곡선(Pump Curve)으로 펌프 성능을 나타내었다. 펌프곡선을 입력하기 위해서는 데이터 브라우저(Data Browser)에서 "곡선(Curves)"을 선택하고 하단의 Add( ) 버튼을 눌러 그림 4.26의 곡선편집기(Curve Editor)를 실행시킨다. 곡선형식(Curve Type)을 PUMP로 설정한 후, 예제 관망에서와 같이 정격 양정 및 유량에 의한 곡선(1점 곡선)을 생성하기 위해 유량(Flow)은 3300 m^3/day, 수두(Head)는 45.7 m를 입력한다. 입력이 완료되면 우측의 곡선과 식이 자동으로 생성된다. 이때 펌프곡선의 아이디는 자동으로 부여된 '1'로, 펌프 속성편집기에도 준비된 펌프곡선 아이디 '1'을 그림 4.27과 같이 입력한다.

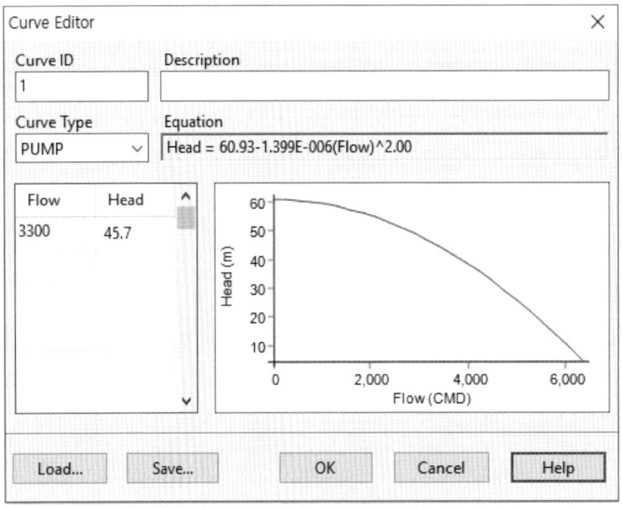

그림 4.26 **펌프 특성곡선(Curve) 작성**

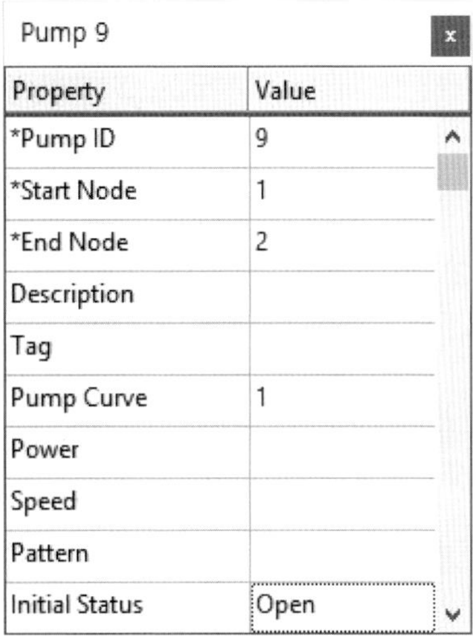

그림 4.27 **펌프 속성자료 입력**

펌프의 토출유량에 따른 에너지효율을 분석하기 위해 사용된는 효율곡선(Efficiency curve)의 입력 방법도 펌프 특성곡선의 입력방법과 동일하나, 곡선 편집기(Curve Editor)에서 "Curve Type"을 'EFFICIENCY(효율)'로 선택한 후 유량-효율 값을 입력하여야 한다. 다음 그림은 펌프 효율곡선의 입력사례를 나타낸 것이다.

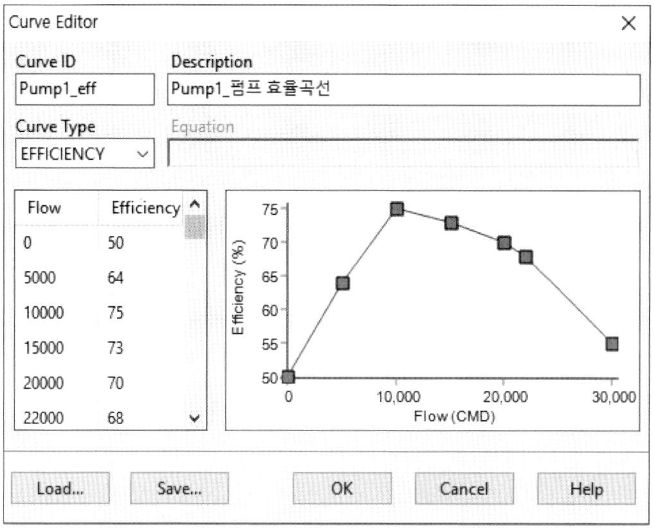

그림 4.28 EPANET 펌프 효율곡선 편집기

4.3.5 저장과 불러오기

기본적인 속성편집 작업을 완료하였다면, 작업을 저장하기 위해서 File ➡ Save 또는 File ➡ Save As를 눌러 다른 이름으로 저장한다. 이때 저장되는 파일의 확장자는 *.NET(예; 예제관망.NET)이다. 이 관망모형을 메모장, 엑셀 등의 문서편집기에서 편집할 수 있는 텍스트 파일로 저장하고자 할 때는 File ➡ Export ➡ Network를 선택한다. 이때의 파일 확장자는 *.inp(예 : 예제관망.inp)이다.

이미 저장된 파일(*.NET)을 불러오고자 할 때는 메뉴 바의 File ➡ Open을 선택하며, 텍스트 파일(*.inp)로 작성된 관망모델을 불러오고자 할 때는 File ➡ Import ➡ Network를 선택하여 불러온다.

텍스트 파일에서 「;」기호는 문장의 줄이 바뀌지 않는 한 이후 문자들은 관망해석에는 영향을 주지 않는 주석(Comment)으로 처리한다는 의미로서, 관망도 작성 후 관리를 위해서 각 자료마다 주석을 달아 두는 것이 효과적이며, 주석을 표기할 때는 한글을 사용해도 무방하다. 텍스트 파일 형태로 관망모델을 관리하는 것은 단순 반복 및 조회 작업에는 EPAENT보다 메모장, 엑셀 등의 문서편집기가 효율적일 때가 있으므로 작업의 특성에 맞게 사용할 수 있도록 한다. 물론 문서편집기에서 수정된 텍스트 파일 형태의 관망모델은 다시 불러와 사용할 수 있다.

모든 입력을 완료한 뒤 저장한 관망해석 모델은 그림 4.29과 같으며, 이 그림은 관망도를 작성한 후에 Edit ➡ Copy to.. 기능을 이용하여 저장한 것이다.

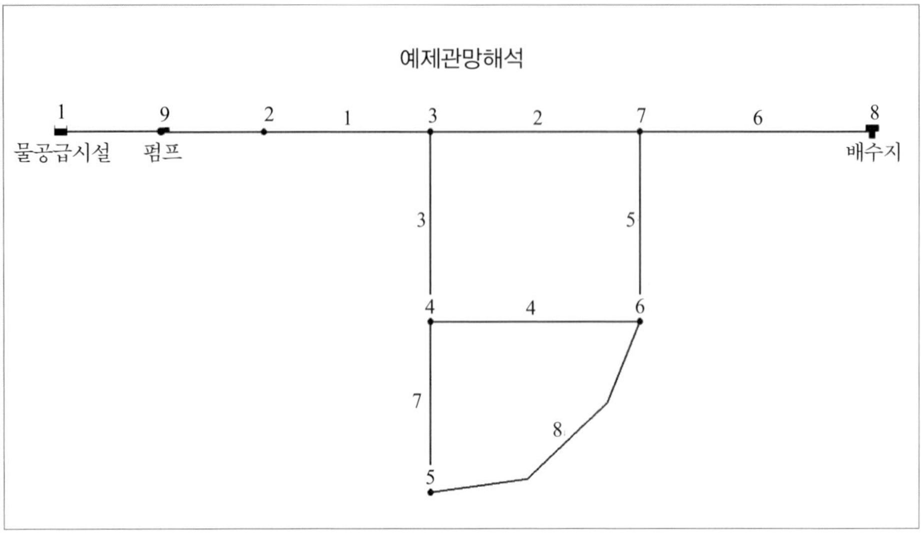

그림 4.29 기본 모형구축을 완료한 예제 관망

4.3.6 도면 작업(Working with the Map)

(1) 도면 치수(Dimensions) 설정

도면의 물리적인 치수(Dimensions)를 정하여 도면의 좌표가 컴퓨터 화면에 적절한 축척으로 나타날 수 있도록 해야 한다. 관망해석 모형을 GIS 등과 연계하여 미리 연결점의 좌표를 입력하면 자동으로 관망 구성요소들의 좌표에 의해 도면의 치수가 결정되나, 화면에서 도면 작업을 할 경우에는 다음과 같이 좌표를 수동으로 설정할 수 있다.

① View ➡ Dimensions 선택

② 그림 4.20과 같이 좌표를 입력하거나 화면 하단의 Auto-Size 버튼을 눌러 EPANET 프로그램에서 작성된 도면을 컴퓨터 화면에 자동으로 맞추도록 설정

③ 조정된 도면을 확정하려면 'OK' 버튼 클릭

(2) 배경도면(Backdrop Map) 활용

EPANET은 윈도우 메타파일(Windows Enhanced Metafile) 또는 비트맵(bitmap) 형식의 수치지형도, 항공 또는 인공위성 사진, 또는 다른 유형의 이미지를 다음과 같이 관망모형의 배경도면으로 사용할 수 있다.

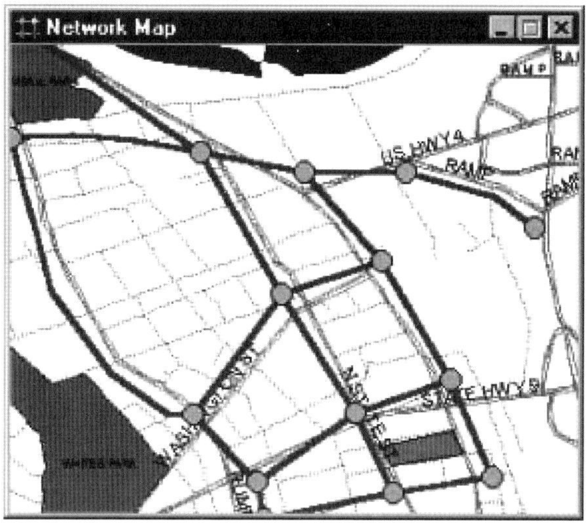

그림 4.30 배경도면 활용 예시

메뉴 바에서 View ➡ Backdrop을 선택하면 다음과 같은 하부 메뉴가 나타난다.

- Load(배경도면 파일을 로드)
- Unload(배경도면 파일을 언로드)
- Align(배경도면을 관망도와 맞춤)
- Show/Hide(배경도면을 화면에서 보여주기/숨기기)

(3) 도면 범례(Map Legends)

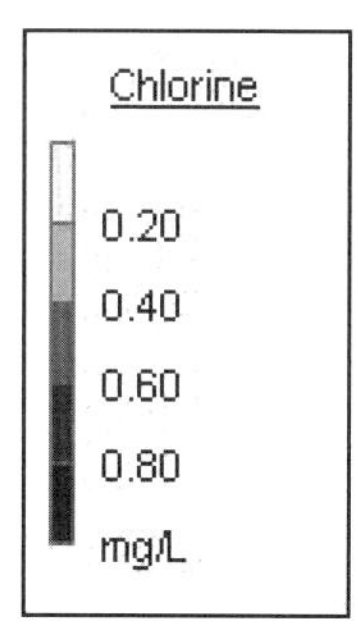

도면 범례에는 연결점(Node), 연결선(Link), 시간 범례(Time Legend)의 3가지 유형이 있다. 연결점과 연결선 범례는 도면 상 현재 변수의 범위별 값을 색으로 나타낸 것이며, 시간 범례는 해석결과의 시간을 나타낸다. 범례를 나타내거나 숨기려고 하면 View ➡ Legends 메뉴에서 해당 범례의 체크(check)를 통해 설정 할 수 있으며, 또는 화면상에서 우측 마우스를 클릭하면 동일한 방법으로 설정을 변경 할 수 있다.

범례의 위치를 움직이려면 해당 범례 위에 마우스를 누른 상태에서 위치를 이동(Drag)하여 변경하면 된다. 범례 위에서 마우스를 두 번 클릭하면 범례는 사라지는데, 다시 나타나게 하려면 위에 View ➡ Legends나 우측 마우스를 눌러 해당 범례를 체크하면 된다.

연결점 범례의 색을 변경하거나 범위 값을 조정하기 위한 절차는 다음과 같다.

① View ➡ Legends ➡ Modify ➡ Node 또는 범례 위에서 마우스를 놓고 우측 클릭

② 그림 4.31과 같이 범례 편집기(Legend Editor)를 이용하여 조정

범례 범위 값의 지정은 텍스트 박스에 적정한 값을 직접 입력 할 수도 있고, 'Equal Intervals', 'Equal Quantiles'와 같이 계산된 값의 범위를 균등하게 분할하여 자동으로 설정할 수도 있다. 색상도 마우스로 컬러바를 누른 후 직접 선택할 수 있고, 'Color Ramp...'를 통해 자동으로 변경할 수 있다.

연결선 범례의 수정도 연결점 범례 수정 방법과 동일하다.

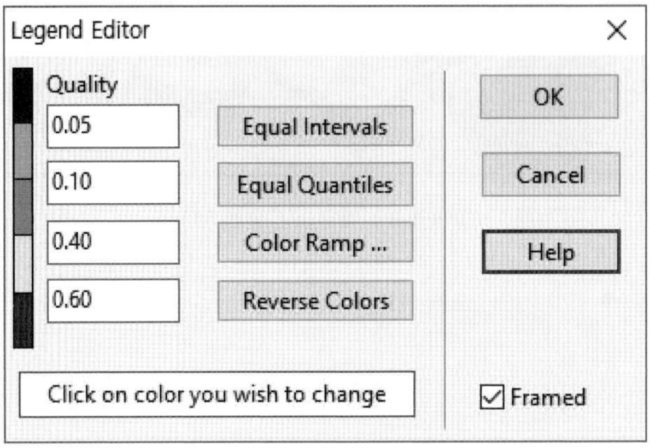

그림 4.31 **범례 편집기**

(4) 도면 표시 옵션(Map Display Options)

EPANET 프로그램은 구축한 관망모형의 연결점 크기나 연결선의 두께 등을 나타내는 여러 가지 옵션을 제공한다. 도면 표시 옵션을 선택하기 위하여 다음과 같은 방법 중 하나를 선택하면 그림 4.8과 같은 화면이 뜬다.

① View ➡ Options 선택

② 또는 관망도가 활성화된 상태에서 Standard Toolbar( ) 버튼 클릭

③ 또는 화면의 빈 공간에서 우측 마우스를 눌러 아래쪽의 Options 선택

각 항목에 대한 설명은 그림 4.8과 관련된 설명을 참고하고 자세한 사항은 EPANET Manual 등을 참고하도록 한다.

4.3.7 관망해석(Analysis)

(1) 해석옵션 선택

EPANET 프로그램에는 적절하게 구축한 모형을 해석 및 제어하기 위한 수리(Hydraulics), 수질(Quality), 반응(Reactions), 시간(Times), 그리고 에너지(Energy)에 대한 5가지 범주의 옵션이 있다. 이들 옵션의 설정은 다음과 같은 순서에 따른다.

- Data Browser에서 Options를 선택, 또는 메뉴 바에서 Project ➡ Analysis Options 선택
- Data Browser에서 Hydraulics, Quality, Reactions, Times, 또는 Energy의 설정하고자 하는 옵션을 선택, 메뉴 바를 이용한 경우 초기옵션 창은 Hydraulic으로 나타나고, 변경 선택을 하는 경우에는 Data Browser를 이용해야 함
- 해석옵션을 위한 속성 편집기(Property Editor)가 나타나지 않으면 브라우저 하단에 있는 Edit( ) 버튼 클릭(또는 엔터키를 누름)
- 속성 편집기에서 선택한 옵션을 편집

1) 수리(Hydraulics) 옵션

Hydraulics는 메뉴 바에서 대부분 설명하였으며, Project ➡ Defaults ➡ Hydraulics에서 선택할 수 있다. 자세한 사항은 4.2.2 메뉴 바(Menu Bar) (4) Project Menu를 참고하기 바란다.

2) 수질(Water Quality) 옵션

수질옵션은 수질해석 수행을 제어하기 위한 것으로 다음과 같은 항목들이 있다.

- Parameter(매개변수) : 모의하고자 하는 수질인자를 다음 중에서 선택한다.
  - None(수질해석 없음)
  - Chemical(화학 농도 계산)
  - Age(물 연령 계산)
  - Trace(특정노드에서 기원하는 수원의 백분율 추적)

  ※ Chemical 대신에 모의하고자 하는 실제 이름을 쓸 수도 있다 (예, Chlorine, 잔류염소 등)
- Mass Units(질량 단위) : 농도를 표현하는데 사용되는 질량 단위로 mg/L 또는 $\mu g/L$를 선택할 수 있다. Age와 Trace의 단위는 각각 시간(hours)과 백분율(percent)이다.

- Relative Diffusivity(상대 확산율) : 모델링되는 화학 물질의 분자 확산율과 20℃에서의 염소의 분자 확산율(0.00112 평방 피트/일)의 비율로, 모델링하고자 하는 화학 물질이 염소보다 두 배 빠르게 확산하는 경우 2를 사용하고, 반대로 절반으로 느리면 0.5를 사용한다. 관체 반응을 모델링할 때만 해당되며, 질량 이동 효과를 무시하려면 0으로 설정한다. 초기 Default 값은 1이다.
- Trace Node(추적 노드) : 사용자가 설정한 추적하고자 하는 수원의 노드 ID로 흐름 추적해석에서만 사용된다.
- Quality Tolerance(수질허용한계) : 관로에서 새로운 물 구획(parcel) 생성의 요인이 되는 가장 작은 수질변화 크기로, mg/L 단위로 측정되는 화학물질뿐만 아니라 물 연령, 수원 추적의 경우에도 일반적으로 0.01로 초기 설정된다.

3) 반응(Reaction) 옵션

반응옵션은 수질해석에 적용하는 반응 형태를 설정하는 것으로 다음과 같은 항목들이 있다.

- Bulk Reaction Order(수체반응차수) : 수체반응에 의한 물질 농도를 계산할 때 사용되는 수체반응 속도의 차수. 1차 반응의 경우 1, 2차 반응의 경우 2를 사용한다. Michaelis-Menton 반응식에 대해서는 음(-) 값을 사용한다. 전체(Global) 또는 관로 별 수체반응계수가 지정되지 않으면 수체반응은 계산되지 않는다.
- Wall Reaction Order(관체반응차수) : 관체반응에 의한 물질 농도를 계산할 때 사용되는 관체반응 차수. 1차 반응의 경우 'First', 일정 속도 반응의 경우 'Zero'를 선택한다.
- Global Bulk Coefficient(전역수체반응계수) : 전체 관로에 적용되는 기본 수체반응계수(K_b)로, 만약 특정 관로에서 다른 값의 계수 적용이 필요한 경우 관로 속성 편집기에서 계수를 수정하는 방법으로 적용을 달리 할 수 있다. 증가반응은 양수, 감쇄반응은 음수, 반응이

발생하지 않으면 0을 사용한다.

- Global Wall Coefficient(전역관체반응계수) : 전체 관로에 적용되는 기본 관체반응계수(K_w)로, 수체반응계수와 동일하게 관로별 다른 값을 적용할 수 있다. 증가반응은 양수, 감쇄반응은 음수, 반응이 발생하지 않으면 0을 사용한다.
- Limiting Concentration(한계농도) : 물질이 증가할 수 있는 최대 농도 또는 감쇄할 수 있는 최소 농도로 수체반응 속도는 현재 농도와 한계 농도 차이 크기에 비례한다.
- Wall Coefficient Correlation(관체계수 상관도) : 관 조도와 관체반응 계수의 상관성을 나타내는 계수로, 손실수두 공식에 따라 값이 다르다.

4) 시간(Times) 옵션

시간옵션은 확장기간 모의에 적용하는 다양한 시간 간격(Time step)을 설정하는 것으로 다음과 같은 항목들이 있다(시간은 시간에 대한 소수점(예, 10.5) 또는 시간:분(예, 10:30)으로 나타낼 수 있다).

- Total Duration : 총 모의시간. 단일기간(순간) 해석에는 0을 사용
- Hydraulic Time Step : 시스템 수리적 재계산을 위한 시간간격(Default 값은 1시간)
- Quality Time Step : 수질성분 전달 시간간격(Default 값은 5분)
- Pattern Time Step : 모든 시간 패턴에 사용하는 시간간격(통상 Default 값은 1시간)
- Pattern Start Time : 모든 시간 패턴 모의가 시작되는 시간(예, 값 2는 모든 시간 패턴이 두 번째 시간에 시작, Default 값은 0)
- Reporting Time Step : 모의 결과를 리포트하는 시간간격(Default 값은 1시간)
- Report Start Time : 모의 결과를 리포트하는 시작시간(Default 값은 0)
- Starting Time of Day : 모의가 시작되는 시계 시간(예, 7:30 am, 10:00 pm, Default 시간은 12:00 am(심야))
- Statistic : 시간확장 모의 결과를 요약할 때 사용하는 통계처리 유형
  - None(현재 시간 단계 결과)
  - Average(시간 평균 결과)
  - Minimum(최소값 결과)

- Maximum(최대값 결과)
- Range(최대와 최소 값 차이의 범위 값 리포트)

※ 통계처리는 리포트 시작시간과 총 모의 기간 사이에서 계산된 모든 노드 및 링크의 결과에 적용

(2) 단일기간(순간) 해석(Single period analysis)

시간에 따른 사용량, 수위변동을 고려하지 않고 주어진 한 개의 자료만 즉, 고정된 운영조건을 해석하는 방법이다. 단일기간 해석을 위한 입력자료는 완료된 상태이므로, 해석을 위하여 메뉴 바의 Project ➡ Run Analysis 또는 도구상자에서 Run( ) 버튼을 클릭한다.

만일 해석이 성공하지 못하면 상태표시(Status Report)에 문제점이 무엇인가를 알려줄 것이다. 문제없이 해석에 성공했다면 아래 설명과 같이 관망도, 그래프, 표를 이용하여 결과를 확인 할 수 있다.

- 맵 브라우저(Map Browser)에서 연결점(Nodes)과 압력(Pressure)을 선택하면 연결점의 압력에 따라 연결점들이 색으로 구분되며, 일반적으로 관망도 좌측상단에 해당 연결점의 범례가 표시된다. 만일 범례 표시가 관망도에서 보이지 않을 때는 메뉴 바에서 View ➡ Legends ➡ Node를 선택하거나, 관망도에서 오른쪽 마우스를 누른 후 Node Legend를 선택하면 범례가 관망도 화면에 나타나게 된다.
  표시된 범례 창을 더블클릭하면 범례 창이 숨겨지고, 범례의 범위나 색을 수정하고자 할 때는 범례 편집기(Legend Editor)를 이용한다. 범례 편집기는 범례 위에 마우스를 놓고 오른쪽 마우스를 눌러 화면에 나타나게 할 수 있다. 편집기에서 특정 색을 바꾸려면 컬러바의 해당 색(예를 들어, 노란색) 위에 마우스를 위치한 후 마우스 왼쪽 버튼을 누르면 원하는 색을 선택하여 바꿀 수 있다.
- 각 객체 즉, 연결점이나 연결선으로 표현된 관망 구성요소를 관망도 위에서 더블클릭하면 속성 편집기를 화면에 나타낼 수 있고, 속성 편집기 창에서는 모델구축을 위해 입력한 자료와 관망해석을 통해 계산된 결과를 함께 볼 수 있다. 속성 편집기 창에서는 입력한 값과 계산된 값을 'Value' 열의 색상으로 구분하고 있다. 사용하는 PC의 사양에 따라 색상은 다르게 나타날 수 있으나, 입력한 값은 'Property' 열과 동일한 색상, 계산된 값은 열은 노란색으로 표현된다.

- 계산결과를 표로 확인할 때는 메뉴 바의 Report ➡ Table이나 툴바의 Table() 버튼을 눌러 연결점과 연결선에 대한 해석결과를 확인 할 수 있다. 결과는 Type 탭을 이용해 특정 시각에 대한 관망 전체의 해석결과를 확인하거나 또는 단일기간 해석에서는 사용할 수 없지만, 특정 연결점 또는 연결선에서의 시간대별 해석결과를 확인 할 수도 있다. 또한, 결과로 표출할 자료의 항목은 Columns 탭에서 선택할 수 있으며, 특정 조건에 해당하는 결과들만을 추려내고자 할 때는 Filter 탭을 이용하여 나타낼 수 있다.

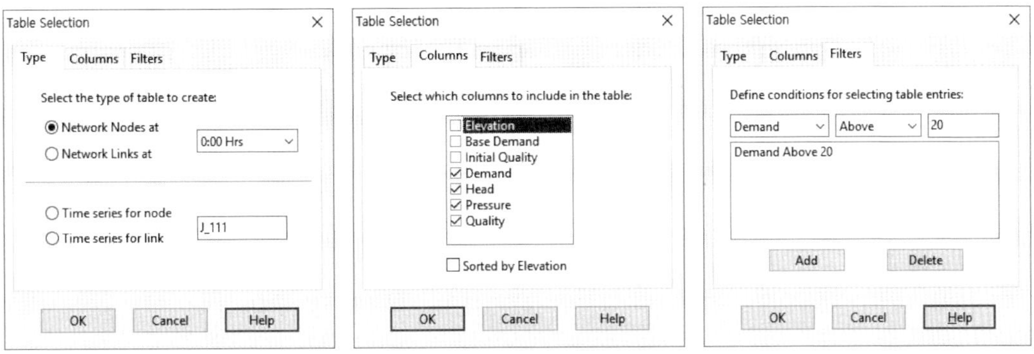

그림 4.32 **결과표 편집기**

이와 같은 결과표 생성에 필요한 선택과정이 완료되면 아래와 같은 결과표를 확인할 수 있다.

Network Table - Nodes at 0:00 Hrs

Node ID	Elevation m	Demand CMD	Head m	Pressure m	Quality
Junc 2	213.36	0.00	258.31	44.95	0.00
Junc 3	216.41	410.00	257.52	41.11	0.00
Junc 4	213.36	410.00	255.86	42.50	0.00
Junc 5	198.12	550.00	254.91	56.79	0.00
Junc 6	213.36	410.00	255.79	42.43	0.00
Junc 7	213.36	0.00	256.36	43.00	0.00
Resvr 1	213.36	-3380.16	213.36	0.00	0.00
Tank 8	252.98	1600.16	253.98	1.00	0.00

그림 4.33 **해석결과표 보기(표로 나타내기)**

(3) 확장기간 해석(Extended period analysis)

확장기간 해석은 계통 내의 운영조건을 고려한 해석이다. 따라서 수요량 변동, 배수지 수위변동, 그리고 펌프, 밸브와 같은 수리시설물의 가동조건을 고려하여 관망해석을 수행 할 수 있으며, 또 이를 위한 추가 자료의 입력이 필요하다.

본 절에서는 시간에 따른 각 절점(Junction)에서의 수요량 변화를 해석하는 예제에 대해 설명하고 있다. 수요량의 변화가 6시간마다 있다고 가정하면 하루 4번의 변화가 있게 된다(통상 24시간 동안 1시간마다의 변화를 고려하는 것이 보통이나, 여기에서는 예제를 간략화하기 위하여 6시간 변화를 사례로 한 것이다).

먼저, 그림 4.34와 같이 데이터 브라우저(Data Browser) ➡ Options ➡ Times를 선택하여 총 계산시간(Total Duration)을 72시간, 시간간격(Pattern Time Step)을 6시간으로 설정하자.

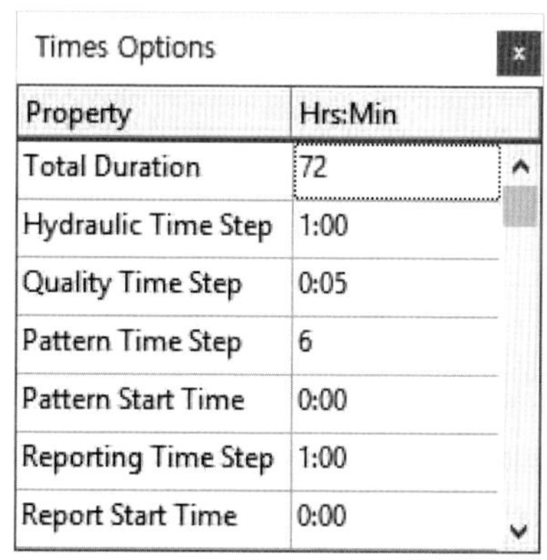

그림 4.34 확장기간 해석을 위한 시간단위 설정

시간별 변화패턴을 설정하기 위하여, 데이터 브라우저(Data Browser) ➡ Patterns를 선택하고 아래 Add( ) 버튼을 누르면, 아래 그림과 같은 패턴 편집기(Pattern Editor)가 생긴다. 이 편집기에 0.5, 1.3, 1.0, 1.2를 입력한다. 이 숫자들은 해당시간에 모든 절점(Junction)의 기저수요량(Base Demand)에 이 숫자들을 곱한 값으로 변화되고, 이 변화된 수요량으로 관망해석이 수행됨을 의미한다. 예를 들어, 0:00부터 06:00까지는 모든 기저수요량의 0.5배를 사용하고 06:00부터 12:00까지는 기저수요량의 1.3배를 절점에서 사용하는 것으로 해석되게 된다.

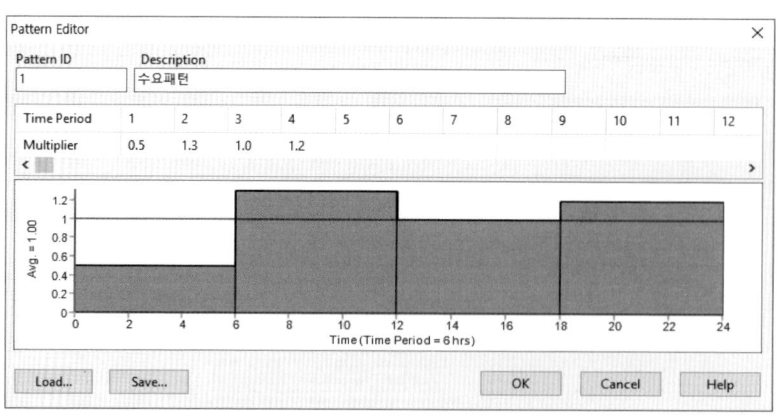

그림 4.35 시간별 공급량 변화패턴 작성

이제 확장기간 모의에 대한 계산결과를 살펴보도록 하자. 먼저 앞에서 설명한 방법으로 다시 해석(Run)을 수행한다. 다음으로 시간별 물 흐름을 파악하기 위하여 관로의 흐름을 나타내는 화살표를 선택(View ➡ Options 또는 툴바( )에서 Flow Arrow - Filled)로 설정해 보자. 이제, 맵 브라우저의 절점 및 관로의 값을 압력과 유량을 선택하고, 비디오 플레이 형태의 아이콘(▶)을 누르면 시간별 변화를 애니메이션 형태로 관찰할 수 있다.

연결점이나 연결선에서의 시간별 변화 값을 그래프로 나타내 보도록 하자. 예를 들어, 배수지(Tank)에서의 시간별 수위변화를 그래프로 나타내는 방법은 다음과 같다.

① 관망 내 탱크(Tank) 지점을 마우스로 선택한다.

② 메뉴 바의 Report ➡ Graph(또는 툴바(Toolbar)의 Graph( ) 버튼)를 선택한다.

③ 이 그래프 상자에서 그래프 형태를 'Time Series' 변수(Parameter)로서 동수두를 나타내는 'Head'를 선택한다.

④ OK를 선택하면 아래와 같은 그래프가 그려진다. 그래프가 그려진 상태에서 Report ➡ Options(또는 그래프에 마우스를 놓고 오른쪽 마우스 클릭)를 선택하면 3차원 형태, 그래프 제목, 가로·세로 축의 간격 등을 조정하여 필요한 그래프를 나타낼 수 있다.

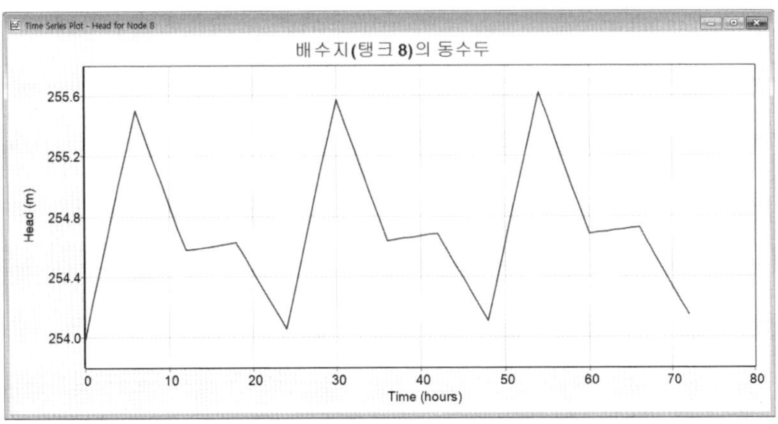

그림 4.36 **해석결과(시간별 탱크 수위변화)**

(4) 펌프운전 제어(Control) 해석

펌프의 제어방식은 일반적으로 배수지 수위나 계통 내 유량의 변동에 따라 펌프의 운전대수를 제어하거나 변속펌프에 의한 회전속도를 제어하는데, Rule, Pattern 기능을 활용하여 각각의 제어조건을 모델에 반영한다.

표 4.6 펌프 제어방식 따른 분류 및 적용

제어방식	제어방법	제어대상
펌프 대수 제어	• 제어 대상의 범위에 따라 펌프의 대수를 조정 → Rule을 통한 대수 제어	수위
펌프 개도 제어	• 제어 대상의 범위에 따라 펌프의 개도를 조정 → TCV를 통한 밸브 개도 제어	유량
펌프 회전수 제어	• 제어 대상의 범위에 따라 펌프의 회전수를 조정 → Rule, Pattern을 통한 Speed 제어	압력
펌프 가동시간 제어	• 펌프 가동시간의 범위에 따라 펌프를 On/Off → Rule, Pattern을 통한 On/Off 제어	유량

본 절에서는 규칙기반 제어(Rule-based controls) 방법으로 펌프의 가동을 제어해 보기로 한다. 만일 펌프의 운전대수를 여러 대로 설정하여 입력하였다면 일반적으로 대수제어를 하게 되나, 예제에서는 펌프가 1대만 가동되고 있으므로 변속펌프에 의한 회전속도 제어로 펌프를 제어해 보기로 한다.

- 해석조건 - 탱크(8번) 수위가 바닥으로부터 2.0 m(Level 2.0 m) 이하가 되면 펌프(9번)의 회전속도를 정격속도(1)의 1.2배로 한다.
  - 탱크(8번) 수위가 다시 바닥으로부터 4.0 m 이상이 되면 펌프(9번)의 회전속도를 정격속도(1)의 0.9배로 낮춘다.
- 입력 및 해석방법

① 데이터 브라우저(Data Browser)의 아래쪽에 있는 Controls를 선택한다.

② Rule-Based를 더블클릭하거나 아래쪽의 Edit 버튼을 누른다.

③ Rule-Based Controls 편집기(Editor)가 나타나면 아래와 같이 입력한다.

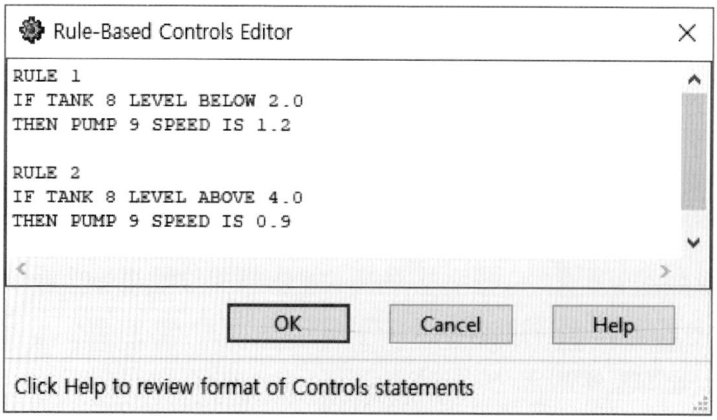

그림 4.37 펌프의 규칙기반 제어(Rule-based Controls)

④ 편집기 아래쪽의 'OK'를 누르고 다시 해석(Run)을 실행한다.
해석을 실행한 후, 시간별 펌프의 유량 변동을 그래프로 그려보면 아래와 같다.

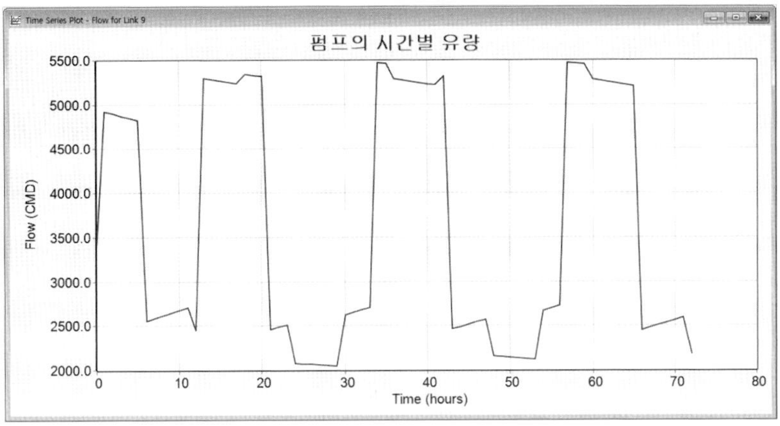

그림 4.38 펌프제어에 의한 시간별 펌프 토출량 변화

제어에서 규칙기반 제어(Rule-Based Control)가 아닌 단순제어(Simple Control)를 이용할 경우의 명령어는 다음과 같다.

위의 순서에서 ② Rule-Based 대신에 Simple을 선택한 후 아래와 같이 입력한다.

LINK 9 1.2 IF NODE 8 BELOW 2.0

LINK 9 0.9 IF NODE 8 ABOVE 4.0

(5) 수질해석

1) 물 연령(Water age) 계산

수질해석 중 먼저 관망에서의 시간에 따른 물 연령(또는 체류시간)을 계산해 보도록 하자. 물 연령에 대한 계수를 선택하기 위하여 수질옵션(Quality Options)을 선택한다.

데이터 브라우저에서 Options - Quality를 누르면 Quality Options 창이 나타나며, 이 창에서 Parameter로 Age를 선택한다.

이제 다시 해석(Run)하고 맵 브라우저에서 Link-Age를 선택하여 Play(▶) 버튼을 누르면, 시간별 관로의 물 연령을 확인할 수 있다. 이때, 총 모의시간(Total Duration)이 상수도관망에 비해 너무 짧으면 각 관로에서의 누적 체류시간에 오차를 유발할 수 있으므로 물 연령 계산을 위해서는 총 모의시간을 충분히 길게(예, 72시간 등) 설정하는 것이 좋다.

2) 잔류염소 농도 계산

염소농도(Chlorine)의 변화를 모의하기 위한 수질해석 절차는 다음과 같다.

① 데이터 브라우저에서 Option - Quality를 선택한다. 편집기에서 Parameter 항목을 Chemical로 선택하거나 Chlorine을 키보드로 직접 입력한다.

② 다음으로 데이터 브라우저에서 Option - Reactions를 선택한다. 이 수질반응 옵션 편집기에서 전역수체반응계수(Global Bulk Coefficient)를 −1.0으로 입력한다. 여기서, (−)는 염소가 반응하여 농도가 점점 감소함을 의미한다. 만일 관로에서의 실험 결과가 있으면 실험값을 넣으면 된다.

③ 저수지(Reservoir)를 선택하여 속성 편집기가 나타나면, 초기수질(Initial Quality)을 1.0으로 입력하자. 이것은 저수지(정수장 정수지)에서의 초기 잔류염소 농도가 1.0 mg/l이고, 모델링을 수행하는 동안 1.0 mg/l로 유지됨을 의미한다.

이제 다시 해석(Run)을 실행하고, 맵 브라우저의 Link - Chlorine을 선택한 후, Play(▶) 버튼을 클릭하면 염소농도의 변화를 관찰할 수 있을 것이다.

3) 시작점 수질 편집기(Source Quality Editor)

시작점 수질 편집기는 특정 연결점에서 수질약품을 투입하여 관망으로 유입되게 하는 시작점의 수질 농도, 투입방법 등에 대한 속성을 편집하기 위한 편집 창이다. 이 시작점은 정수장, 지하수 관정, 재염소 투입지점, 또는 원치 않는 오염원의 유입지점이 될 수 있다. 시작점 수질 편집 창은 수질모의를 시작하는 연결점 속성 편집기에서 Source Quality의 (...)버튼을 눌러 아래와 같이 나타낼 수 있다.

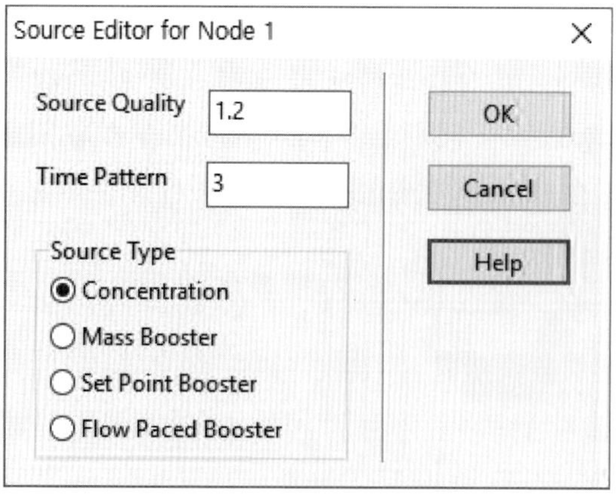

그림 4.39 시작점 수질 편집기

- Source Type : 다음 중 하나를 선택
  - Concentration, Mass Booster, Flow Paced Booster, Setpoint Booster
- Source Quality : 투입되는 기저 또는 평균 농도 - 시작점을 지우려면 빈칸으로 둠
- Quality Pattern : 시간별로 농도가 변할 때 사용하는 패턴 ID

수질 시작점은 다음과 같이 농도(Concentration) 또는 재주입(Booster)으로 설정할 수 있다.

- Concentration은 외부에서 관망으로 유입되는 농도를 저수지로부터의 유량 또는 절점에서의 음(-)의 수요처럼 고정한다. EPANET에서 절점 수요를 음(-)의 값으로 하면 외부에서 관망으로 유입되는 유량으로 간주한다.
- Mass Booster는 관망 내 다른 지점으로부터 시작 절점으로 들어오는 고정 질량유량(Mass Flow)을 추가한다.
- Flow Paced Booster는 관망 내 다른 지점으로부터 시작 절점으로 들어오는 모든 유입 유량의 혼합 결과 농도를 추가한다.
- Setpoint Booster는 시작 절점을 떠나는 모든 유량의 농도를 고정한다(이때 절점으로 유입되는 농도는 설정값(Setpoint)보다 낮아야 한다).

4.3.8 해석결과 보기

해석결과는 크게 ① 전체 해석결과에 대한 텍스트 파일(*.rpt), ② 표(Table), ③ 그래프로 나타낼 수 있다.

① 파일 형태는 해석을 수행한 후에 메뉴의 Report ➡ Full...을 선택하여 파일 이름을 정한 후에 저장하여 메모장, 엑셀 등 다른 문서 편집기로 보거나 출력한다.

② 표 형태는 메뉴 바의 Report ➡ Table이나 툴바의 Table() 버튼을 누른 후에 여러 가지 조건들을 선택하여 저장하거나 출력한다.

③ 그래프 형태는 메뉴의 Report ➡ Graph 또는 툴바의 Graph()를 선택한 후, 그래프 형식이나 변수들을 조정하여 사용한다.

(1) 관망도에서 시간별 변화상태 보기

관망도 상에서 각 절점별 수압, 관로별 공급량 등에 대한 관망의 상태를 시간 흐름에 따라 파악할 수 있는 기능이다.

- 먼저 해석을 수행한 후에
  - 그림과 같이 맵 브라우저에서 Nodes에서는 '수두(Head)'를 Links에서는 '유량(Flow)'을 선택해 보자.
  - 다음으로 브라우저 하단의 비디오 플레이와 유사한 모양의 키 중에서 재생(▶)키를 누르면 Play 된다. 수행을 멈추고자 하면 (■)키를 누르면 정지(Stop)된다.

- 이때 관망도 화면에서 선택한 항목(여기에서는 수두와 유량)의 시간에 따른 변화에 따라 색이 변하게 된다. 이 색은 범례를 기준으로 설정된다.
- 해석결과 중에서 특정 조건이나 상태 등을 질의(Query) – 예를 들어, 수압이 5 m 이하인 절점을 조회하려면, 메뉴의 View ➡ Query 또는 Query ( ) 버튼을 선택하여 조건을 입력한 후 실행(Submit)을 누르면 조건에 해당되는 부분은 붉은색, 해당되지 않는 부분은 흑백으로 나타내어 관망도에서 쉽게 그 위치를 확인 할 수 있다. 질의(Query) 상자를 닫으면 원래의 화면으로 되돌아간다.

질의 기능을 사용하는 방법은 다음과 같다.

① 맵 브라우저에서 질의하고자 하는 시간을 선정한다. 시간에 따라 값이 달라지기 때문에 예를 들면 최대 또는 최소 수요시간을 대상으로 시간을 선정한다.

② View ➡ Query 또는 Query( ) 버튼을 누른다.

③ Query 대화상자에 다음과 같은 정보를 고른다.
- 연결점 또는 연결선 여부 선정
- 비교하려는 매개변수(수질, 유속, 수압 등) 선정
- 조건(Above, Below, 또는 Equals) 선정
- 비교하려는 값 선정(40 이하이면, Below 40이 됨)

④ Submit 버튼 클릭, 기준에 맞는 객체는 도면에 강조된다.

⑤ 맵 브라우저의 시간이 바뀌면 질의 결과도 자동으로 업데이트된다.

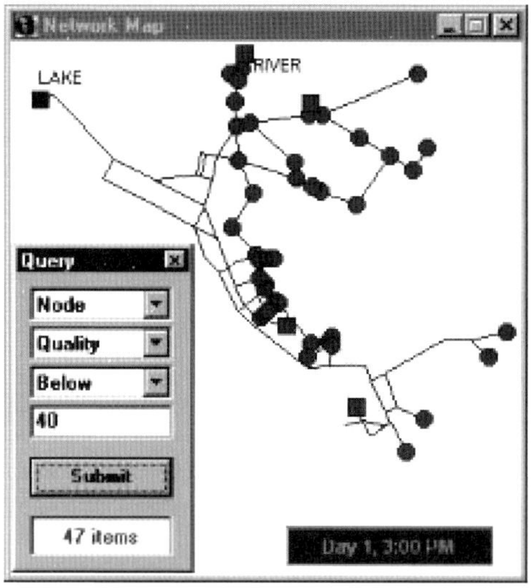

그림 4.40 Map Query 결과(수질이 40 이하인 절점 질의)

(2) 해석결과를 그래프로 보기

관망모델의 입력데이터(관경, 표고 등)뿐만 아니라 해석결과도 다양한 형태의 그래프로 확인할 수 있다. 그래프는 EPANET에서의 조회뿐만 아니라 컴퓨터 메모리(Window Clipboard) 또는 메타파일(Window Meta File) 형식의 이미지로 저장할 수도 있다. 다음은 EPANET이 제공하는 그래프의 종류이다.

표 4.7 해석결과의 그래프 종류

형태	설명	적용
• 시계열 (Time Series Plot)	- 시간에 따른 값 표시	- 특정 연결점이나 연결선의 확장기간에 의한 해석결과 표시(예, 배수지 시간별 수위변화)
• 종단면도 (Profile Plot)	- 종단면도 표시	- 각 연결점별 종단도 표시(예, 정수장으로부터 관말까지 동수경사도 작성)
• 등고선 (Contour Plot)	- 등고선 표시	- 표고, 수두, 공급량 등 여러 인자에 대한 분포 등고선 작성
• 빈도 (Frequency Plot)	- 누적확률빈도 표시	- 압력, 표고, 수질 등의 누적확률도 작성
• 계통 총 유량 (System Flow)	- 계통 내 총 생산량 및 공급량	- 시간별 총 수요량 대 공급량 곡선도 작성

그래프를 표시하는 방법은 다음과 같다.

① 메뉴의 Report ➡ Graph 또는 Graph( ) 버튼을 누르면 그림 4.41과 같은 화면이

나타난다.

② 이 화면에서 그래프 종류(Graph Type)와 연결점 또는 연결선의 객체 형태(Object Type)를 선택하고, 그래프로 표현하고자 하는 인자(Parameter)를 선택한다. 선택해야 하는 구성요소는 그래프 종류에 따라 달라진다.

관망 전체에 대한 그래프가 아닌 특정 객체에 대한 그래프를 그리고자 하는 때에는 관망도 화면에서 해당 연결점 또는 연결선을 선택한 후 Add 키를 눌러 작성 대상 리스트에 추가하고, 특정 번호를 삭제하려면 대상 리스트에서 번호를 선택한 다음 Delete 키를 눌러 삭제하면 된다. Move Up 또는 Move Down 을 이용해 그래프 작성 순서를 조정 할 수도 있다.

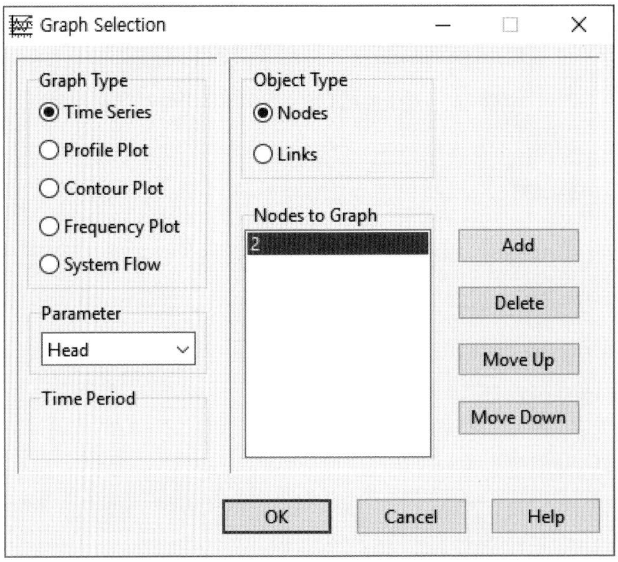

그림 4.41 해석결과의 그래프 표현 종류

그래프 선택(Graph Selection) 창의 선택 옵션을 아래와 같이 정리하였다.

표 4.8 그래프 선택 옵션

종류	설명
• Graph Type	– 그래프 종류 선택(위의 그래프 종류 설명 참조)
• Parameter	– 그래프 표시 인자(관경, 수압, 유량, 수질 등)
• Time Period	– 그래프에 표시할 시간선택(시간확장 모의만 해당)
• Object Type	– 나타낼 항목이 연결점 또는 연결선 인지를 선택
• Nodes to Graph, 또는 Links to Graph	– 그래프에 표시할 연결점이나 연결선 번호 선택

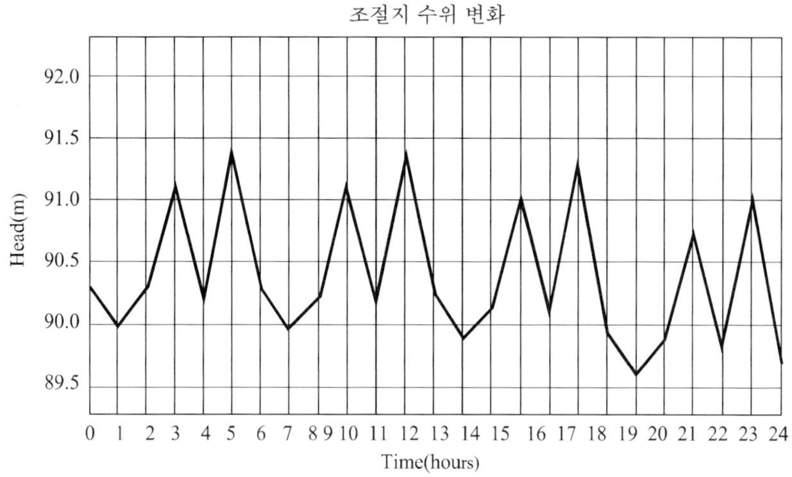

그림 4.42 수위의 시간 변화 그래프

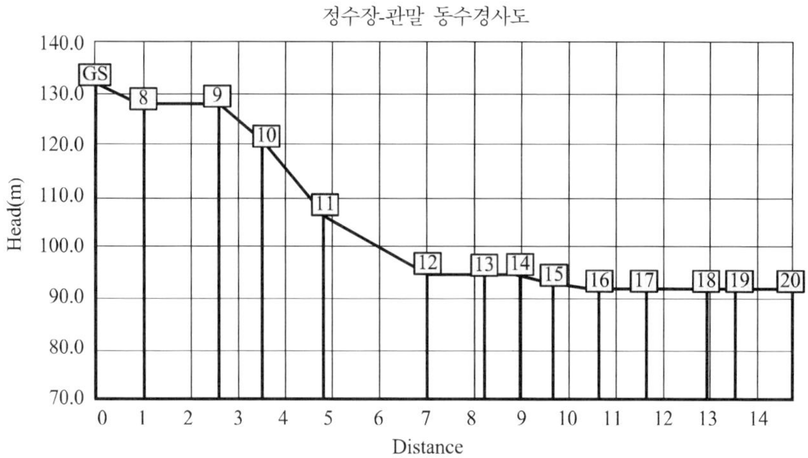

그림 4.43 관망 주요 지점의 동수경사 그래프

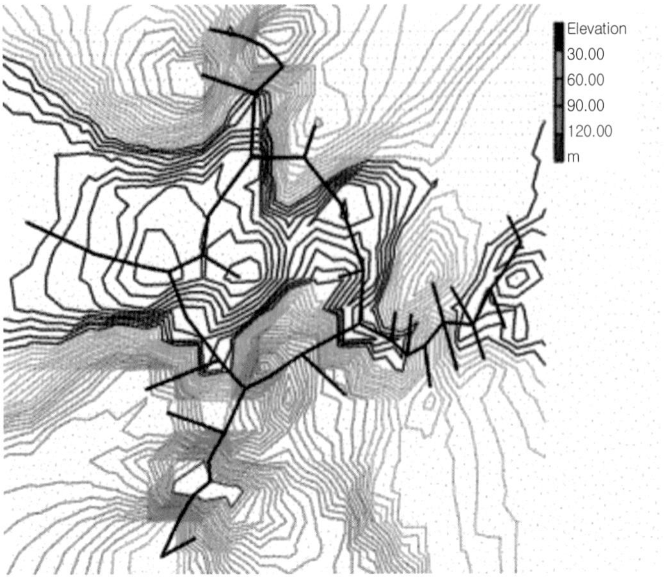

그림 4.44 관망의 관표고 등고선도

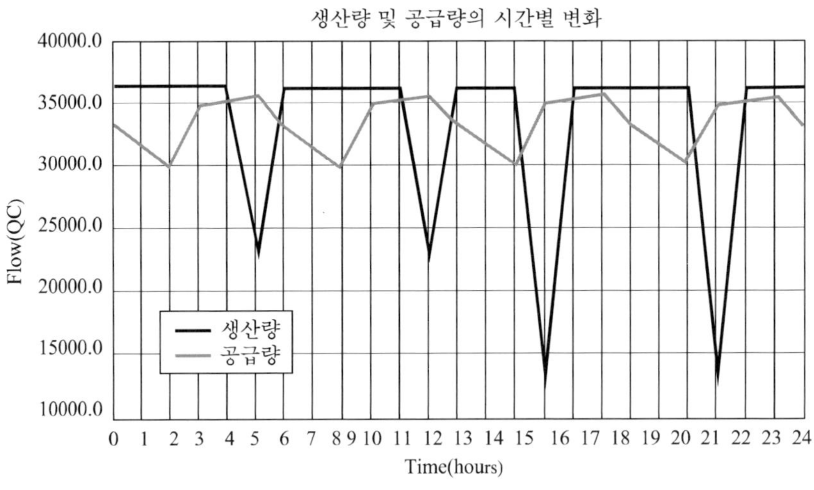

그림 4.45 관망 전체의 총괄 유량(생산량 대 공급량) 그래프

(3) 그래프 옵션 조정

그래프를 그린 후에 그래프 이름, 범례, X, Y축의 범위(Scale) 등의 조정이 필요할 수 있다. 조정이 필요한 경우 다음의 순서 및 방법으로 조정할 수 있다.

① 그래프를 그린다(활성화한다).

② 메뉴의 Report ➡ Option 또는 툴바 Options( ) 버튼 또는 그래프 위에 커서를 놓

고 우측 마우스를 누른다.

③ 표의 제목, 글씨체, X, Y 축의 Scale, 그래프 모양 등을 조정한 후 'OK'를 누른다.

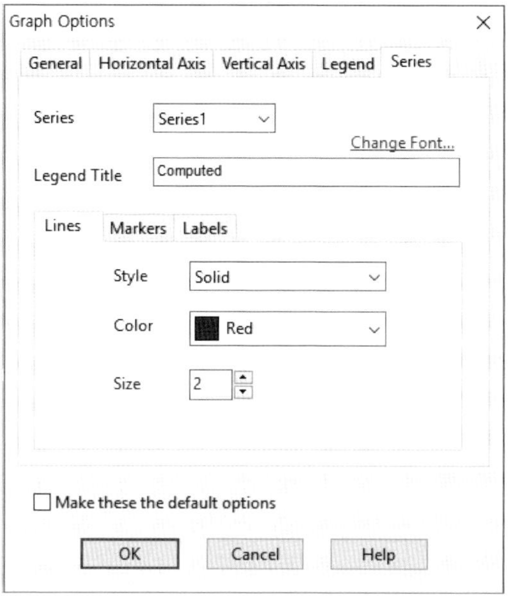

그림 4.46 그래프 옵션 대화상자(dialog)

(4) 그래프의 저장

그래프를 화면에서 볼 수도 있지만, 보고서를 작성하는 경우에는 Clipboard에 임시저장하여 한글, 워드 등의 문서 편집기에 붙여넣거나, 그림 파일로 저장하여 활용할 수 있다. 그림 파일로 저장하여 활용하고자 하는 경우는 아래의 순서와 방법을 따른다.

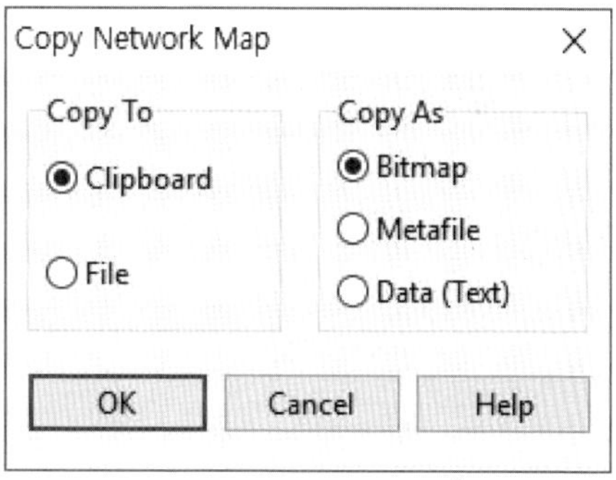

그림 4.47 그래프 저장 대화상자(dialog)

① 그래프를 그린다(활성화한다).

② 메뉴의 Edit ➡ Copy To... 또는 Copy( ) 버튼을 누른다.

③ 저장방법(Clipboard 또는 File)에서 File을 선택한 후 저장하고자 하는 파일 형태(Bitmap, Metafile, Data)를 선택하고 'OK'를 누르면 저장된다.

이때, 파일 형태에서 Data를 선택하면 그래프를 구성하는 값들이 텍스트 파일에 저장되게 된다.

4.3.9 수압 부족에 대한 수압기반해석(PDA)

EPANET 2.2 버전의 대표적인 개선점이 관망 내 기저수요량을 충족시키지 못하는 수압 부족에 대한 문제를 해결할 수 있도록 수압기반해석(PDA) 기능을 추가하였다는 점이다. EPANET에서 제공하는 기본 예제(Examples) 중 Net4.net이 수압 부족 상황에 대한 모의연습을 위한 파일이다. 이 파일의 유량 단위는 LPS(liter per sec, L/s)이다.

EPANET 2.2 프로그램을 구동하여 홈페이지 자료실에 있는 예제파일 중 4장 폴더 내 Net4.net을 열어 Project ➡ Run Analysis에서 Demand Model로 DDA(Demand Driven Analysis)를 선택한 후 해석(Run)을 하면 부압이 발생했다는 경고 메시지가 뜬다.

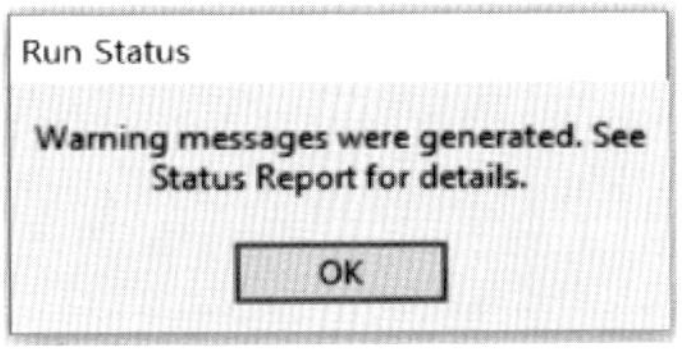

이 Run Status 화면에서 'OK'를 누르면 Status Report가 뜨고, 이 화면에 "Reservoir R1 is Emptying" 등의 메시지와 함께 "Waring: Negative Pressure at 0:00:00 hrs"라는 문구를 볼 수 있다.

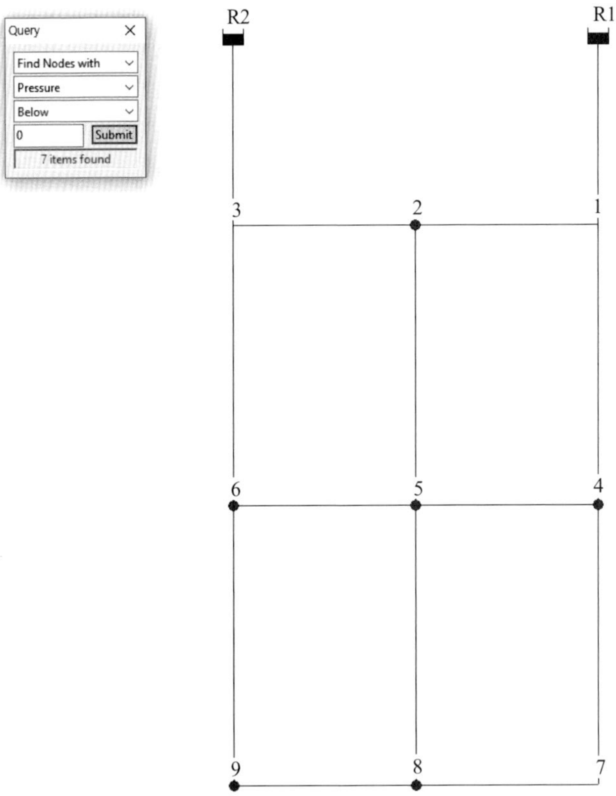

그림 4.48 수요기반해석(DDA)에서의 부압 발생

Query( ) 버튼을 누르고 그림 4.48과 같이 입력하고 Submit을 클릭하면 R1과 6개의 절점에서 부압이 발생했음을 알 수 있다. 부압은 -0.44 m에서 -2.73 m로 발생하는데, 특히 9번 절점에서 부압이 가장 크다. 전체 관망의 기저수요량 총합은 275 L/s로 R1에서 124.23 그리고 R2에서 150.77 L/s를 공급하는 것으로 모의 된다. 문제는 실제 상수도관망에서 부압이 발생하면 공급이 불가능함에도 불구하고, DDA모델에서는 공급이 가능하지만 부압이 발생하는 것으로 경고만 하고 있어 실제 공급상황과 해석결과가 달라진다는 것이다.

이러한 단점을 해결하기 위한 해석기법이 수압기반해석(PDA)이다. 이제 PDA 해석을 위해 다시 Project ➡ Run Analysis에서 아래 그림과 같이 Demand Model로 PDA를 선택하고, 공급이 불가능한 수압을 의미하는 Minimum Pressure를 0으로 두고, 각 절점에 할당된 기저수요량을 모두 충족시킬 수 있는 수압인 Required Pressure를 EPANET 예제에서 제시한 0.1과 1.0 그리고 5.0(m)를 차례로 입력해 3가지 경우에 대한 해석결과를 비교해 보자.

먼저, Required Pressure에 0.1을 입력하고, 수압종속 수요량을 결정하는 수압지수(Pressure Exponent)는 0.5로 입력한다.

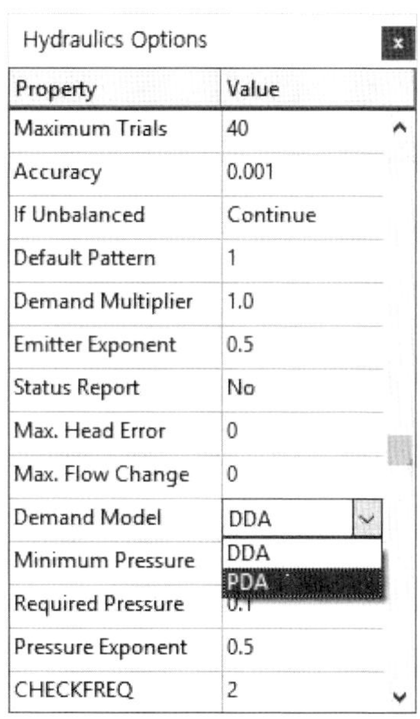

그림 4.49 **수압기반해석(PDA) 옵션 선택**

PDA 해석결과는 부압 발생이 없어진다는 것과 필요수압(Required Pressure)의 값에 따라 공급 가능한 수요량이 조정된다는 사실이다. 이는 절점에서 공급 가능한 수요량이 다음 식 (4.1)에 의해 결정되기 때문이다.

$$d = D\left[\frac{p - P_{min}}{P_{req} - P_{min}}\right]^{P_{exp}} \tag{4.1}$$

여기서, d = 수압 부족 시 공급 가능한 수요량, D = 기저수요량, p = 모의 시 수압, P_{min} = 공급량이 0이 될 때의 수압(Minimum Pressure), P_{req} = 기저수요량 공급 필요수압(Required Pressure), 그리고 P_{exp}는 수압지수(Pressure Exponent)이다.

다음 표는 요구수압별 공급 가능 총 수요량과 9번 절점의 공급가능량 사례를 나타낸 것이다. 총 공급량은 기저수요량인 275 L/s에 비해 PDA 요구수압이 0.1 m이면 약 5%가 줄어들고, 5 m가 되면 약 15.7%가 줄어든다. 따라서 PDA 모의를 수행하는 경우 현장 상황을 고려한 기저수요량 공급에 필요한 수압 설정이 필요하다.

표 4.9 PDA 요구수압에 따른 공급가능량

구분	DDA	PDA Required Pressure(m)		
		0.1	1.0	5.0
총 공급량(L/s)	275.00	261.63	258.46	231.90
절점 9 공급량(L/s)	75.00	61.63	59.06	58.56

4.4 관망요소 불러오기(Import)와 내보내기(Export)

불러오기(Import)와 내보내기(Export)는 관로의 일부분 또는 전체 자료, CAD나 GIS에서 취득한 Data를 불러오거나, 해석결과를 내보내어 다른 문서에서 편집할 수 있도록 해주는 기능이다.

불러오기와 내보내기는 크게 시나리오(Scenario), 관망도(Map) 및 관망모델(Network)로 구분된다. 본 절에서는 Import와 Export의 기능과 EPANET에서 역할에 대하여 설명하고자 한다.

4.4.1 시나리오(Scenario)

시나리오는 다음에서 설명하는 것과 같이 해석하고자 하는 관망의 현재 운영조건을 특성화한 자료들로 구성된다.

- 모든 절점에서의 수요량(모든 범주에 대한 기저수요량(Base demand) + 시간별 변화 패턴)

- 모든 절점에서의 초기 수질자료
- 모든 관로에 대한 구경
- 모든 관로에 대한 조도계수(C값)
- 모든 관로에 대한 반응계수(수체 및 관체)
- 단순 및 규칙-기반 제어(Simple and Rule-based Controls)

EPANET에서는 위에서 언급한 일부 또는 모든 항목을 대상으로 시나리오를 생성할 수 있으며, 시나리오는 관망의 설계와 가동조건 변경에 대하여 좀 더 효율적이고 조직적인 분석을 할 수게 한다. 즉, 다른 수요 조건에 대한 영향을 시험하고, 최적의 예측 매개변수를 찾을 수 있으며, 가동조건의 변경을 평가하는데 이용할 수 있다. 시나리오 파일은 ASCII 문자(text) 형태로 저장되며, EPANET 화면이 아닌 일반 편집기나 메모장, Excel 등의 문서편집 프로그램에서 수정, 편집하여 불러올 수도 있다.

(1) 시나리오 내보내기(Exporting)

현재 해석하고자 하는 관망의 시나리오를 텍스트 파일 형태로 내보내기 위해서는 다음과 같은 순서에 의한다.

① 메뉴 바에서 File ➡ Export ➡ Scenario를 선택한다.

② 아래 그림과 같이 시나리오 내보내기 창에서 저장하고자 하는 자료 항목을 선택한다.

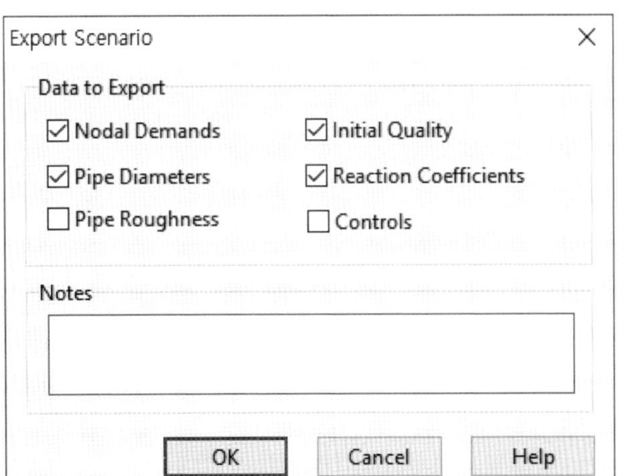

그림 4.50 시나리오 내보내기 화면

③ Notes 상자에 시나리오의 특성 등을 메모한다.

④ ‘OK’ 키를 누른다.

⑤ 시나리오 파일에 대한 이름을 작성한다. 시나리오 파일의 확장자는 .SCN으로서, 저장 포맷(Format)의 형식은 텍스트 파일(Text File)이다.

⑥ 저장을 누르면 내보내기가 완료된다.

절점 수요량(Nodal Demands), 관경(Pipe Diameters), 조도계수(Pipe Roughness)를 시나리오로 내보낸 사례는 다음과 같다.

```
[DEMANDS]
;Junction    Demand        Pattern    Category
 2            0
 3            10000
 4            30000
 5            30000
 6            30000

[DIAMETERS]
;Pipe        Diameter
 1            1350
 2            1500
 3            1350
 4            1200
 6            1000

[ROUGHNESS]
;Pipe        Roughness
 1            100
 2            100
 3            100
 4            100
 6            100
```

(2) 시나리오 불러오기(Importing)

시나리오 파일에 포함된 자료(Data)는 기존의 관망 자료에서 같은 종류로 대체할 수 있는데, 다음과 같은 순서로 이루어진다.

① 메뉴 바에서 File ➡ Import ➡ Scenario를 선택한다.

② 폴더 탐색기 창이 나타나며, 불러오고자 하는 시나리오 파일을 선택한다.

③ 열기를 누르면 불러오기가 완료된다.

시나리오 형태로 불러온 자료들은 기존의 자료들을 대체한다. 즉, 수요량, 관경 등이 기존의 자료와 다를 경우 모두 Import한 자료로 대체된다. 위의 사례에서 예를 들면 절점의 공급량을 변경하고자 하면 내보내진 파일 중에서 수요량(Nodal Demands)을 변경하여 다시 불러오기 하면 기존의 수요량이 변경된 수요량으로 대체된다.

4.4.2 부분 관망 불러오기(Importing a Partial Network)

EPANET은 간단한 텍스트 포맷으로 관망의 기하학적 모습을 불러올 수 있는 기능이 있다. 관련된 데이터 항목은 절점의 ID, 관로의 ID와 끝 노드 번호, 절점과 관로의 좌표와 같은 연결점과 연결선에 대한 데이터들이다. 이것은 CAD와 GIS 같은 다른 관망도 프로그램에서 작성된 관망도 파일을 기하학적 데이터로 변환하여 EPANET 프로그램에서 활용할 수 있게 해준다.

부분 관망 텍스트 파일의 형식은 다음과 같다. 여기서 괄호(〈 〉) 사이의 텍스트는 파일의 해당 줄에 나타나는 정보의 유형을 설명한다.

```
[TITLE]
〈파일의 이름 설명〉 예; 연습관망

[JUNCTIONS]
〈각 절점의 ID〉 예; 9

[PIPES]
〈각 관로의 ID, 해당 관로의 끝 절점 ID〉 예; 10  4  9

[COORDINATES]
〈절점 ID, X와 Y 좌표〉 예 9  2196   5117

[VERTICES]
〈관로 ID, 변곡점의 X와 Y 좌표〉
```

여기서, 개수가 많지 않은 저수지(Reservoir), 펌프(Pump)와 같은 연결점과 연결선 이외의 구성 요소들은 절점 또는 관로의 형태로 우선 불러온 후 변환하거나 나중에 추가하는 방식을 사용한다.

Import 기능에서는 부분 관망을 불러오는 기능이 별도로 존재하지는 않는다. 따라서, 위에서 설명한 형식으로 텍스트 파일을 작성한 다음 기존의 관망 파일(inp) 끝에 해당 내용을 추가로 붙여넣으면 된다.

4.4.3 관망도(Map)

Import/Export에서의 관망도는 관망의 위치정보를 갖는 파일을 의미한다. 좌표 정보만을 갖는 텍스트 파일, 이미지 파일 및 CAD 파일 형태로 관망도를 불러오거나 내보낼 수 있다.

(1) 관망도 자료 불러오기

문자 파일(text file)로 저장된 관망도에는 관망 구성요소에 대한 좌표 값을 담고 있다. 확장자는 *.map이며 파일의 형식은 다음과 같다.

```
[COORDINATES]
;절점        X-좌표       Y-좌표
 100          2651         8732
 111          2222         9898

[VERTICES]
;관로번호     X-좌표       Y-좌표
 4            4389         8925
 5            4202         8824
```

작성되었거나 수정된 관망도(Map 파일)는 다음과 같은 순서에 의하여 불러오기 한다.

① 메뉴 바에서 File ➡ Import ➡ Map을 선택한다.

② 폴더 탐색기 창에서 불러오고자 하는 Map 파일을 선택한다.

③ 열기를 누르면 현재 위치에서 불러온 좌표로 절점들이 이동하여 대체된다.

관망도(Map) 불러오기 기능은 관망모델을 구축한 후에 GIS와 같은 작업으로 좀 더 세밀한 절점 좌표나 배경화면(Backdrop) 등의 자료가 확보되었을 때, 관망모델을 처음부터 작성하지 않고 관망도(Map) 만을 수정하는 것으로 간단히 업데이트 할 수 있다는 장점이 있다.

(2) 관망도 자료 내보내기

화면에 있는 관망도 자료는 CAD의 DXF(Drawing Exchange Format) 포맷, Windows의 메타파일(Enhanced metafile(EMF)) 또는 EPANET 자체의 ASCII 문자 포맷으로 저장할 수 있다. DXF 파일은 CAD나 문서편집기로 불러서 편집할 수 있으며, EMF 포맷은 워드프로세서와 그림파일로 불러오거나 편집할 수 있다. 이들 포맷은 벡터 형태이므로 확대나 축소를 하여도 해상도가 떨어지지 않는다.

관망도 자료의 내보내기는 다음과 같은 순서를 따른다.

① 메뉴 바에서 File ➡ Export ➡ Map을 선택한다.
② 아래 그림과 같이 관망도 내보내기 창에서 저장하고자 하는 자료 형태를 선정한다.

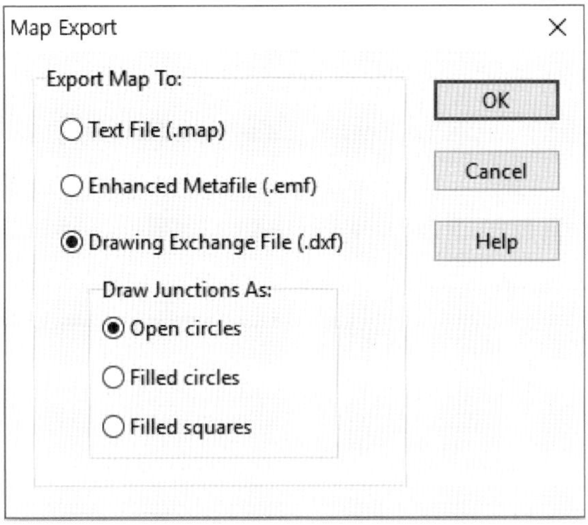

그림 4.51 관망도(Map) 내보내기(Export) 화면

③ DXF 포맷을 선택할 경우에는 저장하고자 하는 절점의 모양에 대한 추가 선택이 필요하다.
④ 'OK'를 누른다.

예제 관망도를 DXF 포맷으로 내보내기 한 결과는 다음과 같다.

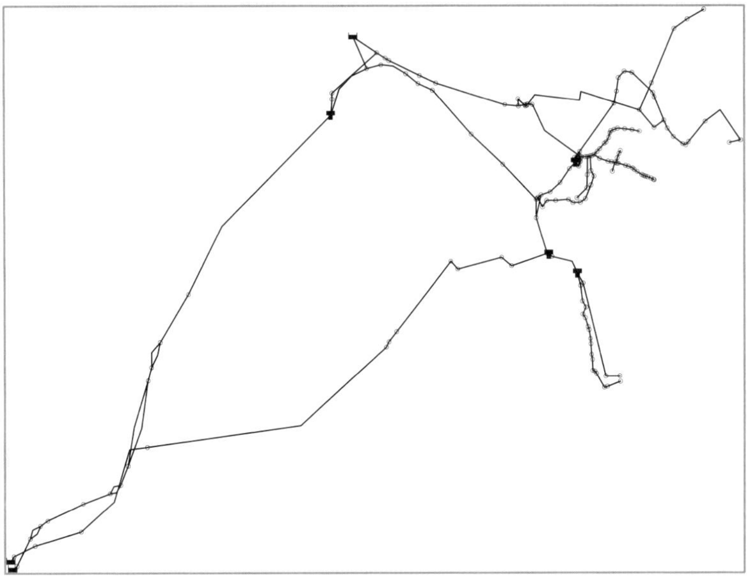

그림 4.52 관망도(Map) 내보내기 결과

4.4.4 관망자료(Network)

관망자료는 관망모델 전체 내용을 담고 있는 자료로 확장자는 (*.inp)로 ASCII형태의 문자파일(text file)이다. 텍스트 파일이므로 메모장, Excel과 같은 문서편집 프로그램에서 수정할 수 있으며, EPANET 프로그램은 물론 EPANET Toolkit과 같은 응용단계에서도 활용되는 자료 형태이다. EPANET 2.2에서 만들어진 관망자료는 PDA 등 EPANET 2.0에 없는 기능들이 있어 버전이 다른 경우 정상적으로 인식되지 않으므로 주의해야 한다(단, 2.0에서 만들어진 관망자료는 2.2에서 정상 작동된다). 관망자료의 확장자는 .inp이나 확장자에 상관없이 관망자료 형식을 갖춘 텍스트(*.dat, *.txt) 파일들을 불러 올 수 있다. 하지만 프로젝트 관리 등을 위해 확장자는 *.inp로 수정하는 것이 좋다.

관망자료의 Import 방법은 아래와 같다.

① 메뉴 바에서 File ➡ Import ➡ Network를 선택한다.

② 폴더탐색기에서 불러오고자 하는 inp 파일(또는 *.dat, *.txt 등의 텍스트 파일)을 선택한다.

③ 파일에 오류(Error)가 없는 경우 열기를 누르면 화면에 관망도와 자료들이 나타나게 된다.

예제를 통해 관망도 자료를 이용하여 해석하는 방법에 대하여 설명하고자 한다.

(1) 관망자료(Network)를 이용한 해석사례

다음 관망도를 관망자료(*.inp) 형태로 작성하여 관망해석을 수행하라.

- 관망도

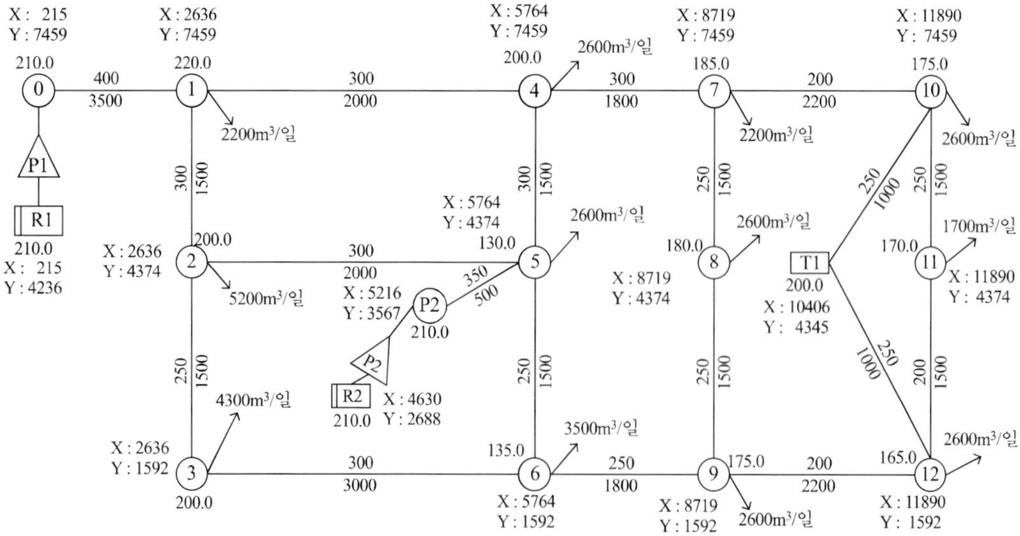

• 펌프자료

Pump 1(P1)		Pump 2(P2)	
유량(m^3/일)	양정(m)	유량(m^3/일)	양정(m)
0	52.0	0	32.0
21,600	47.0	21,600	28.0
30,240	42.0	25,920	25.0

• 탱크자료(T1)

– 탱크 직경 = 30.0 m, 높이 = 5.0 m, 초기수위 = 2.0 m

• 확장기간 모의를 위한 수요량 패턴

시간	1~4	5~8	9~12	13~16	17~20	21~24
Factor	0.7	1.1	1.0	0.9	1.2	0.8

1) 관망해석 자료 작성

예제에서는 Excel을 이용하여 관망모델 입력자료를 작성하였다. 이때 중요한 것은 [TITLE], [JUNCTIONS]와 같이 [ ]내에 있는 문자는 EPANET에서의 인식표이므로 철자나 [ ] 표의 형식이 틀리지 않도록 입력하여야 한다는 것이다. 또한 [TITLE]은 가장 먼저 있는 것이 좋으나, 다른 자료의 입력순서는 관망해석에 영향을 주지 않는다. 또 주석문(Comment)은 「;」를 다음에 입력하여야 하며, 만일 ";" 없이 주석문을 입력하면 EPANET에서 오류 message를 발생시키므로 주의한다.

```
[TITLE]
연습 관망해석

[JUNCTIONS]              ; 절점자료
;ID      표고(m)         수요량(m³/day)
 P1      210.00          0
 1       220.00          2200
 2       200.00          5200
 3       200.00          4300
 4       200.00          2600
 5       130.00          2600
 6       135.00          3500
```

```
P2        210.00        0
7         185.00        2200
8         180.00        2600
9         175.00        2600
10        175.00        2600
11        170.00        1700
12        165.00        2600

[RESERVOIRS]
; ID        수두(m)
 R1        210.00        ;저수지1
 R2        210.00        ;저수지2

[TANKS]
;ID  바닥표고(m)    초기수위(m)    최저수위(m)    최고수위(m)    직경(m)
 T1    200.00        1.00           0.00           5.00           30.00
                     ;탱크자료

[PIPES]
;ID   절점1(ID)   절점2(ID)   길이    직경(mm)   조도계수(C값)
 1     P1          1          3500    400        130
 2     1           4          2000    300        130
 3     1           2          1500    300        130
 4     2           5          2000    300        130
 5     2           3          1500    250        130
 6     3           6          3000    300        130
 7     4           5          1500    300        130
 8     5           6          1500    250        130
 9     4           7          1800    300        130
10     6           9          1800    250        130
11     7           8          1500    250        130
12     8           9          1500    250        130
13     7           10         2200    200        130
14     10          T1         1000    250        130
15     9           12         2200    200        130
16     12          T1         1000    250        130
17     10          11         1500    200        130
18     11          12         1500    200        130
RP2    P2          5          500     350        130
```

```
[PUMPS]
;ID      절점1(ID)      절점2(ID)        곡선번호
 P1      R1             P1               HEAD P1      ;PUMP 1
 P2      R2             P2               HEAD P2      ;PUMP 2

[CURVES]     ;펌프특성곡선
;ID              X-값          Y-값
;PUMP: P1
 P1              0             55.00        ;체절양정
 P1              21600         47.00        ;정격양정
 P1              30240         42.00        ;하한양정
;PUMP: P2
 P2              0             35.00        ;체절양정
 P2              21600         28.00        ;정격양정
 P2              25920         25.00        ;하한양정

[PATTERNS]          ; 시간별 공급량 변화 패턴
;ID        승수
;공급량 변화패턴
 1         0.70        1.10        1.00        0.90        1.20        0.80

[COORDINATES]     ; 절점좌표 자료
;절점ID    X-좌표       Y-좌표
 R1        215          4236
 P1        215          7459
 1         2636         7459
 2         2636         4374
 3         2636         1592
 4         5764         7459
 5         5764         4374
 6         5764         1592
 7         8719         7459
 8         8719         4374
 9         8719         1592
 10        11890        7459
 11        11890        4374
 12        11890        1592
 T1        10406        4345
 R2        4640         2688
 P2        5216         3576
```

```
[TIMES]                              ; 확장기간 모의를 위한 시간설정
Duration              24:00          ; 총모의시간
Hydraulic Timestep    1:00           ; 수리계산 단계
Quality Timestep      0:05           ; 수질계산 단계
Pattern Timestep      4:00           ; 패턴계산 단계
Pattern Start         0:00           ; 패턴시작 시간
Report Timestep       1:00           ; 결과출력 단계
Report Start          0:00           ; 결과출력 시간
Start ClockTime       12 am          ; 시작시간
Statistic             None           ; 통계계산 여부
```

2) Excel에서 관망자료(*.inp) 형식으로 변환하기

관망모델에 필요한 입력자료를 작성하고, 이후 작업에서의 분실을 방지하기 위해 Excel파일로 저장한 후 다음의 순서로 관망자료를 생성한다.

- Excel의 파일(F) ➡ 다른 이름으로 저장(A)을 선택한다.
- 파일형식에서 텍스트(탭으로 분리)(*.txt)를 선택하고, 저장할 파일이름을 지정한다. 이때, 확장자를 직접 EPANET 입력형식(*.inp)으로 지정해도 된다.(예; 해석예제.inp)
- 이후 모든 확인 창에서 확인 – 예(Y)를 클릭한다.
- Excel 파일을 닫는다. 이때 원래의 Excel 파일을 먼저 저장하였다면, 다른 이름으로 저장한 후의 Excel 형식은 Text 파일 형식이므로 저장하지 않는 것이 좋다.

3) 관망해석 및 결과

- 위에서 작성한 파일을 저장한다(해석예제.inp).
- 메뉴 바의 File ➡ Import ➡ Network에서 저장한 파일을 불러온다(해석예제.inp)
- 해석을 실행(Run)한다.
- 만일 실행결과, 불러오기의 형식 등에서 오류(Error)가 있으면 오류유형에 따라 적절한 방법으로 수정한다. 이 과정에서 많은 오류 message를 접하게 되므로 이 유형을 잘 살피고, 오류가 있는 연결선 또는 연결점 번호를 메모한 후 수정하는 것이 좋다.
- 수정 후, 다시 불러오기 및 관망해석을 실행한다.

다음은 예제 관망을 불러와 관망해석을 실행한 결과이다.

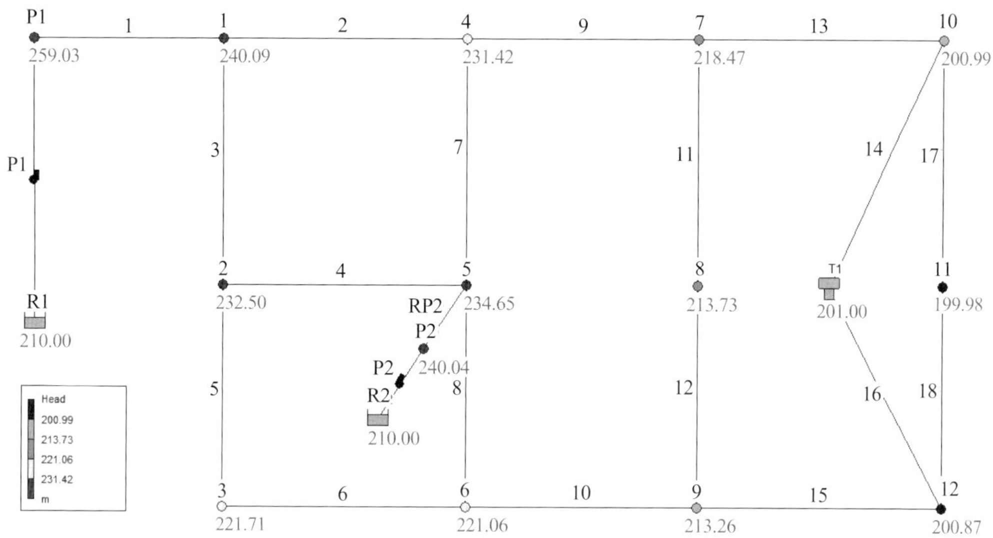

그림 4.53 예제 관망 해석결과

4.5 EPANET 알고리즘

EPANET(Rossman et al., 2020)은 다음 그림과 같이 모형구축(Network builder), 수리해석(Hydraulic solver), 수질해석(Water-quality solver)과 리포트 생성(Report writer)의 4개 부분으로 알고리즘이 모듈화된 프로그램이다. 모형구축 모듈은 외부 입력파일(*.inp)이나 코드를 통해 관망모형을 생성하고 속성을 입력하는 등의 기능을 수행하는 모듈이고, 수리해석 모듈과 수질해석 모듈은 지금까지 살펴본 수리, 수질 거동을 모의하기 위한 모듈이며, 리포트 생성 모듈은 바이너리 출력 파일(*.out)에서 계산된 시뮬레이션 결과를 읽어 선택된 값을 지정된 리포트 파일(*.rpt)에 기록해주는 모듈이다.

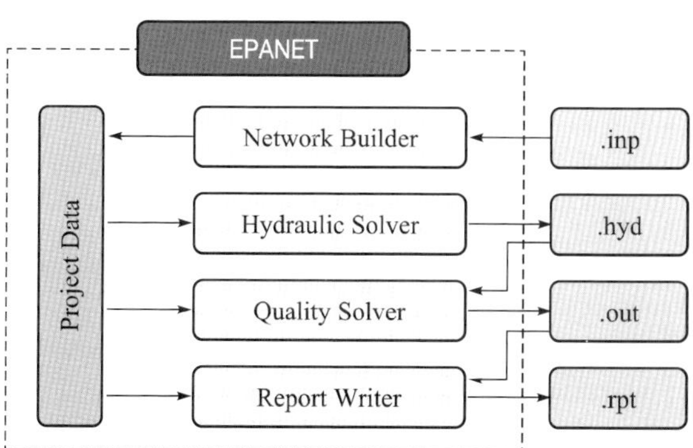

그림 4.54 EPANET 구성 모듈 및 자료 흐름도

이 절에서는 앞에서 언급한 수리 및 수질해석을 위한 기본방정식과 수치해석법을 바탕으로 EPANET 프로그램에서 알고리즘이 어떻게 실행되는지에 대해 알아보기로 한다.

(1) 수리해석 알고리즘(Hydraulic solver)

EPANET은 다음과 같은 절차로 고정수요(Fixed demand)와 수압기반수요(PDD)에 기반한 관망해석을 실행한다.

식 (3.52)의 선형방정식 $AH = F$는 다중 최소 노드 재정렬에 기반을 둔 희소 매트릭스법을 이용하여 풀게된다(Liu, 1985). 이후 심볼 인수분해(Symbolic Factorization)를 수행하여 행렬 A의 '0'이 아닌(Non-zero) 요소만 메모리에 저장되고 작동되도록 한다. 확장기간 모의에서 이 재배치와 인수분해는 분석의 시작시에 한 번만 수행된다.

첫 번째 반복을 위해 관로 내 유량은 유속 1 ft/sec (0.3 m/sec)에 대응하는 유량을 선택하고, 펌프를 통한 유량은 펌프에 지정된 설계 유량, 폐쇄된 관로에 대해서는 10^{-6} cfs로 설정된다(모든 계산 과정에서 수두는 ft로, 유량은 cfs로 변환된다).

수압기반수요량 모델이 작동하는 경우 각 절점의 초기 수요량은 입력된 Based Demand (D)와 동일하게 설정되며, 초기 이미터 유량은 0으로 설정된다.

관로에 대한 저항계수(r)은 선택된 수두손실 공식에 따라 적용 과정이 상이하다. Hazen-Williams와 Chezy-Manning 수두손실 공식의 저항계수는 관경, 관 길이와 상수인 마찰계수에만 의존되므로 입력값이 그대로 적용되는 반면, Darcy-Weisbach 수두손실 공식의 마찰계수 f는 흐름의 Reynolds 수(Re)에 따라 변하는 값이므로 다음과 같이 추가의 계산과정을 통해 적용된다.

- Re < 2,000(완전한 층류)에 대해 Hazen-Poiseullie 식 (Bhave, 1991) :

$$f = \frac{64}{Re} \tag{4.2}$$

- Re > 4,000(완전한 난류)에 대해 Colebrook-White 식의 Swamee and Jain 근사 값 (Bhave, 1991) :

$$f = \frac{0.25}{\left[\ln\left(\frac{\epsilon}{3.7d} + \frac{5.74}{Re^{0.9}}\right)\right]^2} \tag{4.3}$$

여기서, ϵ = 관조도 그리고 d = 관경이다.

- 2,000 < Re < 4,000(천이류)에 대해 Moody 표로부터 3차 보간(Dunlop, 1991) :

$$f = (X1 + R(X2 + R(X3 + X4)))$$
$$R = \frac{Re}{2000} \tag{4.4}$$

$$X1 = 7FA - FB$$

$$X2 = 0.128 - 17FA + 2.5FB$$

$$X3 = -0.128 + 13FA - 2FB$$

$$X4 = R(0.032 - 3FA + 0.5FB)$$

$$FA = (Y3)^{-2} \tag{4.5}$$
$$FB = FA\left(2 - \frac{0.0514215}{(Y2)(Y3)}\right)$$
$$Y2 = \frac{\epsilon}{3.7d} + \frac{5.74}{Re^{0.9}}$$
$$Y3 = -0.86859\ln\left(\frac{\epsilon}{3.7d} + \frac{5.74}{4000^{0.9}}\right)$$

위에서 언급한 Darcy-Weisbach 식의 마찰계수 식과 같이 저항계수는 유량의 함수가 아니며, Re > 2000일 때 수두손실과 유량 사이에는 선형관계가 존재한다. 즉, Re > 2000이라면 저항계수는 관내 유량에 따라 달라지므로, 관로에 대한 경사도 g_{ij} 계산을 위해 유량에 대한 저항계수의 민감도를 계산할 필요가 있다.

속도수두를 기반으로 하는 관로 또는 밸브의 미소손실계수(K)는 다음의 관계식을 사용하여 유량을 기반으로 하는 하나의 미소손실계수(m)으로 변환된다

$$m = \frac{0.02517K}{d^4} \tag{4.6}$$

절점 방류장치(이미터, Emitter)는 절점과 가상의 저수지 사이를 연결하는 가상의 관로로 모의한다. 관로의 손실수두계수는 $n = (1/\gamma)$, $r = (1/C)^n$이며, C가 이미터 방류계수일 때 m = 0이고, γ는 압력 지수이다. 가상 저수지의 수두는 절점의 표고와 같으며, 가상 관로를 통해 계산된 유량은 Emitter에서 유출하는 유량이 된다.

열려있는 밸브는 밸브 직경의 두 배에 해당하는 길이를 갖는 매끈한 관(f = 0.02)으로 작용되도록 가정하여 $r-$ 값을 할당한다. 닫힌 관로는 $h = 10^8 Q$ 와 같은 큰 저항계수로 선형 수두손실 관계를 위반한다고 가정하여, $p = 10^{-8}$ 그리고 $y = Q$가 되게 한다. $(r+m)Q < 10^{-7}$

인 관로에서는 $p = 10^7$, 그리고 $y = Q/n$으로 표현된다.

펌프, 역지밸브(CVs), 유량조절밸브, 그리고 저수시설에 연결된 관로들의 상태를 반복시마다 체크하면서 10회가 될 때까지 반복한다. 상태점검은 수렴이 달성된 후에만 시행한다. 수압조절밸브(PRVs 및 PSVs)에 대한 상태 점검도 매 반복 이후에 시행한다.

상태 점검시에는 수두가 체절양정보다 높은 경우 역류를 방지하기 위해 펌프는 닫히게 되는지, 유사하게 역지밸브는 수두손실이 음의 값이 되면 역지밸브가 닫히는지를 점검한다. 이러한 상태가 나타나지 않으면, 연결선(펌프, 관로 등)은 다시 열린다. 유사한 방법으로 완전히 비어있는 또는 완전히 가득찬 탱크에 연결된 관로에 대해서도 상태점검을 수행한다. 이러한 연결선에서는 만약 연결선 사이의 수두 차이가 비어있는 탱크를 비우게 하거나, 가득찬 탱크에 물을 채우게 하는 경우 연결선이 닫히게 되고 이와 같은 현상이 지속되지 않을 때 다시 열리게 된다.

역지밸브를 닫아야 할지 열어야 할지를 결정하기 위해 $h < 0$ 인지를 간단히 확인하는 것은 수치적 정밀도의 한계로 인해 일부 관망에서 이 두 상태 사이의 순환이 발생할 수도 있다. 역지밸브 상태의 더 강력한 시험을 제공하기 위해 다음과 같은 절차가 고안되었다.

```
if ｜h｜ 〉Htol  then
  if h 〈 -Htol  then          status = CLOSED
  if Q 〈 -Qtol  then          status = CLOSED
  else                         status = OPEN

else
  if *Q* 〈 -Qtol  then        status = CLOSED
  else                         status = OPEN
```

여기서, $Htol$ = 0.0005 ft(0.000152 m)이고 $Qtol$ = 0.001 cfs(0.000028 m^3/s)이다.

만약 상태점검에서 열린 펌프, 관로, 또는 역지밸브를 닫으면, 유량은 10^{-6} cfs(2.8^{-8} m^3/s)로 설정된다. 펌프를 다시 개방하면 유량은 펌프특성곡선을 이용하여 현재 수두에 따라 계산된다. 관로 또는 역지밸브를 다시 개방하면, 유량은 미소손실을 무시한 현재의 수두손실에서의 Q에 대한 식 (3.49)에 의해 결정된다.

압력파쇄밸브(PBVs; Pressure Breaker Valves)에 대한 행렬 계수는 $p = 10^8$과 $y = 10^8 H$의 세트로 설정된다. 여기서, $Hset$은 밸브에서 설정한 수압 강하값(ft)이다. 개도제어밸브(Throttle Control Valves, TCVs)는 위의 열려 있는 밸브의 경우에서 기술한 r과 밸브 설정의 변환 값으로서 식 (4.6)에서 채택한 m을 가진 관로로 취급한다.

감압밸브, 압력유지밸브, 유량제어밸브(PRVs, PSVs, FCVs)에 대한 행렬 계수는 모든 다른 연결선들을 분석한 이후에 계산한다. PRVs와 PSVs의 상태는 위의 상태 점검에서 기술한 것과 같이 점검한다. 이 밸브들은 수압 또는 유량 설정조건에 따라 완전 개방, 완전 닫힘, 또는 작동(Active) 상태가 될 수 있다.

감압밸브(PRV)의 상태 시험은 다음과 같은 로직을 사용한다.

```
if current  status = ACTIVE    then
  if Q < -Qtol  then                       new  status = CLOSED
  if Hi < Hset + Hml - Htol    then        new  status = OPEN
                               else        new  status  = ACTIVE

if current  status = OPEN      then
  if Q < -Qtol  then                       new  status = CLOSED
  if Hi > Hset + Hml - Htol    then        new  status = ACTIVE
                               else        new  status  = OPEN
if current  status = CLOSED    then
  if Hi > Hj + Htol
  and Hi < Hset - Htol         then        new  status = OPEN

  if Hi > Hj + Htol
  and Hj < Hset - Htol         then        new  status = ACTIVE
                               else        new  status  = CLOSED
```

여기서, Q는 밸브를 통과하는 현재 유량, Hi는 상류측 수두, Hj는 하류측 수두, $Hset$은 수압 설정값을 수두로 나타낸 값, Hml은 밸브가 개방($=mQ^2$)일 때 미소손실이며, $Htol$과 $Qtol$은 위의 역지밸브의 상태점검 절차에서 사용된 값과 같다. 유사한 시험을 PSVs에도 사용하는데, $Hset$에 대한 시험에서 $>$와 $<$ 작동으로 첨자 i와 j를 변경하는 것을 제외하면 동일하다.

활성(Active) PRV를 통과하는 유량은 하류 절점에서의 연속성을 유지하기 위해 유지되는 반면, PSV를 통한 유량은 상류 절점에서의 연속성을 유지하기 위해 유지된다. 절점 i에서 j를 연결하는 활성 PRV는 다음과 같이 표현된다.

$$
\begin{aligned}
&\frac{1}{g_{ij}} = 0 \\
&F_j = F_j + 10^8 H_{set} \\
&A_{ij} = A_{ij} + 10^8
\end{aligned}
\tag{4.7}
$$

이는 하류 절점 수두가 밸브 설정값 $Hset$을 유지하도록 한다. 활성 PSV에 대해서도 F와 A의 첨자가 상류 절점 i라는 것을 제외하면 계수의 동일한 할당이 이루어진다. PRV와 PSV의 개방(Open)/닫힘(Closed)에 대한 계수는 관로에서와 같은 방법으로 설정된다.

유량 설정값 $Qset$을 가진 절점 i에서 j로 가는 활성 FCV의 경우, $Qset$는 유출되는 절점 i와 유입하는 절점 j에 더해지며, Fi에서 빼지고 Fj에 더해진다. 절점 i의 수두가 절점 j의 수두보다 낮으면, 밸브는 유량을 공급할 수 없고 개방된 관 (Open pipe)처럼 취급된다.

초기 수렴이 달성되면(유량이 수렴하고 PRVs와 PSVs의 상태에 변화가 없는), 펌프, 역지밸브, FCVs, 그리고 탱크에 연결된 관로에 대한 상태 점검을 수행한다. 또한 수압 스위치(예, 어떤 절점의 수압에 의해 제어되는 펌프)에 의해 제어되는 연결선(Link)들의 상태를 점검한다. 만약 어떠한 상태변화가 생기면, 반복은 반드시 최소 2회 이상 지속한다(예, 수렴 점검은 바로 다음의 반복에서 건너뛴다). 변화가 생기지 않는다면 최종 해를 얻게 된다.

확장기간 모의(EPS)를 위한 세부적인 단계는 다음과 같다.

① 현재 시간대에 대한 해를 찾은 후, 다음 해를 위한 시간 간격은 다음 중 가장 빠른 시점이다.

- 새로운 수요가 발생할 때까지의 시간
- 탱크가 비워지거나 가득 채우는데 걸리는 시간 중 가장 짧은 시간
- 탱크 수위가 단순제어에서 명시한 바와 같이 어떤 연결선에 대한 상태변화를 촉발(예, 펌프의 개방 또는 닫음)하는 지점까지 도달하는 가장 짧은 시간
- 단순 시간제어 시스템에서 연결선에 다음 작동을 명령하는 타이머 시간
- 규칙기반 제어(Rule-based control) 시스템에서 관망 내 어떤 곳의 상태변화를 일으키는 데까지 걸리는 시간

탱크 수위를 이용하여 시간을 계산하는 경우, 현재 유량 값을 기준으로 탱크의 수위가 선형적으로 변한다고 가정한다. 규칙기반 제어에서의 작동 시간은 아래와 같이 계산된다.

- 현재 시간에서 시작하여, 규칙들은 시간 단계마다 평가된다. 이것의 기본값(Default value)은 통상적 수리해석 시간 단계의 1/10이다. 즉, 수리해석이 1시간마다 수행된다면, 규칙은 6분마다 평가된다.
- 이 규칙의 시간 간격 동안, 시계의 시간과 탱크의 수위가 마지막으로 계산된 관로의 유량을 기준으로 업데이트된다.
- 규칙의 조건이 충족되면 해당 규칙의 작업이 목록에 추가된다. 작업이 이미 목록에 있는 동일한 연결선에 대한 작업과 충돌하면 우선순위가 더 높은 규칙의 작업만 목

록에 남고 다른 작업은 제거된다. 우선순위가 같으면 원래 작업이 목록에 남게 된다.

- 모든 규칙이 평가된 후 목록이 비어있지 않으면 새로운 작업이 수행된다. 이로 인해 하나 이상의 연결선 상태가 변경되면 새로운 수리적 해결책이 계산되고 프로세스가 다시 시작된다.
- 만약 상태변경이 요청되지 않으면, 작업 목록이 지워지고, 일반적으로 수리적 시간 간격이 경과하지 않는 한 다음 규칙 시간 간격으로 넘어간다.

② 시간은 계산된 시간 간격만큼 증가하고, 새로운 수요가 발생하며, 저수지 수위는 현재 유량 값을 기반으로 조정되며, 연결선의 제어규칙을 확인하여 어떤 연결선의 상태를 변경할지 결정한다.

③ 업데이트된 정보를 기반으로 식 (3.52)과 식 (3.61)을 사용하여 새로운 일련의 세트를 계산한다.

(2) 수질해석 알고리즘(Quality solver)

1) 연립방정식

수질성분의 절점과 저류시설(탱크)에서의 혼합 그리고 이송에 관한 식 (3.74), (3.79) 및 (3.86)이 관망 전체에 적용될 때, 각 관로 i에서의 농도 C_i와 각 저장 탱크 s에서의 농도 C_s를 풀기 위한 시간에 따라 변하는 계수를 갖는 결합된 편미분/대수 방정식 집합을 나타낸다. 이 방법은 다음과 같은 외부 조건들에 의해서 달라진다.

- 초기 조건 : 모든 관로 i에 있는 모든 x에 대한 C_i와 각 저장탱크 s에서의 농도 C_s는 시간 0에서의 농도를 지정하는 조건
- 경계 조건 : 외부 질량 유입이 있는 모든 노드 k에서 모든 시간 t에 대한 C_{in}, q^{in}, q^{out}의 특정 값을 지정하는 조건
- 수리적 조건 : 모든 시간 t에 각 저장 탱크 s의 부피 V_s와 각 링크 i의 유량 Q_i를 지정하는 조건

2) Lagrangian 이송 알고리즘

EPANET의 수질모의는 고정된 시간 간격에서 물의 한 부분이 관로를 통해 이동하고 절점에서 혼합하는 거동 추적에 Lagrangian 시간 기반 접근방식을 사용한다(Liou and Kroon, 1987). 이들 수질분석을 위한 시간 간격은 관 내에서 생길 수 있는 짧은 이동을 수용하기 위하여 수리적 단계보다 상당히 짧다(예, 시간보다는 분 단위). 시간이 진행되면서 관로 내 대

부분의 상류 세그먼트(Upstream segment)의 크기는 물이 관로에 들어감에 따라 증가되는 반면에 물이 관로 구간을 떠남에 따라 가장 하류의 세그먼트는 크기 손실이 발생한다. 따라서 한 관로 구간 내 모든 구간의 총 체적은 변하지 않으며 이들 앞서고 뒤따르는 구간 사이의 세그먼트 크기는 변하지 않는다(그림 4.55 참조).

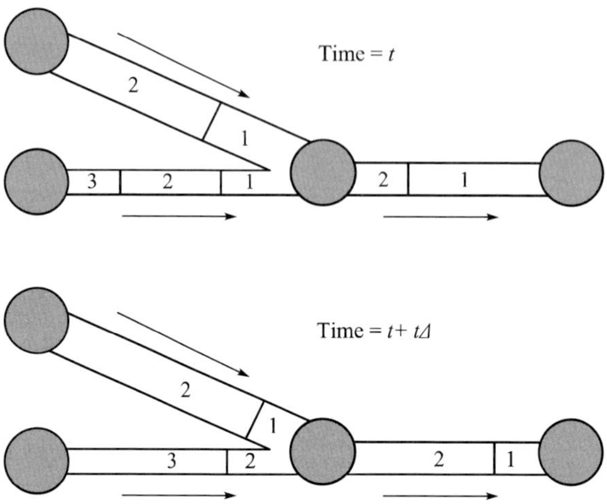

그림 4.55 Lagrangian 해법에서의 구간 거동

각 시간 단계에서 다음과 같은 절차로 수행된다. 각 구간의 수질은 시간 단계 중 발생할 수 있는 반응을 반영하도록 업데이트된다.

위상(Topological) 순서(상류에서 하류로)에서 각 절점에 대해서는 다음과 같다.

a. 연결점(Node)이 절점(Junction) 또는 탱크인 경우, 유량이 0이 아니라면, 흐름이 있는 연결선의 선행 구간에서 나온 물은 함께 혼합되어 새로운 수질 값을 계산한다. 각 세그먼트에서의 체적은 연결선의 유체 속도와 시간 단계의 곱과 같다. 이 체적이 단계의 체적을 초과하면 단계가 파괴되고 그 뒤에 있는 다음 라인이 체적에 기여하기 시작한다.
b. 연결점이 절점이면, 새로운 수질은 총 질량 유량을 총 유입량 체적으로 나눈 값으로 계산된다. 만약 연결점이 탱크이면, 탱크에서 혼합을 모의하는 데 사용된 방법에 따라 수질이 갱신된다.
c. 연결점의 연결은 외부 수질 공급원의 기여도에 의해 조정된다.
d. 연결점에서 유출되는 유량을 가진 각 연결선에 새로운 세그먼트가 생성된다. 체적은 연결선 유량과 시간 단계의 곱과 같고 수질은 절점에서 계산된 새 수질 값과 같다.

세그먼트(Segments) 수를 줄이기 위해 새 연결점 수질이 유출 연결선의 마지막 세그먼트에서 사용자가 지정한 허용오차와 다른 경우에만 새 세그먼트가 생성된다. 수질 차이가 허용오차 미만인 경우, 연결선에서의 현재 마지막 세그먼트의 크기는 시간 단계에 따라 연결선으로 흐르는 체적만큼 단순히 증가하고 세그먼트 수질은 연결점과 세그먼트 수질의 가중 평균이다.

이 과정은 다음 수질 시간 단계에서 반복된다. 다음 수리적 시간 단계가 시작될 때 흐름의 역류를 경험한 연결선은 해당 세그먼트의 순서가 역전되고 흐름의 역류가 발생하면 관망의 연결점은 위상적으로 상류에서 하류로 재정렬된다. 연결점들을 위상관계로 정렬하면 이 방법이 질량을 보존하게 하고, 매우 짧은 관로나 길이가 0인 펌프 및 밸브에서 조차도 EPANET 2.0에서 경험한 잠재적인 질량 균형 오류를 줄일 수 있다(Davis et al., 2018). 처음에는 관망 내 각 관로는 상류 연결점에 할당된 초기 수질과 동일한 수질의 단일 세그먼트로 구성된다.

참고문헌

- Rossman, L., Woo. H., Tryby, M., Shang, F., Janke, R. and Haxton, T. (2020) EPANET 2.2 Users Manual, USEPA, USA. (https://epanet22.readthedocs.io/en/latest/index.html)

CHAPTER

5 관망해석 모델구축 및 적정성 평가

CHAPTER

5 관망해석 모델구축 및 적정성 평가

5.1 GIS를 이용한 관망해석 모델구축 개요

5.1.1 관망해석 모델구축 개요

상수도 관망해석을 위해서는 상수도시설물의 자료 수집 등 여러 단계의 절차가 필요하다. 대부분의 상수도관망에는 GIS(Geographic Information System) 체계가 구축되어 있어 관망해석을 위한 모형 구축에 GIS를 활용할 수 있다(김성한, 2018). GIS란 공간상 위치를 나타내는 도형정보(Graphic information)와 그 도형과 관련된 속성정보(Attribute information)를 연결하여 처리하는 정보시스템으로서 다양한 형태의 공간정보를 효율적으로 수집, 저장, 갱신, 처리, 분석, 출력하기 위해 이용되는 하드웨어, 소프트웨어, 인적 자원의 통합적인 시스템이다(한승희, 2013).

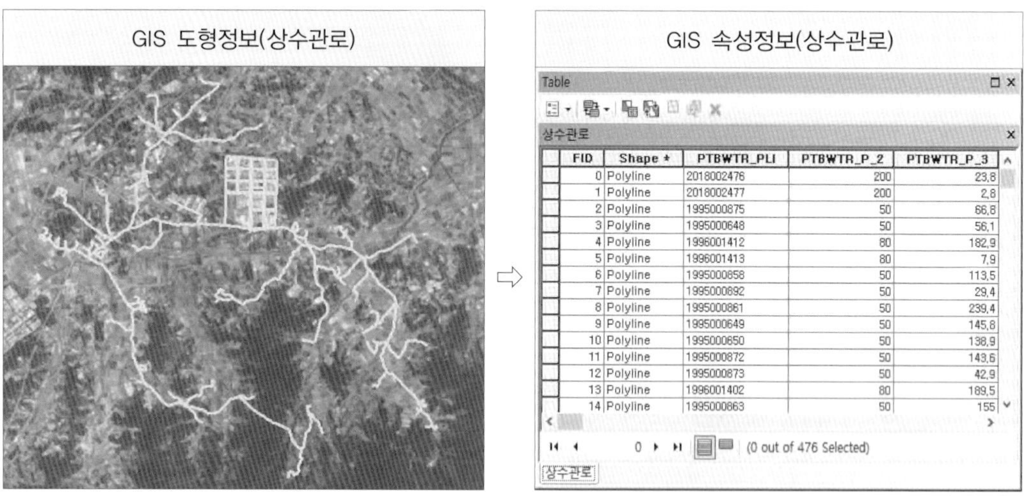

FID	Shape *	PTBWTR_PLI	PTBWTR_P_2	PTBWTR_P_3
0	Polyline	2018002476	200	23,8
1	Polyline	2018002477	200	2,8
2	Polyline	1995000875	50	66,8
3	Polyline	1995000648	50	56,1
4	Polyline	1996001412	80	182,9
5	Polyline	1996001413	80	7,9
6	Polyline	1995000858	50	113,5
7	Polyline	1995000892	50	29,4
8	Polyline	1995000861	50	239,4
9	Polyline	1995000649	50	145,8
10	Polyline	1995000650	50	138,9
11	Polyline	1995000872	50	143,6
12	Polyline	1995000873	50	42,9
13	Polyline	1996001402	80	189,5
14	Polyline	1995000863	50	155

그림 5.1 상수관로 GIS의 도형정보 및 속성정보

도형정보는 공간객체(Spatial object)의 형상을 2차원의 공간좌표(X, Y) 또는 3차원의 공간좌표(X, Y, Z)로 표현하여 시각적인 판단의 근거를 제공하며, 속성정보는 도형정보처럼 시각적인 형태는 갖지 않으나 공간객체에 대한 다양한 정보를 갖고 있다. GIS는 도형정보와 속성정보를 함께 관리하고 있어 성격이 다른 정보 간의 관계를 설정, 분석하고 새로운 형태의 정보를 합성하는 데 유용하다. 즉, 상수도관망 GIS에서는 관로의 형태가 도형정보이며, 관로의 관경, 길이 등이 속성정보에 해당한다. 본 장에서는 상수도 시설별 GIS 레이어와 QGIS 공간분석 기능을 활용한 관망해석 모델구축 방법을 설명하고자 한다.

예를 들어, 관망도 및 수치지도로부터 모델구축에 필요한 관로자료(길이, 관경, 변곡점), 절점자료(표고, X,Y좌표) 등을 추출하고, 요금관리시스템과 수도미터 관리번호, 주소 등 수도미터 GIS 레이어의 속성정보를 이용하여 사용량을 추출하는 방법으로 관망모델을 빠르고 정확히 구축 할 수 있다.

지금까지 관망해석 모델을 구축하고 최신의 상태로 모델을 유지관리하는 것은 많은 시간과 노력이 소요될 뿐만 아니라 모델의 현행화(Actualizing)과정에서 오류가 빈번하게 발생할 수 있는 복잡한 과정이었으므로 특별히 훈련된 기술자만이 할 수 있는 전문 영역으로 여겨져 왔다. 이로 인해 관망해석 모델을 운영관리 업무에 활용하는 빈도가 낮았으나, 본 장에서 소개하는 GIS 프로그램의 공간분석 기능을 활용하면 관망해석 모델구축 절차의 표준화가 가능함과 동시에 모델구축의 품질을 상향평준화시킬 수 있어 상시적인 모델의 현행화 관리 및 업무에서의 활용이 증가할 것으로 생각된다. 또한, 관망해석과 GIS를 연계하면 관망의 시각화(Visualization), 관망 분석(Network analysis), 중첩해석(Overlay analysis) 등의 다양한 공간분석 기능도 활용할 수 있어 공급량 변동, 신규 수용가의 위치 및 표고 조사, 블록구축의 적정성 등 다양한 관망 운영관리 업무에서도 유용하게 활용할 수 있을 것이다. 그림 5.2는 GIS를 이용한 관망해석 모델의 구축 사례이다.

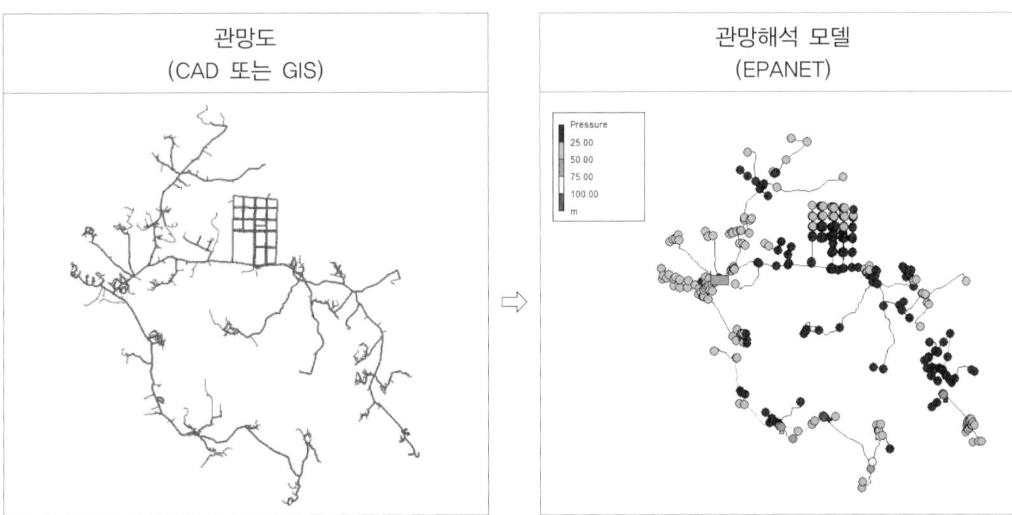

그림 5.2 관망해석 모델구축 사례

5.1.2 GIS를 이용한 관망해석 모델구축 절차

5장에서는 GIS 관망도로부터 EPANET INP 파일을 만들기 위한 "자료 준비", "위상정립 및 기초 DB 추출", "관망해석 모델 DB 작성", "관망해석 모델구축"의 과정과 QGIS 및 MS Excel의 활용 방법을 상세히 설명하고 있다. GIS로부터 관망해석 모델을 구축하기 위한 단계별 주요 내용은 다음과 같다.

표 5.1 GIS 활용 관망해석 모델구축 절차

구분	주요 내용	비고
자료준비	• 관망도(Shp 파일), 요금자료, 수치지도 등 ※ (필요시) AutoCAD 활용 Shp 파일로 변환	AutoCAD
관망도 정비	• 시설물 및 수용가 확인, 관로구분 적정성 확인 • 관로분할 적정성 확인, 속성정보 확인 등	QGIS
위상정립 및 기초 데이터 추출	• 연결점의 ID 및 좌표(X,Y) 생성 • 관로의 연결점 정보(시작점, 끝점) 추가 • 관로의 Vertices 좌표 추출 • TIN 작성 및 연결점의 표고값 추출 • 수도미터-급수관로-상수관로 간 관리번호 연계 • 수도미터, 관로 등 각종 기초 DB 추출(내보내기)	QGIS
관망해석 모델 DB 작성	• 사용량 및 시설현황 정리 • 운영자료(유량, 수압 등) 측정 및 분석 • 절점 및 관로 Data 정리 • 관로별 공급량 및 절점별 수요량 배분 • 관망해석 모델 DB 작성	Excel
관망해석 모델구축	• EPANET 파일(INP)로 변환 및 확인	Excel EPANET

"자료 준비"는 관망해석 모델구축에 필요한 자료를 수집하는 과정으로 관망도(Shp 파일), 요금자료 등 모델구축에 필요한 각종 자료를 관련 시스템에서 수집・정리한다. 다만, 관망도가 CAD 포맷 형태로 작성된 경우에는 AutoCAD를 활용하여 GIS 포맷 파일(Shp 파일)로 변환하는 과정이 필요하다.

"관망도 정비"는 GIS 관망도에서 시설물의 위치 확인, 미입력 시설물의 추가 입력, 상수관로의 관경 및 연결상태 확인, 시설물과 유출입 관로의 연결상태 확인 등 관망해석 모델을 구축하기 전에 관망도의 작성오류를 수정하고, 관경, 설치년도, 관종 등 각종 기초자료를 입력 및 수정하는 사전작업이다.

"위상정립 및 기초 데이터 추출"은 정비된 GIS 관망도에서 관망해석 모델구축에 필요한 기초자료를 GIS 공간분석 기능을 이용하여 추출하는 과정이다. 연결점의 ID 및 좌표, 연결선의 연결점 정보(시작점, 끝점) 등 모델구축에 필요한 기초 데이터를 관망도에서 엑셀 파일로 추출한다.

"관망해석 모델 DB 작성"은 추출한 기초 DB를 활용하여 시설현황을 정리하고, 위상정립을 통해 생성된 연결점 및 연결선을 바탕으로 절점, 관로, 펌프, 배수지 등 EPANET에서 읽어들일 수 있는 INP 파일 형태의 엑셀 파일을 만드는 과정이다. 또한, 시설물 간의 연결관계를 바탕으로 수요량을 절점에 배분하고, 급수전 수, 배·급수관로 연장 등을 고려하여 누수량을 배분한다.

마지막, "관망해석 모델구축"은 관망해석 모델 DB 작성이 완료되면 파일형식을 [텍스트(탭으로 분리)(*.txt)]로 저장한 후 EPANET에서 불러와 관망모델을 최종 완성하는 단계이다.

이 책에서는 QGIS의 활용방법을 쉽게 습득할 수 있도록 Fnc(Function) 개념을 도입하여 GIS 단위 기능을 설명하였으며, 단위업무를 절차화하여 단계(Step)별로 따라 할 수 있도록 하였다.

표 5.2 Fnc 및 Step 기능 설명

Fnc	QGIS의 한 가지 또는 여러 가지 기능을 활용(조합)하여 만든 단위 기능으로 간단한 단위업무를 독립적으로 수행하거나, 복잡한 업무의 단위 기능으로 활용
Step	복잡한 단위업무를 단계별로 절차화하여 Fnc의 단위 기능 여러 개를 조합하여 단계적으로 업무를 처리할 수 있도록 구성

5.1.3 QGIS

QGIS는 미국 ESRI사의 ArcMap과 유사한 기능을 지닌 세계에서 가장 많이 사용되는 무료 오픈소스 지리정보 프로그램(GPL; General Public License)이다. ArcMap은 기관별로 보유하고 있을지라도 대부분 네트워크 라이센스로 업무망에서만 사용이 가능하므로, 이 책에서는 어디서나 자유롭게 사용할 수 있는 QGIS를 이용한 관망해석 모델구축 방법을 설명한다.

QGIS는 포털사이트 검색 또는 그림 5.3의 홈페이지 주소를 입력하여 설치파일을 다운로드받을 수 있다. 한국에서도 많이 사용되고 있는 프로그램인 만큼 프로그램 언어를 한국어로 설정할 수 있으며, 한국어로 만들어진 매뉴얼도 쉽게 찾아볼 수 있다.

* 공식 홈페이지 : https://qgis.org/ko/site
* 매뉴얼 : https://docs.qgis.org/3.22/ko/docs/user_manual/

그림 5.3 QGIS의 다운로드 및 설치

QGIS의 화면은 메뉴, 툴바, 사이드 툴바, 브라우저 패널, 레이어 패널, 맵 캔버스, 상태바 등으로 ArcMap과 유사하게 구성되어 있다. ArcMap에서 제공되는 대부분의 기능들을 QGIS에서도 활용이 가능하다. QGIS의 화면구성은 다음 그림과 같다.

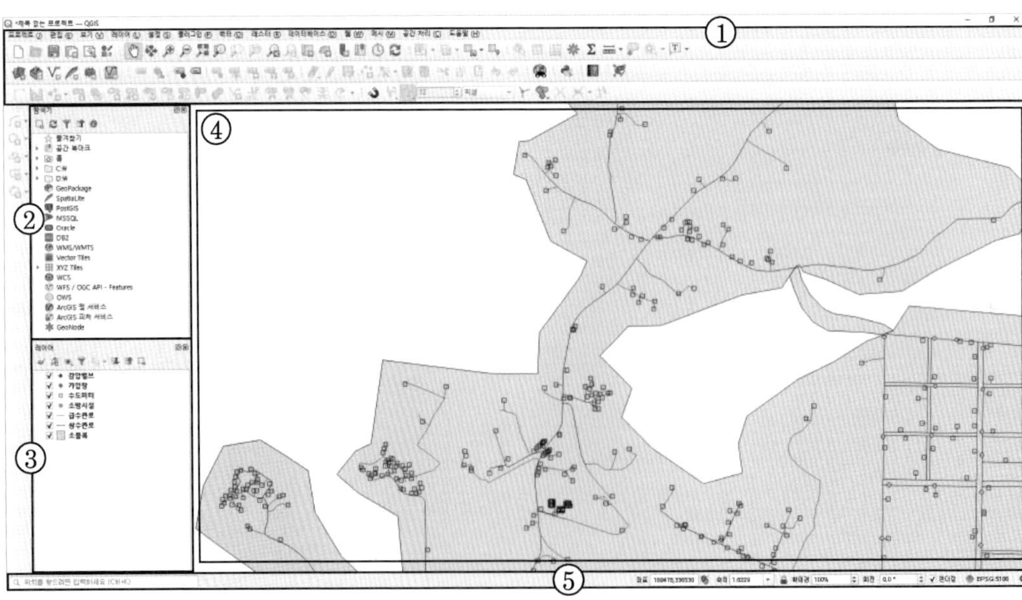

그림 5.4 QGIS의 화면구성

① 메뉴, 툴바, 사이드 툴바 : QGIS에서 제공하는 모든 기능을 보여 주며 자주 사용하는 기능은 툴바로 접근
② 브라우저 패널 : 사용자의 데이터 위치를 탐색
③ 레이어 패널 : 현재 로드되어있는 레이어를 확인
④ 맵 캔버스 : 레이어 패널에서 선택된 데이터를 맵으로 표현하는 곳
⑤ 상태바 : 현재 맵에 관련된 정보, 축척, 좌표 등을 확인

QGIS에서는 벡터, 래스터 데이터 등 다양한 포맷의 공간데이터를 화면에 시각화하며, 공간데이터의 탐색 및 지도제작, 데이터 생성/편집/저장과 공간분석을 위한 툴박스를 기본 제공하고 있다.

또한, ArcGIS와는 차별되는 오픈소스 프로그램만의 장점이라 할 수 있는 플러그인 기능이 있다. 플러그인은 QGIS 공식 저장소(https://plugins.qgis.org/plugins/)나 개인 작성자들이 관리하는 외부 저장소에 저장되어 있으며, 사용자는 검색을 통해 필요한 기능을 무료로 사용할 수 있다. 관망해석에서는 카카오, 네이버와 같은 생활 및 위성지도를 GIS와 같이 볼 수 있는 "TMS for Korea"플러그인이 필수적으로 사용된다. 플러그인의 설치 및 활용방법은 포털사이트에서 쉽게 검색할 수 있으니 포털사이트를 참조하기 바란다.

5.2 GIS를 이용한 관망해석 모델구축

5.2.1 자료 준비

3장 관망해석과 4장 관망해석 프로그램 사용법에서 살펴본 바와 같이 관망해석 모델에 필요한 자료는 크게 시설자료(Physical components)와 운영자료(Non-Physical components)로 구분된다. 시설자료는 관로시설, 설비(펌프, 밸브 등) 등 시설물의 위치에 대한 공간정보와 세부제원(관경, 년도, 용량 등) 정보를 의미하며, 운영자료는 밸브 개폐상태, 펌프 특성곡선 및 운전조건, 배수지 수위 등 수리 시설물과 설비의 운영상태, 그리고 수용가의 물 사용량 및 시간패턴으로 구성된 물 이용현황을 의미한다.

GIS에서는 표 5.3과 같이 GIS 응용기술을 활용하여 관망해석에서 필요한 시설자료들을 수집할 수 있다.

표 5.3 GIS를 이용한 관망해석 모델의 시설자료 생성

구분		EPANET 입력자료	GIS 생성자료
Node (연결점)	Reservoir (물공급시설)	ID, X · Y좌표, Total Head, Head Pattern	ID, X · Y좌표, EL, Base Demand
	Tank (공급조절시설)	ID, X · Y좌표, EL, Ini-L, Min-L, Max-L, Diameter	
	Junction (절점)	ID, X · Y좌표, EL, Base Demand, Demand Pattern, Emitter 계수	
Link (연결선)	Pipe (관로)	ID, Start-Node, End-Node, 길이, 관경, *C*값, Kb, Kw	ID, 길이, 관경, Start-Node, End-Node
	Pump (펌프)	ID, Start-Node, End-Node, Pump Curve	
	Valve (밸브)	ID, Start-Node, End-Node, Diameter, Type, Setting	

운영자료의 수집 방법은 3.3 관망해석 모델구축을 위한 자료수집을 참고하기 바란다.

5.2.2 관망도 정비

상수도시설물의 공간정보와 제원, 운영관리 이력의 체계적 관리를 위해 시설물을 모두 조사하여 CAD 또는 GIS 파일 형태로 전산화한 것을 관망도라 한다. 관망도는 신설, 교체, 폐기와 같은 시설물의 변경사항을 상시 반영하여 최신상태로 유지하여야 하며, 누수, 민원 등 중요 이력정보는 운영관리에 활용할 수 있도록 공간정보와 연계하여 관리해야 한다. 그러나 작성 오류, 신규시설 미등록, 폐기 시설물 미삭제 등 관망도 관리가 미흡한 경우가 많이 발견되고 있으므로, 관망해석 모델을 구축하는 경우에는 관망도 현행화(Actualizing) 정도를 먼저 확인하고 필요한 경우 관망도 정비를 수행하여야 한다.

관망도 정비는 배수지, 가압장 등 시설물 위치확인, 누락된 시설물 추가입력, 상수관로 및 급수관로의 관경, 관종, 연결상태(관로분할) 등 각종 기초자료를 입력 또는 수정하는 작업이다. 특히, 관망해석 모델구축에 있어 상수관로의 연결상태 확인은 필수작업으로 “False Intersection Errors”와 “Dangle Errors”를 반드시 확인해야만 정확한 관망모델을 구축할 수 있다(김성한 등, 2009).

표 5.4 상수관로 연결상태 확인(김성한 등, 2009)

False Intersection Errors	Dangle Errors
관로가 Cross 되어 있어 연결점을 생성시켜야 함에도 연결점을 미생성하거나, Crossover 되어 있어 연결점이 없어야 하나 연결점을 생성시키는 오류	관로 작성 시 미완결 연결 오류(Over Shoot, Under Shoot)로 인하여 불필요한 연결점을 생성시키거나 부적절한 연결 관계를 생성시키는 오류
	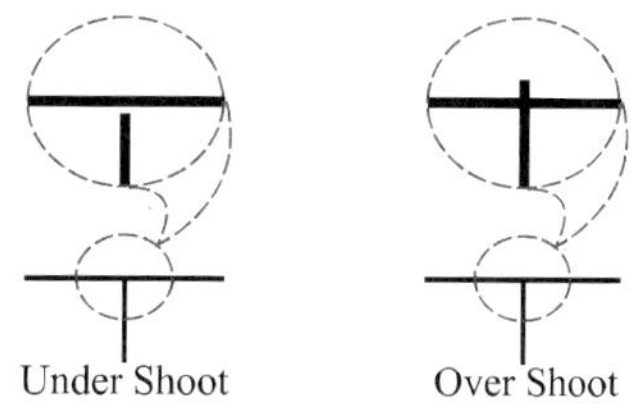

관망도 정비 절차는 관망도 관리상태에 따라 다르나 일반적으로 다음과 같이 "좌표계 확인", "시설물 확인", "수용가 확인", "관로구분 및 관로분할 적정성 확인", "속성정보 확인" 등의 순으로 수행된다. "관로 간략화"는 관망해석의 목적에 따라 필요시에만 실시한다.

표 5.5 관망도 정비 절차

구분	주요 내용
좌표계 확인	• 관망도의 좌표계(EPSG) 확인 및 표준 좌표계로 변환 → 위성지도, 생활지도, 타 시설물 GIS 연계 활용을 통한 확인
시설물 확인	• 정수장, 배수지, 가압장, 관로 등 상수도시설물 입력 확인 → 시설물이 누락된 경우에는 추가로 입력(현행화) ※ (필요시) 밸브류 종류별 레이어 분할→감압밸브, 이토밸브 등
수용가 확인	• 관망도(수도미터 Shp) vs 요금(엑셀) 상의 수용가 비교 확인 → 불일치 수용가는 주소정보 활용 수도미터 Shp 파일 보완(추가) ※ (필요시) 수도미터 Shp이 없는 경우→주소정보 활용 Shp 파일 작성
관로구분 적정성 확인 (필요시)	• 도수관로-송수관로-배수관로-급수관로 관로 구분 적정성 확인 → 부적정하게 구분된 관로는 재구분(예, 급수→배수, 배수→급수) ※ 배수 및 급수 관로의 속성 DB는 상이하므로 변환 시 주의 필요
관로분할 적정성 확인	• 상수관로 분할의 적정성 확인(관로 미분할, Dangle Errors 등) → 상수관로 추가분할 및 관리번호 재부여(분할관로에 한함) ※ 펌프, 밸브, 소화전 등 관망해석을 위한 상수관로 추가 분할
속성정보 확인	• 구경, 관종 등 관망해석에 필요한 필수 속성정보 유무 확인 → 미입력 또는 입력 오류 속성정보 수정
관로 간략화 (필요시)	• 시설물 유출입관로, Bypass관, 배수지 이토관 등 간략화 ※ 실제 관망해석 모델구축 대상관로로 간략화

(1) 좌표계 확인

GIS의 공간분석 기능을 활용하여 관의 연장, 위상정립 등 관망해석에 필요한 기초 Data를 추출하는 작업에 있어 가장 중요시해야 할 것 중 하나는 위치의 정확도이다.

위치란 주어진 좌표계(CRS, Coordinate Reference System)에 있어서 다른 점들과 어떤 기하학적인 상관관계를 갖는가를 지칭하는 것으로 일반적으로 그 좌표계의 특정 지점 또는 특정 선으로부터의 길이와 방향을 기준으로 나타낸다. 즉, 지표상의 지형지물에 대한 위치를 설정하는 기준이 되는 것이 좌표계이다(한승희, 2013).

그러나 우리나라로 그 범위를 한정하더라도 작성연도와 지역에 따라 다양한 좌표계로 작성된 관망도가 현장에서 사용되고 있다. 따라서 시설물의 위치 확인은 해당 관망도가 작성된 좌표계의 확인 작업이 선행된 후 각 개별시설의 위치 정확도를 확인하는 순으로 수행하여야 한다. GIS에서는 *.prj 파일로 좌표계 정보를 별도로 관리하고 있어 좌표계의 확인이 쉽지만, 이전 단계인 CAD의 경우 좌표계 설정 기능은 있지만, 관련 정보를 별도로 관리하지 않아 좌표계가 무엇인지 알 수 없는 경우가 많다.

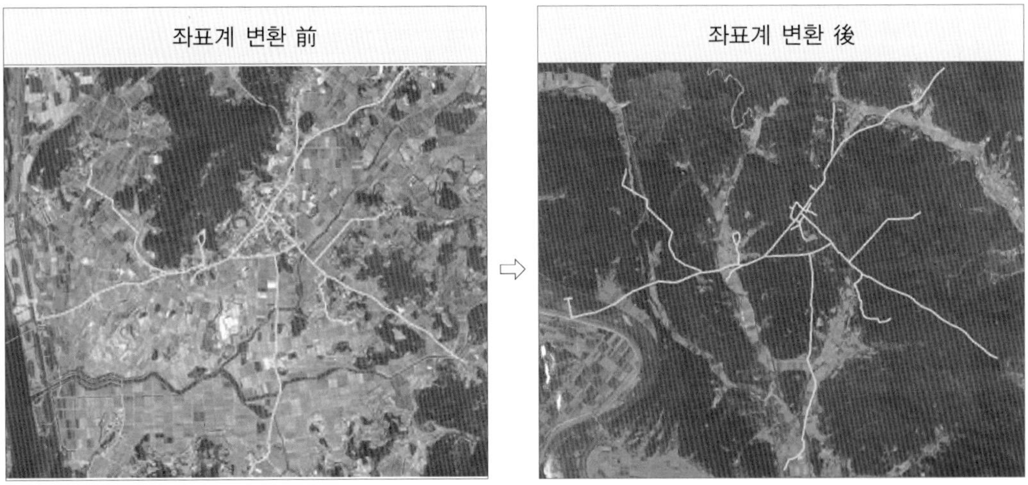

그림 5.5 좌표계 변환 사례

좌표계를 설정하기 위해서는 먼저 해당 Shp 파일을 열어 좌표계가 어떻게 설정되어 있는지를 확인한다. 우리나라에서는 과거 가우스크뤼거 투영법으로 지도를 제작하였으나, 현재에는 GRS80 타원체를 기본으로 하는 세계측지좌표계(ITRF, International Terrestrial Reference Frame)를 활용하고 있다. 여기서, 지도 작성의 기준점으로 사용되는 도원점이 서부, 중부, 동부, 동해의 4개로 지역별로 사용하는 좌표계가 다를 수 있다.

해당 Shp 파일이 어떤 좌표계를 기준으로 작성되어 있는지를 확인할 수 없는 경우에는 좌표계를 이미 알고 있는 항공사진 등에 Shp 파일을 투영하거나 횡·종축값을 확인하는 것으로 좌표계를 간단히 확인할 수 있다. 다음의 우리나라 표준좌표체계는 공간참조식별자(SRID) 중에서 표준으로 사용되고 있는 EPSG ID 별 타원체, 원점, 경·위도 및 횡·종축값을 나타낸 것이다.

우리나라 수도분야 주요 활용좌표계

EPSG	타원체	원점	경·위도	횡·종축값	비고
5180	GRS80	서부	경도 125, 위도 38	+x 200000 +y 500000	타원체 바꾼 지리원 표준 *카카오지도(5181)
5181		중부	경도 127, 위도 38		
5182		제주	경도 127, 위도 38	+x 200000 +y 550000	
5183		동부	경도 129, 위도 38	+x 200000 +y 500000	
5184		동해	경도 131, 위도 38		
5185	GRS80	서부	경도 125, 위도 38	+x 200000 +y 600000	현재 국토지리정보원 표준
5186		중부	경도 127, 위도 38		
5187		동부	경도 129, 위도 38		
5188		동해	경도 131, 위도 38		
4326	WGS84		경위도 좌표체계		전지구 좌표계
3857			Web Mercator		구글맵 등
5179	GRS80		UTMK		네이버

※ SRID(Spatial Reference ID)는 평평한 지구 매핑 또는 둥근 지구 매핑에 사용되는 특정 타원면을 기반으로 하는 공간 참조 시스템으로 지도 제작, 조사 및 측량 데이터 저장을 위해 개발된 표준 집합인 국제석유가스연합회(EPSG; European Petroleum Survey Group) 표준에 의해 정의되며, 이 표준은 OGP(Oil and Gas Producers) Surveying and Positioning Committee에서 소유하고 있다. 우리나라의 표준좌표계는 중부원점 기준의 "5186"이다.

Fnc 좌표계 확인 및 설정

① QGIS를 실행하여 좌표계를 설정하고자 하는 Shp 파일을 맵 뷰에 불러와 레이어 패널에서 해당 Shp 파일을 오른쪽 마우스 클릭, [속성]을 선택한다.

※ 예제파일 5장 관망도 정비 폴더 내 상수관로.shp 파일 활용

② 여러 버튼 중에 [ⓘ정보] 버튼을 클릭한 후 좌표계를 확인한다.

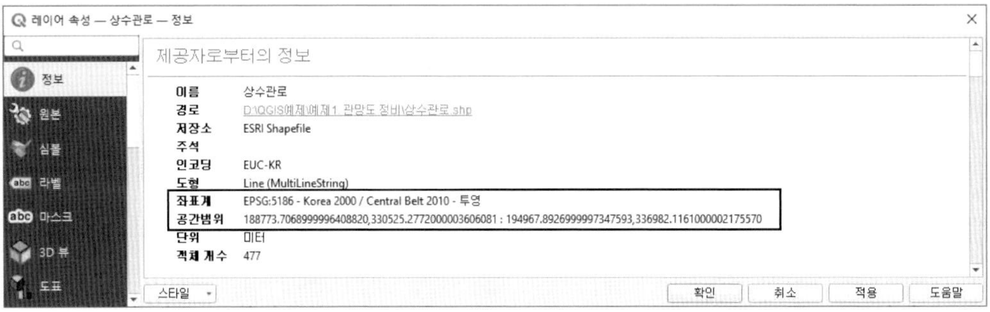

Fnc 좌표계 확인 및 설정

① 레이어 속성 창에서 원본( ) 버튼을 클릭한 후 좌표계 선택( ) 버튼을 클릭한다.

② 세계좌표계에서 변경하고자 하는 좌표계[EPSG:5186]를 선택한다.

③ 하단의 확인 버튼을 클릭하면, 선택된 좌표계로 변환된 Shp 파일이 맵 뷰에 나타난다.

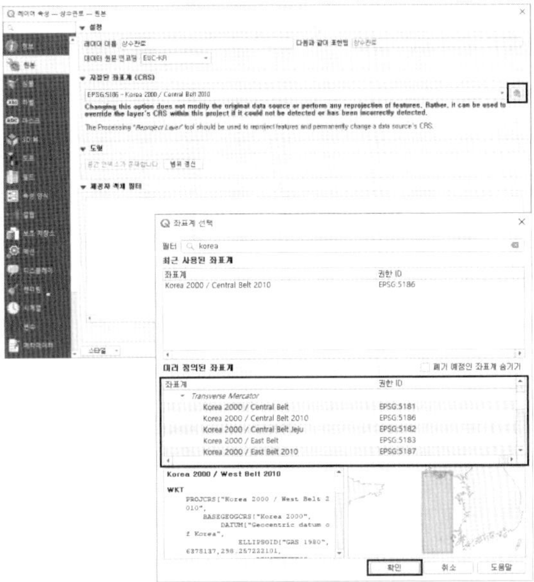

④ 좌표계가 올바르게 설정되었는지 배경지도 또는 좌표계를 알고 있는 다른 Shp 파일과 비교하여 확인한다.

⑤ 변환된 Shp 파일을 저장하고자 하는 경우, 레이어 패널에서 오른쪽 마우스 클릭 후, [내보내기]➡[객체를 다른 이름으로 저장] 하여 필요한 폴더에 저장 또는 덮어씌우기를 한다.

⑥ 레이어 속성 창을 이용하지 않고 레이어 패널에서 오른쪽 마우스 클릭, [좌표계 설정]➡[레이어 좌표계 설정]으로의 접근도 가능하다.

(2) 시설물 확인

시설물 확인은 정수장, 배수지, 가압장, 감압밸브, 경계밸브, 계측설비, 수도미터 등 관망해석 모델구축에 활용되는 상수도시설물이 실제와 맞게 관망도에 입력되어 있는지를 확인하는 과정이다. 관로는 지하에 매설되어 있어 육안으로 위치를 정확히 확인할 수 없으나, 정수장, 배수지, 가압장, 감압밸브 등은 관망해석 결과에 큰 영향을 미칠 수 있을 뿐만 아니라 육안으로도 확인할 수 있으므로 반드시 모든 시설을 확인하여야 한다. 누락된 시설물이 발견된 경우에는 추가로 입력하여 관망도를 업데이트한다. 이후, 정수장, 가압장, 감압밸브, 유량계 등 주요 시설물을 심볼로 표시하여 상수도 공급체계를 쉽고 빠르게 파악할 수 있도록 급수계통도를 작성한다.

표 5.6 주요 시설물 심볼 예시(K-water)

구분	댐	취수장	정수장	가압장	배수지	감압밸브	유량계	마을(상)
심볼						PRV	M	

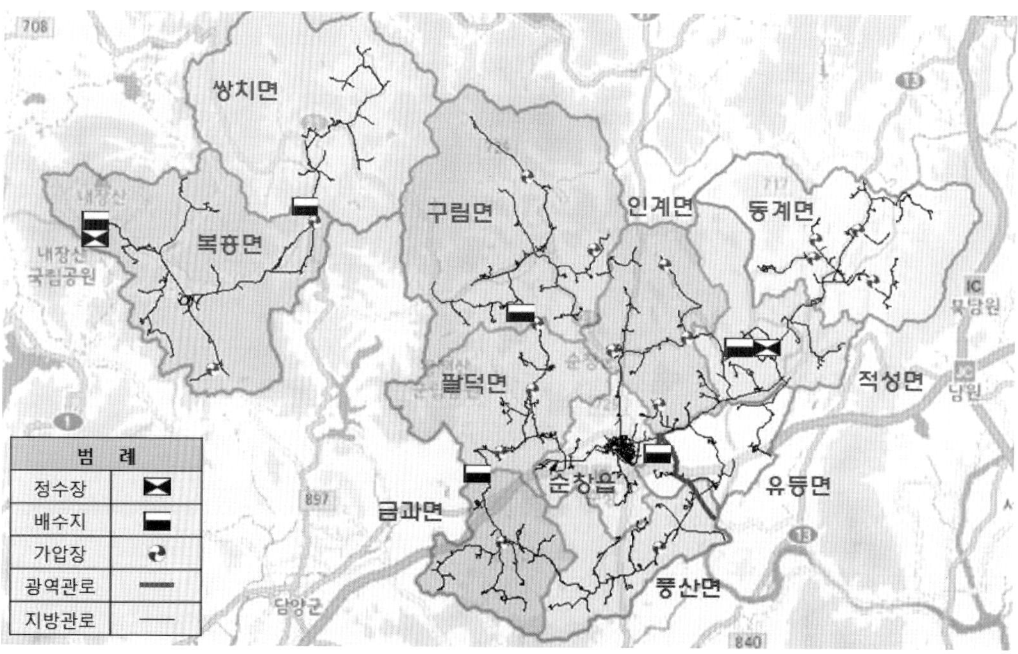

그림 5.6 관망도 도식화 사례(순창군)

1) 사업장 시설물 분할 및 확인

사업장은 정수장, 배수지, 가압장 등을 말하는 것으로 하나의 Shp 파일(레이어)로 구성되어 있으므로 시설물별 Shp 파일로 분리한 후 실제와 맞게 입력되어 있는지를 확인한다. 또한, 사업장 시설물은 지적경계 개념의 면형 피쳐(Feature)로 작성되어 있어 시각화를 위해 점형 피쳐로 변환하고 해당 시설물별 심볼로 모양을 변경한다. 시설물별 레이어는 아래와 같이 구분되며, 예제파일 5장 관망도 정비 폴더에 있는 사업장 Shp 파일을 활용하여 연습한다.

표 5.7 사업장 시설물별 레이어 구분(국토교통부 지하시설물 통합 DB)

구분	수원지	취수탑	취수장	정수장	가압장	배수지
레이어명	SA110	SA111	SA112	SA113	SA206	SA114

시설별 레이어 및 심볼 작성 기준

GIS 관망도의 레이어, 심볼 등은 표준화가 이루어있지 않으나(환경부 상수도관망시설 유지관리매뉴얼, 2021), 지하시설물 관리기관(지자체, K-water(광역))은 GIS의 변경사항 등을 주기적으로 국토교통부에 최신 GIS를 제출하게 되어 있으므로, 이 책에서는 국토교통부 지하시설물 통합 DB의 GIS 레이어 정의서를 준용하였음.

표 5.8 사업장 레이어의 시설물별 분리 및 확인 연습파일

활용파일		생성파일
• 사업장.shp	⇨	• 가압장.shp, 가압장_점형.shp ※ 기타 사업장은 별도 연습

Step 1 사업장 시설물별 Shp 파일 분할

① QGIS를 실행하여 Shp 파일을 오픈한다.

※ 예제파일 5장 관망도 정비 폴더 내 사업장.shp 파일 활용

② 레이어 패널에서 사업장 Shp 파일을 오른쪽 마우스 클릭 후 또는 상단의 속성 툴바의 "속성 테이블 열기"(아이콘) 메뉴를 선택한다.

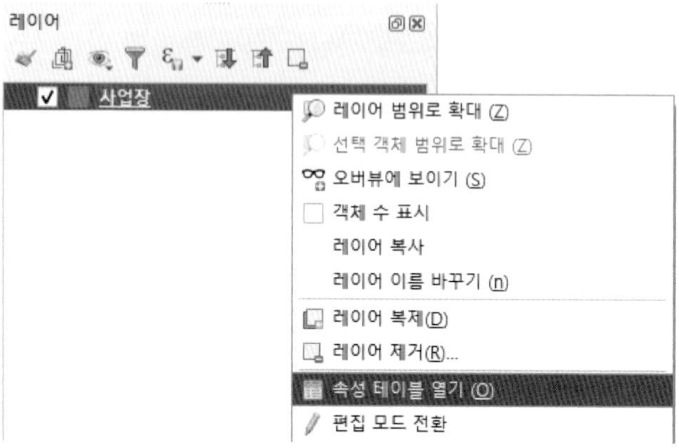

③ 속성 테이블 창에서 "표현식을 이용해 객체선택"(아이콘)을 선택한다.

④ Select by Expression 창에서 "필드와 값"을 선택하고, 선택하고자 하는 필드명을 선택(더블클릭)➡선택하고자 하는 수식("=")을 선택➡[모든 유일값] 선택➡선택하고자 하는 Values 선택(더블클릭)➡[객체 선택]➡[닫기]를 선택한다.

- Field명 선택 : "TPJM_SIGN_"
- 수식 선택 : "="
- Values 선택 : 'SA204'

※ 본 예제는 사업장을 구분하는 "TPJM_SIGN_" Field를 활용하여 가압장('SA204')을 선택하는 사례로 정수장 등 타 사업장은 해당 레이어명을 선택한다.

※ 수식 편집기에서 필드를 지정할 때는 큰따옴표("필드명")를 사용하고, 필드의 특정 값을 지정할 때는 작은따옴표('값')를 사용한다.

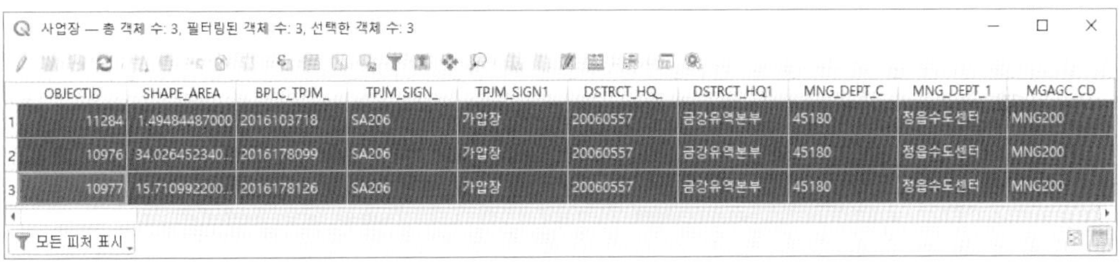

⑤ 레이어 패널에서 사업장 Shp 파일을 우클릭 후 [내보내기]➡[선택한 객체를 다른 이름으로 저장]을 선택한다.

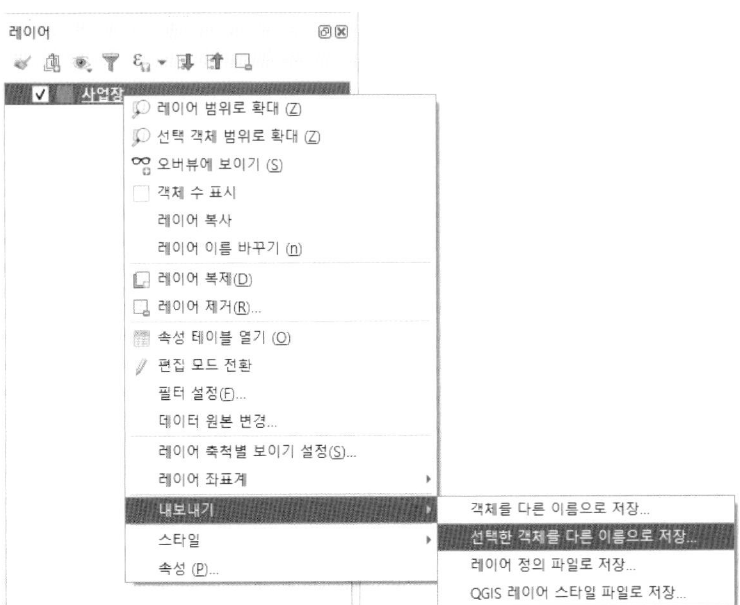

⑥ 벡터를 다른 이름으로 저장 창에서 저장 위치 및 파일명을 입력한다.

※ 파일명 : 가압장(해당 사업장명)

⑦ 속성데이터에 한글이 있는 경우 인코딩은 "EUC-KR"로 선택한다.

※ "객체를 다른 이름으로 저장"을 선택한 경우에는 "선택한 객체만 저장" 체크박스를 체크한다.

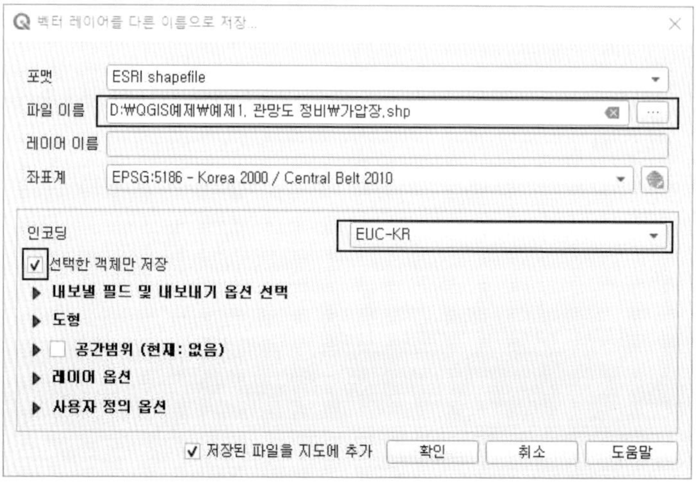

⑧ 확인 버튼을 클릭하면 맵 뷰에 Shp 파일이 생성된 것을 확인할 수 있다.

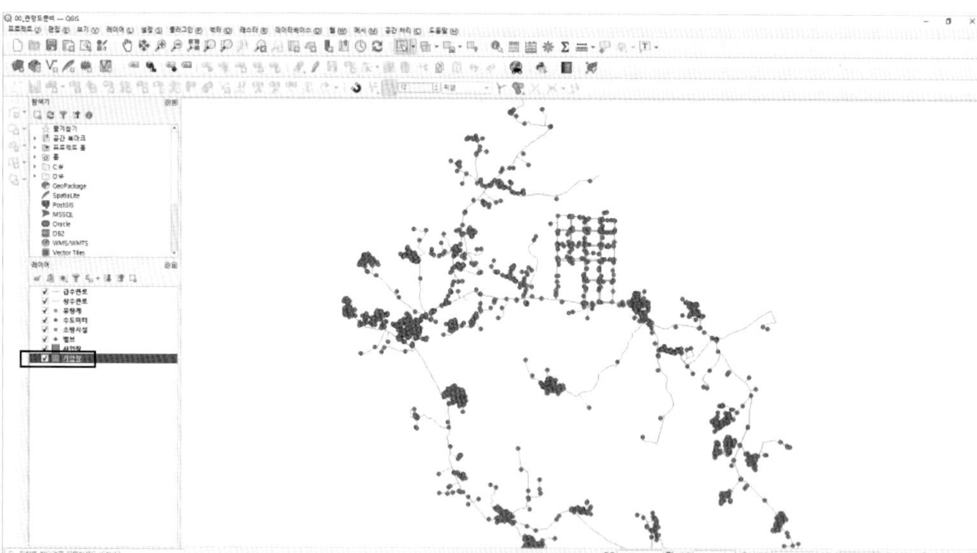

Step 2 면형 시설물을 점형으로 변경

① 메뉴의 [벡터]➡[도형 도구]➡[중심점]을 실행한다.

※ 속성 툴바에서 "툴박스"( )를 클릭한 후, 공간처리 툴박스에서 "벡터 도형" 클릭, "중심점"( )을 실행한다.

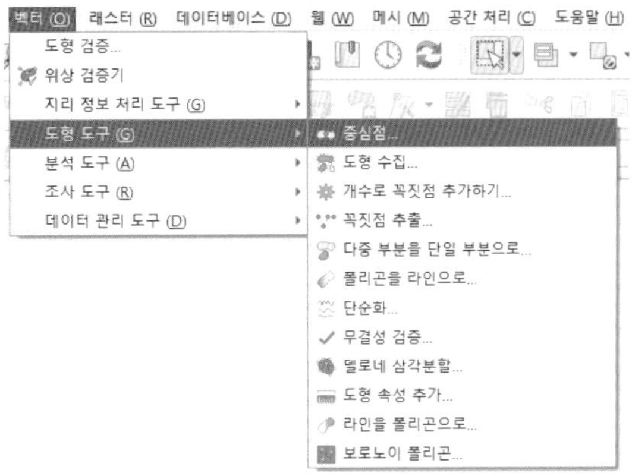

② 중심점 창에서 변환하고자 하는 "입력 레이어"를 Shp(가압장)으로 선택하고, 변환될 중심점 파일을 저장하기 위한 폴더와 파일명을 입력한 후, 실행 버튼을 클릭한다.

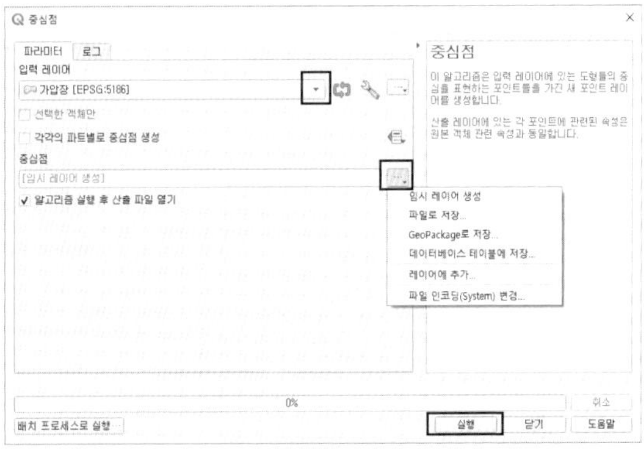

③ 레이어 패널에 가압장_점형 Shp파일이 중심점이란 레이어 이름으로 만들어진 것을 확인할 수 있다. 오른쪽 마우스를 클릭, 레이어 이름을 "가압장_점형"으로 변경한다.

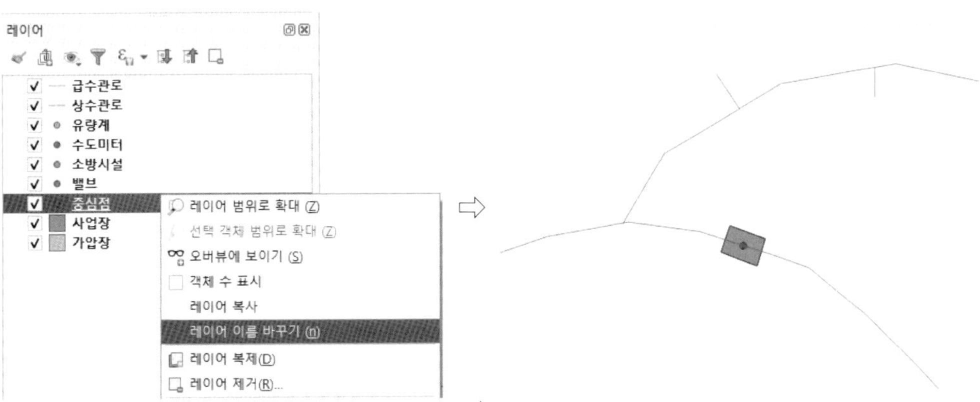

Step 3 누락시설 추가 입력(필요시)

① 레이어 패널에서 추가 입력(가압장_점형)이 필요한 Shp 파일을 선택한다.

② [레이어 메뉴]에서 [편집 모드 전환]을 선택한다.

③ 디지타이징 툴바에서 "포인트 객체 추가" 아이콘을 클릭한다.

④ 맵 캔버스에 누락된 시설물의 위치를 클릭하고, 추가될 시설물의 속성 정보를 입력한다.

⑤ 속성 정보 입력 후 "확인"을 클릭하면 맵 캔버스에 해당 시설물이 추가된다.

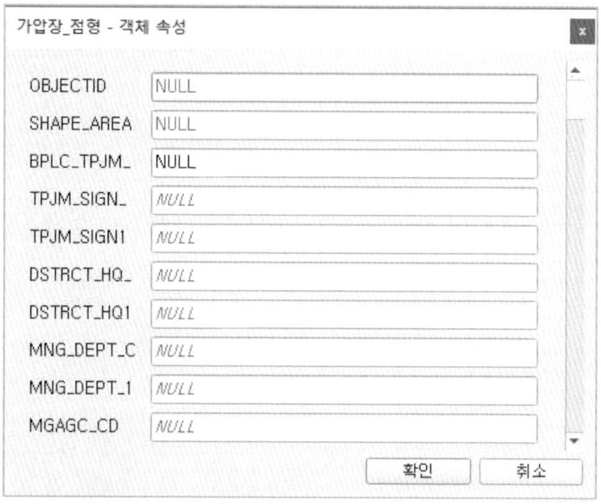

⑥ ③~⑤ 작업을 반복하여 수행한 후, 작업이 완료되면 [편집 모드 전환]을 클릭하면, 수정된 사항의 저장 여부에 대한 메시지 박스가 생성되고, 저장을 클릭하면 편집 모드가 종료된다.

Step 4 주요 시설물 심볼로 변경

① 레이어 패널에서 점 형태의 해당 시설물 심볼을 더블 클릭한다.(예, 가압장_점형)

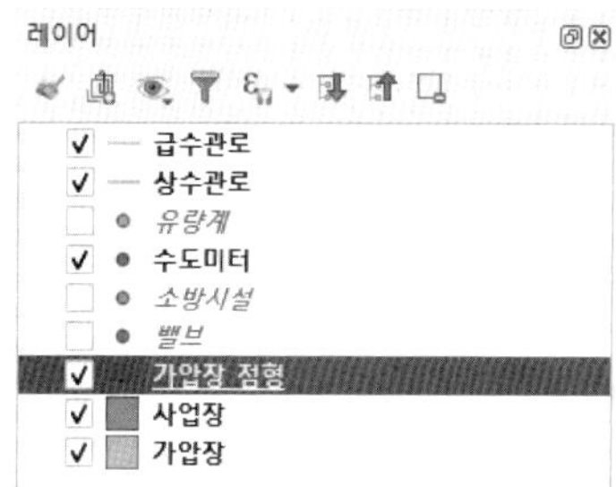

② 심볼 버튼( )을 클릭한다.

③ 심볼 창에서 마커 하단의 심볼 유형을 클릭하면, 심볼 레이어 유형을 선택할 수 있는 창으로 바뀐다.

④ 심볼 레이어 유형에서 유형을 [래스터 이미지 마커]로 선택한다.

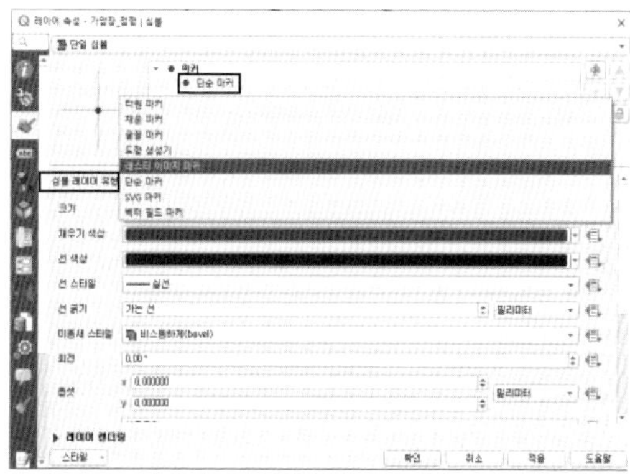

⑤ 심볼이 있는 폴더로 이동하여 해당 심볼을 선택한 후 [OK]를 클릭한다.

⑥ 심볼의 크기(너비, 높이)를 적절하게 설정한다.

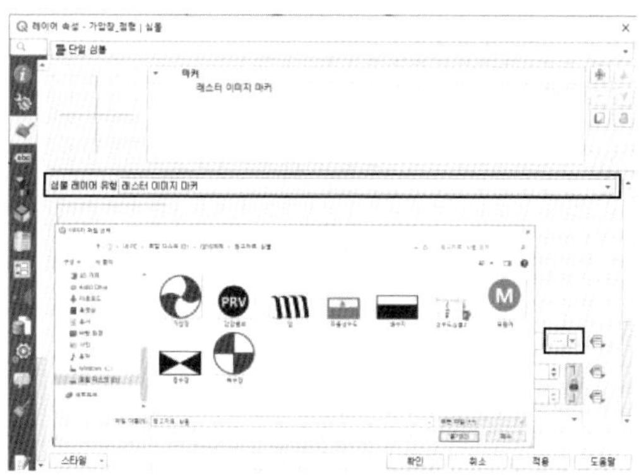

⑦ 레이어 속성 창에서 "확인"을 클릭하여 창을 닫는다. 점형의 객체가 가압장 심볼로 변경된 것을 확인할 수 있다.

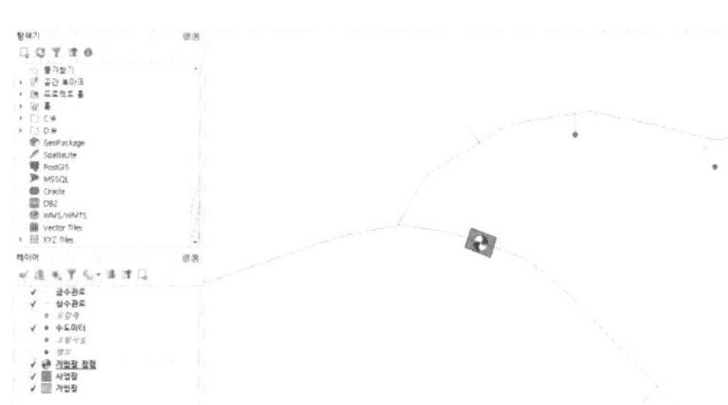

2) 밸브류 시설물 분할 및 확인

감압밸브, 공기밸브 등 밸브류가 하나의 Shp 파일(레이어)로 구성되어 있어 밸브류별로 Shp 파일을 분리한 후 감압밸브 등 관망해석에 활용되는 주요 밸브는 실제와 맞게 입력되어 있는지를 확인한다. 또한, 사업장과 마찬가지로 감압밸브는 시각화를 위해 해당 심볼로 모양을 변경한다.

밸브류별 레이어는 아래와 같이 구분되며, 예제파일 5장 관망도 정비 폴더에 있는 밸브 Shp 파일을 활용하여 연습한다. 누락된 시설물 추가, 주요 시설물 심볼로 변경하기는 1) 사업장 시설물 분할 및 확인을 참고한다.

표 5.9 밸브류별 레이어 구분

구분	제수밸브	역지밸브	이토밸브	공기밸브	감압밸브	안전밸브	지수밸브
레이어명	SA200	SA201	SA202	SA203	SA204	SA205	SA207

표 5.10 밸브류 시설물 분할 및 확인 연습파일

활용파일		생성파일
• 밸브.shp	⇨	• 감압밸브.shp ※ 기타 밸브류는 별도 연습

Fnc 밸브류별 Shp 파일 분할

① QGIS를 실행하여 Shp 파일을 오픈한다.

※ 예제파일 5장 관망도 정비 폴더 내 밸브.shp 파일 활용

② 레이어 패널에서 밸브 Shp 파일을 오른쪽 마우스 클릭 후 [속성 테이블 열기]를 선택한다.

③ 속성 테이블 창에서 "표현식을 이용해 객체선택"()을 선택한다.

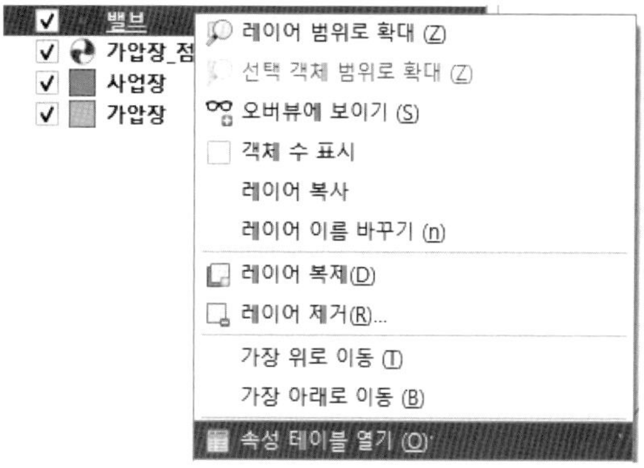

④ Select by Expression 창에서 "필드와 값"을 선택하고, 선택하고자 하는 필드명을 선택(더블클릭)➡선택하고자 하는 수식("=")을 선택➡[모든 유일값] 선택➡선택하고자 하는 Values 선택(더블클릭)➡[객체 선택]➡[닫기]를 선택한다.

- Field명 선택 : "TPJM_SIGN_"
- 수식 선택 : "="
- Values 선택 : 'SA204'

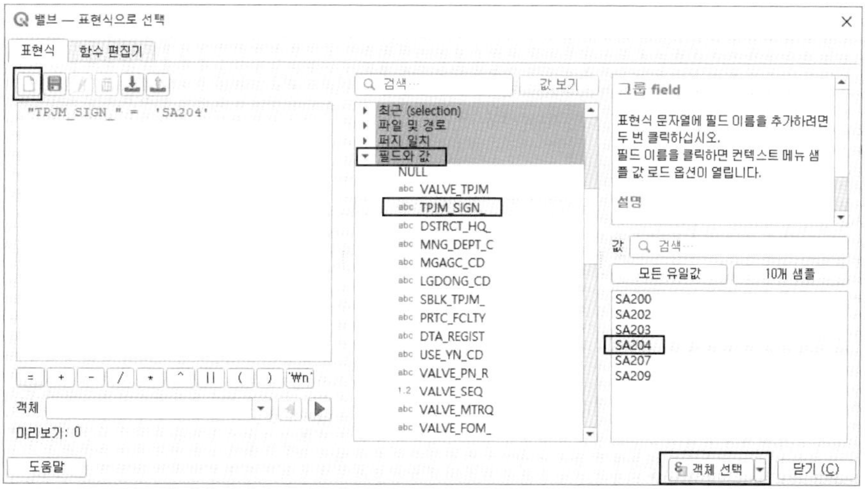

※ 본 예제는 밸브류를 구분하는 "TPJM_SIGN_" Field를 활용하여 감압밸브('SA204')을 선택하는 사례로 이토밸브 등 타 밸브류는 해당 레이어명을 선택한다.

⑤ 속성 테이블 창 좌측 하단의 필터를 이용하여 감압밸브 선택이 제대로 되었는지 확인한다.

⑥ Export Data 창에서 저장 위치 및 파일명을 입력한다.

※ 파일명 : 감압밸브(해당 밸브류명)

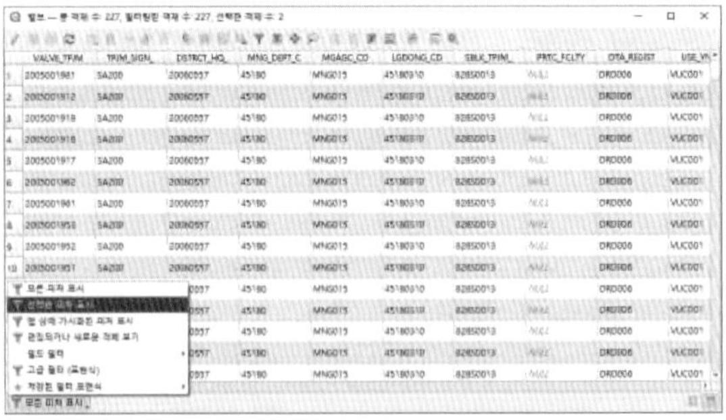

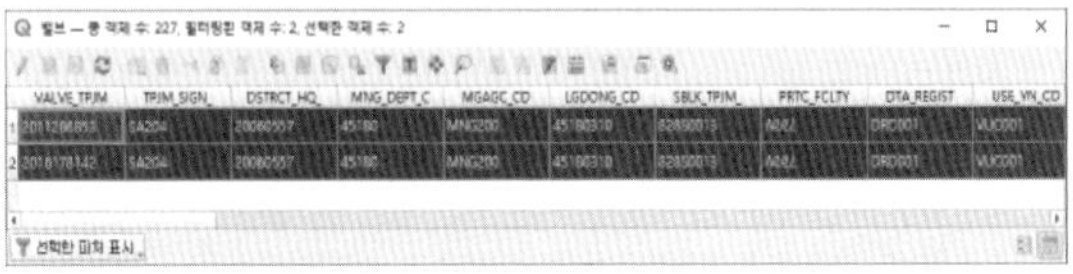

⑦ 레이어 패널에서 밸브 Shp 파일을 우클릭 후 [내보내기]➡[선택된 객체를 다른 이름으로 저장]을 선택한다.

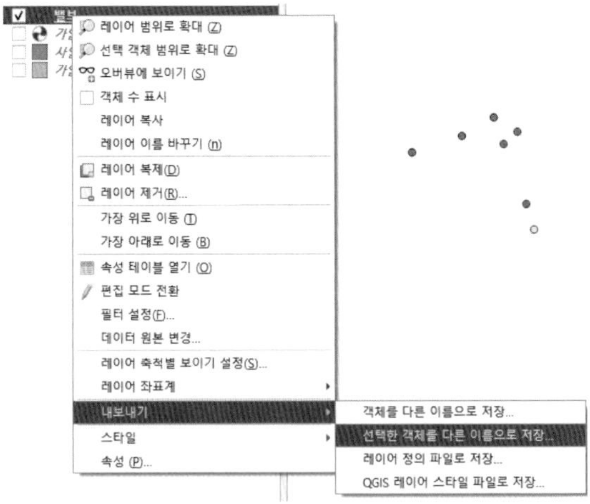

⑧ 다른 이름으로 저장 창에서 저장위치 및 파일명을 입력한다.

※ 파일명 : 감압밸브

⑨ 속성데이터에 한글이 있는 경우 인코딩은 "EUC-KR"로 선택한다.

※ "객체를 다른 이름으로 저장"을 선택한 경우에는 "선택한 객체만 저장" 체크박스를 체크한다.

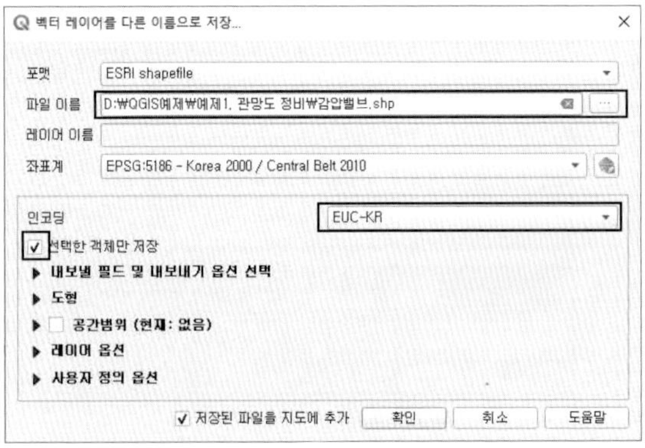

※ 위와 같이 나머지 밸브류도 분할 후 확인한다.

3) 관로 확인

상수도관망은 관의 용도에 따라 도수관로→송수관로→배수관로→급수관로로 계층화되어 있다. 보편적으로 송수관로와 배수관로, 배수지 등 시설물 유출·입 관로는 수용가와 직접 연결되어 있지 않으며, 수압관리구역(가압 또는 감압)은 수압관리를 시행하지 않는 구역과 밸브 등으로 분리되어 있다. 또한, 관망해석의 주요 대상인 배수관로는 배수지 등 물공급 시작점에서 가장 구경이 크고, 물 공급 시작점에서 멀어질수록 운반 유량이 작아지므로 점차적으로 작은 구경의 관로가 설치된다.

즉, 관로 확인은 송·배수관로의 연결상태, 구경 등의 검토과정을 통해 해당 관망에 대한 이해도를 높이고, 속성정보에 대한 이상 여부를 확인함으로써 관망해석 결과의 오류를 사전에 방지하기 위한 것이다. 또한, 공업용수관, 폐관 등이 관로 Shp에 속성정보로 구분되어 포함된 경우에는 모델구축 이전에 불필요한 관로는 삭제하여야 한다. 관로 확인을 위한 주요 사항은 다음과 같으며, 예제파일 5장 관망도 정비 폴더에 있는 상수관로, 급수관로 Shp 파일을 활용하여 연습하도록 한다. 레이어 속성의 심볼 기능을 활용하여 관로를 구경별로 구분하여 표시하면 더욱 쉽게 관로를 확인할 수 있다.

표 5.11 주요 관로 확인 사항

구분	내용
구경 확인	• 관로를 구경별로 분리하여 구경 이상 및 연결상태 확인 - 구경이 줄었다가 커지는 경우 - 구경이 커졌다가 줄어드는 경우 - 분기점의 구경이 과대 또는 과소인 경우 ※ 공급시점을 시작으로 주관로를 따라 관로 구경 및 연결상태를 확인
시설물 유·출입관로 확인	• 시설물 유·출입 관로가 직접 연결되어 있는지 확인 • 송수관로와 배수관로가 직접 연결되어 있는지 확인 • 가압구간과 비가압구간이 분리되어 있는지 확인 • 감압구간과 비감압구간이 분리되어 있는지 확인 ※ 시설물의 유·출입관로를 따라 관로 구경 및 연결상태를 확인
관로 사용여부 확인	• 속성 필드명 : USE_YN_CD • 속성정보 : 사용관(USC001), 불용관(USC002), 폐관(USC003), 가상관로(USC004), 운휴관(USC005)

Fnc 관로 구경 확인

① QGIS를 실행하여 Shp 파일을 오픈한다.

※ 예제파일 5장 관망도 정비 폴더 내 상수관로.shp 파일 활용

② 레이어 패널에서 [속성]➡[심볼]➡[분류값 사용]➡[분류 기준열(필드 : PTBWTR_P_2) 선택] ➡[분류] 기능을 클릭한다.

③ 구경별로 구분된 것을 볼 수 있으며, 심볼 선택기 창에서 구경별로 구분된 각 심볼을 선택하여 색상 또는 두께를 조정한 후 확인을 클릭한다.

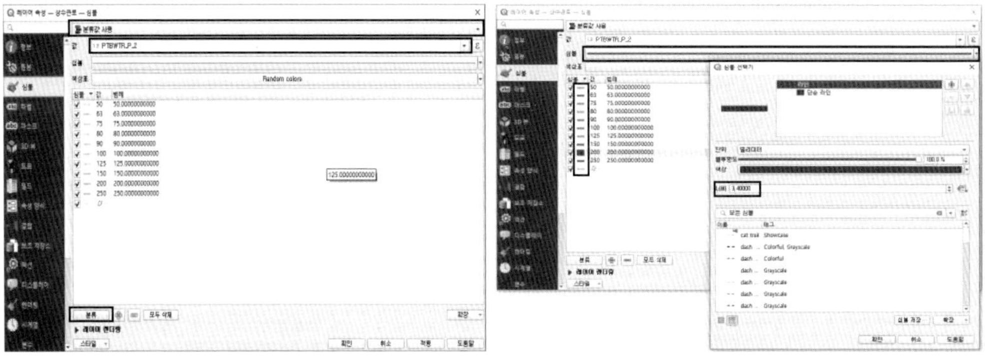

④ 배수관로(D200mm 이상) 매설 현황을 확인하여 주관로 위치를 파악한다.

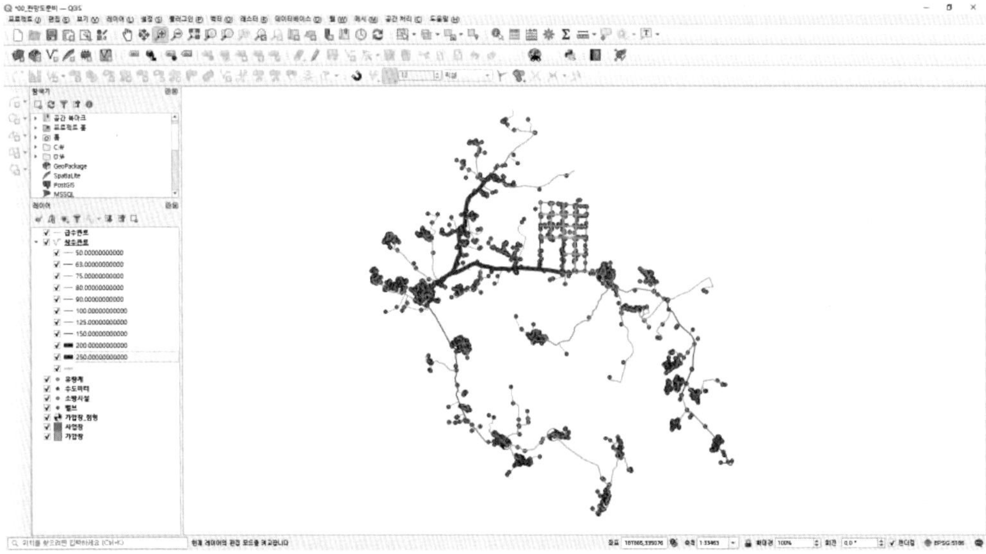

(3) 수용가 확인

관망해석 결과의 정확도를 높이기 위해서는 위치기반의 수용가 사용량을 해당 절점(Junction)에 최대한 정확하게 배분해야 한다. 그러나, 수용가의 사용량 정보는 주소 등 수용가의 기본정보를 포함하여 요금관리시스템에서 관리되고 있으며, 수용가의 위치정보는 관망도의 수도미터 Shp 파일로 관리되어 각각 이원화되어 있어 상호 정보가 상이할 수 있다. 일부 지자체의 경우 상호 시스템을 연계하여 실시간으로 반영되도록 하고 있으나, 업무절차, 담당부서 이원화 등으로 현실적으로 100% 일치하기에는 어려움이 있다. 일반적으로 요금관리시스템은 요금부과와 관련된 민감한 사항을 다루기 때문에 수용가 정보가 정확하게 관리되는 반면에 관망도에서는 신규수용가, 폐전 등의 수용가 변동사항의 반영이 지연되어 수용가 리스트에 차이가 발생하는 경우가 많다.

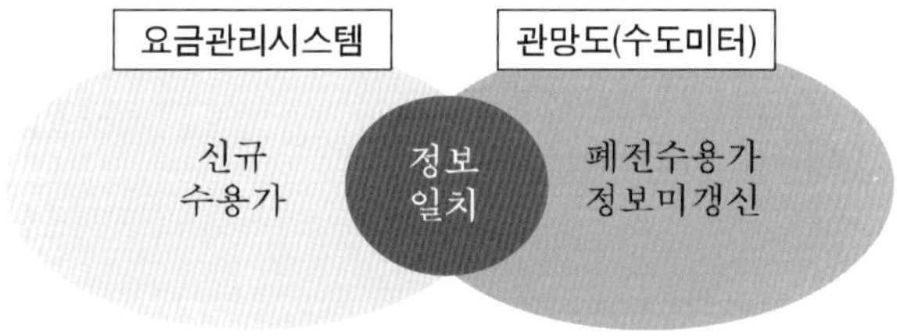

그림 5.7 수용가 확인 개념

따라서, 수용가 사용량을 모델에 정확하게 반영하기 위해 요금관리시스템의 수용가와 관망도의 수용가 현황을 비교 분석하여 관망도에서 누락된 수용가를 추가해야 한다. 확인방법은 양 시스템에서 공동으로 관리되는 수용가번호(고객번호)를 활용하여 요금정보와 관망도 수용가 리스트의 일치여부 확인(요금→수도미터), 관망도와 요금정보 일치여부 확인(수도미터→요금)을 교차 실시한다.

수용가 확인은 예제파일 5장 관망도 정비 폴더에 있는 수도미터 Shp 파일과 수용가 및 사용량 현황 EXCEL 파일을 활용하여 연습한다.

표 5.12 수용가 확인 연습파일

활용파일		생성파일
• 수도미터.shp • 수용가 및 사용량 현황.xls	⇨	• 요금+수도미터_매칭.dbf • 요금+수도미터_매칭.xls • 수도미터+요금_매칭.dbf • 수도미터+요금_매칭.xls

Fnc 요금정보와 수도미터 일치여부 확인(요금→수도미터)

① QGIS를 실행하여 Shp 파일과 수용가 및 사용량 현황 엑셀 파일을 오픈한다.

※ 예제파일 5장 관망도 정비 폴더 내 수도미터.shp, 수용가 및 사용량 현황.xls

② 각 파일의 테이블을 오픈하여 조인시킬 필드를 확인한다.

※ 본 예제는 수용가번호(고객번호)를 활용하여 Join 하는 사례로 두 테이블의 구성이 같아야 한다.

〈 수도미터 Shp 〉

〈 수용가 및 사용량 현황 엑셀 〉

③ 수용가 및 사용량 현황 엑셀 파일을 *.csv 파일형태의 다른 이름으로 저장한다.

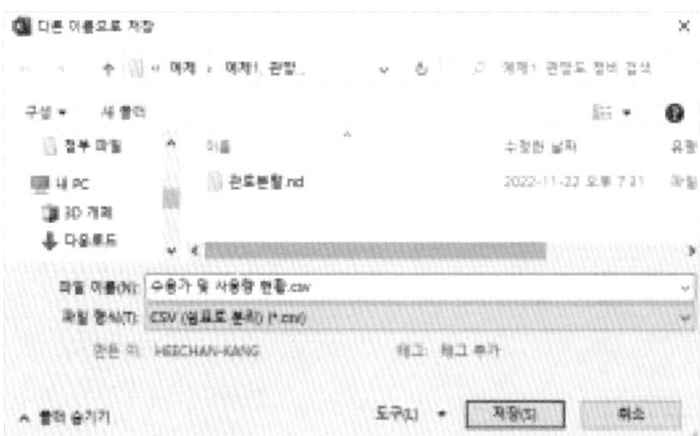

④ QGIS 레이어 메뉴에서 [레이어 추가]➡[구분자로 분리된 텍스트 레이어 추가]를 클릭한다.

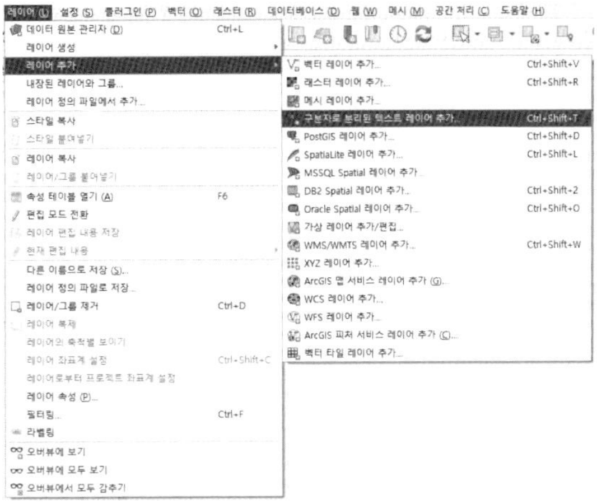

⑤ 데이터 원본 관리자 창이 나타나며, 구분자로 분리된 텍스트 버튼( )을 클릭한다.

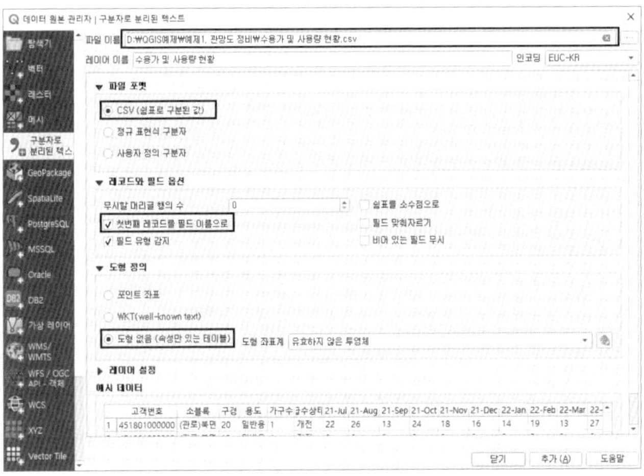

⑥ 파일 경로를 설정하고, 한글 표현을 위해 인코딩을 “EUC-KR”로 설정한다. 파일 포맷은 “CSV(쉼표로 구분된 값)”, 레코드와 필드 옵션은 “첫 번째 레코드를 필드 이름”으로 하는 것을 선택하고, 도형 정의는 “도형 없음”을 선택한다. 위의 옵션을 설정한 후 “예시 데이터”를 통해 파일 불러오기 설정이 적절히 되었는지 확인한 후 추가 버튼을 클릭한다.

⑦ 레이어 패널에 “수용가 및 사용량 현황.csv” 파일이 추가된 것을 확인 할 수 있다.

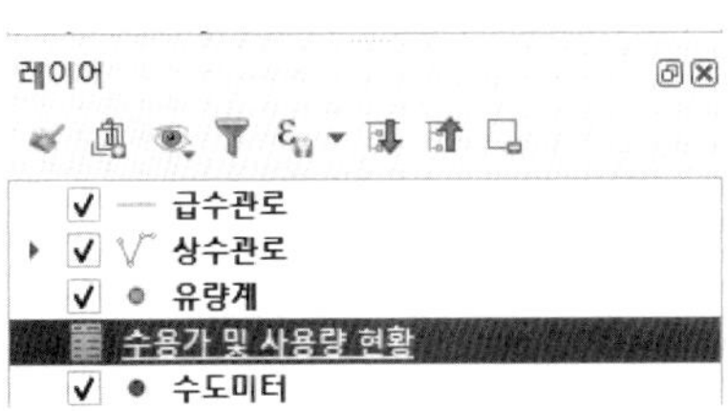

⑧ 레이어 패널에서 수도미터 Shp 파일 선택 후 속성 메뉴를 클릭한다.

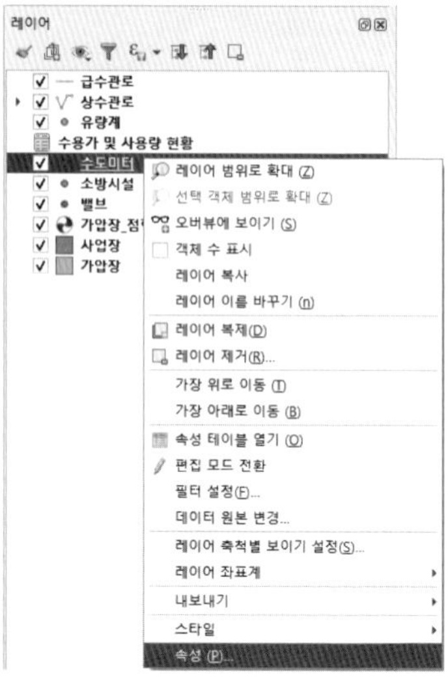

⑨ 레이어 속성 창에서 결합( ) 버튼 클릭하고, 하단의 더하기( ) 추가 버튼을 클릭한다.

⑩ 벡터 결합 추가 창의 "결합 레이어"로 *.csv 파일(수용가 및 사용량 현황.csv)을 선택하고, "결합 필드"에 Shp파일과 공통되는 csv 파일 항목인 고객번호 필드를 선택하고, "대상 필드"에는 Shp 파일의 공통 필드인 CSTMR_NO, "결합된 필드"에는 가져올 데이터를 선택한다.

⑪ 레이어 패널에서 수도미터 Shp 파일을 우클릭하여 속성 Table을 오픈하여 요금정보가 정상적으로 결합(Join) 되었는지 확인한다.

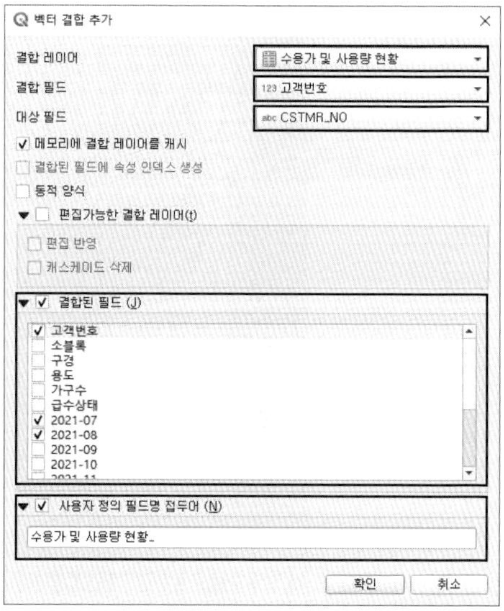

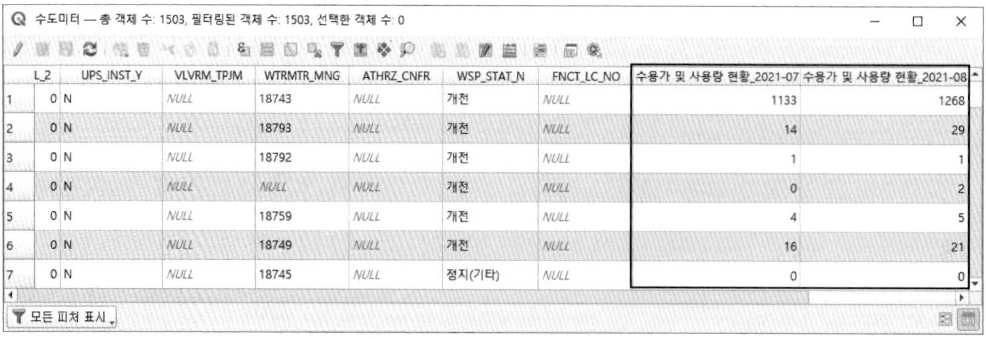

	L_2	UPS_INST_Y	VLVRM_TPJM	WTRMTR_MNG	ATHRZ_CNFR	WSP_STAT_N	FNCT_LC_NO	수용가 및 사용량 현황_2021-07	수용가 및 사용량 현황_2021-08
1	0	N	NULL	18743	NULL	개전	NULL	1133	1268
2	0	N	NULL	18793	NULL	개전	NULL	14	29
3	0	N	NULL	18792	NULL	개전	NULL	1	1
4	0	N	NULL	NULL	NULL	개전	NULL	0	2
5	0	N	NULL	18759	NULL	개전	NULL	4	5
6	0	N	NULL	18749	NULL	개전	NULL	16	21
7	0	N	NULL	18745	NULL	정지(기타)	NULL	0	0

Fnc 수도미터와 요금정보 일치여부 확인(수도미터→요금)

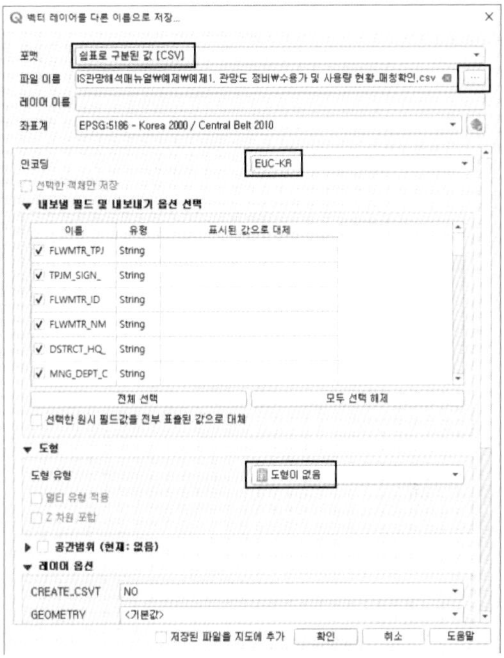

① QGIS를 실행하여 "수용가 및 사용량 현황"이 결합된 수도미터 Shp 파일을 오른쪽 마우스 클릭하여 [내보내기]➡[객체를 다른 이름으로 저장]을 선택한다.

② 파일 포맷을 "쉼표로 구분된 값 [CSV]"로 선택한다.

③ 파일 이름을 클릭하여 파일을 저장할 폴더와 이름을 지정한다.

④ 인코딩은 한글 깨짐을 방지하기 위해 "EUC-KR"로 선택한다.

⑤ 도형 옵션에서 "도형 없음"을 선택한다.

⑥ 확인 버튼을 눌러 다른 이름으로 저장을 종료한다.

⑦ 저장된 CSV파일은 엑셀 프로그램 등을 이용해서 그 매칭 결과를 확인한다.

※ 본 예제는 Shp(1,503전)와 CSV(1,489전)의 결합에서 1,454전이 매칭되었다.

⑧ 엑셀 이외에도 QGIS 속성 툴바의 통계(Σ) 기능을 통해 결합(Join) 결과를 확인할 수 있다.

⑨ 통계 정보 창에서 Shp 파일의 기준 번호인 “CSTMR_NO” 필드를 선택한다.

⑩ 통계치 중 개수 정보를 통해 값이 “Null”이 아닌 수용가의 개수를 확인할 수 있다.

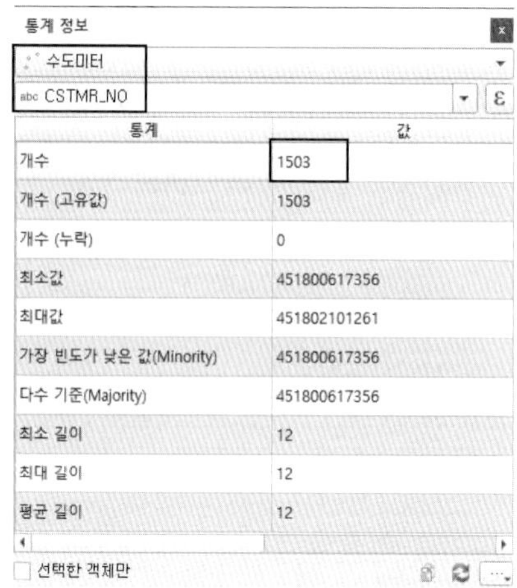

⑪ 통계 정보 창에서 CSV 파일의 기준 번호인 “고객번호” 필드를 선택한다.

⑫ 통계치 중 개수 정보를 통해 값이 “Null”이 아닌, 즉 결합된 수용가의 개수를 확인할 수 있다.

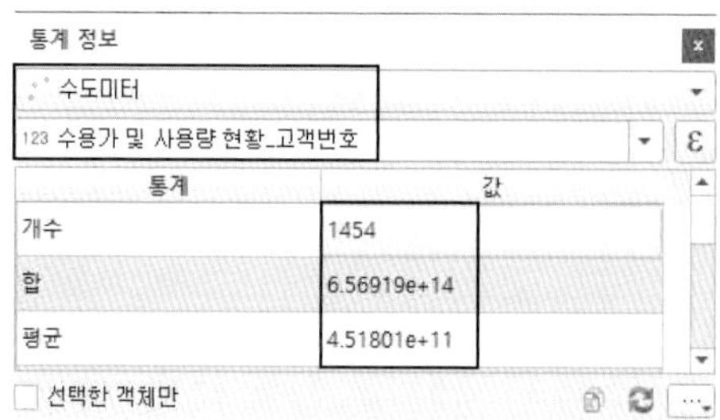

⑬ 통계 정보를 이용하면 숫자형 데이터인 속성정보의 개수, 합, 평균, 4분위분포, 최소/최대, 표준편차 등의 기술통계량을 확인할 수 있다.

※ 오른쪽 그림은 2021년 7월 수용가 요금데이터의 기술통계량을 나타낸 것으로, 7월 요금수량의 합은 41,920(m^3/월)이다.

⑭ GIS 속성정보, 엑셀 프로그램을 이용한 매칭확인 등을 통해 결합(Join)에서 누락된 수용가의 발생 원인을 분석하고, Shp 파일 등을 현행화한다.

※ 노란색 수도미터 지점이 결합에서 누락된 수용가를 의미

⑮ 엑셀 검침데이터에는 있으나 GIS에는 없는 신규 수용가가 있는 경우에는 신규 수용가의 주소를 참조하여 수도미터 Shp 파일에 피쳐를 추가한다. 피쳐추가를 위하여 수도미터 레이어를 편집모드( )로 변경한다.

이후, 포인트 객체 추가( ) 버튼을 클릭한 후, 맵 뷰에서 해당위치를 클릭하면 신규 수도미터 추가를 위한 객체 속성 창이 나타난다. 신규 수용가 정보를 입력한 후 확인 버튼을 클릭하면 신규 수도미터의 추가가 완료된다.

(4) 관로 구분의 적정성 확인

GIS에서 상수도 관로는 상수관로와 급수관로로 구분된다. 상수관로는 다시 관 용도에 따라 취수관, 도수관, 송수관, 배수관, 공업용수관 등으로 구분되며, 급수관로 또한 급수관, 소방관으로 구분된다.

보편적으로 관망해석은 전체 상수도관망(취수~급수) 중 활용도가 높은 배수관까지 또는 배수관을 중심으로 관망해석 모델을 구축한다. 급수관과 같은 소구경 관을 모델에 포함시키면 해석결과에 진정한 이익을 주지 못하면서 모델의 크기를 증대시키고 모델구축에 어려움을 주기 때문에 급수관을 관망해석 모델에 직접적으로 반영하지 않는다. 다만, 순환관로 등 물 흐름에서 필수적인 관들은 구경에 상관없이 모델에 반영하여야 하며, 대수용가 급수관, 플러싱 모의를 위한 소방관 등은 관망해석의 목적에 따라 모델에 직접적으로 반영하기도 한다.

이런 용도 구분에도 불구하고 배수관과 급수관의 구분이 모호한 경우가 많다. K-water에서는 아래의 기준으로 배수관과 급수관을 구분하고 있다.

배수관과 급수관의 구분 방법(K-water, 2020)

- 구경에 상관없이 수도미터에 연결된 모든 관로는 급수관으로 구분한다.
- 수도미터에 연결되지 않고 있어도 구경이 D50 *mm* 미만인 관로는 급수관으로 구분한다(단, D50 *mm* 미만임에도 불구하고 격자형(네트워크)으로 형성된 경우에는 배수관으로 구분한다).

배수관과 급수관의 정의(상수도설계기준, 2022)

- 배수관은 배수본관과 배수지관으로 분류된다. 배수본관은 정수를 배수지관에 수송하고 분배하는 역할을 하며 원칙적으로 급수관 분기는 하지 않는다. 배수지관은 배수본관에서 분기되며 수요자에게 직접 공급기능을 담당하는 급수관을 분기한다.
- 급수관은 수요자의 요청에 따라 배수관으로부터 분기하여 수요자에게 정수를 공급하는 관으로 통상적으로 배수관 분기점으로부터 수도미터까지의 인입급수관과 수도미터 이후의 옥내급수관으로 분류한다.

여기서 문제는 그림 5.8과 같이 관로가 격자형태임에도 불구하고 급수관로로 구분되어 모델구축시 누락되는 경우가 종종 발생한다는 것이다. 특히, 일부 수도사업자는 배수관과 급수관의 구분을 관 용도가 아닌 구경(배수관 D80 mm 이상, 급수관 D80 mm 이하)으로만 구분하여 관 용도상 배수관로임에도 불구하고 급수관로로 구분되는 경우가 있다. 이런 관망도(배수관)를 활용하여 관망해석 모델을 구축할 경우에는 실제 관망 여건과 해석상의 결과가 상이할 수 있으므로 관로를 용도에 맞게 재분류한 후 모델을 구축하여야 한다.

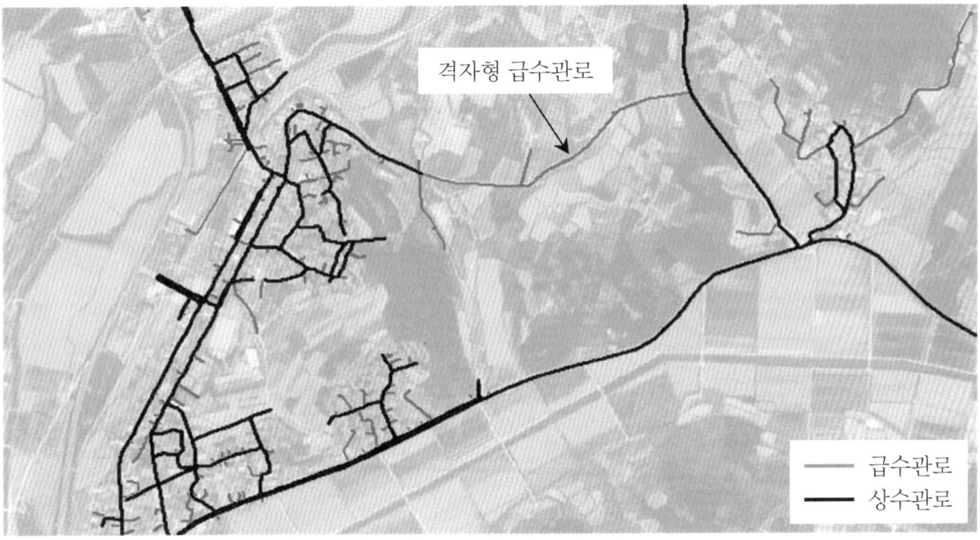

그림 5.8 배수관과 급수관 구분사례

분류가 잘못된 급수관로를 상수관로로 변경하는 것은 급수관로와 상수관로의 속성데이터 구조가 달라서 단순히 급수관로 레이어 변경만으로 끝나지 않는다. 분류가 잘못된 급수관로가 존재하는 경우 관망도 관리자에게 상수관로로 변경요청을 하는 것이 가장 빠르며, 지속적인 관망도 관리의 측면에서도 바람직하다. 다만, 즉각적으로 변경이 어려운 경우에는 상수관로로 레이어를 변경하고 많은 속성데이터 중에서 구경, 관리번호 등 관망해석에 직접적으로 연관된 속성데이터들만 우선 변경하여 활용한다.

(5) 관로 분할의 적정성 확인

관망해석 모델은 관로, 가압장 등 상수도시설물을 연결점(Node)과 연결선(Link)으로 표현한다. 연결선은 상수관로를 이용하여 생성하며, 연결점은 각 상수관로 양 끝점에 절점을 만들어 관망해석에 필요한 수요량, 표고 등의 정보를 입력한다. 따라서, 관망해석 모델구축에 있어 가장 중요한 것 중 하나가 관로의 분할이다. 관망해석을 위해서는 아래 분할기준에 맞게 상수관로가 분할되어야 한다. 상수관로가 분할되어야 하는 지점에서 분할이 되지 않았거나, Dangle Error가 있는 경우에는 관로가 서로 연결되지 않은 것으로 분석하여 완전히 다른 해석결과를 나타낼 수 있어 관로 분할의 적정성 확인은 매우 중요하다. 아래는 K-water에서 사용중인 상수관로의 분할 기준을 설명한 것이다.

상수관로의 분할 기준(K-water, 2020)

- 관로는 분기점과 밸브류(지수밸브 제외)를 기준으로 분할한다.
- 급수관(수용가 분기점 등)은 분할하지 않는다.
- 분기점과 밸브류 간 및 밸브류와 밸브류 간의 간격이 3 m 이하인 경우에는 분할하지 않는다.
- 관종, 구경, 설치년도 및 조도계수가 변경되는 지점은 분할한다.
- 소화전에서는 관로를 분할하지 않는다(다만, 관세척 등을 모의할 경우에는 소화전 분기점에서 관로를 분할한다).
- 수관교 등 관로가 노출된 구간에서는 관로를 분할한다.
- 편락관이 제수밸브 이전 또는 이후에 근접하여 위치할 경우에는 제수밸브에서 분할한다.

그러나, 분할오류는 그림 5.9와 같이 육안으로는 확인이 거의 불가능하므로 GIS 공간분석 기능을 활용하여 수정해야 한다. 또한, 상수관로가 추가 분할되면 분할된 관로의 관리번호가 중복되므로 분할된 관로의 관리번호를 개별적으로 수정하거나, 추가 분할된 관로의 숫자가 많은 경우에는 관리번호를 일괄적으로 재부여 하는 과정이 필요하다.

이와 더불어 가압장과 감압밸브는 GIS에서 점형 또는 면형으로 표시되나, 관망해석 모델에서는 연결선(선형)으로 표시되므로 가압장과 감압밸브 전·후단에 모델구축에 필요한 연결점을 만들기 위해 관로를 추가로 분할 한다.

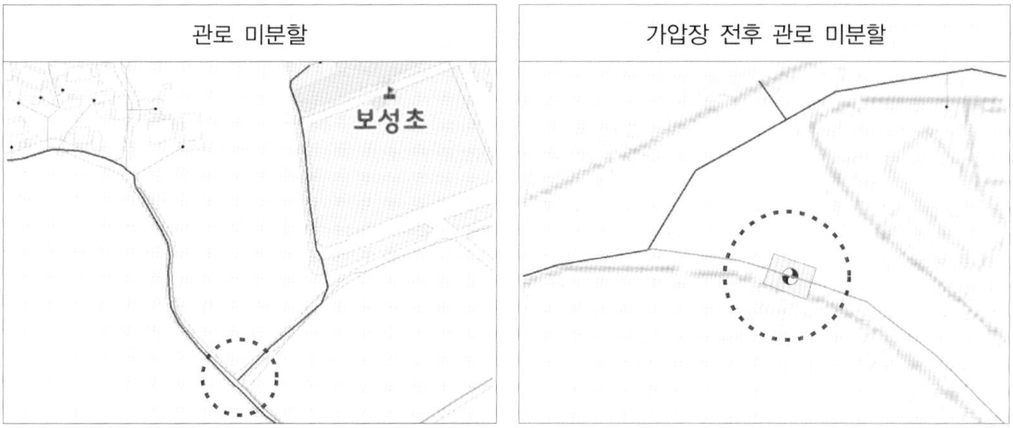

그림 5.9 관로분할 적정성 확인 사례

관로분할의 적정성 확인은 예제파일 5장 관망도 정비 폴더에 있는 상수관로 Shp 파일을 활용하여 연습한다. 반드시 주의할 사항은 상수관로를 추가로 분할한 후 관리번호를 개별 또는 전체 관로에 대해 다시 부여하여야 하며, 관로 연장 또한 다시 계산하여 입력해야 한다. 여기서, 최종 생성되는 파일은 상수관로_추가분할.shp 파일로 이름을 수정하여 기존 파일과 구분되도록 한다.

표 5.13 관로분할 적정성 확인 연습파일

활용파일		생성파일
• 상수관로.shp	⇨	• 관로분할_ND, 관로분할_Junctions.shp • 상수관로_버퍼.shp • 상수관로버퍼+관로분할.shp • 상수관로_분할오류.shp • 상수관로_추가분할.shp

Step 1 관로분할 적정성 확인

① QGIS를 실행하여 상수관로 Shp 파일을 오픈한다.

※ 예제파일 5장 관망도 정비 폴더 내 상수관로.shp 파일

② 속성 툴바에서 "툴박스"(⚙)를 클릭한다.

③ "벡터 도형" 도구모음에서 "특정 꼭짓점 추출" 기능을 선택하여, 특정 꼭짓점 추출 창을 활성화한다.

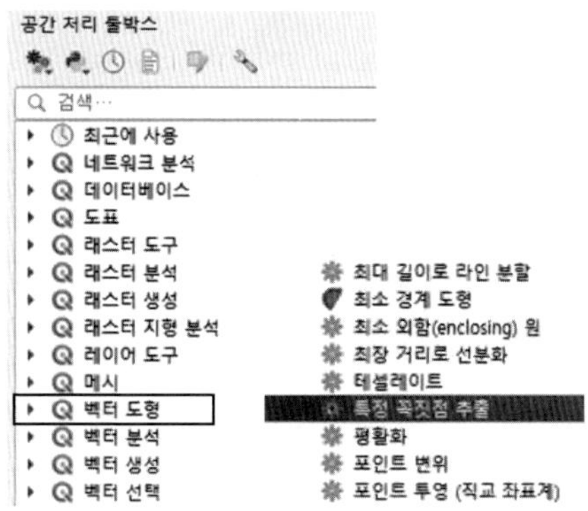

④ "꼭짓점 인덱스"에 시작 꼭짓점을 의미하는 "0"과 마지막 꼭짓점을 의미하는 "-1"을 "," 로 구분하여 입력한다.

⑤ "임시 레이어 생성" 옵션을 그대로 두는 경우 메모리상에만 존재하는 스크래치 레이어로 화면에 표출된다.

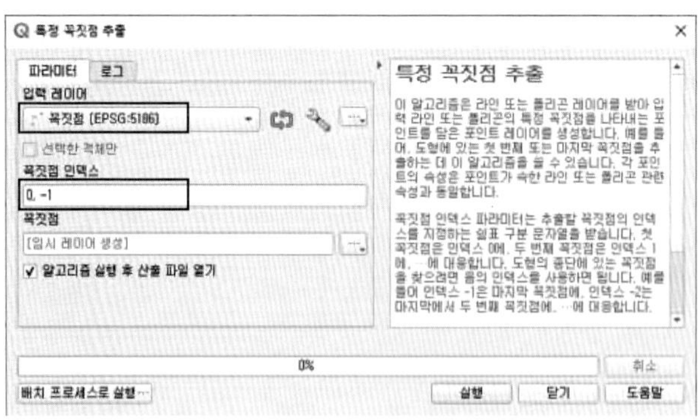

※ 저장옵션(…) 버튼을 클릭하여 저장하고자 하는 Shp파일 등 파일 종류와 저장경로를 설정하여 저장할 수도 있으나, 꼭짓점 결과물의 이상 여부를 확인 후 저장하도록 한다.

⑥ 실행 버튼을 클릭하면 아래와 같이 상수관로 Shp의 양 끝점에 대한 포인트 레이어가 신규로 생성된다.

※ 본 예제의 경우 477개의 관로에 대해 954개의 꼭짓점이 생성되었다.

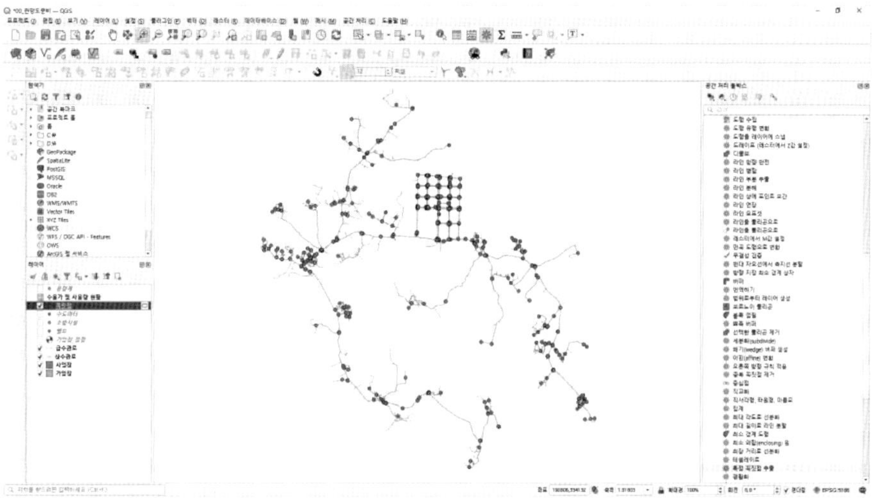

⑦ 생성된 꼭짓점에 이상이 없으면 “꼭짓점” 레이어 선택 후 오른쪽 마우스 클릭, “레이어 이름 바꾸기”를 선택하여 “관로꼭짓점”으로 이름을 변경한다.

⑧ 레이어 패널의 “꼭짓점” 스크래치 레이어를 클릭하여 저장하거나, “다른 포맷으로 저장”을 선택하여 “관로꼭짓점.shp” 파일로 저장한다.

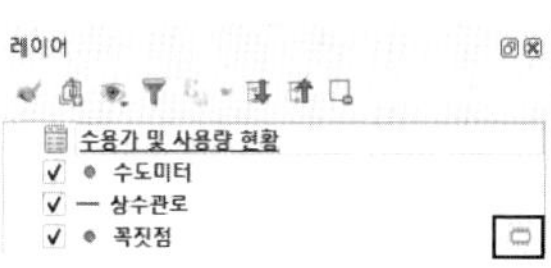

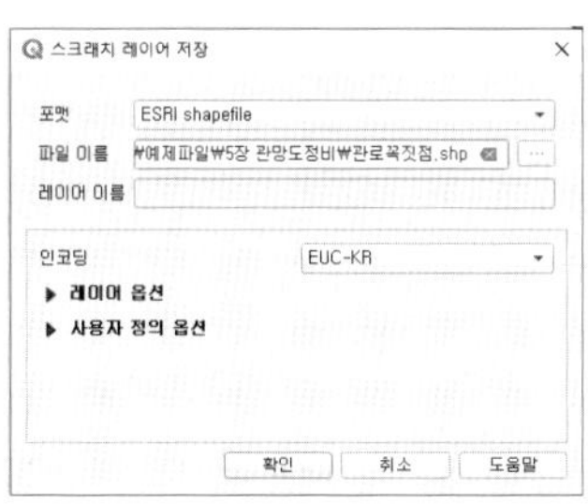

⑨ 공간 처리 툴박스의 “벡터 중첩” 도구 모음에서 “라인 교차 영역” 기능을 선택하여, 상수관로가 서로 교차하는 지점에 포인트 레이어를 생성한다.

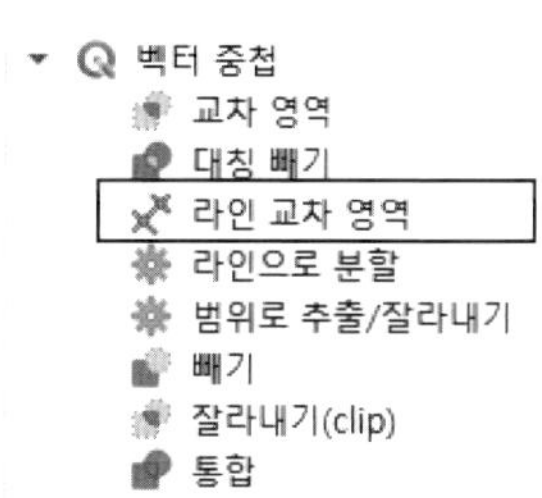

⑩ “라인 교차 영역” 설정 창에서, “입력 레이어”와 “레이어 교차분석” 레이어를 모두 “상수관로.shp”로 선택한 후 실행한다.

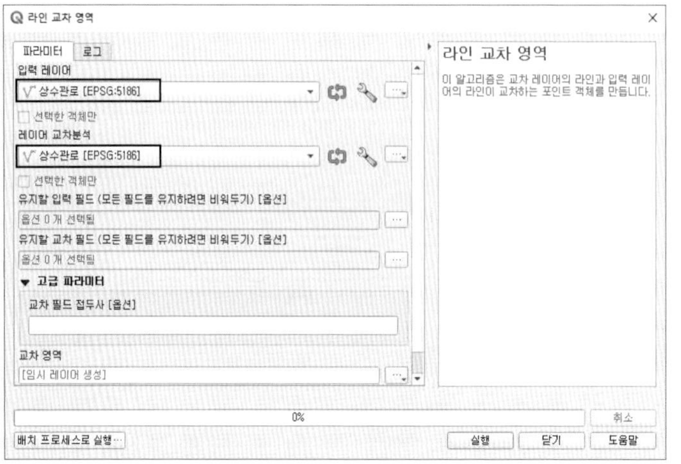

⑪ 실행 버튼을 클릭하면 아래와 같이 상수관로가 서로 교차하는 지점에 포인트가 생성된 것을 확인 할 수 있다. 위의 ⑦, ⑧과 같이 스크래치 레이어인 “교차 영역”을 “관로교차점.shp”로 저장한다.

※ 본 예제의 경우 477개의 관로에 대해 1,316개의 교차점이 생성되었다.

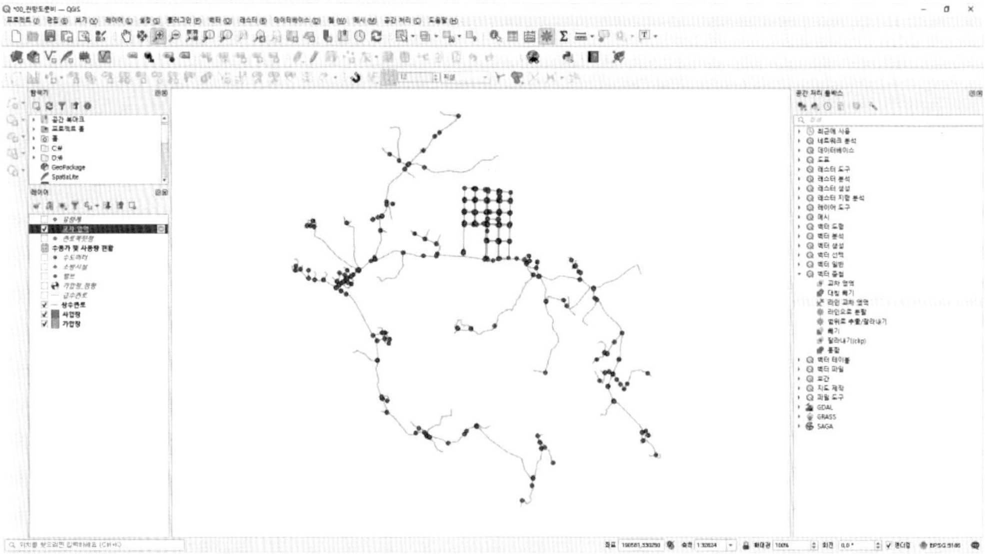

⑫ 공간처리 툴박스의 "벡터 선택" 도구 모음에서 "위치로 선택"을 클릭한다.

※ "관로교차점.shp"과 "관로꼭지점"이 중복되는 지점은 이미 관로 분할이 이루어진 상태이므로 두 레이어의 중복지점을 제외한 교차점이 추가적인 관로분할의 대상이 된다.

⑬ 위치로 선택 창에서 분석할 레이어와 옵션을 선택한다.

1. 다음 위치에 객체 선택에서 "관로교차점.shp"을 선택
2. 객체 위치(도형 서술자) 옵션에서 "내부(are within)"를 선택
3. 다음과 같은 객체를 비교에서 "관로꼭짓점.shp"레이어를 선택
4. 실행 버튼 클릭

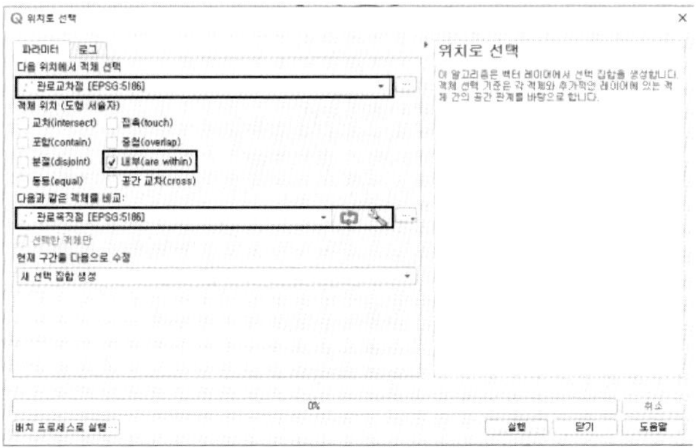

※ 본 예제의 경우 1,316개의 교차점 중 1,294개가 중복으로 분석되었다.

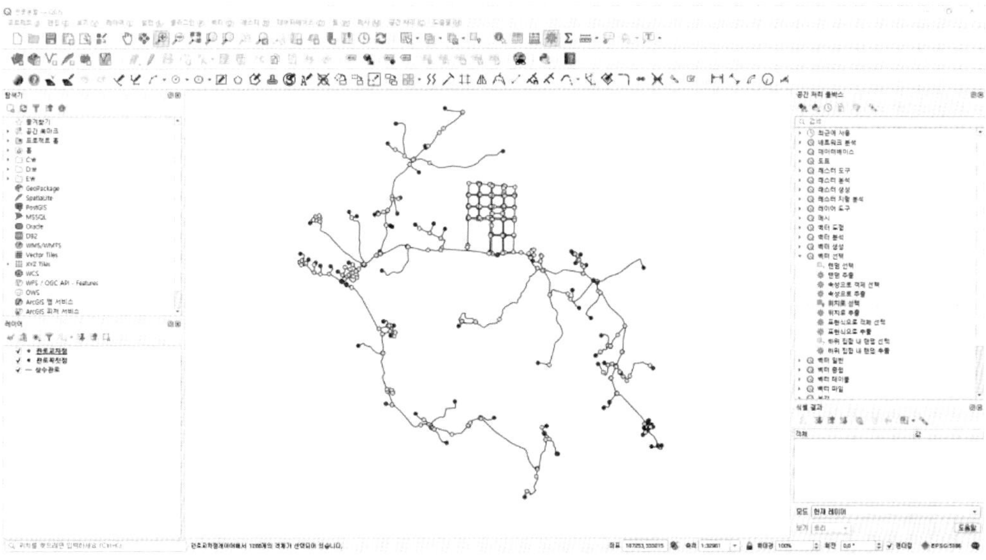

⑭ 레이어 패널에서 “관로교차점.shp”를 오른쪽 마우스 클릭, “속성 테이블 열기”를 선택한다. 속성 테이블에서 현재 중복으로 분석되어 선택된 교차점은 파란색 음영으로 확인 할 수 있다.

⑮ 속성 테이블 도구바에서 “선택 반전” 버튼을 클릭, 중복되지 않은 교차점을 역으로 선택한다.

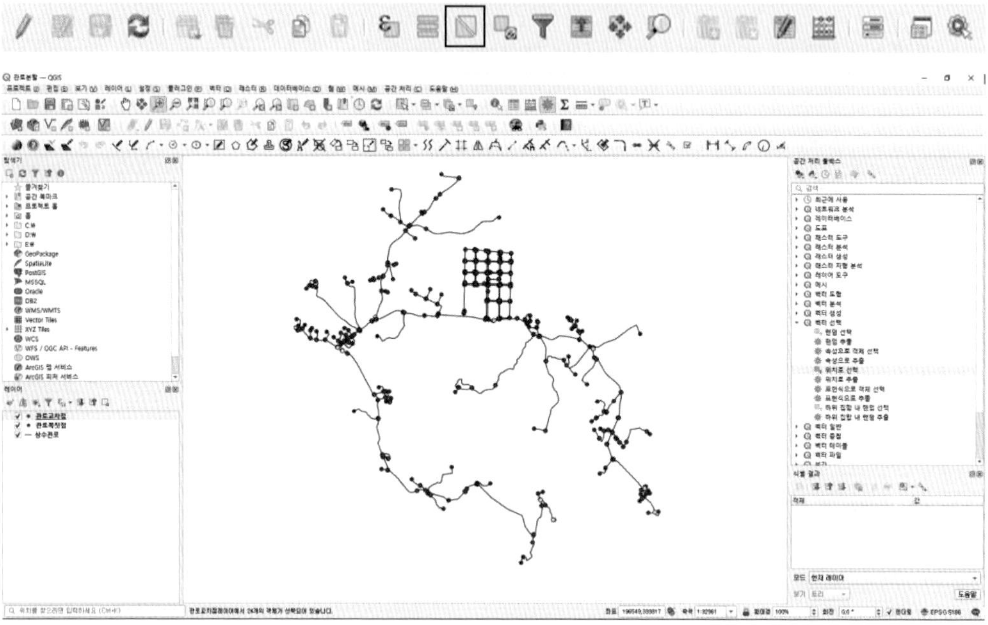

⑯ 레이어 패널에서 “관로교차점.shp” 선택, 오른쪽 마우스 클릭하여 [내보내기] ➡[선택한 객체를 다른 이름으로 저장] 기능을 실행한다.

⑰ “관로분할대상지점.shp”으로 파일명을 선택한 후 저장한다.

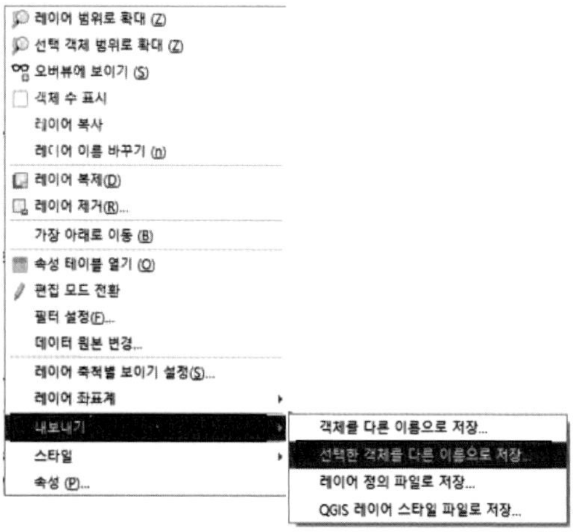

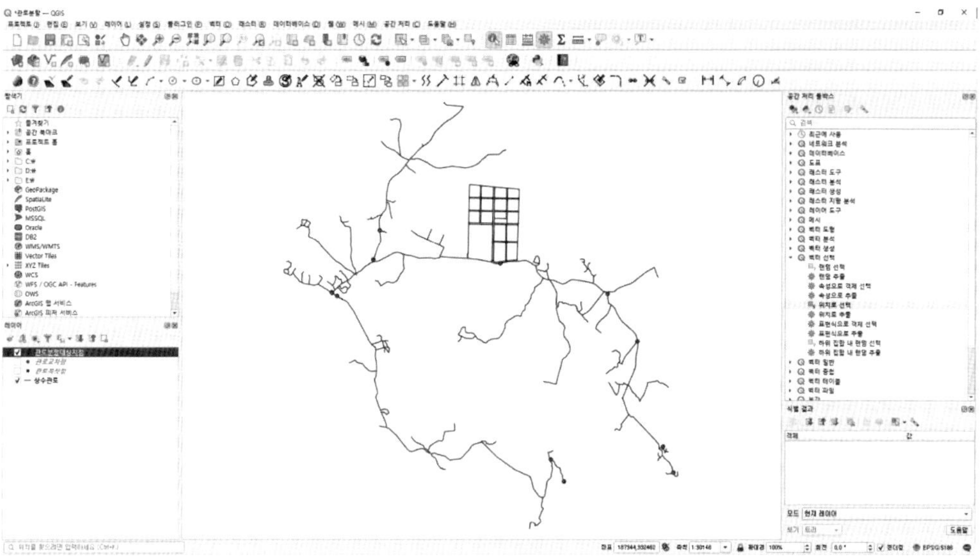

※ 본 예제에서는 아래와 같이 관로분할 대상지점을 확대하면 표 5.4에서 언급된 Dangle Error에 해당하는 관망도 작성 오류로 인하여 22개 지점에서의 상수관로 레이어 편집이 필요한 것으로 확인되었다.

Step 2 관로 연결 및 (추가) 분할

① QGIS를 실행 "상수관로.shp"와 "관로분할대상지점.shp" 파일을 오픈하다.

② 상수관로 편집에 앞서 원본데이터인 "상수관로.shp"는 보관하고, 별도의 편집용 "상수관로_분할편집.shp"레이어를 [내보내기]➡[객체를 다른 이름으로 저장]하여 생성한다.

③ 공간처리 툴박스의 "벡터 도형" 도구 모음에서 "버퍼" 메뉴를 선택한다.

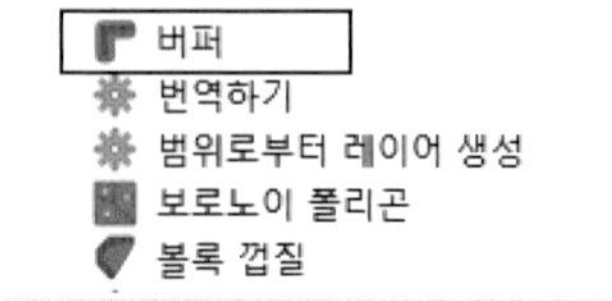

※ 본 과정은 분할이 필요한 관로와 필요 없는 관로를 구분하기 위한 절차로 하천횡단구간의 Crossover 관로 등의 분할을 방지하기 위함이다.

④ 버퍼 창에서는 관로분할 대상지점 포인트레이어를 폴리곤레이어로 변환한다.

1. 입력 레이어에 "관로분할대상지점.shp"를 선택
2. 거리에 "0.1" 미터를 선택
3. 실행
4. 생성된 레이어를 "관로분할대상지점_폴리곤.shp"로 저장

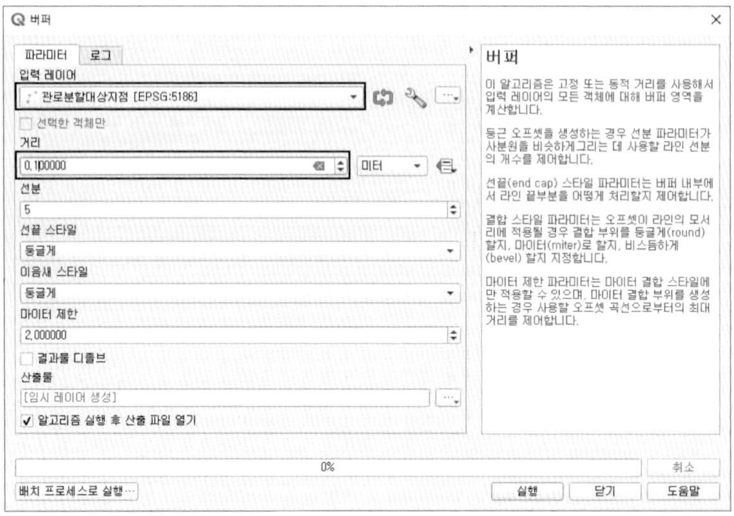

⑤ 공간처리 툴박스의 "벡터 선택" 도구 모음에서 "위치로 선택" 메뉴를 선택한다.

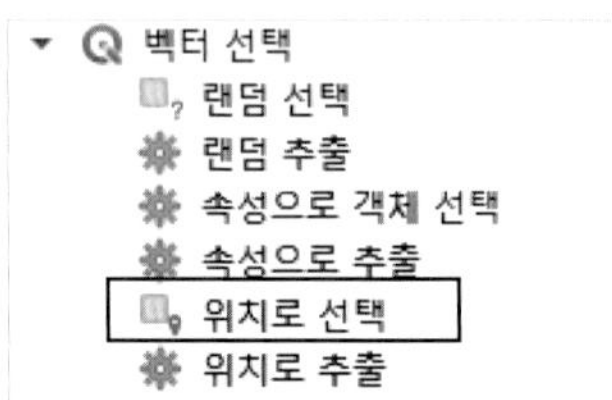

⑥ 위치로 선택 창에서 다음과 같이 분할이 필요한 관로를 선택한다.

1. 다음 위치에서 객체 선택에 “상수관로_분할편집.shp”를 선택
2. 객체 위치(도형 서술자)에서 “교차” 선택
3. 다음과 같은 객체를 비교에서 “관로분할대상지점_폴리곤.shp”를 선택
4. 실행

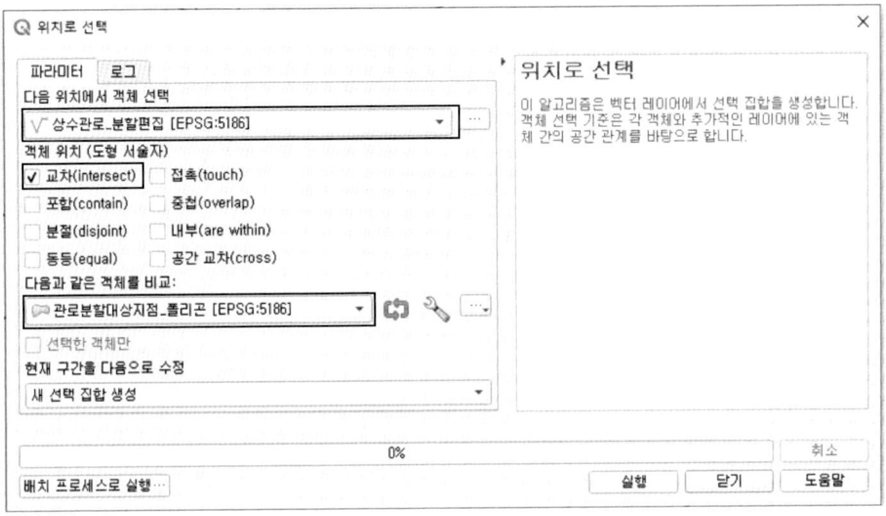

⑦ 분할대상이 되는 관로들이 선택된다.

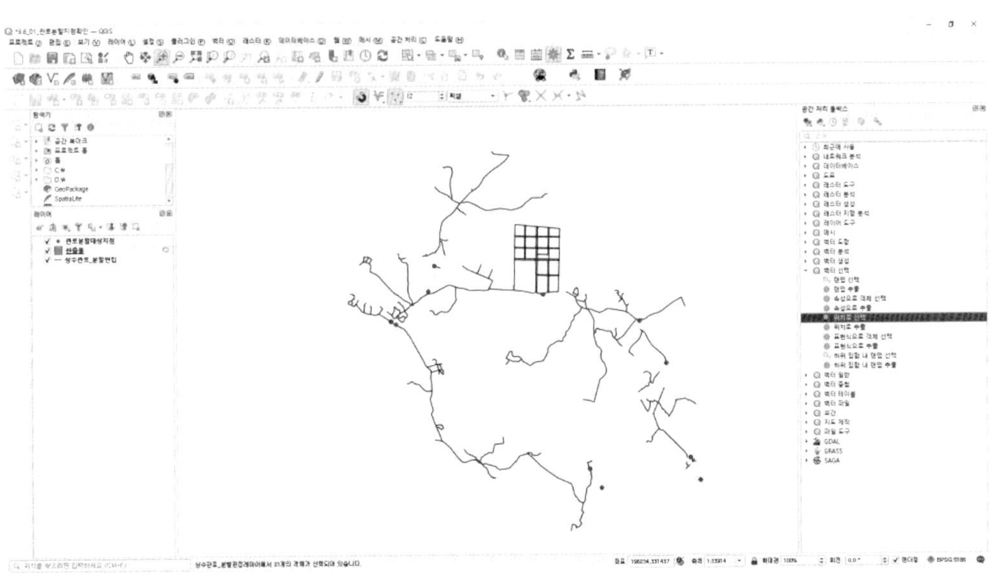

⑧ 선택된 관로들을 확인하여 분할하면 안되는 Crossover 관로가 있는 경우 선택을 해제한다. 선택의 해제는 레이어 패널에서 "상수관로_분할편집.shp" 선택 후, 선택 툴바의 선택 버튼을 클릭한 후, Shift+해당관로를 마우스왼쪽 클릭하여 해제한다.

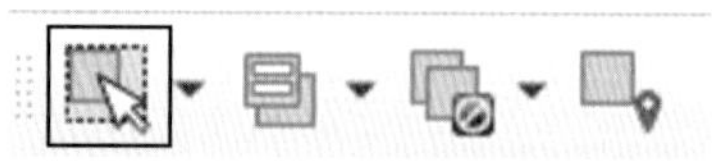

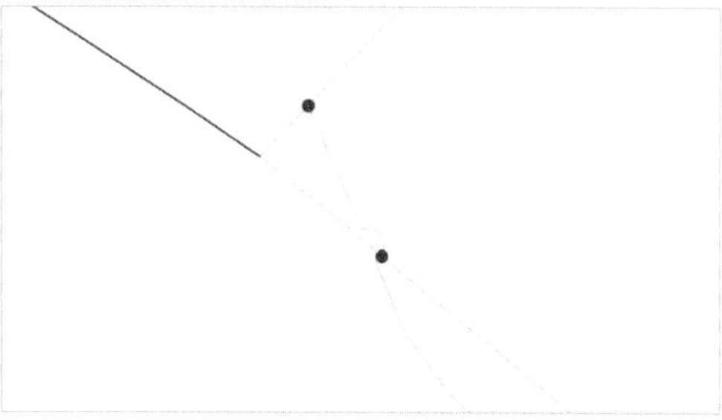

[Crossover 관로]

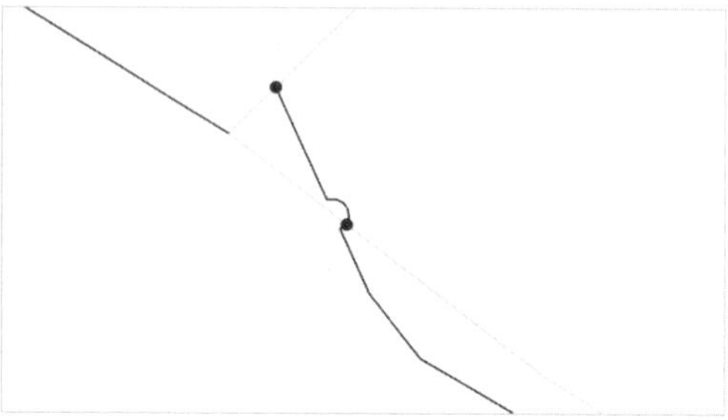

[분할대상에서 제외]

⑨ 레이어 패널에서 "상수관로_분할편집.shp" 선택 후, 오른쪽 마우스를 클릭하여 [내보내기]➡[선택한 객체를 다른 이름으로 저장] 기능을 이용하여 "분할대상관로.shp"로 저장한다.

※ 본 예제에서는 19개의 관로 객체가 분할대상으로 선정된다.

⑩ 레이어 패널에서 "상수관로_분할편집.shp" 선택 후, 오른쪽 마우스를 클릭하여 "속성 테이블 열기" 후, 속성 테이블 도구바에서 "선택 반전" 버튼을 클릭, 분할이 필요 없는 관로를 역으로 선택한다.

⑪ 레이어 패널에서 "상수관로_분할편집.shp" 선택 후, 오른쪽 마우스를 클릭하여 [내보내기]➡[선택한 객체를 다른 이름으로 저장] 기능을 이용하여 "분할제외관로.shp"로 저장한다.

⑫ 공간처리 툴박스의 “벡터 중첩” 도구 모음에서 “라인으로 분할” 도구를 선택

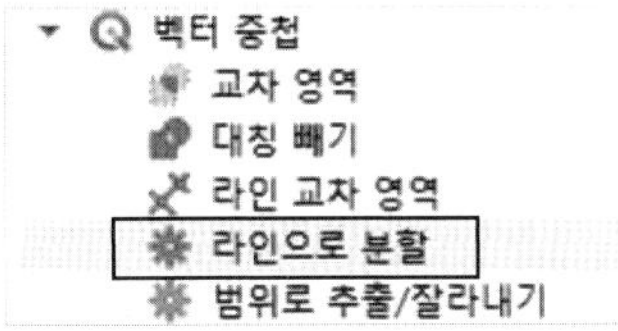

⑬ 라인으로 분할 창에서 분할 대상관로를 분할한다.

1. 입력 레이어에 “분할대상관로.shp”를 선택
2. 레이어 분할 레이어에 “상수관로_분할편집.shp”를 선택
3. 실행

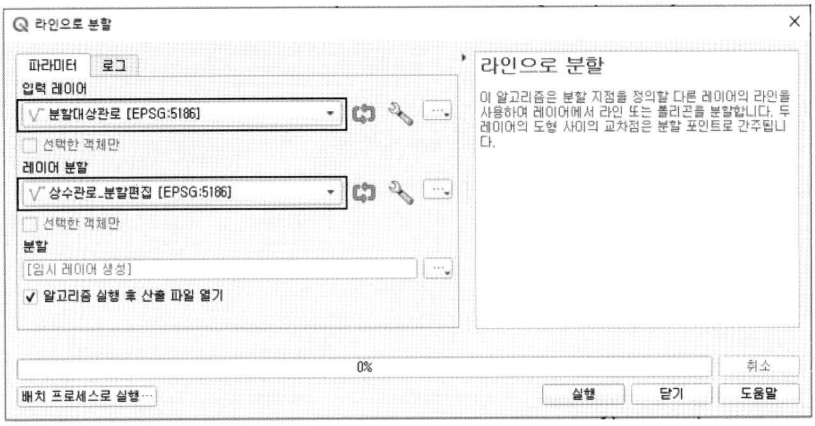

※ 라인으로 분할 기능을 활용하여 상수관로를 분할하는 경우에는 기존 속성값을 그대로 유지하기 때문에 길이, 관로번호 등 속성값을 변경하고자 하는 경우에는 속성값을 별도로 수정하여야 한다. 특히, 관로번호는 고유번호임을 고려하여 반드시 수정하는 것이 바람직하다.

⑭ 레이어 패널의 “분할” 스크래치 레이어를 “추가분할관로.shp”로 저장한다.

※ 본 예제에서는 19개의 관로 객체가 40개의 관로 객체로 자동 분할된다.

⑮ 자동 분할된 관로를 확대하여 분할 결과의 적절성을 확인한다.

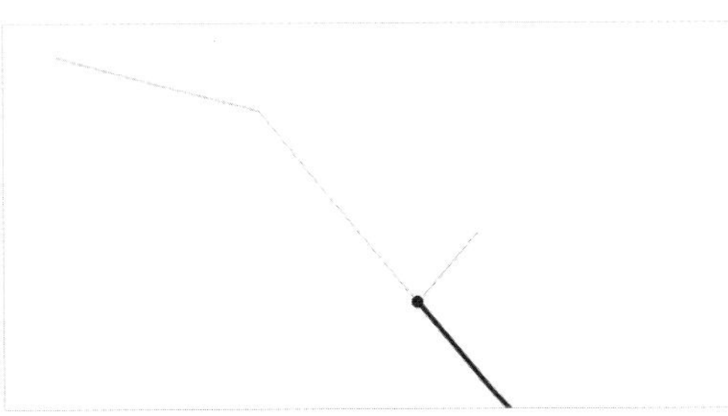

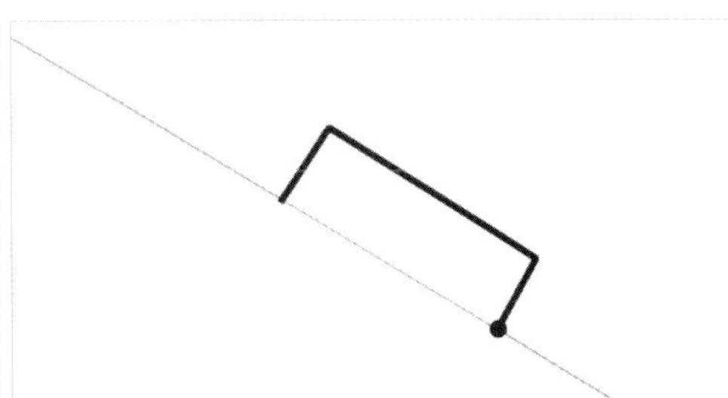

⑯ 한편, 분할 지점을 최대한 확대하면 “Under Shoot” 또는 “Over Shoot”의 문제를 확인할 수 있다. 두 가지 도형의 오류는 자동 수정되지 않으므로, GIS 도형 편집기능을 이용하여 추가 수정하도록 한다.

⑰ GIS 도형 편집기능을 이용하기 위하여 도구바 위에 마우스를 위치한 후 마우스 오른쪽을 클릭하여 "고급 디지타이징 툴바"와 "스냅 툴바"를 체크하여 필요 기능을 추가한다.

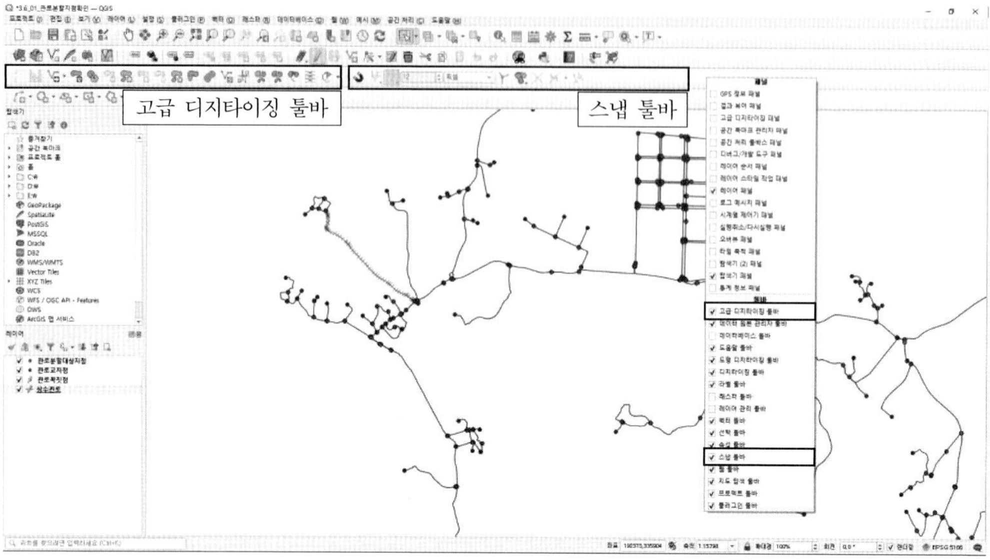

⑱ GIS 편집을 위해 레이어 패널에서 "상수관로_분할편집.shp"를 선택 후, 디지타이징 툴바의 "편집모드 전환" 버튼을 클릭한다.

⑲ "Under Shoot" 부분은 관로가 연결되어 있지 않기 때문에 위의 과정을 통해 관로가 분할되지 않는다. 따라서 관로의 분할과 편집을 같이 수행한다.

⑳ 분할하고자 하는 관로를 선택한다. "고급 디지타이징 툴바"의 "피쳐 분할( )" 기능을 클릭한다.

㉑ "스냅 툴바"에서 "스냅 활성화( )"를 클릭한다. 스냅 활성화를 통해 연결/분할할 지점을 쉽게 선택할 수 있다.

㉒ 분할하고자 하는 지점 위로 선을 그리면, 교차되는 위치에서 2개의 객체로 분할된다.

㉓ 연결될 관로가 분할되면, 연결할 “Under Shoot” 관로를 선택한다. “디지타이징 툴바“의 “꼭짓점 도구” 버튼을 클릭한다. 관로 끝점을 클릭하고, 연결될 신규 분할 지점으로 마우스를 이동하면 스냅 기능이 활성화되고, 연결 지점을 클릭하면 위치가 수정된다.

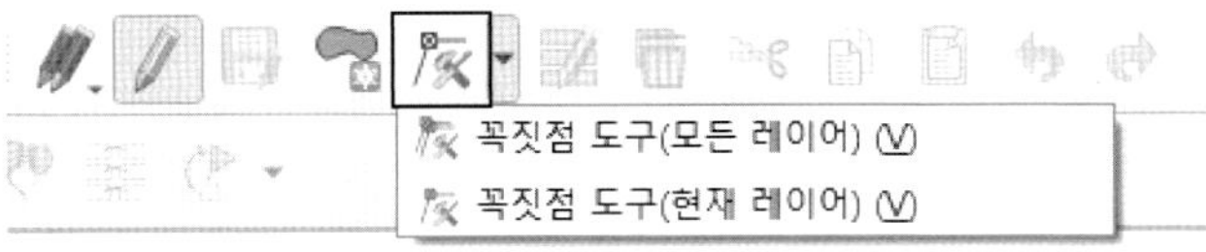

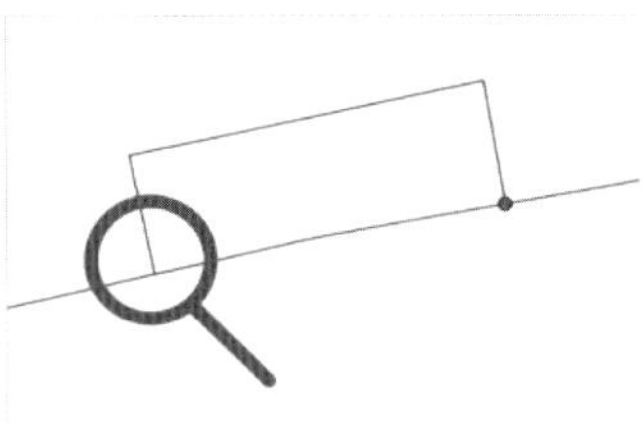

[분할대상지점 확인]

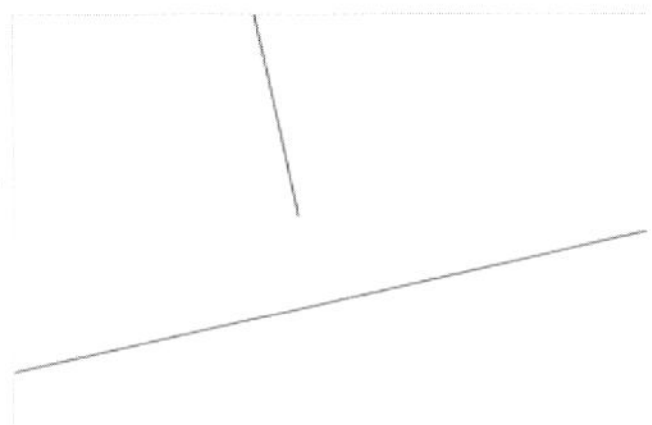

[Zoom 확대]

[분할관로 선택]

[상수관로 피쳐 분할]

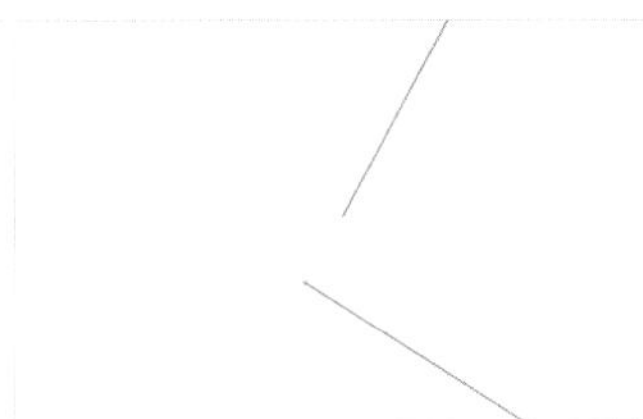

[분할된 상수관로]

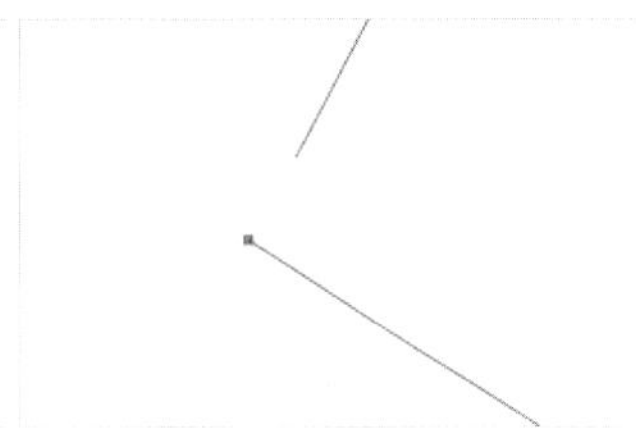

[관로연결]

㉔ “Over Shoot” 부분은 삭제할 관로 선택 후 “Del” 또는 삭제 버튼( )을 클릭하여 삭제한다.

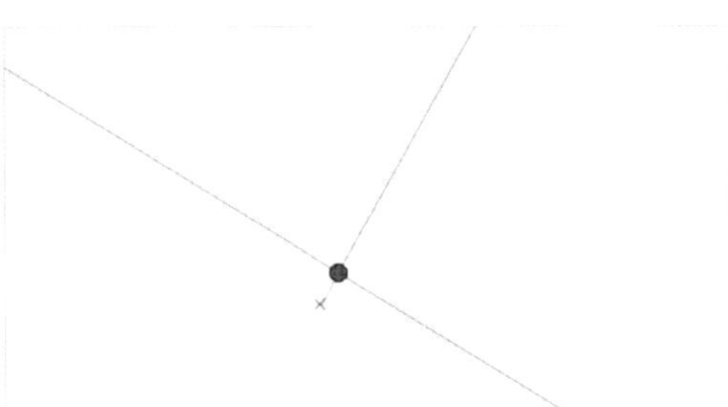

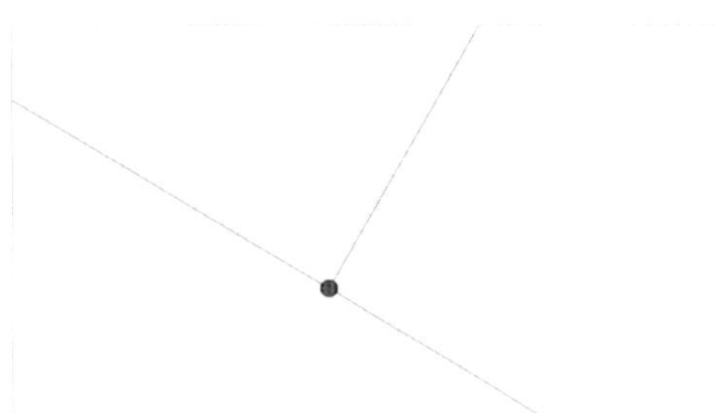

※ “Over Shoot” 관로가 분할되지 않은 경우에는 꼭짓점 이동을 통해 수정한다.

㉕ 기존 상수관로 Shp 파일이 필요 이상으로 분할되어 있거나, 자동 분할을 통해 잘 못 분할된 경우는 "고급 디지타이징 툴바"의 "피쳐 병합( )" 기능을 통해 1개의 관로로 병합할 수 있다.

※ 필요 이상의 분할이란 관경, 매설년도, 관종 등 속성정보가 동일한 관로 객체가 짧은 길이로 분할된 경우를 의미한다.

㉖ 관로 객체 병합을 위해 "선택( )"버튼을 클릭한 후 병합할 2개 이상의 관로를 선택한다. "피쳐 병합( )" 버튼을 클릭한다.

㉗ 피쳐 병합 기능을 사용하면 "객체 속성 병합" 창이 팝업된다. 객체 속성 병합 창에서는 다수의 관로 객체 중 속성 데이터를 유지할 객체를 선택하는 절차가 수행된다.
테이블에서 유지할 속성정보를 가지고 있는 관로를 선택 한 후, 하단의 "선택한 객체에서 속성 취득" 버튼을 클릭하면 "병합" 열에 해당 속성 정보가 반영되어 병합시 최종 유지된다.

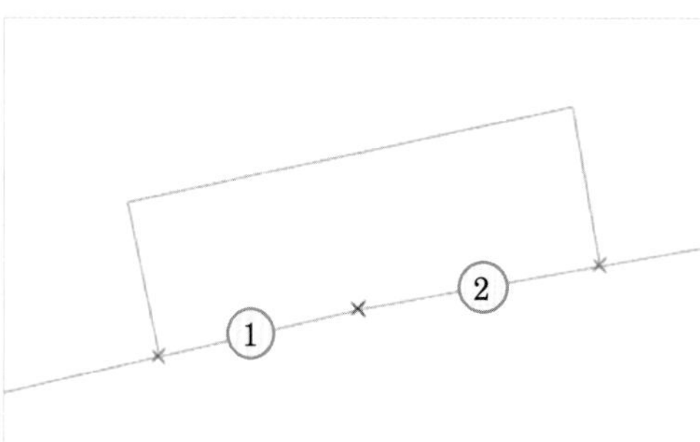

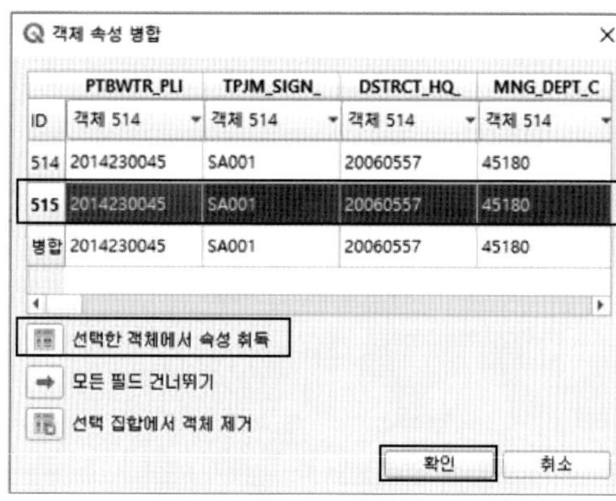

㉘ 디지타이징 툴바의 "편집모드 전환" 버튼( )을 다시 클릭하여 편집 내용을 저장한다.
중간 편집 내용이 많거나 이전 단계로 돌아가고자 하는 경우에는 "현재 편집내용( )" 버튼을 클릭하여 필요한 기능을 수행한다.

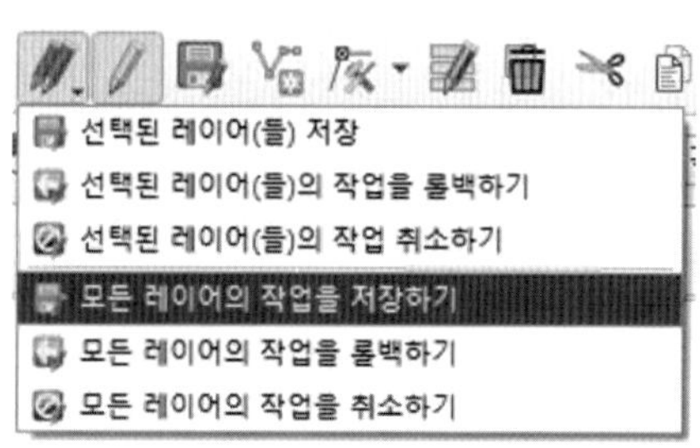

㉙ 편집이 완료된 추가 분할관로와 분할제외 관로를 합치기 위해 공간 처리 툴박스의 "벡터 일반" 도구 모음에서 "벡터 레이어 병합"을 선택한다.

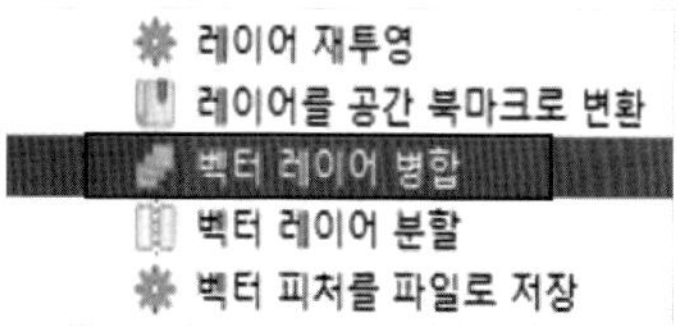

㉚ 벡터 레이어 병합 창에서 "추가분할관로.shp"와 "분할제외관로.shp"를 합친다.

1. 입력 레이어에서 병합 될 레이어 명을 체크
2. 대상 좌표계에서 좌표계 설정(EPSG: 5186)
3. 병합한 산출물에서 "상수관로_수정.shp" 파일명과 저장경로 설정

※ 본 예제에서는 분할제외 관로 458개, 추가분할관로 43개의 합인 수정완료 관로 501개 생성

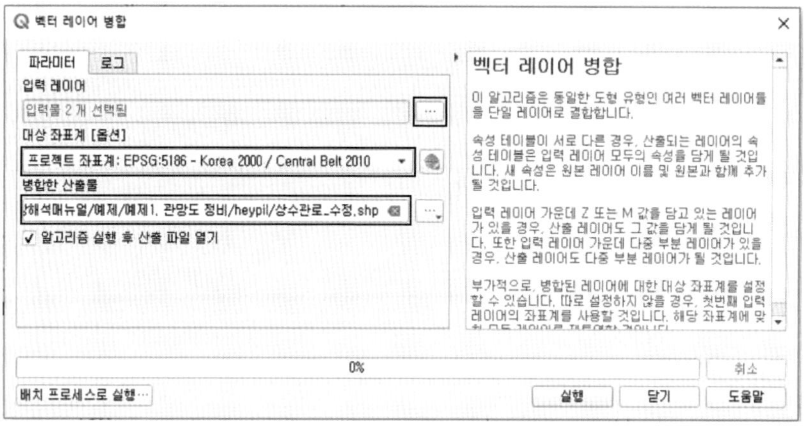

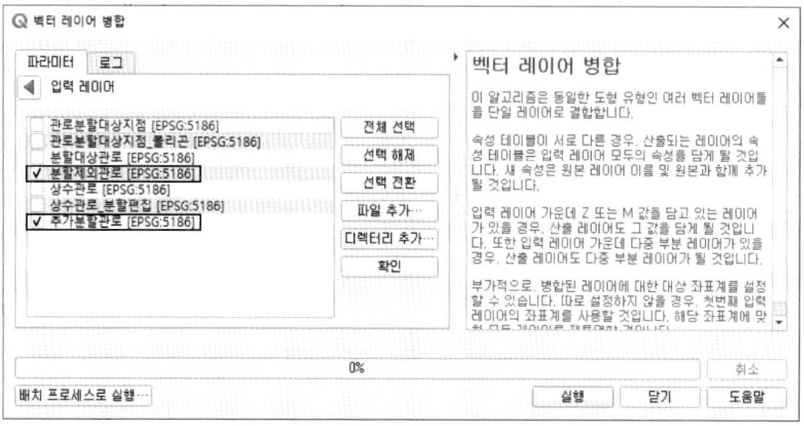

Step 3 관리번호 (전체) 재부여

① QGIS를 실행하여 Shp 파일을 오픈한다.

※ 예제파일 5장 관망도 정비 폴더 내 상수관로_수정.shp 파일(분할오류 수정)

② 레이어 패널 창에서 해당 Shp 파일을 우클릭하여 속성 테이블을 오픈한다.

③ 속성 테이블 도구에서 "필드 계산기" 버튼을 클릭한다.

④ 필드 계산기 창에서 "새로운 필드 생성"에 체크한다.

⑤ 산출 필드 이름에 "상수_ID", 산출 필드 유형에 "텍스트(string)", 산출 필드 길이에 "10"을 입력한다.

⑥ 중앙에 위치한 리스트 박스에서 "row_number"을 더블클릭하면 표현식 탭에 "@row_number"이 표시된다.

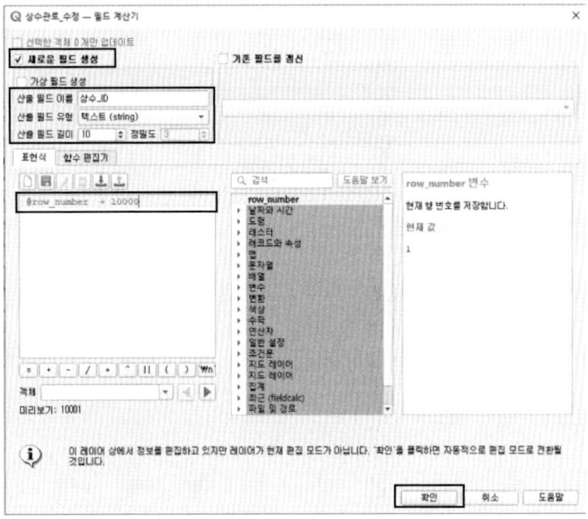

⑦ 표현식 탭 "@row_number"에 "+ 10000"을 추가 입력한 후 "확인" 버튼을 클릭한다.

※ 본 예제는 상수_ID 번호를 상수관로 객체 일련번호에 10000 값을 더하여 입력한다.

⑧ 필드 계산기를 이용하여 "상수_ID"를 부여하면 편집 모드로 자동 전환 되므로, 편집 모드 버튼을 다시 클릭하여 편집 모드를 해제한다.

Step 4 관로 연장 재계산

① QGIS를 실행하여 Shp 파일을 오픈한다.

※ 예제파일 5장 관망도 정비 폴더 내 상수관로_수정.shp 파일(분할오류 수정)

② 레이어 패널 창에서 해당 Shp 파일을 우클릭하여 속성 테이블을 오픈한다.

③ 속성 테이블 도구에서 "필드 계산기" 버튼을 클릭한다.

④ 정비된 상수관로 연장을 재계산하기 위하여 필드 계산기 창에서 "기존 필드를 갱신"에 체크하고 수정될 기존 필드를 "SHAPE_LEN"으로 선택한다.

⑤ 함수 리스트 대분류에서 "도형"을 선택하고 적용할 함수를 "$length"로 선택한 후 더블 클릭한다. 이후 확인버튼을 클릭하여 각 관로의 연장을 현재 길이로 업데이트한다.

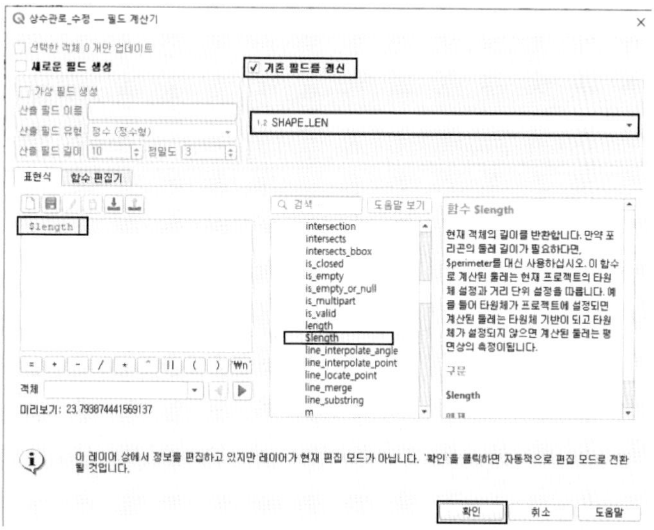

(6) 속성정보 확인

속성정보 확인은 관의 구경, 관종, 설치년도 등 관로의 주요 제원 정보가 입력되어 있는지 여부를 확인하는 과정이다. 관종 및 설치년도는 관망해석 모델구축에 필수적인 정보는 아니나, 모델 보정 과정에서 C값 조정, 관망정비 의사결정 등 간접적으로 활용된다. 관의 구경은 관망해석 모델구축에 활용되는 필수정보로 반드시 정확하게 입력되어야 한다. 보편적으로 관의 구경은 공칭직경(내경)으로 정보를 입력하는데, 일부 관제품(PE관)의 경우 외경으로 관의 구경이 입력되어 있어 공칭직경(내경)으로 정보수정(신규로 구경 필드를 만들어서 입력)이 필요하다.

속성정보 확인은 예제파일 5장 관망도 정비 폴더에 있는 상수관로_추가분할 Shp 파일을 활용하여 연습한다. 상수관로의 주요 제원 필드명은 다음과 같다.

표 5.14 상수관로 주요 제원 필드명

구분	구경	관종	설치일자	관라벨
필드명	PTBWTR_P_2	PIPE_KND_C	INST_DE	PIPE_LBL_N

Fnc 상수관로 구경 입력(수정)

① QGIS를 실행하여 Shp 파일을 오픈한다.

※ 예제파일 5장 관망도 정비 폴더 내 "상수관로_수정.shp" 파일

② 레이어 패널 창에서 해당 Shp 파일을 우클릭하여 속성 테이블을 오픈한다.

③ 속성 테이블 도구에서 "필드 계산기" 버튼을 클릭한다.

④ 필드 계산기 창에서 "새로운 필드 생성"에 체크한다.

⑤ 산출 필드 이름에 "구경", 산출 필드 유형에 "텍스트(string)", 산출 필드 길이에 "10"을 입력한다.

⑥ 중앙에 위치한 리스트 박스에서 "필드와 값"을 클릭하고, 구경에 해당하는 컬럼인 [PTBWTR_P_2]을 더블클릭한다.

⑦ "모든 유일값" 버튼을 클릭하여 구경정보를 확인한다.

⑧ 확인 버튼을 클릭한다.

※ 본 예제는 구경 필드에 원래 구경 정보가 있는 PTBWTR_P_2 필드의 값을 입력하는 것이다.

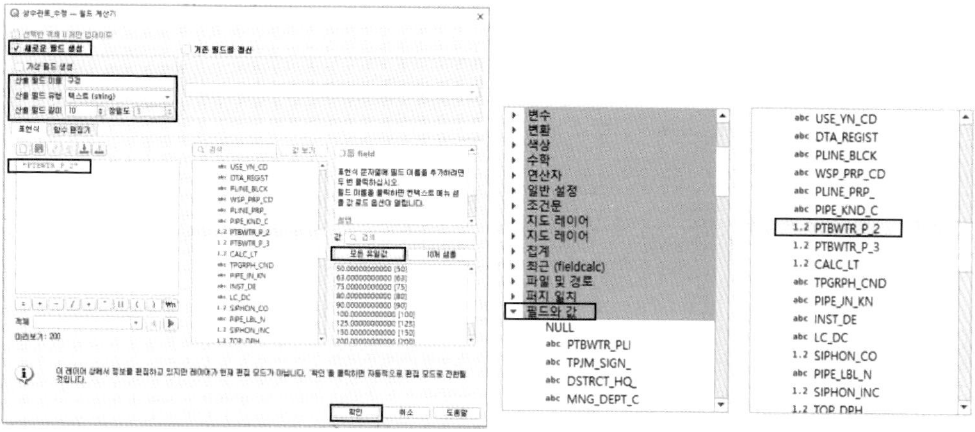

⑨ 구경 수정을 위하여 필드 계산기 창에서 "기존 필드를 갱신"에 체크 한다.

⑩ 수정될 기존 필드를 "구경"으로 선택한다.

⑪ 함수 검색 창에서 "replace"를 검색한다.

⑫ 표현식 탭에서 "replace(구경, '63', '50')"을 입력한 후 확인 버튼을 클릭한다.

※ replace(필드명, "Before", "After")

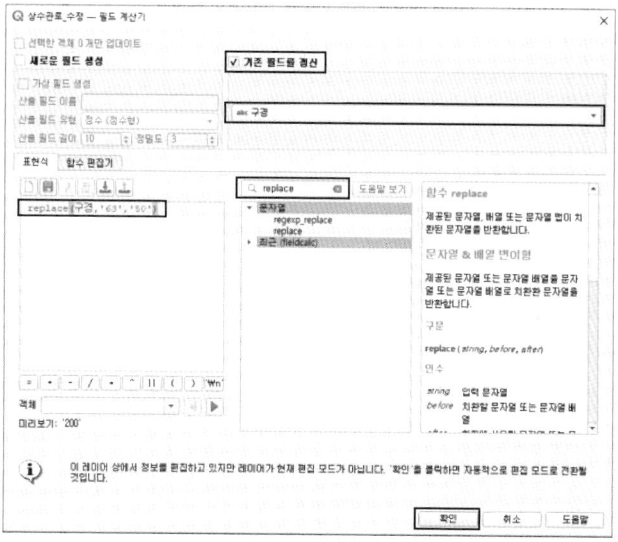

⑬ 편집 모드 버튼을 클릭하여 편집 내용을 저장 및 편집 모드를 해제한다.

(7) 관로 간략화

관망해석은 장래 상수도시설물의 노선과 위치 결정, 시설용량 결정, 재해 및 사고대책 수립, 수압관리방안 검토, 관망시설 기술진단, 출수불량 등 민원해결 방안 검토, 관세척구간 적정 유속 검토 등 상수도시설물의 계획에서 운영 및 유지관리에 이르기까지 다양한 업무에 활용된다. 그러나, 실제 관망에는 관망해석의 목적에 반드시 필요하지 않은 관로 또는 시설물들이 많이 있으므로 모든 상수도시설물을 관망모델에서 구현할 필요는 없다.

따라서, 3.4.1 관망해석 모델의 간략화에서 설명한 바와 같이 관망해석 모형을 구축할 때는 불필요한 관로 또는 시설물을 제거하는 간략화(Skeletonization) 과정이 필요하다.

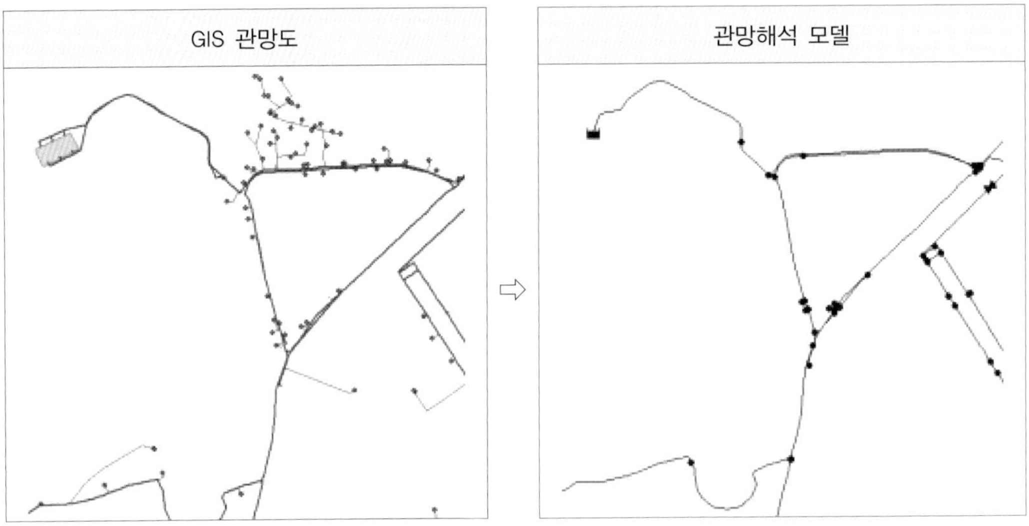

그림 5.10 관로 간략화 사례

5.2.3 위상정립 및 기초 데이터 추출

GIS에서의 위상(Topology)은 서로 연결된 또는 인접한 벡터 객체들(점, 선, 면) 사이의 공간적 관계를 의미하는 것으로 상수도관망과 같은 네트워크 분석에 매우 중요한 의미를 지닌다.

본 절에서는 관로의 연결점을 생성하고, 연결점 및 연결선에 고유의 관리번호를 부여하여 관로와 연결점 사이의 연결 관계를 생성하는 위상정립 과정과 표 5.3에서 설명한 것과 같이 GIS 프로그램의 다양한 공간분석 기능을 활용하여 관망해석 모델구축에 필요한 절점의 좌표(X, Y) 및 표고(Z), 관로의 변곡점(Vertices) 좌표(X, Y) 등 기초 데이터를 GIS로부터 추출하는 과정을 설명한다.

위상정립 및 기초 데이터 추출 작업은 표 5.15와 같이 "연결점 정보 추출", "연결선 정보 추출", "기타 정보 추출" 순으로 수행되며, 연결점 정보, 연결선 정보 등 수집된 기초 데이터를 엑셀로 내보내기하여 관망해석 모델구축에 활용한다.

표 5.15 위상정립 및 기초 DB 추출 절차

구분	주요 내용
연결점 정보 추출	• 연결점 생성(ID) 및 연결점의 좌표(X, Y)값 추출 • TIN 작성 및 연결점의 표고값(Z) 추출
연결선 정보 추출	• 관로에 연결점 정보(Start Node ID, End Node ID) 추가 • 관로의 Vertices(변곡점) 좌표(X, Y)값 추출
기타 정보 추출	• TIN 활용 수도미터의 표고값(Z) 추출 → 수용가 표고분포 파악 • 시설물 간 관리번호 입력하기(수도미터←급수관로←상수관로) ※ 관리번호를 연계하여 수요량 배분(사용량, 누수량)에 활용
각종 기초 DB 내보내기	• 수도미터, 급수관로, 상수관로 등 시설물 정보 엑셀로 내보내기 • 연결점 정보, 연결선 정보 및 기타 정보 엑셀로 내보내기

여기서, 수도미터의 표고값 추출은 관망해석 모델에 필요한 데이터는 아니나, 해당 급수구역 수용가의 전반적인 표고 및 사용량 분포를 파악하기 위해 생성하는 데이터이다. 또한, 시설물 간 관리번호 입력은 "수도미터에 급수관로 번호 입력", "급수관로에 상수관로 번호 입력"을 통해 관리번호 정보를 활용한 시설물 정보를 연계하여 사용량(요금→수도미터→급수관로→상수관로→절점) 및 누수량(전수, 관로연장, 평균수압 등 활용 산출) 배분 등에 활용할 수 있다.

(1) 연결점 생성과 좌표값 추출

관망해석 모델구축에 필요한 Node는 상수관로 양 끝점에 연결점을 생성시켜 각 연결점에 ID를 부여하고, 중복 끝점을 제거한 후 연결점의 위치정보를 이용하여 (X, Y) 좌표를 구한다. 예제파일 5장 위상정립 및 기초 DB 추출 폴더에 있는 상수관로.shp 파일(관망도 정비가 완료된 최종파일)을 활용하여 연습하며, 추출과정을 통해 생성되는 결과 파일은 NODE.shp 파일이다.

표 5.16 연결점 생성과 좌표값 추출 연습파일

활용파일		생성파일
• 상수관로.shp	⇨	• NODE.shp

Fnc 절점 생성과 좌표값 구하기

① QGIS를 실행하여 Shp 파일을 오픈한다.

※ 예제파일 5장 위상정립 및 기초 DB 추출 폴더 내 상수관로.shp 파일

② 공간 처리 툴박스에서 "벡터 도형" 도구 모음의 "특정 꼭짓점 추출" 기능을 실행한다.

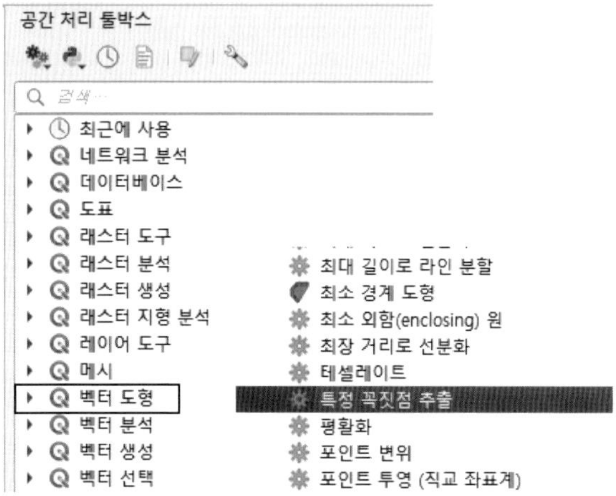

③ "꼭짓점 인덱스"에 시작 꼭짓점을 의미하는 "0"과 마지막 꼭짓점을 의미하는 "-1"을 "," 로 구분하여 입력한다.

④ 생성될 꼭짓점 레이어의 파일명(꼭짓점.shp)과 경로를 지정한 후 실행한다.

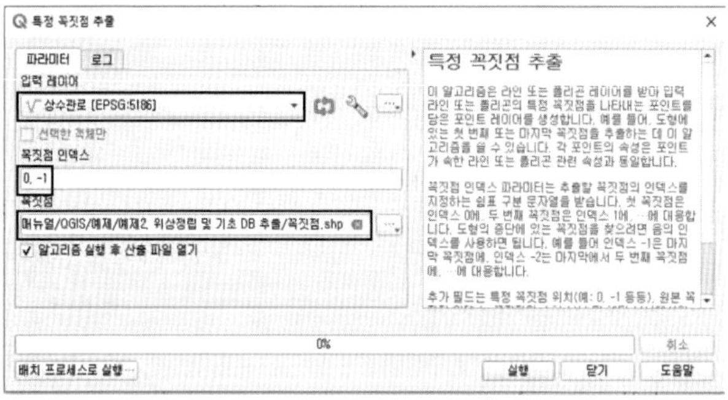

⑤ 레이어 패널에서 "꼭짓점.shp"를 선택하고, 속성 테이블을 연다.

⑥ 속성 테이블 도구바에서 [편집 모드 전환] ➡ [필드 삭제] 버튼을 클릭한다.

⑦ 필드 삭제 창에서 모든 필드를 선택하여 삭제한다.

※ 상수관로의 속성정보를 상속한 정보이므로 모두 삭제

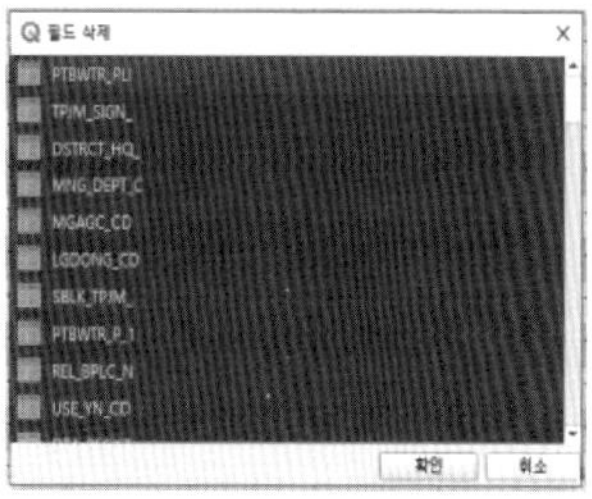

⑧ 공간 처리 툴박스의 "벡터 일반" 도구 모음의 "중복 도형 삭제" 기능을 실행한다.

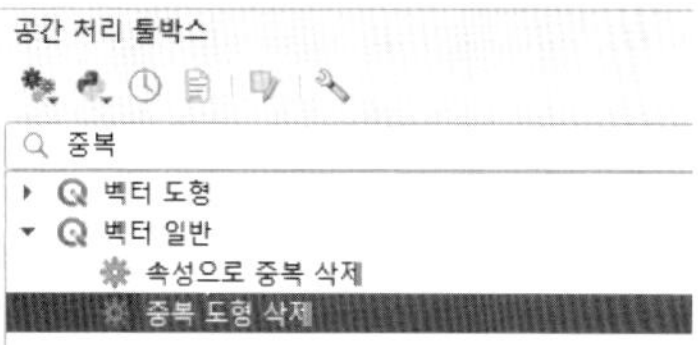

⑨ 입력 레이어에 "꼭짓점.shp"를 선택, 생성될 삭제한 산출물의 파일명(NODE.shp)과 경로를 지정한 후 실행한다.

※ 본 예제에서는 상수관로 시작 및 끝 꼭지점 1,002개 중 484개가 삭제된다.

⑩ 아래와 같이 절점이 생성됨을 확인할 수 있다.

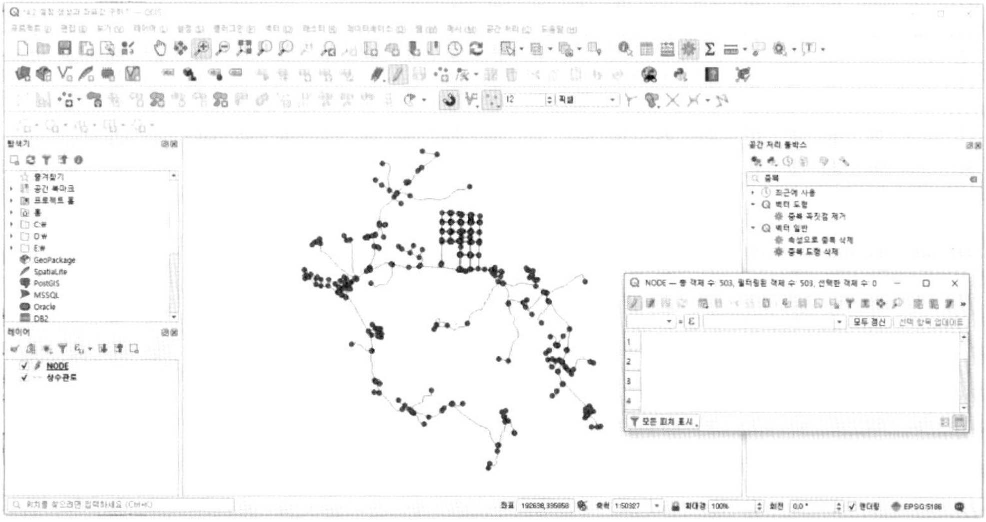

⑪ 레이어 패널에서 "NODE.shp"의 속성 테이블을 오픈한다.

⑫ 속성 테이블 도구바에서 "필드 계산기"를 클릭한다.

⑬ 필드 계산기 창에서 "새로운 필드 생성"에 체크 한다.

⑭ 산출 필드 이름에 "NODE_ID", 산출 필드 유형에 "텍스트(string)", 산출 필드 길이에 "10"을 입력한다.

⑮ 중앙에 위치한 리스트 박스에서 "row_number"을 더블클릭하면 표현식 탭에 "@row_number"이 표시된다.

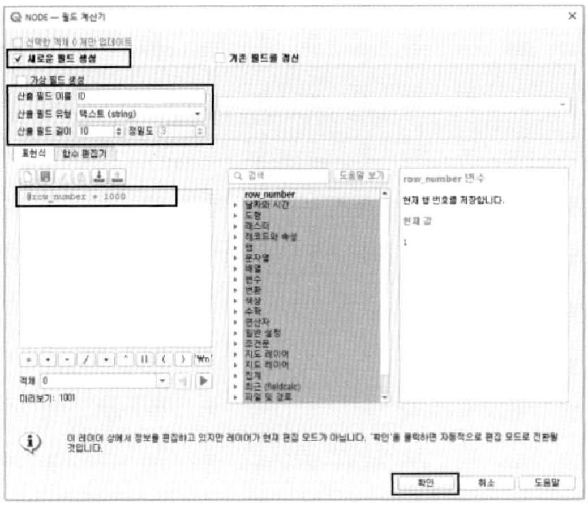

⑯ 표현식 탭 "@row_number"에 "+ 1000"을 추가 입력한 후 "확인" 버튼을 클릭한다.

※ 본 예제는 FID 번호를 이용하여 절점번호를 부여한다. (0값 없이 Id를 부여)

⑰ 공간 처리 툴박스의 "벡터 테이블" 도구 모음의 "X/Y 필드를 레이어에 추가" 기능을 실행한다.

⑱ 입력 레이어에 "NODE.shp"를 선택, 좌표계를 "EPSG:5186"으로 선택, 필드 접두사를 "Point_"로 입력 후 실행 버튼을 클릭한다.

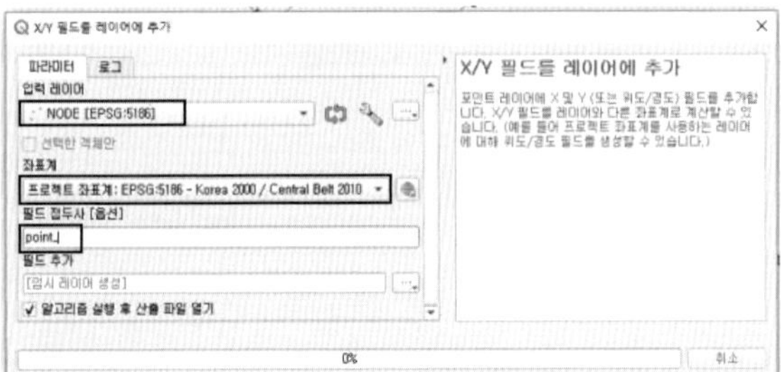

⑲ 생성된 스크래치 레이어를 "NODE_XY"로 저장한다.

⑳ "NODE_XY.shp"의 속성 테이블을 오픈하면 절점의 ID 및 XY좌표가 입력된 것을 확인할 수 있다.

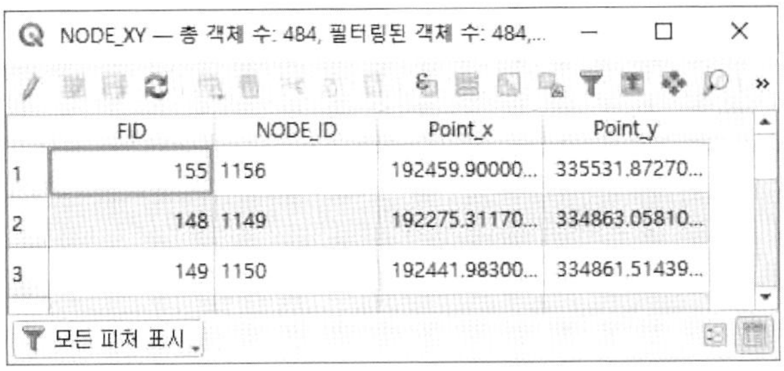

㉑ 필드 계산기 창에서 "새로운 필드 생성"에 체크 한다.

㉒ 산출 필드 이름에 "좌표", 산출 필드 유형에 "텍스트(string)", 산출 필드 길이에 "50"을 입력한다.

㉓ 상수관로와 연계 기준정보 생성을 위하여 표현식 탭에 Point_x와 Point_y를 이용한 고유번호를 아래의 표현식으로 생성한다.

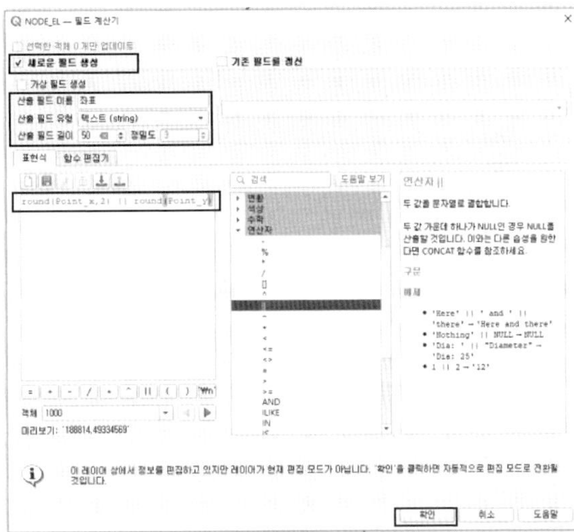

round(Point_x, 5) || round(Point_y, 5)

※ 중앙 리스트 박스 상단의 검색 기능 및 목록 조회를 통해 사전에 정의된 다양한 기능의 함수들을 활용할 수 있다. 여기서 사용된 "round" 함수는 실수형 데이터의 소숫점 반올림을 위한 것이며, "||" 연산자는 2개 데이터를 텍스트 형태로 합치기 위한 기능이다. 각각의 함수에 대한 설명을 참조하여 활용하도록 한다.

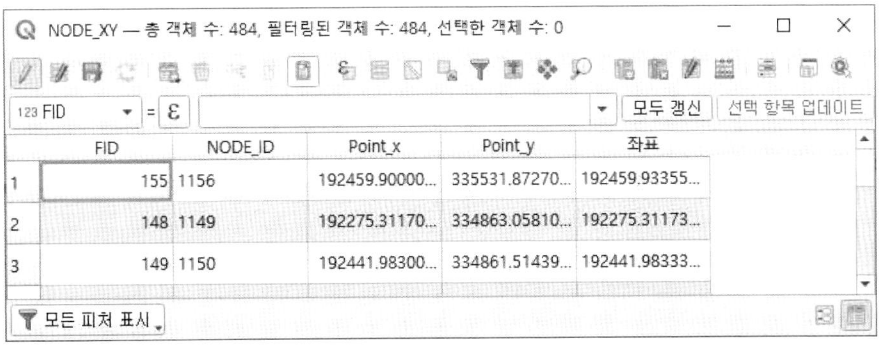

(2) TIN 작성 및 연결점 표고값 추출

수치표고모델(DEM; Digital Elevation Model)을 활용하여 연결점의 표고값을 추출하는 과정으로 등고선과 표고점 Shp 파일을 활용하여 급수구역의 표고를 나타낼 수 있는 래스터 형식의 TIN(TIN; Triangular Irregular Network) 레이어를 생성하고, TIN 레이어로부터 연결점의 표고값을 추출한다.

TIN 작성 및 연결점 표고값 추출은 예제파일 5장 위상정립 및 기초 DB 추출 폴더에 있는 표고점.shp 파일 등을 활용하여 연습하며, 최종 생성되는 파일은 NODE_EL.shp 파일이다.

표 5.17 TIN 작성 및 연결점 표고값 추출 연습파일

활용파일		생성파일
• 표고점.shp, 등고선.shp, 소블록.shp • NODE.shp	⇨	• TIN • NODE_EL.shp

[참고] 국가공간정보포털(http://data.nsdi.go.kr)

- 표고점.shp, 등고선.shp 파일이 없는 경우에는 국가공간정보포털 사이트에서 해당 지역의 "수치표고모델(DEM)_90M"를 다운로드 받아 사용한다. 이 모델은 90 m 간격으로 구분된 각 격자의 평균 표고를 나타내는 것으로 도시의 경관이나 산, 평야 등의 대략적인 형상을 파악하기에 적합한 수준이다.

Step 1 TIN 작성

① QGIS를 실행하여 Shp 파일을 오픈한다.

※ 예제파일 5장 위상정립 및 기초 DB 추출 폴더 표고점.shp, 등고선.shp, 소블록.shp 파일

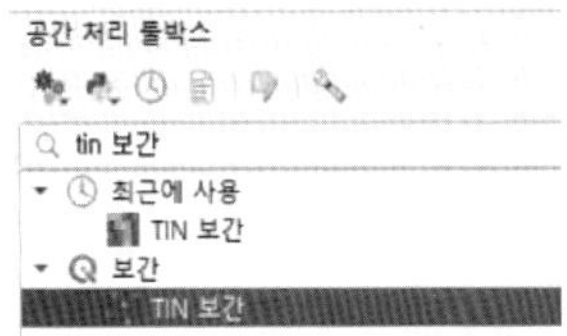

② 공간 처리 툴박스의 "보간" 도구 모음의 "TIN 보간" 기능을 실행한다.

③ TIN 보간 창에서 아래와 같이 입력한다.

1. 입력 레이어 : 더하기 버튼(⊕)을 이용하여 2개 벡터 레이어 입력

벡터 레이어	보간 속성값	유형
표고점	NUME	포인트
등고선	CONT	포인트

2. 공간범위 : 소블록 레이어 선택
3. 픽셀크기 : 1(m) 입력

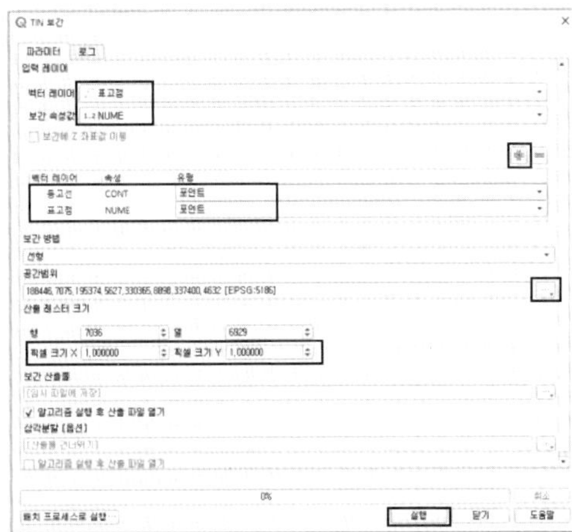

④ 생성된 "보간 산출물" 스크래치 래스터 레이어를 아래와 같이 저장한다.

1. 산출모드 : 원시 데이터
2. 포맷 : Geo TIFF
3. 파일이름 : tin.tif
4. 좌표계 : EPSG : 5186

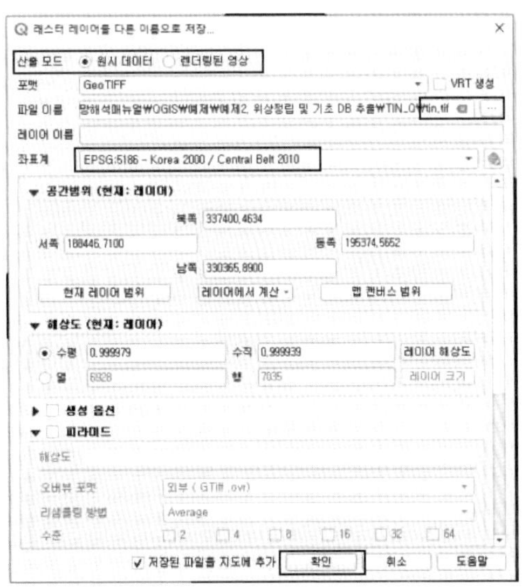

※ 아래와 같이 수치표고모형(TIN)이 만들어지는 것을 확인 할 수 있다.

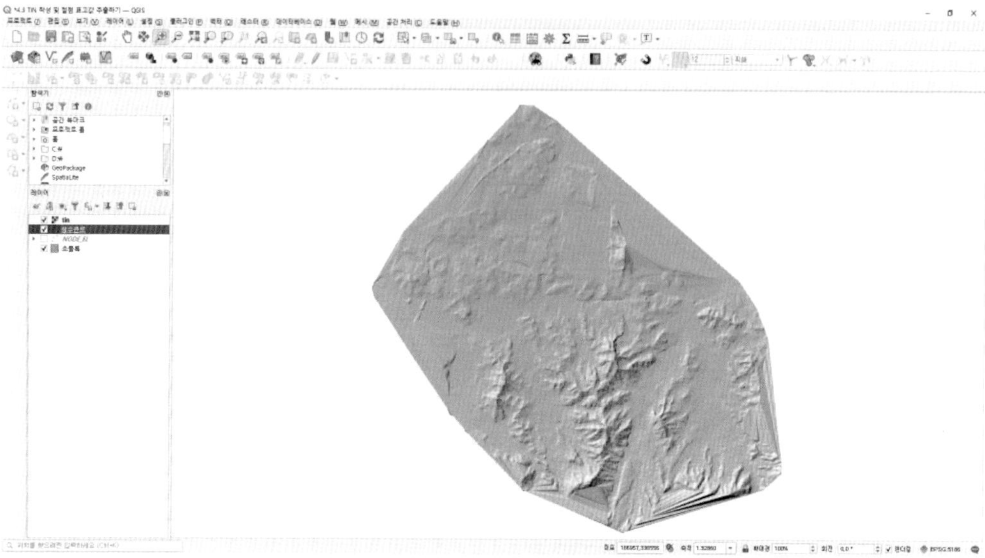

※ QGIS 보기 메뉴의 "새 3D 지도뷰" 기능을 통해 상수도시설물을 수치표고모형(TIN)과 함께 볼 수 있다.

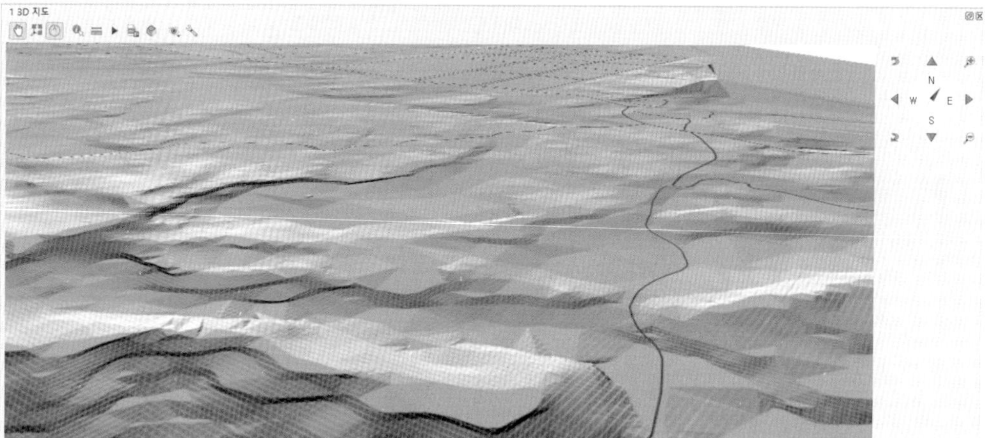

Step 2 절점의 표고값 추출

① "NODE_XY.shp" 파일을 오픈한다.

※ 예제파일 5장 위상정립 및 기초 DB 추출 폴더 내

② 공간 처리 툴박스의 "래스터 분석" 도구 모음의 "래스터 값 샘플링" 기능을 실행한다.

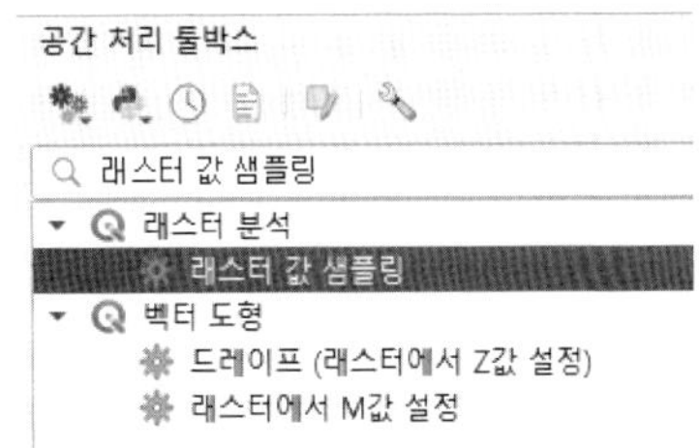

③ 래스터 값 샘플링 창에서 아래와 같이 설정한다.

1. 입력 레이어 : NODE_XY.shp
2. 래스터 레이어 : TIN
3. 산출 열 접두어 : 표고

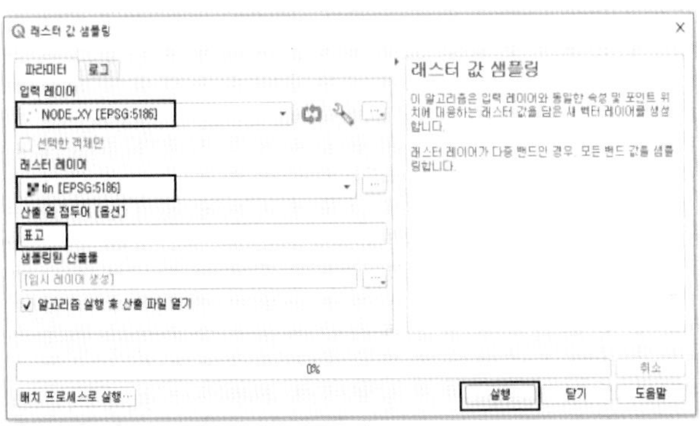

④ 레이어 패널에서 "샘플링된 산출물" 스크래치 레이어를 "NODE_EL.shp"로 저장하고, 속성 테이블을 오픈한다.

⑤ 속성 테이블 도구바에서 "필드 계산기"를 클릭한다.

⑥ 필드 계산기에서 아래와 같이 소숫점 2째 자리까지로 정리된 표고 필드를 생성한다.

1. 새로운 필드 생성 : 체크
2. 산출필드 이름 : 표고
3. 산출 필드 유형 : 십진수 (실수)
4. 산출 필드 길이 : 3
5. 정밀도 : 2

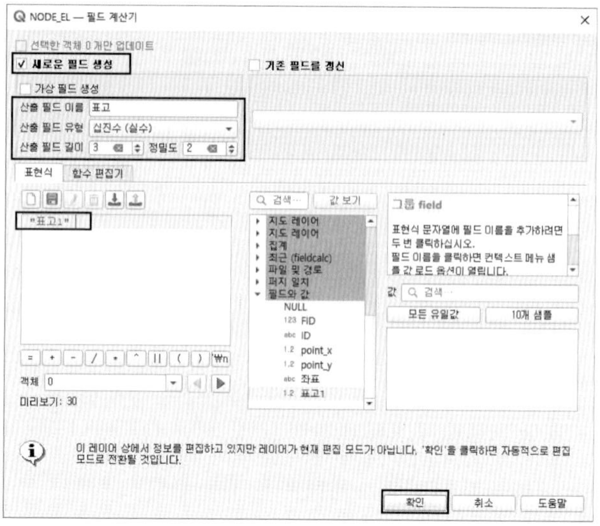

⑦ 필드 삭제 창에서 "표고1" 필드를 선택하여 삭제한다.

※ QGIS의 심볼 및 라벨 기능을 이용하여 각 절점의 표고값이 올바르게 추출 된 것을 확인할 수 있다.

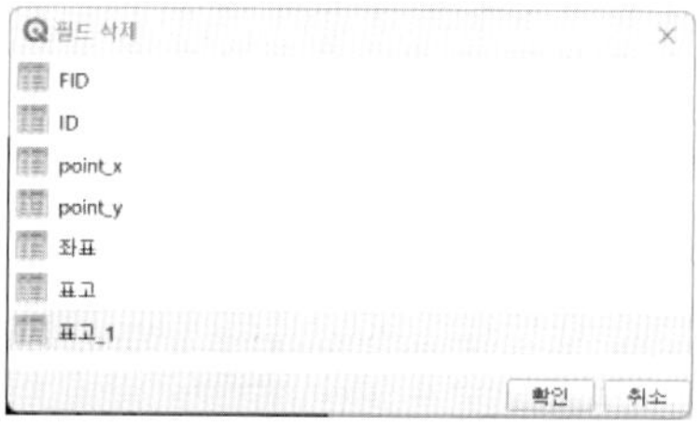

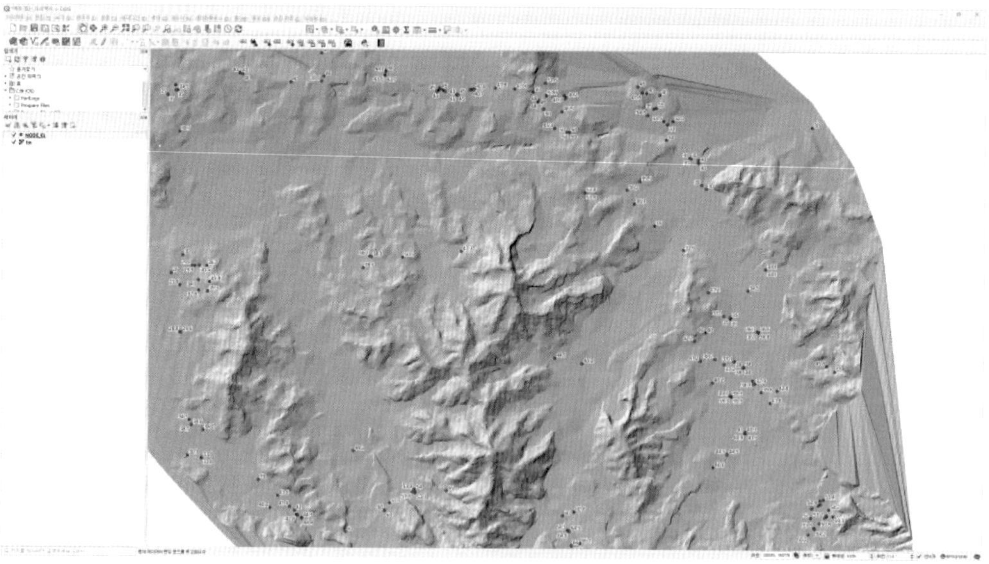

(3) 관로에 연결점 정보 추가

관로에 연결점 정보 추가하기는 관로의 시작점(Start-Node)과 끝점(End-Node)에 해당하는 연결점 번호(ID)를 입력하는 과정으로 관로의 시작점과 끝점의 좌표값과 연결점 생성 시 만든 고유한 좌표값을 Join시켜 연결점 정보를 입력한다. 예제파일 5장 위상정립 및 기초 DB 추출 폴더에 있는 NODE.shp, 상수관로.shp 파일을 활용하여 연습하며, 최종 결과 파일은 상수관로.shp 파일이다.

표 5.18 관로에 연결점 정보 추가 연습파일

활용파일		생성파일
• NODE.shp, 상수관로.shp	⇨	• 상수관로.shp ※ Table에 Node 관련 정보 추가

Fnc 관로에 절점정보 추가하기

① QGIS를 실행하여 Shp 파일을 오픈한다.

※ 예제파일 5장 위상정립 및 기초 DB 추출 폴더 상수관로.shp, NODE_EL.shp

② 필드 계산기의 도형 함수를 이용하여 상수관로 객체의 시작점과 끝점의 좌표를 반복 추출한다.

1. 새로운 필드 생성 : 체크
2. 산출필드 이름

필드 이름	표현식	비고
START_X	\$x_at(0)	시작점
START_Y	\$y_at(0)	
END_X	\$x_at(-1)	끝점
END_Y	\$y_at(-1)	

3. 산출 필드 유형 : 텍스트
4. 산출 필드 길이 : 50

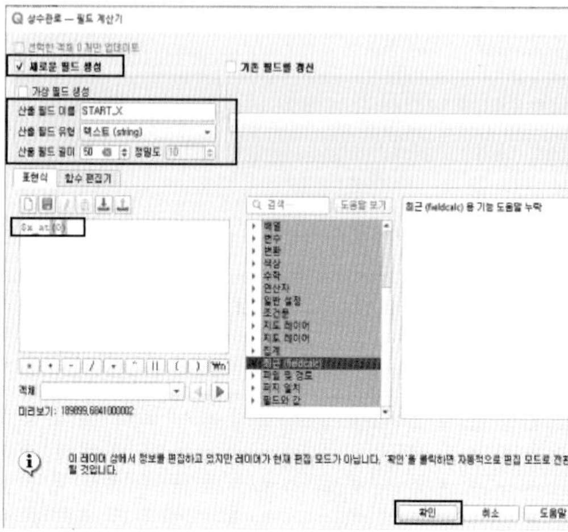

③ 필드 계산기를 이용하여 NODE 정보를 추출하기 위한 연계 기준정보를 아래와 같이 반복 생성한다.

1. 새로운 필드 생성 : 체크
2. 산출필드 이름

필드이름	표현식
S_좌표	*round(START_X, 5) || round(START_Y, 5)*
E_좌표	*round(END_X, 5) || round(END_Y, 5)*

3. 산출 필드 유형 : 텍스트
4. 산출 필드 길이 : 50

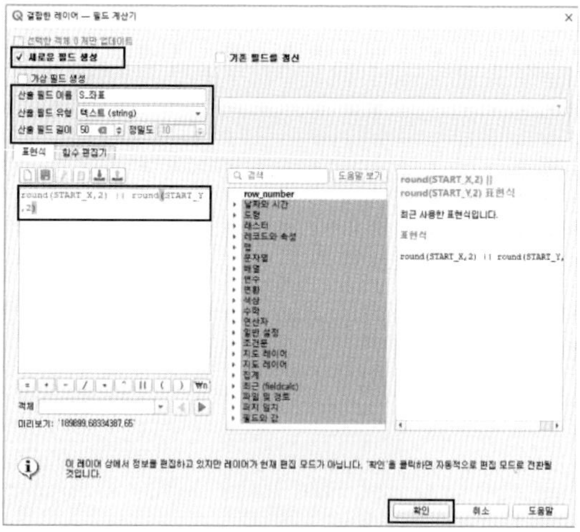

※ 다음과 같이 좌표 정보가 속성 데이터로 구축된다.

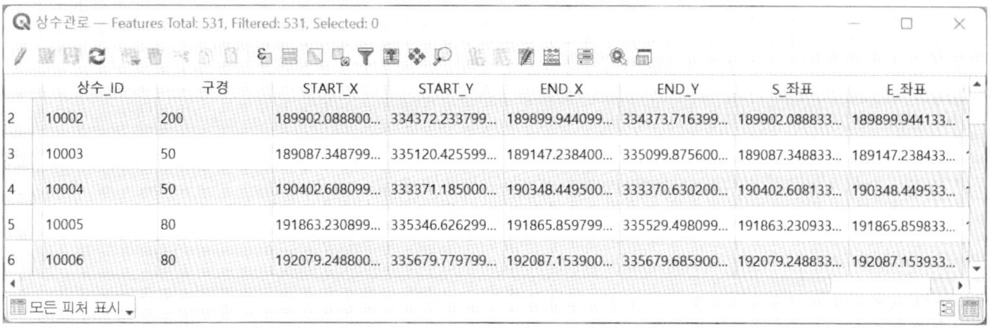

상수관로 — Features Total: 531, Filtered: 531, Selected: 0

	상수_ID	구경	START_X	START_Y	END_X	END_Y	S_좌표	E_좌표
2	10002	200	189902.088800...	334372.233799...	189899.944099...	334373.716399...	189902.088833...	189899.944133...
3	10003	50	189087.348799...	335120.425599...	189147.238400...	335099.875600...	189087.348833...	189147.238433...
4	10004	50	190402.608099...	333371.185000...	190348.449500...	333370.630200...	190402.608133...	190348.449533...
5	10005	80	191863.230899...	335346.626299...	191865.859799...	335529.498099...	191863.230933...	191865.859833...
6	10006	80	192079.248800...	335679.779799...	192087.153900...	335679.685900...	192079.248833...	192087.153933...

모든 피처 표시

※ 생성된 상수관로의 S_좌표(시작 꼭짓점)와 E_좌표(끝 꼭짓점)를 이용하여 각 관로가 연결된 시작 NODE ID와 끝 NODE ID 정보를 추출하기 위함이다.

④ 레이어 패널에서 상수관로 Shp 파일 선택 후 “속성” 메뉴를 클릭한다.

⑤ 레이어 속성 창에서 결합(◀) 버튼 클릭하고, 하단의 더하기(+) 추가 버튼을 클릭하고 아래와 같이 입력한다.

1. 결합 레이어 : NODE_EL.shp
2. 결합 필드 : 좌표
3. 대상 필드 : S_좌표
4. 결합될 필드 : “NODE_ID”

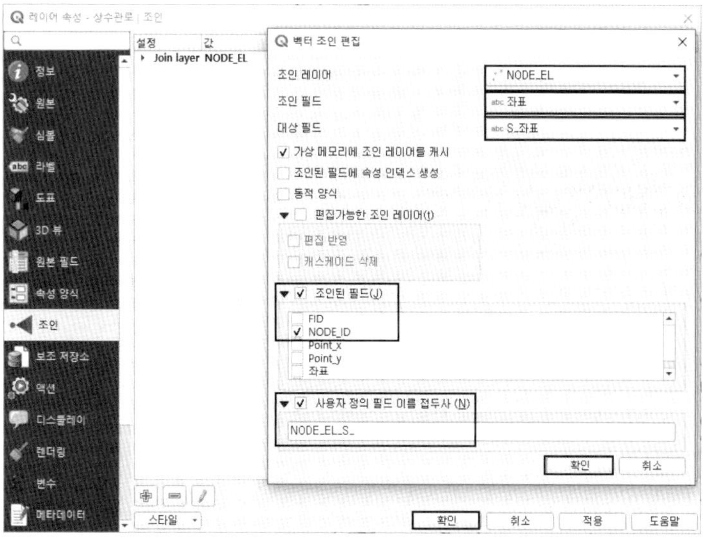

5. 사용자 정의 필드명 접두어 : “NODE_EL_S_”

⑥ 상수관로 Shp 속성 데이터 창을 오픈하여 결합(join) 상태를 확인한다.

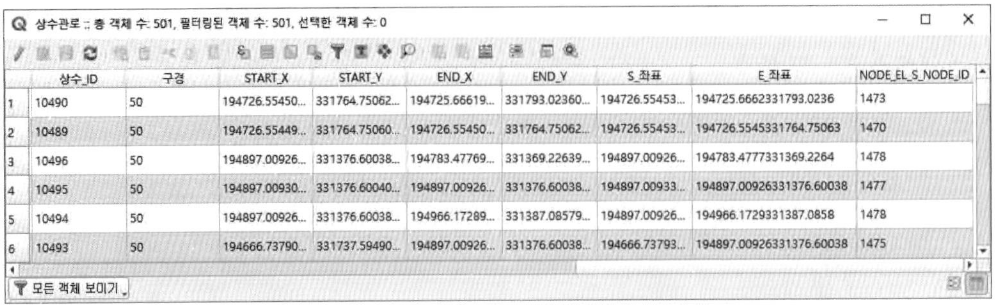

※ 본 예제에서는 모든 관로 객체의 시작 NODE ID가 결합 되었다. 만약 결합되지 않은 객체가 존재하는 경우 관로의 연결상태를 육안으로 확인 후 연결상태에 대한 적절한 수정과 절점 생성과정을 다시 수행해야 한다.

⑦ 상수관로 속성 창에서 필드 계산기를 클릭한다.

⑧ 결합된 시작점 NODE ID를 상수관로 Shp 파일에 저장하기 위하여 아래와 같이 입력한 후 저장한다.

1. 새로운 필드 생성 : 체크
2. 산출 필드 이름 : S_NODE_ID
3. 산출 필드 유형 : 텍스트
4. 산출 필드 길이 : 10
5. 표현식 : “NODE_EL_S_NODE_ID”

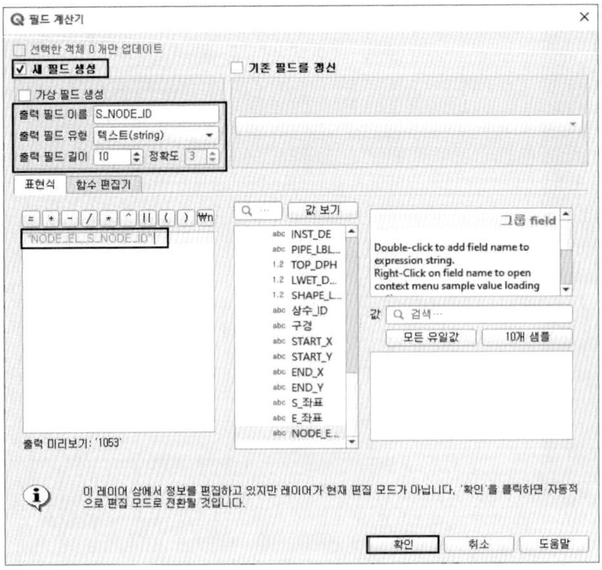

⑨ "⑤"에서 설정된 결합 창을 다시 열고, 편집 버튼( )을 클릭하여 아래와 같이 끝 NODE ID 결합을 위해 수정한다.

1. 대상 필드 : E_좌표
2. 사용자 정의 필드명 접두어 : "NODE_EL_E_"

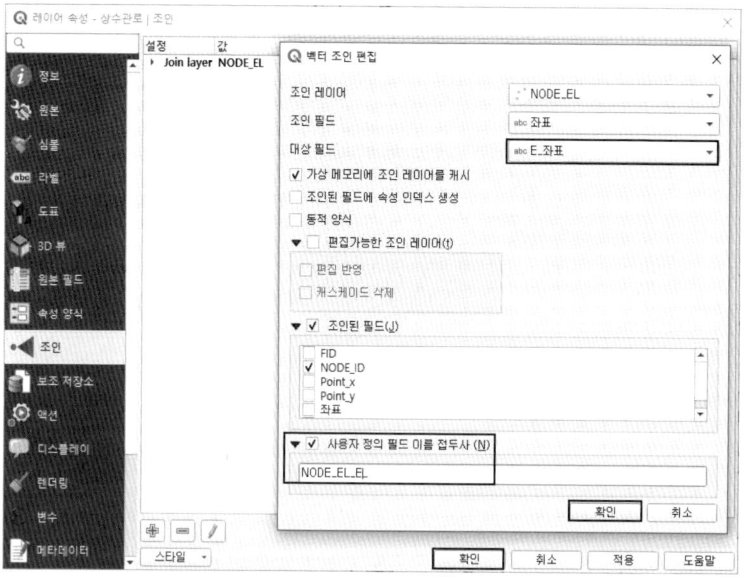

⑩ "⑧"과 같이 결합된 끝점 NODE ID를 상수관로 Shp 파일에 저장한다.

1. 산출 필드 이름 : E_NODE_ID
2. 표현식 : "NODE_EL_E_NODE_ID"

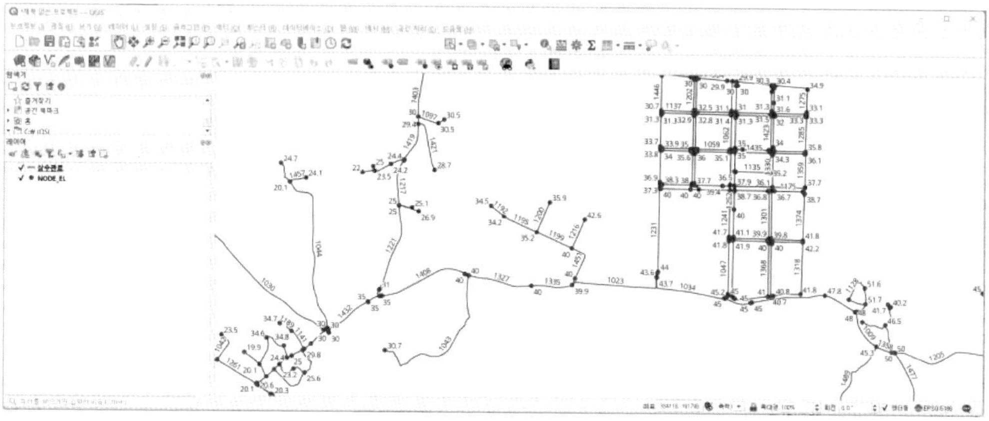

⑫ 시작점/끝점의 NODE_ID가 결합되지 않은 경우에는 속성 테이블과 NODE EL Shp 파일의 라벨보기를 이용하여 쉽게 누락 정보를 확인할 수 있다.

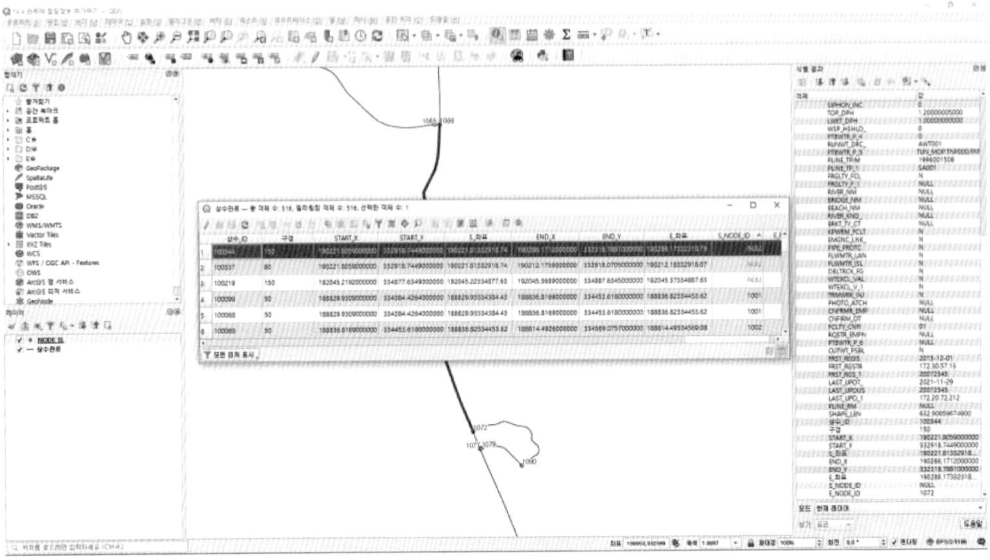

⑬ 해당 NODE_ID를 확인한 경우 속성 테이블 창에서 편집 모드(✎)로 전환 후, 해당 셀을 더블클릭하여 번호를 입력한다. 입력 후 편집 모드 버튼(✎)을 다시 클릭하여 편집 모드를 해제하고 저장한다.

(4) 관로의 Vertices 좌표값 추출

관로의 연장, 구경, Start-Node, End-Node 정보만으로도 관망해석 모델구축 및 해석에는 문제가 없으나, Start-Node와 End-Node의 좌표로만 관로를 작성하면 화면상에 실제 매설경로가 반영되지 않은 직선으로 표시되므로 관로 상에 설치된 밸브의 실제 위치정보, 접근경로 등을 확인할 수 없다. 그래서, 관로의 Vertices(변곡점)를 모델에 추가로 반영하여 관로 형상과 위치를 실제에 가깝게 표현한다. 예제파일 5장 위상정립 및 기초 DB 추출 폴더에 있는 자료를 활용하여 연습하며, 최종 결과 파일은 VERTICES.shp 파일이다.

표 5.19 관로의 Vertices 좌표값 추출 연습파일

활용파일		생성파일
• 상수관로.shp	⇨	• VERTICES.shp

Fnc 관로의 Vertices 좌표값 구하기

① QGIS를 실행하여 Shp 파일을 오픈한다.

※ 예제파일 5장 위상정립 및 기초 DB 추출 폴더 내 상수관로.shp 파일

② 공간 처리 툴박스의 “벡터 도형” 도구 모음에서 “꼭짓점 추출” 기능을 실행한다.

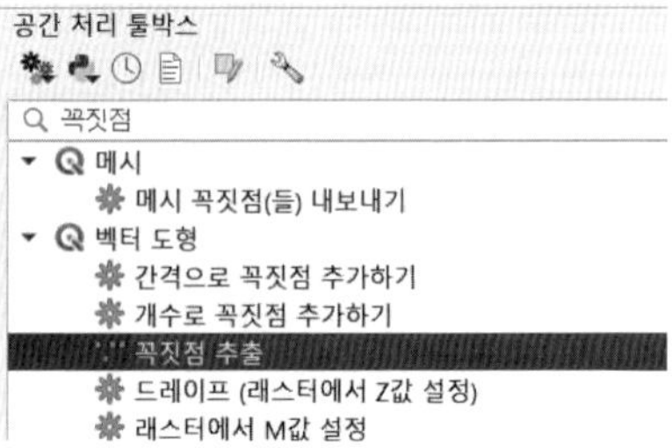

③ 입력 레이어와 파일을 저장한다.

1. 입력 레이어 : 상수관로
2. 꼭짓점 : VERTICES.shp

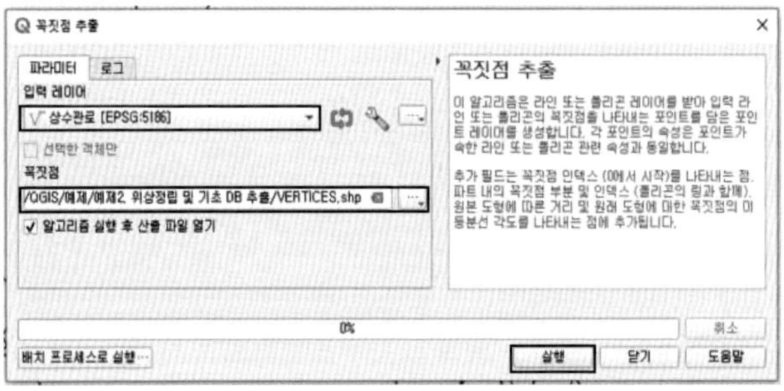

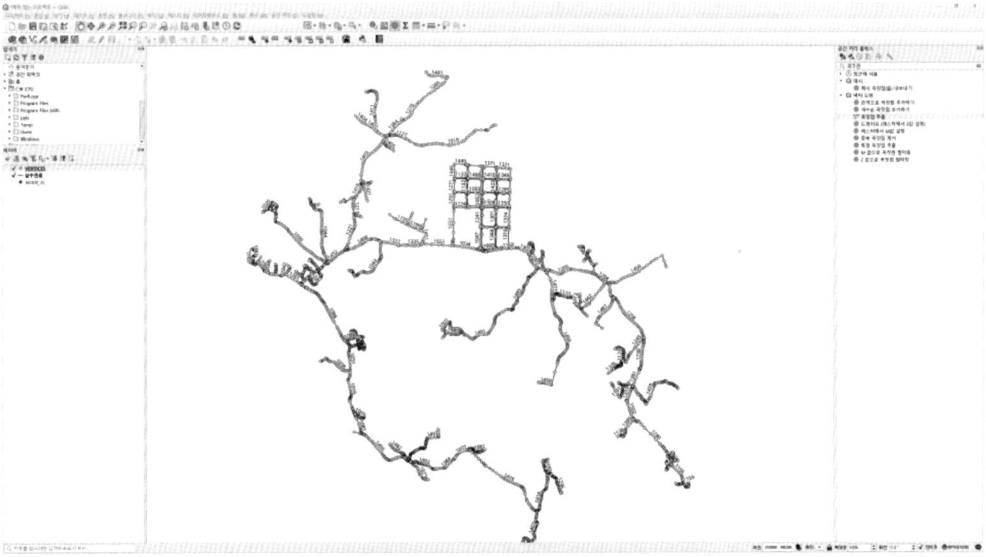

④ 공간 처리 툴박스의 "벡터 테이블" 도구 모음의 "X/Y 필드를 레이어에 추가" 기능을 실행한다.

⑤ 입력 레이어에 "VERTICES.shp"를 선택, 좌표계를 "EPSG:5186"으로 선택, 필드 접두사를 "Point_"로 입력 후 실행 버튼을 클릭한다.

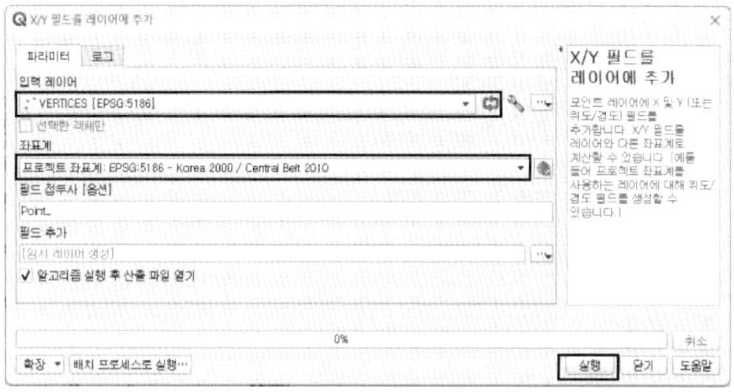

⑥ 생성된 스크래치 레이어를 "VERTICES_XY"로 저장한다.

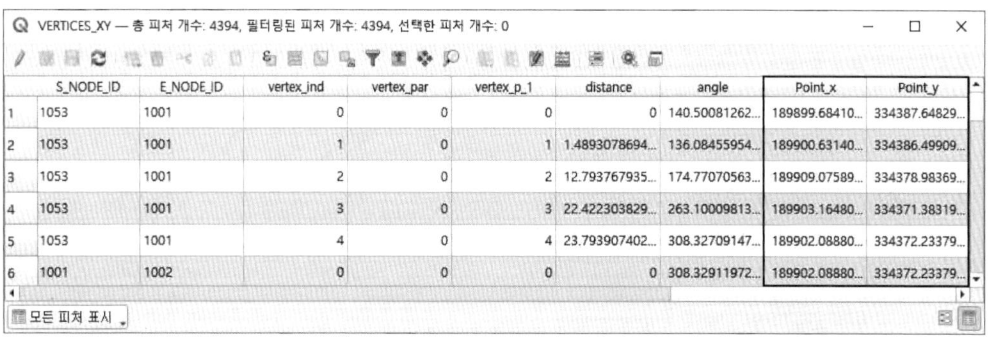
VERTICES_XY — 총 피처 개수: 4394, 필터링된 피처 개수: 4394, 선택한 피처 개수: 0

	S_NODE_ID	E_NODE_ID	vertex_ind	vertex_par	vertex_p_1	distance	angle	Point_x	Point_y
1	1053	1001	0	0	0	0	140.50081262...	189899.68410...	334387.64829...
2	1053	1001	1	0	1	1.4893078694...	136.08455954...	189900.63140...	334386.49909...
3	1053	1001	2	0	2	12.793767935...	174.77070563...	189909.07589...	334378.98369...
4	1053	1001	3	0	3	22.422303829...	263.10009813...	189903.16480...	334371.38319...
5	1053	1001	4	0	4	23.793907402...	308.32709147...	189902.08880...	334372.23379...
6	1001	1002	0	0	0	0	308.32911972...	189902.08880...	334372.23379...

모든 피처 표시

(5) 수도미터 표고값 추출

수도미터의 표고값은 관망해석과 직접적인 관련은 없으나, 급수구역 내 수용가의 전반적인 표고 및 사용량 분포를 분석하기 위해 데이터를 추출한다. 표고값 추출은 (2) TIN 작성 및 절점 표고값 추출하기와 동일한 방법으로 수행한다. 예제파일 5장 위상정립 및 기초 DB 추출 폴더에 있는 자료를 활용하여 연습하며, 최종 결과 파일은 수도미터_EL.shp 파일이다.

표 5.20 수도미터 표고값 추출 연습파일

활용파일		생성파일
• TIN, 수도미터.shp	⇨	• 수도미터_EL.shp

Fnc 수도미터 표고값 추출

① QGIS를 실행하여 Shp 파일을 오픈한다.

※ 예제파일 5장 위상정립 및 기초 DB 추출 폴더 내 TIN, 수도미터.shp 파일

② 공간 처리 툴박스의 "래스터 분석" 도구 모음의 "래스터 값 샘플링" 기능을 실행한다.

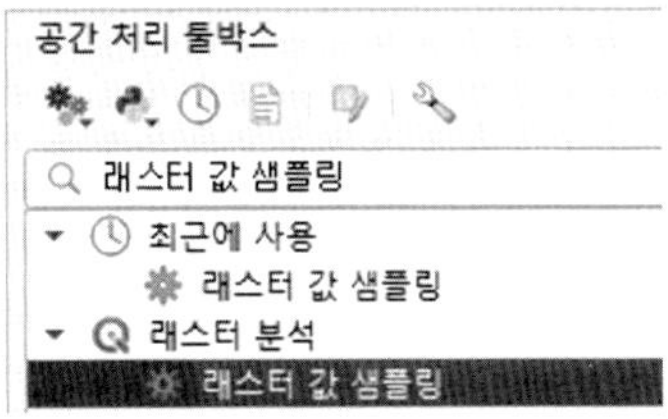

③ 래스터 값 샘플링 창에서 아래와 같이 설정한다.

1. 입력 레이어 : 수도미터.shp
2. 래스터 레이어 : TIN
3. 산출 열 접두어 : 표고

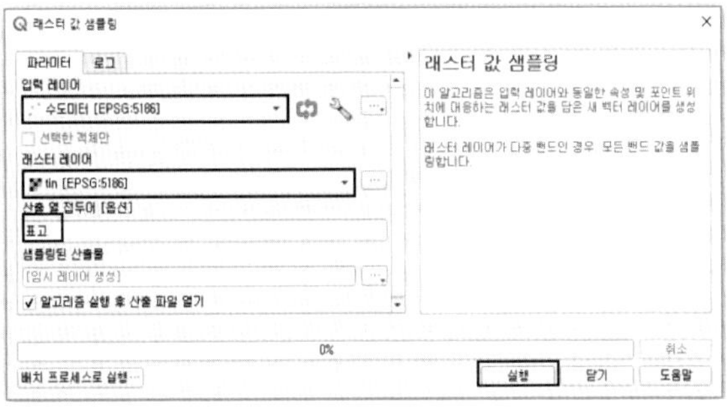

④ 레이어 패널에서 "샘플링된 산출물" 스크래치 레이어를 "수도미터_EL.shp"로 저장하고, 속성 테이블을 오픈한다.

⑤ 속성 테이블 도구바에서 "필드 계산기"를 클릭한다.

⑥ 필드 계산기에서 아래와 같이 소숫점 2째 자리까지로 정리된 표고 필드를 생성한다.

1. 새로운 필드 생성 : 체크
2. 산출필드 이름 : 표고
3. 산출 필드 유형 : 십진수(실수)
4. 산출 필드 길이 : 3
5. 정밀도 : 2

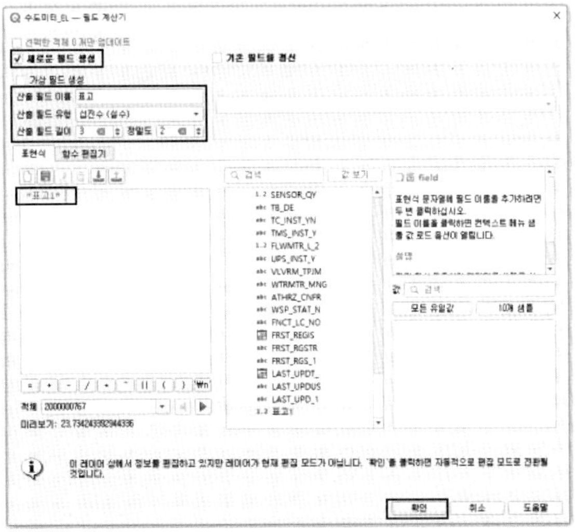

(6) 관리번호 입력

관망해석 모델의 끝 절점을 수용가로 설정하고 구경 13 mm까지의 모든 급수관로를 포함하여 모델을 구축하는 것이 불가능한 것은 아니지만, 관망해석 모델의 복잡성과 연산 속도 등을 고려하여 배수관로만을 대상으로 모델을 구축하는 것이 일반적이다.

GIS 프로그램의 공간분석 기능을 활용한 좌표 중심의 연결 관계 분석으로 이종(異種) 레이어 사이의 속성정보를 연계 할 수 있지만, 급수관로에서 급수관로를 분기하거나, 배수관로 Crossover 등 관망의 배치가 매우 다양하고 복잡하여 이종 시설물 간 연결 관계를 정의하는 속성정보의 관리가 필요하다.

예를 들어, 수도미터에서는 연결된 급수관로의 관리번호를, 급수관로에서는 연결된 배수관로의 관리번호를 관리하게 되면 특정 배수관로에서 몇 개의 수용가 급수되는지 등의 정보를 명확하게 파악할 수 있다. 또한, 관망해석 모델구축에서는 상수도시설물 간 관리번호를 연계함으로써 수도미터의 사용량을 해당 절점에 정확히 배분할 수 있으며, 누수량 배분 또한 시설현황이 반영된 합리적인 배분이 가능해진다.

예제파일 5장 위상정립 및 기초 DB 추출 폴더에 있는 수도미터_EL.shp, 급수관로.shp, 상수관로.shp 자료를 활용하여 연습하며, 최종 생성되는 파일은 수도미터_EL+급수관로.shp와 급수관로.shp 파일이다.

여기서, 급수관로에 상수관로 번호를 입력하는 작업은 관망도 여건(급수관로에서 급수관로를 N차 분기)에 따라 반복 수행이 필요한 작업이다. 입력되지 않은 급수관로의 개수를 파악하여 상수관로 번호를 직접 입력할 수 있는 수준이 될 때까지 GIS 공간 결합(Join) 과정을 반복한다.

표 5.21 상수도시설물 간 관리번호 입력 연습파일

활용파일		생성파일
• 수도미터_EL.shp, 급수관로.shp	⇨	• 수도미터_EL+급수관로.shp
• 급수관로.shp, 상수관로.shp		• 급수관로.shp ※ Table에 상수관로번호 포함 • 급수관로+상수관로.shp • 급수관로n차분기.shp • 상수관로n차분기.shp • 급수관로n차분기_상수관로n차분기.shp ※ 관망도 여건에 따라 n차 반복수행

Fnc 수도미터에 급수관로 번호 입력

① QGIS를 실행하여 Shp 파일을 오픈한다.

※ 예제파일 5장 위상정립 및 기초 DB 추출 폴더 수도미터.shp, 급수관로.shp 파일

② 속성 테이블 도구바에서 “필드 계산기”를 클릭한다.

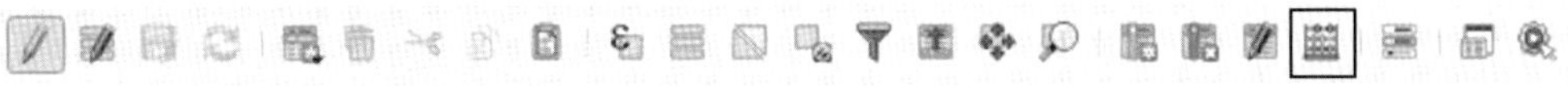

③ 필드 계산기 창에서 “새로운 필드 생성”에 체크 한다.

④ 산출 필드 이름에 “급수_ID”, 산출 필드 유형에 “텍스트(string)”, 산출 필드 길이에 “10” 을 입력한다.

⑤ 중앙에 위치한 리스트 박스에서 “row_number”을 더블클릭하면 표현식 탭에 “@row_number”이 표시된다.

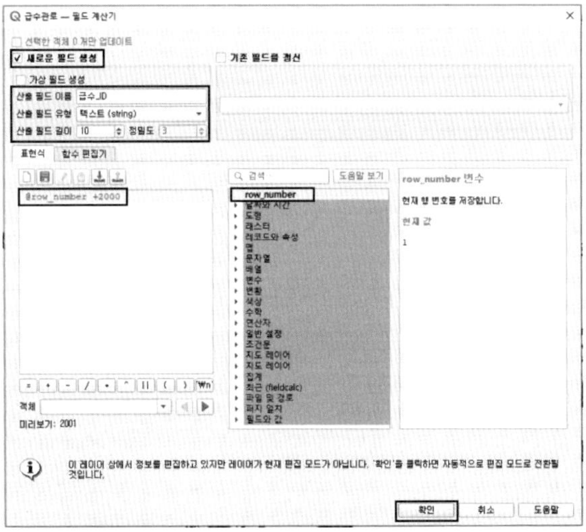

⑥ 표현식 탭 “@row_number”에 “+ 2000”을 추가 입력한 후 “확인” 버튼을 클릭한다.

※ 본 예제는 FID 번호를 이용하여 급수관로의 관리번호를 부여한다.(0값 없이 Id를 부여)

⑦ 공간 처리 툴박스의 “벡터 일반” 도구 모음의 “최근접 거리를 이용하여 속성을 결합” 기능을 실행한다.

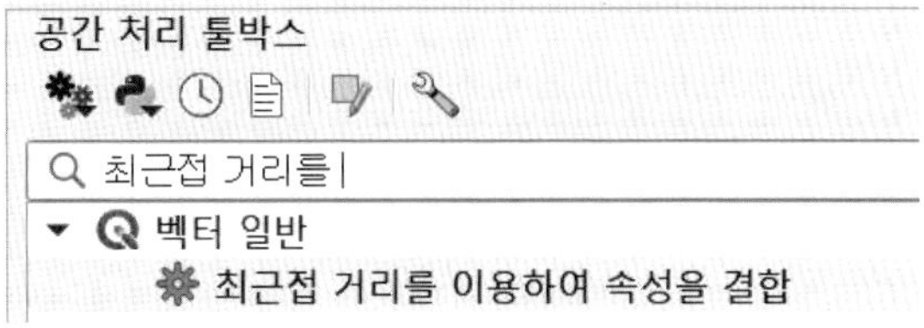

⑧ “최근접 거리를 이용하여 속성을 결합” 창에서 아래와 같이 입력하여 급수관로 속성정보와 수도미터 속성정보를 연결한다.

1. 입력 레이어 : 수도미터_EL.shp
2. 입력 레이어 2 : 급수관로.shp
3. 복사할 레이어 2 필드 : 급수_ID 선택
4. 최대 최근접 이웃 수 : 1
5. 최장 거리 : 0.1 (m)
6. 결합한 레이어(옵션) : 임시 레이어 생성
7. 첫 번째 레이어에서 결합할 수 없는 객체(옵션) : 임시 레이어 생성

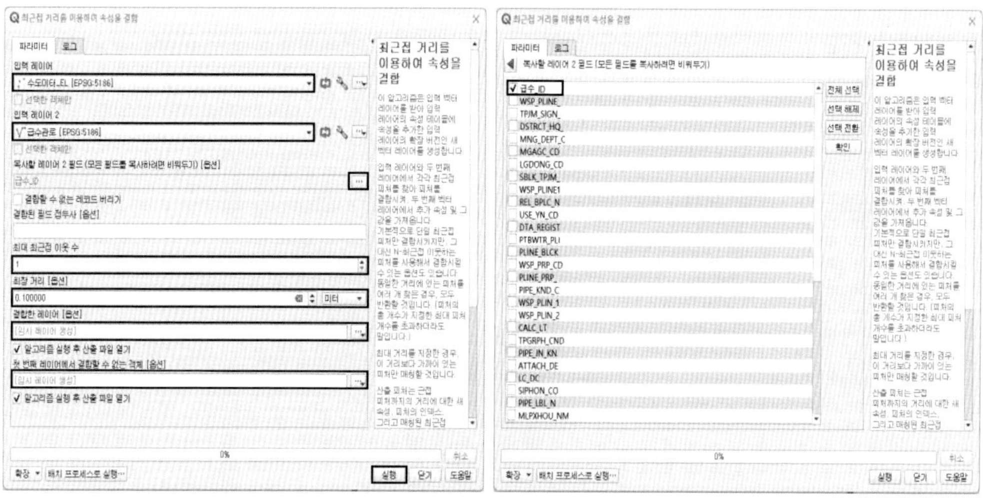

⑨ “최근접 거리를 이용하여 속성을 결합”이 수행되면 레이어 패널에 “결합한 레이어”와 “첫 번째 레이어에서 결합할 수 없는 객체”의 2개 신규 레이어가 생성된다.

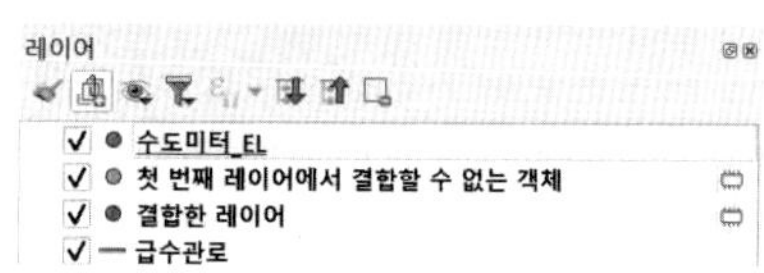

⑩ 본 예제의 경우 결합한 레이어의 객체가 1,504개로 모든 급수관로와 수도미터가 연결되었다.

⑪ "결합한 레이어"를 레이어 패널에서 오른쪽 마우스 클릭하여 "수도미터_EL+급수관로.shp"로 내보내기한다.

⑫ 수도미터_EL+급수관로 Shp 파일 Table을 오픈하여 급수관로 정보가 정상적으로 Join 됐는지 확인한다.

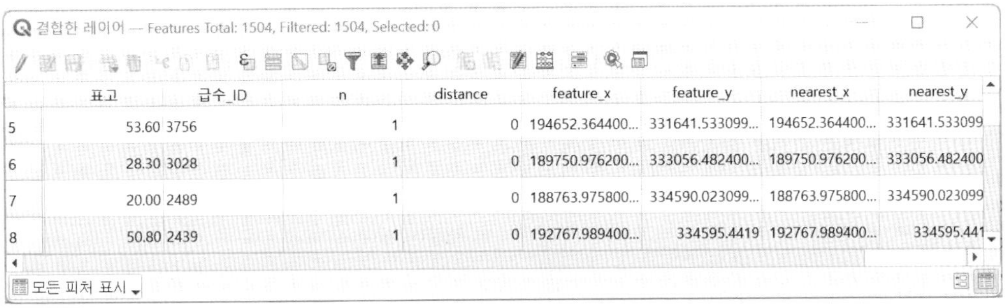

결합한 레이어 — Features Total: 1504, Filtered: 1504, Selected: 0

	표고	급수_ID	n	distance	feature_x	feature_y	nearest_x	nearest_y
5	53.60	3756	1	0	194652.364400...	331641.533099...	194652.364400...	331641.533099
6	28.30	3028	1	0	189750.976200...	333056.482400...	189750.976200...	333056.482400
7	20.00	2489	1	0	188763.975800...	334590.023099...	188763.975800...	334590.023099
8	50.80	2439	1	0	192767.989400...	334595.4419	192767.989400...	334595.441

모든 피처 표시

※ 본 예제는 수도미터와 급수관로를 공간적으로 결합하여 거리가 0.1 (m) 이내이면서, 가장 가까운 급수관로 속성정보를 수도미터에 연결하는 작업이다. 만약, 거리가 0.1 (m) 이상으로 연계가 되지 않는 수도미터가 있다면, 수도미터 또는 급수관로 GIS의 오류를 도형 편집기능 등을 활용하여 수정해야 한다.

Fnc 급수관로에 상수관로 번호 입력

① QGIS를 실행하여 Shp 파일을 오픈한다.

※ 예제파일 5장 위상정립 및 기초 DB 추출 폴더 급수관로.shp, 상수관로.shp 파일

② 급수관로 레이어를 클릭하고, 공간처리 툴박스의 “벡터 도형” 도구모음에서 “버퍼” 기능을 클릭하고 아래와 같이 설정한 후 실행한다.

1. 입력 레이어 : 급수관로.shp
2. 거리 : 0.1 m
3. 산출물 : 급수관로_버퍼.shp

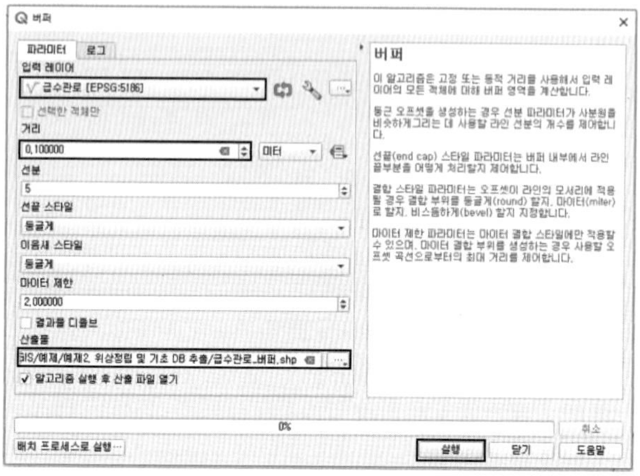

※ 급수관로에 상수관로 번호를 입력하는 과정은 두 관로의 연결 관계를 기반으로 속성정보를 결합하는 과정이다. 그러나 GIS를 최대로 확대하면 그림과 같이 급수관로 객체가 상수관로 또는 다른 급수관로 객체와 연결되지 않은 경우가 많다. 급수관로 버퍼 폴리곤 도형의 생성은 급수관로 길이를 늘려 상수관로와 연결되지 않은 급수관로를 연결 할 수 있게 하기 위한 사전 작업이다.

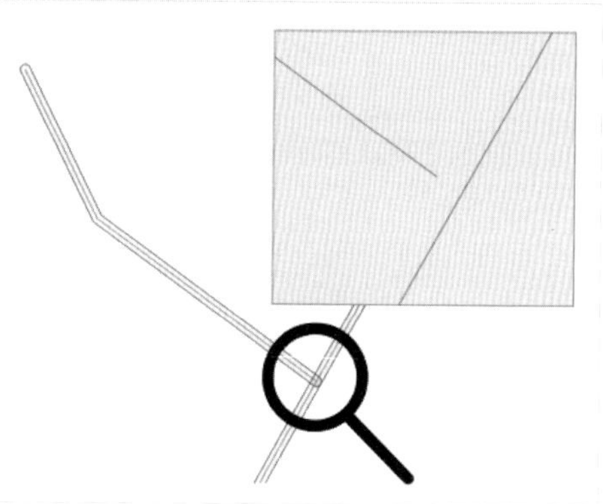

③ 공간처리 툴박스의 “벡터 일반” 도구모음에서 “위치에 따라 속성 결합” 버튼을 클릭한다. 아래와 같이 입력하여 상수관로 정보와 급수관로 정보를 연결 관계를 기반으로 결합한다.

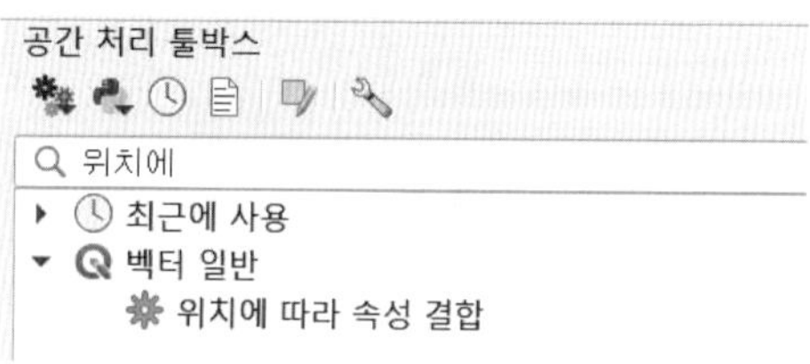

1. 기준 레이어 : 급수관로_버퍼.shp
2. 결합 레이어 : 상수관로.shp
3. 기하학적 조건 : 교차
4. 추가할 필드 : 상수_ID
5. 결합유형 : 최대 중첩 영역을 가진 피쳐의 속성만 가져오기(1대1)
6. 결합할 수 없는 레코드 버리기 : 체크
7. 결합한 레이어 : 임시 레이어 생성
8. 첫 번째 레이어에서 결합할 수 없는 객체 : 임시 레이어 생성

※ 본 예제는 전체 급수관로 1,791개 중 1차 결합을 통해 993개 급수관로가 결합되며, 798개 급수관로가 결합되지 않는다.

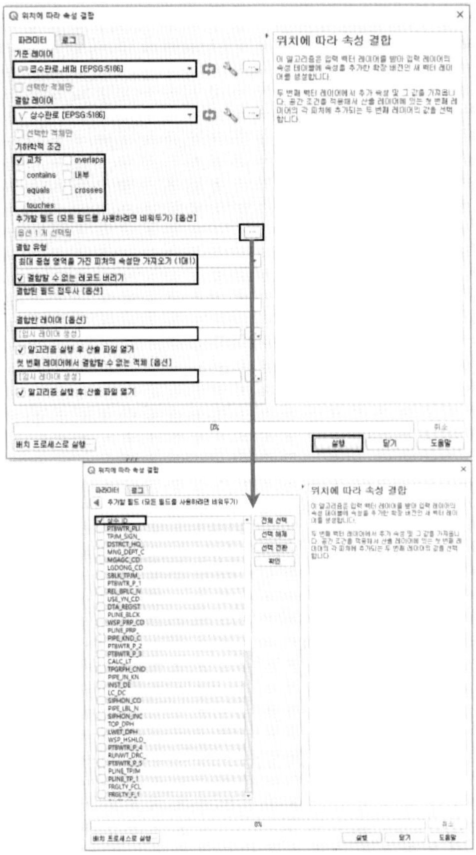

④ "위치에 따라 속성 결합" 창을 닫지 않고, 2차 결합을 위해 레이어 패널에 생성된 "결합한 레이어"와 "첫 번째 레이어에서 결합할 수 없는 레이어" 이름 앞에 "1차"를 추가하여 수정한다.

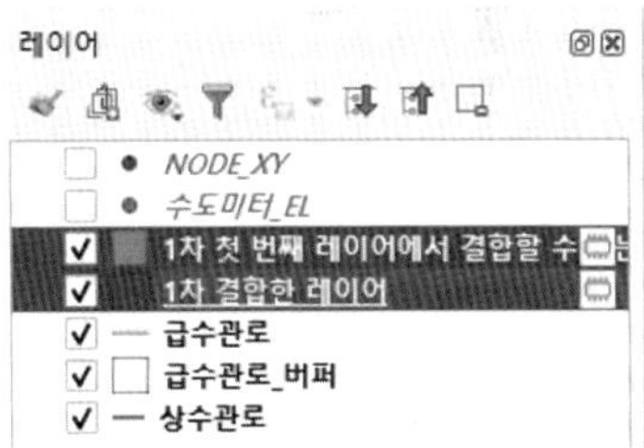

⑤ "위치에 따라 속성 결합" 창에서 기준 레이어와 결합 레이어만 ③에서 생성된 "1차" 급수관로의 정보를 이용하여 2차 결합을 수행한다.

1. 기준레이어 : 1차 첫 번째 레이어에서 결합할 수 없는 객체.shp
2. 결합 레이어 : 1차 결합한 레이어.shp

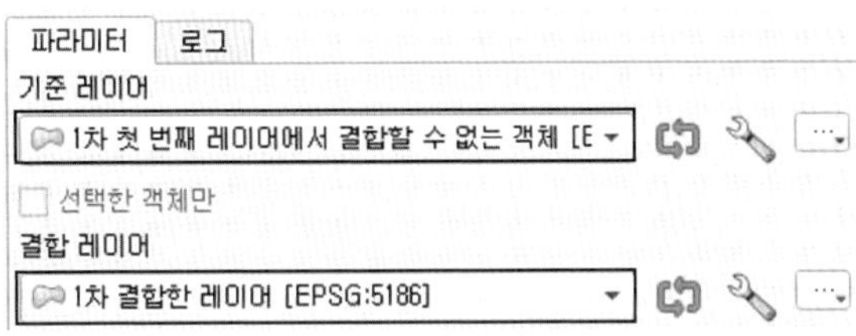

※ 본 예제의 2차 결합에서는 568개의 추가 결합이 생성되며, 230개의 객체가 미결합으로 잔존하게 된다.

⑥ "④, ⑤"의 절차를 반복하여 급수관로에 연결된 급수관로의 속성정보를 최대한 연계 한다.

※ 본 예제에서는 5차까지의 결합에서 1,780개의 급수관로 정보가 결합되며, 11개의 급수관로 정보가 결합되지 않는다.

⑦ 임시로 생성된 레이어들을 공간 처리 툴박스의 "벡터 일반" 도구모음에서 "벡터 레이어 병합"을 이용해 "급수관로_상수관로연계.shp"로 저장한다.

1. 입력 레이어 선택 / 2. 대상좌표계 선택 / 3. 병합한 산출물

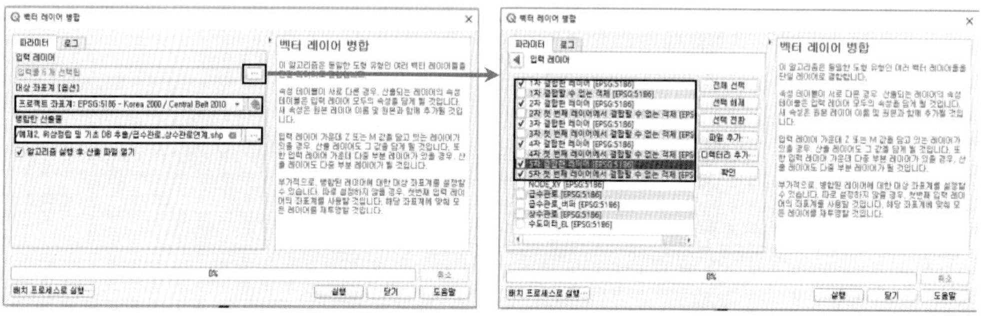

⑧ 상수관로의 "상수_ID"가 결합되지 않은 급수관로는 육안으로 확인하여 해당 ID를 입력해야 한다. 입력은 속성 테이블에서 편집 모드로 전환 후 해당 셀에 직접 입력하고, 편집 모드를 해제 및 저장한다.

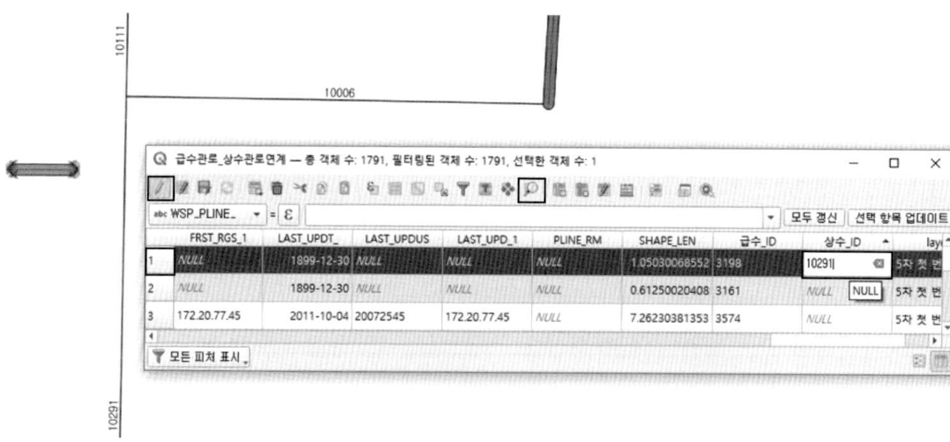

※ 속성 테이블에서 미결합된 객체를 선택한 후 "지도를 선택한 행으로 확대/축소" 버튼을 클릭하면 육안으로 쉽게 확인할 수 있다.

※ 본 예제에서 결합되지 않은 급수관로는 모두 상수관로와의 거리가 0.1 m 이상 떨어져 미결합 객체로 검색되었다.

(7) 각종 기초 데이터 내보내기

기초 데이터 내보내기는 상수도시설물 현황은 물론 지금까지 관망해석 모델구축을 위해 작업한 자료를 엑셀 파일 형태로 내보내기하는 것을 말하며, 주요 내보내기 할 사항은 다음과 같다.

기초 데이터 내보내기 주요 Shp 파일 항목

- (시설물) 수도미터, 급수관로, 상수관로, 가압장, 감압밸브, 소방시설 등
- (모델구축) NODE_EL, 상수관로(ID, Start-Node, End-Node), VERTICES

Fnc 기초 DB 내보내기

① QGIS를 실행하여 Shp 파일을 오픈한다.

※ 예제파일 5장 위상정립 및 기초 DB 추출 폴더 내 각종 Shp 파일

② 레이어 패널에서 "레이어를 다른 이름으로 저장" 버튼을 클릭 후, 파일 포맷을 "MS Office Open XML spreadsheet [XLSX]"로 선택한다.

③ 파일 이름을 설정 후 확인 버튼을 클릭하면 엑셀 파일(NODE.XLSX)이 생성된다.

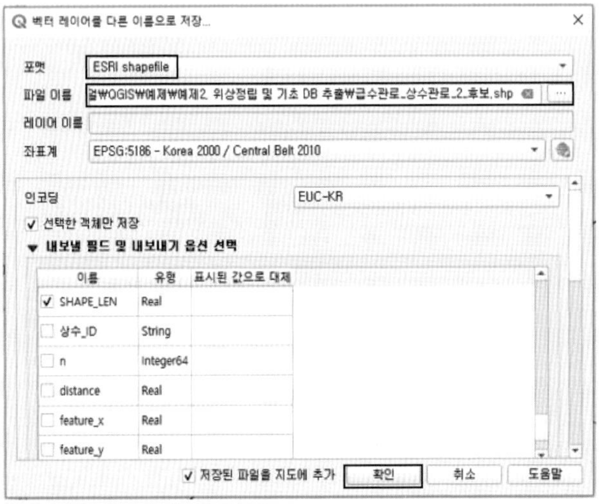

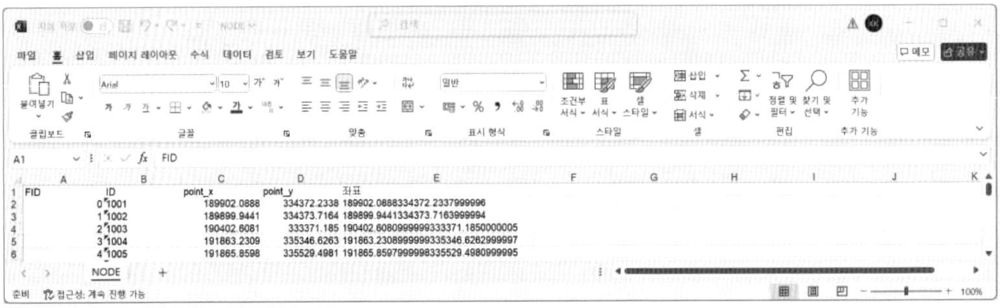

※ 위와 같은 방법으로 나머지 기초 DB를 엑셀로 내보내기한다.

5.2.4 관망해석 모델 DB 작성

관망해석 모델 DB 작성은 GIS 분석기능을 통해 추출한 기초 데이터로 시설현황을 정리하고, 위상정립을 통해 생성된 연결점 및 연결선 정보를 활용하여 절점, 관로, 펌프, 배수지 등 EPANET에서 읽어 들일 수 있는 INP 포맷 형태의 엑셀 파일을 작성하는 것이다.

관망해석 모델 DB 작성

[JUNCTIONS]			
;절점번호	표 고	수요량	패턴
1	21.45	5.96	
2	17.51	3.91	
3	19.89	9.12	
4	19.33	1.62	
5	24.52	0.25	
6	25.00	1.25	
7	23.91	3.65	
8	21.37	1.62	
9	27.20	1.11	
10	31.40	0.11	

[RESERVOIRS]				
;절점번호	수두	패턴	비고	
R1	1.0	Head	;분기점 동수두	
[TANKS]				
;절점번호	표고	초기수위	최저수위	최대수위
[PIPES]				
;관로번호	절점1	절점2	길이	구경
100000	1047	1050	23.80	200
100001	1049	R1	2.80	200
100002	1010	1012	66.80	50

관망해석 모델구축 완료

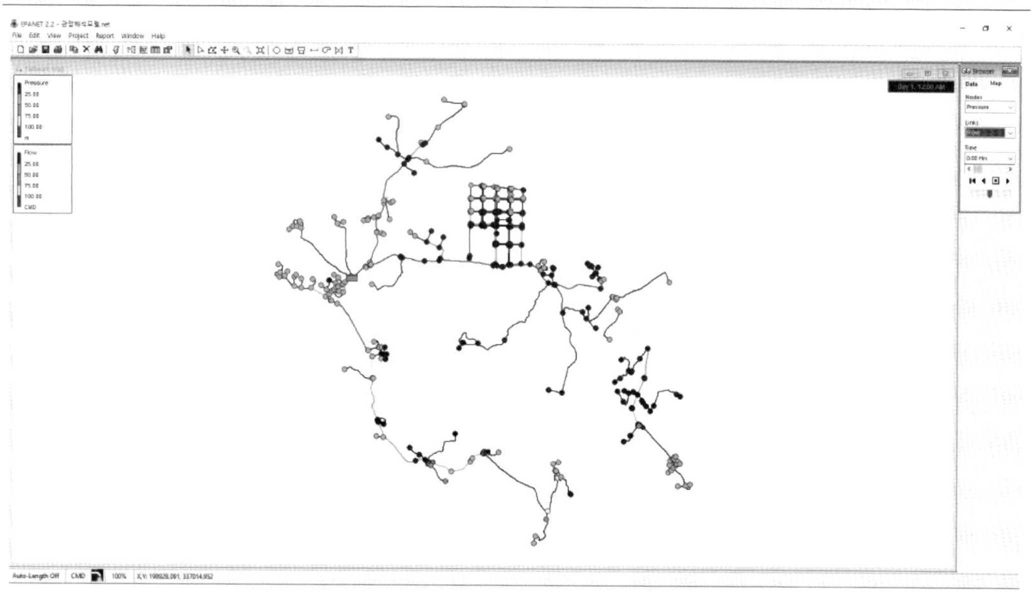

그림 5.11 관망해석 모델 DB 작성 및 모델구축 예시

관망해석 모델 DB 작성은 모델링 목적에 따라 상이할 수 있으나, 일반적으로 "사용량 및 시설현황 정리", "운영자료 측정 및 분석", "관망해석 모델 DB 작성" 순으로 표 5.22와 같이 수행된다.

표 5.22 관망해석 모델 DB 작성 절차

구분	주요 내용
사용량 및 시설현황 정리	• 수용가 및 월사용량 현황 정리 • 수도미터, 급수관로, 상수관로 등 각종 시설현황 정리
운영자료 측정 및 분석	• 유량(유입, 대수용가) 및 수압(유입, 평균, 임계지점 등) 측정 • 총괄수량수지 및 야간최소유량(누수량 등) 분석
관망해석 모델 DB 작성	• 연결점 및 관로 Data 작성 • 공급량 산정 및 수요량 배분, 관망해석 모델 DB 작성

관망해석 모델 DB 작성은 수도미터, 관로 등 모델구축에 필요한 방대한 정보를 일관된 방법으로 누구나 쉽게 분석, 정리할 수 있도록 엑셀 프로그램을 이용하여 표준모델(관망해석모델구축.xlsx)을 개발하였다.

표준모델에 미리 작성한 기초 데이터를 입력하면 누구나 쉽게 관망해석 모델을 구축할 수 있다. 예를 들어, 상수도시설물 간의 연결관계(관리번호)를 활용하여 요금자료의 수용가 사용량을 절점에 배분하거나, 급수전수, 배·급수관로 연장 등 시설현황을 고려하여 누수량을 배분할 수 있다. 또한, 수용가 현황에서부터 관망해석 모델까지 급수전수, 사용량 등 각종 현황이 자동으로 연결되는 구조로 구성하여 작성의 효율성을 높였다.

표준모델은 아래와 같이 총 19개의 시트로 구성되어 있으며, 이중 소화전 현황, 운영자료 측정 및 분석(수압측정위치도 등), 차단밸브, 수압보정자료 등은 관망해석의 목적에 따라 필요한 경우에 작성한다.

표 5.23 관망해석 모델구축 엑셀(표준모델) 구성

구분(시트)		주요 내용
사용량 및 시설 현황 정리	수용가 및 사용량 현황	- 성명 등 수용가 정보, 월별 사용량 등
	수도미터현황(관망도)	- 수도미터 정보, 사용량(요금연계), 급수관로 번호 등
	급수관로현황	- 급수관로 정보, 사용량(수도미터연계), 상수관로 번호 등
	상수관로현황	- 상수관로 정보(관종 등), 사용량(급수관로연계) 등
	정·배수지현황	- 정·배수지 현황, 용량, 표고, 최저수위, 최고수위 등
	감압밸브현황	- 감압밸브 현황, 표고, 감압밸브 설정값 등
	가압장현황	- 가압장 현황, 표고, 펌프 특성값 등
	소화전현황	- 소화전 현황, 표고
운영 자료 측정 · 분석	수압측정위치도	- 유량 및 수압측정 위치도
	유량 및 수압 자료(원본)	- 유량 및 수압 측정자료 원본(1분 간격)
	유량 및 수압 자료(조정)	- 1시간 단위로 유량 및 수압 측정자료 조정
	총괄수량수지분석	- 연단위/월단위 공급량, 사용량, 유수율 분석 등
	야간최소유량분석	- MNF 분석, 누수량 성분분석, 패턴분석 등
관망 해석 모델 DB 작성	절점 Data	- 절점번호, 표고, 좌표, 사용량 및 누수량 입력
	관로 Data	- 관로번호, S-N, E-N, 연장, C값 등 관로정보
	공급량 배분	- 급수전, 수압정보 활용 관로별 공급량 배분
	수요량 배분	- 관로에 배분된 공급량을 각 절점으로 배분
	관망해석 모델	- EPANET 파일 형식으로 각종 Data 정리
	차단밸브	- Bypass, 경계밸브 등 해석시 'Close' 되는 밸브
	수압보정자료	- 측정한 수압자료 활용 수압보정자료 작성

(1) 사용량 및 시설현황 정리

1) 수용가 및 사용량 현황 정리

수용가 및 사용량 현황 정리는 수용가의 번호, 성명, 주소, 업종 등 기본현황과 수용가의 월별 사용량을 정리하는 것으로 GIS 수용가 정보, 요금관리시스템 정보 등을 활용하여 [수용가 및 사용량 현황] 시트에 정리한다. 여기서, 성명, 주소 등은 앞서 설명한 바와 같이 개인정보에 해당하므로 업무 외로 활용 또는 유출되지 않도록 주의해야 하며, 관망해석 모델구축에 영향이 없으므로 입력하지 않는다.

예제파일 5장 관망해석 모델 DB 작성 및 모델구축 폴더에 있는 수용가 및 사용량 현황 엑셀을 활용하여 녹색 열에 해당하는 수용가번호, 성명, 주소, 구경, 가구수, 월별 사용량 등을 입력한다. 여기서, 노란색 열인 적용, 대소구분, 관망도유무는 자동으로 입력되는 열로서, 대소구분, 관망도유무는 현황 파악을 위한 참고용으로 중요하지 않으나, 적용은 관망해석에 반영되는 월사용량을 산정하는 것으로 반드시 사용자가 확인 후 결정하여야 한다. 또한, 노란색 행은 소계를 의미하는 것으로 입력된 데이터를 이용하여 자동 계산된다.

표 5.24 수용가 및 사용량 현황 작성 유의사항

구분	유의사항
수용가번호	- 숫자가 아닌 text 형식으로 입력
구경	- 숫자로 입력(예, 13 mm → 13, D20 → 20), "정보없음"
사용량현황	- 숫자 형식으로 입력("0"값이 "-"형식으로 입력된 경우에는 인식이 되지 않음)
적용	- 관망해석에 적용되는 월 사용량으로 반드시 확인 필요
대소구분 (참고용)	- 대수용가를 구분하기 위해 입력하는 자료로 적용값이 500 m^3/월 이상인 경우 "대"로 입력, 500 m^3/월 미만은 "소" - 대소구분 기준은 사용자 판단에 따라 변경 가능
관망도유무 (참고용)	- 요금관리시스템 수용가번호를 기준으로 GIS 수도미터와 비교하여 해당 수용가가 관망도(수도미터)에 입력되어 있는지를 판단

수용가번호	성명	주소	업종	구경 (㎜)	가구수 (가구)	공급 상태	사용량현황(㎥/월)												적용 (6월, ㎥/월)	대소구분	관망도 유무	비고
							21.7월	21.8월	21.9월	21.10월	21.11월	21.12월	22.1월	22.2월	22.3월	22.4월	22.5월	22.6월				
계			1,489	1,489	2,238	1,429	44,334	51,586	46,773	45,761	46,752	43,179	45,220	45,149	39,114	40,999	44,772	45,752	45,752	16		
451800617356			일반용	20	1	개전	22	26	13	24	18	16	14	19	13	27	25	24	24.0	소	유	
451800617526			일반용	13	1	정지														소	유	
451800618090			가정용	13	1	개전	4	3	4	6	7	3	3	4	3	4	8	8	8.0	소	유	
451800618091			가정용	13	1	정지														소	유	
451800618092			가정용	13	1	개전	5	6	4	7	4	5	5	6	4	5	3	9	9.0	소	유	
451800618094			가정용	13	1	개전	21	23	20	22	19	20	18	16	19	24	25	24	24.0	소	유	
451800618095			가정용	13	1	개전	12	3	2	5	3	2	2	3	2	8	4	3	3.0	소	유	
451800618096			가정용	13	1	개전	18	20	12	11	8	8	7	7	6	7	7	12	12.0	소	유	
451800618097			가정용	13	1	개전														소	유	
451800618098			가정용	13	1	개전	10	17	10	20	19	14			2	1	6	3	3.0	소	유	

그림 5.12 수용가 및 사용량 현황 시트(예시)

또한, [수용가 및 사용량 현황] 시트는 업종별 급수전수 및 사용량, 구경별 급수전수 및 사용량 현황을 자동으로 정리하여 사용자가 급수구역 내 개략적인 수용가 현황을 파악할 수 있도록 하였다.

구분	계	13	20	25	32	40	50	75	100	150	비고
급수전수(전)	1,489	1,320	55	42	-	40	20	12	-	-	
사용량(㎥/월)	45,752	14,905	2,585	4,295	-	5,967	7,275	10,725	-	-	
전수비율	100.0%	88.7%	3.7%	2.8%		2.7%	1.3%	0.8%			
사용비율	100.0%	32.6%	5.7%	9.4%		13.0%	15.9%	23.4%			

그림 5.13 구경별 급수전수 및 사용량 현황(예시)

2) 시설현황 정리

시설현황 정리는 수도미터, 급수관로, 상수관로, 가압장 등 관망해석에 필요한 시설물 현황을 정리하는 것으로 예제파일 5장 관망해석 모델 DB 작성 및 모델구축 폴더에 있는 수도미터 현황, 급수관로 현황 등 각종 시설현황 엑셀 파일을 활용하여 시설물별 시트에 해당 현황을 정리한다.

여기서, 사용량, 급수전수 및 가구수는 수용가번호와 각 시설물의 관리번호를 이용하여 [수용가 및 사용량 현황] 시트에서 [상수관로현황] 시트에까지 자동으로 연계가 되도록 수식이 작성되어 있으므로 각 시트별 총 수량이 차이가 발생하는 경우 자료정리에 오류가 있을 수 있으므로 반드시 확인이 필요하다.

① 수도미터 현황

수도미터 현황 엑셀 자료를 활용하여 [수도미터현황(관망도)] 시트에 수용가번호, 성명, 구경, 표고, 급수관로 번호 정보를 입력한다. 여기서, 가구수, 공급상태, 사용량, 사용량배분은 [수용가 및 사용량 현황] 시트에서 자동으로 연계되므로 별도 입력하지 않는다(별도로 수정할 경우 계산오류가 발생할 수 있음). 또한, 성명은 개인정보에 해당하므로 업무상 외로 활용 또는 유출되지 않도록 주의해야 한다.

수용가번호	성명	구경 (㎜)	가구수 (가구)	공급 상태	사용량 (㎥/월)	사용량배분 (㎥/월)	표고 (m)	급수관로 번호	요금정보 유무	비고
계		1,503	2,203	1,394	44,324	45,752	37.9		49	1,428
451800618199		13	1	개전	10.0	10.3	34.9	1995001424	유	
451800631031		13	1	개전	23.0	23.7	45.1	1996001230	유	
451800627276		13	1	개전	3.0	3.1	17.3	1995001505	유	
451800618100		13	1	개전	3.0	3.1	25.1	1995001008	유	
451800627173		13	1	개전	10.0	10.3	54.2	1995001248	유	
451800618441		13	1	개전	15.0	15.5	33.4	1995001297	유	
451800627195		13	1	개전	11.0	11.4	20.0	1995001029	유	
451800618440		13	1	개전	30.0	31.0	34.1	1995001299	유	
451800618433		13	1	개전	18.0	18.6	36.7	1995001323	유	
451800631034		13	1	개전	13.0	13.4	45.3	1996001226	유	

그림 5.14 수도미터현황(관망도) 시트(예시)

표 5.25 수도미터현황(관망도) 작성 유의사항

구분	유의사항
수용가번호	- 숫자가 아닌 text 형식으로 입력 - 필드명 : CSTMR_NO
구경	- 숫자로 입력(예, 13 mm → 13, D20 → 20), "정보없음" - 필드명 : FLWMTR_LC1
급수관로 번호	- 숫자가 아닌 text 형식으로 입력 - 필드명 : WSP_PLINE_
자동입력	- 가구수, 공급상태, 사용량, 사용량배분, 요금정보유무

또한, [수도미터현황(관망도)] 시트는 수도미터의 표고 정보를 활용하여 해당 급수구역의 전반적인 수용가 표고분포와 표고별 사용량 현황을 파악할 수 있도록 수용가 표고별 급수전수 및 사용량 분포 그래프를 제공하고 있다.

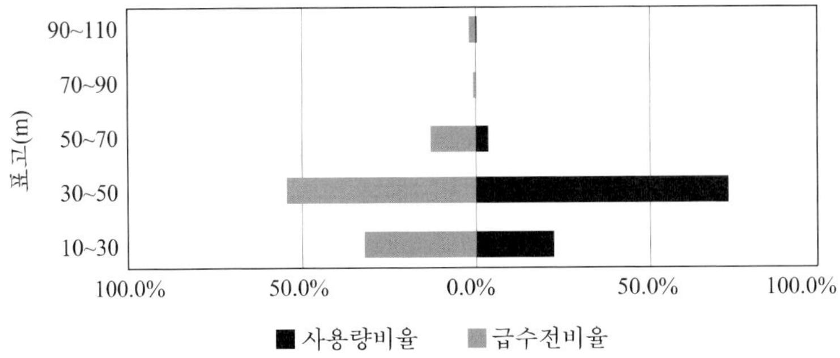

그림 5.15 수용가 표고별 급수전수 및 사용량 분포(예시)

② 급수관로 현황

급수관로 현황 엑셀 자료를 활용하여 [급수관로현황] 시트에 관리번호, 구경, 연장, 상수관로번호, 관종, 설치년도 정보를 입력한다. 여기서, 사용량, 급수전수, 가구수는 [수도미터현황(관망도)] 시트에서 자동으로 연계되어 작성되므로 별도로 입력하지 않는다.

표 5.26 급수관로현황 작성 유의사항

구분	유의사항
관리번호	- 숫자가 아닌 text 형식으로 입력 - 필드명 : WSP_PLINE_
구경	- 숫자로 입력(예, 13 *mm* → 13, D20 → 20), "정보없음" - 필드명 : WSP_PLIN_1
연장	- 숫자로 입력(통계정리를 위해 소수점 둘째 자리에서 반올림) - 필드명 : SHAPE_LEN
상수관로 번호	- 숫자가 아닌 text 형식으로 입력 - 필드명 : 상수ID
관종	- 관종별 분류코드를 활용하여 정리(PIPE_LBL_N 필드 관종 확인) - 필드명 : PIPE_KND_C
설치년도	- 설치일자 정보를 활용하여 설치년도 입력(LEFT 함수 사용) - 필드명 : ATTACH_DE
자동입력	- 사용량, 급수전수, 가구수

관리번호	구경 (㎜)	연장 (m)	상수관로 번호	사용량 (㎥/월)	급수전수 (전)	가구수 (가구)	관종	설치년도	비고
계	1,783	41,615	1,783	45,752	1,503	2,203	1,783	1,783	
1995001040	13	4.0	100053	23.7	1	1	PVC	1995	
1900035739	13	1.0	100197				ETC	1900	
1995001438	13	4.0	100021	3.1	1	1	PVC	1995	
1995001424	13	14.0	100059	10.3	1	1	PVC	1995	
1995001215	13	24.9	100409	1.0	1	1	PVC	1995	
1996001230	13	5.0	100050	23.7	1	1	PVC	1996	
2013075533	16	12.7	100117	39.2	1	1	PE	2012	
2013075537	13	5.2	100032	2.1	1	1	PE	2012	
1995001505	13	13.0	100018	3.1	1	1	PVC	1995	
1995001008	13	25.0	100011	3.1	1	1	PVC	1995	

그림 5.16 급수관로현황 시트(예시)

③ 상수관로 현황

상수관로 현황 엑셀 자료를 활용하여 [상수관로현황] 시트에 관리번호, 구경, 연장, 관종, 설치년도 정보를 입력한다. 여기서, 사용량, 급수전수, 급수관로, 가구수는 [급수관로현황] 시트에서 자동으로 연계되어 작성된다.

표 5.27 상수관로현황 작성 유의사항

구분	유의사항
관리번호	- 숫자가 아닌 text 형식으로 입력 - 필드명 : 상수_ID(관망해석 모델을 구축하기 위해 별도로 부여)
구경	- 숫자로 입력(예, 13 mm → 13, D20 → 20), "정보없음" - 필드명 : 구경(관망해석 모델을 구축하기 위해 별도로 부여)
연장	- 숫자로 입력(통계정리를 위해 소수점 둘째 자리에서 반올림) - 필드명 : SHAPE_LEN
관종	- 관종별 분류코드를 활용하여 정리(PIPE_LBL_N 필드 관종 확인) - 필드명 : PIPE_KND_C
설치년도	- 설치일자 정보를 활용하여 설치년도 입력(LEFT 함수 사용) - 필드명 : INST_DE
자동입력	- 사용량, 급수전수, 급수관로, 가구수

관리 번호	구경 (㎜)	연장 (m)	사용량 (㎥/월)	급수전수 (전)	급수관로 연장(m)	가구수 (가구)	관종	설치년도	비고
계		**76,482**	**45,752**	**1,503**	**41,615**	**2,203**			
100000	200	23.8					PE	1995	
100001	200	2.8					PE	1995	
100002	50	66.8	35.1	3	42	2	PE	1995	
100003	50	56.1	109.4	10	120	9	PE	1995	
100004	80	182.9					PE	1996	
100005	80	7.9		1	10		PE	1996	
100006	50	113.5	116.6	10	216	9	PE	1995	
100007	50	29.4	9.3	1	12	1	PE	1995	
100008	50	239.4	329.3	21	457	21	PE	1995	
100009	50	145.8	163.1	11	217	10	PE	1995	

그림 5.17 상수관로현황 시트(예시)

④ 기타시설 현황

감압밸브, 가압장, 소방시설 엑셀 시트에 각 시설별 관리번호, 구경, 형식 등 관망해석에 필요한 정보를 입력한다. 특히 표고값은 관망해석 시 활용되므로 연결점 표고값 등을 활용하여 입력해 두는 것이 좋다.

관리 번호	구경 (㎜)	형식	제조사	설치년도	전단수압 (kgf/㎠)	후단수압 (kgf/㎠)	표고 (m)	기타 (작동상태)	비고
계	**1**								
2016178142	80	파일롯식		2015			66.0		
2011286853	150	파일롯식		2006			30.0		

그림 5.18 감압밸브현황 시트(예시)

관리 번호	구경 (㎜)	형식	제조사	설치년도	전단수압 (kgf/㎠)	후단수압 (kgf/㎠)	양정 (m)	유량 (㎥/일)	표고 (m)	기타 (작동상태)	비고
계											
2016178126		라인가압							52.9		노송가압장
2016178099		라인가압							43.6		장구가압장
2016103718		라인가압							48.2		원태곡가압장
가압장추가									40.7		축촌가압장

그림 5.19 가압장현황 시트(예시)

(2) 운영자료 측정 및 분석

운영자료는 모의하는 시점의 운영상태를 관망해석 모델에서 최대한 유사하게 재현하고, 구축된 모델을 보정하는데 사용된다. 정수장, 배수지, 가압장, 소블록 유입점 등 상시 감시지점의 경우 원격감시제어시스템에 저장된 데이터를 활용하고, 소블록 내의 미감시 지점들에 대해서는 별도 측정을 통해 데이터를 수집한다. 다만, 관망해석의 목적이 노선 확정, 시설용량 결정 등 장래 시설물에 대한 계획단계에서의 활용인 경우는 별도의 데이터 수집·측정은 필요 없다.

1) 유량 및 수압 데이터 수집

유량 측정은 관망해석 모델의 공간적 범위에 따라 용수공급이 시작되는 정수장 유출, 배수지 유출 또는 소블록 유입지점의 유량을 수집하며, 특정 대수용가의 수수여부가 급격한 수압 변동을 일으키는 등 수리적 영향이 큰 경우에는 별도로 수수유량을 측정해 이용한다. 또한, 동일시각에 측정된 유량과 수압이 함께 사용되므로 설치 작업기간을 제외한 데이터 수집기간을 고려해야 하며, 요일별 용수사용 패턴을 고려할 수 있도록 최소 1분 단위로 1주일간 측정하는 것을 권고한다.

표 5.28 유량 및 수압 측정 고려사항

구분	고려사항
유량	• (위치) 정수장 또는 배수지 유출, 소블록 유입점, 대수용가 수수유량 • (방법) 가능한 기존 유량 TM 자료 활용, 없는 경우 유량계 설치 • (간격) 1분 단위(1시간 단위도 가능하나, 1분 단위 추천) • (기간) 7일 이상(최소 3일 이상이나 평일·공휴일 특성을 고려한 7일 추천)
수압	• (위치) 급수구역 유입점, 소블록 유입점, 임계지점 및 평균수압지점 • (방법) 가능한 기존 수압 TM 자료 활용, 없는 경우 수압계 설치 ※ 수압계는 소화전에 설치(수용가 수도꼭지 지양) • (간격) 1분 단위(1시간 단위도 가능하나, 1분 단위 추천) • (기간) 7일 이상(유량과 동일한 기간으로 설정)

수압 측정은 급수구역 전체의 수압분포 파악과 야간최소유량 분석, 누수량 배분, 관망해석 모델 보정 등 다양한 목적으로 활용되므로 급수구역 전체에 고르게 측정하되, 공급의 유입지점, 평균지점 및 임계지점은 반드시 측정한다. 또한, 측정지점의 정확한 표고값을 조사하여 동수두 계산시 활용한다. 수압계 설치 등 수압측정 관련 세부사항은 『상수관망 유수율 제고·관리 가이드북(K-water, 2009)』의 “제8장 수압관리”와 『스마트 관망관리 인프라 운영·유지관리 및 활용 가이드북(환경부, 2022)』의 “3.6 실시간 수압계”를 참고한다.

대수용가란?

- 대수용가는 공장, 아파트, 상업시설 등 수돗물을 많이 사용하는 수용가로 수량적 측면과 운영적 측면으로 구분된다. 먼저 수량적 측면의 대수용가는 물 사용량이 많은 수용가로 보편적으로 월 500 m^3 이상 수용가를 말하는데, 고객관리, 사용량 및 수도미터 관리 관점에서 선정하고 관리한다.

  (예) 수도미터 및 사용량 분석시 500 m^3 이상을 대수용가로 분류하여 분석

- 운영적 측면의 대수용가는 유량과 수압에 따라 구분되는데, 유량 관련 대수용가는 야간 최소유량 발생시 물을 많이 사용하는 특별 수용가로 누수량분석에 영향을 줄 수 있으므로 별도 감시가 필요하다. 수압 관련 대수용가는 관망 내 급격한 수압 변동(감소)을 발생시키는 수용가로 보편적으로 대수용가 수수에 따라 관망 내 수압저하가 1 kgf/cm^2 이상 발생하면 효율적인 수압관리를 위해 대수용가 수수제어가 필요하다.

- 관망해석과 관련한 대수용가는 운영적 측면의 대수용가로 공급패턴, 수압변동 등 관망해석 결과에 영향을 미칠 수 있는 수용가로 가능한 한 대수용가의 수수량을 측정하여 관망해석 모델에 반영하여야 한다.

유량 관련 대수용가 유량·수압 패턴	수압 관련 대수용가 유량·수압 패턴
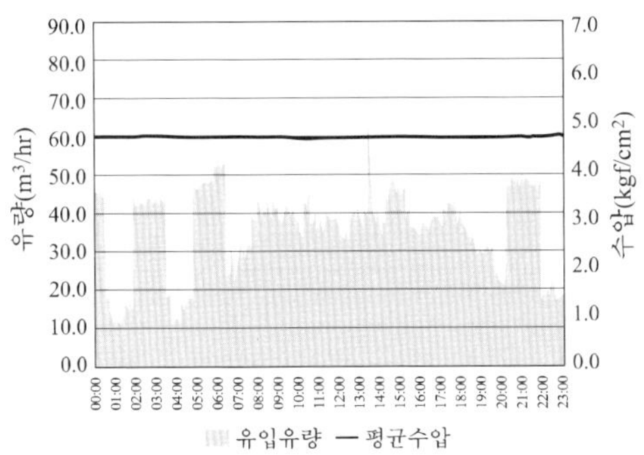	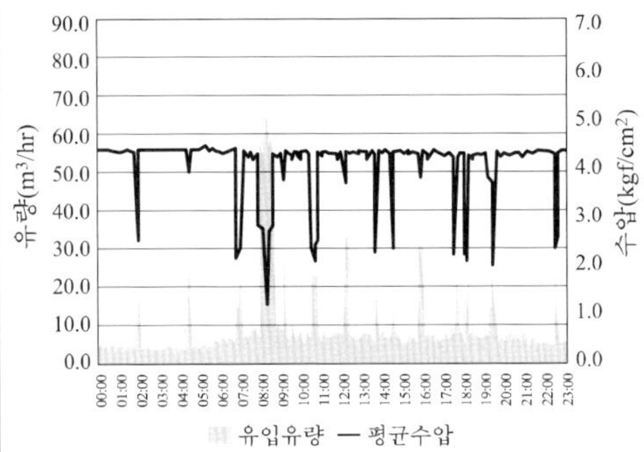

2) 유량 및 수압 측정자료 입력

1분 단위로 측정한 유량 및 수압 자료를 [유량 및 수압 자료(원본)] 시트에 각 항목별 단위에 맞게 입력한다. 동수두 계산을 위해 수압측정 지점의 표고값을 “측정표고”에 입력한다(동수두 값은 자동으로 계산됨). 또한, 측정한 유량 및 수압 자료 중에 결측이 있는 경우에는 아래와 같이 조정하여 반영한다. 예제파일 5장 관망해석 모델 DB 작성 및 모델구축 폴더에 있는 유량 및 수압 측정자료 엑셀을 활용하여 연습한다.

표 5.29 유량 및 수압 측정자료 입력 유의사항

구분	유의사항
입력단위	- 유량 : m^3/hr, 수압 : kgf/cm^2, 동수두 : m, 표고 : m
측정표고	- 고도계 등을 활용하여 수압을 측정한 위치의 표고를 측정입력 ※ 고도계 등이 없어 표고측정이 없는 경우에는 TIN 활용 표고 추출
기타유량	- 급수구역 내 소규모 시설(가압장, 배수지)의 유량값 입력 - 대수용가가 있는 경우 대수용가의 수수유량 입력
결측처리	- 5분 이내 : 측정자료 삭제 - 5분 이상 : 결측값 전·후 데이터 평균값 적용 - 1시간 이상 : 재측정

구분	유량(㎥/hr)		수압(kgf/㎠)				동수두(m)				비고
측정위치	유입량	기타유량	유입	저지대	평균지점	고지대	유입	저지대	평균지점	고지대	
측정표고(m)			28.5	31.1	40.0	45.1	28.5	31.1	40.0	45.1	
최대값	142.8		4.2	3.9	2.9	2.1	70.9	70.0	68.5	65.9	
최소값	31.4		3.0	2.8	1.7	1.0	58.6	58.9	57.2	55.2	
평균값	78.9		3.6	3.3	2.2	1.5	64.7	64.1	62.2	60.5	
차 이	111.5		1.2	1.1	1.1	1.1	12.3	11.1	11.3	10.7	
2022-06-13 0:00	57.00		3.2	2.9	1.8	1.2	60.6	60.0	58.1	56.7	
2022-06-13 0:01	57.00		3.2	2.9	1.9	1.2	60.6	60.5	58.6	57.3	
2022-06-13 0:02	53.67		3.2	2.9	1.9	1.2	60.6	60.4	58.6	57.1	
2022-06-13 0:03	55.86		3.2	2.9	1.9	1.2	60.4	60.4	58.7	57.5	
2022-06-13 0:04	51.93		3.2	2.9	1.8	1.2	60.6	59.9	58.2	57.1	
2022-06-13 0:05	51.93		3.2	2.9	1.9	1.2	60.6	60.1	58.5	57.5	
2022-06-13 0:06	50.91		3.2	2.9	1.8	1.2	60.1	59.8	58.2	57.4	
2022-06-13 0:07	50.94		3.1	2.9	1.8	1.2	60.0	59.7	58.1	57.1	
2022-06-13 0:08	51.20		3.2	2.9	1.8	1.2	60.1	60.1	58.2	57.1	
2022-06-13 0:09	49.82		3.2	2.9	1.8	1.3	60.1	60.2	58.2	57.6	
2022-06-13 0:10	49.82		3.2	2.9	1.8	1.2	60.1	60.1	58.4	57.1	

그림 5.20 유량 및 수압 자료(원본) 시트(예시)

[유량 및 수압 자료(원본)] 시트는 입력한 유량 및 수압 자료를 활용하여 급수구역 내 전반적인 유량 및 수압 현황을 분석할 수 있도록 유량 및 수압 변동, 유량 및 동수두 그래프를 아래와 같이 검토한다.

유량 및 수압 변동	유량 및 동수두 변동

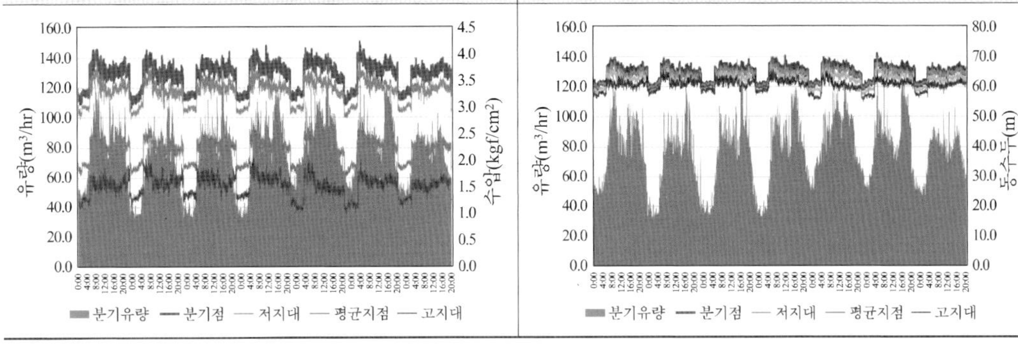

그림 5.21 유량 및 수압, 유량 및 동수두 그래프(예시)

3) 유량 및 수압 측정자료 정리

야간최소유량 분석, 패턴 분석 등에 활용하기 위해 1분 단위로 측정한 유량 및 수압 자료를 1시간 단위로 정리하는 과정이다. [유량 및 수압 자료(원본)] 시트에 있는 자료 중 특정일자를 확정하여 [유량 및 수압 자료(조정)] 시트에 입력(셀을 연결)한다. 특정일자는 관망해석의 목적에 따라 다르나 보편적으로 통상적인 공급패턴을 보이는 일자를 선택하거나, 수압관리 등 특별한 목적을 위해 관망해석을 실시할 경우에는 검토 목적에 부합되는 일자를 선정한다.

표 5.30 유량 및 수압 측정자료 정리 유의사항

구분	유의사항
입력단위	- 유량 : m^3/hr, 수압 : m, 표고 : m ※ 수압은 측정된 수압 값에 10을 곱하여 산출(=수압$_{(kgf/cm^2)}$×10)
절점 번호 및 표고	- 절점번호 : 수압을 측정한 지점의 관망해석 모델 절점번호 - 절점표고 : 관망해석 모델 절점의 표고값

구분		유량(㎥/hr)						수압(m)				비고
측정위치		유입량	기타유량		이동평균			유입	저지대	평균지점	고지대	
측정표고(m)		-	-	-	-	-	-	28.5	31.1	40.0	45.1	
절점번호					-	-	-	1050	1058	1101	1215	
절점표고(m)					-	-	-	30.0	31.1	40.0	45.1	
최대		142.8	0.0	0.0	138.4	0.0	0.0	41.0	38.1	27.3	20.7	
최소		31.4	0.0	0.0	31.9	0.0	0.0	30.1	27.8	0.0	0.0	
평균		73.9	0.0	0.0	73.9	0.0	0.0	35.7	32.6	21.8	15.1	
편차		111.5	0.0	0.0	106.5	0.0	0.0	10.9	10.3	27.3	20.7	
2022-06-13	0:00	57.0	0.0	0.0	55.1	0.0	0.0	32.1	29.0	18.1	11.6	
2022-06-13	0:01	57.0	0.0	0.0	54.1	0.0	0.0	32.1	29.5	18.6	12.2	
2022-06-13	0:02	53.7	0.0	0.0	52.9	0.0	0.0	32.1	29.4	18.6	12.0	
2022-06-13	0:03	55.9	0.0	0.0	52.3	0.0	0.0	31.9	29.4	18.7	12.4	
2022-06-13	0:04	51.9	0.0	0.0	51.4	0.0	0.0	32.1	28.9	18.2	12.0	
2022-06-13	0:05	51.9	0.0	0.0	51.0	0.0	0.0	32.1	29.1	18.5	12.4	
2022-06-13	0:06	50.9	0.0	0.0	50.5	0.0	0.0	31.6	28.7	18.2	12.3	
2022-06-13	0:07	50.9	0.0	0.0	51.3	0.0	0.0	31.5	28.7	18.1	12.0	
2022-06-13	0:08	51.2	0.0	0.0	52.0	0.0	0.0	31.6	29.1	18.2	12.0	
2022-06-13	0:09	49.8	0.0	0.0	52.5	0.0	0.0	31.6	29.2	18.2	12.5	
2022-06-13	0:10	49.8	0.0	0.0	53.4	0.0	0.0	31.6	29.1	18.4	12.0	

그림 5.22 유량 및 수압 자료(조정) 시트(예시)

수압 관련으로 유입, 평균, 임계지점의 1시간 단위 수압 값은 해당 시간의 1분 단위 수압 값을 평균하여 산출하고 유입지점의 수압을 동수두로 환산하여 "Head 패턴"을 구한다.

유량 관련으로 1시간 단위 유량은 1분 단위 유량을 이동평균하여 해당 시간의 평균 유량값을 산출한다. 다만, 해당 급수구역 내 대수용가가 있는 경우에는 대수용가의 수수량을 측정하여 유입량에서 제외시키고, 대수용가 사용량은 모델에 별도로 반영한다.

구분		00:00	01:00	02:00	03:00	04:00	05:00	06:00	07:00	08:00	09:00	10:00	11:00	12:00	13:00	14:00	15:00	16:00	17:00	18:00	19:00	20:00	21:00	22:00	23:00
유량	분기유량	53.4	51.4	50.8	51.7	56.3	65.0	84.5	100.3	113.7	114.6	97.5	96.9	88.1	81.6	81.0	100.1	93.7	95.1	95.4	98.7	88.2	88.6	73.9	51.8
	유량1	0.0	0.0	0.0	0.0	0.0	0.0	0.0	0.0	0.0	0.0	0.0	0.0	0.0	0.0	0.0	0.0	0.0	0.0	0.0	0.0	0.0	0.0	0.0	0.0
	유량2	0.0	0.0	0.0	0.0	0.0	0.0	0.0	0.0	0.0	0.0	0.0	0.0	0.0	0.0	0.0	0.0	0.0	0.0	0.0	0.0	0.0	0.0	0.0	0.0
수압	분기점	32.0	31.7	32.2	32.9	32.8	33.0	37.8	38.5	39.4	39.8	37.8	37.4	37.2	36.3	36.3	36.9	36.5	37.1	36.9	37.0	37.4	38.0	37.1	34.5
	저지대	29.5	29.1	29.6	30.3	30.1	30.4	34.6	35.2	35.9	36.3	34.5	34.0	33.9	33.2	33.0	32.6	33.1	33.7	33.6	33.8	34.3	34.6	34.0	31.8
	평균지점	18.7	18.4	18.9	19.5	19.3	19.6	23.7	24.1	24.6	24.9	23.4	23.3	23.1	22.3	22.2	22.5	22.5	22.6	22.5	22.6	23.3	24.0	23.2	21.1
	고지대	12.3	11.8	12.5	13.1	12.9	13.0	16.5	16.2	15.8	15.5	15.7	16.5	16.5	15.9	15.6	16.3	15.7	15.0	15.0	15.2	15.9	16.8	16.0	15.4

그림 5.23 시간별 유량 및 수압 자료정리(예시)

구분	00:00	01:00	02:00	03:00	04:00	05:00	06:00	07:00	08:00	09:00	10:00	11:00	12:00	13:00	14:00	15:00	16:00	17:00	18:00	19:00	20:00	21:00	22:00	23:00
Head 패턴	60.5	60.2	60.7	61.4	61.3	61.5	66.3	67.0	67.9	68.3	66.3	65.9	65.7	64.8	64.8	65.4	65.0	65.6	65.4	65.5	65.9	66.5	65.6	63.0

그림 5.24 시간별 Head 패턴 정리(예시)

아래와 같이 대수용가의 수수로 인해 급수구역 내 급격한 수압 저하가 발생하는 경우에는 해당 대수용가의 수수량을 별도로 측정하여 유입량에서 배제한 후 공급패턴을 선정하여야 하며, 대수용가의 수수량은 관망해석 모델 해당 절점에 직접 사용량으로 입력한다. 만약, 유입량에서 대수용가의 수수량을 배제하지 않으면 공급패턴이 과대하게 반영되어 실제 공급 여건과 다른 해석결과를 낳을 수 있다.

시간별 유량 및 수압 변동

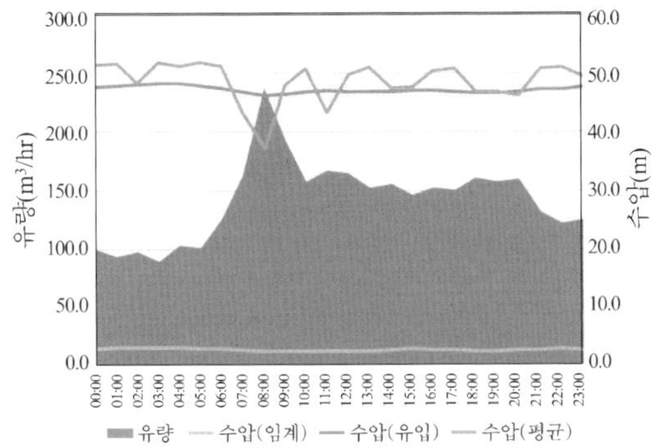

시간별 유량(대수용가 제외) 및 수압 변동

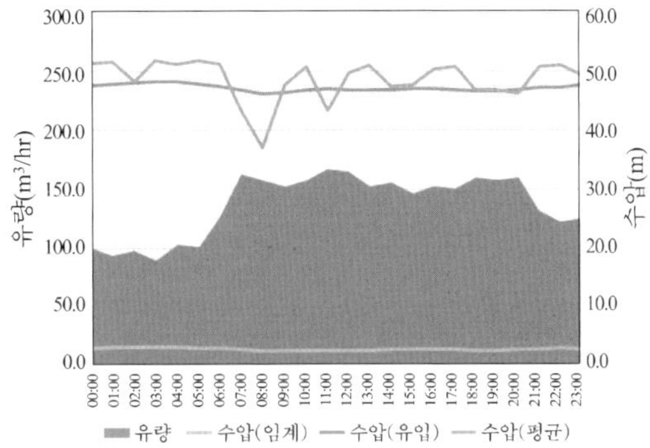

구분	00:00	01:00	02:00	03:00	04:00	05:00	06:00	07:00	08:00	09:00	10:00	11:00	12:00	13:00	14:00	15:00	16:00	17:00	18:00	19:00	20:00	21:00	22:00	23:00
유량	100.5	93.9	98.3	89.4	103.0	101.2	127.0	163.4	238.4	193.0	157.7	167.7	165.2	152.7	155.3	146.3	152.5	150.3	160.5	157.5	160.2	131.8	122.0	125.4
천년아파트									80.3	40.1														
적용	100.5	93.9	98.3	89.4	103.0	101.2	127.0	163.4	158.1	152.9	157.7	167.7	165.2	152.7	155.3	146.3	152.5	150.3	160.5	157.5	160.2	131.8	122.0	125.4

그림 5.25 시간별 유량 및 수압 변동 분석(예시)

(3) 총괄수량수지 분석

관망해석을 수행하고자 하는 시기에 수도사업용수량, 공공수량, 부정사용량 및 조정감액수량이 없다고 가정한다면 관망해석 모델에서의 각 절점의 유출 유량의 합은 수용가의 사용량과 임의의 지점에서 발생하고 있는 누수량 그리고 계량기불감수량의 합이 된다. 이때 누수량과 계량기불감수량은 3.4.2 기저수요량의 할당에서 설명된 총괄수량수지 분석의 방법을 통해 개략적으로 추정하게 된다.

여기에서 개략적 추정이란 의미는 수용가 사용량은 요금정보를 통해 알 수 있으나, 1개월간 물 사용량에 대한 평균값으로 수용가별 검침 일시와 주기가 상이 할 수 있으므로 정확하게 특정기간에 대하여 분석할 수 없음을 의미한다. 또한, 계량기불감수량의 경우에도 수용가별 계량기의 불감률에 대한 정보는 없으므로 관망해석 시에는 누수량에 포함된 것으로 가정하는 것이 일반적이다. 즉, 관망해석에 적용되는 총 유입량은 유수수량(사용량), 누수량, 계량기불감수량으로 구분되며, 이중 계량기불감수량은 상수도통계의 값을 적용이 가능하다.

- 총급수량 = 유효수량 + 무효수량
  - 유효수량 = 유수수량 + 유효무수량
  - 무효수량 = 누수량 + 조정감액수량
  - 유효무수수량 = 계량기불감수량 + 수도사업용수량 + 공공수량 + 부정사용량

  여기서, 관망해석을 모의하려는 구역에 수도사업용수량, 공공수량, 부정사용량 및 조정감액수량이 없으면, 총급수량은 다음과 같이 적용이 가능하다.

- 총급수량 = 유수수량(사용량) + 누수량 + 계량기불감수량

총괄수량수지 분석은 최근 3개년 치 상수도통계 자료를 활용하여 분석한다. 먼저 최근 3개년 치 총괄수량수지 분석 항목별 수량을 [총괄수량수지분석] 시트 해당 항목에 입력하고 항목별 비율을 산출한다. 그 다음 분석하고자 하는 기간에 각 항목별 비율을 적용하여 값을 산출한다. 여기서, 공급량과 유수수량은 사용자가 입력하고, 유효무수수량 및 무효수량은 자동으로 계산된다. 마지막으로 최종 적용할 값을 "적용" 열에 결정하여 입력한다.

총괄수량수지 분석(최근 3개년)

총괄수량수지 분석				2018년	2019년	2020년	비율	비고
공급량 (㎥)	계			15,007,233	14,500,513	14,359,632	100.0%	
	유효수량 (㎥)	소계		12,839,457	12,511,718	12,399,156	86.3%	
		유수수량 (㎥)	소계	12,076,178	11,766,235	11,619,330	80.9%	
			계량기 요금 수량	12,076,178	11,766,235	11,619,330	80.9%	
			미계량요금 수량					
			분수량					
			기다 부과량					
		유효무수수량 (㎥)	소계	763,279	745,483	779,826	5.4%	
			계량기불감수량	675,325	652,501	646,469	4.5%	
			수도사업용수량	72,317	83,752	120,287	0.8%	
			공공수량	15,637	9,230	7,024	0.05%	
			부정사용량			6,046	0.0%	
	무효수량 (㎥)		소계	2,167,776	1,988,795	1,960,476	13.7%	
			조정감액수량					
			누수량	2,167,776	1,988,795	1,960,476	13.7%	
지표			유수율	80.5%	81.1%	80.9%		
			불감율	4.5%	4.5%	4.5%		
			누수율	14.4%	13.7%	13.7%		

총괄수량수지 분석 및 적용(분석기간)

공급량 분석(2022년)				계	1월	2월	3월	4월	5월	6월	7월	8월	9월	10월	11월	12월	적용	비고
공급량 (㎥)	계			315,185	54,299	49,927	51,246	50,627	52,199	56,887							56,887	
	유효수량 (㎥)	소계		277,990	48,146	47,839	41,875	43,727	47,585	48,817							48,817	
		유수수량 (㎥)	소계	261,006	45,220	45,149	39,114	40,999	44,772	45,752							45,752	
			계량기 요금 수량	261,006	45,220	45,149	39,114	40,999	44,772	45,752							45,752	
			미계량요금 수량															
			분수량															
			기타 부과량															
		유효무수수량 (㎥)	소계	16,984	2,926	2,690	2,761	2,728	2,813	3,065							3,065	
			계량기불감수량	14,190	2,445	2,248	2,307	2,279	2,350	2,561							2,561	
			수도사업용수량	2,640	455	418	429	424	437	477							477	
			공공수량	154	27	24	25	25	26	28							28	
			부정사용량															
	무효수량 (㎥)		소계	37,195	6,153	2,088	9,371	6,900	4,614	8,070							8,070	
			조정감액수량															
			누수량	37,195	6,153	2,088	9,371	6,900	4,614	8,070							8,070	
지표			유수율	82.8%	83.3%	90.4%	76.3%	81.0%	85.8%	80.4%							80.4%	
			불감율	4.5%	4.5%	4.5%	4.5%	4.5%	4.5%	4.5%							4.5%	
			누수율	11.8%	11.3%	4.2%	18.3%	13.6%	8.8%	14.2%							14.2%	

그림 5.26 총괄수량수지분석 시트(예시)

(4) 야간최소유량 분석

야간최소유량 분석은 앞에서 작성한 사용량 및 수용가 현황, 각종 시설현황, 운영 자료 등을 기준으로 [야간최소유량 분석] 시트에서 자동으로 산출된다. 단, 실제 유수율과 야간최소유량 분석을 통해 추정된 유수율의 차가 큰 경우에는 특별사용량을 조정하여 분석한다. 야간최소유량 분석에 관한 세부사항은 3.4.2 기저수요량의 할당을 참고하도록 한다.

야간 사용량 추정

구분	산출식	추정량
가정 사용량(ℓ/hr)	가구수×가구당 가정 야간사용량(1.7ℓ/hr/가구수)	2,091
비가정사용량(ℓ/hr)	비가구수×가구당 비가정 야간사용량(8.0ℓ/hr/가구수)	2,072
특별 사용량(ℓ/hr)	특별수용가의 야간사용량 직접 측정하여 산출(ℓ/hr)	31,600
※ 특별사용량은 가정입력	합계	35,763

구분	수량
가정 수용가	1,230
비가정수용가	259
특별 수용가	-
계	1,489

야간 이면누수량 추정

구분	산출식	추정량
배수관이면누수량(㎥/hr)	ICF×0.02×배수관연장(m)×(야간평균수압/50)^1.5/1000	0.70
급수관이면누수량(㎥/hr)	ICF×1.25×급수전수(전)×(야간평균수압/50)^1.5/1000	0.86
옥 내이면누수량(㎥/hr)	ICF×0.033×옥내관연장(m)×(야간평균수압/50)^1.5/1000	0.58
	합계	2.13

구분	수량
배수관로(m)	76,482
분 기 수(전)	1,503
옥내연장(m)	38,609
ICF	1

야간최소유량 분석

구분	0:00	1:00	2:00	3:00	4:00	5:00	6:00	7:00	8:00	9:00	10:00	11:00	12:00	13:00	14:00	15:00	16:00	17:00	18:00	19:00	20:00	21:00	22:00	23:00
공급량(㎥/hr)	53.4	51.4	50.8	51.7	56.3	65.0	84.5	100.3	113.7	114.6	97.5	96.9	88.1	81.6	81.0	100.1	93.7	95.1	95.4	98.7	88.2	88.6	73.9	51.8
수 압 (m)	29.5	29.1	29.6	30.3	30.1	30.4	34.6	35.2	35.9	36.3	34.5	34.0	33.9	33.2	33.0	32.6	33.1	33.7	33.6	33.8	34.3	34.6	34.0	31.8
사용량(㎥/hr)	38.4	36.5	35.8	36.5	41.2	49.7	67.9	83.5	96.6	97.4	80.8	80.4	71.7	65.4	64.9	84.1	77.6	78.7	79.0	82.3	71.7	72.0	57.5	36.1
이면누수량(㎥/hr)	2.1	2.1	2.1	2.2	2.2	2.2	2.7	2.8	2.9	2.9	2.7	2.6	2.6	2.5	2.5	2.5	2.5	2.6	2.6	2.6	2.7	2.7	2.6	2.4
파열누수량(㎥/hr)	12.9	12.8	12.9	13.0	13.0	13.1	14.0	14.1	14.2	14.3	13.9	13.8	13.8	13.7	13.6	13.5	13.6	13.8	13.7	13.8	13.9	14.0	13.8	13.4
																NDF		21.8	유수율		80.4%	누수율		19.6%
																			평균 N1		0.64	누수량		386.8

공급패턴 분석

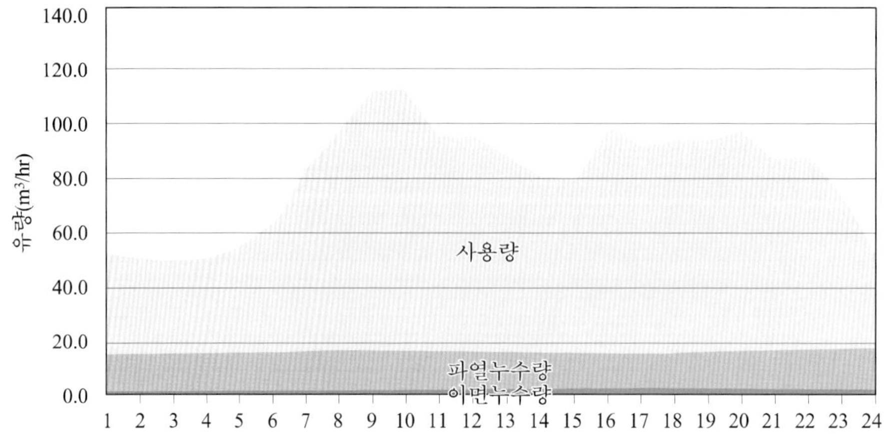

그림 5.27 야간최소유량 분석(예시)

(5) 관망해석 모델 DB 작성

관망해석 모델 DB 작성은 절점정보, 관로정보, 운영정보 등 관망해석에 필요한 정보를 정리, 분석 및 입력하고, EPANET에서 읽어 들일 수 있는 형식으로 모형을 생성하는 것을 말한다. 예제파일 5장 관망해석 모델 DB 작성 및 모델구축 폴더에 있는 NODE 현황 엑셀 등 각종 현황 엑셀 자료를 활용하여 연습한다. 참고로 노란색 열은 자동으로 입력되므로 별도의 작성이 필요하지 않다.

1) 연결점 Data

NODE 현황 엑셀 자료를 활용하여 [절점 Data] 시트에 절점번호, 지반고, X-좌표, Y-좌표 정보를 입력한다. 여기서, 유출량, 사용량, 명목손실량, 이면누수량, 파열누수량은 [수요량 배분] 시트 작성이 완료되면 자동으로 입력된다. 다만, 월기준 값은 일단위 값을 월단위 값으로 환산하기 위한 것으로 계 값에 '30 또는 31(해당 월 일수)'을 곱한다. 만약 분석기간이 다른 경우에는 분석기간을 고려하여 조정 입력한다.

또한, 아래 예시와 같이 배수지 등 시설물은 고유번호(저수지는 R1, 탱크는 T1)로 절점번호를 수정하고 비고란에 설명을 작성한다. 아울러, 절점번호를 고유번호로 변경한 경우에는 반드시 [관로 Data] 시트의 절점번호도 함께 수정한다.

절점 번호	지반고 (m)	현재(㎥/일)					X - 좌표	Y - 좌표	비 고 (시설)
		유출량	사용량	명목손실량	이면누수량	파열누수량			
월기준		56,887	45,752	2,560	1,804	6,771			
계		1,896	1,525	85	60	226			
1045	30.00	0.00	0.00	0.00	0.00	0.00	189,897	334,391	
1046	30.00	7.20	5.64	0.32	0.26	0.97	189,899	334,389	
1047	30.00	4.59	3.70	0.21	0.16	0.52	189,900	334,388	
R1	30.00	10.90	8.64	0.48	0.40	1.39	189,900	334,374	분기점
1049	30.00	2.20	1.53	0.09	0.13	0.45	189,902	334,372	
1050	30.00	0.45	0.24	0.01	0.04	0.16	189,903	334,371	
1051	22.05	1.80	1.19	0.07	0.12	0.43	190,077	335,212	

그림 5.28 절점 Data 시트(예시)

2) 관로 Data

상수관로 현황 엑셀 자료를 활용하여 [관로 Data] 시트에 관로번호, 절점(F-N, T-N) 정보를 입력한다. 여기서, 길이, 구경, 관종, 설치년도 정보는 [상수관로현황] 시트에서 관로번호를 기준으로 자동(VLOOKUP 기능)으로 입력된다. 관 마찰에 의한 수두손실 계산을 위한 마찰계수(유속계수)는 '100'을 Default 값으로 입력하되, 관망해석 모델 보정 과정을 통해 수정한다.

관로번호	절점번호	
	F-N	T-N
;100352	1126	1127

또한, 시설물 유·출입관로, 감압밸브, 가압장 등은 비고 열에 해당시설에 대한 상세설명을 작성하며, 감압밸브, 가압장 등으로 활용되는 관로는 INP 파일에서 관로정보로 인식되지 않도록 관로번호 앞에 ';'을 입력한다.

관로번호	절점번호		길이 (m)	구경 (㎜)	관종	설치년도	유속계수	관로번호	비고
	F-N	T-N							
계			76,482	₩					
100000	1047	1050	23.8	200	PE	1995	100	100000	
100001	1049	R1	2.8	200	PE	1995	100	100001	유입관로
100002	1010	1012	66.8	50	PE	1995	100	100002	
100003	1091	1084	56.1	50	PE	1995	100	100003	
100004	1191	1192	182.9	80	PE	1996	100	100004	

그림 5.29 관로 Data 시트(예시)

3) 공급량 배분

공급량 배분은 전체 공급량을 각 상수관로에 사용량, 명목손실량, 이면누수량, 파열누수량으로 구분하여 배분하는 과정으로 앞서 작성된 [상수관로현황], [야간최소유량 분석] 시트에 입력된 자료를 바탕으로 자동으로 계산되어 입력된다. 다만, 파열누수량은 누수복구 현황 등 현장 여건에 따라 수정·보완 할 수 있다. 공급량을 구성하는 모든 유량성분의 배분방식을 정리하면 다음과 같다.

표 5.31 각 상수관로에 공급량 배분 방법

구분	배분 방법
사용량	• [상수관로현황] 시트에서 산출된 각 관로별 월사용량 / 30일(공급일수) ※ 공급일수가 다른 경우(28일, 31일 등)에는 조정하여 입력
명목 손실량	• 사용량 × (총 명목손실량 / 총 사용량) ※ 총 명목손실량은 공급량에 유효무수수량 비율(약 4.5%) 적용 산출
이면 누수량	• 각 관로의 시설상태, 분기수, 연장 등을 고려하여 자동 산출 = [ICF×(0.02×상수관로연장+1.25×급수전수+0.033×옥내관연장)] ×(평균수압/50)^1.5×24/1000
파열 누수량	• 각 관로의 급수전, 급수관로 및 상수관로 연장을 고려하여 자동 산출 = [급수전×급수전단위누수량 + 급수관로연장×급수관단위누수량 + 상수관로연장×상수관로단위누수량] ※ 단위누수량 = 파열누수량 × 시설별 누수량 비율 /시설현황

관로번호 (상수관로)	상수관로		급수연장 (m)	급수전수 (전)	가구수 (가구)	평균수압 (m)	현재 공급량 배분(㎥/일)					비고
	관종	배수연장(m)					계	사용량	명목손실량	이면누수량	파열누수량	
계	516	76,482	41,615	1,503		33.0	1,896	1,525	85	60	226	
100000	PE	23.8	0.0	0	0	33.0	0.03	0.00	0.00	0.01	0.02	
100001	PE	2.8	0.0	0	0	33.0	0.00	0.00	0.00	0.00	0.00	
100002	PE	66.8	42.0	3	2	33.0	1.58	1.17	0.07	0.08	0.26	
100003	PE	56.1	120.0	10	9	33.0	4.74	3.65	0.20	0.22	0.68	
100004	PE	182.9	0.0	0	0	33.0	0.21	0.00	0.00	0.05	0.16	
100005	PE	7.9	10.0	1	0	33.0	0.09	0.00	0.00	0.02	0.06	

그림 5.30 공급량 배분 시트(예시)

4) 수요량 배분

공급량 배분 과정을 통해 각 상수관로에 배분된 사용량, 명목손실량, 이면누수량 및 파열누수량을 각 상수관로의 양(兩) 절점으로 배분하는 과정으로 [관로 Data], [공급량 배분] 시트에 입력된 자료를 바탕으로 자동으로 입력된다. 다만, 저수지, 탱크의 절점에는 공급량이 배분되지 않도록 수식(반대쪽 절점에 전량 배분)을 수정하며, 수정 사유를 비고란에 참고용으로 작성한다.

관로번호	절점번호		사용량(㎥/일)			명목손실량(㎥/일)			이면누수량(㎥/일)			파열누수량(㎥/일)			비고
	F-N	T-N	계	F-N	T-N	계	F-N	T-N	계	F-N	T-N	계	F-N	T-N	
계			**1,525**	**763**	**763**	**85**	**43**	**43**	**60**	**30**	**30**	**226**	**113**	**113**	
100000	1047	1050							0.01	0.00	0.00	0.02	0.01	0.01	
100001	1049	R1							0.00	0.00	0.00	0.00	0.00	0.00	유입관로
100002	1010	1012	1.17	0.58	0.58	0.07	0.03	0.03	0.08	0.04	0.04	0.26	0.13	0.13	
100003	1091	1084	3.65	1.82	1.82	0.20	0.10	0.10	0.22	0.11	0.11	0.68	0.34	0.34	
100004	1191	1192							0.05	0.02	0.02	0.16	0.08	0.08	
100005	1254	1257							0.02	0.01	0.01	0.06	0.03	0.03	

그림 5.31 수요량 배분 시트(예시)

위와 같이 양 절점에 배분된 사용량, 명목손실량, 이면누수량, 파열누수량은 절점 번호를 기준으로 아래와 같이 [절점 Data] 시트에 자동(SUMIF 기능)으로 입력된다.

절점 번호	지반고 (m)	현재(㎥/일)					X - 좌표	Y - 좌표	비 고 (시설)
		유출량	사용량	명목손실량	이면누수량	파열누수량			
월기준		**56,887**	**45,752**	**2,560**	**1,804**	**6,771**			
계		1,896	1,525	85	60	226			
1045	30.00	6.49	5.11	0.29	0.24	0.86	189,897	334,391	
1046	30.00	0.00			0.00	0.00	189,899	334,389	
1047	30.00	0.01			0.00	0.01	189,900	334,388	
R1	30.00	0.00			0.00	0.00	189,900	334,374	분기점
1049	30.00	0.02			0.00	0.01	189,902	334,372	
1050	30.00	0.03			0.01	0.02	189,903	334,371	
1051	22.05	9.43	8.81	0.49	0.03	0.10	190,077	335,212	

그림 5.32 절점 Data 시트에 공급량 입력(예시)

5) 모델 DB 작성

관망해석 모델 DB 작성은 지금까지 작성한 절점 Data, 관로 Data, 수요량 배분 자료를 EPANET 프로그램에서 읽어 들일 수 있는 파일 형태로 작성하는 것을 말한다. 주요 작성 항목은 JUNCTIONS, PIPES, DEMANDS, COORDINATES 등으로 [관망해석 모델] 시트에 다음과 같이 작성한다.

여기서, JUNCTIONS, PIPES, COORDINATES 등은 [절점 Data] 시트, [관로 Data] 시트를 통해 자동으로 입력되며, TANKS, PUMPS 등은 시설 제원을 확인하여 직접 입력한다.

```
[JUNCTIONS]
; 절점번호      표 고      비고
  1046         30.00
  1047         30.00
  ;R1          30.00      분기점
  1049         30.00
  1050         30.00
```

다만, 저수지(R)와 탱크(T)는 JUNCTIONS, DEMANDS, EMITTERS 항목에서 인식되지 못하도록 절점번호 앞에 ';'을 입력하고, 비고란에 시설명을 간단하게 작성한다.

표 5.32 관망해석 모델 DB 작성 항목 및 작성방법

구분	입력내용	작성방법
JUNCTIONS	• 절점번호, 표고	- [절점 Data] 시트에서 자동 연결
RESERVOIRS	• 절점번호, 수두(Head), 패턴	- 시설 제원을 확인하여 직접 입력
TANKS	• 절점번호, 표고, 초기수위, 최저수위, 최대수위, 직경 등	- 시설 제원을 확인하여 직접 입력
PIPES	• 관로번호, S-N, E-N, 길이, 구경, 손실계수 등	- [관로 Data] 시트에서 자동 연결
DEMANDS	• 절점번호, 공급량, 패턴, Category	- [절점 Data] 시트에서 자동 연결 - 사용량, 이면 및 파열누수량 구분 작성
PUMPS	• 시설번호, S-N, E-N, Pump Curve, Speed	- 시설 제원을 확인하여 직접 입력
VALVES	• 시설번호, S-N, E-N, 직경, 형식, Setting 등	- 시설 제원을 확인하여 직접 입력
STATUS	• 관로번호, 상태(open, closed)	- 시설상태를 확인하여 직접 입력
PATTERNS	• 패턴이름, 승수	- (Head 패턴) [유량 및 수압 자료(조정)] 시트에서 자동 연결 - (Demand 패턴) [야간최소유량 분석]시트에서 자동 연결
CURVES	• 시설번호, 펌프특성 (유량, 양정)	- 시설 제원을 확인하여 직접 입력
COORDINATES	• 절점번호, 절점의 X, Y 좌표	- [절점 Data] 시트에서 자동 연결
EMITTERS	• 절점번호, 값	- [절점 Data] 시트에서 자동 연결
TIMES	• 해석 Duration, 시간간격 등	- 직접 입력(Default 값으로 필요시 조정)
OPTIONS	• 단위, 방정식, Demand Model, Emitter Exponent 등	- 직접 입력(Default 값으로 필요시 조정)
VERTICES	• 관로번호, 절점의 X, Y 좌표	- VERTICES 액셀 현황 활용 자료 정리 - 관로의 시·종점 좌표는 삭제 후 입력

관망해석 모델 DB 작성 (예시)

```
[TITLE]
관망해석 모델

[JUNCTIONS]
;절점번호   표고      비고
 1000       21.45
 1001       17.51

[RESERVOIRS]
;절점번호   수두      패턴      비고
 R1         1.0       Head      ; 분기점 동수두

[TANKS]
;절점번호  표고  초기수위  최저수위  최대수위  직경  최소체적  비고

[PIPES]
;관로번호  절점1   절점2   길이    구경   손실계수  미소손실  상태
 100000    1047    1050    23.80   200    100
 100509    1458    1461    155.2   50     100

[DEMANDS]
;절점번호  공급량   패턴         Category
 1000      5.96     사용량       ; 사용량
 1001      3.91     사용량       ; 사용량
 1000      0.26     이면누수량   ; 이면누수량
 1001      0.16     이면누수량   ; 이면누수량
 1000      0.97     파열누수량   ; 파열누수량
 1001      0.52     파열누수량   ; 파열누수량

[PUMPS]
;시설번호  절점1   절점2   매개변수   속도제어   비고
 PUMP1     1337    1339    HEAD       PUMP1      SPEED 1.0

[VALVES]
;시설번호  절점1   절점2   직경   형식   셋팅   미소손실   비고
 PRV1      1364    1363    80     PRV    40.0

[STATUS]
;ID        Status/Setting
 100361    closed          ; 원태곡가압장 Bypass
```

```
[PATTERNS]
;번호        승수
 Head       60.52    60.19    60.71    61.35    61.30    61.49
 Head       66.30    66.98    67.92    68.25    66.27    65.92
 Head       65.74    64.79    64.75    65.37    65.03    65.61
 Head       65.41    65.49    65.90    66.47    65.61    63.01

사용량       0.58     0.55     0.54     0.55     0.62     0.75
사용량       1.03     1.26     1.46     1.47     1.23     1.22
사용량       1.09     0.99     0.98     1.27     1.17     1.19
사용량       1.20     1.25     1.09     1.09     0.87     0.55

이면누수량   0.84     0.83     0.85     0.88     0.87     0.88
이면누수량   1.08     1.10     1.14     1.16     1.07     1.05
이면누수량   1.04     1.01     1.00     0.98     1.00     1.03
이면누수량   1.03     1.04     1.06     1.08     1.05     0.95

파열누수량   0.95     0.94     0.95     0.96     0.96     0.96
파열누수량   1.03     1.03     1.04     1.05     1.02     1.02
파열누수량   1.01     1.00     1.00     0.99     1.00     1.01
파열누수량   1.01     1.01     1.02     1.03     1.02     0.98

[CURVES]
;번호     X-값     Y-값     비고
PUMP1     65       52      ; 원태곡가압장

[ENERGY]
Global Efficiency     75
Global Price          0
Demand Charge         0

[EMITTERS]

[TIMES]Duration        24
Hydraulic Timestep    1:00
Quality Timestep      0:05
Pattern Timestep      1:00
Pattern Start         0:00
Report Timestep       1:00
Report Start          0:00
Start ClockTime       12:00 AM
Statistic             None
```

```
[OPTIONS]
Units               CMD
Headloss            H-W
Specific Gravity    1
Viscosity           1
Trials              40
Accuracy            0.001
Unbalanced          Continue 10
Pattern             1
Demand Multiplier   1
Demand Model        DDA
Minimum Pressure    0
Required Pressure   0.1
Pressure Exponent   0.5
Emitter Exponent
Quality             None mg/L
Diffusivity         1
Tolerance           0.01

[COORDINATES]
;절점       X-좌표        Y-좌표       비고
 1000      188814.49     334569.08
 1001      188829.93     334384.43

[VERTICES]
;관로번호     X-값          Y-값
 100000    189900.63     334386.50
 100000    189909.08     334378.98

[BACKDROP]

[REACTIONS]
;Type      Pipe/Tank  Coefficient

[END]
```

5.2.5 관망해석 모델구축

관망해석 모델 DB의 작성이 완료되면 EPANET에서 읽어 들일 수 있는 텍스트 파일 형식[텍스트(탭으로 분리)(*.txt)]으로 다른 이름으로 저장한 후 EPANET에서 불러오기하여 관망해석 모델구축을 완료한다.

Fnc 텍스트 파일 형식으로 저장

① 관망해석 모델구축 엑셀 파일을 오픈한다.

※ 예제파일 5장 관망해석 모델 DB 작성 및 모델구축 폴더 관망해석 모델구축.xls

② [관망해석 모델] 시트에서 [파일]➡[다른 이름으로 저장하기]➡저장할 위치 및 파일명 입력➡파일형식을 텍스트(탭으로 분리)로 선택한 후 [저장]을 클릭한다.

③ 탐색기에서 해당 파일을 찾아 보안을 해제한다.

④ EPANET 프로그램을 실행한다.

⑤ 메뉴 창에서 [File]➡[Open]➡파일 형식을 All files로 선택한 후 해당 파일(관망해석 모델구축)을 선택 후 [열기]를 클릭한다.

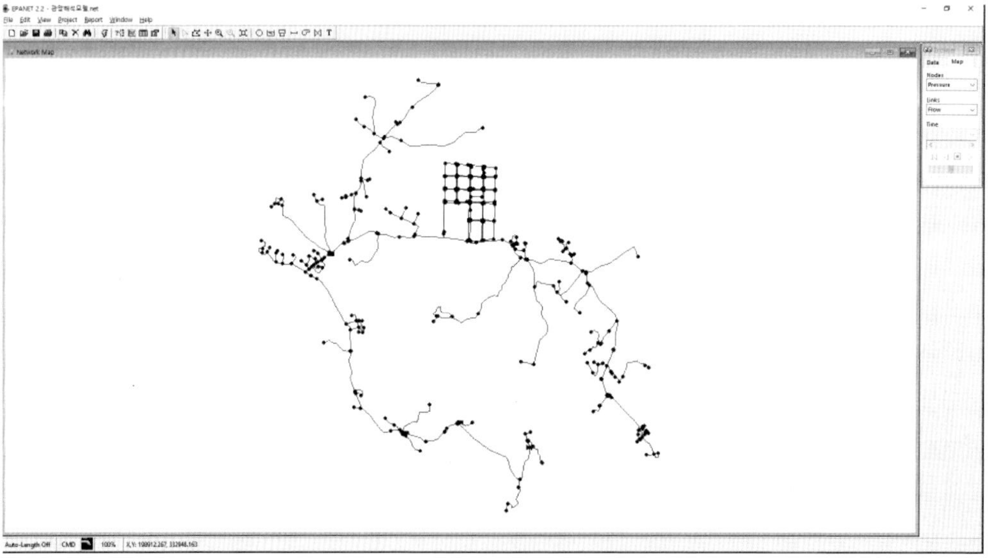

⑥ 메뉴 창에서 RUN(⚡)을 수행한 후 모델에 오류가 없는지, 각종 시설이 설정값과 맞게 정상적으로 작동하지는 확인한다.

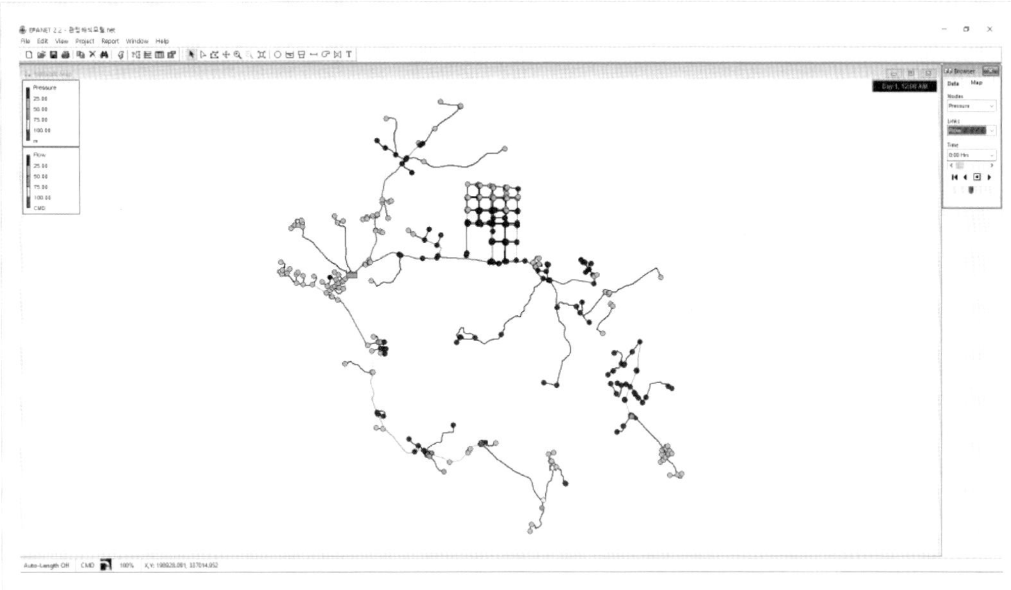

5.2.6 수질해석 모델구축

(1) 개요

수질해석 모델구축은 기 구축된 수리 관망해석 모델을 기초로 수질해석 모델링이 가능하도록 관망해석 설정을 변경하고, 운영수질 자료를 입력하여 수질 해석모델을 구축할 수 있다. 단, 수질해석은 잔류염소 예측 모의에 한정하며, 탁질 거동분석 등은 기 구축한 수리 관망해석 모델로부터 도출된 유속변화, 유향변화 등을 통해 간접적인 분석이 가능하다.

(2) 수질 측정 및 분석

수질변화를 예측하는 모델은 수리 관망해석 모델을 기초로 하여 주로 잔류염소 농도 예측용으로 수질해석에 활용됐다. 수질인자는 잔류염소 감소계수 산정을 위하여 정수장에서 Bottle Test를 통하여 수체반응계수(K_{bulk})를 도출하며, 현장 잔류염소 측정값을 이용하여 관체반응계수(K_{wall})를 도출하여 적용한다. 예제파일 5장 관망해석 모델 DB 작성 및 모델구축 폴더에 있는 "수질 측정 및 분석 데이터" 엑셀 파일을 활용하여 정리한다.

1) 수체반응계수 산정 및 입력

수체반응계수는 해당 급수구역 정수장에 대한 수온별 수체반응계수 실험결과로부터 도출할 수 있다.

수체반응계수 실험(Bottle Test) 시 고려사항

- (방법) 여과수를 대상으로 염소주입을 통해 실제 정수지 유출 잔류염소 농도로 맞추고, 4 ~ 25℃ 사이 3개 온도조건으로 배양하고 주기적으로 잔류염소 농도 측정
- (간격) 초기 10분 후 점진적으로 간격 확대
- (기간) 3개 온도조건 배양 시료의 잔류염소 농도 모두가 0.1 mg/L 이하로 떨어질 때까지 진행(약 7일간)

수체반응계수 실험(bottle test) 절차

여과수 대상
초기 염소주입
→ 0.8 ~ 1㎎/L

⇩

4 ~ 25℃ 사이 3개
온도조건으로 배양
→ 온도에 따른 체류조건
(예: 4℃, 18℃, 25℃)

⇩

체류시간에 따른
염소소비량 측정
→ 초기 10분 후 점진적으로
간격 확대
(10, 20,40,80,160,320 min...)

⇩

잔류염소 감소경향 분석
→ 1차 감소 추세식에 의한 K_b
도출

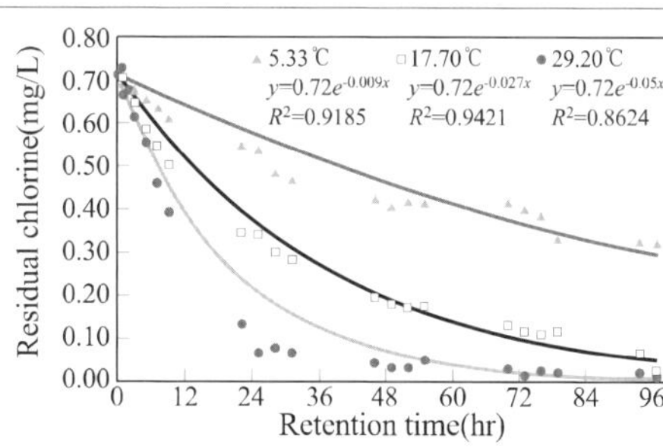

⇩

Arrhenius equation을 이용한
온도보정 계수 상관식 도출
→ 계절별 K_b산정
(결정계수 R^2 0.9이상 적절)

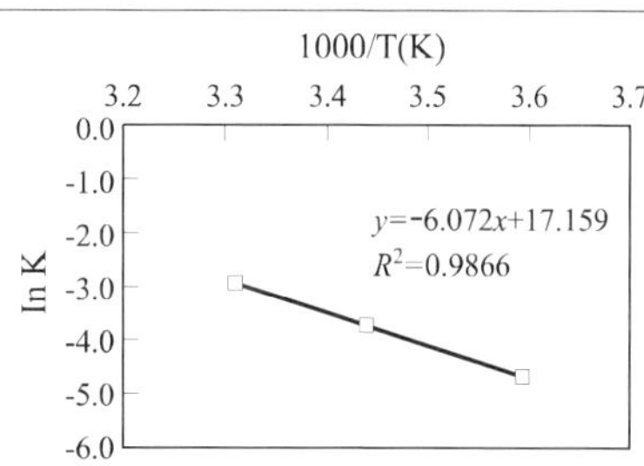

수체반응계수 실험 시 측정한 시간별 수온별 잔류염소 값을 [수체반응계수실험(조정)] 시트에 입력한다. 해당 급수구역에 대한 3가지 수온별 수체반응계수 감소 곡선 및 지수함수식이 아래와 같이 도출된다. 3가지 수온별로 도출된 지수함수식의 지수 값을 [Arrhenius 식] 시트에 K_{bulk}(day) 값으로 단위변환(hr → day)하여 입력하면 모든 수온 구간에 대한 수체반응계수를 도출할 수 있다.

수체반응계수 산정 예시

구분			잔류염소 농도(mg/L)		
날짜	시간	누적시간	5.82℃	20.13℃	31.92℃
7월 17일	11:10	0.0	0.69	0.68	0.62
	11:40	0.5	0.67	0.66	0.59
	13:10	2.0	0.61	0.57	0.58
	15:10	4.0	0.58	0.52	0.47
	18:10	7.0	0.5	0.48	0.36
	20:35	9.3	0.47	0.46	0.33
7월 18일	8:10	21.0	0.41	0.35	0.1
	12:10	25.0	0.37	0.31	0.08
	17:10	30.0	0.27	0.3	0.07
7월 19일	15:50	52.7	0.26	0.2	0.02
7월 21일	10:10	71.0			

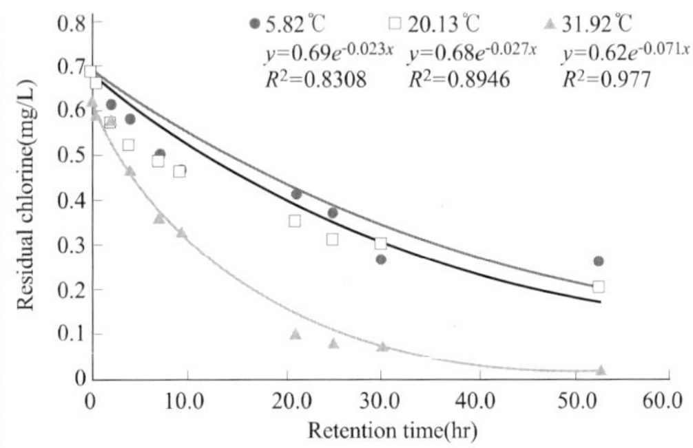

〈 수체반응계수실험(조정) 시트(예시) 〉

bottle test를 통한 Arrhenius 식				
℃	1000/(273+T)	ln(k)	**k(hr)**	**k(day)**
5.82	3.59	-3.77	**0.0230**	**0.5520**
20.13	3.41	-3.61	**0.0270**	**0.6480**
31.92	3.28	-2.65	**0.0710**	**1.7040**

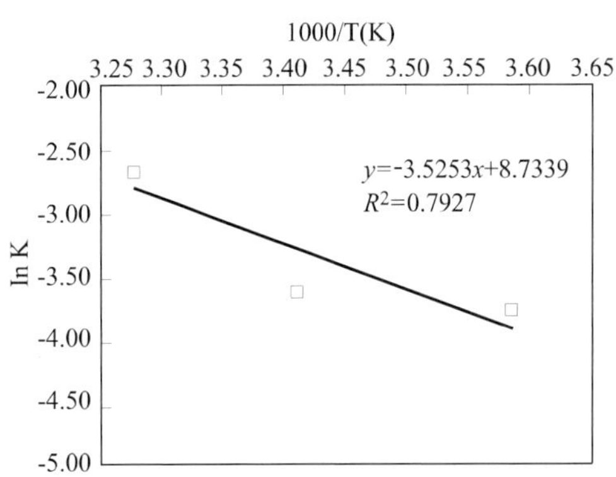

℃	1000/(273+T)	ln(k)	**k(hr)**	**k(day)**
3	3.62	-4.04	**0.01762**	**0.4228**
4	3.61	-3.99	**0.01845**	**0.4427**
5	3.60	-3.95	**0.01931**	**0.4635**
6	3.58	-3.90	**0.02021**	**0.4850**
7	3.57	-3.86	**0.02114**	**0.5074**
8	3.56	-3.81	**0.02211**	**0.5307**
9	3.55	-3.77	**0.02312**	**0.5548**
10	3.53	-3.72	**0.02416**	**0.5799**
11	3.52	-3.68	**0.02524**	**0.6059**
12	3.51	-3.64	**0.02637**	**0.6329**
13	3.50	-3.59	**0.02753**	**0.6608**
14	3.48	-3.55	**0.02874**	**0.6898**
15	3.47	-3.51	**0.02999**	**0.7199**
16	3.46	-3.46	**0.03129**	**0.7510**
17	3.45	-3.42	**0.03264**	**0.7833**
18	3.44	-3.38	**0.03403**	**0.8167**
19	3.42	-3.34	**0.03547**	**0.8513**
20	3.41	-3.30	**0.03696**	**0.8871**
21	3.40	-3.26	**0.03851**	**0.9242**
22	3.39	-3.22	**0.04010**	**0.9625**
23	3.38	-3.18	**0.04176**	**1.0022**
24	3.37	-3.14	**0.04347**	**1.0432**
25	3.36	-3.10	**0.04523**	**1.0856**
26	3.34	-3.06	**0.04706**	**1.1294**
27	3.33	-3.02	**0.04894**	**1.1746**
28	3.32	-2.98	**0.05089**	**1.2214**
29	3.31	-2.94	**0.05290**	**1.2697**
30	3.30	-2.90	**0.05498**	**1.3196**

〈 Arrhenius 식 시트(예시) 〉

2) 관체반응계수 측정 및 입력

관체반응계수는 해당 급수구역 내 주요 지점별 잔류염소 농도 및 수온에 대한 현장 수질측정을 통해 수질 관망해석 모델 검보정 단계에서 도출 할 수 있다. 현장 수질측정 시 체류시간이 짧은 정수장부터 체류시간이 긴 관말의 순으로 계통별로 잔류염소 농도와 수온을 측정한다. 잔류염소 농도 측정 시 체류시간이 더 긴 지점인데도 불구하고 잔류염소 농도가 더 높거나 같은지를 확인하면서 측정하고, 1지점당 3회 이상 측정하여 평균값 또는 대표 값을 입력한다.

현장 수질측정 고려사항

구분	내용
잔류염소 농도	• (위치) 정수장 또는 배수지 유출, 소블록 유입점, 중간지점, 관말지점 • (방법) 기존 잔류염소 농도 TM 자료 활용, 없는 경우 Portable 잔류염소 농도 측정기를 활용 취득 • (기간 및 간격) TM 자료의 경우 계절별, 월별 평균값, 하절기 최소값 측정, Portable 측정자료는 수질 검보정용으로 지점별 3회 내외 측정
수온	• (위치) 정수장 또는 배수지 유출, 소블록 유입점, 중간지점, 관말지점 • (방법) 기존 수온 TM 자료 활용, 없는 경우 Portable 수온계를 활용 취득 • (기간 및 간격) TM 자료의 경우 계절별, 월별 평균값, 하절기 최대값 측정, Portable 측정자료는 수질 검보정용으로 지점별 3회 내외 측정

관체반응계수 측정 및 입력 예시

블록구분	순번	절점번호	체류시간	위치	주소	측정일시	잔류염소 농도	수온	비고
급수구역 1	1	R1	1	석성정수장(정수지 유출)	왕릉로 371	2017-07-17 09:50	0.63	18.4	
	2	1069	7.3	현북 1리 마을회관	동문로 371번길10	2017-07-17 15:10	0.49	27.1	
	3	1134	3.83	현대블루핸즈 부여점	쌍북리 570-6	2017-07-17 14:10	0.09	26.0	
	4	1064	5.85	용정 1리 경로당	용정로 27	2017-07-17 13:50	0.10	25.0	
	5	1087	12.09	구드래 조각공원	구교리 17-4	2017-07-17 11:20	0.27	26.2	
	6	1223	11.57	쌍북리 주공아파트 관리사무소	쌍북리 727 인근	2017-07-17 14:25	0.42	24.1	
	7	1357	44.91	진명가든	금성로 230	2017-07-17 15:30	0.09	26.2	
	8	1399	50.35	신기정로 94번길 19	신기정로 94번길 19	2017-07-17 15:50	0.46	25.7	
	9	1160	15.91	황태골	사비로 4	2017-07-17 12:50	0.26	23.6	
	10	1132	22.69	부여여자고등학교	부소로 4	2017-07-17 11:08	0.40	21.2	
	11	1003	2.15	규암면사무소	계백로 39	2017-07-17 11:35	0.48	22.5	
	12	1406	55.03	구봉 1리 마을회관	홍수로 461-13	2017-07-17 15:05	0.00	23.9	
	13	1447	70.59	정동리 293번지	정동리 293번길	2017-07-17 13:0	0.06	28.5	

(3) 수질해석 모델 설정 변경

1) 기존 수리 관망해석 모델 수정

잔류염소 농도 예측은 수리 관망해석과 체류시간에 영향을 미치기 때문에 기존 수리 관망해석 모델에 대한 [Times Options]을 수질 관망해석이 가능하도록 변경해주어야 한다. 즉 Total Duration은 해당 급수구역의 관말 체류시간보다 큰 값으로 변경하고, Quality Time Step은 Hydraulic Time Step보다 작은 값으로 설정한다.

Times Options

Property	Hrs:Min
Total Duration	200
Hydraulic Time Step	1:00
Quality Time Step	0:05
Pattern Time Step	1:00
Pattern Start Time	0:00
Reporting Time Step	1:00
Report Start Time	0:00
Clock Start Time	12:00 AM
Statistic	NONE

그림 5.33 수질 관망해석 모델 수행을 위한 설정치 변경

잔류염소 농도 예측은 체류시간과 관련이 있기 때문에 관망모델 전체 구성요소가 체류시간 산정이 가능해야 한다. 배수지가 수리 관망해석 모델 상에 Reservoir로 표현되어 있다면 탱크로 변경해주고 탱크의 실제 체류시간이 반영되도록 배수지 운영체적을 반영하여 직경과 수위 값을 정확히 설정해주어야 한다. 그리고 Reservoir와 마찬가지로 탱크의 유출량은 그 하위 절점의 계산된 Demand만큼만 반영되지만, 유입량은 유입 관경과 유입 수압에 따라 결정된다. 이 경우 배수지 운영수위 및 실제 운영체적을 적절하게 반영하기가 어렵기 때문에 수질 관망해석 수행 시

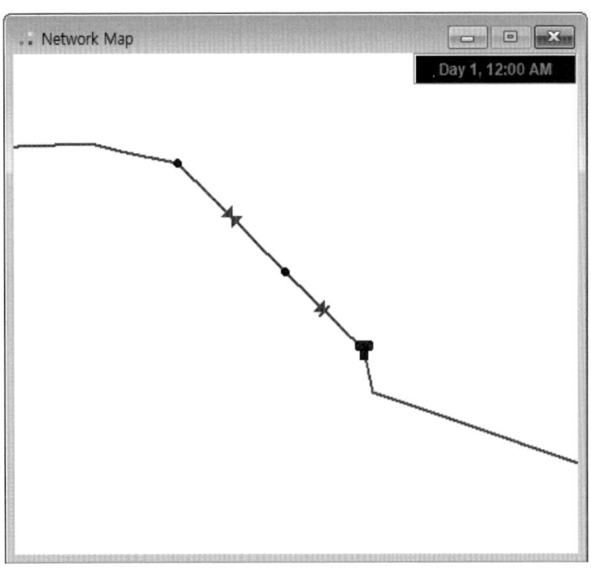

Valve 1

Property	Value
*Valve ID	1
*Start Node	1331
*End Node	2
Description	
Tag	
*Diameter	120
*Type	TCV
*Setting	341.31
Loss Coeff.	0
Fixed Status	None
Flow	448.61
Velocity	0.46
Headloss	3.66
Quality	0.00
Status	Active

그림 5.34 수질해석 모델 수행을 탱크 및 TCV 밸브 설정

배수지를 탱크로 표현하고, 탱크 유입부에는 TCV, PSV, FCV 등의 밸브를 추가하여 배수지 유출량과 동일한 양이 유입되도록 설정해준다. 흡수정 타입의 펌프도 동일한 방법으로 구성하여 흡수정에 대한 체류시간이 반영되도록 한다.

수질 관망해석 결과에 대한 잔류염소 농도 예측결과는 관말 체류시간 이후에 대한 결과값만을 활용할 수 있기 때문에 관말 체류시간 이후에 대한 결과값의 평균, 최대, 최소 등의 결과값을 활용하거나, 잔류염소 농도 예측에 대한 편의성을 높이기 위해 수요량 패턴을 삭제하고, 관말 체류시간 한 시점에 대한 결과값을 활용할 수도 있다.

2) 수질 관망해석 설정인자 입력

수질 관망해석을 위해서는 [Quality Options]의 Parameter를 Chemical로 변경해주고, [Reactions Options]에서 수체반응계수와 관체반응계수 값을 입력해준다. 수체반응계수는 해당 급수구역에 대한 수체반응계수 실험 시 도출한 수온별 값을 입력해주고, 관체반응계수는 수질 검보정 단계에서 그 값을 결정한다. 일반적으로 수체반응계수와 관체반응계수에 대한 차수는 1차식으로 설정한다. 잔류염소 농도에 대한 단위는 [Quality Options]의 Mass Units에서 설정할 수 있으며 일반적으로 mg/L로 설정한다.

Quality Options

Property	Value
Parameter	Chemical
Mass Units	mg/L
Relative Diffusivity	1
Trace Node	
Quality Tolerance	0.01

Reactions Options

Property	Value
Bulk Reaction Order	1
Wall Reaction Order	First
Global Bulk Coeff.	-0.5882
Global Wall Coeff.	-0.05
Limiting Concentratio	0
Wall Coeff. Correlatio	0

Pipe 100173

Property	Value
*Pipe ID	100173
*Start Node	1346
*End Node	1262
Description	
Tag	
*Length	1171.60
*Diameter	75
*Roughness	100
Loss Coeff.	0
Initial Status	Open
Bulk Coeff.	-0.5882
Wall Coeff.	-0.05
Flow	17.69
Velocity	0.05
Unit Headloss	0.09
Friction Factor	0.064
Reaction Rate	0.00
Quality	0.00
Status	Open

그림 5.35 Quality/Reactions Options 및 관로별 수체/관체반응계수 설정

수체반응계수와 관체반응계수는 [Reactions Options]에서 Global 값으로 입력해줄 수도 있고, 개별 Pipe의 속성값으로도 입력이 가능하다. Global 값과 개별 Pipe에 동시에 입력된 경우에는 개별 Pipe 속성값이 우선적으로 적용되며, 배수지 내의 잔류염소 농도 감소량을 반영하기 위해서는 Global 값이 반드시 입력이 되어 있어야 한다.

3) 수질 관망해석 잔류염소 초기값 입력

수질해석 모델을 통해 잔류염소 농도를 예측하기 위해서는 최초 잔류염소 투입지점에 대한 잔류염소 농도 초기값을 입력하여야 한다. 정수지의 경우 Reservoir의 Initial Quality에 관로 상이나 펌프 또는 배수지에 추가 재염소를 주입해주는 경우에는 해당 속성 창에 Source Quality를 입력해주면 된다. Source Quality 설정타입은 일반적으로 Setpoint Booster 또는 Flow Paced Booster로 설정해주며, 유입농도가 낮고 유출농도가 일정하게 유지해주기 위해서는 Setpoint Booster로 설정한다.

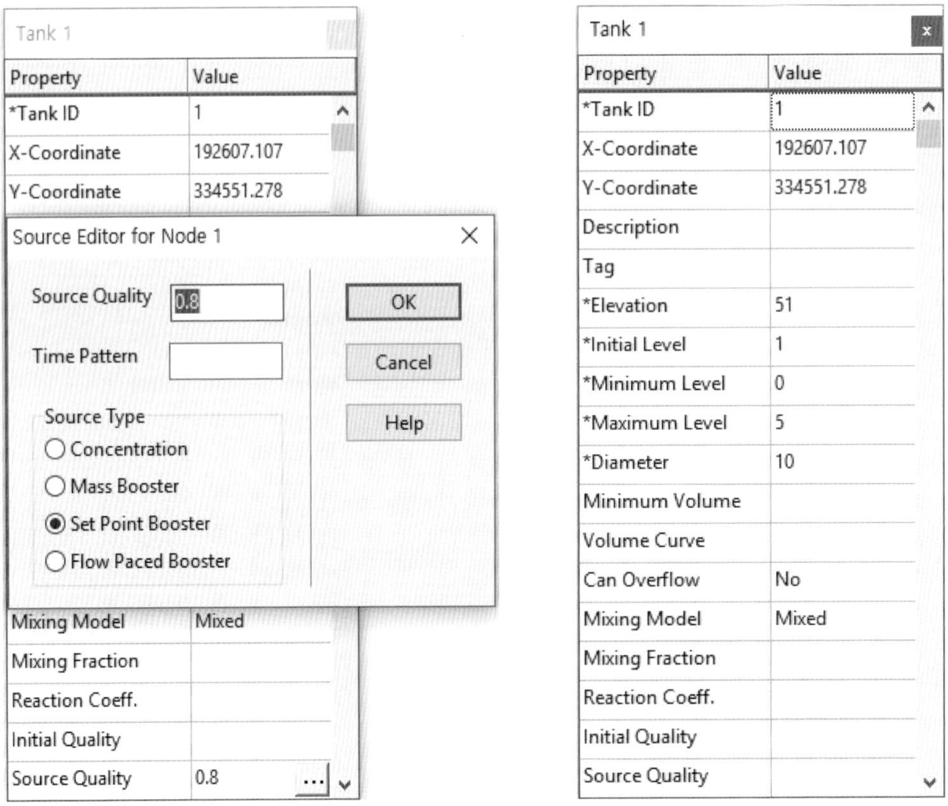

그림 5.36 수질 관망해석 잔류염소 초기값 입력

(4) 수질해석 모델구축

수질해석 모델구축은 엑셀 형태의 수리 관망해석 모델 DB를 수정하여 모델을 구축할 수 있력하고 저장하여 수리 관망해석 모델과 동일한 방법으로 EPANET에서 읽어 들일 수 있는 텍스트 파일 형식[텍스트(탭으로 분리)(*.txt)]으로 저장한 후 EPANET에서 불러오기하여 최종 수질해석 모델을 구축한다.

다만, 배수지를 탱크로 변경하고 FCV 밸브로 설정하는 수준에서 기존의 수리해석 모델을 이용하여 수질해석 모델을 만드는 경우에는 EPANET 프로그램에서 직접 수정하는 방법이 더 용이할 수도 있다.

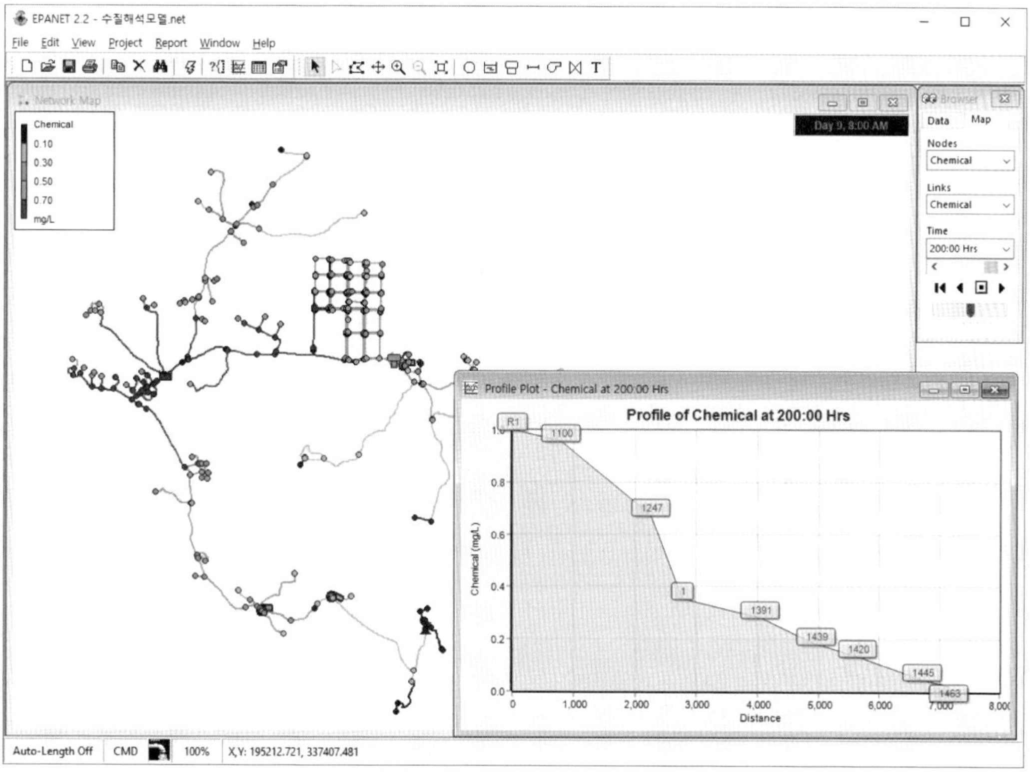

그림 5.37 수질해석 모델구축(예시)

5.2.7 관망해석 모델 검·보정

(1) 검·보정자료 작성

1) 관망해석 모델 확장기간 모의 기반 마련

관망해석 모델을 보정하기 위해서는 실측한 정·배수지 수위, 관로상 수압·유량에 대한 데이터와 수압·유량에 영향을 끼치는 펌프, 감압밸브 등에 대한 운영자료가 필요하다. 보정에 필요한 자료는 일정 기간(약 1주일) 동안 동일시각에 측정된 순시 데이터가 필요하며, 기설치된 온라인 계측기를 통해 수집하거나 필요지점에 계측기를 설치하여 자료를 수집한다.

모델의 보정자료는 관망해석 모델 DB 작성과 마찬가지로 EPANET 프로그램에서 읽어 들일 수 있는 파일 형태로 작성한다. 일반적으로 관망해석 모델 보정은 확장기간 모의(EPS, Extended Period Simulation)로 수행되며, 정수지나 배수지와 같은 용수공급이 시작이 되는 고정수두절점의 에너지(Total Head)와 용수수요가 발생하는 수요 절점의 기저수요량(Base Demand)과 시간패턴이 관망해석 모델에 반영되어야 한다. 시간패턴을 작성하는 방법은 수압, 유량 등에 따라 작성 및 적용 방식에 차이가 있다.

첫 번째로 정·배수지나 가압장을 Reservoir()로 모델을 구성해 Total Head를 입력하는 경우에는 Total Head 값을 1로 입력하고 패턴은 수위(또는 수압(kgf/cm^2)×10+표고(EL. m))를 시간대별로 산정하여 입력한다.

두 번째로 수용가의 사용량에 패턴을 적용하는 경우에는 시간계수(사용량÷평균사용량)를 산정하여 패턴을 적용하는 방법이 있다. 이때 평균사용량은 관망해석 모델에 사용량(Base Demand)과 같은 값이어야 한다. 첫 번째 방법으로도 사용량을 설정할 수 있으나, 패턴을 제거한 정상상태 해석 시 모든 사용량이 1로 되어야 하므로 사용량은 평균사용량을 입력하는 것을 추천한다.

적용해야 하는 패턴의 수가 많은 경우 패턴파일을 엑셀로 작성하여 *.txt 파일로 저장 후 관망해석 모델 Pattern Data에 업로드하면 모델에 쉽게 반영할 수 있다.

정·배수지

시간	수위(m) (1)	표고(EL.m) (2)	합계 (1)+(2)	Head Pattern
0:00	3.4	230	233.4	233.4
0:01	3.3	230	233.3	233.3
0:02	3.2	230	233.2	233.2
0:03	2.9	230	232.9	232.9
0:04	2.8	230	232.8	232.8
0:05	3.1	230	233.1	233.1
0:06	3.4	230	233.4	233.4
0:07	3.5	230	233.5	233.5

가압장 및 감압밸브

시간	수위(kgf/cm^2) (1)	표고(EL.m) (2)	합계 (1)*10+(2)	Head Pattern
0:00	3.42	230	264.2	264.2
0:01	3.44	230	264.4	264.4
0:02	5.23	230	282.3	282.3
0:03	5.25	230	282.5	282.5
0:04	5.62	230	286.2	286.21
0:05	5.19	230	281.9	281.9
0:06	5.22	230	282.2	282.2
0:07	5.31	230	283.1	283.1

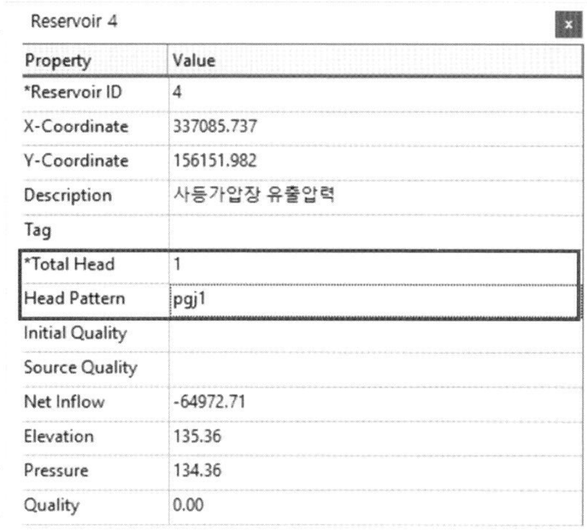

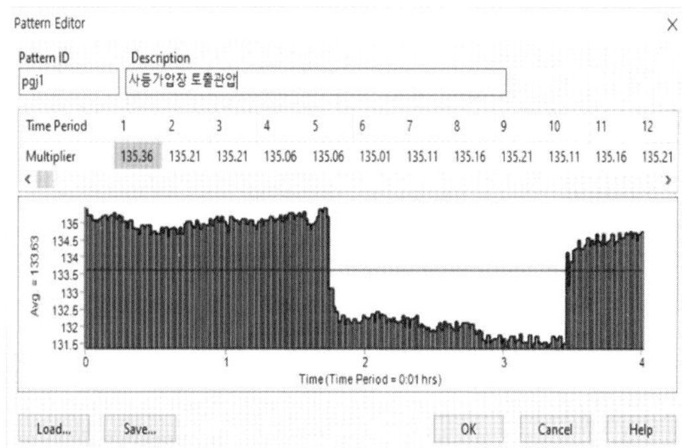

그림 5.38 수위·수압(Total Head) 패턴 적용 (예시)

시간	유량(m^3/hr) (1)	유량(m^3/day) (1)*24	Demand Pattern
0:00	250	6,000	0.867
0:01	252	6,048	0.874
0:02	253	6,072	0.877
0:03	251	6,024	0.870
0:04	248	5,952	0.860
0:05	350	8,400	1.214
0:06	351	8,424	1.217
0:07	352	8,448	1.221
평균	288	6,921	

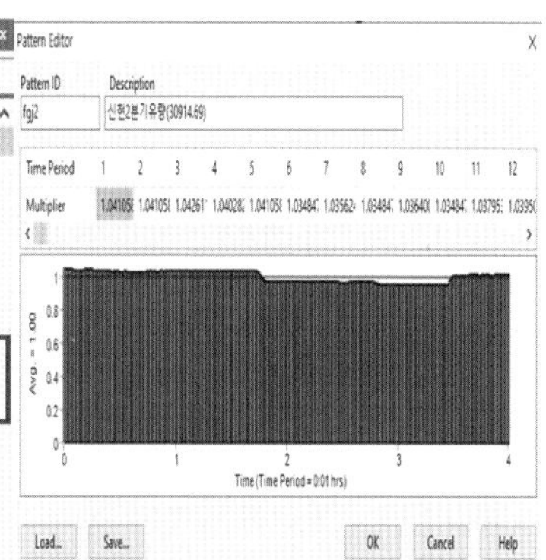

그림 5.39 수용가 사용량(Base Demand) 패턴 적용 (예시)

2) 유량 검·보정자료 작성

관망 주요지점에서 1) 관망해석 모델 확장모의기간 기반 마련과 동일한 기간에 대한 유량, 수압 자료를 수집한다. 검·보정 자료의 작성은 아래의 양식을 참고하여 수집된 데이터를 엑셀 형태로 작성하되, 검·보정을 위한 측정지점이 여러 개면 별도 파일이 아닌 1개 파일에 이름을 달리하여 붙여 넣고, 파일 형식을 텍스트(탭으로 분리)파일 형태로 저장하여 패턴입력과 같은 방식으로 EPANET에서 활용한다.

유량 보정 자료

;위치	;시간	;유량(CMD)	;비고
g255	0:00	66120	;유출량
	0.01	65880	
	0.02	66240	
	0.03	66060	
	0.04	66000	
	0.05	66180	
	0.06	66180	
	0.07	66360	
	0.08	66240	
	0.09	66300	
	0.10	66060	
	0.11	66300	
	0.12	66120	
	0.13	66240	
	0.14	65940	
	0.15	65880	
	0.16	65880	
	0.17	66000	
	0.18	66060	
	0.19	68180	
	0:20	66300	

이하생략

수압 보정 자료

;위치	;시간	;유량(CMD)	;비고
g0+0	0:00	79.85	;시점
	0.01	79.70	
	0.02	79.70	
	0.03	79.55	
	0.04	79.55	
	0.05	79.50	
	0.06	79.60	
	0.07	79.65	
	0.08	79.70	
	0.09	79.60	
	0.10	79.65	
	0.11	79.70	
	0.12	79.75	
	0.13	79.60	
	0.14	79.70	
	0.15	79.65	
	0.16	79.50	
	0.17	79.50	
	0.18	79.35	
	0.19	79.55	
	0:20	79.35	

이하생략

그림 5.40 유량, 수압 보정 자료 시트(예시)

검·보정 자료는 [유량 및 수압 자료(조정)] 시트에 입력된 자료를 바탕으로 자동으로 입력된다. 다만, 관망해석 모델 상의 절점 표고와 수압을 측정한 실제 위치의 표고가 상이할 경우에는 그 차이만큼 반영해야 한다(예, 수압측정 표고는 28.5 m, 절점 표고는 30.0 m로 실제 측정한 수압 값에서 1.5 m만큼 감하여 수압보정자료 작성하거나 절점의 표고를 30.0 m로 조정).

3) 수질 검·보정 자료 작성

수질 검·보정 자료 작성은 미리 측정한 잔류염소 자료를 정리하여 수질해석 모델의 보정자료로 활용하기 위함이다. 유량·수압 검·보정 자료 작성과 마찬가지로 EPANET 프로그램에서 읽어 들일 수 있는 파일 형태로 작성한다.

예제파일 5장 관망해석 모델 DB 작성 및 모델구축 폴더에 있는 "수질 측정 및 분석 데이터" 엑셀 파일 [현장수질측정] 시트에 입력된 자료를 바탕으로 [수질보정자료] 시트에 자동으로 입력된다. 다만 수요량 패턴을 활용할 경우에는 관말 체류시간 이후에 대한 잔류염소 농도를 시간별로 측정하여 입력해주고, 수요량 패턴을 활용하지 않는 경우에는 관말 체류시간 이후의 임의의 시점으로 설정해준다.

;위치	;시간	;유량(CMD)	;비고
R1	199:00:00	1.00	
1069	199:00:00	0.75	
1134	199:00:00	0.85	
1064	199:00:00	0.65	
1087	199:00:00	0.48	
1223	199:00:00	0.56	
1357	199:00:00	0.30	
1399	199:00:00	0.22	
1160	199:00:00	0.30	
1132	199:00:00	0.33	
1003	199:00:00	0.83	
1406	199:00:00	0.12	
1447	199:00:00	0.05	

그림 5.41 수질 검.보정자료 시트(예시)

(2) 관망해석 모델 보정

수리 관망해석 모델의 보정 작업은 첫 번째 유량보정, 두 번째 수압보정 순으로 진행하며 보정에 사용될 파일은 [Project]-[Calibration Data] 탭에서 유량은 Flow, 압력은 Pressure 셀을 클릭한 후 [Browse]를 클릭하여 업로드한다.

첫 번째 유량보정은 관망해석 모델에 보정기간에 입력된 수요량(Demand)과 공급량을 일치시키는 작업을 반드시 수행해야 한다. 수요량과 공급량이 일치하지 않게 되면 질량보존의 법칙($Q = A_1V_1 = A_2V_2$)이 성립되지 않아 관망해석의 기본을 충족하지 못하게 된다. 예를 들어 실제 정수장 공급량보다 수요량이 적게 입력되면 관망해석 결과 실제 수압보다 큰 결과값이 산정되어 수압보정 시 유속계수(C)를 무리하게 높이는 오류를 범할 수 있다.

구분	시계열데이터 분석	정확도	캘리브레이션 통계
보정전	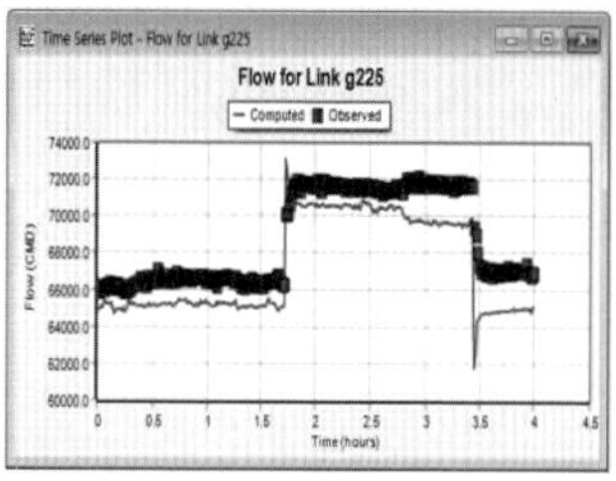	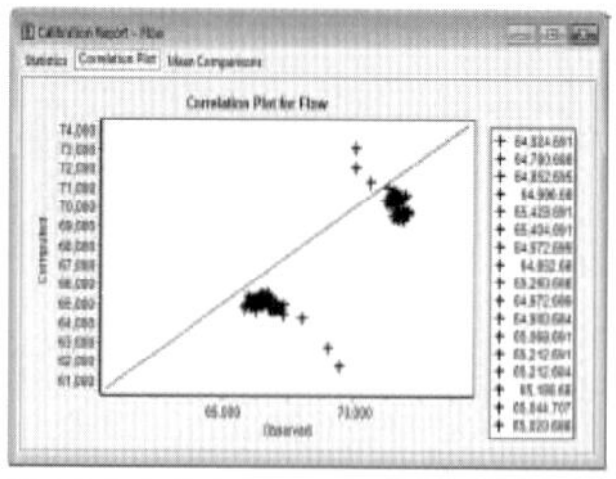	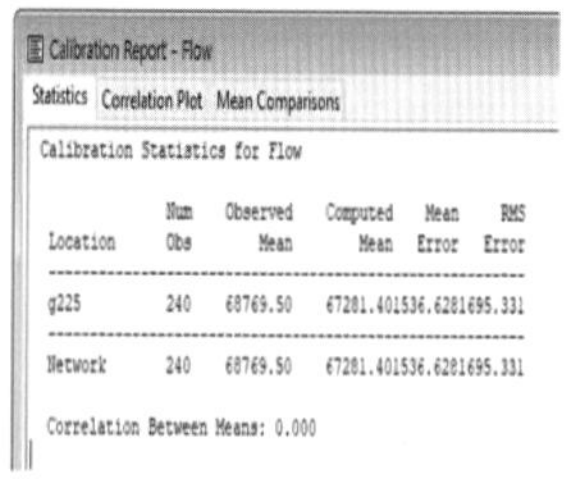
보정후	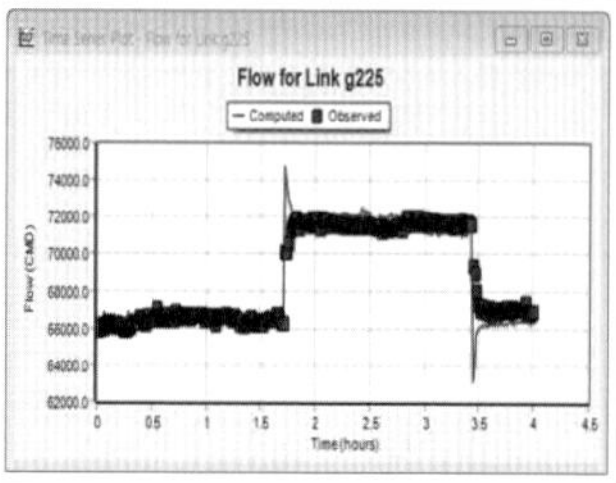	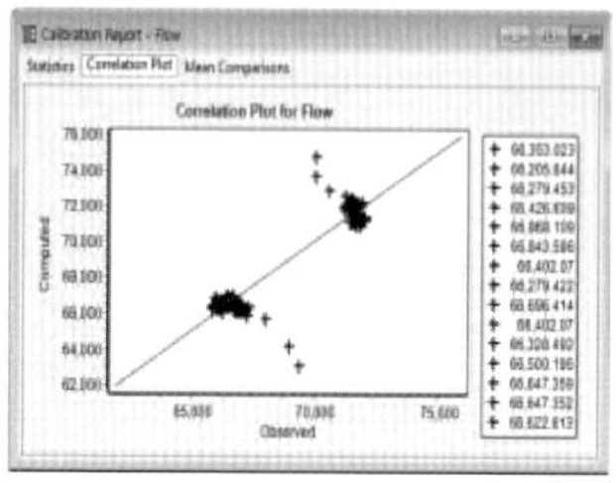	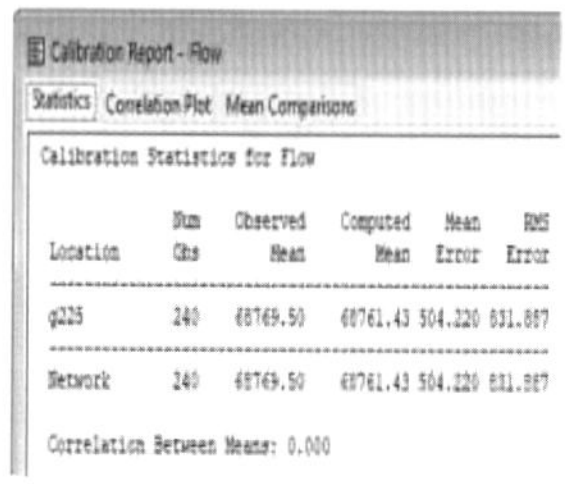

그림 5.42 유량보정 사례

두 번째 수압보정은 관로의 Roughness(H-W공식의 유속계수(C))를 조정하여 실측값과 계산값의 오차를 최소화하는 과정이다. 이때 실측값이 계산값보다 큰 경우 유속계수를 크게 조정하면 차이를 줄일 수 있다. 유속계수 조정 시 주의해야 할 점은 밸브 운영상태(교축운전 등) 및 부정확한 수압계의 설치 위치 반영 등의 문제점을 유속계수로만 조정하게 되면 관망해석 모델을 무리하게 보정하게 되면 잘못된 보정이 될 수 있음을 유의해야 한다.

구분	시계열데이터 분석	정확도	캘리브레이션 통계
보정전	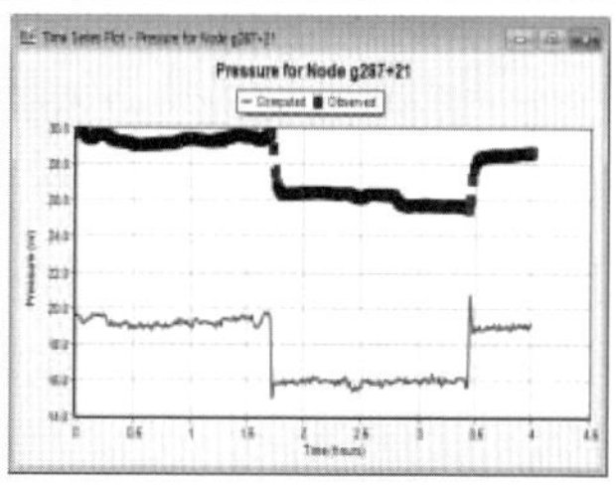	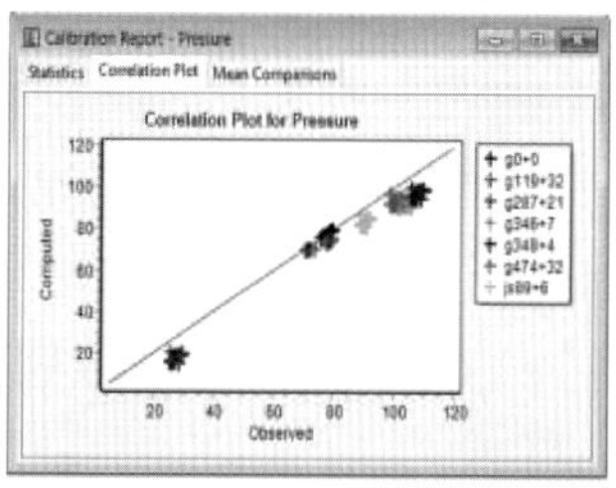	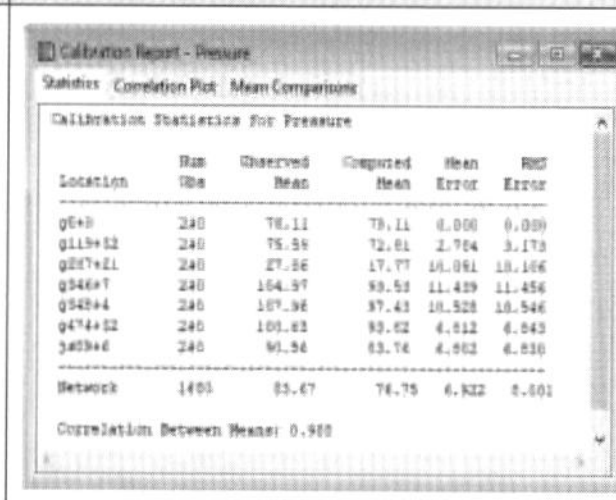
보정후	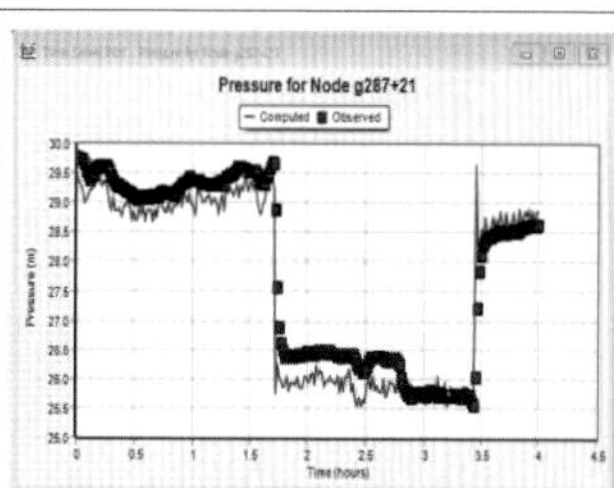	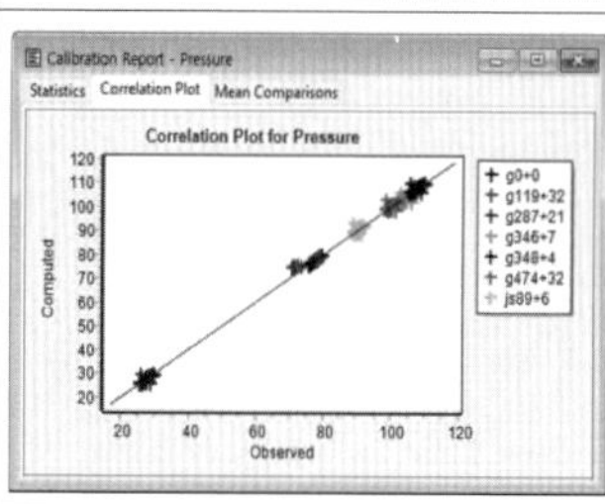	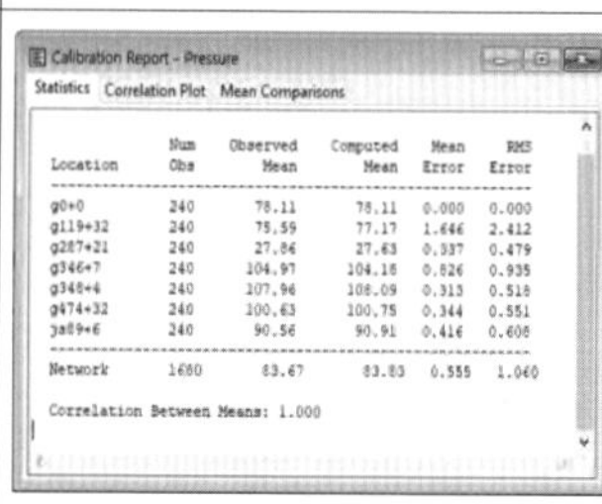

그림 5.43 수압보정 사례

특히, 망(網)형태의 배수관망 해석은 관로 설치·운영현황을 정확히 파악하기 어렵기 때문에, 실제 측정값과 관망해석 값의 차이가 크게 발생할 수도 있다. 이와 같은 경우에는 블록의 고립여부와 밸브의 조작현황, 감압밸브 설치운영 현황, 가압장 운영현황을 재조사하여 근본 원인을 파악할 수 있도록 해야 한다. 아래와 같이 물의 흐름 경로를 변경하는 것만으로 관망해석 보정의 차이가 발생함을 확인할 수 있다.

<table>
<tr><th>구분</th><th>관망해석 결과</th><th>수압 보정 결과</th></tr>
<tr><td>밸브
운영현황
미반영</td><td></td><td>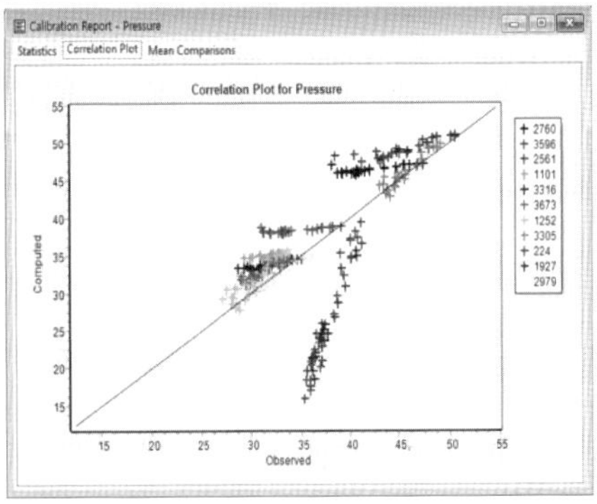
</td></tr>
<tr><td>밸브
운영현황
반영</td><td></td><td>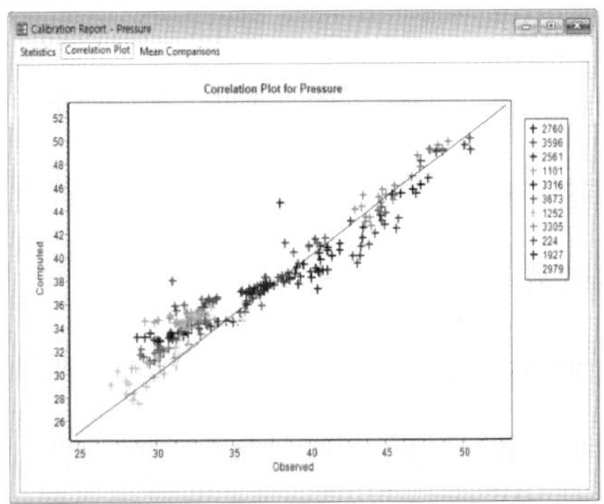
</td></tr>
</table>

그림 5.44 밸브 조정을 통한 보정 사례

수질해석 모델의 보정은 수압보정 시 실측수압과 예측수압의 오차가 최소가 되도록 C값을 관로마다 조정해주는 것과 마찬가지로 수체반응계수만을 반영하여 예측된 잔류염소 농도와 실측 잔류염소 농도의 오차가 최소화가 되도록 관체반응계수를 관로마다 조정해주는 방법으로 보정작업을 진행한다.

수압 및 수질 검·보정 과정에서 매개변수 C값 및 관체반응계수를 변경할 경우에는 관로 구경, 매설연도, 관종 등에 따라 차등하여 입력할 수 있으며, 엑셀 형태에 관망해석 모델 DB에서 매개변수 값을 변경하거나, EPANET 프로그램의 [Group Edit] 기능을 이용하여 그룹별로 변경할 수 있다.

구분	관망해석 결과	수질 보정 결과
수질보정 전 (K_{wall} : 0)	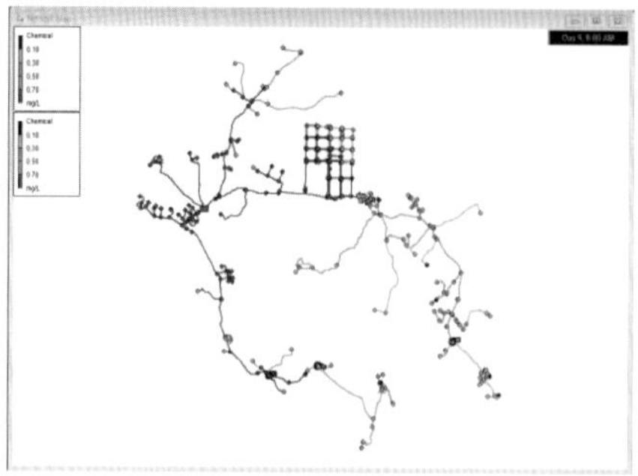	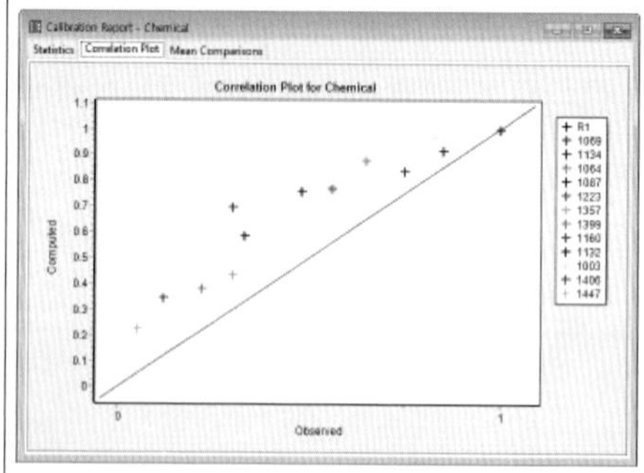
수질보정 후 (K_{wall} : −0.5)	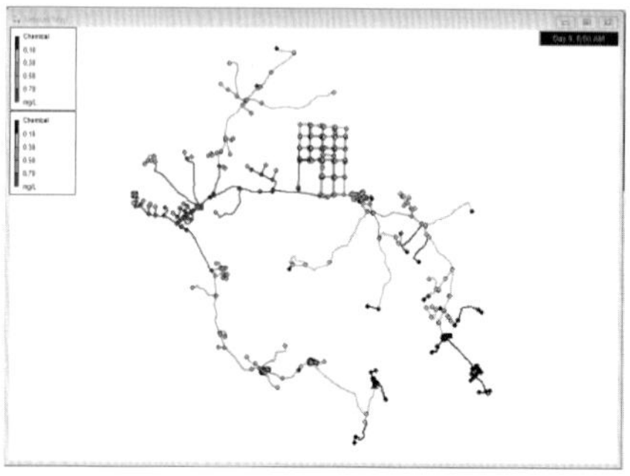	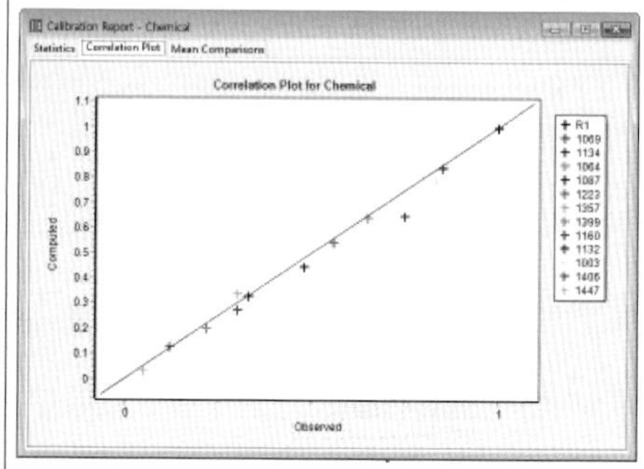

그림 5.45 수질보정 사례

Fnc 관망해석 모델 검보정 절차

① 보정전의 관망해석 모델구축을 EPANET 프로그램으로 오픈한다.

② 메뉴 창에서 [Project]➡[Calibration Data]➡보정자료 링크➡[확인]

※ 텍스트파일 형식으로 유량보정은 Flow에 수압보정 시에는 Pressure항목에 수질보정 시에는 Quality에 항목에 링크시킨다.

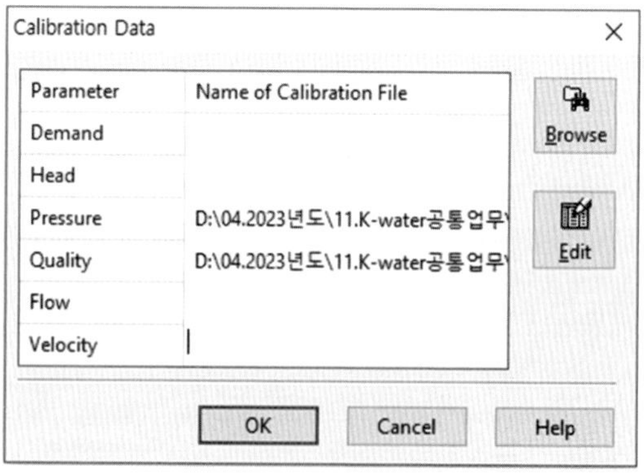

③ 관망해석 모델의 보정 매개변수 초기값을 설정한다.

※ 수압 검보정은 관로별 속성 편집기에 Roughness 값을 입력하고, 수질 검보정은 관로별 속성 편집기 또는 Options에서 Bulk/Wall Coeff. 값을 입력한다.

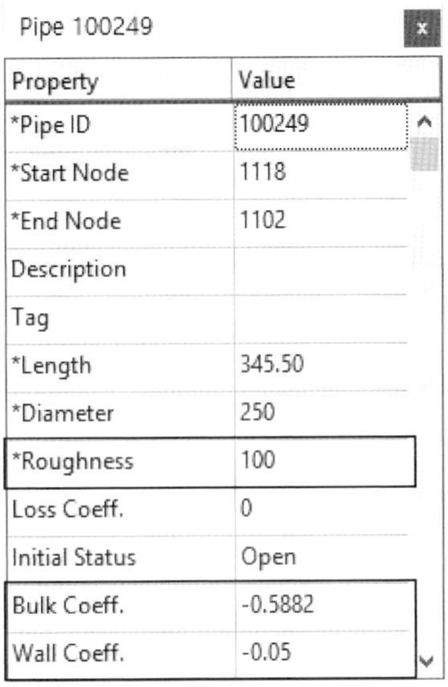

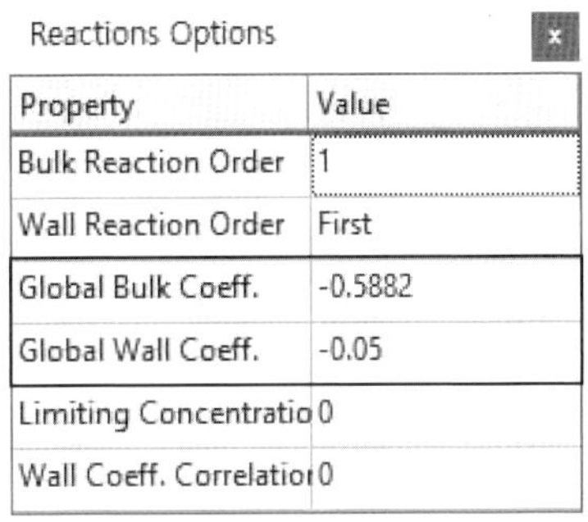

④ 메뉴 창에서 RUN( )을 실행시킨다.

⑤ 메뉴 창에서 [Report]➡[Calibration]➡측정 개별지점 및 전지점에 대한 RMS 오차를 확인한다.

※ RMS 오차가 정확도 범위내에 포함될 때까지 ③~⑤ 순서를 반복한다.

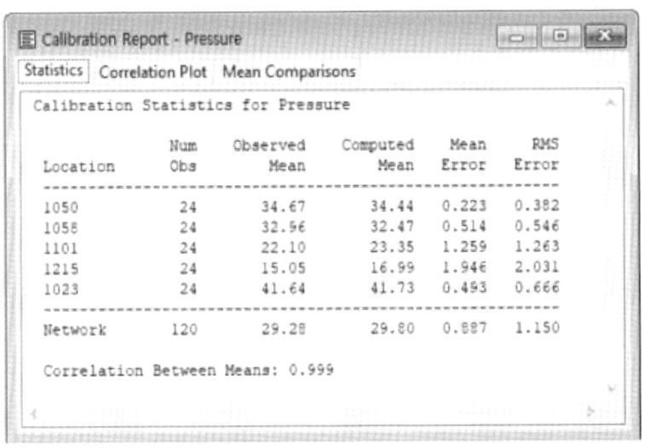

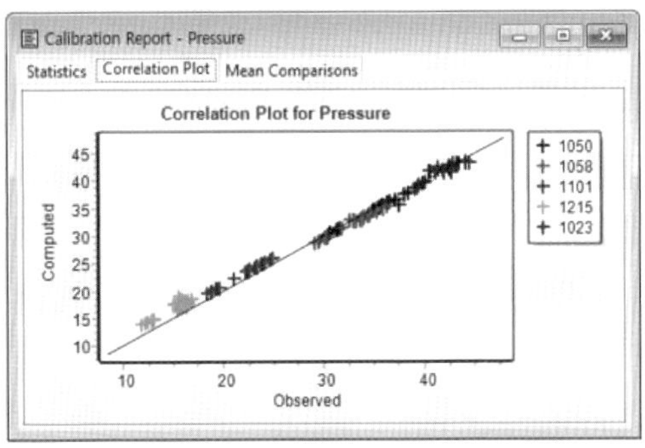

⑥ 모델보정이 완료되면 저장하고 종료한다.

5.3 관망해석 모델의 적정성 평가

복잡한 배급수관망에 대한 관망해석 모델을 좀 더 쉽게 구축하기 위해 연결점 생성, 위상 정립, 표고값 추출 등에 GIS 공간분석 기능을 활용한다. 이러한 공간분석 기능은 자동화되어 있어 관로의 연결오류(False Intersection Errors, Dangle Errors) 등을 확인하기가 어려워 "관망도 정비"라는 사전작업을 걸쳐 물리적 요소에 대한 오류 발생을 최소화 할 수 있다. 그럼에도 불구하고 구경(300 mm → 30 mm로 입력) 등 처음부터 잘못 입력된 정보, 잘못 작성된 관망도(연결오류 등)에 대한 추가적인 확인이 필요하다. 또한, 배수지, 가압장, 감압밸브 등 중요 시설물들의 시설현황과 운영조건에 맞게 관망해석 모델이 구축되었는지와 그 관망해석 결과가 동일한 작동상태를 보이고 있는지에 대한 확인 작업이 필요하다.

이런 일련의 작업을 "관망해석 모델의 적정성 평가"라 하며, 관망해석 모델구축 시 발생할 수 있는 오류들에 대해 검토 및 수정을 통해 관망해석 모델의 정확도를 향상시키는데 그 목적이 있다. 주요 평가 항목은 다음과 같다.

- 물리적 요소의 적정성 : 관경, 관로의 연결상태 등
- 밸브 모의의 적정성 : 감압밸브, 유량제어밸브, 개도조절밸브 등
- 가압장 모의의 적정성 : 펌프특성곡선 및 펌프제어
- 탱크 모의의 적정성 : 유출량, 수위변동
- 기타 모델구축의 적정성 : 수요량 배분, 해석조건

관망해석 모델의 적정성 평가는 기본적으로 관망해석 모델을 구축한 후 분석에 활용하기 전에 실시하게 되는데, 관망해석 모델 검보정과는 목적이 다소 다르나 상황에 따라서 검보정과 병행하여 실시하게 된다. 예를 들면, 실제 실측한 압력 값의 차이가 단순히 C값의 문제가 아니라 잘못 입력된 물리적 요소의 정보, 시설물의 부적절한 운영조건 설정 등으로 발생할 수 있으며, 이로 인해 오히려 잘못된 C값을 보정하는 등의 추가적인 오류가 발생할 수 있기 때문이다.

또한, 물리적 요소, 시설물의 작동여부는 간단하게 확인이 가능하나, 모든 시설물에 대한 세부적인 시설운영 현황을 알 수가 없으므로 간접적으로 수압 또는 유량 자료를 활용한 검·보정 과정을 걸쳐 좀 더 세밀하게 적정성을 검토할 수 있다.

5.3.1 물리적 요소의 적정성 평가

(1) 물리적 요소 주요 평가 항목 및 방법

물리적 요소의 적정성 평가는 기존의 자료나 현장 확인을 통하여 관 구경의 일치, 연결상태 등을 파악하는 것으로 주요 평가 항목 및 방법은 표 5.33과 같다.

표 5.33 물리적 요소 주요 평가 항목 및 방법

항목	평가방법
시설물 확인	• 정수장, 배수지, 가압장, 감압밸브 등 중요 시설물 입력 여부 확인 → 모델에 반영된 시설물을 전부 확인하고, 누락된 시설물 추가 작성
관 구경 확인	• 관로를 구경별로 분리하여 구경 이상 및 연결상태 확인 - 구경이 줄었다가 커지는 경우, 커졌다가 줄어드는 경우 → Query 기능을 활용하여 관경별로 확인 → 공급시점을 시작으로 주관로를 따라가며 구경 및 연결상태 확인
관로 연결상태 확인	• False Intersection Errors 확인 (관로의 Cross 및 Crossover 확인) → 별도의 방법은 없으며 기 수집자료를 근거로 주관로 및 급수구역 경계 지역에서의 관로의 연결상태 확인 • Dangle Errors 확인 (Over Shoot 및 Under Shoot 확인) → Dangle Errors의 경우 EPANET에서 확인하기가 상당히 어려우므로 우선 "관망도 정비" 작업시 최대한 확인하여야 하며, EPANET에서 각 Node를 움직여 관로의 연결상태를 확인
시설물 유출입 관로 확인	• 시설물 유·출입 관로가 직결되어 있는지 확인 • 송수관로와 배수관로가 직접 연결되어 있는지 확인 • 가압구간과 비가압구간이 분리되어 있는지 확인 • 감압구간과 비감압구간이 분리되어 있는지 확인 → 시설물의 유·출입관로를 따라 관로 구경 및 연결상태를 확인 → "Run"을 실시하여 시설물의 유·출입 관로의 물방향 확인
절점 EL 확인	• 절점의 표고값 적정성 확인("0" 또는 Outlier 표고값 확인) → Query 기능을 활용하여 표고값 별로 확인 → 절점의 표고값은 수치표고모델을 활용하여 취득하게 되나, 시설물의 전·후단 절점 또는 사용자에 의해 추가로 생성된 절점의 표고값은 사용자에 의하여 강제 입력되므로 오류 발생 가능

(2) 물리적 요소 평가 사례

○ Case 1. 관 구경 확인(구경이 갑자기 커지거나 작아지는 경우)

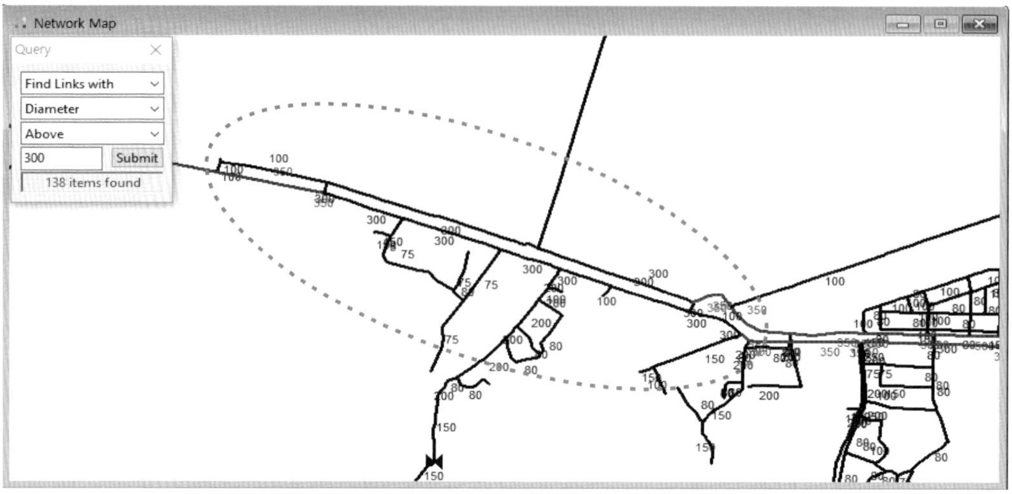

- D300 *mm* 초과 관로에 대해 Query 한 결과, D350 *mm* 관로가 D300 *mm* 관로 후단에 연결되어 있음 ⇒ D300 *mm* 관로 구경 확인 필요

○ Case 2. 관로 연결상태 확인(일부구간 관로가 누락된 경우)

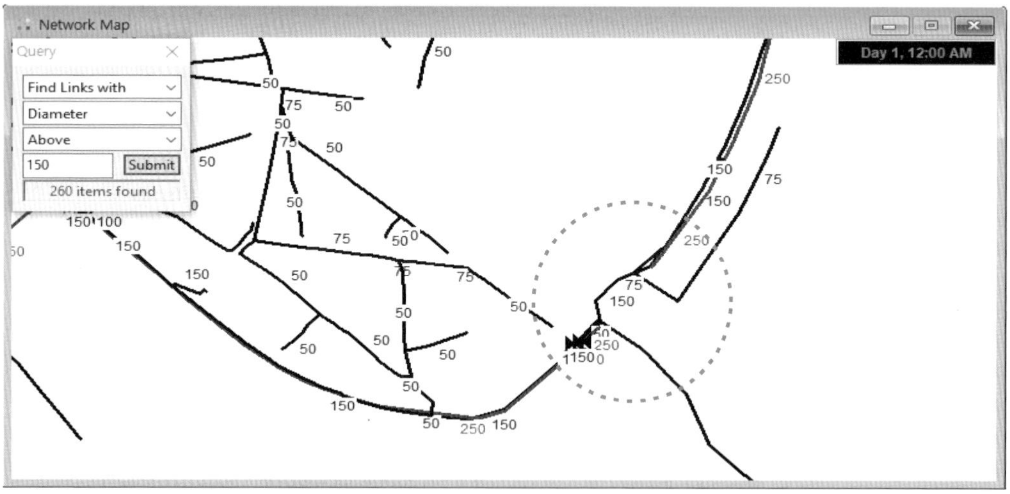

- D150 *mm* 초과 관로에 대해 Query 한 결과, D250 *mm* 관로(하천횡단 관로)가 누락된 것으로 판단됨 ⇒ 관로 연결상태(누락여부) 확인 필요

○ Case 3. 관로 연결상태 확인(Dangle Errors, Under Shoot)

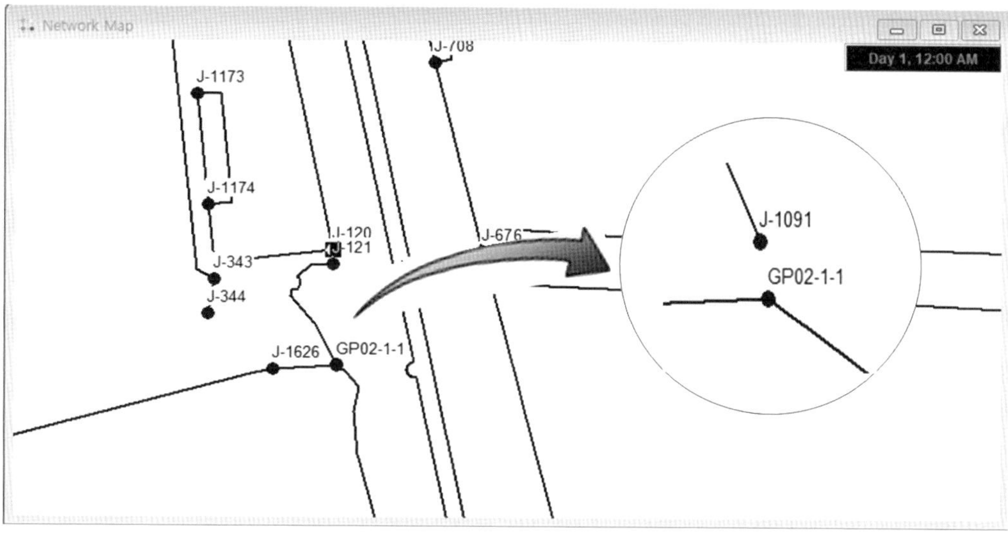

- 관망해석 결과, 절점 J-121, J-344 등에서 "disconnected" Warning 메시지 발생 ⇒ 인근지점 상세 확인한 결과, 관로가 끊어져 있음(Under Shoot)

○ Case 4. 시설물 유출입 관로 확인(가압장)

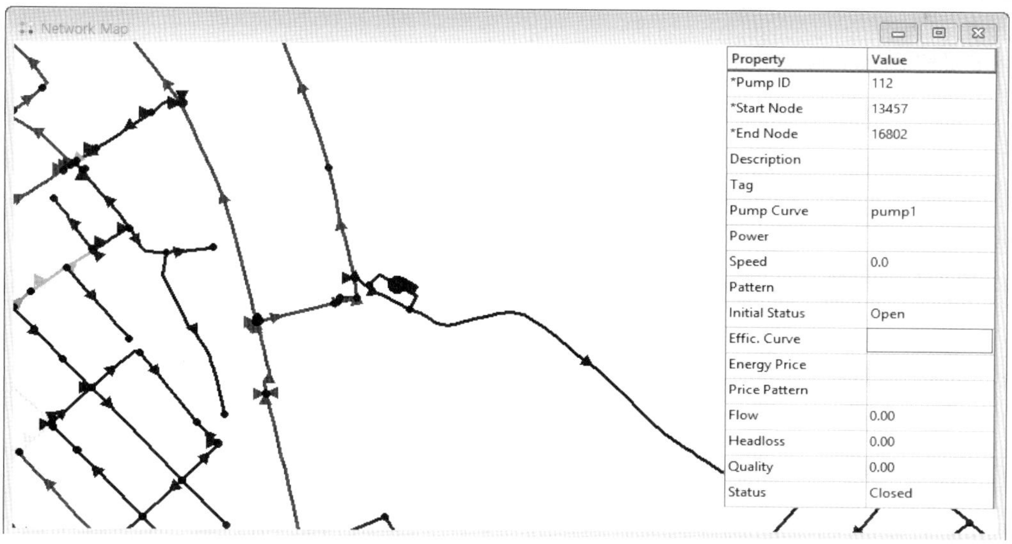

- 관망해석 결과, Pump1의 작동상태가 초기 "Open" 상태에서 "Closed" 상태로 변경 ⇒ Pump1 Bypass 관로 개폐 여부 확인 필요

5.3.2 밸브 모의의 적정성 평가

(1) 밸브 모의의 적정성 평가 항목 및 방법

밸브 모의의 적정성 평가는 우선 밸브의 방향 및 적용의 적정성을 확인한 후에 관망해석(Run)을 수행하여 당초 밸브의 설정값과 운영상태에 맞게 적절하게 작동되는지를 확인하는 방법으로 평가한다. 주요 평가 항목 및 방법은 표 5.34와 같다.

표 5.34 밸브 모의의 주요 평가 항목 및 방법

항목	평가방법
밸브의 방향 (연결상태)	• 밸브 방향(시작점, 끝점) 및 밸브 전·후단 관로의 연결상태 확인 • 밸브 By-pass 관로(밸브가 정상 작동되려면 "Closed" 되어야 함) → 모든 밸브에 대해 육안으로 방향 확인, By-pass 관로 설정 확인
밸브의 용도	• 실제 관망여건이 수리적으로 반영되도록 밸브가 적절하게 선정되었는지 확인 → "2.4 밸브와 수리학", "4.1.3 EPANET의 구성요소 및 속성자료"에서 밸브의 종류 및 기능 참고하여 확인
밸브의 설정 및 작동상태	• 밸브의 설정값이 밸브의 특성 및 실제 운영현황에 맞게 설정되어 있는지 확인 • 밸브가 설치목적에 맞게 작동하는지 확인 → 관망해석을 실시한 후 표 5.35를 참고하여 작동상태 확인

표 5.35 관망해석 모델 밸브별 작동상태

구분	작동상태
PRV (감압밸브)	• Active : 상류측 압력이 설정값보다 높을 경우(정상작동) • Open : 상류측 압력이 설정값보다 낮은 경우(미작동) • Closed : 하류측 압력이 상류측보다 큰 경우(역류, 미작동)
PSV (압력유지밸브)	• Active : 하류측 압력이 설정값보다 낮은 경우(정상작동) • Open : 하류측 압력이 설정값보다 높은 경우(미작동) • Closed : 설정값이 상류측 동수두를 초과하는 경우(역류, 미작동)
FCV (유량조절밸브)	• Active : 설정값보다 상류측 유입유량이 큰 경우(정상작동) • Open : 설정값보다 상류측 유입유량이 적은 경우(미작동) • Closed : 사용자 또는 제어에 따라 밸브가 차단되는 경우(미작동) → 설정한 값보다 유량이 작게 흐를 때(Open)는 제어할 수 없으며, 이러한 경우 경고 메시지를 표출함

(2) 밸브 모의의 적정성 평가 사례

○ Case 1. 밸브의 방향 확인(밸브의 방향이 부적절한 경우)

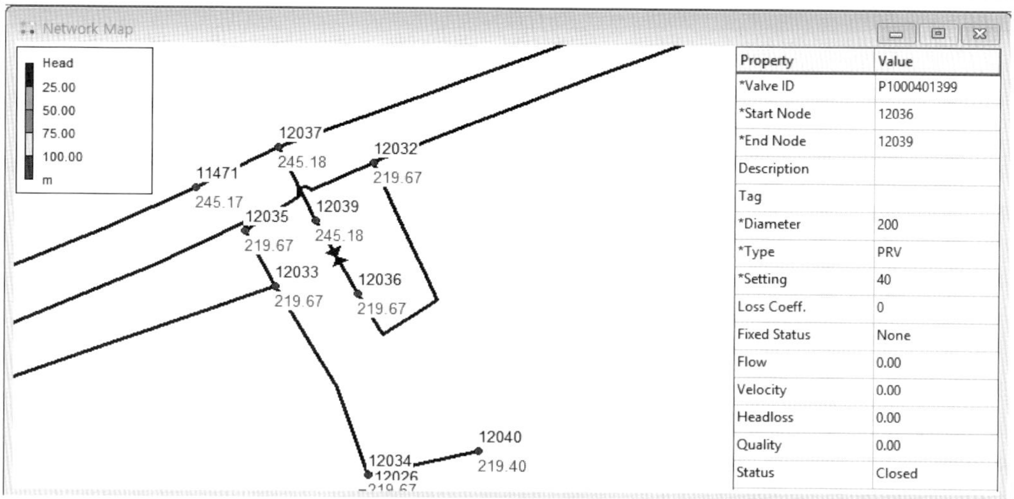

- PRV의 방향이 Node 12036 → Node 12039로 설정되어 있으나, 동수두는 Node 12039가 245.48 m, Node 12036이 219.67 m로 감압밸브 후단의 동수두가 높아 PRV가 Closed 됨 ⇒ PRV의 방향 확인 필요

○ Case 2. 밸브의 방향 확인(밸브의 연결상태가 부적절한 경우)

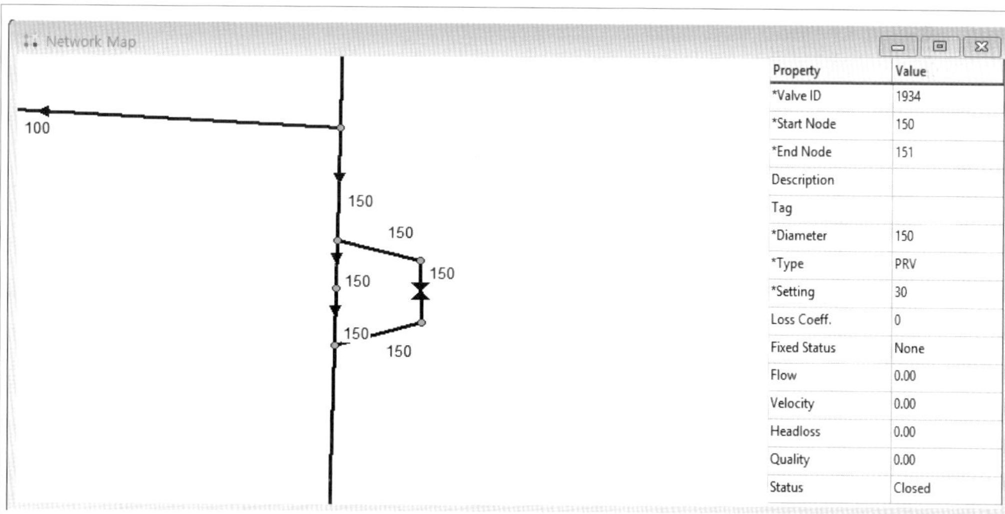

- D150 mm 관로의 Bypass에 PRV가 설치되어 있는데, D150 mm 관로가 열려있어 PRV가 기능을 발휘하지 못하고 "Closed" 됨 ⇒ PRV가 기능을 발휘하려면 D150 mm 관로를 "Closed" 시켜야 함

○ Case 3. 밸브의 설정 확인(설정값 이상)

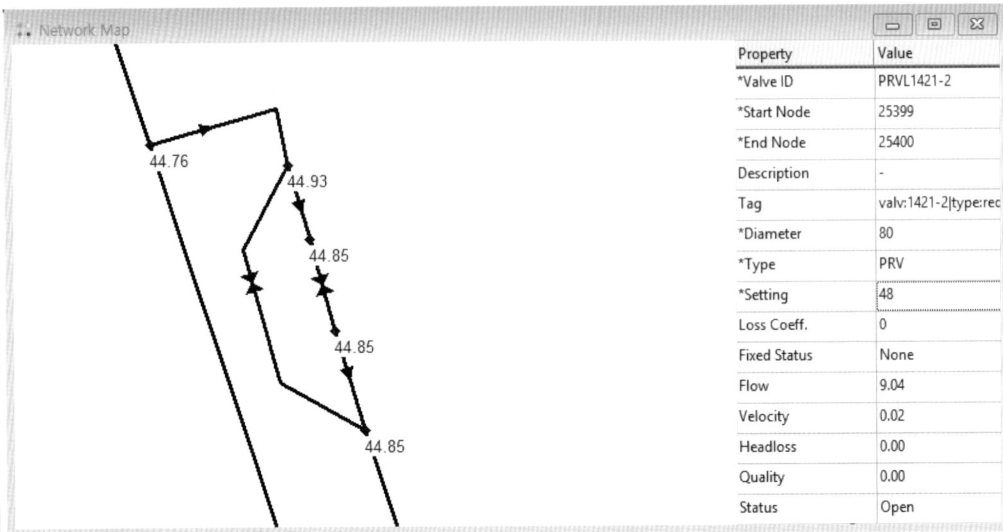

- PRV이 Setting 값이 48 m 이나, 실제 유입 압력은 44.85 m 로 Setting 값보다 낮아 PRV가 작동되지 않고 "Open" 됨 ⇒ PRV Setting 값 확인 필요

○ Case 4. 밸브 선정의 적정성 확인(PBV)

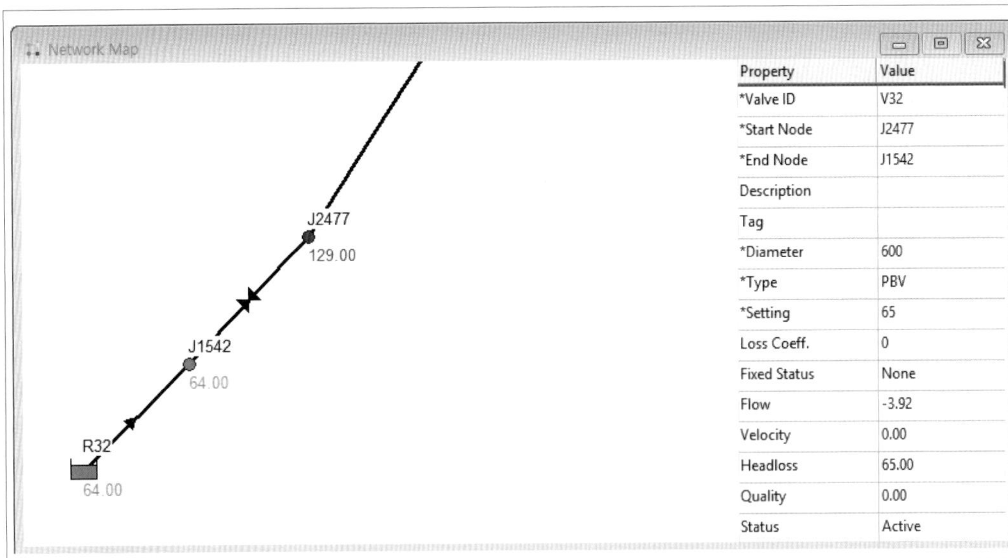

- 배수지 후단에 설치된 가압장을 모의하기 위해서 PBV를 적용하였으나, PBV는 자유수면을 갖는 절점을 모의하기 위한 목적임 ⇒ PBV를 가압장으로 변경 모의 필요

5.3.3 가압장 모의의 적정성 평가

(1) 가압장 모의의 적정성 평가 항목 및 방법

가압장 모의의 적정성 평가는 가압방식, 제어방식 등에 맞게 모델이 구축되었는지 확인 후 관망해석을 수행하여 당초 운영조건에 맞게 적절하게 작동되는지를 확인한다. 펌프 운전 및 제어 방식에 따라 펌프 특성곡선이 변동되어 실제 운전점이 당초 예상 운전점과 크게 다를 수 있으므로 반드시 확인이 필요하다.

표 5.36 가압장 모의의 주요 평가 항목 및 방법

항목	평가방법
모델구축	• 제어방식, 조합조건, 가압방식에 맞게 모델구축 여부 확인 → 가압시설 전·후단의 관로 및 시설물을 확인하여 적정성 확인
제어방식	• 제어대상 및 제어방식에 맞게 제어를 하였는지 확인 → Run 실행 후 당초 제어목적에 맞게 펌프가 가동되는지 확인
펌프 특성곡선	• 펌프 운전점의 적정성 확인(유량, 양정) → Run 실행 후 당초 양정 및 유량과 비교 확인

(2) 가압장 모의의 적정성 평가 사례

○ Case 1. **모델구축의 적정성 확인(제어방식)**

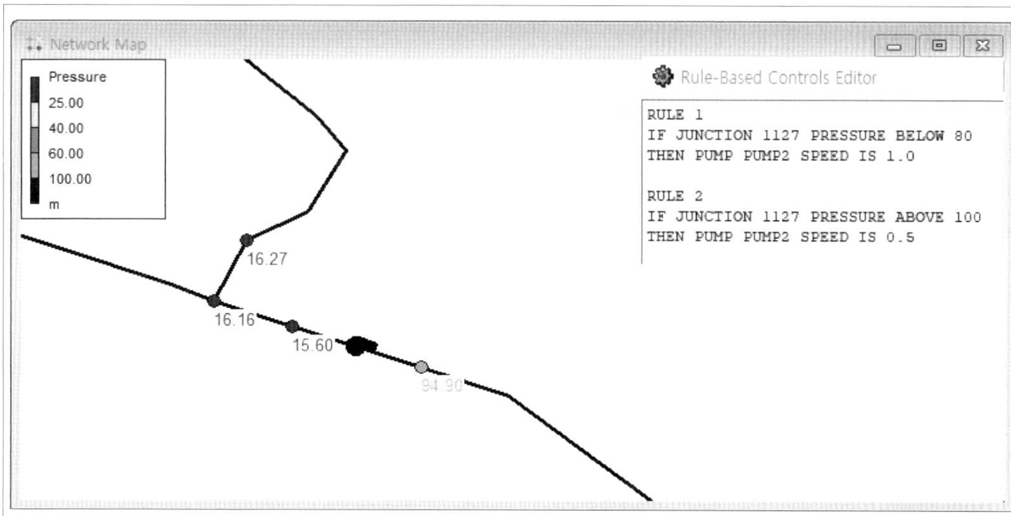

- In-line 펌프를 Rule을 통해 제어(후단 수압이 80 m 이하면 펌프 속도를 1.0으로, 후단 수압이 100 m 이상이면 속도를 0.5로 변경)하였는데, 후단 수압이 94 m로 설정조건과 상이함 ⇒ 펌프 운영조건 확인 필요

○ Case 2. 펌프특성곡선의 적정성 확인

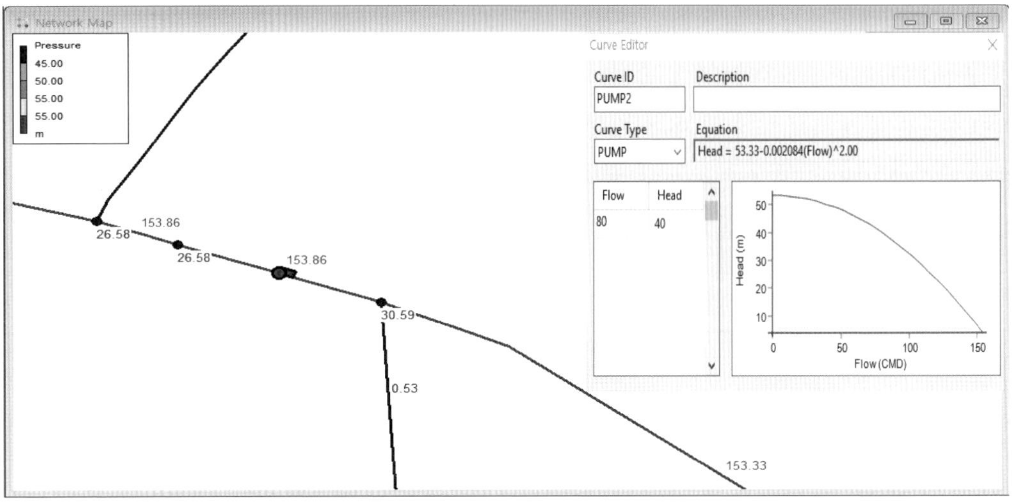

- 펌프의 송수량이 정격유량(80 ㎥/일)보다 약 2배인 153 ㎥/일로 적정 운영범위를 초과⇒In-line 가압장의 경우 실양정에 따라 펌프 특성곡선이 변화할 수 있으므로 압력측정 등을 통한 확인 필요

5.3.4 탱크 모의의 적정성 평가

(1) 탱크 모의의 적정성 평가 항목 및 방법

탱크 모의의 적정성 평가는 탱크 용도에 맞게 모델이 구축되었는지 확인 후 관망해석을 수행하여 수위 등이 설정된 운영조건에 맞게 운영되는지를 확인한다.

표 5.37 탱크 모의의 주요 평가 항목 및 방법

항목	평가방법
모델구축	• 탱크의 종류에 맞게 모델구축 여부 확인 → 탱크의 표고, 높이, 용량, 제어조건 확인
탱크 유출·유입량	• 탱크의 유출량과 유입량이 실제 운영조건과 맞는지 확인 → Run 실행 후 실제 유출입량과 해석결과 값이 맞는지 확인 → 특히, 유입량이 잘 맞지 않는 경우에는 FCV 등 밸브 적용 제어
탱크 수위변동	• 탱크의 수위변동이 실제 운영조건과 맞는지 확인 → Run 실행 후 실제 수위변동과 해석결과 값이 맞는지 확인

(2) 탱크 모의의 적정성 평가 사례

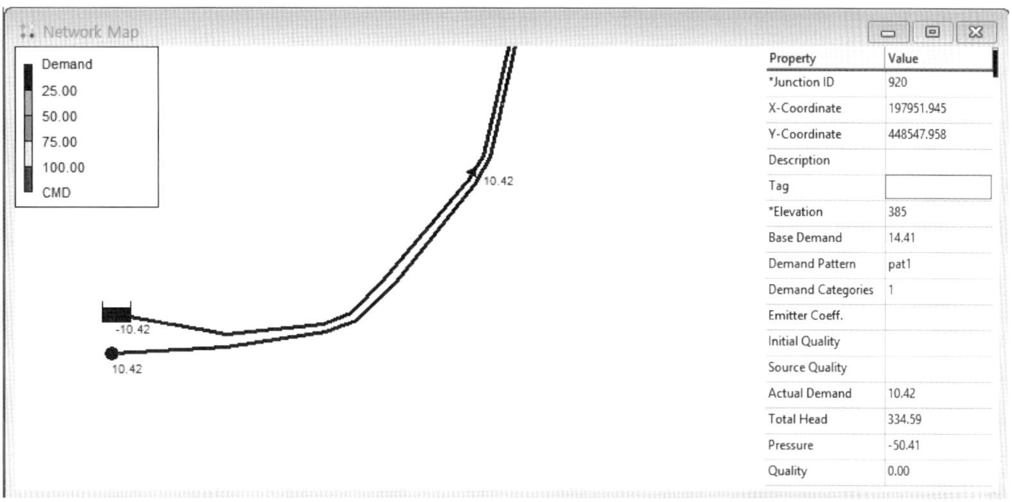

- 배수지 유출입량을 모의하기 위해 배수지 전단에 절점을 만든 후 배수지 유출량을 패턴으로 입력 ⇒ 배수지 전단에 FCV 밸브를 적용하여 배수지 유출입량 모의 필요

5.3.5 주요 오류(Error) 유형 및 해결방법(EPANET FAQ)

EPANET은 수리 또는 수질해석에 문제가 있는 경우 오류(Error)와 경고(Warning) 메시지를 발생한다. 관망해석을 수행하면서 자주 마주할 수 있는 오류와 경고 메시지들은 다음과 같다.

(1) 오류 유형 및 해결방법

① 특정 지점에서 관망의 흐름과 에너지 균형을 모의하는 방정식 세트를 풀 수 없는 경우 표시된다. 이것은 관망의 수요절점 일부가 물을 필요로 하지만, 공급원에 물리적으로 연결하는 연결선이 없을 때 발생할 수 있다. 이 경우 EPANET은 연결이 끊긴 절점에 대한 경고 메시지도 나타낸다. 특정 관망 속성에 비현실적인 숫자가 사용된 경우 방정식을 풀 수 없을 수도 있다.

「System Error 110 : cannot solve network hydraulic equation」

→ 관망의 각 절점 저수지 및 탱크와 연결상태 확인

② 펌프의 ID와 펌프의 특성곡선(curve) ID가 일치하지 않거나 특성곡선을 입력하지 않으면 입력오류 발생

「Input Error 206 : pump 1 refers to undefined curve」

→ 펌프의 번호와 특성곡선의 번호를 일치시키거나 특성곡선 ID를 입력

③ 밸브(PRV, PSV, FCV)를 저수지(Reservoir), 탱크(Tank) 등 고정수두절점에 직접연결하면 오류발생

「Input Error 219 : Valve 1 illegally connected to a tank」

→ 저수지와 탱크 직하류에 절점을 추가한 후에 밸브연결

④ 제어(control)의 규칙기초제어(Rule-based control)에서 맨 윗줄에 사용하는 "RULE 1"에서 RULE과 번호(1)를 붙이면(예, RULE2) 오류발생

「✗ Access violation at address 0038BA0 in module 'EPANET2.DLL' Read of address 000000」

→ 반드시 RULE과 번호를 띄워 써야함(예, RULE 3)

(2) 경고 메시지 및 원인

① Pumps Cannot Deliver Flow or Head

EPANET은 펌프가 펌프특성곡선 범위를 벗어나 작동하는 상황이 될 때 위와 같은 경고 메시지를 나타낸다. 펌프가 체절양정(유량이 0이 되는 최대 양정)보다 더 큰 수두로 공급해야 하는 경우, EPANET은 펌프를 닫는다(Closed). 이로 인해 관망 일부에 물이 공급되지 못해 물 흐름이 끊어질 수 있다.

② Network is Disconnected

EPANET은 수요가 있는 모든 절점에 물을 공급할 방법이 없는 경우 관망의 연결이 끊긴 것으로 인식한다. 이것은 수요가 있는 절점과 저수지, 탱크 또는 음(-)의 수요가 있는 절점 사이에 개방된(Open) 연결선 경로가 없는 경우 발생할 수 있다. 닫힌 연결선으로 인해 문제가 발생 된 경우 EPANET은 여전히 수리적(Hydraulic) 해(극단적으로 큰 부압이 있는 경우)를 계산하고 상태 보고서(Status Report)에서 문제 연결선을 식별하려고 시도한다. 연결선이 존재하지 않으면 EPANET은 유량 및 수압에 대한 수리방정식을 풀 수 없으며, 분석이 수행될 때 Error 110 메시지를 준다. 확장기간 모의에서는 시간이 지남에 따라 연결선 상태가 변경됨에 따라 절점의 연결이 끊어질 수 있다.

③ Negative Pressures Exist

수요기반 해석(DDA)을 수행할 때, EPANET은 공급할 수요가 있는 교차점에서 부압이 발생하면 경고 메시지를 표시한다. 이것은 일반적으로 관망의 설계 또는 운영방식에 문제

가 있음을 나타낸다. 수요절점의 일부가 닫힌 연결선을 통해서만 물을 받을 수 있는 경우에도 부압이 발생할 수 있다. 이 경우 연결이 끊긴 네트워크에 대한 추가 경고 메시지도 표시된다.

대안으로 수압기반해석(PDA)을 수행하여 절점서 수압-수요 관계를 가정하여 수리적 해를 풀 수 있다. PDA를 이용한 수리해석을 수행하면 절점 수요량을 감소시키거나 0이 되게 하여 부압을 제거하게 된다. 관망에서 큰 부압은 물리적으로 현실적이지 않기 때문에 PDA 기법이 보다 "현실적인" 해법으로 간주된다.

④ System Unbalanced

시스템 불균형 상태는 EPANET이 허용된 최대 계산 시도 횟수 내에서 일정 기간 수리학적 해로 수렴할 수 없을 때 발생할 수 있다. 이 상황은 밸브, 펌프 또는 관로가 수리학적 해에 대한 점검이 진행됨에 따라 한 시험에서 다음 시험으로 상태를 계속 전환할 때 발생할 수 있다. 예를 들어, 펌프의 상태를 제어하는 수압 한계가 너무 가깝게 설정되었을 수 있다. 또는 펌프의 양정곡선이 너무 평평해서 계속해서 켜지고 꺼질 원인을 제공하는 경우이다.

불균형 상태를 제거하기 위해 허용되는 최대 시도 횟수를 늘리거나 수렴 정확도 요구 사항을 완화하는 방법을 사용할 수 있다. 이 두 매개변수는 모두 프로젝트의 수리(Hydraulic) 옵션에서 설정할 수 있다. 불균형 상태가 지속되면 "If Unbalanced"라고 표시된 또 다른 수리 옵션에서 두 가지 방법으로 이를 처리할 수 있다. 하나는 조건이 발생하면 전체 분석을 종료하는 것이고, 다른 하나는 모든 연결선이 현재 값으로 고정된 상태에서 또 다른 10번의 시험을 위해 수리적 해를 계속 찾는 것이다. 수렴이 이루어지면, 그런 다음 시스템이 불안정할 수 있다는 경고 메시지가 표시된다. 수렴이 이루어지지 않으면 "System Unbalanced" 경고 메시지가 표시된다. 두 경우 모두 분석은 다음 기간으로 진행된다.

주어진 기간의 분석이 시스템의 불균형으로 종료되면 사용자는 이 동안 생성된 수리학적 결과가 부정확하다는 것을 인식해야 한다. 저장 탱크로 유입되거나 유출되는 오류와 같은 상황에 따라 이는 향후 모든 기간의 결과 정확도에도 영향을 미칠 수 있다.

참고문헌

- AWWA (2016) M36 Water Audits and Loss Control Programs, Forth Edition. American Water Works Association(AWWA).
- Cesario AL , Davis JO (1984) Calibrating Water System Models , J AM WATER WORKS ASS, Vol.76 (7) ; pp.66-69
- Mays, Larry W. (1999) Water Distribution Systems Handbook, McGraw Hill Professional.
- Morrison, J., Tooms, S. and Rogers, D. (2007) District Metered Areas Guidance Notes, IWA Specialist Group Efficient Operation and Management Water Loss Task Force, IWA(International Water Association).
- Walski TM (1983) Technique for calibrating network model , J WATER RES PL-ASCE, Vol.109 (4) ; pp.360-372
- 김성한, 양승경, 김동홍, 우형민 (2009) 유수율 제고를 위한 관망해석 및 진단. 홍릉과학출판사.
- 김성한 (2018) 상수관망 해석에서의 모형구성 및 수요할당에 따른 영향분석, 충남대학교.
- 정읍시 관망도(2021).
- 한국수자원공사 (2009) 상수관망 유수율 제고 · 관리 가이드북.
- 한국수자원공사 (2020) 상수도 GIS 활용 업무매뉴얼.
- 한승희 (2013) GIS 이론 및 실습. 구미서관.
- 환경부 (2021) 상수도관망시설 유지관리 매뉴얼.
- 환경부 (2022) 스마트 관망관리 운영 · 유지관리 및 활용 가이드북.
- 환경부 (2022) 상수도설계기준.
- 환경부 (2023) 상수도통계.
- QGIS : https://qgis.org/en/site/ and https://qgis.org/ko/site/
- 국가공간정보포털 : http://data.nsdi.go.kr

CHAPTER

6 관망해석을 이용한 상수도관망 유지관리 사례

CHAPTER 6

관망해석을 이용한 상수도관망 유지관리 사례

6.1 상수도관망 유지관리 개요

상수도관망의 유지관리는 공급구역의 수요에 상응한 수량과 수질기준에 적합한 안전한 수돗물을 필요한 수압으로 중단 없이 공급할 수 있도록 시설물의 상태 파악과 사고를 예방하기 위한 주기적인 점검, 정비를 실시해야 한다(환경부, 2021a). 수돗물을 충분한 수량과 적절한 수압, 안전한 수질로 연속적으로 공급하기 위해서는 상수도관망시설의 유지관리가 필수적이며, 이를 위한 법적 사항이 수도법령에 규정되어 있다. 이 장에서는 상수도관망시설 유지관리와 관련된 규정과 관망해석을 이용한 다양한 유지관리 사례를 살펴보도록 하자.

수도법에는 상수도관망 유지관리를 위하여 지방자치단체인 "일반수도사업자는 수돗물 공급과정에서의 수질 오염을 방지하고, 누수량을 줄여 유수율을 높이기 위하여 상수도관망을 효율적이고 체계적으로 유지·관리하여야 한다(수도법 제21조의2)"라고 규정되어 있다. 또한, 수도법 시행령에는 상수도관망의 유지관리를 위해 수행해야할 업무와 관리해야할 실적을 다음과 같이 규정하고 있다(수도법 시행령 제34조의3).

- 상수도관망계획의 수립 및 시행
- 상수도관망의 목표 유수율 유지·관리계획의 수립 및 시행
- 상수관망의 누수탐사·복구 등 누수 관리
- 상수도관망의 점검·정비

상수도관망시설의 유지관리 업무 수행에 필요한 세부사항은 「상수도관망시설 유지관리업무 세부기준(환경부고시 제2021-43호)」에 제시되어 있다. 이 세부기준에는 상수도관망시설의 운영 및 유지관리계획수립, 관세척, 유수율관리, 상수도관망시설의 점검·정비, 정보관리 및 수계전환 계획수립과 수행 등에 관한 기준이 수립되어 있다.

특히, 이 세부기준 제9조(상수도관망시설의 정보관리) 제2항에는 "일반수도사업자는 상수도관망에 대한 관망모델을 구축하고, 상수도관망 기술진단 수행시 갱신된 관로 및 밸브 등의 시설물 정보와 실제 측정한 수압, 유량, 잔류염소 농도 결과 및 밸브개폐 현황 등을 반영하여 관망모델을 보정하고, 그 결과를 수도정비기본계획에 반영하도록 한다. 이 경우 수립된 관망

모델의 해석결과는 상수도관망시설 운영 및 유지·관리에 활용할 수 있도록 해야 한다."라고 규정하고 있다. 즉, 상수도관망시설 유지관리에 관망해석이 필수적이며 지속적인 갱신 및 보정이 필요함을 명시한 것이다.

또한, 상수도관망시설은 대부분 땅속에 묻혀있어 상태 파악이 어렵고, 매설 후 시간이 지남에 따라 노후되거나 지형에 따라 부식, 수질오염 등의 문제가 발생하는 지점이 생길 수 있다. 이에 따라 수도법에는 이런 지역을 「상수도관망 중점관리지역」으로 지정하고 특별하게 관리하도록 하고 있다. 일반수도사업자는 관할 중점관리지역에 대하여 정기적인 수질측정 등을 실시하고, 관망개선계획을 수립하여 환경부장관에게 제출(수도법 제21조의3)하여야 하는 의무를 규정하고 있다.

상수도관망 중점관리지역은 수질사고 및 수질민원이 반복적으로 발생하거나 발생할 우려가 있는 지역, 상수도관망의 노후 정도, 수질사고가 발생할 경우 큰 피해가 발생할 우려가 있는 지역 등에 따라 지정 또는 지정을 해제된다(수도법 시행규칙 제12조의2).

마지막으로 수도사업자는 수도시설의 관리상태를 점검하기 위하여 5년마다 정수장과 상수도관망 등 수도시설에 대한 기술진단을 실시하고, 그 결과를 반영한 시설개선계획을 수립하여 시행하여야 한다(수도법 제74조). 이중 상수도관망에 대한 기술진단은 일반기술진단과 전문기술진단으로 구분되며, 그 내용은 다음과 같다(수도법 시행규칙 제29조).

1. 일반기술진단
   가. 블록별 상수도관망에 대한 현황
   나. 일반기술진단의 평가지표별 결과 값 및 판정 등급
   다. 불량 또는 심각한 상태로 판정된 블록에 대한 원인 분석, 개선방안의 도출 및 개선조치의 시행 결과
2. 전문기술진단
   가. 제1호 가목부터 다목까지의 사항
   나. 현장조사를 통한 수압의 적정성, 수량의 안정성, 수질의 안전성, 구조적 · 물리적 안전성, 비상시의 대응성에 대한 정밀하고 종합적인 진단
   다. 구체적인 시설개선계획 제시(사업 우선순위 및 사업비 산출을 포함한다)

이상에서 언급한 상수도관망시설의 유지관리 및 진단 등에 관한 법적 사항을 이행하기 위해서는 수량, 수압 및 수질의 정기적인 측정 및 분석과 함께 관망해석을 통해 수행되어야 그 목적을 달성할 수 있다.

상수도관망에서의 재해 및 사고에 대한 예방대책으로 사고 및 재해 시 예상되는 피해에 근거하여 관망해석을 활용하여 수요자에게 미칠 영향을 평가할 수 있다. 또한, 관망해석을 통해 직결급수 대상지역의 배수구역에 대한 직결급수 전환가능 여부, 적정 도입 범위 등을 파악할 수 있다.

블록시스템 구축의 적정성에 관한 기술진단에서 관망정비계획의 합리적 수립 및 유지관리, 사고 등 비상시 영향지역 최소화와 블록별 적정 압력유지 및 유량, 수질의 균등화 실현과 상시 누수감시 및 유량과 수질의 효율적 관리에 관망해석을 활용할 수 있다.

수리적 안정성 검토에서는 과거 운영실태 분석, 유량 및 수압 조사와 연계한 수리적 거동 분석 및 최대 공급능력 검토에 관망해석을 활용한다. 또한 수질의 안전성 검토에서는 수질의 변동 등을 평가하거나 잔류염소 예측 등에 관망해석을 이용한다.

이 장에서는 상수도관망시설의 기술진단, 관세척에 필요한 수량 및 유속 확보 여부의 검토, 감압밸브(PRV) 설치 및 감압설정 검토, 잔류염소 적정관리 방안 검토 및 수계전환(비상상황 등) 모의 등 실제 상수도관망 유지관리 업무에서 관망해석이 활용되는 대표적인 사례들을 소개하고 있다.

6.2 상수도관망 기술진단

6.2.1 기술진단 개요

상수도관망 기술진단이란 「수도법」 제74조, 동법 시행규칙 제27조에 의거 5년 주기로 상수도관망의 수리, 수질 및 구조적 상태를 과학적이고 합리적으로 진단하여 노후관으로 인한 수돗물 불신, 누수에 따른 경제적 손실 등의 문제점을 사전예방, 해결함으로써 관망의 제 기능이 원활히 수행될 수 있도록 하는 것이다.

상수도관망 기술진단의 공간적 범위는 정수장 이후의 송수 및 배수시설과 그에 속하는 시설물을 포함한다. 기술진단 수준은 일반기술진단과 전문기술진단으로 구분되는데, 일반기술진단은 군 단위 이하의 급수구역에 물을 공급하는 상수도관망에 대한 진단을 말하며, 전문기술진단은 시 단위 이상의 급수구역에 물을 공급하는 상수도관망에서 시행하는 진단과 일반기술진단 결과 정밀하고 종합적인 진단이 필요하다고 인정된 경우에 시행되는 진단을 말한다.

기술진단에 대한 범위와 대상별 시행방법 등은 「상수도관망의 기술진단 범위 및 시행방법 등에 대한 고시(환경부, 2017)」와 「상수도 관망진단 매뉴얼(환경부, 2021b)」에 세부적으로 명시되어 있으며, 주요 진단 내용은 다음과 같다.

표 6.1 상수도 관망진단 주요내용

구분	주요내용(*전문기술진단)
일반현황 조사	- 관련계획 검토(상위계획, 자연적 조건, 사회적 특성 등) - 관로시설 현황(급수 및 관로현황, 운영현황, 관망도전산화 등)
기본지표 진단	- 관망도 작성, 블록구축 등 17개 항목 기본지표 진단 - 5단계 평가(우수, 양호, 보통, 불량, 심각)
송수/배수관로 진단	- 수리의 안정성(수리모델 구축, 거동분석, 수리모델 검증*) - 수질의 안전성(수질안전·변동성, 잔류염소 예측, 수질모델 검증*) - 구조적·물리적 안전성(간접평가, 구조적 안전성 정밀진단*) - (배수관로만) 블록구축 적정성, 블록고립* 및 비상시의 대응성
종합평가 및 개선방안 수립	- 문제 원인 분석 및 개선방안 제시, 적용공법 및 개략공사비 - 사업우선순위, 시설운영 및 유지관리계획 수립 등

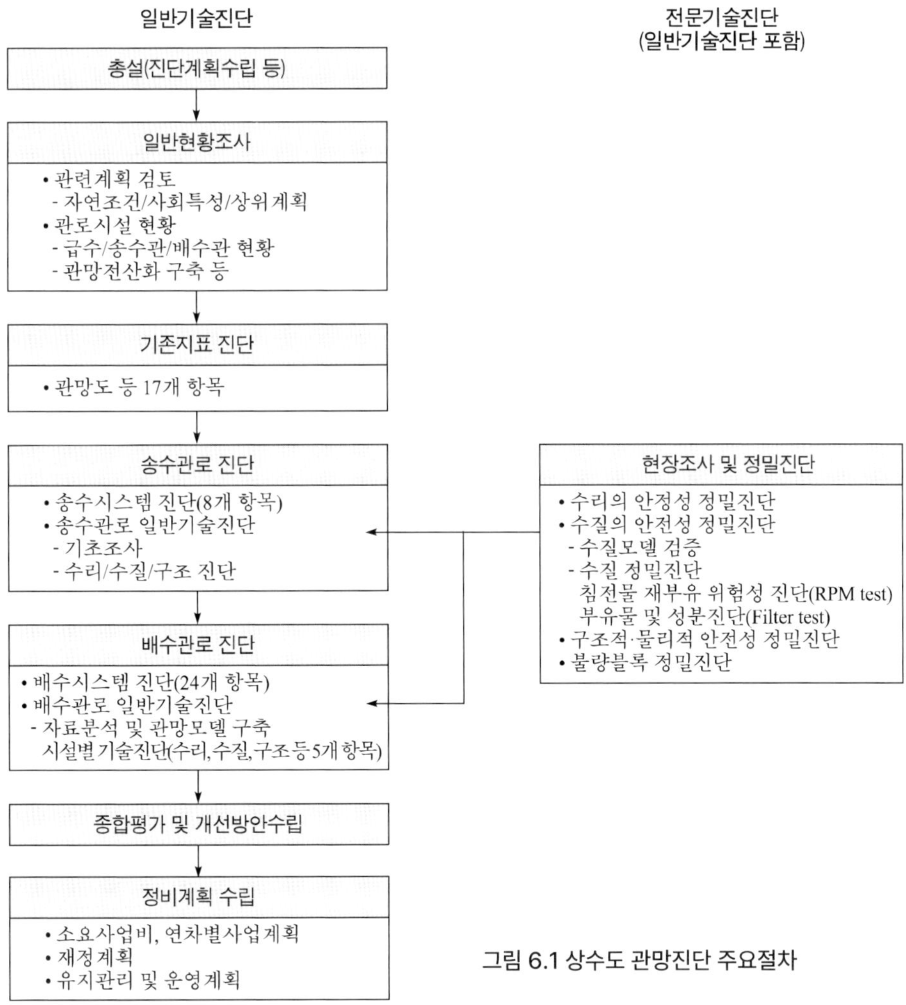

그림 6.1 상수도 관망진단 주요절차

6.2.2 송수관로의 수리적 안정성 진단

(1) 개요

송수관로의 수리적 안정성 진단은 관망 내의 흐름이 적정한 수압과 유속으로 원하는 만큼의 물이 안정되게 공급되는가를 평가하는 것이다. 진단절차는 표 6.2와 같이 기초자료 수집, 과거 운영자료 분석, 수리해석 모델 구축, 수리적 거동분석, 수리해석 모델 검증, 용수공급 능력검토, 적수 위험지역 검토의 순으로 시행된다. 여기서, 수리해석 모델의 검증이란 구축된 모델의 해석결과와 실제 측정한 유량 및 수압을 비교하여 모델의 정확도를 검정하고, 또 측정된 데이터를 잘 재현할 수 있도록 모델을 보정하는 것을 말한다.

세부적인 진단 수행 절차 및 내용의 설명은 K-water에서 관리중인 광역상수도의 상수도 관망 기술진단 사례를 활용하여 이해를 돕고자 한다.

표 6.2 송수관로 수리의 안정성 진단절차

구분	주요 내용
기초자료 수집	• 관로시설 : 관로, 취수장, 정수장, 가압장, 조정지 등 • 수수시설 : 용수구 위치, 용수구 시설현황, 급수형태
과거 운영자료 수집	• 관망분석, 운영자료 분석
수리해석 모델 구축	• 수리해석 모델 구축
수리해석 모델 검증 (전문기술진단)	• 관로상 계측기기 설치 위치 확인 및 측정지점 선정 • 모델자료와 실측자료(유량, 수압)의 비교분석
수리적 거동분석	• 동수두 분석, 용수구 수수패턴 분석, 유속계수 산정 • 계통별 수압 및 유량 시계열 분석
용수공급 능력검토	• 최대공급가능량 검토 • 비상시 연계공급 가능량 검토
적수 위험지역 검토	• 저유속에 의한 침전물 축적 위험 지점 • 수계전환에 의한 탁수 발생 위험 지점 검토

(2) 수리해석 모델구축

대상 광역상수도는 댐 원수를 취수장에서 취수하여 정수장에서 수돗물을 생산한 후 1, 2단계의 관로를 통해 A~L계통에 각각 수돗물을 공급하고 있다. 또한, 안정적인 용수공급을 위해 가압장과 조절지, 18개의 비상연계시설을 운영중에 있다.

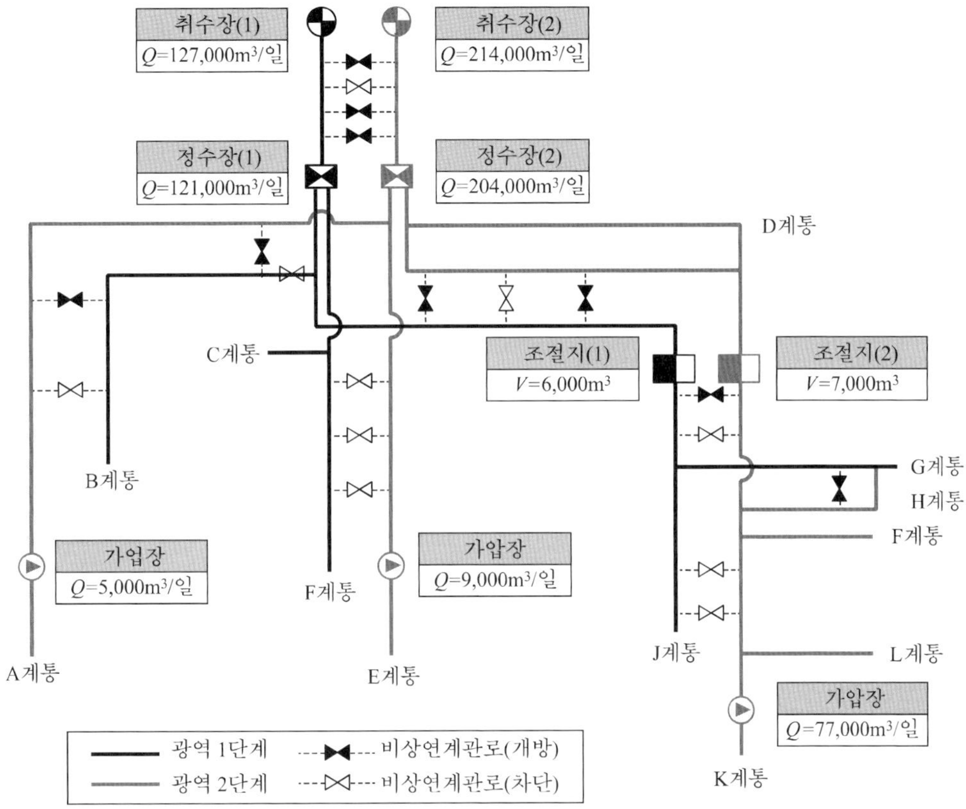

그림 6.2 대상 광역상수도 계통 모식도

수리해석 모델은 구축절차에 따라 K-water에서 관리중인 구간은 GIS 관망도 파일(Shp)를 이용하여 관망해석 모델을 먼저 구축한 후, GIS 관망도에 없는 관로 구간은 관련 자료를 조사하여 추가하는 방법으로 최종 모델을 구축하였다.

모델의 절점(Junction) 및 관로(Pipe)에는 사업단계, 계통, 구간, STA.No. 등과 같은 속성정보를 포함시켜 쉽게 위치를 확인할 수 있도록 하였다.

모델의 보정은 현장에서 실제 측정한 수압, 유량 및 수위 자료를 이용하여 관로 구간별 유속계수(C값)를 먼저 산정한 후, 산정된 유속계수, 운영조건(수위, 수요량, 관로상태, 펌프운영 등)을 모델에 반영하고, 현장 측정자료와 모델분석 결과의 정확도를 계통별로 분석하였다. 보정결과 모델의 RMS(Root Means Squared) 오차는 1.152~4.800으로 나타났다.

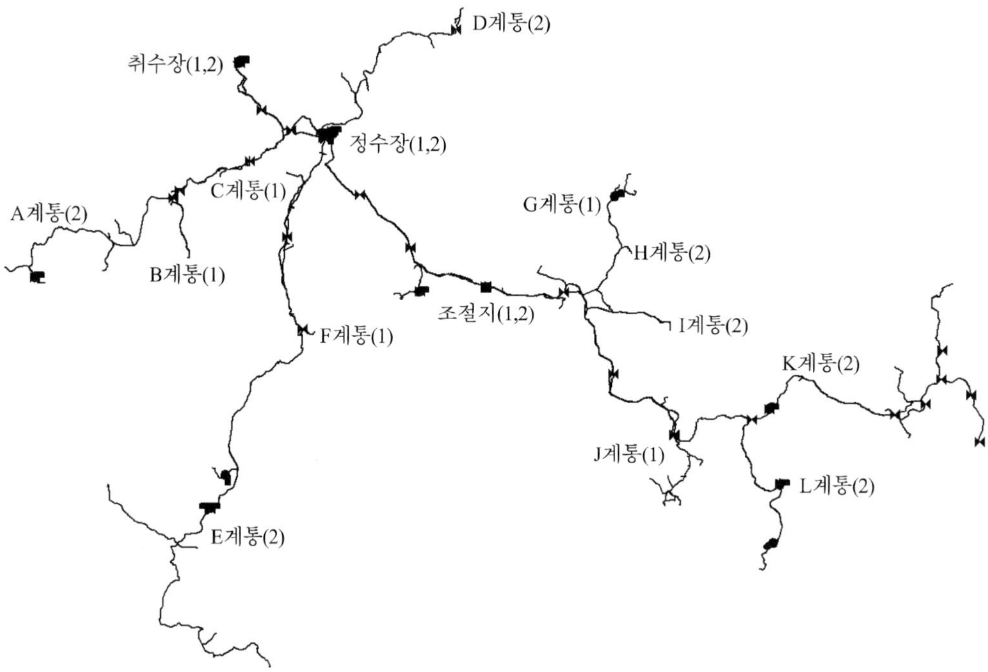

그림 6.3 대상 광역상수도 수리해석 모델

(3) 수리적 거동분석(동수두 분석)

수리적 거동분석에는 기본적으로 수압(수위)과 유량이 이용된다. 이 값들은 실제 측정을 통해 수집되거나 수리해석을 통해 간접적으로 예측되며, 동수두 분석, 수용가 수수패턴 분석, 수압-유량 시계열분석, 구간별 유속계수 산정 등의 수리적 거동분석에 활용된다. 이 가운데 전반적인 수압현황을 파악할 수 있는 동수두 분석에 대해 상세히 살펴보도록 하자.

동수두는 위치수두와 압력수두의 합으로 관로를 따라 변동하는 수압의 범위를 확인하고 최고·최저 운영수압을 한눈에 파악할 수 있다. 예를 들어, 동수경사선이 타 구간에 비해 경사가 급하거나 최고동수두와 최저동수두의 차가 크게 발생하는 경우 원인 분석을 실시해야 한다. 또한, 최고수압 작용지점의 관로 제원(허용압력)을 확인하여 사용수압의 적정여부를 판별하여야 한다. 동수두 분석은 수압 측정 값이 있는 경우에는 측정위치(표고)를 고려하여 계통별로 동수두를 직접 분석하고, 수압 측정 값이 없는 경우에는 수리해석 결과를 활용하여 분석한다.

다음은 대상 광역상수도 중 E계통에 대해 현장에서 측정한 유량과 수압 자료를 활용하여 동수두를 분석한 사례이다. E계통은 정수장(2)로부터 용수를 공급받아 가압장을 통해 총 10개 분기에 공급중이며, F계통과 비상연계관로가 3개소 설치되어 있으며 모두 차단된 상태로 운영중이다.

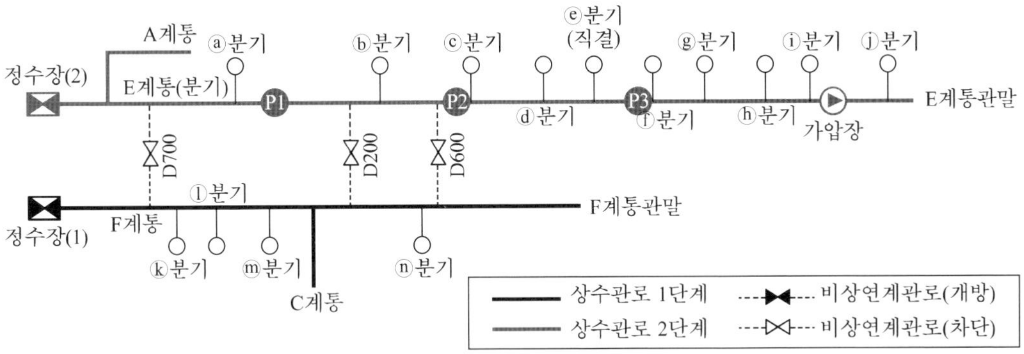

그림 6.4 E계통 용수공급 모식도

유량 및 수압은 E계통에 설치된 원격감시시스템의 유량계 8개, 수압계 10개에서 측정된 데이터와 E계통의 분기유량 및 수압 3개소를 추가로 측정하여 분석하였다. 유량 및 수압의 측정 결과는 다음과 같다.

표 6.3 E계통 유량 측정결과

구분		유량(m^3/일)			
		최대	최소	편차	평균
정수장(2)	본관	46,656	26,688	19,968	35,897
E계통(분기)	본관	28,824	16,872	11,952	23,856
ⓐ분기	지관	8,472	2,400	6,072	5,710
ⓑ분기	지관	9,456	2,256	7,200	5,486
ⓓ분기	지관	1,248	48	1,200	328
ⓔ분기	지관	1,056	312	744	529
ⓖ분기	지관	2,616	0	2,616	1,551
ⓘ분기	지관	7,128	3,072	4,056	5,603
E계통관말	본관	5,544	2,520	3,024	4,050

표 6.4 E계통 수압 측정결과

구분		수압(kgf/cm^2)				관저고(m)	동수두(m)		
		최대	최소	편차	평균		최대	최소	평균
정수장(2)	본관	6.99	5.72	1.27	6.15	30.6	100.5	87.8	92.1
ⓐ분기	지관	7.68	6.45	1.23	6.86	22.70	99.5	87.2	91.3
P1	본관	6.81	5.75	1.06	6.18	29.24	97.34	86.74	91.04
ⓑ	지관	7.81	6.38	1.43	6.93	15.78	93.88	79.58	85.08
P2	본관	2.88	1.41	1.47	2.03	44.04	72.84	58.14	64.34
ⓓ분기	지관	6.16	3.73	2.43	4.47	21.61	83.21	58.91	66.31
ⓔ분기	지관	6.00	3.32	2.68	4.09	22.64	82.64	55.84	63.54
P3	본관	7.73	4.53	3.20	5.55	4.91	82.21	50.21	60.41
ⓖ분기	지관	9.17	4.41	4.76	5.71	5.12	96.82	49.22	62.22
가압장유입	본관	4.48	0.02	4.46	1.26	33.03	77.83	33.23	45.63
가압장유출	본관	11.27	7.88	3.39	10.01	33.38	146.08	112.18	133.48
ⓙ분기	지관	12.50	10.33	2.17	11.40	0.40	125.4	103.7	114.4
E계통관말	본관	11.92	9.16	2.76	10.45	14.08	133.28	105.68	118.58

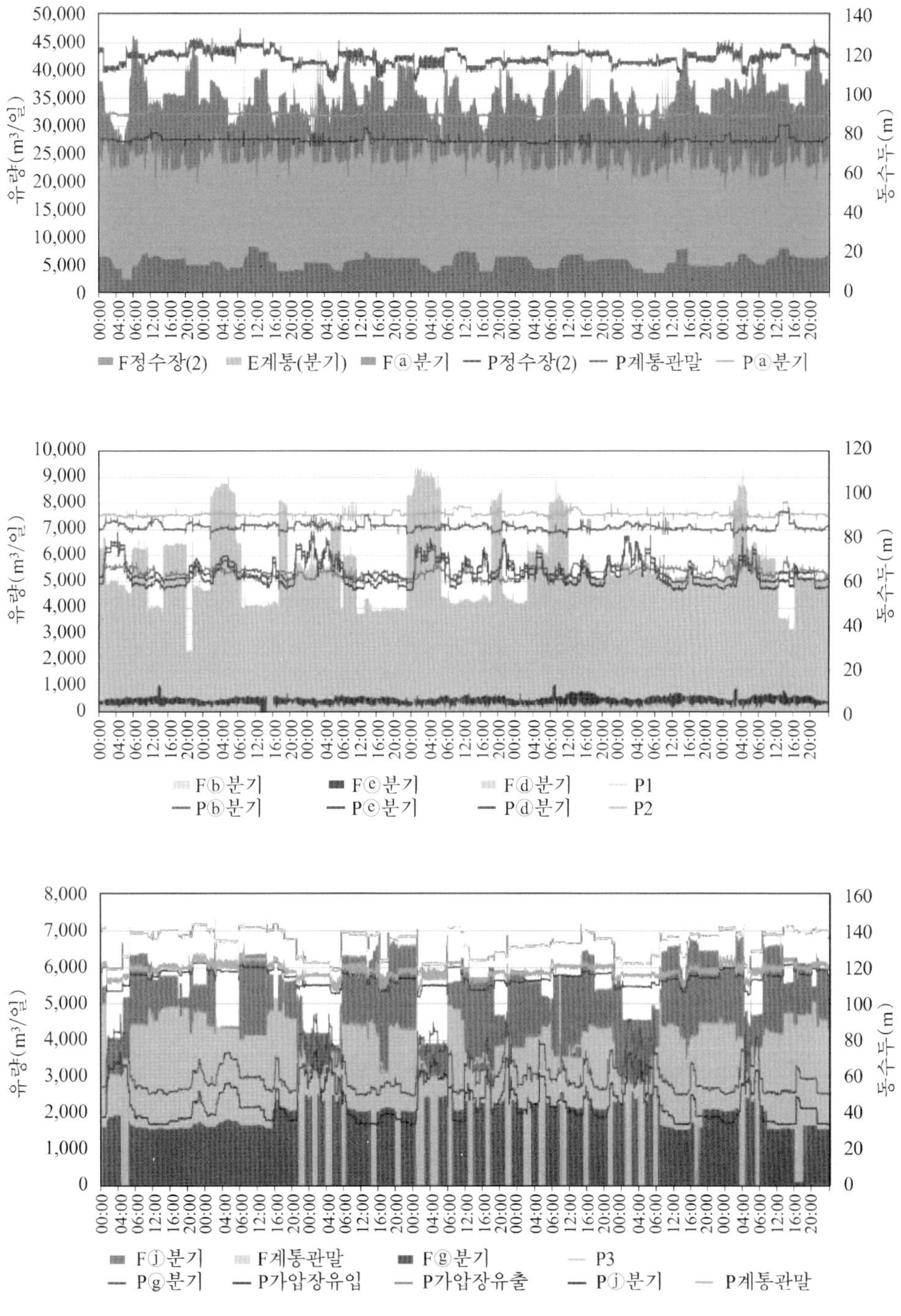

그림 6.5 E계통 유량 및 수압 측정결과

E계통 정수장(2)의 평균 송수 유량은 35,897 $m^3/$일, E계통 분기지점의 평균 유량은 23,856 $m^3/$일, E계통 관말지점의 평균 유량은 4,050 $m^3/$일로 나타났다. E계통의 수압은 최대 2.88~12.50 kgf/cm^2, 최소 0.05~10.33 kgf/cm^2, 평균 1.26~11.10 kgf/cm^2으로 상수도관망의 허용압력범위를 초과하지 않으며, 동수두는 최대 77.83~146.08 m, 평균 45.63~133.48 m, 최소 33.23~112.18 m로 관저고보다 높게 형성되어 있어 안정적인 용수공급이 가능한 것으로 분석되었다.

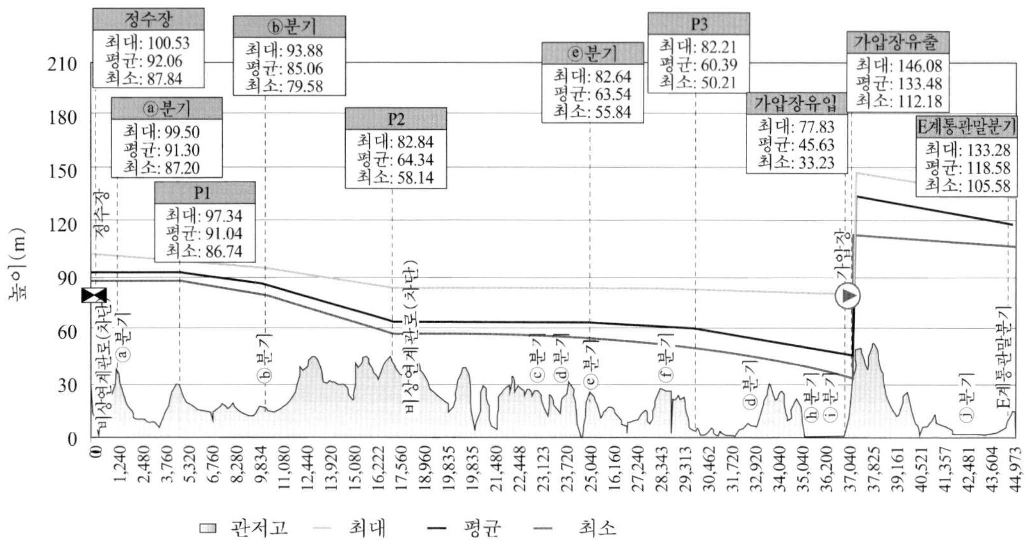

그림 6.6 E계통 동수경사선

(4) 용수공급 능력검토(최대공급가능량 검토)

수리적 관점에서 송수관로의 가장 중요한 역할은 원하는 목적지에 원하는 물량을 공급할 수 있는가를 판단하는 것이다. 시설의 노후로 관로의 손실이 크게 증가하였거나, 계획량을 초과하는 물량을 공급해야 하는 경우 등은 현재 상태에서 공급 가능한 최대 공급량이 시설개선 투자에 가장 중요한 의사결정 요인으로 작용한다.

따라서, 용수공급 능력검토에서는 최대공급가능량 또는 수도정비기본계획상 목표연도의 계획공급량 공급가능 여부를 수리해석을 통해 검토한다.

여기서는 「2040 국가수도기본계획」의 △△△광역상수도의 장래 공급량 계획(일최대)을 이용하여 장래의 용수공급 능력을 검토하는 사례를 설명하고 있다.

장래 용수공급계획에 따라 지자체별 일최대 수요량은 2025년 325,000 $m^3/$일, 2030년 이후는 345,000 $m^3/$일로 가정된다. 그림 6.7은 앞서 구축한 수리해석 모델에 2030년 지자체별 용수공급량을 수요량으로 입력하여 용수공급 능력을 검토한 결과이다. 그림 6.7에서와 같이 지자체별 일최대 공급계획인 2030년 수요량을 모델에 입력하여도 송수계통에서는 충분한 수압이 확보되어 용수공급에 지장이 없는 것으로 분석되었다.

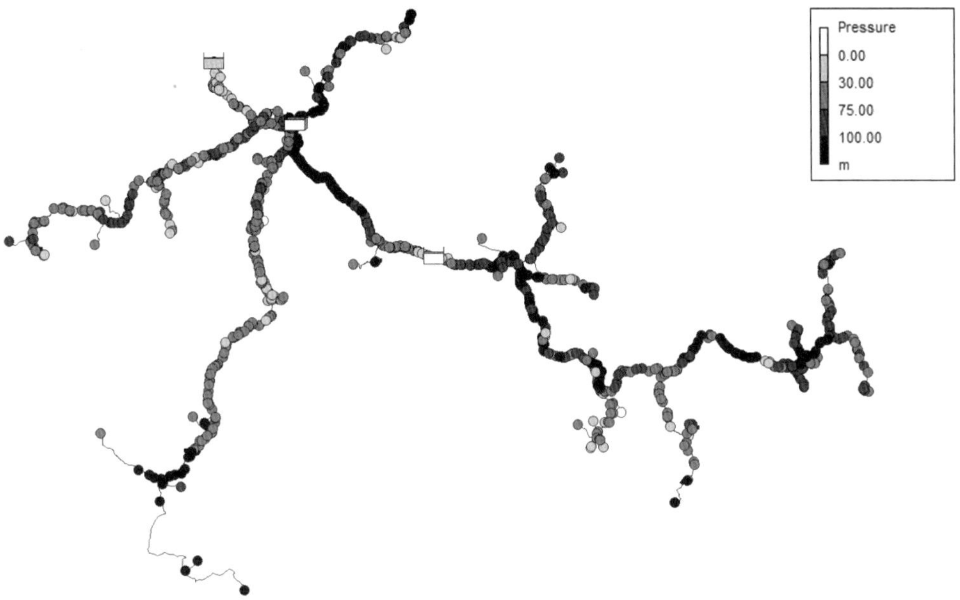

그림 6.7 장래 공급량 계획(2030년) 모의결과

(5) 비상시 용수공급 능력검토(연계공급 가능량 검토)

송수시설은 용수공급 중단시 사회적 피해 영향이 크게 발생하게 되는데, 관로시설의 노후화에 따라 누수사고, 펌프고장, 펌프장 정전발생 등 용수공급 중단의 잠재적 위험이 증가되고 있다. 또한, 송수시설은 배·급수 관로시설에 비해 건설비가 많이 소요됨에 따라 관로시설의 복선화 또는 비상시 48시간 이상 공급 가능한 조정지 설치 등 용수공급 중단을 대비한 시설 보완이 현실적으로 많이 부족한 상태이다.

따라서, 수도사업자들은 운휴 배수지 및 펌프장, 광역-지방간 비상연계관로 등 현재 가용한 시설들을 최대한 활용하여 비상시 용수공급방안에 대한 검토를 시행하는 것으로 긴급상황에 대해 사전대비를 하여야 한다. 비상시 용수공급가능량을 과거 운영자료로 확인할 수도 있으나, 대부분은 관망해석 모델을 이용하여 분석을 시행하게 된다.

다음은 대상 광역상수도 중 A계통(2단계)과 B계통(1단계)의 비상연계관로를 이용하여 단수상황 발생시 용수공급 가능여부를 관망해석 모델을 이용해 검토한 사례이다. A계통(2단계)은 총 8개 분기, B계통(1단계)은 5개 분기관로를 통해 용수를 공급하고 있다. 비상연계관로는 3개소가 설치되어 있으며, 이중 2개소는 평상시 개방하여 운영하고 있다.

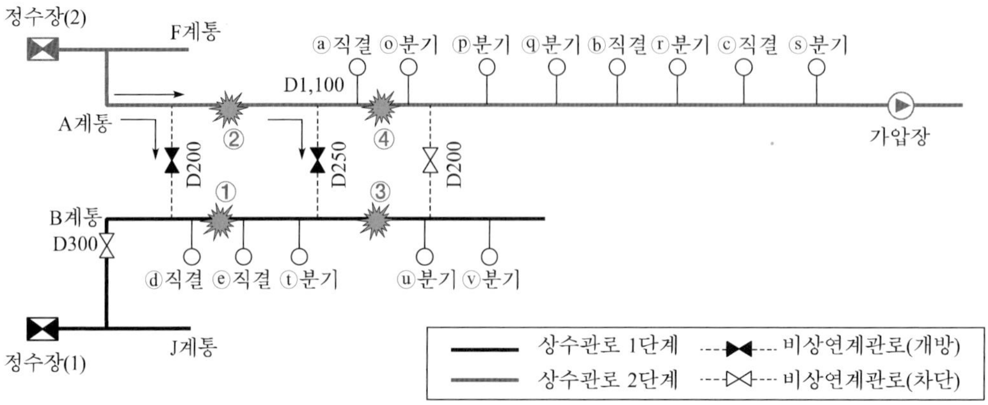

그림 6.8 A계통과 B계통의 비상연계 용수공급능 검토

이 사례에서는 두 계통의 비상연계관로 설치현황을 고려하여 발생 가능한 총 4가지 사고시나리오에 대해 분석하였다. 분석결과, ①, ③ 조건의 경우 A계통과 연결된 비상연계관로를 활용하여 B계통을 통해서 용수공급이 가능한 것으로 검토되었으나, ②, ④ 조건의 경우 B계통의 관로가 작아 비상연계관로를 활용하더라도 A계통에 용수공급 차질이 발생되어 관로의 복선화가 필요한 것으로 분석되었다.

표 6.5 A계통-B계통 비상연계 검토결과

사고구간	모의결과
①	• A계통과 연결된 비상연계관로를 이용하여 B계통 용수공급 가능
②	• B계통 관로(D250)의 용량 부족으로 A계통 용수공급 차질 → 비상연계관로만으로는 대응능력이 부족하며, 관로 복선화 필요
③	• A계통과 연결된 비상연계관로를 이용하여 B계통 용수공급 가능
④	• B계통 관로(D200)의 용량 부족으로 A계통 일부지역 용수공급 차질 → 비상연계관로만으로는 대응능력이 부족하며, 관로 복선화 필요

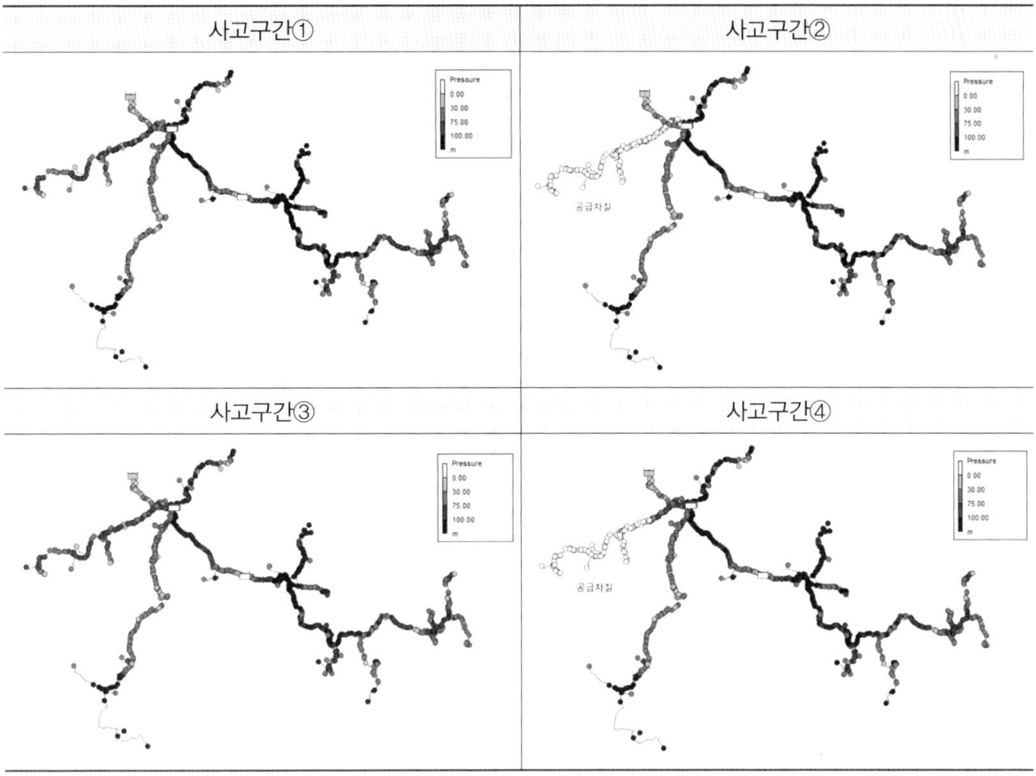

그림 6.9 A계통-B계통의 비상연계관로 수리해석 결과

6.2.3 배수관로의 수리적 안정성 진단

(1) 개요

배수관로의 수리적 안정성 진단은 송수관로와 마찬가지로 관망 내의 흐름이 적정한 수압과 유속으로 원하는 만큼의 물이 안정되게 공급되는가를 평가하는 것을 말한다. 관망해석을 토대로 유속분포, 수압분포, 체류시간 등을 분석하고 상수도설계기준 및 유지관리기준 등을 참고하여 관로의 운영관리 실태 및 문제점을 파악하고, 이상이 있는 경우에는 관경 검토, 가압장, 감압밸브 설치 등의 개선방안을 수립한다.

진단절차는 기초자료 수집, 수리모델 구축, 수리모델 검증, 수리의 안정성 평가 순으로 시행되며, 세부적인 진단내용은 전남지역 시 단위 지자체의 상수도관망 기술진단 사례를 통해 설명하고자 한다.

표 6.6 배수관로의 수리적 안정성 진단절차

구분	주요 내용
기초자료 수집 및 분석	• 관로시설 : 정수장, 배수지, 가압장, 관로, 밸브류 등 • 운영자료 : 최근 검침량, 수용가현황, 생산량, 공급량 등 • 수압측정 자료, 관로 현황자료(배수관, 급수관)
수리해석 모델구축	• 수리해석 모델구축
수리해석 모델 검증 (전문기술진단)	• 관로상 계측기기 설치 위치 확인 및 측정지점 선정 • 모델자료와 실측자료(유량, 수압)의 비교분석
수리의 안정성 평가	• 수압분포, 유속분포, 체류시간, 배수지 수위변동 등 • 블록별 관로특성, 수용가 사용량, 배수지 관리현황 등

(2) 수리해석 모델구축

대상지역은 광역상수도에서 생산된 수돗물을 지방상수도 배수지를 통해 수수하여 자연유하로 공급하는 1개 중블록 규모의 급수구역으로 일평균 공급량은 약 1.1천 ㎥, 배수관로 연장은 총 300km이며, 고지대의 안정적인 용수공급을 위해 8개 가압장을 운영 중이다.

수리해석 모델은 "제5장 관망해석 모델 구축 및 적정성 평가" 절차에 따라 상수도 관망 GIS 파일을 이용하여 구축하였다. 사용량은 요금관리시스템의 수용가별 최근 사용량을 수도미터 GIS에 매칭한 후, 관망해석 모델의 구축절차에 따라 각 절점별 사용량으로 입력되었다. 모델 보정과정에서는 실제 측정한 수압자료가 이용되었으며, 보정모델의 전체 RMSE는 2.353으로 양호한 수준의 수압보정이 이루어진 것으로 나타났다. 그림 6.10은 대상지역의 수리해석 모델을 나타낸 것이다.

그림 6.10 대상지역 수리해석 모델

(3) 수압분포 분석

상수도설계기준 해설편(환경부, 2023)에 따르면, 급수관을 분기하는 지점에서 배수관의 최소동수압은 150 kPa(약 1.53 kgf/cm^2) 이상, 최대정수압은 700 kPa(약 7.1 kgf/cm^2) 이하를 기본으로 하며, 각 상수도시설의 정비상황, 도시화의 진행상황, 국소적 지형조건 등에 따라 최대 250~300 kPa(약 2.5~3.1 kgf/cm^2) 내외를 하나의 급수구역으로 하여 각 지역에서 독자적으로 적정한 배수관압을 정하도록 하고 있다. 또한, 직결급수범위의 확대에 따른 최소동수압의 상승을 고려하여 최대동수압은 500 kPa(약 5.1 kgf/cm^2) 정도까지로 하는 것이 바람직하다고 권고하고 있다.

수압분포 분석은 관망의 수압이 최소동수압을 만족하는지, 누수량 증가와 직결된 과잉수압은 없는지 등을 파악하기 위해 시행되며, 수리해석 모델을 활용하여 간단하게 분석할 수 있다. 보편적으로 최소수압 만족 여부는 일최대 수요시간대에, 최대수압 초과 여부는 일최소 수요시간대에 수압분포를 분석한다. 수압이 낮거나 과도하게 높은 구간은 개선방안을 수립하여야 한다.

일최대 수요시(PM 12시) 수압분포	일최소 수요시(AM 3시) 수압분포
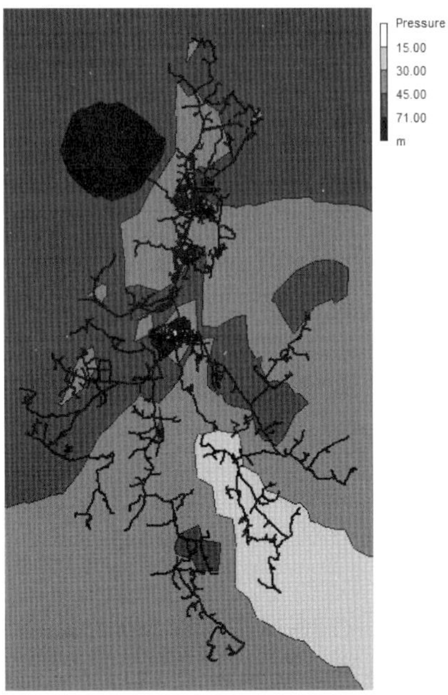	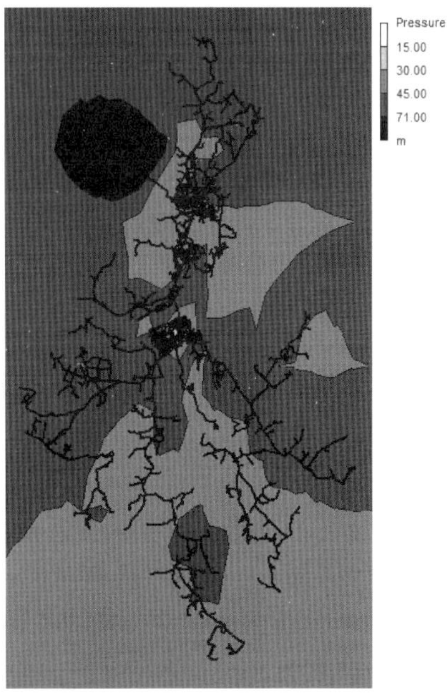

그림 6.11 수압분포 분석 예시

(4) 유속분포 및 체류시간 분석

상수도설계기준 해설편(환경부, 2023)에 따르면, 자연유하식인 송수관로에서의 최소유속을 0.3 m/s 이상 유지할 것을 권고하고 있으나, 배수관로의 적정유속은 규정된 것이 없다. 그러나, 저유속 구간에는 침전물 축적에 따른 탁수 및 적수 현상이 발생할 수 있으므로 저유속 및 체류시간이 긴 구간에 대해서는 관세척 시설의 도입을 검토하고, 실제 수질민원 이력을 토대로 취약구간을 우선적으로 관세척이 수행되도록 계획을 수립한다. 참고로 스마트 관망관리 인프라 구축 가이드북(환경부, 2021)에서는 유속이 0.07 m/s 이하인 구간, 체류시간이 72hr 이상인 구간을 취약구간으로 선정하여 관세척 인프라를 우선 구축하도록 권고하고 있다.

수압분포 분석과 마찬가지로 유속분포 분석 또한 최저유속은 시간최소 수요시간대에 최대유속은 시간최대 수요시간대에 유속분포를 분석한다. 유속이 과도하게 높은 구간에 대해서는 관 구경 확장, 유속이 과도하게 낮은 구간은 민원 발생, 수질, 체류시간 등을 종합적으로 고려하여 수질관리 계획을 수립한다.

일최대 수요시(PM 12시) 유속분포	일최소 수요시(AM 3시) 유속분포
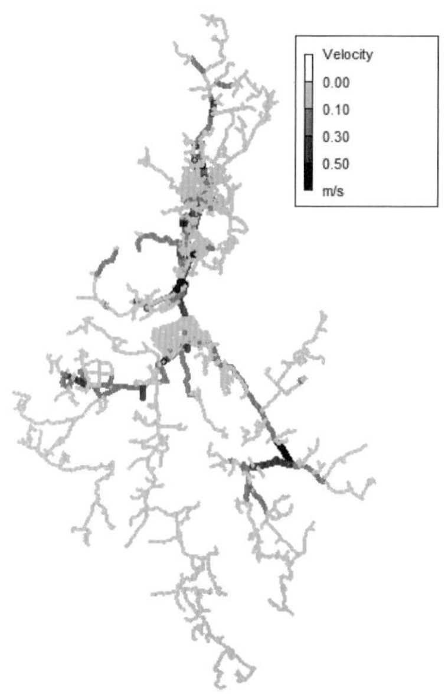	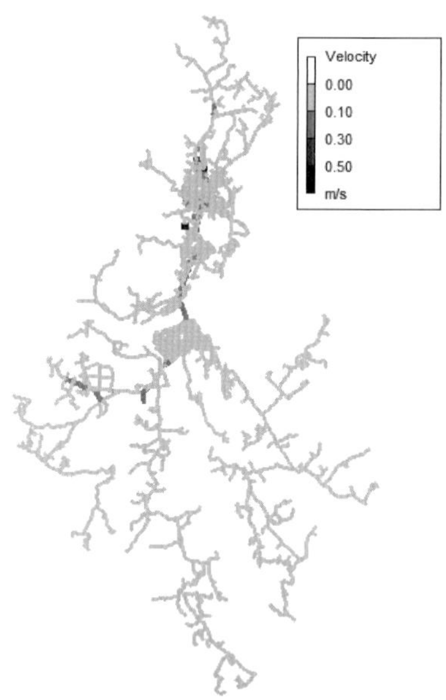

그림 6.12 유속분포 분석 예시

체류시간이란 정수장에서 생산된 수돗물이 수요자에게까지 도달하는 시간을 말하는 것으로 체류시간이 길면 잔류염소가 소진되어 수질기준을 만족하지 못할 수 있다. 따라서 전체 관망에 대한 체류시간을 분석하여 수돗물 안전성과 관련된 관망 내 수질관련 문제를 파악할 수 있다.

수리해석 모델은 보편적으로 일단위(24hr) 시간확장 모의를 시행하게 되는데, 체류시간을 분석하기 위해서는 우선 해석시간(Total Duration)을 충분히 길게 잡아 주어야 한다. 특별히 정해진 시간은 없으나, 최소 72hr 이상으로 설정한다.

체류시간이 72hr 이상이라 해서 반드시 문제가 있는 것은 아니나, 잔류염소가 감소될 수 있으므로 수질조사, 잔류염소 예측 등 정밀조사를 실시하고, 수질기준 미달시 "6.3.3 공급과정 잔류염소 적정관리 방안 검토"와 같이 개선계획을 수립하도록 한다.

체류시간 24hr 경과 공급지역	체류시간 72hr 경과 공급지역

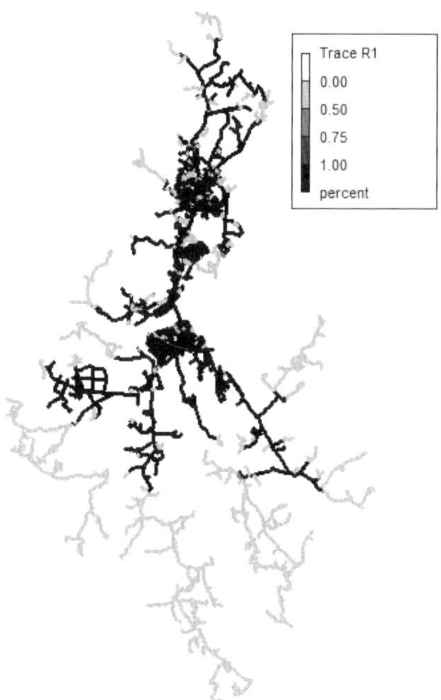

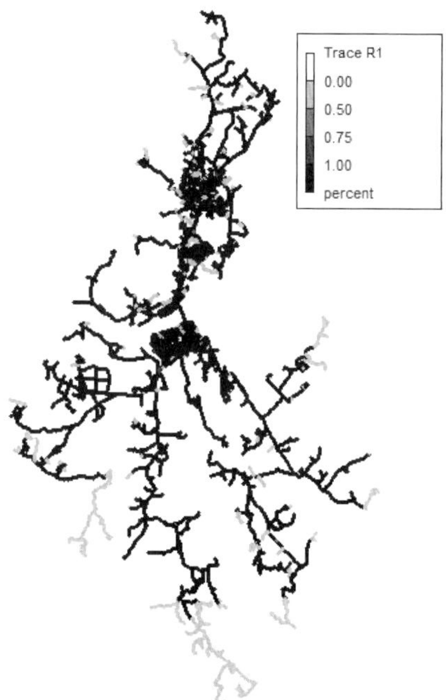

그림 6.13 체류시간 분석 예시

6.2.4 수질 안전성 진단

(1) 개요

수질 안전성 진단은 정수장에서 수질기준을 만족한 고품질의 수돗물이 공급과정을 거치면서 내·외부 오염원에 의한 수질 악화로 인해 소비자의 보건에 위해를 끼칠 우려가 있는지 여부를 평가하는 것이다. 공급과정 중에서 수질 악화가 우려되는 항목들 즉, 미생물, 관재질, 소독제 및 소독부산물 등과 관련이 높은 항목을 대상으로 기준치 초과 여부를 평가한다.

진단절차는 기초자료 수집, 수질 안전성 평가, 수질 변동성 평가, 잔류염소 예측으로 세부 내용은 다음과 같다. 이중 수질 변동성 평가는 상수도 관망진단 매뉴얼(환경부, 2021)에서와 같이 송수관로에 대해서만 실시하며, 배수관로의 경우 수질문제 등 필요시에 정밀조사 단계에서 평가를 할 수 있다.

잔류염소 예측은 수리해석 모델을 활용하여 수질해석 모델을 구축하고, 관망의 적정 잔류염소(최소농도 $0.1\ mg/L$) 유지 여부를 평가한다. 수질해석 모델 검증은 관망 내 실제 수질을 측정하여 관망해석 시 보정자료로 활용하기 위함으로 전문기술진단을 시행할 때 수행한다.

표 6.7 수질의 안전성 진단절차

구분	주요 내용
기초자료 수집	• 관망도 및 시설현황 자료, 수질 측정자료(월별, 분기별) • 수질계측(TM) 자료(정수지, 배수지, 관말 등)
수질 안전성 평가	• (기초평가) 수질기준 위반율, 수질변동율, 수질안전성 평가 • (일반평가) 정수장, 배수지, 관말 수질측정 및 분석 • (정밀평가) 수질문제 원인조사, 문제점 분석 및 해결방안
수질 변동성 평가 (송수관로)	• 수질 변동성 평가 수질항목 검사, 시설별 평가 및 결과분석
잔류염소 예측	• (일반) 시나리오에 따른 잔류염소 모델링 • (전문) 수질모델 검증(수체감소계수, 잔류염소 농도 측정)

(2) 수질 안전성 평가

수질 안전성 평가는 기초평가와 일반평가, 정밀평가로 구분되며, 기초평가는 기존 수질자료나 민원자료를 기초로 전반적인 문제지역이나 원인을 추정하고, 현장조사에 필요한 정보를 획득하는 것이다.

일반평가는 현장조사를 통하여 직접 시료를 채수하고 수질을 평가하는 단계이며, 기초평가 결과만으로 대상지역의 수질 안전성을 평가하기에 제한적인 경우, 예를 들면 기존 수질조사 데이터가 없거나 조사대상 지점이 전 구간을 평가하기에 부족한 경우, 각 계통(구간)별로 대표지점을 선정, 조사하여 수질 안전성을 비교, 평가하고 정밀평가가 필요한 지점을 도출하는 단계이다.

정밀평가는 일반평가에서 제기된 문제점에 대하여 심도 있게 분석하고 해결방안을 제시하기 위한 목적으로 수행되며, 조사지점과 항목의 선정은 일반평가에서 도출된 문제점을 토대로 전문가적 판단에 의해 결정된다.

수질 안전성 평가항목은 수도법이나 관련 규정에서 정한 항목을 기본으로 필요에 따라서 현장이나 전문가의 의견 등을 통하여 추가변경 할 수 있다. 수질검사 항목은 표 6.8과 같이 크게 세 가지 그룹으로 구분한다. 다만, 평가항목 중 일반지역은 미생물 관련 항목(4항목)에 대하여만 검사하고, 노후지역은 모든 항목(14항목)에 대한 검사를 시행하는 것이 일반적이다.

표 6.8 수도관 수도꼭지 수질검사 항목

미생물 관련항목	관재질 관련항목	하수유입 관련항목	기타
일반세균, 총대장균군, 분원성대장균군(또는 대장균), 잔류염소	철, 구리, 아연, 망간	암모니아성질소, 염소이온	THM, HAA, 탁도, pH

수질 안전성 평가는 기본적으로 조사지점별로 최근 3년간 조사된 수질에 대한 최대값, 최소값, 평균, 표준편차 등을 도출하고, 시계열 그래프와 확률분포함수 그래프를 이용하여 데이터의 경향을 분석한다. 그리고, 수질 항목별로 정수장부터의 변동성 평가, 수질 기준위반 빈도를 이용한 위반율 평가를 시행한다.

$$
\begin{gathered}
\text{수질기준 위반율} = \frac{\text{위반횟수}}{\text{측정횟수}} \times 100 \\
\text{수질변동율} = \frac{(\text{관로수질} - \text{정수장수질})}{\text{정수장수질}} \times 100
\end{gathered}
\tag{6.1}
$$

수질 안전성 평가과정은 수질 항목별 관리기준을 고려하여 수질범위 구간별 점수를 설정한다. 이 점수는 0.0~1.0 사이의 값으로 수질이 양호할수록 1.0에 가까운 값을 가지게 된다. 또한, 수질항목간의 중요도를 반영하기 위하여 항목별 가중치가 설정되어 있으며, 일반적으로 가중치는 AHP(Analytic Hierarchy Process) 기법이나 전문가 설문조사 등을 통해 결정된다.

각 지점의 수질 현황을 종합적으로 평가하기 위하여 개별 수질 항목 점수에 가중치를 곱한 합산 값이 수질 안전성의 최종점수로 산정된다.

$$최종점수 = \sum(항목별점수(조건값) \times 가중치) \times 100 \quad (6.2)$$

일반적으로 수질 안전성 평가는 점수로도 표현되지만 등급으로 그 적정성을 표현한다. 예를 들어, 등급은 100점을 만점으로 100~75점은 Ⅰ등급(양호), 75~50점은 Ⅱ등급(적정), 50~25점은 Ⅲ등급(미흡), 25~0점은 Ⅳ등급(부족)으로 구분할 수 있다.

표 6.9 수질 안전성 평가 점수별 등급

등급	Ⅰ등급(양호)	Ⅱ등급(적정)	Ⅲ등급(미흡)	Ⅳ등급(부족)
점수	100~75	75~50	50~25	25~0

수질 안전성은 가급적 계통별(구역, 유역) 대표지점을 선정하여 평가하며, 현장 여건을 반영하여 수질항목을 추가하거나 삭제할 수 있으며, 필요에 따라서 항목간의 가중치도 조정하여 해당지역에 적합한 평가가 이루어질 수 있도록 한다. 수질 안전성 평가 관련 세부사항은 상수도 관망진단 매뉴얼(환경부, 2021b)을 참고한다.

(3) 수질 변동성 평가

수질 안전성 평가는 "점" 단위 조사를 통해 평가가 이뤄지지만, 수질 변동성 평가는 정수장에서 수용가까지 공급과정 상의 "선"적 수질 변동성(농도변화율)을 평가하는 것이다. 평가는 관로상의 주요 수질검사 항목인 탁도, 철, 망간, 잔류염소에 대하여 관망을 송수관, 배수지, 배·급수관으로 구분하여 시행한다. 평가는 안전성 평가와 유사하게 수질평가 항목별 가중치를 설정하여 산정한다. 수질 변동성 평가와 관련된 세부사항은 상수도 관망진단 매뉴얼(환경부, 2021b)을 참고한다.

$$수질\ 변동성 = 평가득점 \times 가중치 \quad (6.3)$$

표 6.10 시설별 수질 변동성 평가방법

구분	평가방법	비고
송수관	$\left\lvert \frac{(정수장\ 유출수\ 수질) - (배수지\ 유입수\ 수질)}{정수장\ 유출수\ 수질} \right\rvert \times 100$	정수장~배수지
배수지	$\left\lvert \frac{(배수지\ 유입수\ 수질) - (배수지\ 유출수\ 수질)}{배수지\ 유입수\ 수질} \right\rvert \times 100$	배수지
배·급수관	$\left\lvert \frac{(배수관말\ 평균수질) - (급수관말\ 평균\ 수질)}{배수관말\ 평균수질} \right\rvert \times 100$	배수지~소화전 or 수도꼭지(직수)

표 6.11 평가 득점화 기준

등급	3점	2점	1점	0점
점수	30 미만	30~50 미만	50~80 미만	80 이상

표 6.12 평가항목별 가중치

구분	탁도	잔류염소	THMs	HAAs	철	망간
AHP	0.08	0.146	0.06	0.06	0.04	0.04
DWPI	1.5	2.5	2.5	2.5	1.5	1.5

※ DWPI(Drinking Water Performance Index) : 수질 변동성 평가시 적용

(4) 잔류염소 예측

잔류염소 예측을 위해서는 먼저 수질해석 모델을 구축하여야 한다. 수질해석 모델은 수리해석 모델을 기초로 수질해석 모델링이 가능하도록 관망해석 옵션을 변경하고 해석에 필요한 잔류염소 초기값(Source Quality), 수체반응계수(K_{bulk}), 관체반응계수(K_{wall}) 등의 추가 입력을 통해 구축할 수 있다. 모델구축 관련 세부사항은 5.2.6 수질해석 모델구축을 참고한다.

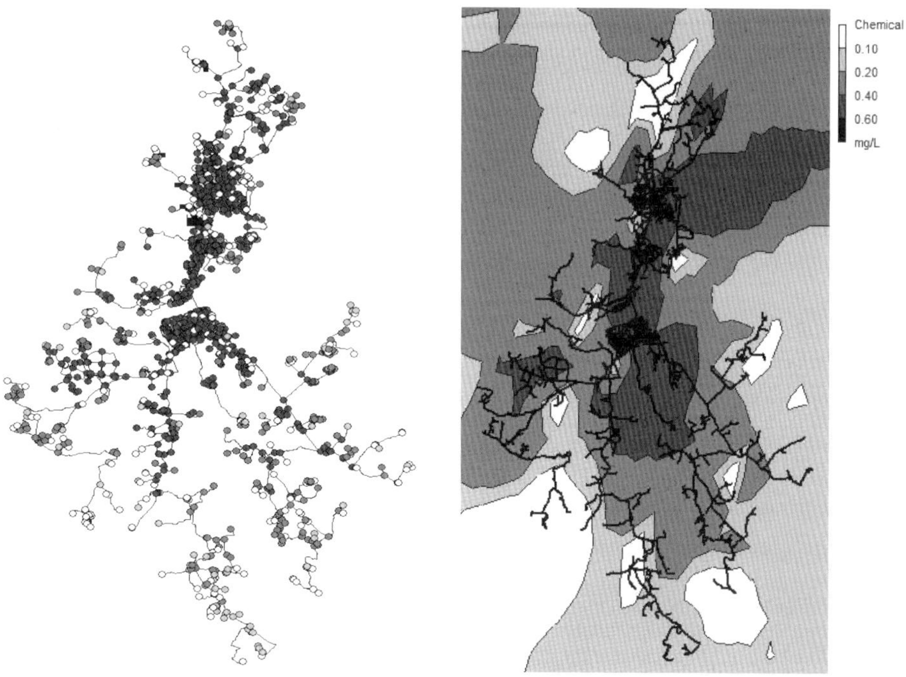

그림 6.14 잔류염소 모의 결과

수질해석 모델은 6.2.3 수리적 안정성 진단(배수관로)에서 활용된 수리해석 모델을 활용하여 구축하였다. 수질 관련 인자는 과거 관망정비 기본계획(2010.12) 수립시에 실험을 통해 산출된 수체반응계수 -0.2047d^{-1}를 적용하여 모의하였으나, 현재 수도꼭지 잔류염소 값과 차이가 커 수체감소계수를 -0.5000d^{-1}로 조정하여 적용하였다. 본 사례에서는 직접 산정하기 어려운 관체계수를 적용하지 않았지만, 실험에서 산정된 수체감소계수를 그대로 적용하고 관체계수를 보정계수의 개념으로 사용하여 수질 모델링을 시행할 수도 있다.

잔류염소 예측 결과, 대부분의 지역에서 수질 기준 이내의 잔류염소 농도를 보였으나, 일부 관 말단부의 잔류염소 농도가 0.1 mg/L이하인 것으로 분석되었다. 이처럼 잔류염소 농도의 확보가 어려운 이유는 설치된 관로의 시설용량에 비해 수요량이 낮기 때문으로, 관말의 주기적인 물빼기 작업, 재염소투입설비의 설치 등이 해결방안으로 검토될 수 있다.

6.3 상수도관망 운영관리

6.3.1 운영관리 개요

운영관리는 상수도관망이나 설비를 적절하게 운영, 제어하는 것은 물론 관련 시설 및 설비가 유기적으로 기능을 충분히 발휘하는 것을 목적으로 한다(한국상하수도협회, 2007). 최근에는 AI, 빅데이터, 무선통신, 배터리 등 4차산업혁명 견인기술들을 기반으로 하는 기술혁신 및 사회변화가 매우 빠른 속도로 진행되고 상수도를 둘러싼 국민의 기대 및 사회 환경도 크게 변하고 있다. 지금까지는 관리자의 관점에서 상수도 운영이 강조되었다면 수요자의 요구수준이 높아진 현재는 수요자가 이용하는 상수도의 수준을 높인다는 확장된 개념을 운영관리 목표로 설정하는 것이 필요하다. 이러한 목표를 달성하기 위해서는 센서 기반의 데이터 취득과 분석 및 모의를 통한 통합적인 접근이 필요하다.

상수도관망의 운영은 크게 1) 상수도 관망의 유지관리, 2) 위기관리, 그리고 3) 수질관리로 나눌 수 있다.

상수도관망의 유지관리는 관로를 안정적이고 안전하게 관리하고 각 관로구간과 설비의 기능을 충분히 발휘하도록 하기 위해서는 개별 관로의 점검·정비는 물론 관망 전체의 신뢰성과 구성의 균형 등을 판단하기 위하여 관망 전체로서의 기능을 발휘할 수 있도록 하는 업무이다(환경부, 2021a).

위기관리는 상수도 사고에 대응하기 위하여 사고 상황의 파악, 홍보활동, 긴급 급수 확보,

복구대책 결정이 있으며, 사고대책은 사고시의 영향을 작게 하는 것이 중요하므로 미리 사고 시의 영향 정도에 대한 모의 등을 실시하여 시설기능을 평가하고 예상되는 피해와 확보해야 할 운용목표에 맞는 백업시설의 확충 및 운영 등의 대책을 수립하는 것이다.

상수도관로의 수질관리는 항상 위생적이고 안전하며 또한 청정하게 만들어진 정수의 수질을 상수도관망 말단까지 양호하게 유지하는 업무이다. 관계 법령에서 정한 수질기준에 맞도록 수질을 관리하기 위해서는 관망의 상황이나 수질변화 가능성을 고려하여 적정 장소를 선정하여 정기적인 수질검사와 함께 잘 보정된 관망해석을 이용하여 예측하고 대책을 수립해야 한다.

현재 현장에서 많이 적용되고 있는 관세척기술은 플러싱(Flushing), 공기주입 세척(Air scouring), 그리고 스와빙 피그 세척(Swabbing pig)이다. AWWA 가이드라인에서는 플러싱을 위한 유속을 최소 0.7 m/s, 적정 1.5 m/s가 필요하다고 권고하고 있어 적정 유속의 확보가 중요하다(한국수자원공사, 2014). 공기주입 세척 및 스와빙 피그 세척의 경우에도 물의 유속 또는 물의 힘으로 작업을 시행해야하므로 작업 이전에 해당 관로구간의 유속과 유량 등을 파악하는 것이 중요하다.

이 절에서는 소화전 개방을 통한 유량과 해당 관로의 유속을 위한 모의, 수돗물 공급과정에서의 잔류염소 적정관리 방안 검토, 물 손실 저감을 위한 감압밸브의 위치 및 설정값(Setting) 결정 등 상수도관망 운영관리에 필요한 관망해석 사례를 소개하고자 한다.

6.3.2 관세척 모의

(1) 개요

2.4.4 소화전에서 설명한 것과 같이 옥외 소화전은 소방 목적뿐만 아니라 장기간 미량으로 관내에 퇴적된 이물질을 제거하는 관세척 작업에 활용되고 있다. 이와 같은 운영관리 목적에서 소화전을 활용하고자 하는 경우 소화전을 개방했을 때 발생하는 유출량, 관내 탁질 거동, 관세척에 필요한 유속, 수압, 유량의 확보 여부 등을 사전에 파악해야 하므로 관망해석 모델이 필수적으로 사용된다.

소화전을 모의하는 경우, EPANET 프로그램에서 적용하는 유출계수와 소화전과 같은 오리피스를 통한 유출계수가 서로 달라 이를 반영할 수 있는 계수의 별도 개발이 필요하다. 이 책에서는 새로운 계수에 대한 개발과 실제 관세척 작업에서의 적용사례를 소개하고자 한다.

배수관망에 설치된 소화전에서의 토출유량은 관망에서의 수두손실, 입·출구 직경에 따른 속도 편차, 소화전 형상 등에 따른 수압 손실에 의해 결정된다. 이와 같은 손실에 따른 소화전 토출유량은 다음 식으로 나타낸다(유우준 등, 2013).

$$Q = C_d \times P_{Loss}^{n} \tag{6.4}$$

여기에서 Q = 소화전 토출유량(m^3/s), C_d = 유량계수($m^3/s/m^{0.5}$)
P_{Loss} = 소화전 개방에 따른 압력손실(m), n = 수압지수

유량계수(C_d)는 무차원의 유출계수(Discharge coefficient) C를 포함한 식으로 아래와 같이 나타낼 수 있다.

$$C_d = C \times a \times \sqrt{2g} \tag{6.5}$$

여기서, C = 소화전 유출계수, a = 토출구 단면적(m^2), g = 중력가속도($m/\sec^2$)

EPANET에서 소화전과 같은 수압에 관계된 토출량의 모의는 방류장치(Emitter) 기능을 이용한다. Emitter는 노즐이나 오리피스를 통해 유량을 대기로 방류하는 절점 장치다. Emitter를 통해 방류되는 유량을 계산하는 식은 식 (6.6)과 같다(Rossman 등, 2020).

$$Q = C_d \times P^{n} \tag{6.6}$$

여기에서 P = 수압(m), C_d를 Emitter 계수라고 한다.

Emitter를 통한 유출계수는 소화전 유출계수와 구분하기 위하여 C_e 라고 하면 다음 식과 같이 나타낼 수 있다.

$$C_d = C_e \times a \times \sqrt{2g} \tag{6.7}$$

식 (6.4)와 식 (6.6)의 차이는 수압을 나타내는 방식이다. 즉, 식 (6.4)에서는 압력손실(P_{Loss}), 즉 소화전 개방 전 수압을 h_0, 개방 후 수압을 h_1 이라고 하였을 때 $P_{Loss} = h_0 - h_1$ 으로 나타내는 반면에 EPANET에서의 P는 수압으로 표현된다.

EPANET에서 Emitter는 탱크와 같은 저류시설, 즉 고정된 동수두를 갖춘 시설에서의 오리피스로 취급하여 모의 된다. 즉, EPANET에서 Emitter는 가상의 관로와 저류탱크(Reservoir)가 있는 절점으로 모의한다. 가상의 저류탱크에서 수두는 절점의 표고가 된다(Rossman 등, 2020). 이때 유출계수를 일반적인 오리피스 공식에서 사용하는 값(0.6 등)을 적용하면 실제보다 훨씬 많은 토출량이 있는 것으로 모의 된다.

따라서 실제 소화전 개방에 의한 토출유량을 EPANET에서 모의하기 위해서는 유출량(Q), 유량계수(C_d), 유출계수(C), 소화전 개방에 따른 손실(P_{Loss}) 등을 적정하게 규정해야 한다.

식 (6.7)은 초당 유량(m^3/s)을 기준으로 한 것이므로 관망해석 해석옵션에서 다른 유량 단위를 사용한다면 모의조건에 맞도록 단위를 조정해야 한다.

(2) 소화전 개방에 따른 유량 및 압력손실 기준

표 2.12에 의하면 소화전의 토출구 내경과 토출구 수에 따라 유량과 압력손실 값이 646 ℓ/min(1,362 m^3/day)에서 5,678 ℓ/min(8,175 m^3/day)로 변하고, 이에 대한 소화전의 압력손실은 각각 6.9 kPa(0.7 m)에서 89.7 kPa(9.1 m) 정도의 범위로 규정되어 있음을 알 수 있다.

표 2.12에서 나타난 압력손실 기준은 소화전에서의 손실만을 의미하며, 소화전 개방에 따른 관로 전체의 손실은 별도로 추가 고려해야 한다.

(3) Emitter 유출계수(C_e) 산정

식 (6.4)와 식 (6.6)에서의 유량은 같은 값이어야 하므로 n = 0.5라고 하고 소화전 개방 전 수압을 h_0, 개방 후 수압을 h_1이라고 하면, 다음 식과 같이 나타낼 수 있다.

$$Q = C \times a \times \sqrt{2g(h_0 - h_1)} = C_e \times a \times \sqrt{2gh_0} \tag{6.8}$$

$$C_e = \frac{C\sqrt{h_0 - h_1}}{\sqrt{h_0}} \tag{6.9}$$

식 (6.9)에서와 같이 Emitter에 의한 유출계수(C_e)는 오리피스의 유출계수(C)와 압력손실의 함수로 결정됨을 알 수 있다.

(4) 오리피스 유출계수

관에서 공기 중으로 방류되는 유량의 유출계수 C는 다음과 같이 표현된다(Gribbin, 2001).

$$\begin{aligned} Q &= C \times a \times V \\ V &= \sqrt{2g(h_1 - h_L)} \end{aligned} \tag{6.10}$$

여기서, h_1 = 수두(m), h_L = 손실수두(m)

Gribbin(2001)은 유출계수 C는 오리피스의 형태, 크기, 수두에 따라 다르나, 대부분의 경우 C = 0.62를 사용하면 신뢰성 있는 결과를 얻을 것이라고 언급하고 있다.

Giles(1997)는 유출계수 C는 실제 유량과 이상 유량의 비율로 나타내며, 유속계수(C_v)와 수축계수(C_c)의 곱으로 정의한다.

$$C = \frac{actual\, flow\, Q}{idaea\, flow\, Q} = \frac{Q}{a\sqrt{2gh}} \tag{6.11}$$

$$C = C_v \times C_c$$

Giles(1997)는 C값은 오리피스 구경, 수두, 수온 등의 영향을 받아 차이를 보이나, 실험에 의하면 0.593~0.647의 범위에 있다고 한다. 유선학 등(2004)은 정류량 밸브의 카트리지의 오리피스 구멍의 유출계수 산정에서 통상적인 유출계수로 C = 0.6을 사용하였다. 유의준 등(2013)은 소화전 유출시험을 통해 C_d값을 494.46($\ell/\mathrm{min}/kPa^{0.55}$)로 계산하였는데, 이 값은 유출계수 C = 0.63이 된다.

위 문헌들의 결과를 고려하면 소화전 개방에 따른 유출계수(C)는 0.60~0.65 범위에서 오리피스 구경, 수두 등을 고려하여 결정하면 타당한 결과를 얻을 수 있을 것으로 판단된다. 오리피스 구경이 작을수록, 수압이 낮을수록 유출계수 값은 커지고, 이 두 변수가 클수록 C값은 작아지는 경향을 보이므로 이를 고려하여 적정 C값을 결정하면 될 것이다.

(5) 배수관망에서의 소화전 개방 시험과 모의

관망해석을 통한 소화전 개방시의 유량과 압력손실, 그리고 Emitter 유출계수를 산정하기 위하여 충청남도 시 단위 지자체 1개 소블록 규모의 망목식 관망에 대한 소화전 개방시험을 시행하였다. 소화전은 인접한 2개의 소화전을 순차적으로 개방하였는데 시험 대상 관로 현황은 다음과 같다.

- 1번 소화전 : 관로 덕타일주철관(DCIP) 250 mm, 소화전 토출구경 63.5 mm
- 2번 소화전 : 관로 PE관 200 mm, 소화전 토출구경 63.5 mm

소화전 개방에 따른 수압 변동을 계측하기 위하여 주변에 총 4개의 수압계를 설치하였으나, 소화전에 설치한 수압계는 유량변동에 따라 수압의 편차가 심해 신뢰성이 없는 것으로 나타났으며, 수압의 일관성을 위해 1번 소화전 인근에 있는 수압을 기준으로 하였다. 또한, 유량은 블록 유입부의 유량계로 계측하였는데 기저유량이 있어 기저유량의 평균값을 제외하여 소화전 유량을 환산하여 추정하여 실제 소화전 유출량과 다소 차이가 있을 수 있다. 유량 및 수압변동 결과는 다음 표와 같다. 여기에서 2번 소화전의 총 유량은 1번 소화전 유량과의 합이다.

표 6.13 소화전 시험 결과

구분	소화전 총 유량	초기수압(m)	변동수압(m)	수두손실(m)
1번 소화전 개방	80.70 m^3/hr (1,936 m^3/day)	35.7	32.7	3.0
1번 + 2번 소화전 개방	194.15 m^3/hr (4,569 m^3/day)	32.7	29.0	3.7

1) Emitter 유출계수 산정

실험결과에 의한 Emitter 유출계수 산정은 식 (6.9)에 의하며 여기에서 유출계수(C)는 0.62로 가정하였다. 1번 소화전을 개방하였을 경우에 대한 Emitter 유출계수(C_e)는 다음 식과 같다.

$$C_e = \frac{C\sqrt{h_0 - h_1}}{\sqrt{h_0}} = \frac{0.62\sqrt{(35.7 - 32.7)}}{\sqrt{35.7}} = 0.18$$

같은 방법으로 소화전을 2개를 개방하였을 경우의 소화전 2에 대한 Emitter 유출계수(C_e)는 다음 식과 같다.

$$C_e = \frac{C\sqrt{h_0 - h_1}}{\sqrt{h_0}} = \frac{0.62\sqrt{(32.7 - 29.0)}}{\sqrt{32.7}} = 0.21$$

또한, Emitter 계수(C_d)는 토출구 수가 1개일 때 식 (6.7)과 같이 각각 다음과 같으며 모의를 위한 유량의 단위가 일(m^3/day)이므로 86,400을 곱하여 계산한다.

- 1번 소화전

$$C_d = 0.18 \times \frac{3.14 \times 0.0635^2}{4} \times \sqrt{2 \times 9.81} \times 86,400 = 218$$

- 1번 소화전과 2번 소화전 동시 개방

$$C_d = 0.21 \times \frac{3.14 \times 0.0635^2}{4} \times \sqrt{2 \times 9.81} \times 86,400 = 254$$

2) 관망해석을 이용한 관세척 모의 절차

관망해석을 이용한 관세척 모의 절차는 앞에서 시행한 소화전 개방시험과 동일한 지역으로 하였다. 자세한 사항은 예제파일 6장 폴더 내 NS_Flushing(Demand).NET을 활용하여 연습한다.

먼저 관망도에서 소화전을 설치한다. 관망도에서 1번 소화전은 Junction ID 1271 근처에 있으며 2번 소화전은 ID 1199 근처에 있다. 1번 소화전을 예로 들면 ID 1271 근처에 연결점(Hydrant_1)을 만들고 이 점의 표고는 ID 1271의 표고(7.69 m)보다 1.0 m 높은 8.69 m로 결정한다. 연결점 1271과 Hydrant_1 두 절점을 잇는 연결선(Hydrant_P1)을 만들고 구경을 소화전 연결 직경(100 mm), 길이는 배수관과 소화전 사이의 길이(2 m) 등의 데이터를 입력한다.

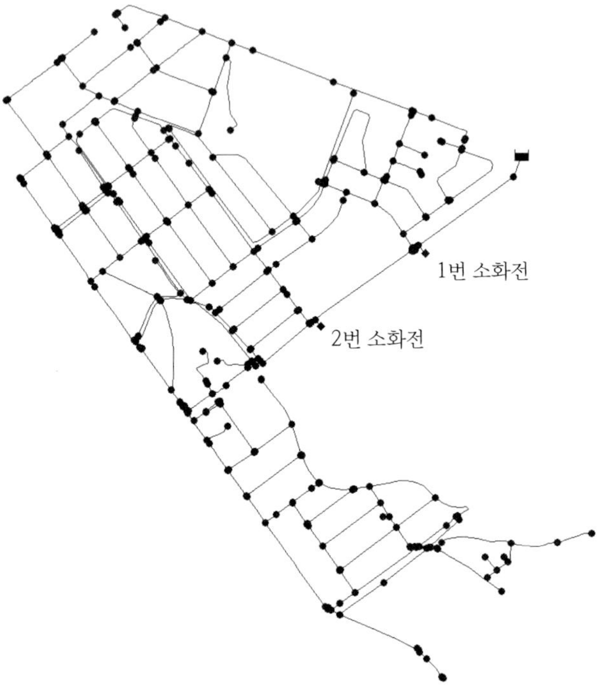

그림 6.15 관세척 모의 대상 관망도

관망해석을 실행(Run)하여 소화전에서의 수압을 확인한다. 예제에서는 소화전 개방시험 시간과 동일한 02:00 시를 기준으로 하였을 때, 수압이 37.2 m로 확인되었다. 1번 소화전을 개방한 경우에 대한 모의를 위한 Emitter 유출계수(C_e)는 유출계수(C)를 토출구수 1개 개방에 따른 작은 토출구경과 수압을 고려하여 0.65로 가정하고 개방시험 결과의 수두손실(3 m)과 해석 결과의 수압을 반영하면 다음 식과 같다.

$$C_e = \frac{C\sqrt{\triangle h}}{\sqrt{h_0}} = \frac{0.65\sqrt{3}}{\sqrt{37.2}} = 0.19$$

관망해석을 위한 1번 소화전에 대한 Emitter 계수(C_d)는 다음과 같이 계산한다.

$$C_d = 0.19 \times \frac{3.14 \times 0.0635^2}{4} \times \sqrt{2 \times 9.81} \times 86,400 = 230$$

다음으로 소화전 절점(Hydrant_1)의 Emitter Coeff.에 계수 230을 입력하고 해석을 실행하면 소화전 개방에 따른 유량값을 얻을 수 있다. 여기에서는 02:00 시의 유량값이 실험값보다 작은 1,391 m^3/day로 계산되었으나, 이 값은 소화전의 유량 및 압력손실 기준을 상회하여 타당한 값으로 판단된다. 관망해석 결과는 예제파일 6장 폴더 내에 있는 NS_Flushing(No_1 hydrant).NET을 참고하라.

다음으로 두 번째 소화전을 순차적으로 열었을 경우에 대해서는 첫 번째와 같은 방법으로 소화전을 모델에 추가(연결점 Hydrant_2, 연결선 Hydrant_P2)하고 1번 소화전 개방 후 2번 소화전에서의 수압을 확인한다. 모델에서 02:00 시의 2번 소화전 개방 전의 수압은 36.3 m로 확인되었다.

두 번째 소화전에 대한 계수 입력은 첫 번째와 같은 방법으로 개방시험 결과의 수두손실(3.7 m)과 2번 소화전 개방전 수압(36.3 m)을 반영한 유출계수와 Emitter 계수는 다음 식과 같이 계산한다.

$$C_e = \frac{C\sqrt{\Delta h}}{\sqrt{h_0}} = \frac{0.65\sqrt{3.7}}{\sqrt{36.3}} = 0.21$$

$$C_d = 0.21 \times \frac{3.14 \times 0.0635^2}{4} \times \sqrt{2 \times 9.81} \times 86,400 = 255$$

소화전 절점(Hydrant_2)의 Emitter Coeff.에 계수 255를 입력하고 해석을 실행하면, 2번 소화전에서는 1,500 m^3/day이 방류되는 것으로 계산된다(예제파일 6장 폴더 내 NS_Flushing(No_1+2 hydrant).NET을 참조).

(6) 관세척 모의 방안

앞에서 기술한 바와 같이 관망해석을 통한 소화전 개방 모의는 Emitter 유출계수(C_e)와 Emitter 계수를 결정하는 것이 핵심이다. 유출계수(C)는 0.60~0.65 범위에서 오리피스 구경, 수두 등을 고려하여 결정하면 타당할 것으로 판단되며, 개방에 따른 수두손실은 시작점(Reservoir)으로부터의 거리에 따라 달라지므로 이를 고려하여야 한다. 소화전 개방을 통한 유량과 수두손실 자료가 없는 경우, 가장 쉬운 방법은 표 2.12에 나타난 토출구 직경과 개방 토출구 개수에 따른 유량값을 수요량(Demand)으로 입력하고 입력 전후의 수압차를 반영하여 앞에서 기술한 순서에 따라 모델을 보완하면 보다 합리적인 모의결과를 얻을 수 있을 것으로 판단된다.

(7) 관세척 모의 사례

관세척을 시행하는 경우에는 세척을 위한 적정 유속을 확보하는 것이 중요하다. Vreeburg (2010)는 플러싱 실험을 통해 침전물을 제거하는데 필요한 유속으로 1.5 m/s 정도의 유속이 필요하며, 유속이 더 낮은 경우에는 수질이 더 나빠지는 역효과를 가져올 수 있음을 보여주었다. 미국수도협회(AWWA) 가이드라인에서도 플러싱 유속을 최소 0.7 m/s 이상이 되어야 하고 적정 유속은 1.5 m/s 라고 권고하고 있다.

앞에서 언급한 소화전 모의시험 구간을 바탕으로 플러싱 구간을 설정하고 이 구간의 하류에 있는 소화전을 차례로 개방하여 플러싱을 위한 적정 유속이 확보되는지 모의하였다.

그림 6.16 관세척 모의 대상구간(소화전)

그림 6.16에 나타난 1번 소화전을 개방하는 경우 Emitter 계수는 230으로 하였으며, 이 결과 플러싱 구간의 유속이 0.51 m/s, 2번 소화전의 Emitter 계수는 255로 하였으며, 1번과 2번 소화전을 동시에 개방의 경우에는 유속이 1.03 m/s, 그리고 3번 소화전의 Emitter 계수는 279로 하였으며, 1~3번 3개의 소화전을 개방한 결과 플러싱 구간의 유속이 1.50 m/s 로 모의되어 적정 유속 권고기준을 만족하는 것으로 나타났다. 표 6.14에 소화전 개방을 통한 단

방향플러싱에서 소화전 유량과 세척구간의 유속을 모의한 결과를 나타내었다(예제파일 6장 폴더 내 NS_Flushing(No_1+2+3 hydrant).NET를 참조).

표 6.14 관세척 모의 결과

구분	소화전 총 유량	세척구간유속(m/s)	유입점수압(m)
1번 소화전 개방	57.21 m^3/hr	0.51	45.5
1+2번 소화전 개방	115.42 m^3/hr	1.03	45.5
1+2+3번 소화전 개방	169.96 m^3/hr	1.50	45.5

6.3.3 공급과정 잔류염소 적정관리 방안 검토

(1) 개요

잔류염소 농도의 적정관리는 수돗물을 정수장에서 소비자의 수도꼭지까지 안전하게 공급하되, 공급과정 전반에 걸쳐 잔류염소 농도의 시간적, 공간적 편차를 최소화하는 것을 의미한다. 또한, 충분한 소독능을 확보하면서도 잔류염소 농도를 가능한 낮게 유지하여 음용에 거부감 없는 수돗물을 공급하는 것을 궁극적인 목표로 삼고 있다.

과거 정수장에서만 주입해오던 수돗물 내 잔류염소를 최근 배수지, 관로 등 공급 중간과정에서 적정량을 분산 주입하는 재염소투입설비와 자동드레인장치의 설치를 통해 관말의 수질안전성 확보와 동시에 정수장 인근의 잔류염소 농도를 낮춰 관망 전체의 잔류염소 농도를 평활화하는 수돗물 품질 개선의 노력이 시행되고 있다. 특히, 공급과정의 재염소투입설비 확대는 실시간 수질감시 설비와 더불어 수질민원 중 다수를 차지하는 약품 냄새에 따른 민원을 해소할 수 있는 가장 기본적인 방법이라 할 수 있다.

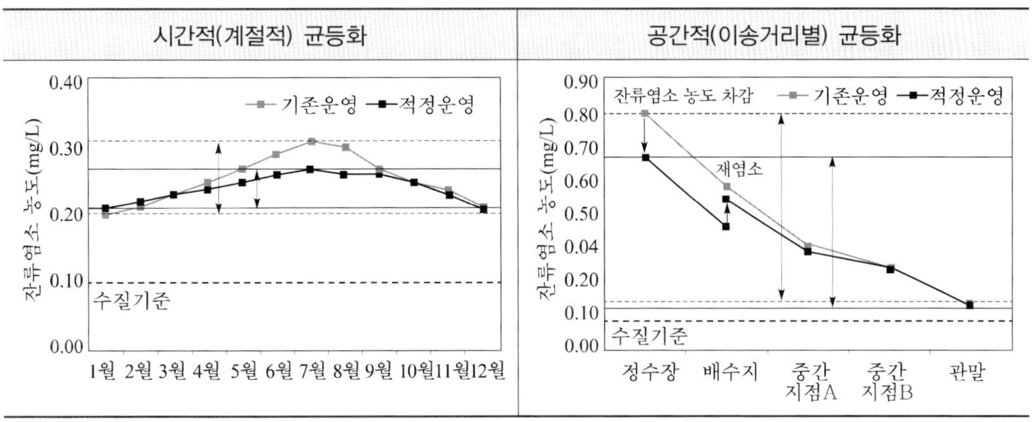

그림 6.17 잔류염소 농도에 대한 시간적 및 공간적 균등화 개념

(2) 분석절차

공급과정 잔류염소 적정관리 방안 검토 분석절차는 기존 수리해석 모델을 수질해석이 가능하도록 설정을 수정하고, 수체반응계수 실험결과를 반영하고, 현장 수질조사 결과를 이용한 검·보정 과정을 거쳐 최종 수질해석 모델을 구축한다. 수질해석 모델을 분석한 결과와 현장 수질조사 결과를 바탕으로 대상지역 수질 취약성 등을 검토한다. 이후 분석기준 설정하고, 대안별 시나리오를 설정하여 모의를 수행한 후 잔류염소 적정관리 방안을 제시하는 절차로 수행한다.

표 6.15 공급과정 잔류염소 적정관리 분석절차

구분	주요 내용
수질해석 모델구축	• 현장수질조사, 수체반응계수 실험 (잔류염소, 수온, 농도 등 자료조사 및 분석) • 수리 및 수질 모델 검·보정 • 대상지역 수질 취약성 분석
분석기준 설정	• 수질모델 적용기준(물사용량, 적용 계절 등) • 임계지점 수압 및 관말 수질기준 • 재염소투입설비 및 자동드레인장치 설치 기준 등
대안별 시나리오 작성 및 분석	• 잔류염소 취약성 발생 구간 검토 • 수질 안전성 확보 대안 (재염소투입설비, 자동드레인장치 설치 등) • 대안별 시나리오 분석
적정관리 방안 제시	• 대안별 설치위치, 운영방법 등 설계용량 제시 • 수질안전성 확보 대안 적용 전후 효과 분석

(3) 수질해석 모델구축

수질해석 모델구축은 기 구축된 수리해석 모델을 기초로 수질해석 모델링이 가능하도록 관망해석 설정을 변경하고, 운영수질 자료를 입력하여 수질해석 모델을 구축한다. 수질해석 모델구축에 대한 세부사항은 5.2.6 수질해석 모델구축을 참고한다.

대상지역은 광역상수도 정수장에서 생산된 수돗물을 공급받아 지방상수도 상수관망을 통해 공급하는 중블록 규모의 급수구역으로 잔류염소 적정관리 방안 검토사례를 소개하고자 한다.

수질모델 구축을 위해 현장 수질조사와 수체반응계수 실험을 실시하였으며, 측정 및 분석 결과를 바탕으로 구축된 수질모델을 검보정하였다. 전체 평균 RMSE는 0.076으로 양호한 것으로 분석되었다.

수질모델 검보정시의 적용수온은 광역상수도가 17℃, 지방상수도가 19℃이나, 본 사례와 같은 수질 안전성의 검토에서는 수질관리에 있어 최악조건이라 할 수 있는 하절기에 대한 검토가 필요하다. 따라서 광역상수도는 23℃, 지방상수도는 25℃로 하절기 운영조건을 가정하여 수체반응계수는 $-0.8258d^{-1}$, $-0.9751d^{-1}$로 각각 설정하고 관체반응계수는 동일한 값을 적용하여 하절기 최악조건에 대한 수질모델을 구축하였다.

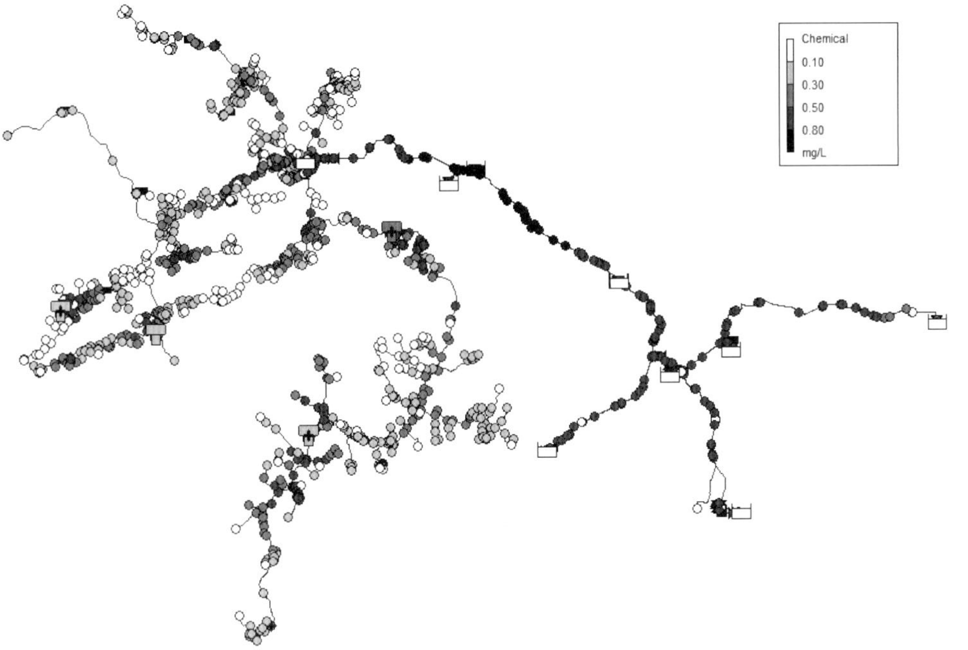

그림 6.18 수질모델 구축(하절기 최악조건)

(4) 분석기준 설정

상수도관망 내 수질관리의 가장 기본은 음용이 가능한 안전한 수질의 수돗물을 수도꼭지까지 안정적으로 공급하는 것이다. 따라서, 공급과정에서의 추가적인 염소주입의 목표도 첫째는 관말까지 수질기준을 만족할 수 있는 잔류염소 농도를 확보하는 것이고, 둘째는 배수구역 전반에 걸쳐 농도를 낮고 균등하게 유지하는 것이다.

잔류염소 적정관리 관리목표 설정(예시)

- 일반정의 : 공급과정에서 동일한 배수구역내에서 시간별, 이송거리별 잔류염소의 농도 편차를 줄이고 안전한 농도로 일정하게 유지하는 기법

- 시간적 균등화 : 잔류염소 관리지점(정수지, 배수지 등 소독제 주입지점)에서 시간에 따른 잔류염소 변동 폭 최소화
  - 정수지 : 목표값 ± 0.09 mg/L, 최대 1.0 mg/L 이하(권고치 0.8 mg/L)
  - 배수지 : 일평균값 ± 0.1 mg/L
- 공간적 균등화 : 정수장에서 관말까지 이송거리별(체류시간별) 적정농도 유지 및 변화 폭 최소화
  - 배수지 : 0.4 mg/L ≤ 일평균값 ≤ 정수지 목표값
  - 수도꼭지 : 0.1 mg/L ≤ 측정값

재염소투입설비나 자동드레인장치는 경제성 및 현장 여건에 따라 무한정으로 설치할 수 없으므로 적정한 대안 검토기준을 제시하여 설치 개수 및 위치를 제한할 필요가 있다.

재염소투입설비 및 자동드레인장치 설치 기준(예시)

- 재염소투입설비 : 잔류염소 취약지점 수요량 합이 50 m^3/d 이상인 지점 선정
- 자동드레인장치 : 잔류염소 취약지점 수요량 합이 3 m^3/d 이하인 지점 제외

(5) 대안별 시나리오 작성

공급과정에 대한 잔류염소 적정관리를 위한 대안별 시나리오는 재염소투입설비 설치, 자동드레인장치 설치, 관경 변경 및 신설, 밸브상태 변경을 통한 수계변화 등으로 구성할 수 있다. 일반적으로 잔류염소 적정관리를 위한 운영대안은 관말 잔류염소 농도가 0.1 mg/L 이상이 되도록 ① 정수장 유출 잔류염소 농도 제어, ② 배수지 및 관로상 재염소투입설비 설치, ③ 관말 자동드레인장치 설치의 순으로 대안을 검토한다.

① 1단계 : 정수장 유출농도 제어
  - 정수장 유출농도 제어를 통해 잔류염소 취약구간의 잔류염소 기준 농도 확보 가능 여부 확인

② 2단계 : 배수지 및 관로상 재염소투입설비 설치
  - 배수지 재염소투입설비 도입에 따른 잔류염소 기준농도 확보 가능 여부를 확인하고 미확보구간에 대하여 관로 상에 재염소투입설비 설치 지점 선정
  - 잔류염소 농도가 0.1 mg/L 이하의 절점 수요량 합이 50 m^3/d 이상인 지점 선정

③ 3단계 : 관말 자동드레인장치 설치

- 배수지 및 관로 상에 재염소투입설비 도입에 따른 잔류염소 취약지점의 기준농도 확보 가능 여부를 확인하고 잔류염소 기준농도 이하인 지점을 대상으로 관말 자동드레인장치 설치
- 해당 관말지점의 수요량 합이 3 m^3/d 이하인 절점들은 제외

여기서, EPANET 수질해석 모델에서 정수장 유출농도 제어는 Reservoir의 Initial Quality, 재염소투입설비에 대한 입력 값은 절점 또는 Tank 속성 편집기 창에서 Source Quality 설정을 통해 반영하고, 관말 자동드레인장치에 대한 드레인(이토) 양은 절점에 대한 Base demand 변동을 통해 설정한다.

(6) 대안별 시나리오 분석결과

분석대상 지역을 공급체계 및 관말에 따라 계통별로 분리하고 해당 계통에서 관말 개수에 따라 구분하여 단계별로 프로파일링(Profiling) 분석을 진행한다. 이 분석사례에서는 크게 4개 계통으로 구분되며, 이 중 1개 계통에 대한 분석결과를 다음과 같이 제시하였으며, 나머지 다른 계통에 대해서도 동일한 방법으로 대안별 시나리오 분석을 시행한다.

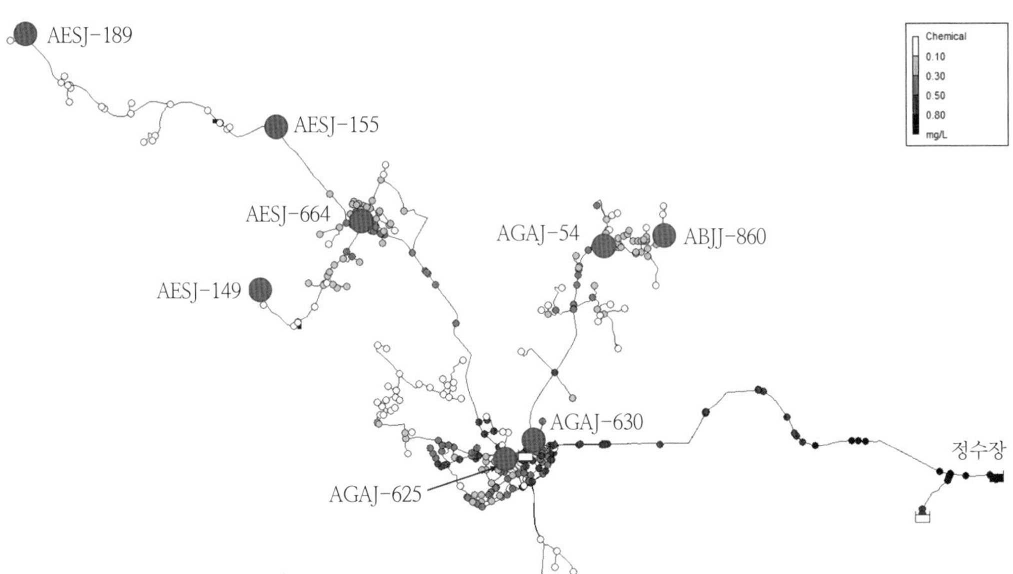

그림 6.19 분석대상 지역 수질모델(하절기 최악조건)

1) 1단계 : 정수장 유출 잔류염소 농도 제어

정수장 유출 잔류염소 농도에 대한 변화가 대안이 되며, 계통 대안별 분석결과는 다음과 같다.

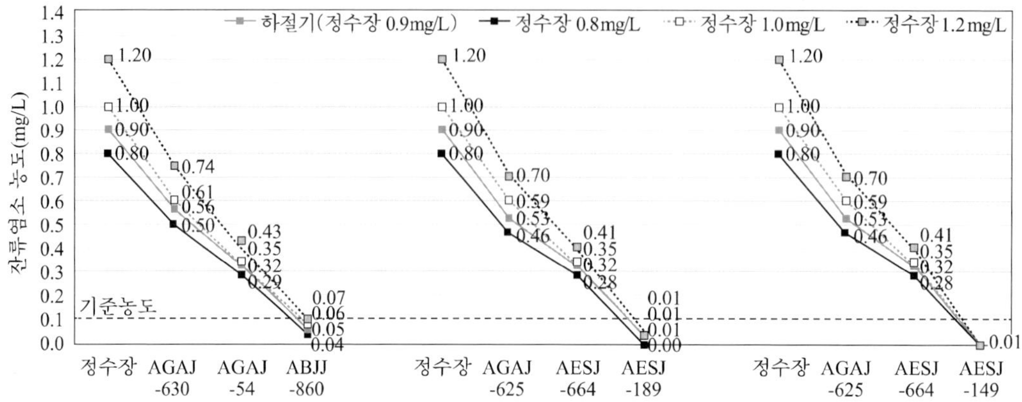

그림 6.20 정수장 유출 잔류염소 농도에 따른 관로상 잔류염소 농도(하절기)

정수장 유출 잔류염소 농도 변화에 따라서 관로상 및 관말 잔류염소 농도가 변화되는 것을 알 수 있으며, 모델링 결과 및 현장 여건 등을 감안하여 적정한 정수장 유출 잔류염소를 결정하고 2단계 분석을 진행한다.

2) 2단계 : 배수지 및 관로상 재염소투입설비 설치

정수장 유출 잔류염소 농도 변화에 대한 현실적으로 가능한 대안이 결정되었다면 배수지 및 관로상 재염소투입설비 설치 대안을 검토한다. 이때는 재염소투입설비 설치 위치와 재염소 주입량에 따라 관말 잔류염소 농도가 변동되므로 이를 반복하여 수질모델링을 수행한다.

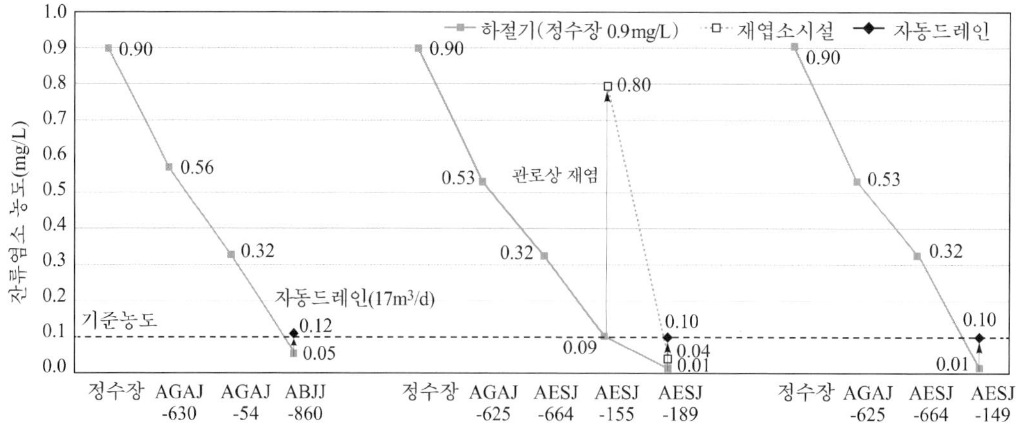

그림 6.21 재염소투입설비 설치에 따른 잔류염소 농도(하절기)

관말인 AESJ-189 지점의 경우 잔류염소 농도가 0.1 mg/L 이하인 절점들의 수요량 합이 98.15 mg/L 로 재염소투입설비 설치기준을 만족하나, ABJJ-860, AESJ-149 지점의 경우 잔류염소 농도가 0.1 mg/L 이하인 절점들의 수요량 합이 30 mg/L 이하로 재염소투입설비를 설치하는 것은 경제성이 떨어지므로 다른 방안 마련이 필요하다. 또한, AESJ-189 지점 인근에 관로상 재염소투입설비 적용 결과, 유출농도가 0.8 mg/L 인 경우에도 관말지점의 농도가 0.04 mg/L 로 나타나 추가적인 잔류염소 농도 확보방안이 필요한 것으로 분석된다.

3) 3단계 : 관말 자동드레인장치 설치

1단계, 2단계 대안 시나리오 분석에서 정수장 유출 잔류염소 농도 및 재염소투입설비 설치가 결정되고도 관말에 잔류염소 취약성이 발생하는 구간에 대해서는 관말 자동드레인장치 설치에 대한 대안별 시나리오 분석을 다음과 같이 시행한다.

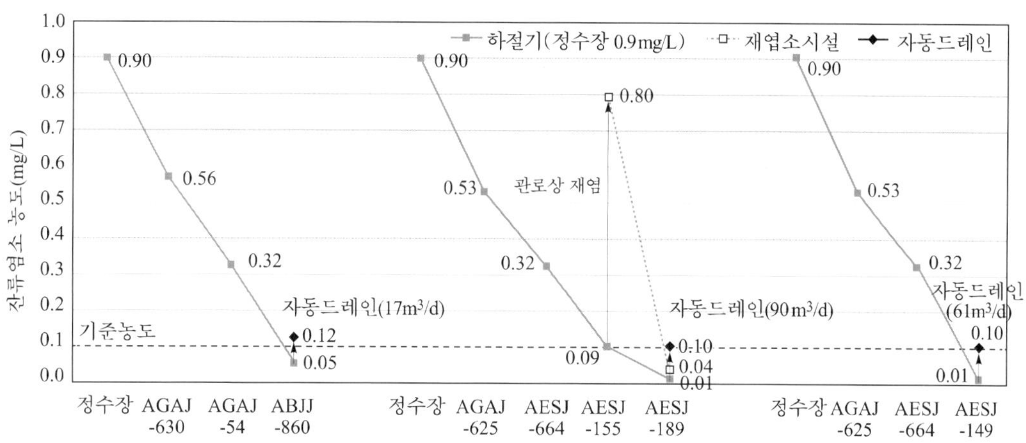

그림 6.22 자동드레인장치 설치에 따른 잔류염소 농도(하절기)

각 계통의 관말지역에 자동드레인장치를 설치할 경우, ABJJ-860 지점에서는 17.08 m^3/d, AESJ-189 지점에서는 90.43 m^3/d, AESJ-149 지점에서는 60.76 m^3/d의 드레인이 필요한 것으로 모의되었으며, 기존 수요량에 비해 드레인 양이 매우 커 경제성이 떨어지는 것으로 판단된다. 따라서, 해당지역은 관경 축소, 중복 수도전(지하수, 마을상수도) 폐쇄 등의 다른 방안을 마련하는 것이 옳을 것으로 판단된다.

(7) 적정관리 방안 제시

대안별 시나리오 분석결과를 바탕으로 정수장 유출 잔류염소 농도, 배수지 및 관로상 재염소투입설비 설치, 자동드레인장치 설치 등을 도출할 수 있고, 현장 여건 및 분석기준에 맞는 가장 적정한 잔류염소 관리방안을 선정한다.

그림 6.23과 같이 잔류염소 수질기준 0.1 m^3/d 이상을 만족하기 위해서는 해당 구역내 재염소투입설비 1개소와 자동드레인장치 3개소 설치가 필요한 것으로 검토되었다.

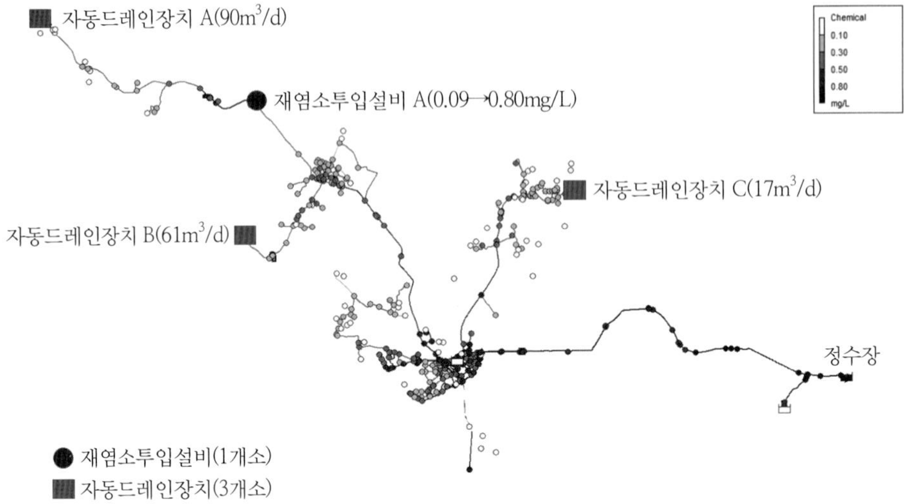

그림 6.23 잔류염소 적정관리 방안 반영시의 잔류염소 모의결과(예시)

6.3.4 감압밸브 설치 검토

(1) 개요

상수도관망에서 발생하는 누수 등의 손실을 줄이기 위한 방법으로 감압밸브(PRV)를 설치하여 운영하는 경우가 많다. 하지만 그동안 체계화된 수압관리 업무절차 등이 부족하여 설치된 감압밸브의 구경 및 형식 부적정 등 작동과 운영에 많은 문제점을 나타내고 있다. 이와 같은 문제점의 대부분은 감압대상 구역의 정확한 유량 측정과 해당 구역의 정밀한 관망해석을 통한 구경 및 형식이 결정되지 못하였기 때문이다.

이 절에서는 감압밸브 설치의 설계 및 유지관리 단계에서 필요한 관망해석 모델과의 연계 검토 방법을 소개하고자 한다.

(2) 감압밸브 설치 검토 절차

수압관리 업무절차는 기초자료 수집과 현장조사를 통해 현황을 분석하여 감압밸브 설치뿐만 아니라 필요한 경우 가압장의 신설과 기존 시설물의 진단까지 포함된다. 수압관리 업무절차에 의한 기초자료 수집 및 분석, 현장 조사 및 진단을 통해 수집된 데이터를 이용하고, 관망해석 모의를 통해 감압밸브의 설치 위치와 설정값, 감압밸브 형식 결정 및 효과분석을 위한 절차는 표 6.16과 같다.

표 6.16 감압밸브 설치 검토를 위한 관망해석 모의 절차

구분	주요 내용
수압기반 해석모델 구축	• 누수량에 대해 Emitters를 이용한 해석모델 구축 • 수리 및 수질모델 검·보정 · 수압분포 분석
감압밸브 설치 예정지점 및 임계지점 확인	• 감압밸브 설치 예정 지점 확인 (표고, 잔여수압, 밸브실 설치 가능성 등 고려) • 임계지점 확인(임계지점 수용가의 직결급수 위치 등 고려)
감압밸브 설정값(Setting) 계산	• $P_{out} = GL_{target} + SL_{target} - H_L - GL_{PRV}$ • 관망해석을 통해 설정값 확인 및 재조정
제어형식 결정 및 효과분석	• PRV~임계지점 사이의 손실수두 차에 의한 제어형식 결정 - 고정유출, 시간비례, 유량비례 제어 • 제어형식별 효과분석 및 최종 방안 결정

(3) 수압기반 해석모델 구축

관망해석에서 감압밸브를 모의하기 위해서는 손실량(누수량)을 수압기반 해석방법 중 하나인 Emitter 계수로 표현해야 한다. 따라서 먼저 수요량을 사용량과 누수량으로 구분하고, 사용량은 수도미터 분포와 사용량에 따라 수요절점에 할당한다. 누수모의에 대한 이론적인 세부사항은 2장을 참고하기 바라며, 예제파일 6장 폴더 내 DS_Emitters모델.INP를 활용하여 연습한다.

2장에서 언급한 바와 같이 방류장치를 통한 유량은 다음 식과 같이 절점의 수압에 따라 변화하게 된다.

$$q = C p^{\gamma} \tag{6.12}$$

여기에서 q는 유량 즉 누수량(m^3/일), p는 수압(m), C는 용량계수, γ는 수압지수로서 수압과 누수량과의 관계를 나타내는 계수로 이번 사례에서는 1.0으로 모의하였다. 누수를 모의하기 위해서는 먼저 용량계수를 결정하고, 이를 각 관로에 배분하는 순서를 거친다. 이번 사례에서는 수압 p를 모의하고자 하는 관망의 평균수압으로 결정하였는데, 예제 관망의 평균수압은 52.5 m이나, 정상상태해석(Steady-state analysis)을 이용해 수압종속인 누수량(1,176 m^3/d)을 맞추는 작업이 필요하며, 이를 통해 최종 결정한 평균수압은 51.9 m이다.

이와 같은 작업을 통해 산정한 용량계수는 다음과 같다.

$$C = q/p^{\gamma} = 1,177/51.9^{1.0} = 22.68$$

이를 관로 전체 길이(사례의 57,602 m)에 비례하여 할당하면 미터 당 0.000394가 되며, 이를 해당 관 길이에 곱하고 양 절점에 절반씩 할당하여 배분한다. 이와 같이 할당된 용량계수는 EPANET 입력파일에서 [Emitters] 아래 절점번호, 계수를 차례로 입력한다(DS_Emitters모델.INP 파일 참조). 또한 해석에서 중요한 것은 수압지수를 누수에 맞게 설정해야 하는데, 이번 사례에서는 1.0으로 하였으므로 EPANET 프로그램의 Project ➡ Analysis Option에서 Emitter Exponent를 1.0으로 변경해야 한다.

(4) 감압밸브 설치지점 검토

사례 관망은 충청남도 군 단위 지자체의 1개 급수구역으로 관망의 구성과 현장 조사를 통한 물 공급량 개요는 다음과 같다.

- 관 길이 : 57,602 m(관 구경 50 mm ~ 450 mm)
- 배수지 최저 수위(LWL) : 89.8 m
- 배수관 절점 표고 : 최대 83.8 m, 최소 8.0 m
- 일 평균 생산량 : 2,942 m^3/d
- 일 평균 수요량 : 1,765 m^3/d
- 일 평균 손실량 : 1,176 m^3/d(유수율 60.0%)

감압밸브 위치 결정은 설치지점 인근에서 감압 후 수압 저하로 인한 민원이 발생하지 않아야 하며, 밸브 설치로 인한 효과를 극대화할 수 있는 지점을 선정하고 현장 실사를 통해 실제 밸브실 설치가 가능한 지점을 선정하게 된다. 사례 관망 해석파일(DS_Emitters모델.net)을 이용한 대상지점의 관망은 그림 6.24와 같다.

그림 6.24에서와 같이 배수지를 중심으로 시내구간과 남서방향은 표고가 높아 감압대상에서 제외하였으며, 북쪽의 분기 관로는 표고차가 상당하여 별도의 임계지점을 대상으로 감압밸브 1대 설치와 2대 설치시의 효과를 분석하고자 한다. 첫 번째 감압밸브(PRV1)의 설치지점은 주변의 고지대의 영향에서 벗어난 절점 937과 관로 3274에 설치하고, 두 번째 감압밸브(PRV2)는 우측으로 관망 상단의 우측으로 분기하는 지점(Junction 2784, Pipe 3196)에 설치하는 것으로 계획하였다.

감압밸브 설치 검토단계에서 중요한 요소는 설치지점 하류의 유량분포와 임계지점을 찾는 것이다. 설치지점에서의 유량분포는 감압밸브 구경 결정에 중요하므로 반드시 시행하여야 한다. 또한 밸브 설치에 따른 최저 수압을 나타내는 임계지점을 찾는 것도 중요하므로 배수관망뿐만 아니라 인근의 수용가 표고까지 조사해야 한다.

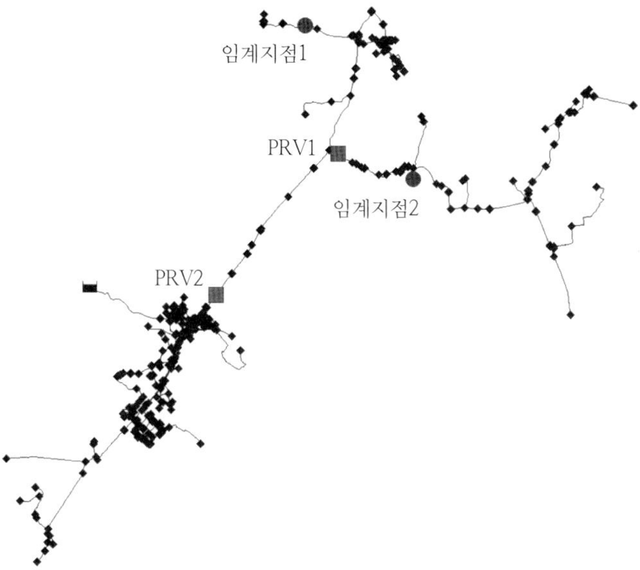

그림 6.24 감압밸브 설치 검토사례의 관망도 및 임계지점

(5) 감압밸브 설정값(Setting) 검토

감압밸브 하류 압력설정은 2장에서 언급한 바와 같이 최대유량($Q_{\max}$)을 기준으로 하는데, 이때의 감압밸브 하류(2차측) 설정수압은 식 (2.86)과 같이 다음 식으로 계산한다.

$$P_{out} = GL_{target} + SL_{target} - H_L - GL_{PRV} \tag{6.13}$$

여기에서 P_{out}은 PRV 2차측 설정압력(m), GL_{target}은 목표지점의 표고(m), SL_{target}은 목표지점의 최소 공급수압(m), H_L은 목표지점까지의 손실수두(m)이며, GL_{PRV}은 감압밸브(PRV) 지점의 표고(m)이다.

사례 관망(DS_Emitters모델.net)에서의 첫 번째 감압밸브(PRV1)를 위한 설정수압 계산에 필요한 데이터는 다음과 같다.

- PRV1지점(Junction 937) 표고 : 43.6 m
- 임계지점(Junction 3068) 표고 : 48.1 m
- 최소 공급수압 : 20 m(상수도시설기준에서의 최소동수압 15 m와 인근 수용가의 표고차 5 m를 감안하여 20 m로 결정)

- PRV1지점과 임계지점 사이의 최대 손실(최대 동수두차, 8:00AM) : 1.6 m
- PRV1지점과 임계지점 사이의 최소 손실(최소 동수두차, 3:00AM) : 0.9 m

이와 같은 데이터를 바탕으로 계산한 PRV1의 설정수압은 다음과 같다.

$$\begin{aligned} P_{out} &= GL_{targct} + SL_{target} - H_L - GL_{PRV} \\ &= 48.1 + 20.0 + 1.6 - 43.6\,m \\ &= 26.1\,m \end{aligned}$$

계산결과, 설정수압은 26.1 m이나 감압밸브 설치에 따른 손실량 감소의 영향으로 설정값을 재조정해야 하며, 임계지점에서 최소 공급수압 20 m에 맞춘 최종 설정수압은 25.7 m가 되었으며, 이에 대한 해석파일은 예제파일 6장 폴더 내 DS_Emitters(PRV1).net이다.

같은 방법으로 PRV2 설정수압 계산에 필요한 데이터는 PRV2지점(Junction 2784) 표고 24.1 m, 임계지점(Junction 2356) 표고 29.0 m, PRV2지점과 임계지점 사이의 최대 손실(최대 동수두차, 8:00AM) 8.9 m 등이다.

초기 계산결과 설정수압은 33.8 m이나, 두 지점 사이의 손실차가 있어 최종적으로 임계지점에서의 최소 공급수압 20 m에 맞춘 값은 25.6 m로 산정되었다. PRV2의 모의는 PRV1이 설치된 파일(DS_Emitters(PRV1).net)을 대상으로 하였으며, 두 곳 모두 PRV를 설치한 최종 해석파일은 예제파일 6장 폴더 내 DS_Emitters(PRV2).net이다. PRV1과 PRV2 모두 설치 후 최대 및 최소 유량 시 손실량 차이가 7 m 이하(모의결과 1m 미만)으로 고정유출식(Fixed-outlet) 단순감압으로도 충분한 것으로 판단되었다.

(5) 효과검토

감압밸브 설치를 통한 누수량 저감 효과분석은 두 지점을 통해 실시하였다. 한 지점은 첫 번째 감압밸브(PRV1)가 설치된 관로에서의 유량을 비교하고, 두 번째는 배수지 유출지점의 전체 유량을 비교하는 것이다. 첫 번째 PRV1이 설치된 관로(Pipe 3274)에서의 유량비교는 먼저 감압밸브가 설치되지 않은 해석파일(DS_Emitters모델.net)에서 Pipe 3274의 유량을 Graph로 나타내고 Graph Type을 Time Series Graph로 하고 Parameter를 Flow로 하면 시간별 유량이 그려진다. 그래프가 나타난 상태에서 도구상자의 Copy( )를 선택하여 Copy To에서 File로 Copy AS에서 Data를 선택한 후 파일이름을 입력하면 시간별 유량 파일을 얻을 수 있다. 이와 같은 방식으로 각 모델의 유량을 비교하면 감압밸브 설치에 따른 효과를 분석할 수 있다.

PRV1이 설치된 관로에서의 효과는 PRV 설치 전 평균 유량이 1,061 m^3/d에서 1대 설치의 경우 888 m^3/d로 설치 전에 비해 16.3%가 줄어들었으며, 2대 설치의 경우 822 m^3/d로 설치 전에 비해 22.6%가 저감되었다.

배수지 유출지점에서의 효과는 PRV 설치 전 평균 유량이 2,942 m^3/d에서 1대 설치의 경우 2,770 m^3/d로 설치 전에 비해 5.9%가 줄어들었으며, 2대 설치의 경우 2,703 m^3/d로 설치 전에 비해 8.1%가 누수량이 저감되었다.

이와 같이 감압밸브 설치지점 하류의 효과보다 전체 관망의 효과가 적은 이유는 이는 감압밸브 설치로 인해 줄어든 수량이 수압관리 대상 이외의 지역 수압을 전반적으로 높이는 효과를 보이기 때문이다. 따라서 급수구역에서 감압밸브 설치를 검토할 경우 다른 지역의 수압 상승을 고려하여 적절한 조치를 취해야 한다. 그림 6.25는 감압밸브 하류 지역과 전체 배수구역의 누수량 저감 효과를 그래프로 나타낸 것이다.

PRV1 하류 관로 유량 비교

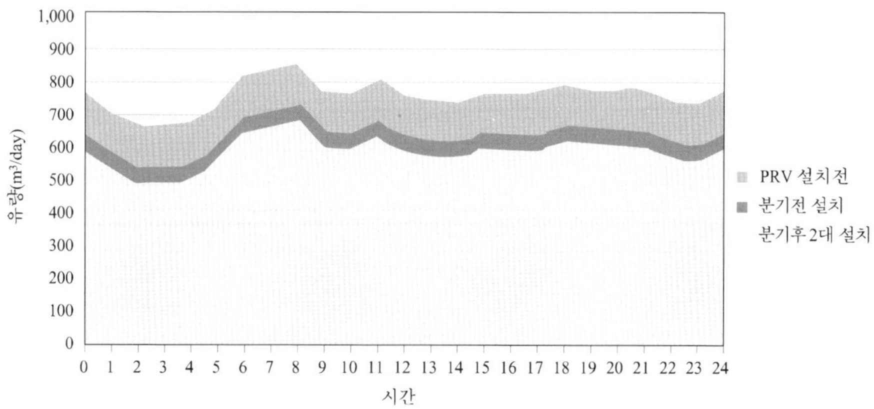

배수지 유출유량 비교

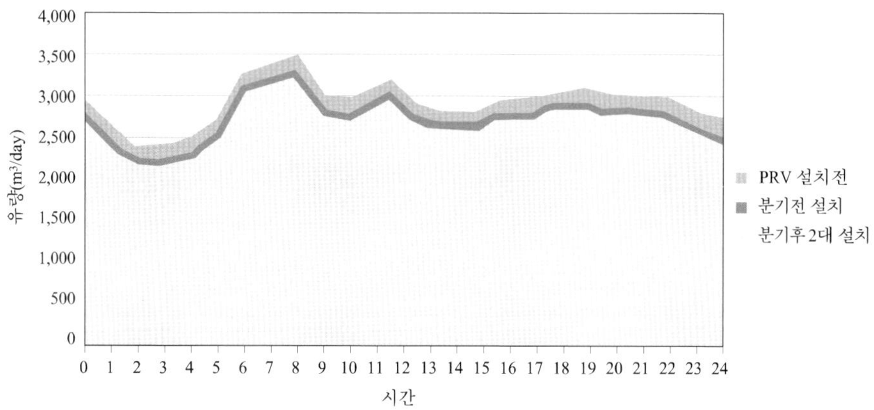

그림 6.25 감압밸브 설치 효과 검토

6.4 상수도관망 수계전환(비상상황 등)

6.4.1 수계전환 개요

상수도관망을 운영관리하는 과정 중에 시설점검, 관로사고 등으로 인해 기존 급수구역을 조정하거나, 급수구역간의 비상연계관로를 통해 긴급으로 물을 공급하는 수계전환 작업이 빈번하게 발생하게 된다. 이때 수계전환에 따른 수압 및 유속 변동, 유속방향, 수질악화, 가압장 등 시설운영, 용수공급 가능 여부 등 예상 문제점을 사전에 검토하고 대책을 마련하여 수계전환에 따른 2차 피해가 발생하지 않도록 하여야 한다. 수계전환 작업은 수계전환 계획수립, 수계전환(조정), 계획작업, 수계전환(환원) 순으로 단계적으로 시행되며, 단계별 주요 내용은 표 6.17과 같다.

특히, ○○광역시 적수사고를 계기로 수계전환 절차가 강화되어 사고영향 및 피해가 클 것으로 예상되는 경우(5천세대 이상 또는 7일 이상 지속 등 지자체에서 융통성 있게 조정)에는 수계전환 시행 일주일 전까지 해당 유역환경청, 유역수도지원센터에 보고하여야 하며, 필요시에는 유역수도지원센터에서 전문인력 파견 등 기술지원을 받을 수 있다.

표 6.17 수계전환 단계별 주요내용

단계		주요내용
1단계	수계전환 계획수립 및 시민홍보	• 수계전환 계획수립 - 공급구역 조정, 정수생산량 조정, 원수량 조정 - 밸브조절 계획 급수지원 및 바상근무 계획 • 시민홍보
2단계	수계전환 (정수권역 조정)	• 단계별 밸브 조절 • 배수지 수위감시 및 민원사항 확인
3단계	계획작업	• 공사시행 • 수질관리 모니터링 지속적으로 실시
4단계	수계전환 (정수권역 환원)	• 단계별 밸브 조절 • 배수지 수위감시 및 민원사항 확인
5단계	결과분석 보고	• 수계전환 전과정 사후 모니터링 및 데이터 분석 • 문제점 및 미비사항 보완

상수도관망시설 유지관리 세부기준(환경부 고시 제2021-43호, 2021.2.26.)에 따르면, 수도사업자는 현장 여건과 시설 및 용수공급 현황 등을 종합적으로 고려하여 계획수립, 사전홍보, 작업, 완료 순으로 구체적인 수계전환 세부계획을 수립하여야 한다. 배수지 및 연계관로를 활용한 수계전환 계획을 우선적으로 검토하여야 하며, 단수 및 수계전환에 따른 영향 및

피해 등을 검토하여 정수생산량 조정계획, 밸브조절 계획, 사전 관세척 계획 등과 더불어 단수 대비 병물, 급수차 및 임시급수대 등 용수공급 방안을 수립하여야 한다.

또한, 수계전환 사전시뮬레이션(수계전환에 따른 유속방향, 유속, 수압변동 등을 수계전환 전·후로 비교하고 배수지 수위변화 등 급수운영 데이터 등을 활용하여 수계전환 과정을 시험 실시)을 시행하여 안정적으로 수계전환 작업을 계획하고 수행하여야 한다. 수계전환 사전시뮬레이션은 급수현황 분석→시뮬레이션 계획→시뮬레이션 시행→결과분석 및 적용의 순으로 다음과 같이 수행된다.

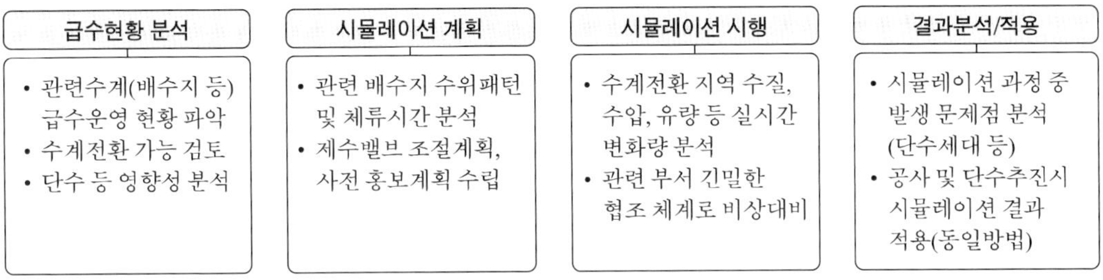

그림 6.26 수계전환 사전 시뮬레이션 개념도

관망해석 모델은 수계전환 전·후 수리적 특성을 모의하여 수계전환에 따른 문제점을 사전에 파악하고 대책을 마련하는 데 매우 유용하게 활용되는 유일한 도구이다. 기본적으로 관망해석을 통해 수계전환에 따른 관망 내 수압변동, 유속변동, 유향변동을 확인할 수 있으며, 이러한 해석결과를 통해 수압저하 구역, 고수압 구역, 불출수 구역 등을 분석하여 수압관리 방안, 비상연계 공급방안, 단수예상지역 비상용수 공급 방안 등 안정적인 용수공급 방안을 마련하고, 유속이 급격하게 증가하거나, 유향이 변경되는 구역에 대한 사전 물빼기, 관세척 등 수질사고를 사전에 예방할 수 있는 대책을 미리 마련할 수 있다.

6.4.2 관로사고 발생시 비상연계관로를 활용한 공급방안 검토

(1) 개요

관로사고는 용수공급 중단, 누수량 증가 초래 등 사회 및 경제적인 파급영향이 크며, 시민들의 수돗물 공급서비스에 대한 요구수준이 점점 높아져 감에 따라 중단 없는 수돗물의 안정적 공급에 대한 책임 강화가 요구되고 있다. 이에 따라 수도사업자들 또한 표 6.18과 같이 관로 복선화, 비상연계시설을 지속적으로 확충하여 시민들에게 안정적인 용수공급을 위해 여러 가지 대책을 시행하고 있다.

이러한 비상연계시설을 지속적으로 확충함에도 불구하고 막상 관로사고가 발생하면 어떻게 수계를 전환할지, 비상연계시설을 통해 어디까지 물공급이 가능할지, 수계전환에 따른 물 방향 변동으로 수질사고는 발생하지 않을지 등 많은 고민을 하게 되고 쉽게 의사결정을 내리기가 어려운 것이 현실이다. 이럴 때 관망해석 모델을 활용하여 비상연계시설을 통한 수계전환 전·후 관망여건을 분석하여 수계전환에 따른 문제점을 사전에 파악하고, 단수예상지역 비상용수 공급 방안, 관세척 등 수질사고 예방 대책을 수립할 수 있다.

표 6.18 관로사고 유형별 비상용수 공급방안 모식도(예시)

<table>
<tr><th>구분</th><th colspan="2">관로사고 유형별 비상연계 방안</th></tr>
<tr><td>자체 취수원
및
도수관로
사고시</td><td>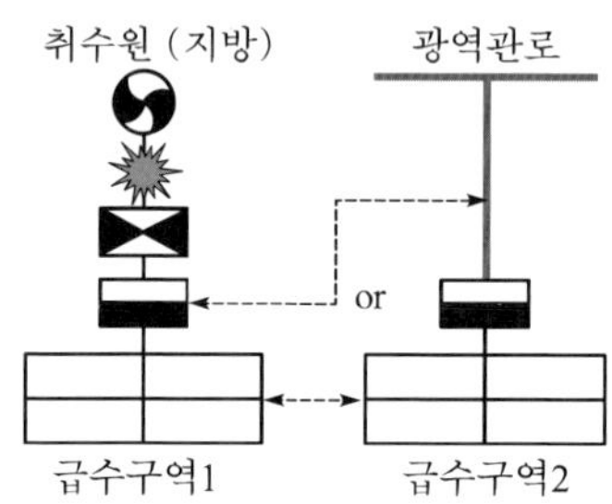
</td><td>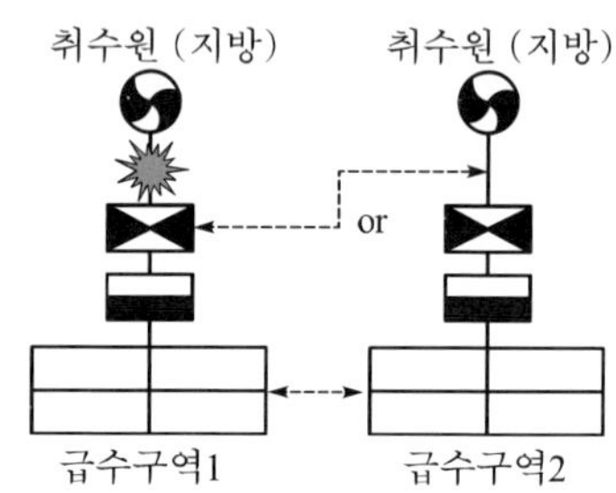
</td></tr>
<tr><td>송수관로
및
배수본관
사고시</td><td>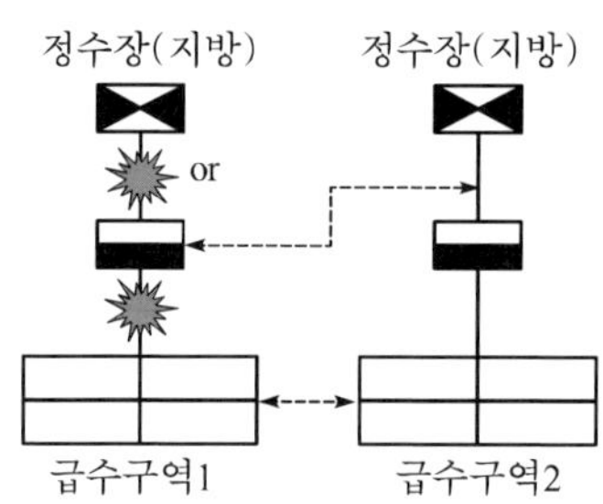
</td><td>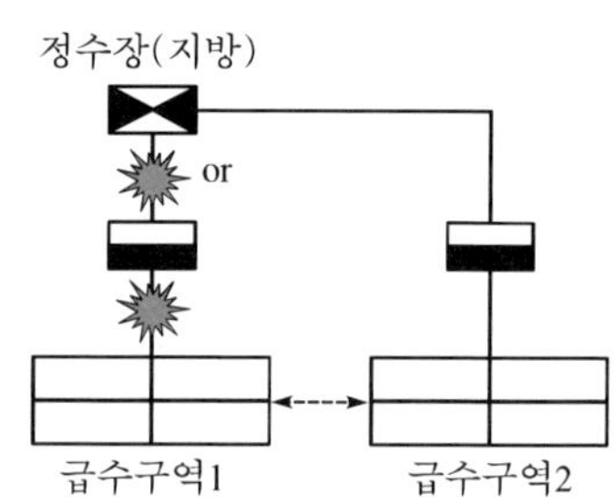
</td></tr>
<tr><td>광역수수관로
사고시</td><td>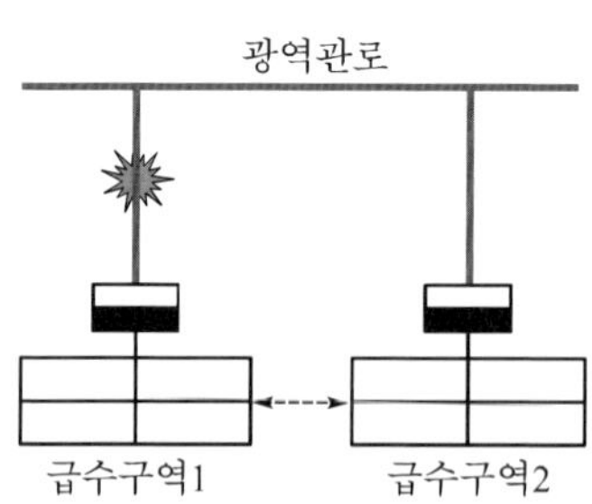
</td><td>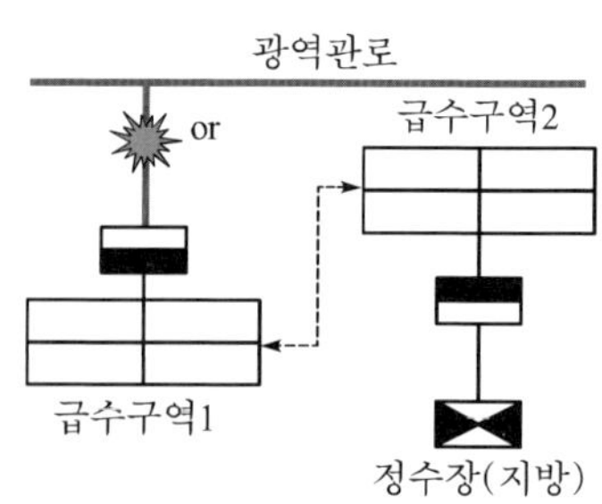
</td></tr>
</table>

(2) 검토절차

관로사고시 비상연계관로를 활용한 공급방안 검토절차는 우선 기존 각 급수구역별로 작성된 관망해석 모델을 하나로 합쳐 통합모델을 구축한다. 이후 비상연계관로 등 수계전환 계획 시설을 모델에 반영한 후 비상상황을 모의할 수 있는 수압기반해석(PDA, Pressure Driven Analysis) 조건으로 모델을 설정한다. 그 다음 비상연계 대안별 시나리오를 설정하여 모의를 수행한 후 해석결과를 바탕으로 비상용수 공급방안, 수질사고 예방 대책을 수립하는 등 다양한 비상상황 의사결정에 활용한다.

표 6.19 관로사고시 비상연계관로 활용 공급방안 검토절차

구분	주요 내용
관망해석 모델구축 (모델통합)	• INP 파일로 기존 관망해석 모델 내보내기 • 각 관망해석 모델 DB 구성현황 파악 • 관망해석 모델 DB(절점, 관로 등) 수정(통합) • EPANET 파일(INP)로 변환 및 확인
관망해석 모델수정	• 연계지점 수정 및 비상연계관로 추가작성 • 해석조건(PDA) 및 비상상황 설정
대안별 관망해석	• 비상연계 공급지역 및 공급 가능량 분석 • 수압 변동 및 분포 분석(과소, 과대 지역) • 유속(고유속) 및 유향(역방향) 분석
의사결정 활용	• 단수예상지역 비상용수공급 방안 마련 • 수질사고 예상구간 사전조치 계획 검토

(3) 관망해석 모델구축(모델통합)

관망해석 모델을 활용한 수계전환(비상상황) 모의는 두 가지 상황으로 구분할 수 있다. 하나는 전체 상수도관망에 대한 관망해석 모델을 보유하고 있는 경우이며, 다른 하나는 각 급수구역 또는 급수체계별로 작성된 관망해석 모델을 수계전환 상황에 맞게 통합(수정)하여 모의하는 경우이다.

전체 상수도관망에 대한 관망해석 모델을 보유하고 있는 경우에는 파손 관로, 비상연계관로 등 수계전환 관로를 EPANET Map 상에서 간단히 조작(Open 또는 Close)하여 모의할 수 있다. 그러나, 그림 6.27과 같이 2개 이상의 관망해석 모델을 통합하여 수계전환 상황을 모의할 경우에는 EPANET Map(EPANET은 한 개의 모델만 Map에 Open 가능)에서 직접적으로 작업할 수 없어, 그림 6.28과 같이 각각의 모델을 INP 파일로 내보내기 한 후 모델 DB를

수정하여 통합모델을 구축할 수 있다. 여기서는 그림 6.27과 같이 각각 작성된 관망해석 모델을 통합하여 수계전환 상황을 모의하는 방법에 관해 설명하고자 한다. 사례 관망은 경기도 시 단위 지자체의 2개 급수구역 관망해석 모델을 활용하여 설명하고자 한다.

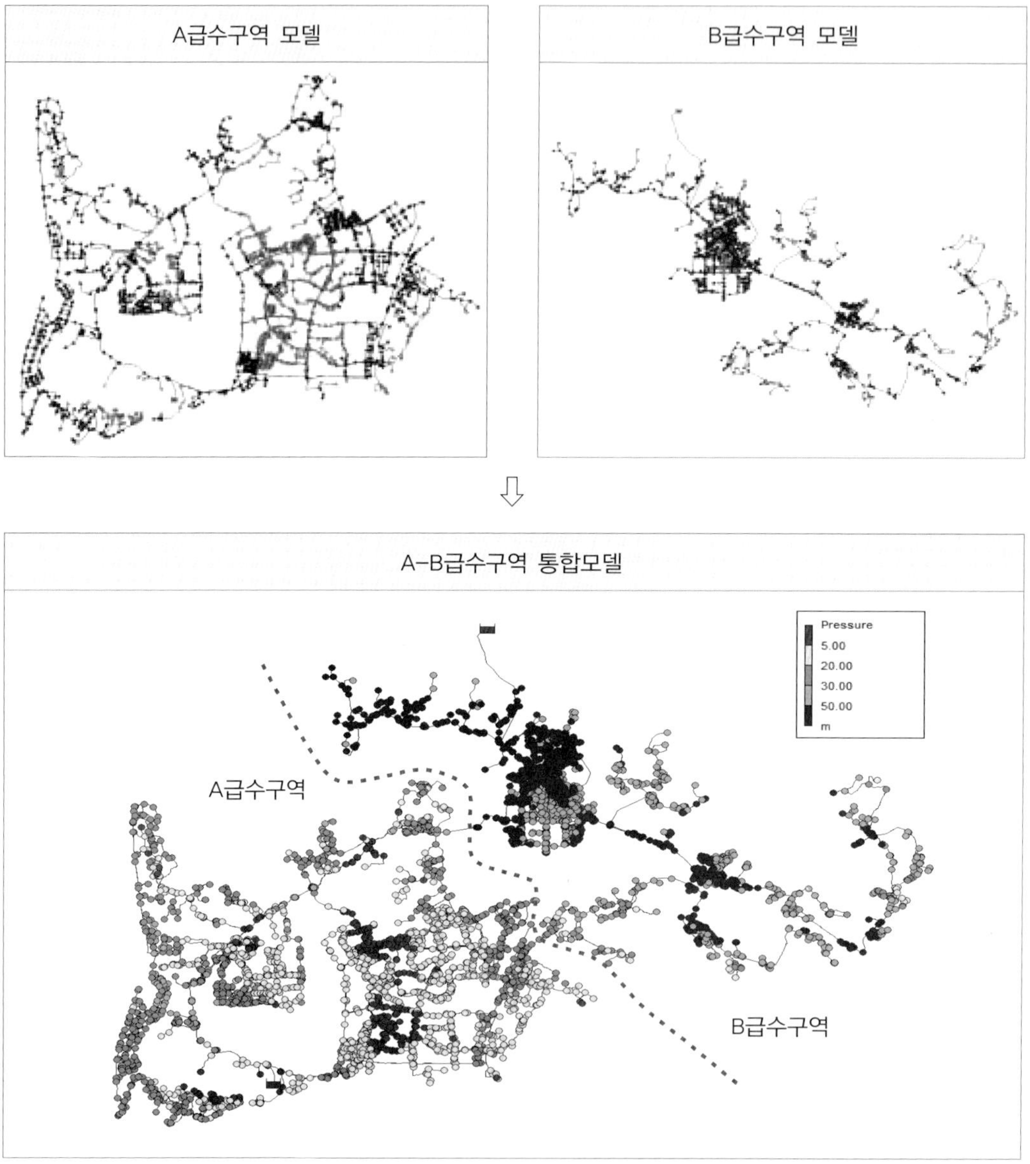

그림 6.27 비상연계 모의 모델구축(예시)

1) 기존 모델 내보내기

기존 모델 내보내기는 관망해석 모델 NET파일(*.net)을 엑셀에서 읽어 들일 수 있는 INP 파일(*.inp) 형태로 변환하는 작업을 말한다. 내보내기 방법은 EPANET 프로그램 메뉴 창에서 [File]→[Export]→[Network]를 선택한 후 INP 파일로 저장한다. 예제파일 6장 폴더 내 관망해석모델(A급수구역)과 관망해석모델(B급수구역) NET 파일을 각각 내보내기 한다.

NET파일(EPANET)	INP파일(Excel)

[TITLE]

[JUNCTIONS]

;ID	Elev	Demand	Pattern
WRN78	8.4	0	BASE
GH10175	18.43	0	BASE
GH10175	17.6	0	BASE
GH10175	18.43	0	BASE
GH10175	30.55	1.597882	BASE

[RESERVOIRS]

;ID	Head	Pattern
배수지	75	

[TANKS]

;ID	Elevation	InitLevel	MinLevel	MaxLevel	Diameter	MinVol	VolCurve

[PIPES]

;ID	Node1	Node2	Length	Diameter	Roughnes	MinorLoss	Status
GH101-1	GH101756	GH101756	9.74371	80	100	0	Open
GH101-1	GH101756	GH101757	0.27117	80	100	0	Open
GH101-1	GH101757	GH101757	1.93389	150	100	0	Open
GH101-1	GH101777	GH101777	0.65862	900	100	0	Open
GH101-1	GH101777	GH101777	19.15422	900	100	0	Open

⇨

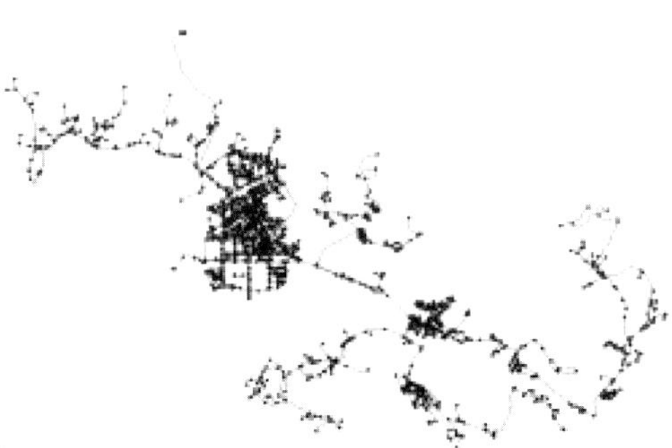

[TITLE]

[JUNCTIONS]

;ID	Elev	Demand	Pattern
MS60572	25	28.75559	BASE
MS60573	8.29	0	BASE
MS60573	8.3	0	BASE
MS60573	8.3	0	BASE
MS60573	18.52	0	BASE

[RESERVOIRS]

;ID	Head	Pattern
배수지	77.5	

[TANKS]

;ID	Elevation	InitLevel	MinLevel	MaxLevel	Diameter	MinVol	VolCurve

[PIPES]

;ID	Node1	Node2	Length	Diameter	Roughnes	MinorLoss	Status
MS605-5	MS605724	MS605813	111.4052	150	100	0	Open
MS605-5	MS605733	MS605733	2.00022	50	100	0	Open
MS605-5	MS605733	MS605733	0.44107	80	100	0	Open
MS605-6	MS605743	MS605743	4.30719	50	100	0	Open
MS605-6	MS605749	MS605749	0.35416	200	100	0	Open

그림 6.28 기존 모델 내보내기(예시)

2) 관망해석 모델 DB 수정(통합)

관망해석 모델 DB 수정은 각각 내보내기 한 INP 파일을 엑셀에서 EPANET 프로그램에서 읽어 들일 수 있는 형식으로 통합하여 작성하는 것을 말한다. 주요 작성 항목은 JUNCTIONS, PIPES, DEMANDS, COORDINATES 등으로 5.2.4 관망해석 모델 DB 작성을 참고하여 작성한다.

우선 내보내기 한 INP 파일을 엑셀에서 오픈하여 저수지, 배수지, 가압장 및 밸브 등 물리적 요소(Physical components), 펌프의 특성곡선 및 운전조건, 밸브의 개폐상태, 수요량, 수요량 구성, 패턴 등 가동요소(Non-physical components), 해석방법 등 관망해석 모델구축 현황을 파악한다. 모델구축 현황을 파악한 후 표 6.20 관망해석 모델 DB 수정(통합) 방법에 맞게 두 모델을 통합하여 작성한다. 다만, 절점, 관로번호, 시설물 번호 및 명칭 등이 중복되지 않도록 주의하여야 한다.

JUNCTIONS

	;ID	Elev	Demand	Pattern
기존	WRN78	8.4	0	BASE
기존	GH1017568	18.43	0	BASE
기존	GH1017569	17.6	0	BASE
기존	GH1017570	18.43	0	BASE
추가	B구역MS6057241	25	28.75559	BASE
추가	B구역MS6057337	8.29	0	BASE
추가	B구역MS6057338	8.3	0	BASE
추가	B구역MS6057339	8.3	0	BASE

PIPES

	;ID	Node1	Node2
기존	GH101-16	GH1017568	GH1017569
기존	GH101-17	GH1017568	GH1017570
기존	GH101-18	GH1017571	GH1017572
기존	GH101-133	GH1017776	GH1017777
추가	B구역MS605-515	B구역MS6057241	B구역MS6058137
추가	B구역MS605-586	B구역MS6057337	B구역MS6057338
추가	B구역MS605-587	B구역MS6057338	B구역MS6057339
추가	B구역MS605-638	B구역MS6057433	B구역MS6057434

PUMPS/CURVES

펌프	;ID	Node1	Node2	Parameters
	P1	GH1037667	GH1037666	HEAD P1 ;A구역
	P2	B구역WR3049151	B구역WR3049152	HEAD P2 ;B구역

커브	;ID	X-Value	Y-Value
	P1	330	35 ;A구역
	P2	1530	72 ;B구역

COORDINATES

	;Node	X-Coord	Y-Coord
기존	WRN78	178207.98	472485.28
기존	GH1017568	175554.53	467237.42
기존	GH1017569	175549.86	467228.86
기존	배수지1	175026.41	467101.88
추가	B구역MS6057241	180547.22	473253.37
추가	B구역MS6057337	180608.47	474097.78
추가	B구역MS6057338	180610.05	474099
추가	배수지2	178943.98	476808.65

그림 6.29 관망해석 모델 DB 수정(통합) 예시

표 6.20 관망해석 모델 DB 수정(통합) 방법

구분	작성내용	작성방법
JUNCTIONS	• Node ID, 표고, 수요량, 패턴	- ID가 중복되지 않도록 구분문자 추가 입력 - 패턴명이 중복되지 않도록 수정 입력
RESERVOIRS	• Node ID, 수두(Head), 패턴	- ID가 중복되지 않도록 구분문자 추가 입력 (ID를 시설명으로 입력하여 ID 중복방지)
TANKS	• Node ID, 표고, 초기수위, 최저수위, 최대수위, 직경 등	- ID가 중복되지 않도록 구분문자 추가 입력 (ID를 시설명으로 입력하여 ID 중복방지)
PIPES	• Link ID, S-N, E-N, 길이, 구경, 손실계수 등	- ID가 중복되지 않도록 구분문자 추가 입력 - 수정된 Node ID로 입력(구분문자 추가 입력) - 수정된 시설물 ID로 Node ID 변경 입력
PUMPS	• Link ID, S-N, E-N, Pump Curve, Speed	- ID가 중복되지 않도록 구분문자 추가 입력 (ID를 시설명으로 입력하여 ID 중복방지) - 수정된 Node ID로 입력(구분문자 추가 입력) - Parameters가 중복되지 않도록 수정 입력
VALVES	• Link ID, S-N, E-N, 구경, 형식, 설정값 등	- ID가 중복되지 않도록 구분문자 추가 입력 (ID를 시설명으로 입력하여 ID 중복방지) - 수정된 Node ID로 입력(구분문자 추가 입력)
DEMANDS	• Node ID, 수용량, 패턴	• 누수량을 Demand로 모의한 경우 - ID 수요량, 패턴을 입력(구분문자 추가입력)
		• 누수량을 Emitter로 모의한 경우 - Emitter 값을 누수량으로 환산하여 입력 - ID, 패턴이중복되지 않도록 구분문자 입력
PATTERNS	• Pattern ID, 계수	- 패턴명이 중복되지 않도록 수정 입력 (패턴명은 Junction의 패턴명과 일치 필요)
CURVES	• Curve ID, 유량, 양정	- ID가 중복되지 않도록 구분문자 추가 입력 (ID를 시설명으로 입력하여 ID 중복방지) - ID는 PUMP Parameter와 일치하게 입력
COORDINATES	• Node ID, X좌표, Y좌표	- ID가 중복되지 않도록 구분문자 추가 입력 - 배수지 등 시설물 좌표 반드시 입력 확인
VERTICES	• Link ID, X좌표, Y좌표	- ID가 중복되지 않도록 구분문자 추가 입력

3) 통합모델 초안 작성

관망해석 모델 DB 수정이 완료되면 EPANET에서 읽어 들일 수 있는 텍스트 파일 형식[텍스트(탭으로 분리)(*.txt)]으로 저장한 후 EPANET에서 불러오기하여 통합모델 초안을 작성한다. 예제파일 6장 폴더 내 관망해석모델(A-B급수구역 통합) 엑셀 자료를 활용하여 연습한다.

그림 6.30 통합모델 초안 작성(예시)

(4) 관망해석 모델 수정(수계전환 반영 및 설정)

관망해석 모델 수정은 통합된 모델에 비상연계시설을 추가로 반영하고, 해석조건을 설정하여 최종 수계전환 상황을 모의하기 위한 모델을 구축하는 것을 말한다. 관망해석 모델 수정 작업은 관망해석 모델 DB를 직접 수정해도 가능하나, EPANET 프로그램 상에서 직접 수정하는 것이 시간적으로 더 효율적이다.

비상연계시설을 반영하는 방법은 두 가지로 비상연계시설이 관망해석 모델에 반영되어 있지 않아 추가로 작성하는 경우와 비상연계시설이 기존 모델에 미리 반영되어 있어 비상연계시설의 연결관계를 수정하는 방법으로 구분된다.

① 비상연계시설 추가 작성

관망해석 모델에 비상연계시설을 추가하는 경우에는 직접 EPANET 프로그램 상에서 비상연계관로를 그린 후 속성자료를 입력한다. 여기서, 비상연계관로를 반드시 정위치에 맞게 그릴 필요는 없으나, 관경, 길이 등 속성자료는 반드시 정확하게 입력해야 한다.

Step 1 EPANET 비상연계시설 추가 작성 방법

① EPANET Map 창에서 비상연계시설을 그린다.

② 작성한 비상연계시설을 더블클릭하여 Property Editor 창을 오픈하여 구경, 길이 등 속성자료를 입력한다.

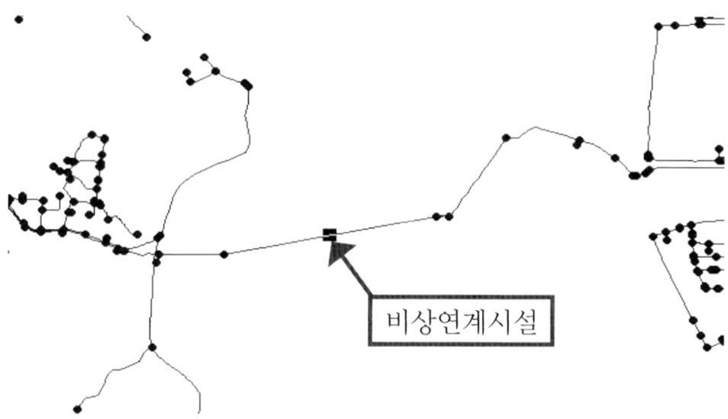

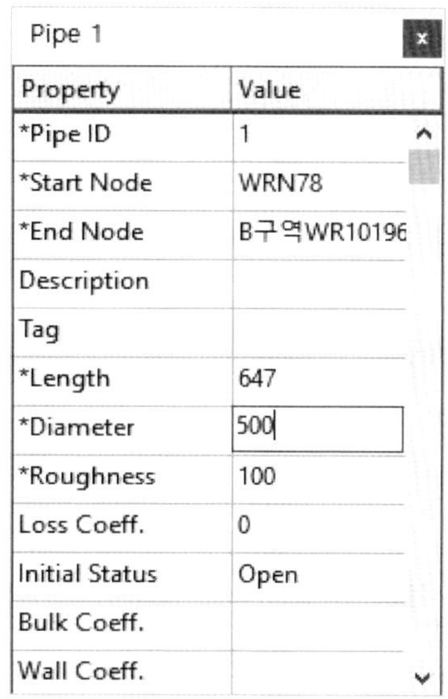
Pipe 1

Property	Value
*Pipe ID	1
*Start Node	WRN78
*End Node	B구역WR10196
Description	
Tag	
*Length	647
*Diameter	500
*Roughness	100
Loss Coeff.	0
Initial Status	Open
Bulk Coeff.	
Wall Coeff.	

② 비상연계시설의 연결관계 수정

비상연계시설이 각각의 모델에 미리 반영되어 있는 경우에는 모델을 통합하는 과정에서 절점이 중복되어 작성될 수 있어 연결관계를 수정하여야 한다. 그림 6.31과 같이 육안으로는 정상적으로 작성된 것으로 보이나, 비상연계 연결지점을 확대한 후 연결점 노드를 이동시켜 보면 절점이 중복된 것을 확인할 수 있다. 수정방법은 중복 작성된 절점을 삭제하고 관로의 연결관계(절점정보)를 수정하면 된다. 세부사항은 FNC. 비상연계시설 연결관계 수정 방법을 참고한다.

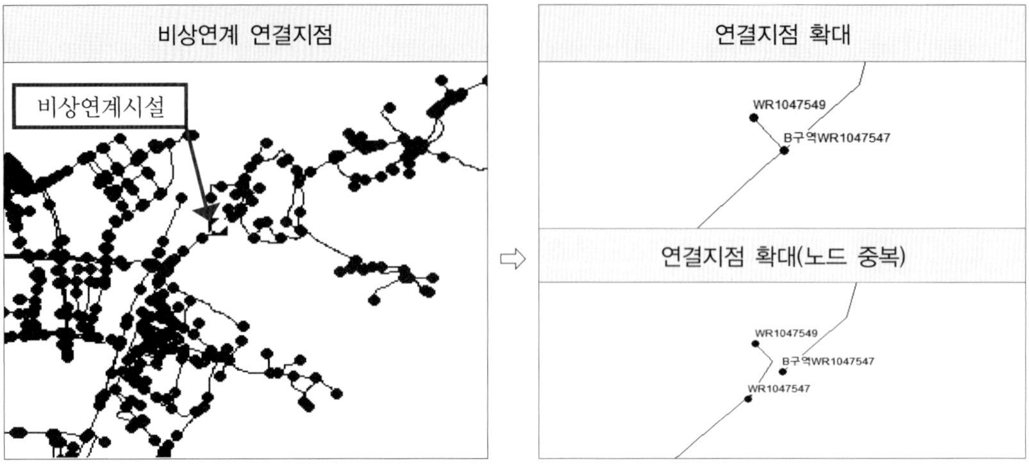

그림 6.31 비상연계시설 연결지점 확인(예시)

Step 2 비상연계시설 연결관계 수정 방법

① 비상연계관로를 선택 후 더블클릭하여 속성편집 창을 오픈한다.

② 변경하고자 하는 Node번호(B구역WR1047547 → WR1047547)로 입력한다.

③ 중복 Node(B구역WR1047547)를 선택하여 삭제한다.

※ 여기서 중복된 절점을 먼저 삭제하게 되면 연결된 관로까지 삭제되므로 비상연계관로의 절점정보를 먼저 수정한 후에 중복 절점을 삭제한다

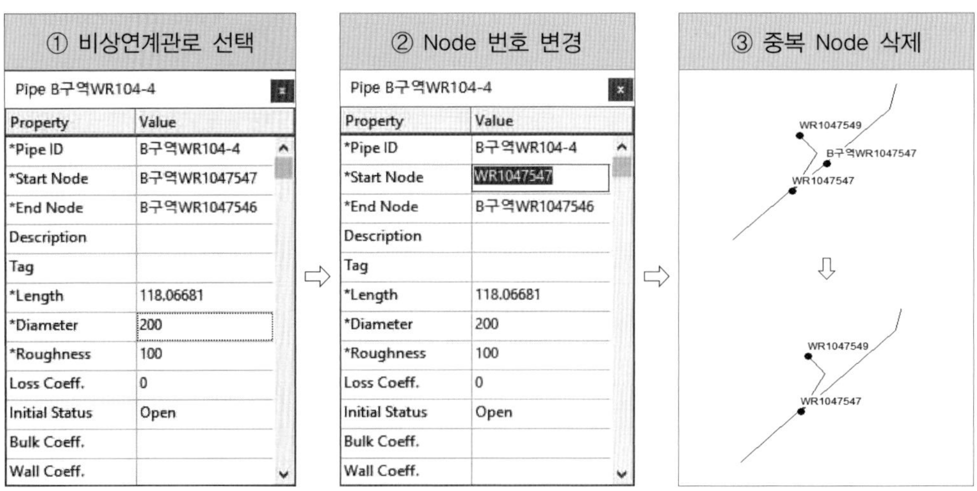

③ 해석조건(PDA) 설정

수계전환 등 비상상황 모의는 최소 요구수압 이하가 되면 수요를 완전하게 공급하지 못하게 되는 수압기반해석(PDA)을 적용하여야 한다. 수압기반해석 설정은 EPANET 프로그램 상에서 아래와 같이 쉽게 변경할 수 있다.

Fnc EPANET 수압기반해석 설정 방법

① EPANET Browser 탭에서 [Data]➡[Options]➡[Hydraulics]를 선택한다.

② Hydraulics Options 탭에서 Demand Model, Minimum Pressure 등을 입력한다.

- Demand Model : PDA
- Minimum Pressure : 5 m 이하
- Required Pressure : 20 m 이하
- Pressure Exponent : 0.5

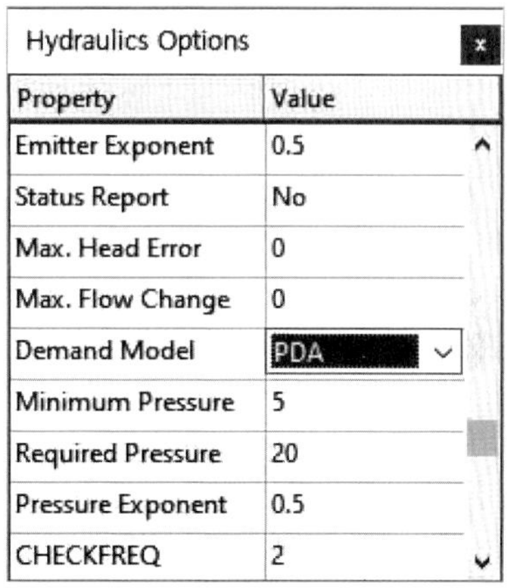
Hydraulics Options

Property	Value
Emitter Exponent	0.5
Status Report	No
Max. Head Error	0
Max. Flow Change	0
Demand Model	PDA
Minimum Pressure	5
Required Pressure	20
Pressure Exponent	0.5
CHECKFREQ	2

Head-Outflow Relation

- (Minimum Pressure, P_0) 수요량이 "0"이 되는 최소 수압으로 수용가에 실질적으로 물 공급이 되지 않는 수압(약 0~5 m 적용)
- (Required Pressure, P_{fr}) 수요량이 정상적으로 공급되는 최소 요구 수압(상수도시설기준의 최소수압을 고려하여 15~20 m 적용)

  ※ 현재 공급여건을 고려하여 해당 구역의 현재 최소수압을 최소 요구수압으로 설정 가능
- (Pressure Exponent, e) 수압과 수요량 관계의 지수제곱수로 일반적으로 0.5를 사용

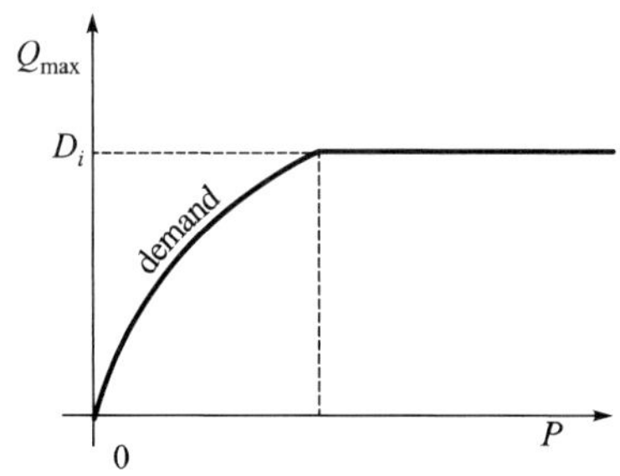

$$d_i = \begin{cases} D_i & p_i \geq P_f \\ D_i \left(\dfrac{p_i - P_o}{P_f - P_o} \right)^e & P_o < p_i < P_{fr} \\ 0 & p_i \leq P_o \end{cases}$$

③ 비상상황 설정

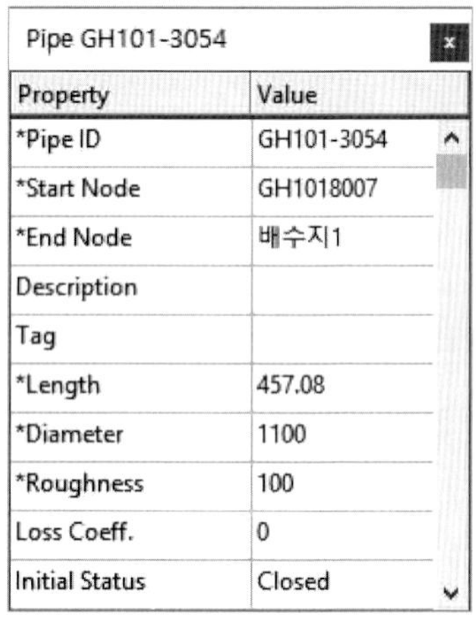

비상상황 설정은 수계전환 등 비상상황을 관망해석 모델에 반영하는 과정으로 사고 또는 점검을 위해 차단되는 시설을 “Closed” 시키고, 비상연계시설을 “Open”으로 설정한다. 설정방법은 EPANET Map 창에서 해당 시설물을 더블클릭하여 Property Editor 창을 오픈하여 “Initial Status” 값을 수정한다.

본 사례는 A급수구역의 배수본관에서 사고가 발생하여 정상적인 물 공급이 불가함에 따라 A-B급수구역 비상연계관로를 통해 B급수구역에서 용수공급이 가능한 범위를 검토한 예제로 배수지1 배수본관(Pipe ID : GH101-3054)을 “Closed” 시키고, 비상연계관로(Pipe ID : 1)를 “Open”으로 설정한다.

이와 더불어 펌프의 운영조건(대수, 회전수)을 조정하거나, 공급 시간대를 고려한 공급 패턴을 조정하는 등 가능한 한 비상상황에 최대한 가깝게 모의할 수 있도록 관망해석 조건을 설정한다.

(5) 대안별 관망해석 결과정리

비상상황 모의는 수계전환 등에 따른 관망 내 수압변동, 유속변동, 유향변동을 확인할 수 있을 뿐만 아니라 수압저하구역, 불출수구역 등을 분석하여 단수예상지역 비상용수 공급 방안, 유향이 변경되는 구역에 대한 물빼기, 관세척 등 수질사고 예방 대책을 수립하는 등 다양한 비상상황 의사결정에 활용될 수 있다.

1) 비상연계 공급지역 및 공급량 분석

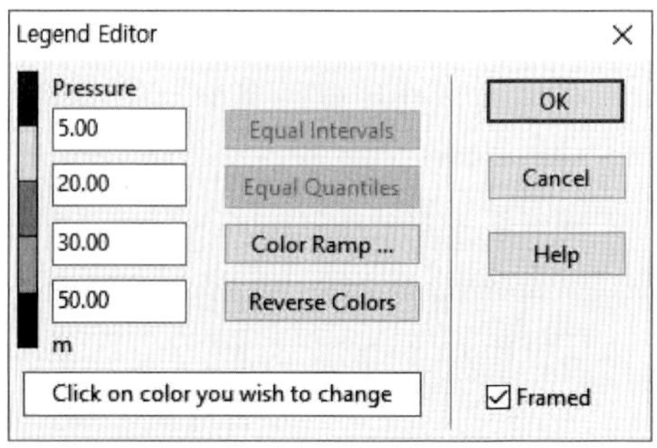

공급지역 분석은 관망해석 후 수압분포를 확인하여 간단하게 파악할 수 있다. 관망해석 후 PDA 설정값(최소수압, 최소 요구수압)으로 구분하여 수압이 표출되도록 Legend Editor를 설정한다.

관망해석 결과, ● 절점은 비상연계 공급에도 불구하고 수압이 5 m 이하로 물 공급이 되지 않으며, ◎ 절점은 수압이 5~20 m로 출수불량이 예상되는 지역이다. 나머지 수압이 20 m 이상인 절점은 모두 정상적으로 공급되는 지역이다.

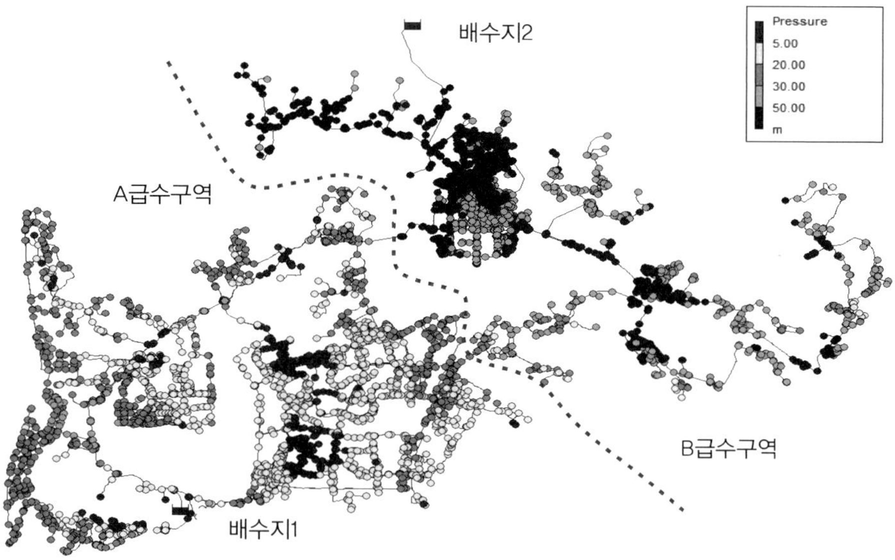

그림 6.32 비상상황 관망해석 모의 결과(수압분포)

비상연계 공급량 분석은 간단히 저수지(배수지2)의 유출관로 유량을 확인하여 파악하거나, 비상연계관로를 통해 공급되는 유량을 확인하여 파악할 수 있다. 또한, 절점의 각 공급량 확인은 해당 절점을 더블클릭하여 Property Editor 창에서 Base Demand와 Actual Demand를 비교하여 분석할 수 있으며, 전체 절점에 대한 비교분석은 단축 아이콘의 "Table(▦)" 기능을 활용하여 확인한다. 분석결과, A-B급수구역 전체 공급량(78,488 m^3/일)의 72.9% 수준인 57,184 m^3/일을 공급가능하며, 이중 A급수구역은 평시 공급량의 54.9% 수준인 25,866 m^3/일 공급이 가능한 것으로 예측되었다.

표 6.21 정상시와 비상시의 공급가능량 비교

구분	계	A급수구역	B급수구역
개별공급(a)	78,488 m^3/일	47,139 m^3/일	31,349 m^3/일
비상연계공급(b)	57,184 m^3/일	25,866 m^3/일	31,318 m^3/일
공급비율(b/a)	72.9%	54.9%	99.9%

2) 유속 분석

유속 분석은 관망해석 후 유속분포를 확인하여 간단하게 파악할 수 있다. 관망해석 후 유속별로 관망이 시각화될 수 있도록 Legend Editor를 설정한다. 유속이 1 m/s 이상인 지역은 사전에 물빼기, 관세척 등을 통해 수질사고가 발생하지 않도록 해야 한다.

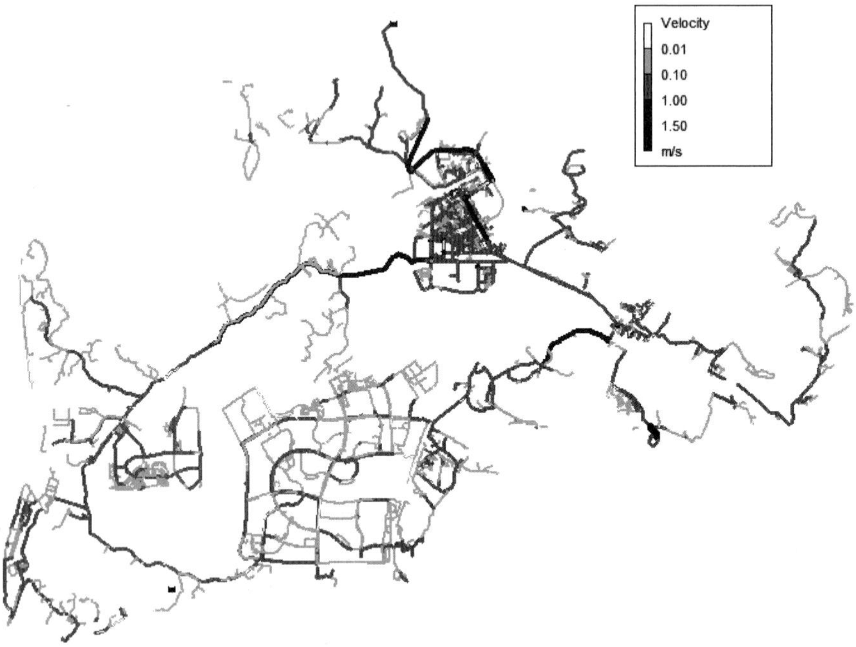

그림 6.33 비상상황 관망해석 모의 결과(유속분포)

6.4.3 광역-지방상수도 비상연계 공급방안 검토

(1) 개요

근래의 극심한 가뭄, 수질오염 등 비상상황에 대비하기 위하여 광역상수도와 지방상수도의 비상연계 공급방안을 검토한 사례를 소개하고자 한다. 이 사례는 광역상수도 및 지방상수도 시설을 통해 대상지역인 4개 단지에 용수공급방안을 관망해석을 활용하여 검토하였다. 대상지역 내 비상연계시설은 그림 6.34와 같이 총 5개(광역-지방 4개, 지방-지방 1개)가 있으며, A~D단지 상호 연계공급이 가능하도록 설치되어 있다.

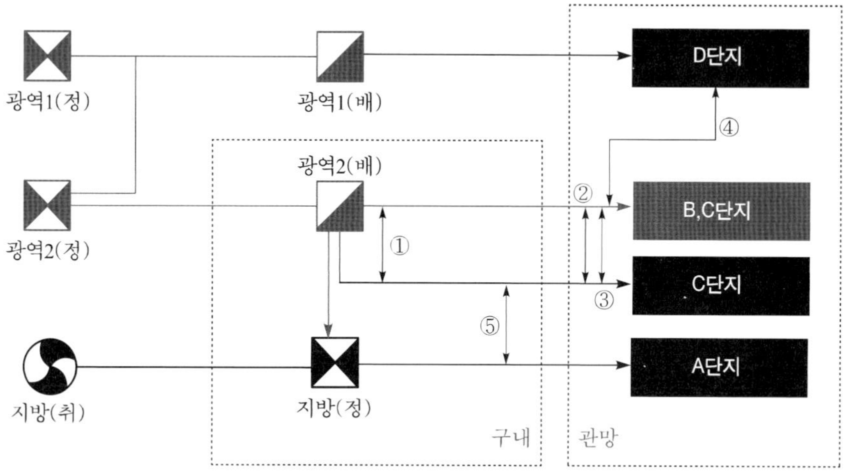

그림 6.34 대상지역 용수공급 계통 비상연계시설 현황

(2) 검토절차

광역-지방상수도 비상연계 공급방안 검토절차는 6.4.2 관로사고시 비상연계관로를 활용한 공급방안 검토 절차와 동일하게 관망해석 모델구축, 대안별 관망해석 및 분석결과 정리 순으로 검토하였다.

(3) 관망해석 모델구축

관망해석 모델은 '19년 7월 대상지역의 상수도관망 기술진단 용역에서 구축한 관망해석 모델을 기초로, '18년 광역 및 지방상수도 일평균 기준 공급량을 적용하였다. 다만, 본 모델의 목적은 공급가능량이 아닌 공급 가능여부를 검토하는 것으로 절점 수요량 해석방법은 고정수요모델(Fixed demand model)로 모의하였다.

또한, 각 정수장에서 수돗물 생산이 불가능한 비상시에도 A, B, C, D단지로의 용수공급 가능여부를 검토하기 위해 대상지역 내 총 5개 비상연계시설(광역-지방 4개, 지방-지방 1개) 중 ②, ③, ④, ⑤번 비상연계시설을 모델에 추가적으로 반영하였다(다만, ①번 비상연계시설의 경우 ②번 비상연계시설과 분석조건에서는 차이가 없어 비상연계시설 운영 시나리오에서 제외).

표 6.22 관망해석 적용 일평균 공급량

구분	급수구역	배분량 (천m^3/일)	일평균 공급량(천m^3/일)		비고
			20년	적용 ('18년 이전 기준)	
계		418	181	181	
광역	계	188	31	101	
	A단지	50	9	9	지방
	B·C단지	98	11	82	광역
	C단지		1	-	지방
	D단지	40	10	10	광역
지방	계	140	80	80	
	A단지	140	80	80	지방

(4) 대안별 시나리오 작성

기존 운영은 현재 공급체계로 광역(정), 지방(정) 모두가 각각 정상적으로 운영되는 조건을 모의한 것이며, 시나리오 1~3은 각 정수장별로 수돗물 생산이 불가능한 경우에 비상연계관로를 통해 타 정수장에서 공급하는 방안에 대해 검토하였다. 시나리오별 세부적인 검토조건은 표 6.23과 같다.

주요 검토내용은 각 시나리오별 EPANET 수리모의를 통한 공급 가능여부 분석(공급가능 기준 : 각 절점별 수압이 15 m 이상), 비상연계시설 운영시 물 공급이 불가능한 구역에 대한 대응방안(추가 펌프시설 등 검토) 마련이다.

표 6.23 분석 시나리오

시나리오	설명	용수활용			비상연계 이용시설
		광역1	광역2	지방	
기존 운영	모든 정수장(광역,지방) 정상운영 상태	○	○	○	②~⑤ (F/C)
시나리오 1	지방(정) 운영중단 상태	○	○	X	②, ③, ⑤
시나리오 2	광역2(정) 운영중단 상태	○	X	○	②, ③, ⑤
시나리오 3	광역1(정) 운영중단 상태	X	○	○	②~⑤

(5) 대안별 시나리오 분석결과

① 기존 운영

기존 운영은 현재 공급체계로 광역(정), 지방(정) 모두가 각각 정상적으로 운영되는 조건을 모의한 것으로 비상연계시설 ②~⑤ 모두를 운영하지 않아도 단지내 대부분 지역에서 수압이 15 m 이상으로 유지되어 정상적으로 공급이 가능한 것으로 분석되었다.

표 6.24 기존 운영시 시설별 공급량

구분	계	광역1(배)	광역2(배)	지방(정)
유량 (m^3/일)	176.6	11.4	53.4	111.8

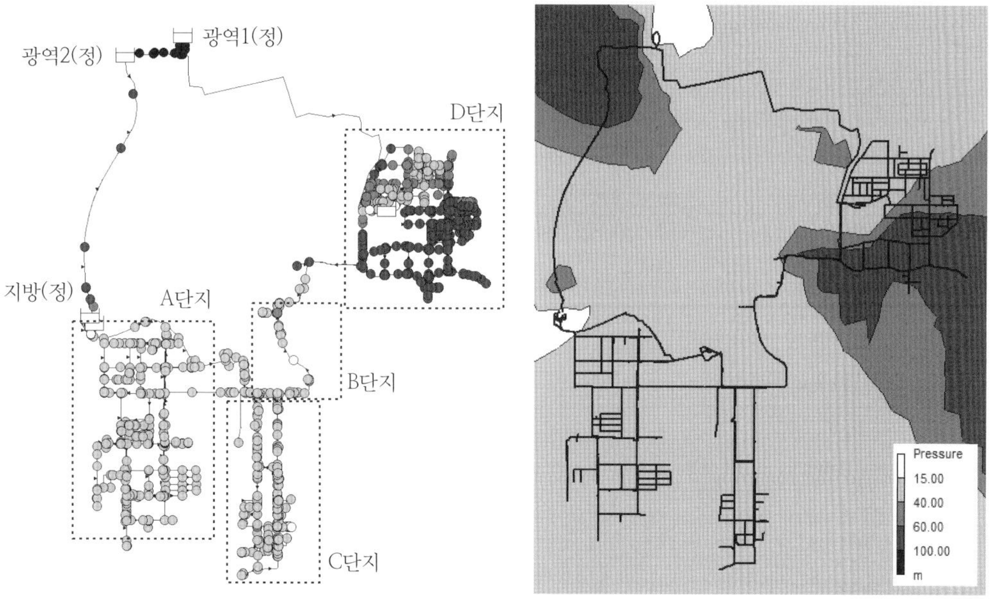

그림 6.35 기존 운영 수리해석 결과

② 시나리오 1(지방(정) 운영중단)

시나리오 1은 비상연계관로 ②, ③, ⑤를 통해 전량 광역1,2(정)에서 공급하는 방안으로 모의한 결과, 비상연계관로를 통해 공급하여도 단지내 대부분 지역의 수압이 15 m 이상으로 유지되어 기존 운영과 마찬가지로 정상적으로 공급이 가능한 것으로 검토되었다.

표 6.25 시나리오 1 운영시 시설별 공급량

구분	계	광역1(배)	광역2(배)	지방(정)
유량 (m^3/일)	176.6	11.4	165.2	-

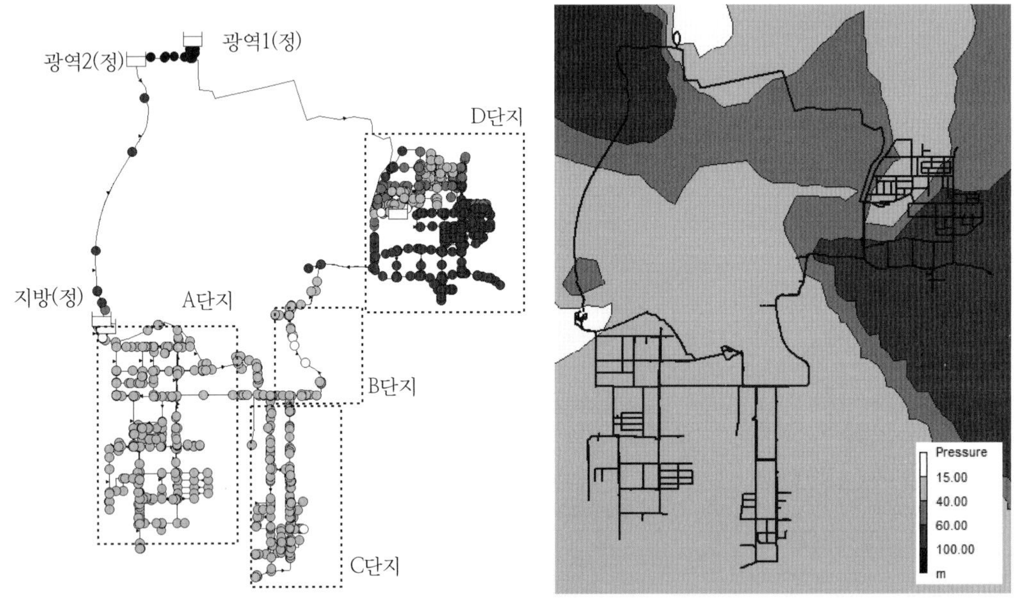

그림 6.36 시나리오 1 수리해석 결과

③ 시나리오 2(광역2(정) 운영중단)

시나리오 2는 비상연계관로 ②, ③, ⑤를 통해 전량 광역1(정)과 지방(정)에서 공급하는 방안으로 모의한 결과, 비상연계관로를 통해 공급하여도 단지내 대부분 지역의 수압이 15 m 이상으로 유지되어 기존 운영과 마찬가지로 정상적으로 공급이 가능한 것으로 검토되었다.

표 6.26 시나리오 2 운영시 시설별 공급량

구분	계	광역1(배)	광역2(배)	지방(정)
유량 (m^3/일)	176.6	19.3	-	157.3

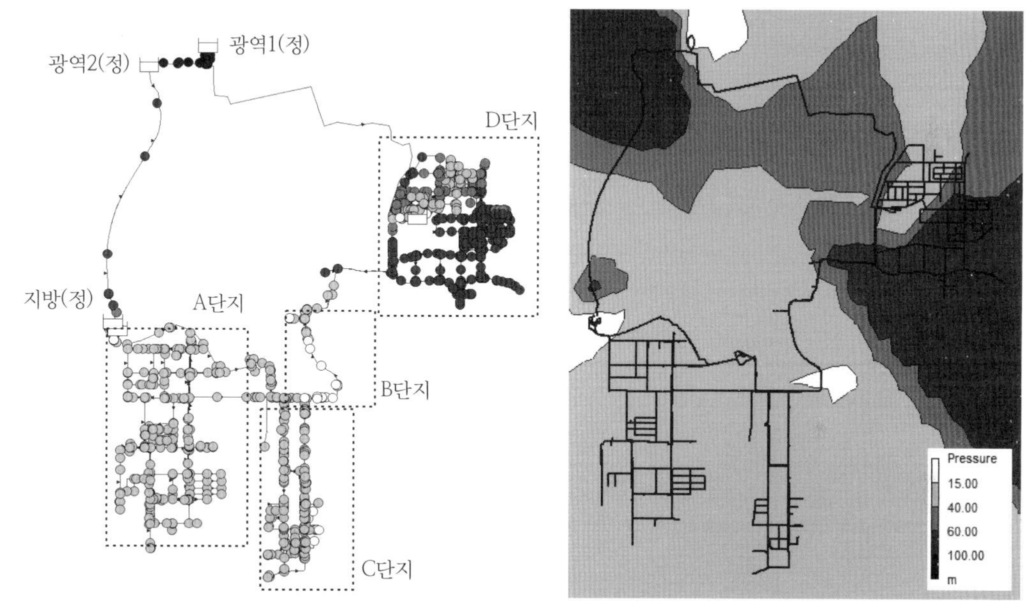

그림 6.37 시나리오 2 수리해석 결과

④ 시나리오 3(광역1 운영중단)

시나리오 3은 비상연계관로(②~⑤)를 통해 전량 광역2(정)와 지방(정)에서 공급하는 방안으로 모의한 결과, A단지와 C단지는 물공급이 정상적으로 공급가능하지만 B단지와 D단지의 경우에는 수압부족으로 18.3m^3/일 정도에 해당하는 물공급이 불가능한 것으로 분석되었다.

표 6.27 시나리오 3 운영시 시설별 공급량

구분	계	광역1(배)	광역2(배)	지방(정)
유량 (m^3/일)	176.6	19.3	-	157.3

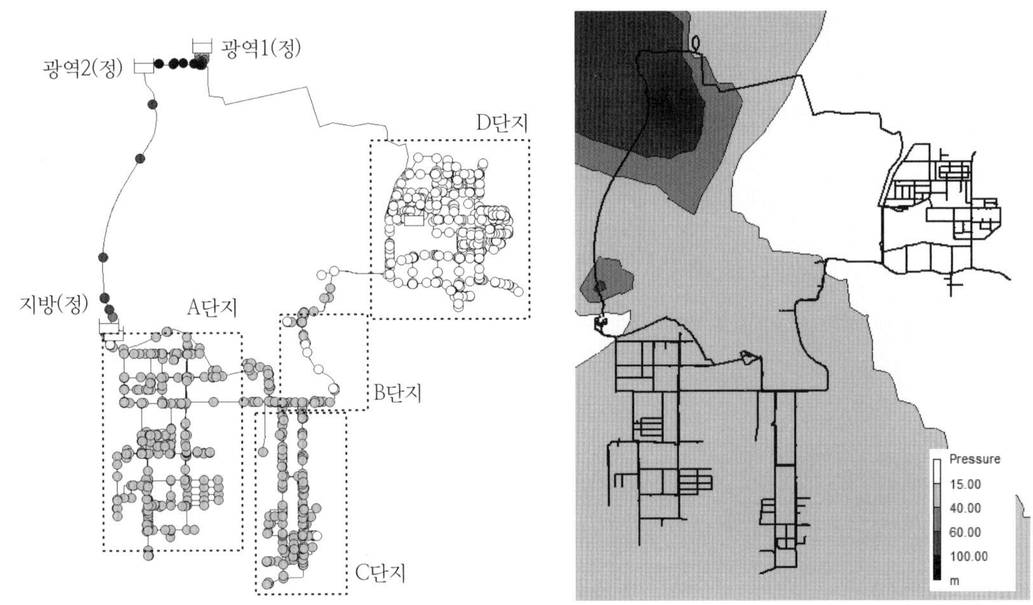

그림 6.38 시나리오 3 수리해석 결과

(6) 대안 검토(시나리오 3에 대한 출수불량 해소방안)

광역 및 지방상수도 시설을 통한 A~D단지 용수공급방안에 대해 관망해석을 시행한 결과, 기존 운영 및 시나리오 1, 2는 A~D단지 전체에 대한 용수공급 우려는 없지만, 광역1(정)이 운영 중단되는 시나리오 3의 경우에는 B단지와 D단지에 대한 부압 및 출수불량의 우려가 있는 것으로 분석되었다.

시나리오 3의 경우에는 B단지 유입부에 비상용 인라인 가압펌프를 설치하여 D단지 배수지에 물공급을 해주거나 B단지와 D단지 수용가에 직접적으로 공급해주는 방안으로 광역1(정) 운영중단에 대한 대안을 마련할 수 있다.

참고문헌

- AWWA. (2016) AWWA Water System Operations(WSO) Water Distribution, Grades 3 & 4. AWWA(American Water Works Association).
- Gribbin J. E. (2006) Introduction to Hydraulics and Hydrology, 3rd Edition. Cengage Learning.
- Giles, R. V., Evett, J. B and Liu, C. (2013) Fluid Mechanics and Hydraulics, 4th Edition. McGraw Hill.
- Ranald, V. G. (1997) Fluid Mechanics and Hydraulics, 2nd Edition, McGraw Hill.
- Rossman, L., Woo. H., Tryby, M., Shang, F., Janke, R. and Haxton, T. (2020) EPANET 2.2 Users Manual, USEPA, USA.
- Vreeburg, J. (2010) Discolouration in Drinking Water Systems, The Role of Practices Clarified, KWR Water Cycle Research Institute Series. IWA Publishing.
- 나주시 (2016) 상수도관망 기술진단 보고서.
- 소방청. 소화전의 우수품질인증 기술기준. [시행 2018. 12. 14.] [소방청고시 제2018-43호, 2018. 12. 14., 일부개정]
- 소방청. 옥외소화전설비의 화재안전기준(NFSC 109). [시행 2021. 12. 16.] [소방청고시 제2021-50호, 2021. 12. 16., 일부개정]
- 유우준, 심명구, 성건혁, 유재범, 염문천, 유홍선 (2013) 옥외소화전 디스크 형상을 고려한 압력손실에 관한 연구. 한국화재소방학회지, 제27호 제6호.
- 유선학, 강승덕, 양의석, 박경암 (2004) 정류량 밸브의 카트리지의 오리피스 구멍의 유출계수. 유체기계공업학회 2004 유체기계 연구개발 발표회 논문집.
- 한국상하수도협회 (2007) 환경부 제정 상수도시설 유지관리매뉴얼.
- 환경부 (2017) 상수도관망의 기술진단 범위 및 시행방법 등에 대한 고시.
- 환경부 (2021a) 상수도 관망시설 유지관리 매뉴얼.
- 환경부 (2021b) 상수도 관망진단 매뉴얼.
- 환경부 (2021c) 스마트 관망관리 인프라 구축 가이드북.
- 환경부 (2021d) 상수도관망시설 유지관리업무 세부기준.
- 한국수자원공사 (2014) 관 세척 기술동향과 작업절차서.
- 한국수자원공사 (2022) 광역상수도(Ⅰ, Ⅱ) 제2회 상수도관망 기술진단 보고서.
- 한국수자원공사 (2021) 공업용수 비상연계방안 검토.
- 한국수자원공사 (2017) 지방상수도 현대화사업 대상외지역 수질안전성 검토.

INDEX

찾아보기

저자 소개

김성한
- 충남대학교 토목공학과 석사 졸업
- 한국수자원공사(Kwater) 본부장, 연구원장(역임)
- KDI 국제정책대학원 겸임교수(역임)
- 한밭대학교 초빙교수(역임)
- 현재 ㈜유솔 CTO

김동홍
- 한남대학교 토목환경공학과 학사 졸업
- 현재 한국수자원공사(Kwater) 부장

김경필
- 서울시립대학교 환경공학부 박사 졸업
- ㈜GS건설 기술연구소 선임연구원
- 현재 한국수자원공사(Kwater) 수석연구원

양승경
- 창원대학교 토목공학과 박사 졸업
- 한국수자원공사(Kwater) 처장, 지사장, 단장(역임)
- 중앙건설기술심의위원회(상하수도 기준분과)
- 현재 한국수자원공사(Kwater) 담당관
- 현재 창원대학교 겸임교수

상수도관망 유지관리를 위한
관망해석 및 활용 **정가 37,000원**

저　자 : 김성한 · 김동홍 · 김경필 · 양승경

발행인 : 임정대
발행처 : 도서출판 구미서관

발행 : 2024년 12월 1일

등록 : 1979년 6월 29일 No.9-6호
주소 : 서울시 마포구 신촌로 2길 5-15 구미빌딩
전화 : 02-333-1101
팩스 : 02-335-2201
http://www.goomibook.com

ISBN 979-11-6257-300-6 (93530)